第二次青藏高原综合科学考察研究丛书

喜马拉雅山
隆升与季风协同演化过程

丁　林　赵俊猛　方小敏 等　著

科 学 出 版 社

北 京

内 容 简 介

本书阐述喜马拉雅地区的地质构造、地球物理等，融入第二次青藏高原综合科学考察的最新成果，聚焦喜马拉雅山隆升过程及其动力学机制和资源环境效应。本书从不同方面论述喜马拉雅造山带基本地质构造特征、新生代隆升过程、隆升的深部动力学过程和资源环境效应等，包括喜马拉雅山形成的地质和矿产背景、新特提斯洋构造演化历史、喜马拉雅山隆升的深部地球动力学过程、喜马拉雅山超高压变质岩、喜马拉雅山周边古地磁研究、印度－欧亚板块碰撞历史、喜马拉雅山隆升与季风协同演化、喜马拉雅山周边地质环境记录与变化、喜马拉雅地热资源。

本书可供地质、矿产、地理、气候变化和区域经济社会可持续发展等领域的相关科研和技术人员、大专院校相关专业师生阅读和参考，也可为在自然资源部、应急指挥中心等部门工作的同仁提供参考。

审图号：GS(2021)2068号

图书在版编目（CIP）数据

喜马拉雅山隆升与季风协同演化过程 / 丁林等著. —北京：科学出版社，2021.8

(第二次青藏高原综合科学考察研究丛书)

国家出版基金项目

ISBN 978-7-03-063942-4

Ⅰ. ①喜…　Ⅱ. ①丁…　Ⅲ. ①喜马拉雅山脉–隆起–地质构造–构造演化–研究　Ⅳ. ①P548.275

中国版本图书馆CIP数据核字（2019）第300294号

责任编辑：杨帅英　赵　晶 / 责任校对：何艳萍

责任印制：肖　兴 / 封面设计：吴霞暖

科 学 出 版 社 出版

北京东黄城根北街16号

邮政编码：100717

http: //www. sciencep. com

北京汇瑞嘉合文化发展有限公司 印刷

科学出版社发行　各地新华书店经销

*

2021年8月第　一　版　开本：787×1092　1/16

2021年8月第一次印刷　印张：27 1/2

字数：650 000

定价：328.00元

（如有印装质量问题，我社负责调换）

“第二次青藏高原综合科学考察研究丛书”

指导委员会

刘丛强　中国科学院地球化学研究所
龚健雅　武汉大学
焦念志　厦门大学
赖远明　中国科学院西北生态环境资源研究院
胡春宏　中国水利水电科学研究院
郭正堂　中国科学院地质与地球物理研究所
王会军　南京信息工程大学
周成虎　中国科学院地理科学与资源研究所
吴立新　中国海洋大学
夏　军　武汉大学
陈大可　自然资源部第二海洋研究所
张人禾　复旦大学
杨经绥　南京大学
邵明安　中国科学院地理科学与资源研究所
侯增谦　国家自然科学基金委员会
吴丰昌　中国环境科学研究院
孙和平　中国科学院测量与地球物理研究所
于贵瑞　中国科学院地理科学与资源研究所
王　赤　中国科学院国家空间科学中心
肖文交　中国科学院新疆生态与地理研究所
朱永官　中国科学院城市环境研究所

“第二次青藏高原综合科学考察研究丛书”
编辑委员会

《喜马拉雅山隆升与季风协同演化过程》

编写委员会

主　编　丁　林

副主编　赵俊猛　方小敏

编　委　（按姓氏汉语拼音排序）

白　玲　白　艳　蔡福龙　陈　意
陈生生　多　吉　黄启帅　李金祥
刘红兵　裴顺平　史仁灯　宋培平
王　超　王厚起　吴福莉　熊中玉
徐　强　颜茂都　张　衡　张　涛
张大文　张丁丁　张利云　张清海
张伟林　赵　平

丛书序一

青藏高原是地球上最年轻、海拔最高、面积最大的高原，西起帕米尔高原和兴都库什、东到横断山脉，北起昆仑山和祁连山、南至喜马拉雅山区，高原面海拔4500米上下，是地球上最独特的地质–地理单元，是开展地球演化、圈层相互作用及人地关系研究的天然实验室。

鉴于青藏高原区位的特殊性和重要性，新中国成立以来，在我国重大科技规划中，青藏高原持续被列为重点关注区域。《1956—1967年科学技术发展远景规划》《1963—1972年科学技术发展规划》《1978—1985年全国科学技术发展规划纲要》等规划中都列入针对青藏高原的相关任务。1971年，周恩来总理主持召开全国科学技术工作会议，制订了基础研究八年科技发展规划（1972—1980年），青藏高原科学考察是五个核心内容之一，从而拉开了第一次大规模青藏高原综合科学考察研究的序幕。经过近20年的不懈努力，第一次青藏综合科考全面完成了250多万平方千米的考察，产出了近100部专著和论文集，成果荣获了1987年国家自然科学奖一等奖，在推动区域经济建设和社会发展、巩固国防边防和国家西部大开发战略的实施中发挥了不可替代的作用。

自第一次青藏综合科考开展以来的近50年，青藏高原自然与社会环境发生了重大变化，气候变暖幅度是同期全球平均值的两倍，青藏高原生态环境和水循环格局发生了显著变化，如冰川退缩、冻土退化、冰湖溃决、冰崩、草地退化、泥石流频发，严重影响了人类生存环境和经济社会的发展。青藏高原还是"一带一路"环境变化的核心驱动区，将对"一带一路"沿线20多个国家和30多亿人口的生存与发展带来影响。

2017年8月19日，第二次青藏高原综合科学考察研究启动，习近平总书记发来贺信，指出"青藏高原是世界屋脊、亚洲水塔，是地球第三极，是我国重要的生态安全屏障、战略资源储备基地，是中华民族特色文化的重要保护地”，要求第二次青藏高原综合科学考察研究要“聚焦水、生态、人类活动，着力解决青藏高原资源环境承载力、灾害风险、绿色发展途径等方面的问题，为守护好世界上最后一方净土、建设美丽的青藏高原作出新贡献，让青藏高原各族群众生活更加幸福安康”。习近平总书记的贺信传达了党中央对青藏高原可持续发展和建设国家生态保护屏障的战略方针。

第二次青藏综合科考将围绕青藏高原地球系统变化及其影响这一关键科学问题，开展西风–季风协同作用及其影响、亚洲水塔动态变化与影响、生态系统与生态安全、生态安全屏障功能与优化体系、生物多样性保护与可持续利用、人类活动与生存环境安全、高原生长与演化、资源能源现状与远景评估、地质环境与灾害、区域绿色发展途径等 10 大科学问题的研究，以服务国家战略需求和区域可持续发展。

“第二次青藏高原综合科学考察研究丛书”将系统展示科考成果，从多角度综合反映过去 50 年来青藏高原环境变化的过程、机制及其对人类社会的影响。相信第二次青藏综合科考将继续发扬老一辈科学家艰苦奋斗、团结奋进、勇攀高峰的精神，不忘初心，砥砺前行，为守护好世界上最后一方净土、建设美丽的青藏高原作出新的更大贡献！

孙鸿烈

第一次青藏科考队队长

丛书序二

青藏高原及其周边山地作为地球第三极矗立在北半球，同南极和北极一样既是全球变化的发动机，又是全球变化的放大器。2000年前人们就认识到青藏高原北缘昆仑山的重要性，公元18世纪人们就发现珠穆朗玛峰的存在，19世纪以来，人们对青藏高原的科考水平不断从一个高度推向另一个高度。随着人类远足能力的不断加强，逐梦三极的科考日益频繁。虽然青藏高原科考长期以来一直在通过不同的方式在不同的地区进行着，但对于整个青藏高原的综合科考迄今只有两次。第一次是20世纪70年代开始的第一次青藏科考。这次科考在地学与生物学等科学领域取得了一系列重大成果，奠定了青藏高原科学研究的基础，为推动社会发展、国防安全和西部大开发提供了重要科学依据。第二次是刚刚开始的第二次青藏科考。第二次青藏科考最初是从区域发展和国家需求层面提出来的，后来成为科学家的共同行动。中国科学院的A类先导专项率先支持启动了第二次青藏科考。刚刚启动的国家专项支持，使得第二次青藏科考有了广度和深度的提升。

习近平总书记高度关怀第二次青藏科考，在2017年8月19日第二次青藏科考启动之际，专门给科考队发来贺信，作出重要指示，以高屋建瓴的战略胸怀和俯瞰全球的国际视野，深刻阐述了青藏高原环境变化研究的重要性，要求第二次青藏科考队聚焦水、生态、人类活动，揭示青藏高原环境变化机理，为生态屏障优化和亚洲水塔安全、美丽青藏高原建设作出贡献。殷切期望广大科考人员发扬老一辈科学家艰苦奋斗、团结奋进、勇攀高峰的精神，为守护好世界上最后一方净土顽强拼搏。这充分体现了习近平总书记的生态文明建设理念和绿色发展思想，是第二次青藏科考的基本遵循。

第二次青藏科考的目标是阐明过去环境变化规律，预估未来变化与影响，服务区域经济社会高质量发展，引领国际青藏高原研究，促进全球生态环境保护。为此，第二次青藏科考组织了10大任务和60多个专题，在亚洲水塔区、喜马拉雅区、横断山高山峡谷区、祁连山-阿尔金区、天山-帕米尔区等5大综合考察研究区的19个关键区，开展综合科学考察研究，强化野外观测研究体系布局、科考数据集成、新技术融合和灾害预警体系建设，产出科学考察研究报告、国际科学前沿文章、服务国家需求评估和咨询报告、科学传播产品四大体系的科考成果。

两次青藏综合科考有其相同的地方。表现在两次科考都具有学科齐全的特点，两次科考都有全国不同部门科学家广泛参与，两次科考都是国家专项支持。两次青藏综合科考也有其不同的地方。第一，两次科考的目标不一样：第一次科考是以科学发现为目标；第二次科考是以摸清变化和影响为目标。第二，两次科考的基础不一样：第一次青藏科考时青藏高原交通整体落后、技术手段普遍缺乏；第二次青藏科考时青藏高原交通四通八达，新技术、新手段、新方法日新月异。第三，两次科考的理念不一样：第一次科考的理念是不同学科考察研究的平行推进；第二次科考的理念是实现多学科交叉与融合和地球系统多圈层作用考察研究新突破。

“第二次青藏高原综合科学考察研究丛书”是第二次青藏科考成果四大产出体系的重要组成部分，是系统阐述青藏高原环境变化过程与机理、评估环境变化影响、提出科学应对方案的综合文库。希望丛书的出版能全方位展示青藏高原科学考察研究的新成果和地球系统科学研究的新进展，能为推动青藏高原环境保护和可持续发展、推进国家生态文明建设、促进全球生态环境保护做出应有的贡献。

姚檀栋

第二次青藏科考队队长

自　　序

喜马拉雅山位于青藏高原南缘，形成于印度 - 欧亚板块碰撞带的最前缘，是全球最高大、最年轻、最活跃的陆 - 陆碰撞型造山带。喜马拉雅造山带是研究由大洋俯冲向大陆俯冲转换历史，揭示大陆碰撞过程、大陆深俯冲机制、大陆地震、岩浆与变质作用等物理和化学过程的最佳天然实验室。同时喜马拉雅山中新世以来快速抬升、强烈风化剥蚀，对南亚季风的形成和加强、海水成分变化及海洋沉积过程、喜马拉雅山生物多样性热点的形成和演化都有着敏感强烈的影响。因而喜马拉雅山成为了地球系统多圈层相互作用研究最关键的地带。

喜马拉雅造山带一直是国际地学界研究的热点，解放前，许多西方地质学家，从喜马拉雅山南坡开始对其进行了广泛的地质填图，初步建立了喜马拉雅山南向的逆冲推覆构造体系、沉积地层、变质带等基本构造和岩石框架，出版了多部专著及系列论文。解放后，配合希夏邦马峰及珠峰登山活动，特别是第一次青藏高原综合科学考察，提出雅鲁藏布江缝合带是新特提斯洋消失的位置，印度与欧亚大陆于 50 Ma 左右沿雅鲁藏布江缝合带碰撞，在希夏邦马峰地区发现了高山栎植物化石、在喜马拉雅山中部的吉隆盆地和西部的扎达盆地发现了三趾马化石等，提出了喜马拉雅山及青藏高原上新世以来快速隆升假说，出版了二十多部喜马拉雅造山带相关的科考专著，对青藏高原研究产生了深远影响。

21 世纪以来，国际地球科学正经历一场新的变革，即由过去单一的学科研究，向多学科融合的地球系统科学发展。时隔 40 多年，面对新形势、新变革，第二次青藏高原综合科学考察研究正式启动。本次科考是以往历次科考的继续和深入，对喜马拉雅造山带的地质构造、岩石圈深部结构、喜马拉雅造山带隆升过程、环境影响等进行了系统科学考察和研究。本书就是基于近年新的科考发现和深入研究成果撰写而成。

本书涉及的考察范围环绕整个喜马拉雅造山带，从东喜马拉雅构造结掸邦高原、印缅山脉、到中部尼泊尔喜马拉雅山、再到喜马拉雅西构造结巴基斯坦的科希斯坦、喀喇昆仑地区。不仅对喜马拉雅山北坡历次考察的成果进行了综述，还重点对一些关键地区进行了新的详细考察和研究。

第二次青藏科考针对喜马拉雅造山带的一些重大科学问题，开展了综合科考及定量研究，取得了多项突破性进展。前期，普遍接受的观点是印度与欧亚板块首先于55 Ma在巴基斯坦北部碰撞，然后向东穿时性封闭，雅鲁藏布江地区碰撞时间为50 Ma。本书中，雅鲁藏布江碰撞周缘前陆盆地的发现及最新研究结果表明，印度与欧亚大陆首先于雅鲁藏江缝合带中部发生正向碰撞，时间为65～63 Ma，随后向东西两侧穿时性碰撞，东西构造结的碰撞时间为50 Ma。

第一次青藏科考定性描述了喜马拉雅山的隆升过程，最新的碳氧同位素和植物叶相分析 - 热焓法古高度计，首次定量重建了喜马拉雅山从海底到世界屋脊的隆升过程。65 Ma时，北部高耸的冈底斯山已经达到4500 m，南部喜马拉雅还处于海平面之下，之后随着印度岩石圈的持续向北俯冲、地壳加厚，地表开始缓慢均衡抬升，到56 Ma时海拔仅有1000 m，并具有热带亚热带季风气候特征；直至21～19 Ma，冈底斯山南麓的冈仁波齐地区高度达到4800 m，而喜马拉雅山均衡抬升到2300 m，并具有温带气候特征；但在此后5～7 Ma内由于俯冲的印度岩石圈回转、断离引发上地壳大规模逆冲推覆，喜马拉雅山快速抬升至5000 m以上，形成干旱寒冷的气候。而位于喜马拉雅山前的印度北部地区自56 Ma以来气候和降水量变化不明显。

在喜马拉雅东、西构造结和珠穆朗玛峰 – 加德满都分别布设了长周期宽频带地震观测台站，综合利用多种最新的地震波分析方法，获得了喜马拉雅造山带岩石圈的精细结构，系统揭示了印度大陆岩石圈分层俯冲过程。对喜马拉雅东、西构造结高压 - 超高压变质岩的研究表明，它们的峰期变质作用时代均为约50 Ma。然而东、西构造结高压 - 超高压变质岩的峰期变质温压条件和折返历史却不相同。

通过对喜马拉雅山南坡、北坡新生代地层的详细沉积记录对比及精准年代学和气候综合代用指标等的定量分析，首次详细恢复了喜马拉雅山南、北两侧新生代气候环境演化历史，揭示了南坡尼泊尔地区中新世以来为温暖潮湿的环境，但中新世晚期该区气候略微变干。

喜马拉雅造山带蕴藏着丰富的高温地热资源，通过汇集分析羊八井地热田在地质、地球物理和地球化学等方面的勘查成果，提出了热田的地质概念模型和地球化学成因模式。

希望本书能够在新特提斯洋演化历史、大陆碰撞及俯冲过程、深部结构及动力学机制、喜马拉雅山隆升过程及环境影响等方面提供一个系统的基础资料。但由于时间较紧、本书作者水平有限，难免出现疏漏，恳请广大读者不吝赐教，共同提高我国喜马拉雅造山带的研究水平。

丁林

第二次青藏科考队分队长

前　言

喜马拉雅碰撞造山带是世界上最年轻且仍在活动的陆–陆碰撞型造山带，也是研究碰撞造山带深部物质物理和化学过程的野外基地，还是现今全球最活跃的两大地震带之一。因此，对它的综合考察研究能增进我们对全球大陆碰撞造山理论和全球气候演化的认识。

喜马拉雅山是当今世界最高的山脉之一，它何时达到现今的高度，是我们认识喜马拉雅山乃至整个青藏高原的核心问题之一。第一次青藏高原科学考察队在喜马拉雅山北坡的希夏邦马峰地区古老地层中发现了高山栎的树叶化石，这是目前树木化石分布的最高海拔记录，这些化石是150万年前的植物遗骸。喜马拉雅山南坡现存的高山栎植物位于海拔2700～2900m，拿高山栎化石和现在活着的高山栎所在的海拔相比，相差3000m。本次科学考察以古植物化石、古土壤和古碳酸盐岩为对象，通过最新的碳、氧同位素等古高度计方法，从宏观的格局厘清了喜马拉雅山关键时间节点的全谱历史。

认识喜马拉雅山隆升的深部过程最主要的两种手段是“岩石探针”和地震波。“岩石探针”为我们探索喜马拉雅山巨厚的地壳提供了可能。喜马拉雅山出露的淡色花岗岩是中下地壳加厚–伸展的产物，为了解中下地壳物质在隆升过程中的物理和化学行为提供了重要对象，还为构造演化与高原隆升之间的耦合关系提供了重要的窗口。榴辉岩的发现则让我们能够了解80km以下地球内部物质的组成、变质和折返过程。地震波是认识地球深部结构的CT扫描仪。前人根据地球物理观测、地表形变观测、野外地质考察和数值模拟计算等研究结果，对高喜马拉雅地体的挤出模式提出了多种不同的模型。本次科考通过对喜马拉雅山的地下浅部和深部精细结构进行探测，限定了喜马拉雅山隆升的深部动力学过程。

此外，地震是人类面临的共同灾害，喜马拉雅造山带地区大地震多发，1000年以来发生7.5级以上的地震就多达15次。2015年尼泊尔发生的特大地震不仅给尼泊尔造成大量的人员伤亡和经济损失，也给我国藏南地区造成严重滑坡等地质灾害。2017年11月18日米林发生的6.9级地震虽未造成严重的人员伤亡，但对该地区人民的生产生活、基础设施造成了严重破坏。因此，认识地震的发生机制和震源破裂过程、评价该地区潜在的地震风险是经济建设和生态文明建设的前提和基础。

喜马拉雅山隆升最直接的效应就是影响全球和区域气候变化、植被生态和冰冻圈。喜马拉雅山隆升到一定高度，就会影响南亚季风的传输路径，高原内部的降水减少了，干旱化开始了；南亚及东非地区植被突然发生变化，从C3植被转变为C4植被，在喜马拉雅山形成了稀疏的高山草甸环境，三趾马可以在草原上奔跑；更高海拔的山峰可能出现了冰冻圈，北极狐也开始适应寒冷的气候。但是这些变化确定都和喜马拉雅山隆升直接相关吗？新生代全球气候变化和CO_2含量减少对青藏高原，特别是喜马拉雅山的风化剥蚀作用的强化被认为具有决定性的作用，这就是著名的“隆升驱动气候变化”的假说。到底驱动机制如何，亟待开展更大规模的科学考察，围绕高原风化剥蚀这条主线，本次科考获取了更为详尽的和精确年代控制的沉积记录，逐渐揭开影响气候变化的神秘面纱。

本书是所有作者近几年来在喜马拉雅山取得的研究成果的基础之上，融入本次科考的最新进展而完成的。其中，第1章主要介绍喜马拉雅山形成的地质和矿产背景，由张清海、蔡福龙、张利云、李金祥、黄启帅、宋培平、王超、陈生生共同完成；第2章从蛇绿岩、混杂岩和蓝片岩等方面，揭示新特提斯洋俯冲、增生和消亡的历史，由蔡福龙、黄启帅、王厚起、史仁灯共同完成；第3章通过布设在喜马拉雅造山带的地震台站，系统揭示喜马拉雅山隆升的深部地球动力学过程，由赵俊猛、白玲、刘红兵、裴顺平、徐强、张衡共同完成；第4章介绍喜马拉雅山超高压变质岩的最新成果，由陈意、张丁丁共同完成；第5章系统总结现有的喜马拉雅山及其周边古地磁数据，并进行系统评判，由颜茂都、张大文共同完成；第6章系统评述前人关于印度–欧亚板块碰撞历史的研究工作，由丁林、蔡福龙、王厚起、宋培平、张利云共同完成；第7章重点介绍喜马拉雅山隆升及与季风协同演化，由丁林、张清海、熊中玉共同完成；第8章重点介绍喜马拉雅山隆升的环境效应，由方小敏、张伟林、张涛、白艳、吴福莉共同完成；第9章详细论述喜马拉雅地热资源研究历史和最新进展，由赵平、多吉完成。

第二次青藏高原综合科学考察研究（2019QZKK0700）、中国科学院A类战略性先导科技专项“泛第三极环境变化与绿色丝绸之路建设”（XDA20070000）、“青藏高原地球系统”基础科学中心项目（41988101）、国家出版基金等项目为本书出版提供了经费支持。

值本书出版之际，对所有做出贡献和给予帮助的单位和个人深表谢意！

丁林

第二次青藏科考队分队长

摘　　要

本书是第二次青藏高原综合科学考察首期成果之一，主要有以下认识。

1）喜马拉雅山脉是喜马拉雅造山带的重要组成部分。喜马拉雅山作为世界上最年轻且最活跃的陆–陆碰撞型造山带，是研究碰撞造山带浅部、深部物质物理和化学过程的最佳野外基地，珠穆朗玛峰就位于喜马拉雅山脉，其是当今世界的最高峰。第二次青藏科考以古植物化石、古土壤和古碳酸盐岩为研究对象，使用最新的碳、氧同位素和植物叶相分析–热焓法等古高度计，重建了喜马拉雅山 60Ma 年以来完整的隆升历史。研究发现，喜马拉雅山在晚古新世时期（约 56 Ma）位于低海拔状态（约 1000m），之后缓慢上升，至早中新世时（21 ～ 19 Ma）才升至约 2300 m 的高度，随后的 7 ～ 5 Ma 快速上升，达到现今的高度，喜马拉雅山的快速隆升与印度板块 20 ～ 11 Ma 向北运动速率的快速降低非常一致。

2）印度–欧亚初始碰撞首先发生于雅鲁藏布江缝合带中部，时间最早为 65 ～ 63 Ma，随后向东西两侧穿时性碰撞，东西构造结的碰撞时间约为 50 Ma，而不是普遍接受的碰撞 55 ～ 50 Ma 首先发生在西构造结，然后由西向东的单向穿时性碰撞；

3）围绕青藏高原隆升与风化剥蚀响应这条主线，对喜马拉雅南、北两侧典型盆地进行了系统的考察研究，厘清了新生界地层层序演化序列，通过沉积特征、有机地球化学、孢粉以及哺乳动物化石等记录的综合集成研究，揭示喜马拉雅山南坡尼泊尔地区中新世以来温暖潮湿的环境，但中新世晚期该区气候略微变干；喜马拉雅山北部在渐新世晚期发生了显著的气候转型事件，即由干热转变为温暖湿润，随着喜马拉雅山在中中新世之后的大规模快速隆升，该区气候转为干冷，并在早更新世进入与现今类似的冰冻圈环境。

4）通过在喜马拉雅西构造结、东构造结和珠穆朗玛峰–加德满都布设长周期宽频带地震观测台站，综合利用多种地震波分析学方法，获得了印度–欧亚主碰撞带岩石圈精细结构，揭示了印度大陆岩石圈俯冲与分层变形过程，为陆–陆碰撞带隆升过程研究提供了新的证据；重建了大地震的孕育成核过程，揭示了陆–陆碰撞带典型的低角度逆冲型大地震的发生机理；探究了尼泊尔地震、米林地震等重大地震的活动规律，揭示了影响喜马拉雅山地震孕育发生过程的关键因素，为“一带一路”沿线国家的灾害预防和治理提供了重要依据。

5）新特提斯洋的开启和闭合过程是青藏高原构造演化的一级科学问题。新的研究表明，日喀则地幔橄榄岩中含辉石岩脉锆石 U-Pb 的年龄介于 283 ～ 237Ma，是幔源岩浆底侵和大陆岩石圈地幔熔融的产物，记录了新特提斯洋的开启时间。在白垩纪，新特提斯洋经历了大规模的俯冲消亡事件，130 ～ 120Ma 的 SSZ 型蛇绿岩，120 Ma 以来的混杂岩和海沟，以及同时期的弧前盆地和冈底斯岛弧型岩浆，表明雅鲁藏布江缝合带主体为一个完整的白垩纪俯冲–增生系统，且最可能代表了沿着拉萨地体南缘的俯冲，我们的工作不支持白垩纪存在洋内俯冲的模型。约 62Ma，桑桑蓝片岩及混杂岩沿仲巴–江孜逆冲断裂仰冲到印度大陆之上，形成了雅鲁藏布江周缘前陆盆地，标志印度–欧亚板块初始碰撞发生。

6）喜马拉雅造山带东、西构造结在约 50Ma 同时经历了高压变质作用，说明约 50 Ma 为印度与欧亚板块的主碰撞年代，但二者峰期温压条件和折返历史并不相同，反映了其变质演化具有空间变化。其中，以超高压榴辉岩为特征的西构造结最深俯冲深度约为 100 km，Naran 榴辉岩的发现及其变质历史可能指示不同构造岩片差异性折返。而大量出露的高压麻粒岩的东构造结最大俯冲深度约为 50 km，峰期变质之后经历持续高温变质和部分熔融，产生混合岩化作用。

7）通过对雅鲁藏布江缝合带两侧陆块已有古地磁数据的评判分析，揭示拉萨陆块白垩纪期间基本位于 10° ～ 20°N；特提斯喜马拉雅陆块在白垩纪期间与印度板块古纬度基本一致，135 ～ 80 Ma 从约 55°S 北向运动到约 30°S；80 Ma 之后两陆块暂时缺乏有效的高质量古地磁数据，现有的古地磁数据并不能很好地限定二者发生碰撞的时限，亟待高质量数据的进一步限定。此外，鉴于两陆块的狭长特征，今后古地磁研究应尽量分东、西部不同区域开展。

目　　录

第1章

喜马拉雅山形成的地质和矿产背景*

* 本章作者：张清海、蔡福龙、张利云、李金祥、黄启帅、宋培平、王超、陈生生。

喜马拉雅造山带位于印度克拉通和雅鲁藏布江缝合带之间，主要由三个岩石–构造单元组成，从北往南分别为特提斯喜马拉雅带（THS）、高喜马拉雅结晶系（GHC）和低喜马拉雅带（LHC）（图 1.1）。这三大岩石–构造单元由四条近东西走向的大型断裂带分隔。例如，特提斯喜马拉雅带夹于大反向逆冲断裂（GCT）和藏南拆离系（STDS）之间；高喜马拉雅结晶系夹于藏南拆离系和主中央逆冲断裂（MCT）之间；低喜马拉雅带夹于主中央逆冲断裂和主边界逆冲断裂（MBT）之间。特提斯喜马拉雅带是印度大陆北缘的沉积盖层，主要发育古生界至古近系的海相地层，并发育二叠纪、晚侏罗世—早白垩世、始新世—中新世等多期岩浆活动。在特提斯喜马拉雅带和高喜马拉雅结晶系发育了世界范围内著名的淡色花岗岩。此外，喜马拉雅造山带还发育了典型的铬铁矿床、铅锌矿床和金锑矿床。

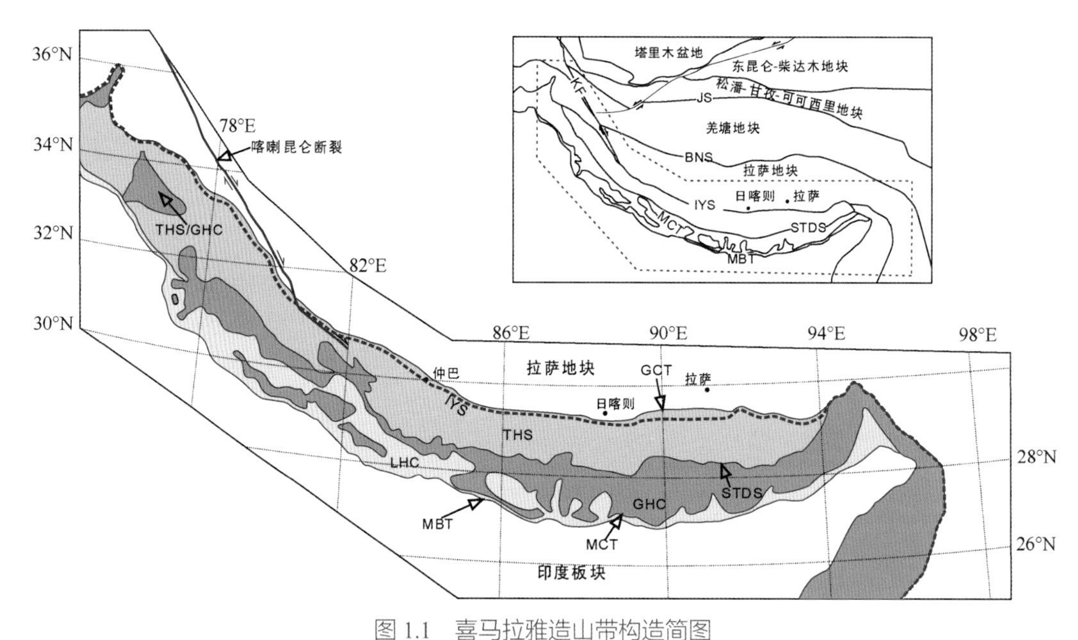

图 1.1　喜马拉雅造山带构造简图

JS，金沙江缝合带；BNS，班公错–怒江缝合带；IYS，雅鲁藏布江缝合带

1.1　地层古生物

以吉隆—康马逆冲断裂带为界，特提斯喜马拉雅带可以划分为南北两个沉积单元：特提斯喜马拉雅北亚带和特提斯喜马拉雅南亚带（图 1.2）。特提斯喜马拉雅北亚带内主要沉积了代表外大陆架、大陆斜坡和深海等环境的碎屑岩，部分碎屑岩经历了轻微的变质作用。而特提斯喜马拉雅南亚带内则主要沉积了未经历变质作用的深海相和浅海相碳酸盐岩（Liu and Einsele，1994；Willems et al.，1996）。特提斯喜马拉雅带目前广泛出露了三叠系–侏罗系的碳酸盐岩和碎屑岩。在靠近藏南拆离系的特提斯喜马拉雅带的最南部，可见连续出露的古生界碳酸盐岩、碎屑岩和变质沉积岩（Liu and

Einsele，1994）。白垩系沉积地层在特提斯喜马拉雅带内也较为常见，而古近系沉积地层的出露范围则大大缩小，仅零星见于桑单林、江孜、定日、岗巴、古汝等局部区域（图 1.2）。到目前为止，众多学者对特提斯喜马拉雅带内的白垩系地层（BouDagher-Fadel et al.，2015，2017；Cai et al.，2011；DeCelles et al.，2014；Ding et al.，2005；Garzanti and Hu，2014；Hu et al.，2010，2012；Liu and Einsele，1994；Wan et al.，2002；Wang et al.，2011；Wendler et al.，2009，2011；Willems et al.，1996）和古新统地层（BouDagher-Fadel et al.，2015；Cai et al.，2011；Cherchi and Schroeder，2005；DeCelles et al.，2014；Ding et al.，2005；Garzanti and Hu，2014；Hu et al.，2012；Jiang et al.，2016；Kahsnitz and Willems，2017；Kahsnitz et al.，2016，2018；Li et al.，2015，2017；Liu and Einsele，1994；Najman et al.，2010；Wan，1990，1991；Wan et al.，2002，2010，2014；Wang et al.，2002，2011；Willems et al.，1996；Zhang et al.，2013；Zhu et al.，2005；丁林，2003；李国彪等，2004；李祥辉等，2000，2001；李亚林等，2007；徐钰林，2000；章炳高，1988）的研究比较成熟。因此，以特提斯喜马拉雅北亚带内的桑单林地区和南亚带内的定日地区为例，重点介绍这两个地区的白垩系和古近系地层。

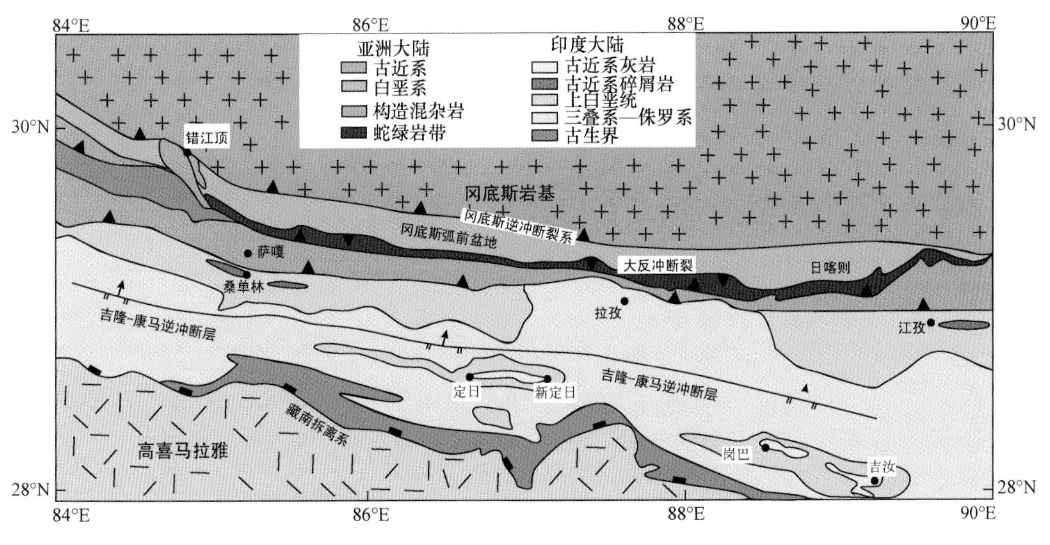

图 1.2　特提斯喜马拉雅带地质简图（修改于 Zhang Z M et al.，2012）

1.1.1　特提斯喜马拉雅北亚带内的桑单林地区

根据丁林（2003）、Ding 等（2005）、DeCelles 等（2014）和 Wang 等（2011）的研究，桑单林地区的白垩系地层主要为宗卓组。宗卓组之上不整合覆盖了古近系的桑单林组和者雅组。

宗卓组（？—下马斯特里赫特阶）：又称为蹬岗组（DeCelles et al.，2014；Wang et

al.，2011），主要由页岩、硅质岩、粉砂岩、灰岩、石英砂岩和含砾砂岩组成，沉积环境为浊积扇（DeCelles et al.，2014；Wang et al.，2011）。其底部沉积年龄未知，顶部的深海碳酸盐岩中包含有浮游有孔虫（*Gansserina gansseri* 和 *Abathomphalus mayaroensis*），指示了最晚沉积年龄为 70 ～ 68 Ma 的早马斯特里赫特世（Ding et al.，2005）。

桑单林组（丹麦阶—下坦尼特阶）：主要由红色、绿色放射虫硅质岩和硅质页岩夹灰色火山碎屑岩组成，沉积环境为深海盆地。在桑单林组中，六个古新世的放射虫化石带（RP1 ～ RP6）被识别出来。从下往上，这些放射虫化石带依次为代表 RP1 的 *Amphisphaera aotea* 带、代表 RP2 的 *Amphisphaera kina* 带、代表 RP3 的 *Buryella granulata* 带、代表 RP4 的 *Buryella foremana* 带、代表 RP5 的 *Buryella tetradica* 带和代表 RP6 的 *Bekoma campechensis* 带（丁林，2003；Ding et al.，2005）。这六个放射虫化石带指示的时代为丹麦期—晚坦尼特期（66 ～ 56 Ma）。然而，根据该组内的锆石 U-Pb 年代学数据，DeCelles 等（2014）认为桑单林组的沉积时代为赛兰特期（60 ～ 59 Ma）。

者雅组（上坦尼特阶—卢泰特阶）：灰绿色岩屑砂岩、砂质页岩夹放射虫硅质岩，沉积环境为海底扇（DeCelles et al.，2014）。该组底部可见 *Bekoma campechensis* 化石带的放射虫，指示最早沉积时代为晚坦尼特世。顶部缺乏准确的生物地层控制，推测其最晚沉积时代为卢泰特世（Ding et al.，2005）。根据者雅组上部一个凝灰岩层中的锆石 U-Pb 年代学数据，DeCelles 等（2014）认为者雅组的沉积时代不早于坦尼特期（<59 Ma）。

1.1.2 特提斯喜马拉雅南亚带内的定日地区

1. 白垩系

定日地区的白垩系地层从下往上依次为岗巴村口组（岗巴群）、遮普惹山北组和遮普惹山坡组。有些学者把遮普惹山坡组合并到基堵拉组中（Wendler et al.，2009）。

岗巴村口组（上阿尔布阶—下圣通阶）：以泥灰岩和钙质泥灰岩为主，含少量灰岩，常见钙质沟鞭藻、放射虫、浮游和底栖小有孔虫。该组底部可见浮游有孔虫 *Hedbergella* sp. 和 *Reicheli reicheli*，指示晚阿尔布期的 *Appenninica* 带和早中赛诺曼期的 *Reicheli* 带。往上，*Rotalipora cushmani*、*R. montsalvensis* 和 *R. deeckei* 等化石组合指示晚赛诺曼期的 *Cushmani* 带；*Dicarinella imbricate*、*Helvetoglobotruncana helvetica*、*Marginotruncana pseudolinneiana* 等分别指示土伦期的 *Archaeocretacea* 带、*Helvetica* 带和 *Sigali* 带。最后出现的 *Marginotruncana sinuosa*、*Dicarinella primitive* 和 *D. concavata* 指示康尼亚克期—早圣通期的 *Concavata* 带，代表岗巴村口组的最晚沉积时代。岗巴村口组的沉积环境为深海洋盆或斜坡（Willems et al.，1996）。

遮普惹山北组（下圣通阶—中马斯特里赫特阶）：整合覆盖于岗巴村口组之上，相当于岗巴地区宗山组的灰岩一段。岩石类型为中厚层灰岩含少量泥灰岩。该组底部浮游有孔虫组成和岗巴村口组顶部相似，属于 *Concavata* 带。随后可见晚圣通期的 *D. asymetrica*、*Globotruncanita elevata*、*Globotruncana* sp. 等，也可见到早坎潘期至早马斯特里赫特期的 *Globotruncanita stuarti*、*Globotruncana dupeublei*、*Globotruncanita elevata*、*Globotruncanella havanensis* 等。顶部可见 *Globotruncana arca*、*G. linneiana*、*Gansserina gansseri*、*Globotruncana falsostuarti* 等化石组合，指示中马斯特里赫特期的 *Gansseri* 带。此外，顶部还可见由异地搬运过来的砾石，砾石中含马斯特里赫特期的浅水大有孔虫 *Orbitoides media* 和 *Omphalocyclus macroporus*。遮普惹山北组早期的沉积环境为深海或者半深海，在坎潘期过渡为外大陆架，最后变为近大陆坡环境（Willems et al.，1996）。

遮普惹山坡组（中马斯特里赫特阶—下丹麦阶）：与下伏的遮普惹山北组呈断层接触关系，仅发现于定日地区。一些学者把这套地层合并到基堵拉组中，导致基堵拉组直接覆盖在遮普惹山北组之上。岩石类型主要为再沉积的硅质碎屑岩、钙质浊积岩和一些砂岩夹层。该组底部浮游有孔虫组合和遮普惹山北组顶部一致，属于 *Gansseri* 带。中部常见遗迹化石 *Rhizocorallium*、*Callianassa*、*Ophiomorpha* 等，还发现代表白垩纪最晚期的 *Abathomphalus mayaroensis*。顶部可见古新世丹麦期的浮游有孔虫 *Globigerina daubjergensis* 和 *Morozovella pseudobulloides*，同时可见异地搬运过来的马斯特里赫特期最晚期的底栖大有孔虫，如 *Omphalocyclus macroporus*、*Orbitoides* sp.、*Siderolites calcitrapoides* 等。遮普惹山坡组的沉积环境为近大陆坡水下扇（Willems et al.，1996）。

2. 古近系

在定日地区，古近系地层从下往上包括基堵拉组、遮普惹山组、油下组和申克扎组（图 1.3 和图 1.4）。

基堵拉组（丹麦阶）：整合覆盖在遮普惹山坡组之上，几乎全部为石英砂岩［图 1.4(a)］，顶部为约 10m 厚的灰岩。该组内可见异地搬运过来的 *Omphalocyclus*、*Orbitoides*、*Siderolites* 等马斯特里赫特期的大有孔虫碎片，顶部可见遗迹化石（石针迹遗迹相）和个体较大的腹足类、双壳类化石。该组缺乏浮游有孔虫和底栖大有孔虫，其沉积时代是由上下相邻的地层时代来限定的。遗迹化石指示了潮间带的临滨区，沉积环境被解释为向海进积的三角洲平原（Willems et al.，1996）。

遮普惹山组（赛兰特阶—下伊普利斯阶）：整合覆盖在基堵拉组之上，主要为大有孔虫灰岩。从下往上可以划分四个岩性段，分别是 A 段的旋回状灰岩、B 段的厚层状灰岩、C 段的瘤状灰岩和 D 段的厚层状灰岩［图 1.4(b)］。旋回状灰岩包括七个旋回层，每层岩性从下往上由泥灰岩逐渐过渡为灰岩。下面四个旋回层内富含绿藻、珊瑚藻和一些小有孔虫，缺乏底栖大有孔虫。从第五个旋回层到遮普惹山组的顶部，富含底栖大有孔虫，至少包括 20 个属约 70 个种（Zhang et al.，2013）（图 1.5 ～图 1.8）。

根据大有孔虫在遮普惹山组中的分布，九个浅水底栖大有孔虫带（SBZ）被划

图 1.3　定日地区古近系地层卫星照片

图 1.4　定日地区古近系地层的野外照片

(a) 基堵拉组的石英砂岩；(b) 遮普惹山组的灰岩；(c) 油下组的绿色碎屑岩；(d) 申克扎组的红色碎屑岩

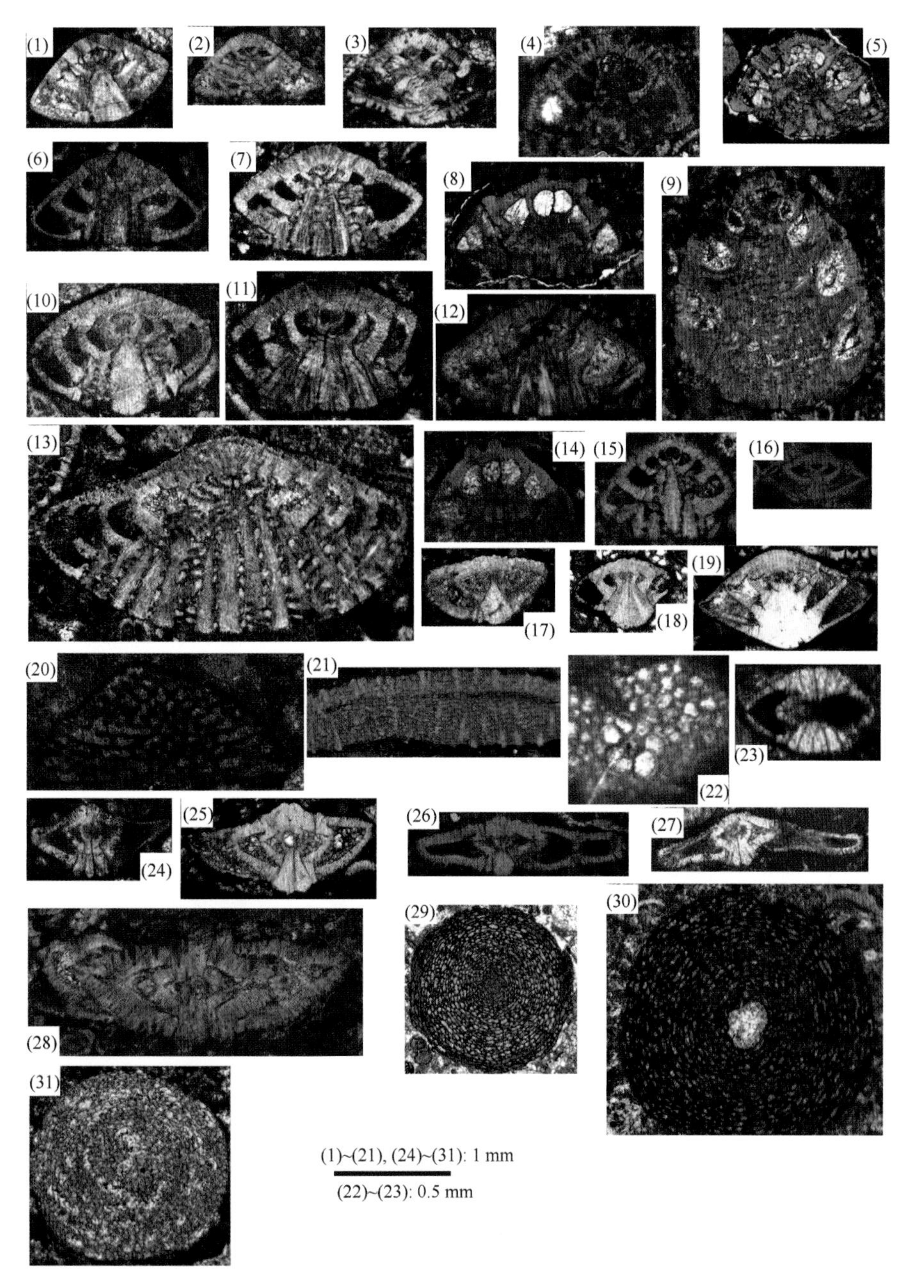

图 1.5　中晚古新世大有孔虫，自定日地区的遮普惹山组和岗巴地区的宗普组（Zhang et al.，2013）

（1）*Rotorbinella skourensis*；（2）*Rotalia implumis*；（3）*Rotalia* cf. *newboldi*；（4）*Lockhartia retiata*；（5）*Lockhartia prehaimei*；（6）*Lockhartia roeae*；（7）*Lockhartia* aff. *roeae*；（8）*Lockhartia haimei*；（9）*Lockhartia altispira*；（10）*Lockhartia* aff. *conditi*；（11）*Lockhartia conditi*；（12）*Lockhartia hunti*；（13）*Lockhartia tipperi*；（14）*Lockhartia megapapulata*；（15）*Lockhartia* sp.；（16）*Kathina aquitanica*；（17）*Kathina pernavuti*；（18）*Kathina* cf. *selveri*；（19）*Kathina nammalensis*；（20）*Fallotella* sp.；（21）*Orbitosiphon punjabensis*；（22）*Setia tibetica*；（23）*Miscellanites primitivus*；（24）*Daviesina danieli*；（25）*Daviesina khatiyahi*；（26）*Daviesina tenuis*；（27）*Daviesina* sp.；（28）*Daviesina langhami*；（29）和（30）*Keramosphaerinopsis haydeni*；（31）*Aberisphaera gambanica*

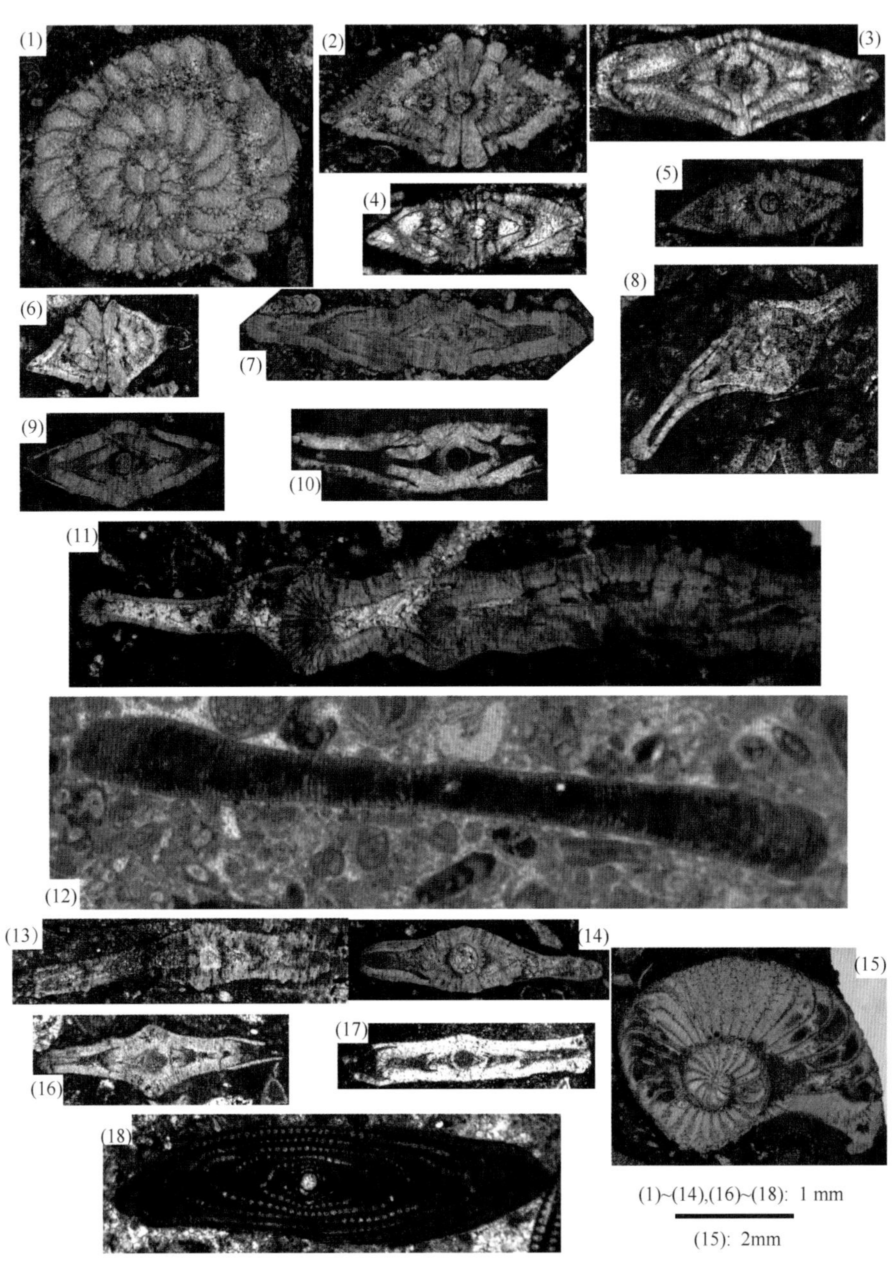

图 1.6 晚古新世大有孔虫，自定日地区的遮普惹山组和岗巴地区的宗普组（Zhang et al.，2013）

（1）和（2）*Miscellanea miscella*；（3）*Miscellanea dukhani*；（4）*Miscellanea complanata*；（5）*Miscellanea minor*；（6）*Miscellanea* cf. *miscella*；（7）*Ranikothalia nuttalli*；（8）*Ranikothalia* sp.；（9）*Ranikothalia thalica*；（10）*Ranikothalia savitriae*；（11）*Ranikothalia sindensis*；（12）*Orbitolites* sp.；（13）*Operculina patalensis*；（14）和（15）*Operculina subsalsa*；（16）*Operculina* cf. *canalifera*；（17）*Operculina jiwani*；（18）*Alveolina vredenburgi*

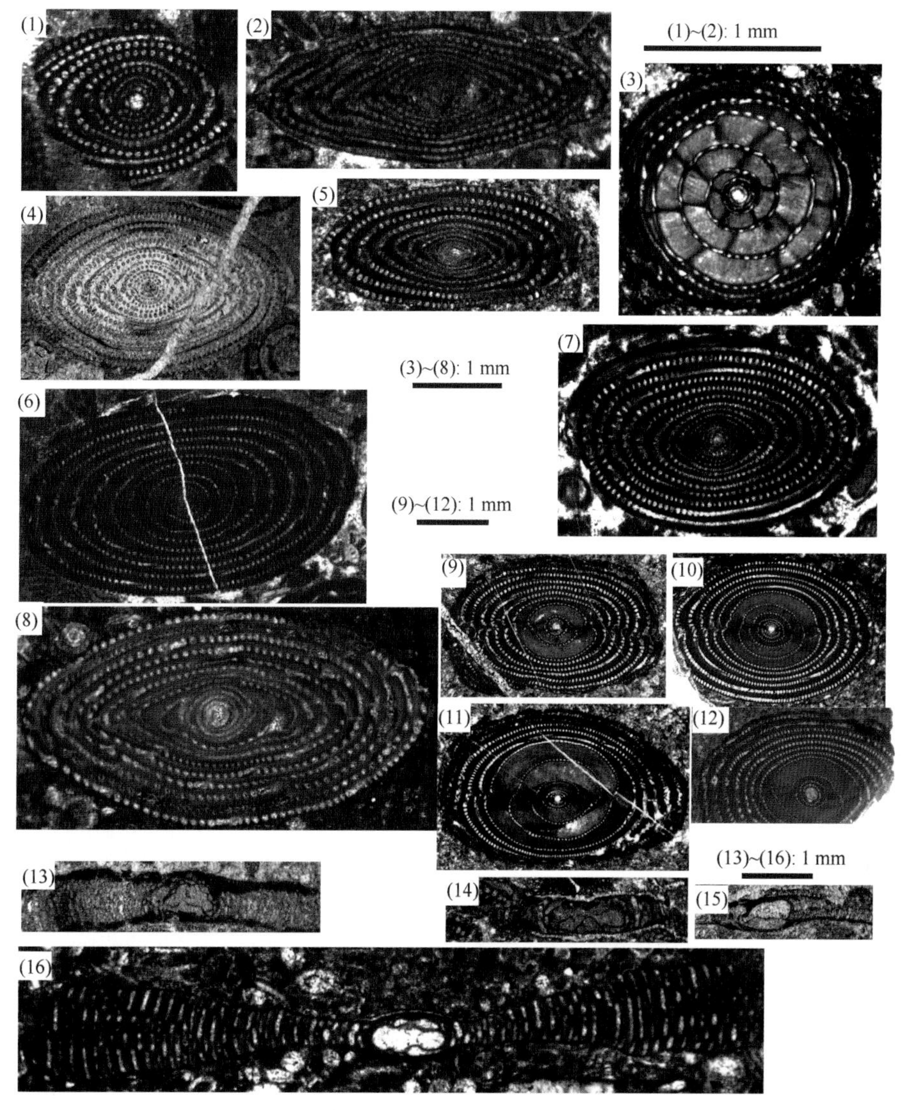

图 1.7　早始新世大有孔虫之一，自定日地区的遮普惹山组和岗巴地区的宗普组（Zhang et al.，2013）

（1）*Alveolina* cf. *subtilis*；（2）*Alveolina agerensis*；（3）*Alveolina pasticillata*；（4）*Alveolina ellipsoidalis*；（5）*Alveolina* cf. *tumida*；（6）*Alveolina* cf. *subpyrenaica*；（7）*Alveolina moussoulensis*；（8）*Alveolina conradi*；（9）*Alveolina tibetica*；（10）*Alveolina aragonensis*；（11）*Alveolina* sp.；（12）*Alveolina* aff. *citrea*；（13）*Orbitolites tingriensis*；（14）*Orbitolites bellatulus*；（15）*Orbitolites longjiangicus*；（16）*Orbitolites disciformis*

分了出来（SBZ 2 ～ SBZ 10）（图 1.9）。最初出现 *Rotorbinella skourensis*、*Rotalia implumis*、*Lockhartia retiata*、*L. prehaimei*、*Kathina aquitanica*、*K. pernavuti*、*K.* cf. *selveri*、*Daviesina danieli* 的层位被定义为 SBZ 2 的底部。最初出现 *Lockhartia haimei*、*L. roeae*、*Miscellanites primitivus*、*Keramosphaerinopsis haydeni*、*Daviesina khatiyahi*、*D. tenuis* 则被认为代表 SBZ 2 的顶部和 SBZ 3 的底部。*Keramosphaerinopsis haydeni* 被

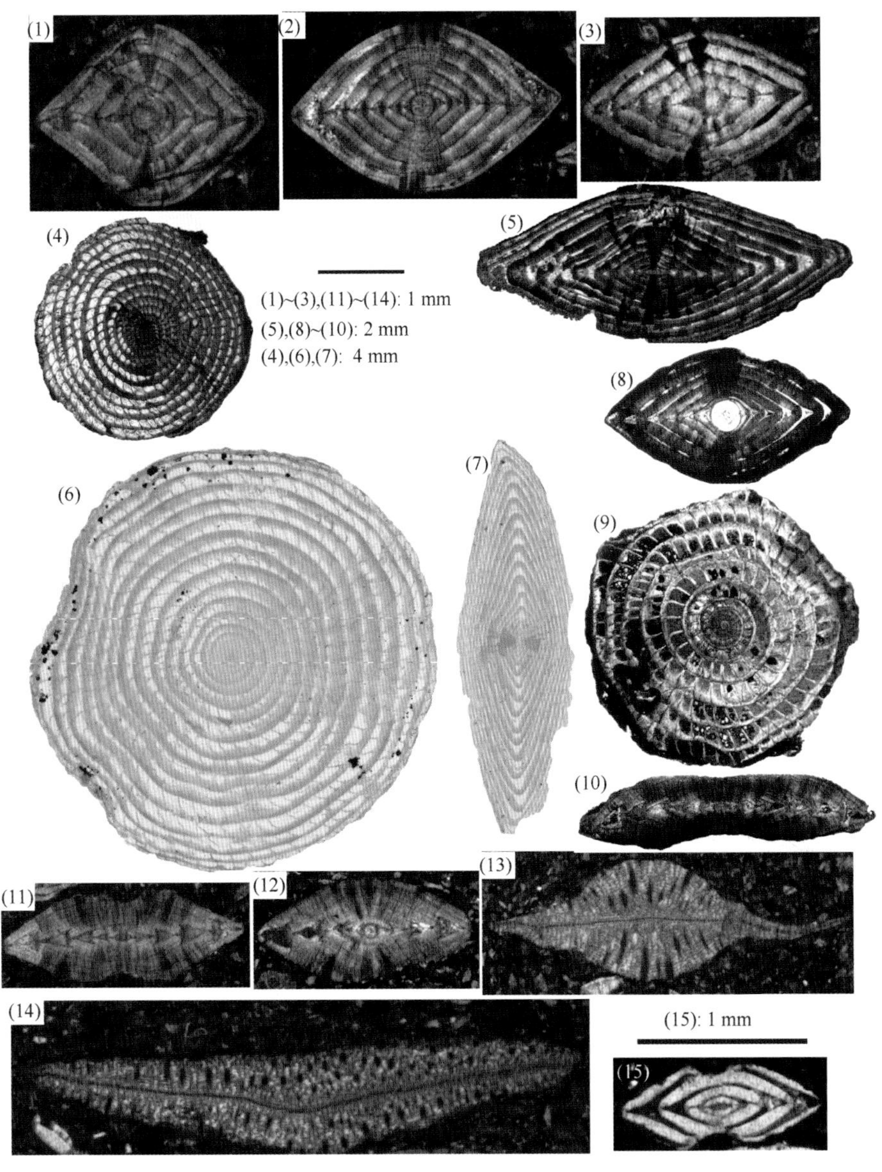

图 1.8 早始新世大有孔虫之二，自定日地区的遮普惹山组和岗巴地区的宗普组（Zhang et al.，2013）

（1）*Nummulites* cf. *subramondi*；（2）*Nummulites* sp.；（3）～（5）*Nummulites globulus*；（6）～（8）*Nummulites atacicus*；（9）和（10）*Assilina leymeriei*；（11）*Assilina subspinosa*；（12）*Assilina sublaminosa*；（13）*Discocyclina* sp.1；（14）*Discocyclina* sp. 2；（15）*Nummulites fossulatus*

认为是 SBZ 3 的一个标准化石。最初出现的 *Rotalia* cf. *newboldi*、*Lockhartia altispira*、*L.* aff. *roeae*、*L.* aff. *conditi*、*Kathina nammalensis*、*Aberisphaera gambanica*、*Setia tibetica*、*Daviesina langhami*、*Ranikothalia sindensis*、*Operculina* cf. *canalifera* 和最晚出现的 *Rotalia implumis*、*Lockhartia retiata*、*L. roeae*、*Kathina* cf. *selveri*、*Miscellanites*

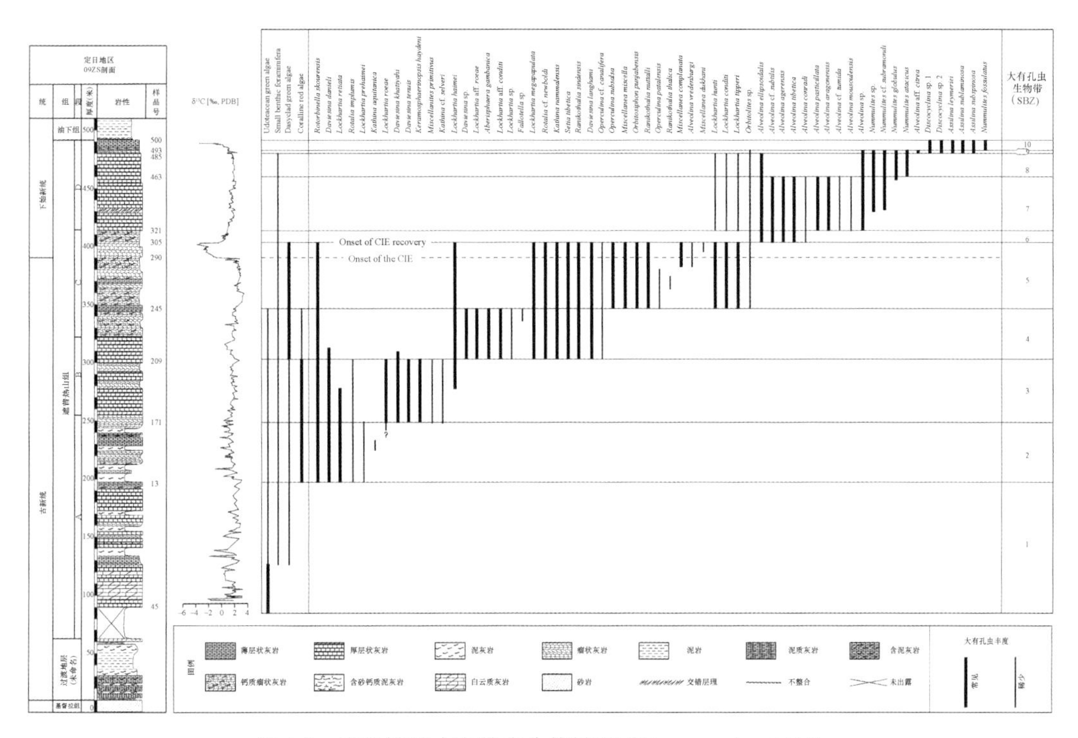

图 1.9　定日地区大有孔虫生物地层（Zhang et al.，2013）

primitivus、*Keramosphaerinopsis haydeni* 代表 SBZ 4 的底部。其中，*Aberisphaera gambanica* 被认为是 SBZ 4 的一个标准化石。SBZ 4 的顶部和 SBZ 5 的底部以最初出现的 *Lockhartia conditi*、*L. tipperi*、*L. hunti*、*Miscellanea miscella*、*M. minor*、*Ranikothalia nuttalli*、*R. savitriae*、*R. thalica*、*Operculina patalensis*、*O. subsalsa*、*O. jiwani* 为标志。在 SBZ 5 的顶部，大有孔虫经历了一次灭绝事件，很多具有多孔分层壳的大有孔虫（*Miscellanea*、*Lockhartia*、*Kathina*、*Daviesina*、*Setia*）都突然消失了。这个事件被定义为大有孔虫的绝灭和新生 (larger foraminiferal extinction and origination)（Zhang et al.，2019）。SBZ 6 的底部主要为 *Alveolina*、*Orbitolites* 和一些底栖小有孔虫。SBZ 6 的中上部可见 *Alveolina ellipsoidalis*、*A.* cf. *subtilis*、*A. agerensis*、*A. conradi*、*A. tibetica*、*Orbitolites* sp. 等。首次出现的 *Alveolina pasticillata*、*A.* cf. *tumida*、*A.* cf. *subpyrenaica*、*A. moussoulensis*、*A. aragonensis*、*Orbitolites tingriensis*、*O. bellatulus*、*O. longjiangicus*、*O. disciformis* 被定义为 SBZ 7 的底部。往上可见 *Nummulites* sp. 和 *N.* cf. *subramondi* 以及壳体非常小的 *Lockhartia hunti*、*L. conditi*、*L. tipperi*。最初出现的 *Nummulites globulus*、*N. atacicus* 和最晚出现的 *A. agerensis*、*A. tibetica*、*A. pasticillata*、*A. moussoulensis* 被定义为 SBZ 8。最初出现的 *Alveolina* aff. *citrea*、*Discocyclina* sp.、*Assilina leymeriei*、*A. sublaminosa*、*A. subspinosa* 和最晚出现的 *Nummulites* sp.、*N.* cf. *subramondi*、*N. globulus*、*N. atacicus* 被定义为 SBZ 9 的底部。最初出现的 *Nummulites fossulatus* 的层位被定义为 SBZ 10 的底部（Zhang et al.，2013）。

根据古新世—始新世特提斯地区底栖大有孔虫生物带（Papazzoni et al.，2017；Serra-Kiel et al.，1998），SBZ 2 指示了赛兰特阶，而 SBZ 3 代表了赛兰特阶的顶部和坦尼特阶的中下部。SBZ 4 代表了坦尼特阶的上部。SBZ 5 则横跨坦尼特阶和伊普利斯阶。这两个阶的界线（即古新统—始新统的界线）位于 SBZ 5 的内部（Zhang et al.，2013）。SBZ 6 ～ SBZ 10 代表了伊普利斯阶的中下部。整个遮普惹山组灰岩沉积于一个浅水碳酸盐岩斜坡上，水体深度最深不超过 120m。从赛兰特期到坦尼特期，沉积环境逐渐变深。在古新统—始新统界线处，沉积环境突然变浅，其反映了前陆盆地系统中前隆的到来而引起的构造抬升（Zhang J J et al.，2012）。在伊普利斯期，沉积环境又开始逐渐变深。大有孔虫碳酸盐岩台地在伊普利斯晚期由于水体变得过深（>120m）而被“淹没”，随后沉积了油下组。

油下组（中下伊普利斯阶至卢泰特阶底部）：该地层最初被命名为恩巴段（李祥辉等，2000；Wang et al.，2002），此后被修改为油下组（Zhu et al.，2005）。岩性为绿灰色泥页岩夹薄层绿色砂岩［图 1.4(c)］。泥岩中含晚白垩世—早始新世浮游有孔虫，其中最年轻的浮游有孔虫为 *Morozovella aragonensis*、*M. lensiformis*、*M. quetra*、*M. aequa*、*M. formosa gracilis* 等，指示 P 6 生物带至 P 10 生物带（Zhu et al.，2005）。泥岩中富含白垩纪至古新世钙质超微化石，其中最年轻的超微化石组合包括 *Sphenolithus conspicuus*、*S. radians*、*S. villae*、*Tribrachiatus orthostylus*、*Discoaster kuepperi*，代表了 NP 12 生物带（Najman et al.，2010）。浮游有孔虫和超微化石给出了比较一致的沉积时代——中晚伊普利斯期至最早的卢泰特期。油下组的沉积环境为外大陆架环境（Zhu et al.，2005）。

申克扎组（沉积时代有争议）：这套地层最初被命名为扎果段（李祥辉等，2000；Wang et al.，2002），后被修改为申克扎组（Zhu et al.，2005）。其岩性为红色泥岩、页岩夹透镜状砂岩［图 1.4(d)］。Najman 等（2010）认为，该套地层内的超微化石组合和下伏的油下组一致，故认为这两个组具有相似的沉积时代。而 Wang 等（2002）则认为，地层的沉积时代为巴顿期至普利亚本期。目前，众多学者对这套地层的沉积环境争议也很大。一些学者认为，该地层不整合覆盖在油下组之上，沉积环境为河道和河漫滩（Zhu et al.，2005，2006）。另外一些学者认为，该地层的沉积环境为浅海大陆架或前三角洲环境（李祥辉等，2000；Wang et al.，2002；Li et al.，2006）。

1.2 岩浆活动

1.2.1 淡色花岗岩

淡色花岗岩（或浅色花岗岩，leucogranite）是指暗色矿物含量小于 5% 的花岗岩岩类（Le Maitre，2002）。其除了含黑云母外，通常含白云母、石榴子石富铝矿物，因此常具有过铝质的地球化学特征。另外，电气石、独居石在淡色花岗岩中也常见，偶见绿帘石等副矿物。淡色花岗岩通常由沉积岩熔融产生，也被认为是 S 型花岗岩。在世界范围内，喜马拉雅造山带淡色花岗岩最为著名。

事实上，喜马拉雅淡色花岗岩总体上呈东西向分布，根据出露的构造位置通常分为两带（图 1.10），即南部的高喜马拉雅淡色花岗岩带（南带：包括尼泊尔马纳斯鲁岩体，西藏吉隆岩体和错那岩体等）和北部的特提斯喜马拉雅淡色花岗岩带（北带：包括佩枯措岩体、苦堆岩体、打拉岩体等）。喜马拉雅淡色花岗岩主要的岩石类型包括二云母淡色花岗岩、含电气石淡色花岗岩和含石榴子石淡色花岗岩，同时都发育了不同程度的钠长花岗岩或花岗伟晶岩，代表淡色花岗岩强烈的结晶分异后的产物。

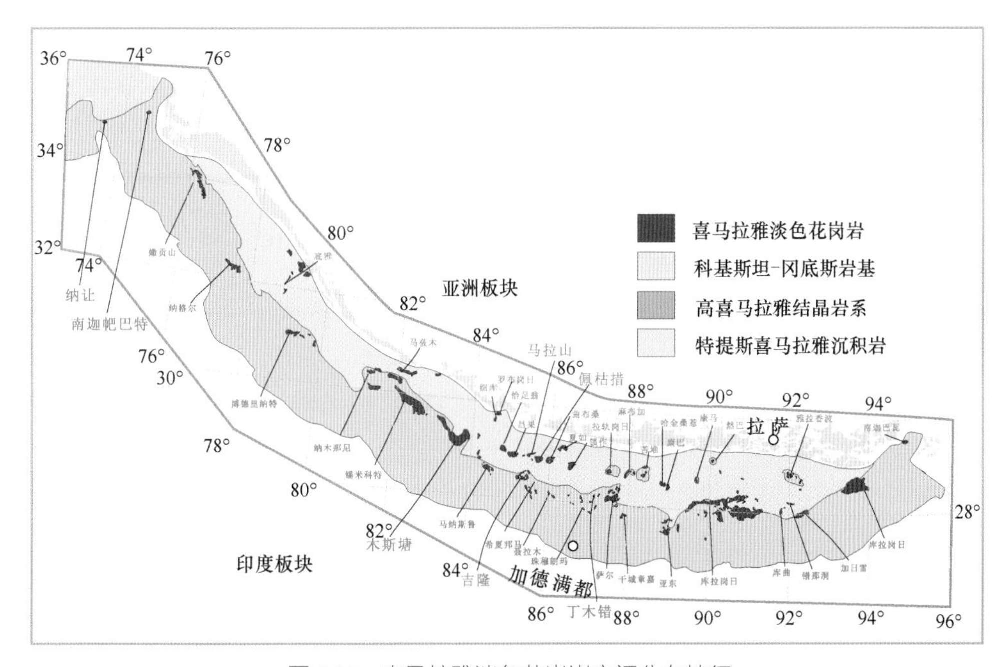

图 1.10　喜马拉雅淡色花岗岩空间分布特征

厘定喜马拉雅造山带中淡色花岗岩的产出状态、形成时限，以及岩石学和地球化学特征，是揭示碰撞造山带构造演化过程中，变质、岩浆和构造作用之间的互馈关系，浅表作用和深部地壳地质作用之间互动关系的关键，是探讨喜马拉雅造山带地壳加厚与隆升过程的重要途径之一（王晓先等，2012；吴福元等，2015）。

2017 年 12 月的科考主要考察“南亚通道”路线中高喜马拉雅带吉隆和丁木错的淡色花岗岩体与特提斯喜马拉雅带马拉山 – 佩枯措岩体，主要得出以下初步认识。

1. 吉隆淡色花岗岩体

吉隆岩体主要侵入前寒武系变质地层（黑云斜长片麻岩、变质砂岩及大理岩等）中，包括黑云母花岗岩、二云母花岗岩、含石榴子石花岗岩、含电气石花岗岩等，以及发育侵入于岩体中宽 5 ～ 20 cm 的伟晶岩脉。主要造岩矿物有石英、钾长石、斜长石、黑云母、白云母，以及典型的副矿物石榴子石（红色）、电气石（黑色）等。伟晶岩脉的典型特征是矿物晶形大，主要由石英、长石、电气石、石榴子石、白云母组成，显示高分异岩浆且富水的特征。野外最典型的特征是随着结晶分异程度升高，花岗岩矿物成分表现为黑云母逐渐减少，而白云母、石榴子石、电气石化含量增多（图 1.11 ～图 1.13）。

2. 丁木错淡色花岗岩

丁木错岩体位于珠穆朗玛峰东侧、丁木错南侧，侵位于泛非期钾长石伟晶的眼球状花岗片麻岩、花岗闪长质片麻岩、石英岩副片麻岩之中，岩体以中细粒二云母花岗岩为主，淡色岩脉非常发育，岩脉主要为由含石榴子石花岗岩、含电气石花岗岩、黑云母花岗岩构成的伟晶岩，见粉红色石英伟晶岩脉，其为岩浆结晶最晚期的产物（图 1.14 和图 1.15）。

3. 马拉山 – 佩枯措淡色花岗岩体

马拉山岩体位于吉隆县北侧，侵位于侏罗系地层中，主要包括黑云母花岗岩和二云母花岗岩，中 – 细粒结构；伟晶岩不发育，局部见电气石等。从野外岩相来看，其分异程度不高。

在马拉山东侧，佩枯措周围发育淡色花岗岩穹窿，最外带为变形变质的侏罗系地层，向内为变形的淡色花岗岩体（主要为黑云母花岗岩体），黑云母呈定向结构；而最内带未变形的淡色花岗岩主要包括黑云母花岗岩、二云母花岗岩、含石榴子石花岗岩、含电气石花岗岩等；佩枯措西边的淡色花岗岩体中发育丰富的伟晶岩（宽

图 1.11　吉隆岩体

(a) 淡色岩脉侵入于前寒武系眼球状黑云母花岗片麻岩；(b) 前寒武系眼球状花岗片麻岩钾长石伟晶中的黑云母集合体；(c) 吉隆未变形淡色花岗岩侵入体；(d) 淡色花岗岩中的黑云母囊状体

图 1.12　吉隆变形的淡色花岗岩

(a) 吉隆地区变形的淡色花岗岩；(b) 岩体中的电气石淡色花岗岩细脉；(c) 伟晶岩脉中常见电气石与石榴子石共生淡色花岗岩脉；(d) 电气石与石榴子石交互生长结构

图 1.13　吉隆细粒淡色花岗岩

(a) 伟晶岩脉中电气石与白云母共生；(b) 伟晶岩脉中电气石呈现弱定向排列；(c) 伟晶岩脉中的绿柱石矿化；(d) 伟晶岩脉中的粉色石英

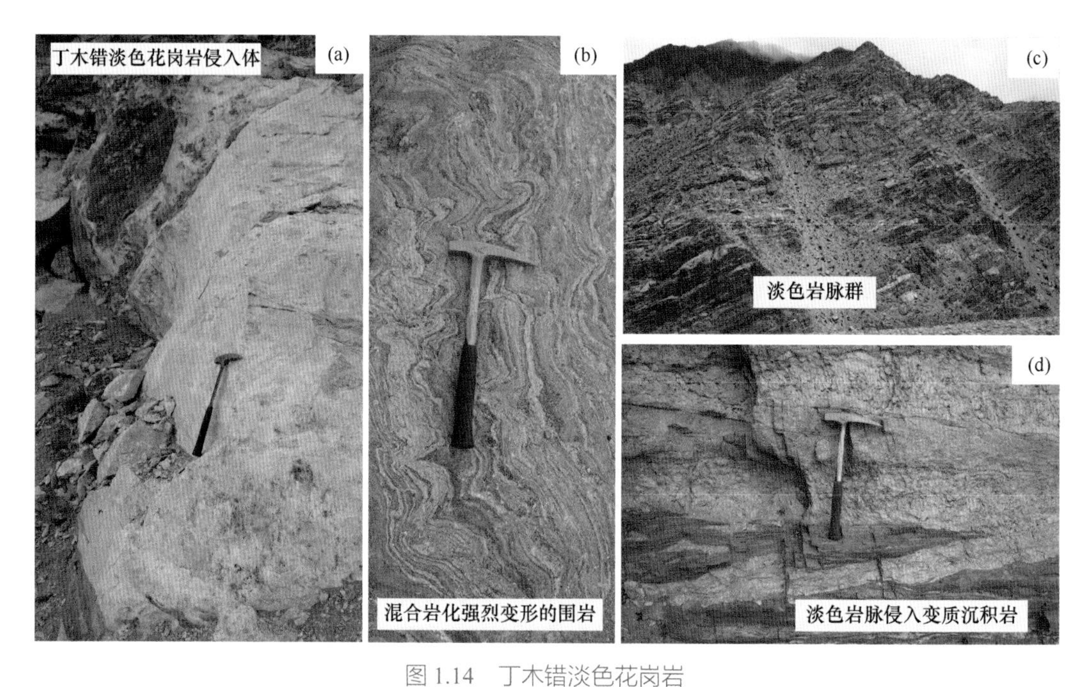

图 1.14 丁木错淡色花岗岩

(a) 淡色花岗岩侵入体；(b) 混合岩化强烈变形的围岩；(c) 淡色花岗质岩脉侵入特提斯喜马拉雅变质沉积岩中；(d) 淡色岩脉侵入变质沉积岩中

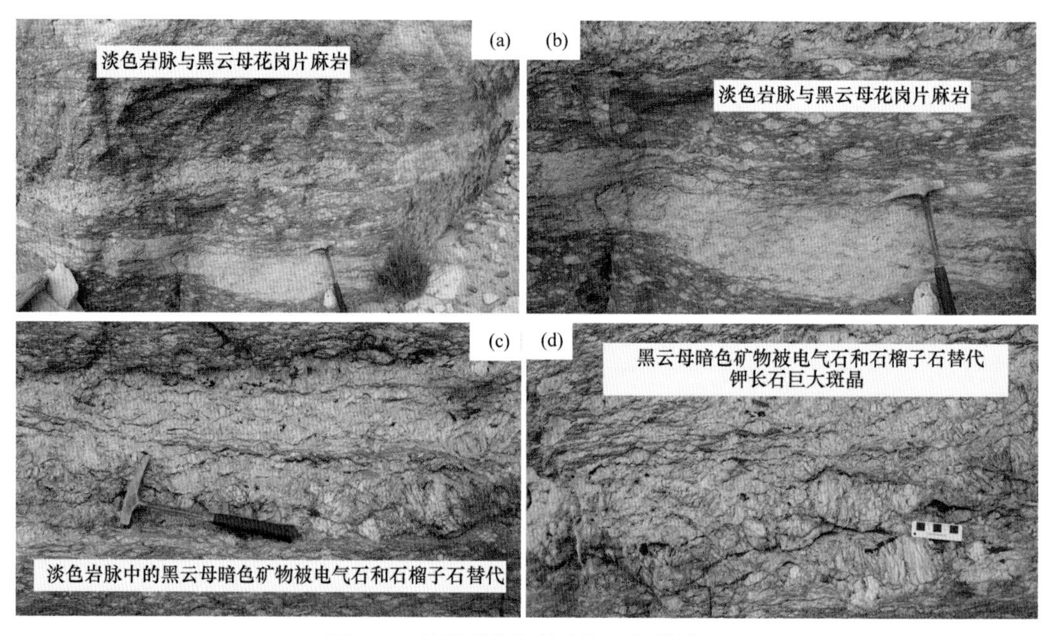

图 1.15 伟晶岩脉与片麻岩围岩的关系

(a) 淡色岩脉平行片麻理产出；(b) 淡色岩脉与黑云母花岗片麻岩并无突变接触关系；(c) 伟晶岩脉中有少量黑云母残留，并结晶出电气石和石榴子石等镁铁质矿物；(d) 伟晶岩脉保留片麻岩中的钾长石巨晶

度 10cm ～ 2m)，由颗粒粗大的石英、电气石、钾长石、白云母以及石榴子石组成，并发现长约 5cm 的绿柱石矿物。同样，野外岩相观察显示为一套高分异的花岗岩特征，随着结晶分异的升高，逐渐发育白云母、石榴子石、电气石等矿物（图 1.16 和图 1.17）。

图 1.16　佩枯措岩体

(a) 佩枯措淡色花岗岩侵入特提斯喜马拉雅沉积岩中；(b) 岩体中见斜长石斑晶及其细脉；(c) 岩体中见脉状黑云母集合体

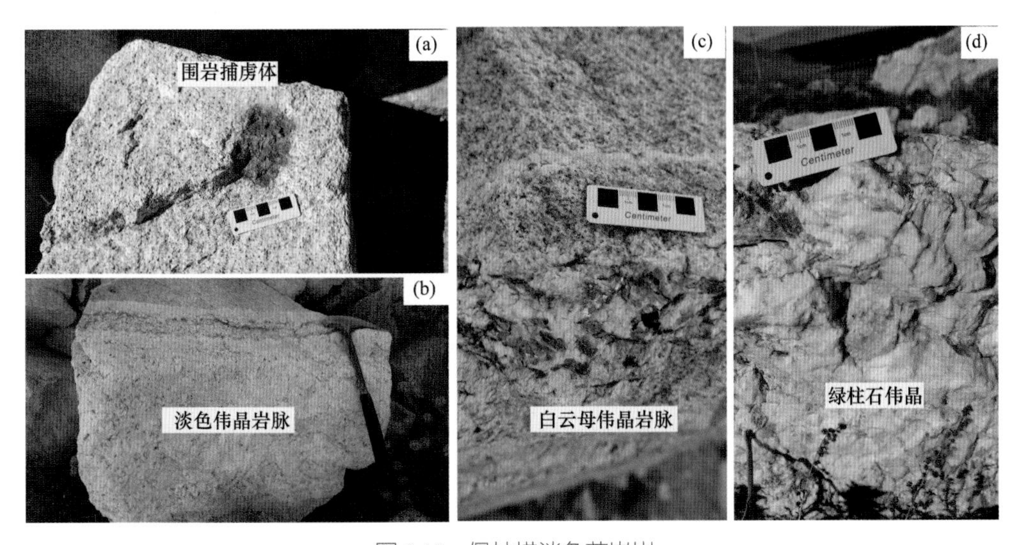

图 1.17　佩枯措淡色花岗岩

(a) 变质沉积岩围岩捕虏体；(b) 常见的淡色伟晶岩脉；(c) 白云母伟晶岩脉；(d) 伟晶岩脉中绿柱石伟晶

4. 形成时代

锆石 U-Pb 定年是厘定花岗岩形成时代应用最广泛、最有力的方法，但是这一方法在喜马拉雅淡色花岗岩的定年研究中很难奏效，主要原因是淡色花岗岩中新生锆石极其匮乏，而继承锆石则很发育，或者新生锆石只是增生在继承锆石周围很薄的一层。即使有新生锆石出现，或者有较厚的增生边， 很高的 U、Th 含量造成强烈的放射性衰变进而导致极其显著的蜕晶化，在阴极发光图像上显示与背景类似的黑色锆石。上述特点给锆石 U-Pb 定年带来了巨大挑战。激光束斑的剥蚀深度通常大于淡色花岗岩增生边的厚度，若采用空间分辨率更高的离子探针 SIMS，新生锆石的高 U、Th 含量远高于锆石标样，从而导致淡色花岗岩的锆石 U-Pb 准确定年存在困难。因此，不少学者转向独居石和磷钇矿的 U-Pb 定年（Liu et al.，2014，2016）。

喜马拉雅淡色花岗岩主要形成于中新世，为 24 ～ 10Ma（Schärer et al.，1986）。然而，近些年来的研究表明，其形成时间尺度为 45 ～ 7Ma，也有学者根据构造背景、结晶时代、地球化学特征等将这些始新统、渐新统和中新统花岗岩划分为始喜马拉雅（44～26Ma）、新喜马拉雅（26～13Ma）和后喜马拉雅（13～7Ma）三大阶段（吴福元等，2015）。特别是后两个阶段中新统淡色花岗岩的形成与喜马拉雅在中新世发生强烈隆升的观点在时间序列上具有高度一致性（Ding et al.，2017）。

5. 岩石学特征

根据曾令森和高利娥（2017）的总结，喜马拉雅淡色花岗岩可以分为始新统（包括二云母花岗岩、淡色花岗岩和淡色花岗玢岩）、渐新统（高分异淡色花岗岩）和中新统淡色花岗岩（包括四类花岗岩，其中 A 类和 B 类代表较原始的岩浆形成）。

始新统花岗岩均为富钠过铝质花岗岩（Hou et al.，2012；Liu et al.，2014；Zeng et al.，2011，2015），二云母花岗岩具有弱或无 Eu 异常，微量元素上具有高 Sr 含量和高 Sr/Y 值；淡色花岗岩具有明显负 Eu 异常，且轻重稀土分馏显著；淡色花岗玢岩稀土元素表现为四分组效应，与高分异花岗岩类似。渐新统淡色花岗岩为石榴子石或电气石淡色花岗岩（Aoya et al.，2005；Gao et al.，2016a，2016b；King et al.，2011；Larson et al.，2010；Liu et al.，2016；Zhang et al.，2004a，2004b），为富钾过铝质淡色花岗岩。其稀土元素含量较低，且轻重稀土含量相近，呈现海鸥式的稀土分配模式、明显负 Eu 异常、典型的高分异花岗岩的特征（Gao et al.，2016a，2016b；Liu et al.，2016；吴福元等，2015）。根据矿物组合和结构特征，依据一定的判别原则，曾令森和高利娥（2017）将中新统淡色花岗岩分为四类，A 类和 B 类代表较为原始的岩浆组分；C 类代表经历明显堆晶作用的淡色花岗岩，具体表现为钾长石或斜长石比例明显升高，常见长石条带或团块；D 类为经历明显分离结晶作用的淡色花岗岩，表现出缺乏云母矿物、钠长石组分显著升高、具有高分异花岗岩的特征。

6. 岩石成因

对喜马拉雅花岗岩的源岩性质和岩浆过程还存在争论，包括：①传统认为淡色花岗岩起源于变质沉积岩的部分熔融（Patiño Douce and Harris，1998；Zhang et al.，2004a，2004b），但是在打拉和雅拉香波始新统岩体中，最新的研究认为有角闪岩物质的加入（Zeng et al.，2011），从实验岩石学角度，印度基底的眼球状花岗片麻岩也是可能的源区之一（杨晓松等，2001）；②传统认为是原地 – 近原地侵位的地壳来源的低融花岗岩（Harrison et al.，1999），而近年来野外岩相学研究显示可能是异地深成侵位的高分异花岗岩（吴福元等，2015；Liu et al.，2016）。事实上，岩浆的起因主要是升温或降压导致部分熔融，升温可能由于厚层地壳中放射性元素热累积，或者逆冲断层剪切生热，而降压可能将深部（约 50km）物质经逆冲断裂推覆折返到浅部（约 20km）就位（邓晋福等，1994；石耀林和王其允，1997；Harrison et al.，1997，1999；Nabelek and Liu，2004）。上述过程均都离不开大规模的地壳加厚，增厚地壳均衡反弹进而导致地表快速隆起，因此从这种角度来讲，淡色花岗岩的形成与地壳大规模加厚、地表大规模隆升具有密切的联系。淡色花岗岩的普遍发育也可能是判别造山带进入后期阶段（造山垮塌）的重要岩石学标志之一。显然，喜马拉雅淡色花岗岩为了解中下地壳物质在印度 – 欧亚碰撞造山过程的物理和化学行为，以及与构造演化、高原隆升之间的耦合关系提供了重要的岩石探针（吴福元等，2015；曾令森和高利娥，2017）。

1.2.2　喜马拉雅火山岩

喜马拉雅出露有广泛的晚古生代以来（特别是二叠纪、三叠纪和白垩纪）的火山岩，这些火山岩对研究火山岩岩石学、大印度北缘拉张、大陆裂解，以及新特提斯洋盆形成、演化和消亡等青藏高原早期地质演化过程乃至提高喜马拉雅的整体地质研究水平和程度等方面都具有重要的科学意义。

1）提升了喜马拉雅带火山岩研究水平。位于西藏南部的喜马拉雅一直是国内外学者所关注的热点区域之一。目前对该带的研究主要集中在地层、变质岩、新生代藏南拆离系等方面，但缺乏从岩浆角度系统约束特提斯演化。最近研究表明，该带中生代构造演化并不简单，即西、中、东段可能具有不同的地质演化过程。因此，对喜马拉雅带的研究可以提升该区域岩浆作用乃至整体地质研究水平。

2）填补和强化了喜马拉雅带火山岩岩石成因、地幔源区和地球动力学研究。该带西段存在的二叠纪地幔柱活动可能与新特提斯洋开启有关；东段可能存在与东印度洋开启有关的白垩纪地幔柱；而位于它们之间的中段中生代岩浆成因及地球动力学背景还未知。因此，该带中段火山岩可以为我们提供大陆裂解的深部岩浆过程与类型，以及成因复杂性的机会和条件。

一般双峰式火山岩中玄武岩与地幔部分熔融有关，而酸性火山岩的成因有：①地壳重熔；②玄武岩浆分离结晶作用。其构造背景也具有多样性，如大陆裂谷环境、弧后盆地和后碰撞等环境。前期工作发现在拉孜和康马地区存在一套白垩系双峰式岩浆岩，因此对其研究为理解该类型火山岩成因和构造背景提供了良好的场合。

另外，通常认为，从大洋到大陆岩石圈的俯冲必然伴随着洋 – 陆板片对深部地幔源区的改造富集，从而很难获取改造前的岩石圈地幔信息。而对大陆裂解过程中岩浆源区的研究，可以提供不受后期俯冲流体改造的地幔源区端元组分的信息，其对区域构造演化，如特提斯喜马拉雅带古地理位置和大陆裂解时间具有重要的意义。

通常认为特提斯喜马拉雅带属于裂谷发育背景的大印度北缘，但也有学者认为该带是单独地块，由洋–洋或洋–陆俯冲所形成。另外，研究表明，晚三叠世中、东段处在不同的地质构造背景，但缺乏火山岩的印证。因此，对中、东段中生界火山岩成因和构造背景的研究，可以为解决新特提斯洋两侧以及中段东西两边古大陆的地理位置提供火山岩约束，从而为重塑大地构造格局提供依据。

再者，目前对新特提斯洋开启时间争论的一个重要原因是缺乏可靠的火山岩锆石年代数据。一般认为，从侏罗纪开始印度大陆北缘出现稳定被动大陆边缘层序，所以晚三叠世很可能是裂谷晚期或大洋打开早期。因此，该带三叠系火山岩年代学和地球化学的研究有望为新特提斯洋的开启时间提供约束。

1. 二叠系火山岩

长期以来，对喜马拉雅二叠系火山岩的研究主要集中在西段位于印度境内的 Panjal 暗色岩和东段区域的 Abor 火山岩。但最近研究表明，中段也有多处二叠系火山岩的出露，如尼泊尔北部 Nar-Tusm 细碧岩、吉隆沟 Bhote Kosi 玄武岩和聂拉木色龙玄武岩（朱同兴等，2002）。本次科考发现在位于中段聂拉木县波绒乡的色龙群 ($P_{2\text{-}3}S$) 中出露一套夹层火山岩（图 1.18）。色龙群分布于吉隆沟棍打至温嘎洞一带，位于棍打背斜南北两翼及图幅西部响尔达南至哈央拉一带。

火山岩以夹层形式赋存于色龙群中上部的石英砂岩中（图 1.19），出露厚度 40 ～

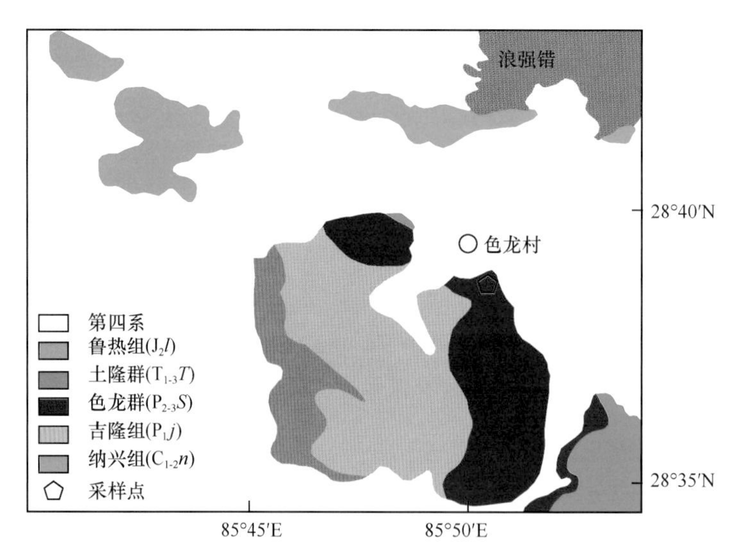

图 1.18　聂拉木县波绒乡区域地质简图

50 m。这套火山岩不整合覆盖在白色－灰白色石英砂岩之上，并被含有腕足化石的石英砂岩覆盖（图 1.20）。其岩性主要为玄武质安山岩、安山岩。可见喷发相角砾，角砾大小不一，蚀变较为严重。手标本呈黄褐色，为杏仁状构造及块状构造。岩石主要由斜长石 (90%) 和暗色矿物 (10%) 等组成，其中斜长石为拉长石，呈自形－半自形板状，粒径为 0.2 ～ 0.5 mm，不规则排列。可见聚片双晶，部分可见卡钠复合双晶，蚀变作用为绢云母化、绿泥石化局部受力略显波状消光，暗色矿物均被绿泥石交代，呈填隙状，分布无规律，推测为辉石蚀变而成，局部可见气孔状，但大多数气孔已经被杏仁体充填，其杏仁体大小一般为 1 ～ 4 mm，局部可达 8 mm，形态为圆形、似椭圆形、似透镜体状及不规则状，分布略显定向，成分以绿泥石为主，含少量方解石等，含量为 10%。

图 1.19　聂拉木县波绒乡色龙群夹层玄武岩野外照片

目前，对喜马拉雅二叠系火山岩的研究主要存在以下两个方面的争论：第一，关于二叠系火山岩的构造背景，主要有两种不同的观点，即早期裂谷阶段或者初始洋壳化阶段。近些年来，国内外学者对特提斯喜马拉雅带中段二叠系火山岩进行过报道（马冠卿，1998; 余光明和王成善，1990；赵政璋等，2001；朱同兴等，2002；朱弟成等，2004，2006；Garzanti et al.，1999；Zhu et al.，2010）。最近研究表明，冈瓦纳大陆北缘的裂谷作用开始于晚石炭世，并最终在早二叠世时期形成了洋初始洋壳［正常洋中

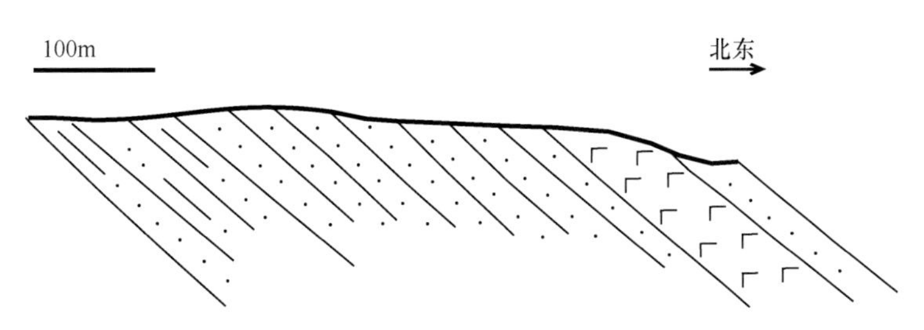

图 1.20　聂拉木县波绒乡色龙群 ($P_{2-3}S$) 玄武岩夹层野外剖面

脊玄武岩（N-MORB）类型，$\varepsilon_{Nd}(t)$ 值：+7.38 ～ +9.31］(Chen et al.，2017)。但是 Zhu 等（2010）认为这套岩浆岩的形成环境为拉伸 – 大陆裂谷环境，该期岩浆活动标志着冈瓦纳超级古大陆开始裂离、解体（朱同兴等，2002）。造成这一认识差异的一个重要原因是缺乏对从石炭纪到二叠纪地质演变过程的综合研究以及缺少精细的火山岩年代学数据，而后者可能与不同学者所采用的样品具有不同的喷发年龄，即来自不同的地层层位有关。

第二，目前对这套火山岩的岩石成因也存在着不同的认识。例如，Zhu 等（2010）认为该区域具有洋岛玄武岩（OIB）类型地球化学特征的二叠系玄武岩起源于一个相似的地幔源区，其源区主要由亏损的软流圈地幔物质和富集岩石圈地幔物质混合组成。然而也有学者认为，二叠系火山岩属于地幔柱成因，与同时期出露在拉萨、羌塘（300 ～ 279 Ma）和滇缅马（301 ～ 282 Ma）地体上的二叠系岩浆岩相似，正是地幔柱的活动最终导致了中特提斯洋的打开（Liao et al.，2015；Maury et al.，2003；Zhai et al.，2013）。

本次科考所采集的二叠系火山岩有望为解决以上两种争论提供新的素材和思路，目前室内工作包括岩石地球化学和年代学分析测试正在进行中。

2. 三叠系火山岩

喜马拉雅出露较为有限的三叠系火山岩（包括上、中、下三叠统），分别以夹层形式出现在不同的地层中。下三叠统火山岩主要发育于热马组中，该地层由灰色 – 粉红色生物灰岩、灰黑色板岩和石英砂岩组成，主要出露于江孜县附近。火山岩岩性为一套玄武岩，并且具有碱性系列的特征（朱弟成等，2004）。桑康组中则发育一套中三叠统火山岩，火山岩出露位置位于白朗县城南边。

上三叠统火山岩主要以夹层形式出现在郎杰学群章村组和涅如组中，前者主要出露在扭麦拉—江京则断裂以南与寺木寨断裂以北间东西向的狭长地带内，其地理位置位于朗县南部。主要岩性包括变玄武岩、变杏仁状中基性火山岩、蚀变安山玄武质火山角砾岩、蚀变玄武安山岩和蚀变安山岩等。根据含火山岩的地层中采获的双壳、牙形石等化石，鉴定其时代为晚三叠世。目前对该地层沉积物的来源存在着争论，主要有以下几种不同的观点：①来自印度被动大陆边缘（Yin and Harrison，2000）；②属于雅鲁藏布江缝合带内增生楔，与修康群混杂岩有关（王立全等，2013）；③发育于新特提斯洋裂解初期的裂谷环境，分布在拉萨地块南部和印度地块北缘（Dai et al.，2008；Li et al.，2014）；④起源于新特提斯洋三叠纪洋内弧弧前盆地（Li et al.，2010）；⑤来自三叠纪洋 – 陆俯冲背景下的拉萨弧前盆地（Li et al.，2010）；⑥位于印度和澳大利亚之间山南地块，具有多种来源，拉萨地块、洋内弧、大洋海山和洋中脊、印度和澳大利亚（Li et al.，2015）。

最近研究结果表明，中段拉孜县上三叠统地层主体具有古老的印度地盾属性，而东段康马县近涅如组和郎杰学群的碎屑锆石时代为二叠纪—早侏罗世，与澳大利亚西北部等地层相似（Cai et al.，2016；Wang et al.，2016a，2016b）。这表明上三叠统地层在中、东段具有不同起源，即东段与古泛太平洋岩石圈西向俯冲有关，而中段则来自印度被动大陆边缘。另外，也有学者认为高喜马拉雅与拉萨地块之间为雅鲁藏布弧后裂陷槽，其由主体位于高喜马拉雅南边的新特提斯洋于晚三叠世发生北向俯冲形成（刘小汉等，2009）；或由古特提斯洋南向俯冲导致新特提斯洋作为弧后盆地打开（Yin and Harrison，2000）。这种背景下的特提斯喜马拉雅带火山岩具有大陆边缘弧后盆地火山岩的特征。除此之外，涅如组火山岩还可能与地幔柱有关，但需更进一步深入的研究工作，因为野外调查发现该时期并没有大规模的岩浆溢流事件（朱弟成等，2006）。事实上，三叠系火山岩不仅仅出露在喜马拉雅带，在阿曼、地中海等地也有，其存在两种观点：①由于地层由深海沉积物或礁灰岩组成，因此与洋底高原或海山有关；②大陆边缘裂谷或者大陆解体后阶段的作用（Chauvet et al.，2011）。

3. 白垩系火成岩

山南措美地区发育一套白垩系岩浆岩，该期岩浆作用由于规模庞大而引起国内外有关学者的关注。构造位置上，这套岩浆岩主要发育在雅鲁藏布江缝合带和高喜马拉雅结晶岩系之间的特提斯喜马拉雅带东段。特提斯喜马拉雅带内出露的地层包括前震旦系变质岩和古生界—新生界沉积岩，其中中生界地层最为发育。这套岩浆岩呈现双峰式火山岩的特征，在特提斯喜马拉雅带东段出露面积约 50000 km^2，锆石 U-Pb 定年结果指示其主要活动发生在 136 ～ 130 Ma（峰期约 132 Ma）(Liu et al.，2015；Zhu et al.，2008）。

值得注意的是，这套下白垩统火成岩主要出露在特提斯喜马拉雅带东段江孜、康马和措美以东等地区，简称“措美大火成岩省”(Zhu et al.，2009)；而在特提斯喜马拉雅带中、西段地区是否也有同时期岩浆岩的出露还不清楚，这直接影响我们对藏南早白垩世时期地质构造演化的认识。通过野外考察发现，在特提斯喜马拉雅带中段的拉孜地区和靠近东段的康马地区出露的一套岩浆岩，选取 6 个样品（5 个基性岩和 1 个长英质岩石）进行锆石 LA–ICP–MS U-Pb 定年。CL 图像显示基性岩锆石具有韵律环带，Th/U 值为 0.21 ～ 2.92，这些特征暗示着所研究的锆石全部为岩浆锆石（Corfu et al.，2003）。来自长英质岩石的锆石呈长柱状（长 100 ～ 150 μm)，Th/U 值变化范围为 0.26 ～ 2.99，同样具有岩浆锆石的特征。来自拉孜地区基性岩的锆石 U-Pb 定年结果分别为 118.1 ± 1.2 Ma、117.7 ± 1.2 Ma 和 116.9 ± 1.1 Ma；长英质锆石 U-Pb 定年结果为 115.7 ±1.3 Ma。来自康马基性岩的两个样品的定年结果分别为 117.0 ± 1.9 Ma 和 117.7 ± 1.8 Ma。由于这些分析测试点都尽量选在锆石颗粒边缘，因此所获得的 $^{206}Pb/^{238}U$ 年龄代表着这套岩浆岩的形成时代，即 118 ～ 115 Ma（图 1.21）(Chen et al.，2018）。

以上这些年龄测试结果不同于前人报道的位于特提斯喜马拉雅带东段的 140 ～ 130 Ma 岩浆岩（Liu et al.，2015；Zhu et al.，2008）。但最近也有学者报道了在江孜 – 康马地区发育的多期白垩系基性岩浆作用，其中在康马地区发现一套 120 Ma 的辉绿岩（王亚莹等，2016）与本次发现的 118 ～ 115 Ma 的岩浆岩在采样位置和年龄上都比较接近。

另外，除了东段和中段外，最近在特提斯喜马拉雅带西段同样发育了一套下白垩

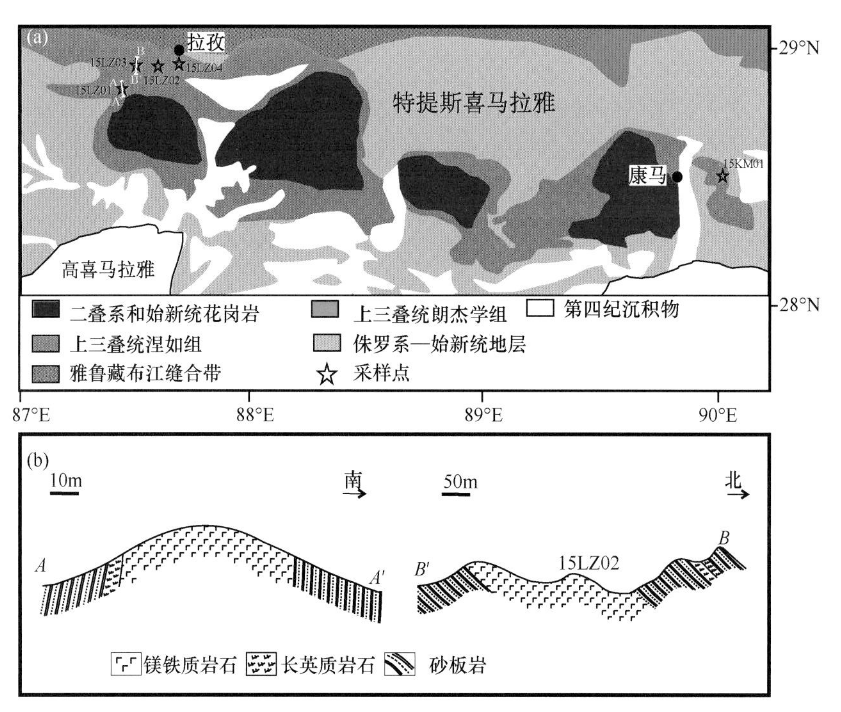

图 1.21 (a) 特提斯喜马拉雅带中段地质简图；(b) 野外信手剖面图显示了夹层岩浆岩的空间关系，剖面图位置已在图 (a) 中标出

统岩浆岩，如最近在仲巴地区发现存在一套 130 Ma 的辉绿岩脉（Wei et al.，2017），其年龄与东部措美地区相似。这些出露在特提斯喜马拉雅东段和西段的下白垩统岩浆岩一般被认为与白垩纪 Kerguelen 地幔柱活动有关（Wei et al.，2017）。此次报道的 118 ～ 115 Ma 岩浆岩从年龄和岩性上不同于东段和西段，却相似于印度的 Rajmahal–Bengal–Sylhet Traps（118 ～ 117 Ma）和 Gulden Draak continental knoll（117 Ma），而后者被认为是属于 Kerguelen 大火成岩省的一部分（Coffin et al.，2002；Ghatak and Basu，2011）。此外，在澳大利亚、印度和南极洲同样存在大量 120 ～ 110 Ma 活动的岩浆作用（Whittaker et al.，2016）。因此，综合以上时空演化特征表明，位于特提斯喜马拉雅带中段的 118 ～ 115 Ma 岩浆岩也应该属于 Kerguelen 地幔柱活动背景下的产物（Coffin et al.，2002；Ghatak and Basu，2011）。

本次江孜 – 康马下白垩统岩浆岩的发现填补了特提斯喜马拉雅带中段没有白垩系岩浆岩的空白，同时也表明该时期岩浆作用在整个特提斯喜马拉雅带都有出露，而不仅出现在东段措美或者西段仲巴等地区。另外，从大地构造位置上，这套下白垩统岩浆岩出露在特提斯喜马拉雅带上。因此，综合以上两点考虑，建议把前人所提出的“措美大火成岩省”改为“特提斯喜马拉雅火成岩省”（Chen et al.，2018）。

位于特提斯喜马拉雅带中段的这套 118 ～ 115 Ma 的岩浆岩具有双峰式岩浆作用的岩性特征（图 1.22），由主体为基性岩（SiO_2: 48.6 % ～ 51.4 %）和少量中酸性岩（SiO_2: 63.0 % ～ 70.0 %）组成。在 SiO_2-FeOT/MgO 岩性分类图上（图 1.22），基性岩具有拉

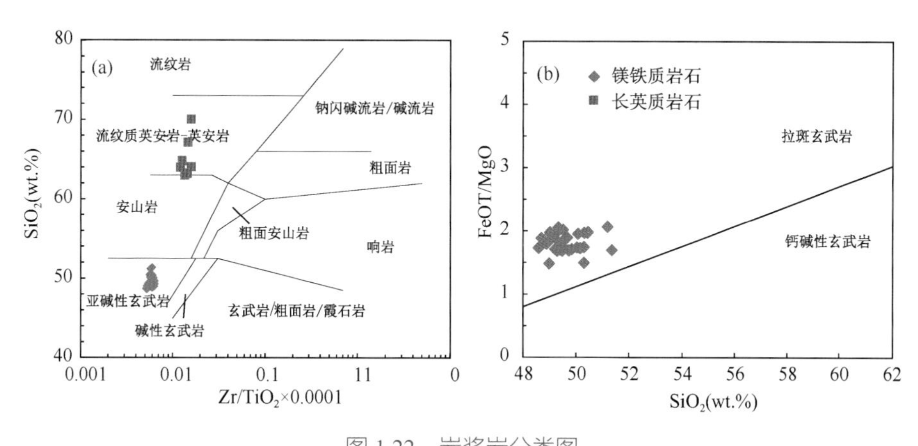

图 1.22　岩浆岩分类图

(a) SiO_2-Zr/TiO_2 (Pearce，1996)；(b) SiO_2-(FeOT/MgO) (Miyashiro，1974)

斑玄武岩的地球化学属性（Miyashiro，1974）。基性岩 TiO_2 含量变化范围为 1.3 % ～ 2.4 %，MgO 和 Ni、MgO 及 Cr、CaO 和 CaO/Al_2O_3 之间呈正相关关系。它们具有较低的 MgO（6.59 % ～ 7.49 %）、Mg#[100 ×MgO/(MgO+FeO)：50.1 ～ 58.9]、Ni[39.4 ～ 84.9 ppm[①]] 和 Cr（139.4 ～ 262.4 ppm）含量，表明基性岩岩浆经历了橄榄石和辉石分离结晶作用。

稀土元素标准化图解显示基性岩具有负的 Eu 异常和不同的 $(La/Yb)_N$ 值，其变化范围为 0.7 ～ 1.7，总体上具有 N-MORB[$(La/Yb)_N = 0.6$] 到 E-MORB[②] [$(La/Yb)_N = 1.9$] 过渡类型的稀土元素配分特征（图 1.23）。不相容元素标准化图解显示基性岩同样具有洋中脊玄武岩（MORB）类型的地球化学特征。但是与 MORB 相比，基性岩具有负的 Nb 异常和正的 Th 异常，因此，它们的 Nb/Ta 值较低（8.0 ～ 14.2）（图 1.23），这与 MORB 的 Nb/Ta 值（15.9）明显不同（Sun and McDonough，1989）。

基性岩的 $(^{87}Sr/^{86}Sr)_i$ 和 $(^{143}Nd/^{144}Nd)_i$ 值分别为 0.70502 ～ 0.70589 和 0.51263 ～ 0.51276（根据锆石 U-Pb 定年结果计算），这相似于研究区周边同时代的岩浆岩（Olierook et al.，2017）。$^{176}Hf/^{177}Hf$ 值为 0.282922 ～ 0.283032，对应 $\varepsilon_{Hf}(t)$ 为 +8.0 ～ +11.9。总体上，基性岩的 Sr–Nd–Hf 同位素特征可类比于 Kerguelen 地幔柱头部物质（Ingle et al.，2003；Olierook et al.，2017）。另外，它们的 Os 和 Re 含量分别为 58 ～ 95 ppt[③] 和 420 ～ 1175 ppt，与 MORB 相似（Shirey and Walker，1998）。$^{187}Os/^{188}Os(t)$ 值为 0.15 ～ 0.24 [$\gamma_{Os}(t)$ =17 ～ 89]，明显不同于上地幔值（$^{187}Os/^{188}Os = 0.13$）（Meisel et al.，2001）。Re 与 MgO 呈较弱的正相关关系，而 Os 与 MgO 并没有相关关系。

Th/Yb-Nb/Yb 图解显示基性岩投在 MORB-OIB 范围之上，显示基性岩浆经历了地壳混染过程。不相容元素标准化曲线显示基性岩负的 Nb 异常和相对高的 $^{87}Sr/^{86}Sr$ 值（0.70502 ～ 0.70589），同样也支持了地壳混染作用的发生。与 Sr-Nd-Hf 同位素体系相比，

① 1ppm=1mg/kg。

② E-MORB 指富集型洋中脊玄武岩。

③ 1ppt=1ng/kg。

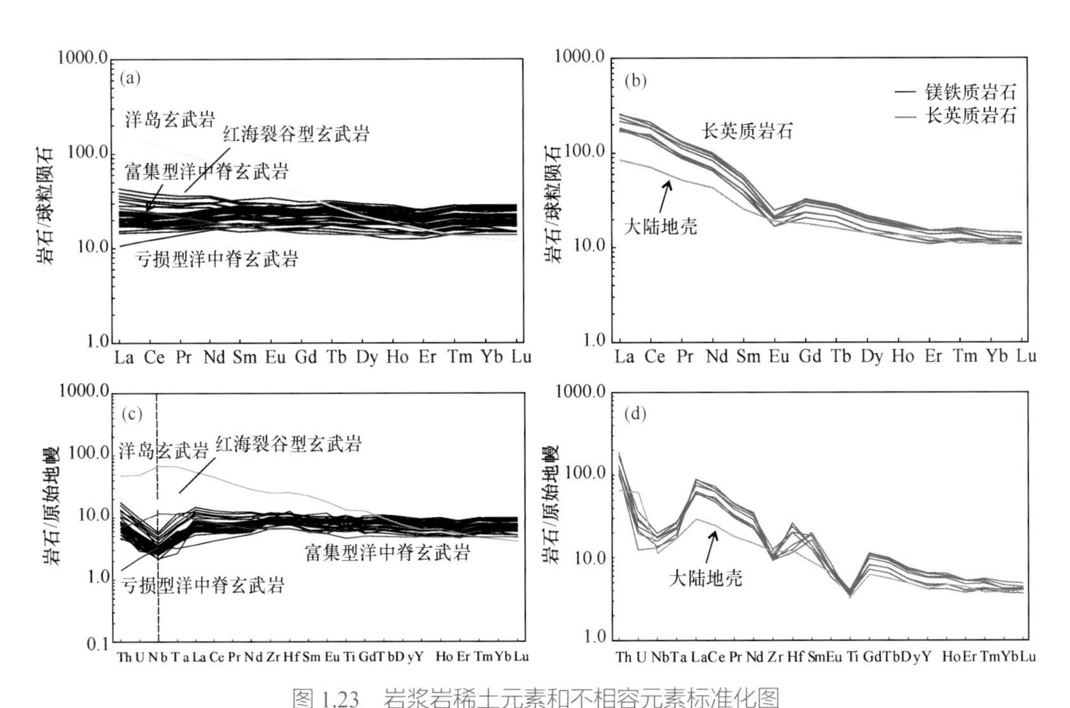

图 1.23　岩浆岩稀土元素和不相容元素标准化图

(a) 和 (c) 为基性岩，(b) 和 (d) 为长英质岩石。洋岛玄武岩、亏损型洋中脊玄武岩、富集型洋中脊玄武岩和大陆地壳值来自 Sun 和 McDonough (1989)

Re-Os 同位素是研究基性岩浆是否经历地壳混染作用的有效工具。本书 $1/Os-^{187}Os/^{188}Os$ 模拟结果表明，该套基性岩经历了不同程度（最大可达 10%）的地壳混染作用。基性岩高的 $\varepsilon_{Nd}(t)$ (+2.76 ～ +5.39) 和 $\varepsilon_{Hf}(t)$ (+8.0 ～ +11.9) 暗示着它们起源于一个相对亏损的地幔源区。稀土元素特征可以用来约束基性岩岩浆源区性质和深度。用不相容元素比值 [$(La/Sm)_N$- $(Sm/Yb)_N$] 模拟的结果表明，它们由来自浅部的尖晶石二辉橄榄岩经历不同程度 (2% ～ 20 %) 的部分熔融后所形成（图 1.24）。

稀土元素标准化图显示长英质岩石具有分馏的稀土元素配分特征 [图 1.23(b)]，表现为较大的 $(La/Yb)_N$ 值变化范围 (15.7 ～ 21.5)。出现负的 Eu(Eu* = 0.51 ～ 0.65) 和 Ti 异常暗示着长英质岩浆经历了斜长石和 Fe-Ti 氧化物的分离结晶作用 [图 1.23(d)]。不相容元素标准化图解显示这套长英质岩石具有负的 Nb、Ta、Zr 和 Ti 异常，这些特征总体上可类比于大陆地壳 (Sun and McDonough，1989) [图 1.23(d)]。此外，我们还对这套岩石进行 Sr-Nd-Hf 同位素测试，其结果如下：$(^{87}Sr/^{86}Sr)_i$ 和 $(^{143}Nd/^{144}Nd)_i$ 值分别为 0.70867 ～ 0.71310 和 0.51180 ～ 0.51183，相应的 $\varepsilon_{Nd}(t)$ 值为 –13.39 ～ –12.78，相似于印度地壳的值 (Ghatak and Basu，2011)。另外，它们的 $(^{176}Hf/^{177}Hf)_i$ 值为 0.282560 ～ 0.282638，对应的 $\varepsilon_{Hf}(t)$ 值为 –4.8 ～ –2.0。

以上测试结果表明，本书双峰式岩浆岩的基性岩和长英质岩石具有不同的同位素和微量元素特征，暗示着它们分别起源于不同的岩浆源区而不是长英质岩浆由基性岩浆经历分离结晶作用所形成。SiO_2-$\varepsilon_{Nd}(t)$ 图解显示基性岩和长英质岩石之间缺乏线性关系，其同样支持这一结论即长英质岩石不是从基性岩演化而来的。对于长英质岩石而

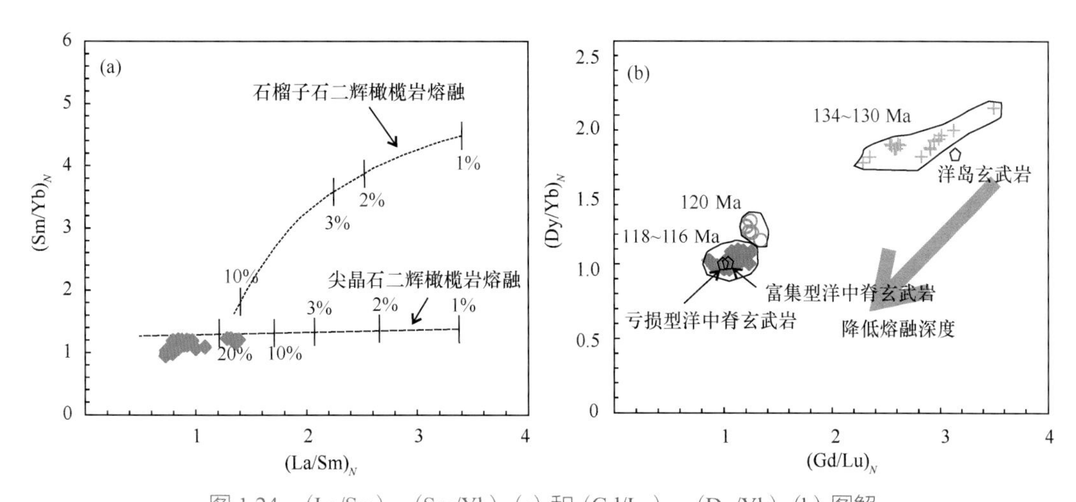

图 1.24　$(La/Sm)_N$ - $(Sm/Yb)_N$(a) 和 $(Gd/Lu)_N$ - $(Dy/Yb)_N$(b) 图解

尖晶石二辉橄榄岩由橄榄石（55%）、斜方辉石（28%）、单斜辉石（15%）和尖晶石（2%）组成，石榴石二辉橄榄岩由橄榄石（69%）、斜方辉石（20%）、单斜辉石（9%）和石榴石（2%）组成。详细计算过程可参照 Chen 等（2018）

言，它们具有负的 Nb 异常、负的 $\varepsilon_{Hf}(t)$ 和 $\varepsilon_{Nd}(t)$ 值，并且 SiO_2 和 $\varepsilon_{Nd}(t)$ 或者 $\varepsilon_{Hf}(t)$ 之间呈现近水平分布趋势，这些特征表明它们起源于大陆地壳源区。另外，一个显著的特征就是出现了解耦的 Nd［$\varepsilon_{Nd}(t)$ = –13.39 ～ –12.78］和 Hf［$\varepsilon_{Hf}(t)$= –4.8 ～ –2.0］同位素关系，表明其岩浆源区有石榴子石的存在。考虑到石榴子石主要存在于大陆下地壳，因此综合以上特征说明本书长英质岩石来自含石榴子石的大陆下地壳源区。

目前，关于特提斯喜马拉雅带下白垩统岩浆岩的构造背景存在着争论，主要有以下几种不同的观点：①新特提斯洋大规模扩张背景下的被动大陆边缘伸展（江思宏等，2007；童劲松等，2007）；②地幔柱背景下，大印度从南极洲 – 澳大利亚裂离出来有关的伸展背景（Zhu et al.，2008）；③大印度从南极洲 – 澳大利亚超大陆裂离出来有关的深位断裂背景，与地幔柱无关（Hu et al.，2010）。双峰式岩浆岩可以产生于不同的构造背景，如大陆板块内、汇聚板块边界和板块离散边界。不同背景下的双峰式岩浆岩具有不同的地球化学特征（Pin and Paquette，1997）。例如，对于离散型板块边界或者大陆裂谷，基性岩表现为拉斑玄武岩特征，具有 LREE 亏损、负的 Nb 异常和变化的 $\varepsilon_{Nd}(t)$ 值，与大陆地壳混染有关；而长英质岩石富集 Th 和 LREE，亏损 Nb 和负的 $\varepsilon_{Nd}(t)$ 值，来自大陆地壳源区（Pin and Paquette，1997）。岩石圈拉张下的浅部亏损地幔会产生镁铁质岩浆，但是 E-MORB 类型岩浆在大陆解体前或者解体过程中通常与大陆裂谷有关（Jagoutz et al.，2007；Olierook et al.，2016）。

如果新特提斯洋在晚侏罗世—早白垩世时期发生大规模扩张，那么由于洋脊扩张产生的推力在被动大陆边缘的特提斯喜马拉雅带一侧会产生挤压环境（裘碧波等，2010）。以下几点特征表明，研究区这套双峰式岩浆岩产生于大陆裂谷背景：①野外观察发现这套侵入岩出露宽度达到 100 m，暗示着它们形成于拉张的背景。②基性岩具有拉斑玄武岩的地球化学属性，显示了 MORB 类型的特征，这与大陆裂谷或者初始洋盆背景下产生的岩浆组分相似（Jagoutz et al.，2007）；另外，基性岩较大程度的大陆地壳混染也可能与大陆裂解过程中相对高的地壳拉张有关 (Hegner and Pallister，1989)。③长英质岩石富集 Th 和 LREE，负的 Nb 异常和负的 $\varepsilon_{Nd}(t)$，解耦的 Nd 和 Hf 同位素，表明其源区为含石榴子石大陆下地壳，这些特征符合大陆裂解环境或者大陆裂谷背景 (Pin and Paquette，1997)。④区域上，140 ～ 130 Ma OIB 类型到 118 ～ 115 Ma MORB 类型岩浆岩，$(Dy/Yb)_N$ 和 $(Gd/Lu)_N$ 值越来越低，表明特提斯喜马拉雅带的基性岩岩浆源区深部从较深的石榴子石源区转变为较浅的尖晶石岩浆源区 [图 1.24(b)]。综合以上几点特征表明，本书 118 ～ 115 Ma 双峰式岩浆岩很可能产生于大陆裂谷背景。

另外，相比于澳大利亚和南极洲板块的岩石圈厚度 (180 ～ 300 km)，印度板块具有较薄的岩石圈厚度，大约只有 100 km(Kumar et al.，2007)，暗示着印度板块从澳大利亚 – 南极洲板块分离以来，经历了较大程度的岩石圈减薄过程。这与前人研究认为特提斯喜马拉雅带东段和西段处在拉张背景的结论是一致的。因此，综合以上讨论认为，整个特提斯喜马拉雅带在早白垩世 (140 ～ 115 Ma) 都处在 Kerguelen 地幔柱背景下的大陆拉张构造环境。

1.2.3 新特提斯洋早期俯冲的岩浆记录

为探讨新特提斯洋早期俯冲的岩浆记录，本次研究拟在对曲水地区的桑日群火山岩和麦隆岗地区的甲拉浦组火山岩进行详细的野外观察、采样及室内岩相学、锆石 U-Pb 测年和地球化学研究的基础上，探讨其成因、演化历史，从而深一步理解冈底斯弧的演化。

1. 曲水火山岩

桑日群火山岩沿雅鲁藏布蛇绿岩带呈东西向分布，东起桑日、加查一带，经曲水、尼木，断续可达谢通门一带，呈带状展布，东西向延伸达 500km，是非常重要的火山岩带和成矿远景带。桑日群火山岩以桑日县西山梁和卡马当实测剖面为代表，前人在此处已经做了较为详细的研究 (康志强，2009；Kang et al.，2014)。但对除此以外的桑日群火山岩研究较少，缺乏对比性。本节的研究区集中在拉萨曲水县北色村附近，以青灰色中基性火山岩为主，夹少量大理岩和板岩，剖面南端与上三叠统闪长岩呈不整合接触，北端为古新统花岗岩所侵入 (图 1.25)。

由北向南采集样品，样品主要呈灰绿色，块状构造，斑状结构，基质为间粒间隐状结构 (图 1.26)。斑晶主要为斜长石、辉石，多呈半自形，大小一般为 1 ～ 2 mm，杂乱分布，其中斜长石多呈不规则条柱状，蚀变较强烈，绿泥石化明显；辉石则多蚀变为绿泥石。基质为间粒间隐结构，为细晶斜长石、辉石，夹少量磁铁矿等不透明矿物，辉石呈他形填隙状分布在斜长石架间，部分为绿泥石交代。大部分样品经历了轻微的绿片岩变质作用。

曲水火山岩锆石颗粒为无色或淡黄色，直径为 50 ～ 100 μm，长宽比为 1 ∶ 1 ～ 2 ∶ 1。

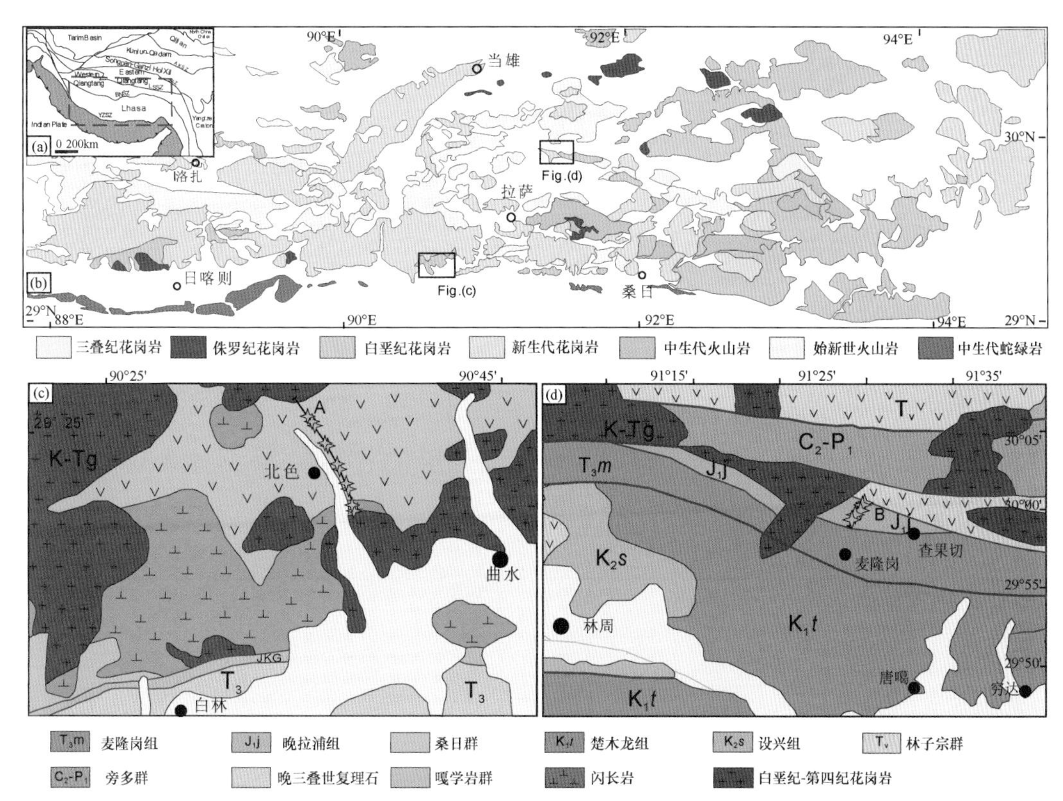

图 1.25　(a) 青藏高原构造单元简图；(b) 拉萨地块南部研究区构造简图；(c) 曲水地区研究区构造简图；(d) 麦隆岗地区构造简图

图 1.26　曲水安山岩代表性野外地质照片和岩相学照片（引自 Wang et al.，2019a)

多数锆石晶体在 CL 图像上具有明显的岩浆型震荡环带结构，部分呈不完整的不规则棱角状，少数为扇形分带结构。样品 Q810-10 的 U 含量为 61 ～ 564 ppm，Th 含量为 34 ～ 900 ppm，锆石的 Th/U 值为 0.54 ～ 1.76，显示典型的岩浆锆石特征 (Hoskin and Schaltegger，2003)。而 29 个分析测试点的加权平均年龄为 188.8±1.2 Ma (MSWD=2.3)。典型的生长韵律环带和较高的 Th/U 值都表明该年龄为玄武安山岩的喷发 / 形成年龄。另外，我们在相邻剖面获得了一个变玄武安山岩（原岩强烈绿片岩化）

样品的锆石年龄，其锆石 Th 含量为 44 ～ 390 ppm，U 含量为 84 ～ 436 ppm，Th/U 值为 0.42 ～ 1.05。22 个分析测试点的加权平均年龄为 205.1± 1.9 Ma(MSWD=3.0)。这说明曲水火山岩的时代可能达到晚三叠世末期（图 1.27），与 Kang 等（2014）在桑日卡马当得到的桑日群比马组火山岩的年龄（195 Ma 和 189 Ma）有较好的可比性。

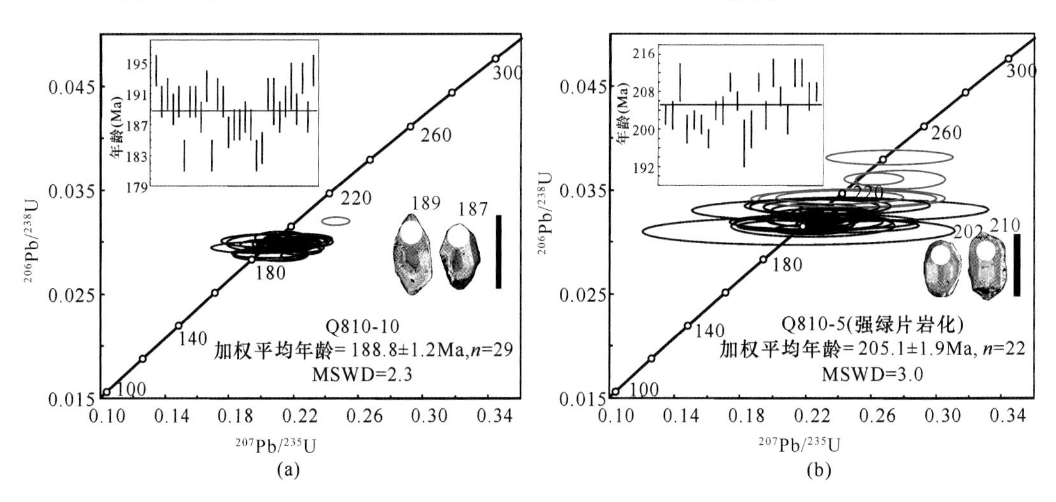

图 1.27　曲水火山岩锆石 LA-ICP-MS U-Pb 谐和图与代表性锆石 CL 图像（引自 Wang et al.，2019a）
比例尺为 100μm

由于样品蚀变较强，具有较高的烧失量（1.86% ～ 4.16%），因此下文中采用不活泼元素对岩石类型进行划分。该区火山岩 SiO_2 含量为 49% ～ 58%，Al_2O_3 含量为 14% ～ 17 %，MgO 含量为 6.2% ～ 11.1 %，Mg# 指数为 61 ～ 69，因此岩石应为玄武质或者玄武安山岩。在 Zr/TiO_2×0.0001-Nb/Y [图 1.28(a)]，研究区火山岩为玄武岩或者安山岩区域。在 FeO^*/MgO-SiO_2 图解中 [图 1.28(b)]，主体为钙碱性系列。在主量元素 –MgO 协变图解中显示，SiO_2、Al_2O_3、Na_2O 与 MgO 呈负相关，而 TiO_2、Fe_2O_3、CaO 与 MgO 呈正相关，P_2O_5、K_2O 与 MgO 的相关性并不明显，可能是蚀变造成的。样品稀土元素总量（ΣREE）变化范围为 50 ～ 68 ppm，在稀土元素分配模式图上，火山岩都表现出 LREE 富集的右倾平滑型，显示轻微的轻重稀土分异，$(La/Yb)_N$= 2.82 ～ 4.97，具有弱的 Eu 负异常（δEu=0.88 ～ 0.99）。在初始地幔标准化微量元素蛛网图上，曲水火山岩富集大离子亲石元素和轻稀土元素，亏损高场强元素，与岛弧火山岩相似。非常低的 $[Nb/La]_{PM}$ 值（0.13 ～ 0.18）也与典型的弧火山岩类似(Hawkesworth et al.，1979)。

7 个火山岩样品的 Sr-Nd 同位素组成列于图 1.29，年龄计算采用 189 Ma。曲水火山岩具有高的正的 $\varepsilon_{Nd}(t)$ 值（+4.85 ～ +6.89）和年轻的亏损地幔模式年龄（TDM=0.46–0.69 Ga）；$^{87}Sr/^{86}Sr$ 初始值为 0.7035 ～ 0.7038。

2. 麦隆岗火山岩

本次研究采样集中在拉萨林周县麦隆岗村北部约 2.5 km 处，出露的岩石类型主要

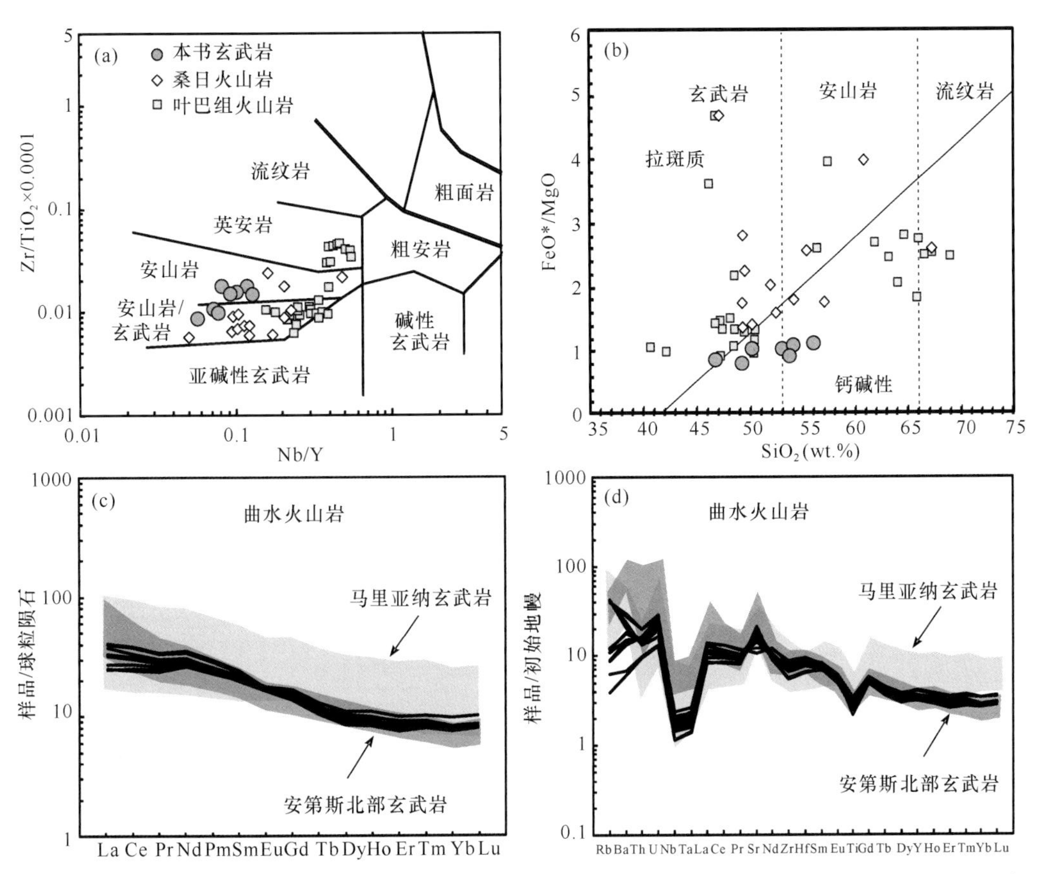

图 1.28　(a) $Zr/TiO_2 \times 0.0001$-Nb/Y 图解（改自 Winchester and Floyd，1976）；(b) $FeO^*/MgO-SiO_2$ 图解（改自 Miyashiro，1974）；(c) 稀土元素球粒陨石标准化配分曲线；(d) 微量元素初始地幔标准化配分曲线。叶巴组火山岩数据引自 Zhu 等 (2008)，桑日群火山岩数据引自 Kang 等 (2014)。对比的马里亚纳、安第斯数据引自 GEOROC，www.Georoc.com。改自 Wang 等 (2016a)

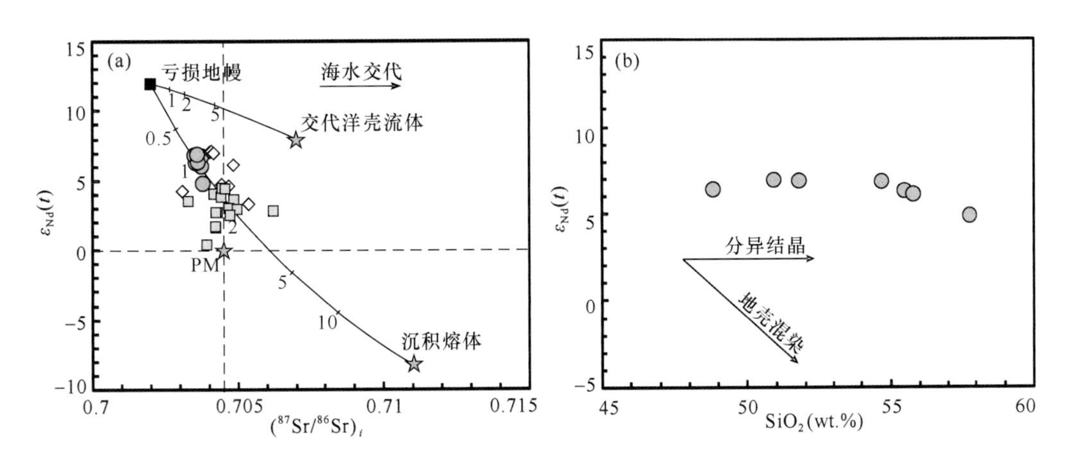

图 1.29　$\varepsilon_{Nd}(t)$-$(^{87}Sr/^{86}Sr)_i$ (a) 和 $\varepsilon_{Nd}(t)$ -SiO_2 图解 (b)（改自 Wang et al.，2016a）

MORB (Xu and Castillo，2004；Zhang et al.，2005)；林子宗火山岩 (Mo et al.，2008)；全球俯冲沉积物 (Plank and Langmuir，1998)；安多片麻岩 (Harris et al.，1988)；下地壳 (Miller et al.，1999)

为砾岩、砂岩、页岩、灰岩，在其中发现了一套流纹质火山岩，厚 3 ～ 5m。流纹岩样品呈灰色或浅色，岩石具有斑状结构或无斑隐晶质结构，成分主要为石英和斜长石，基质中的长英质矿物呈隐晶结构或霏细结构，通常缺少镁铁质矿物。流纹岩中长石斑晶由钠长石组成，几乎不含钾长石，其中一些斜长石斑晶含有一些包裹体。石英斑晶为半自形晶，显示熔蚀结构。流纹质火山碎屑岩显示明显的熔岩凝结结构和珍珠状裂纹，主要由石英、长石晶屑、火山玻璃碎片和隐晶质火山灰组成。凝灰质熔岩与沉积地层过渡，形成凝灰质砂岩类。凝灰质砂岩呈中厚层状，砂屑粒度 0.3 ～ 1.0 mm，成分主要为次棱角状、次圆状长石，其余部分为细 – 粉砂级凝灰质（图 1.30）。

锆石 CL 图像显示，流纹岩样品的锆石主要是自形的和棱镜状的，其晶体形态有短柱状、长柱状，长宽比为 2 ∶ 1 ～ 3 ∶ 1，长径 100 ～ 200 μm。大部分测试的锆石颗粒是透明无色的，其中一些为浅褐色。锆石具有明显的岩浆振荡环结构，为岩浆锆石特点，并不能观察到明显的继承锆石核。我们对其中四个样品（ML807-4、ML807-5、ML807-13、ML807-14）进行测试，主要集中在锆石边部，分别获得了加权谐和年龄 190.0 ± 1.1 Ma（MSWD=1.9，n=26）、189.9 ± 1.0 Ma（MSWD=1.4，n=23）、192.6 ± 1.2 Ma（MSWD=2.1，n=24）和 190.5 ± 0.9 Ma（MSWD=1.08，n=21）。4 个锆石核部的年龄分别为 300 Ma、354 Ma、408 Ma 和 590 Ma。所有样品的 Th/U 值均大于 0.4，因此我们将锆石边部的较年轻年龄 193 ～ 190 Ma 代表该剖面流纹质火山岩的喷发时间，较老的核部年龄代表弧的基底年龄（图 1.31）。流纹质样品较为新鲜，具有较低的烧失量。火山岩样品有着较统一的地球化学特征，都有着很高的 SiO_2 含量（76% ～ 80%）。

图 1.30 (a) 和 (b) 麦隆岗流纹岩样品野外照片；(c) 和 (d) 代表性流纹岩样品的镜下照片

Ab，斜长石；Q，石英

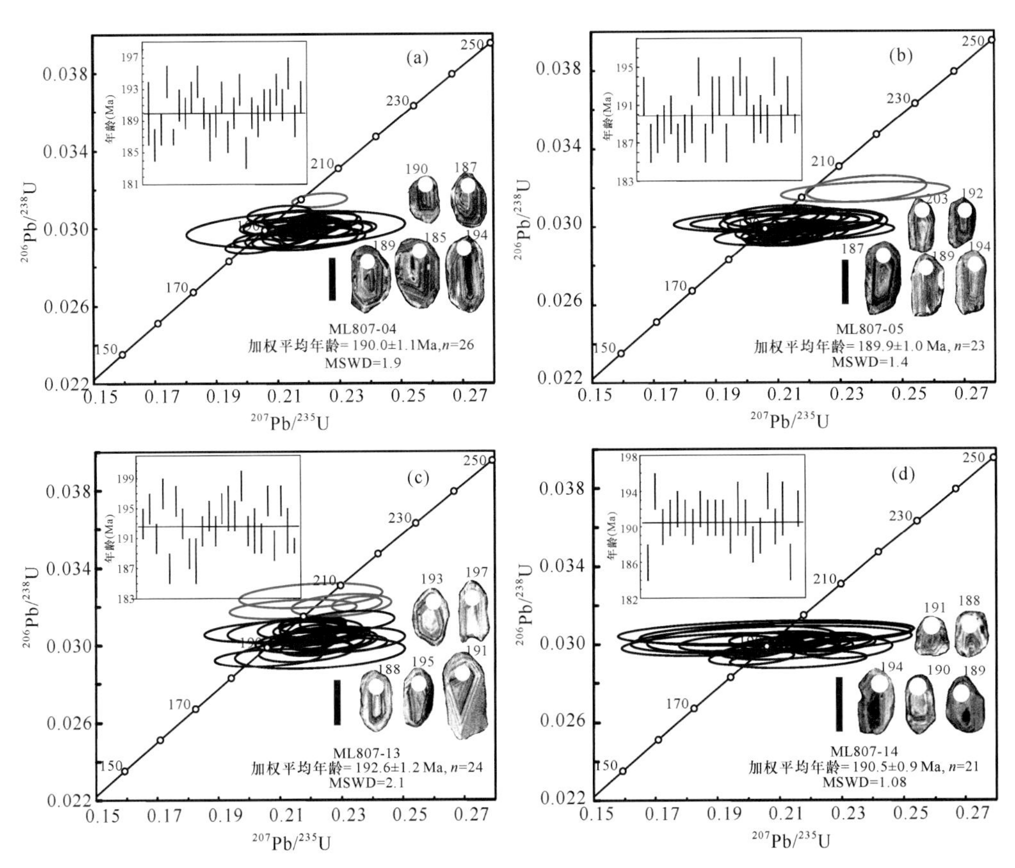

图 1.31　麦隆岗流纹岩锆石 LA-ICP-MS U–Pb 谐和图与代表性锆石 CL 图像（引自 Wang et al., 2019b）
比例尺为 100μm

这些火山岩属于亚碱性系列，在 TAS 判别图解中它们都位于流纹岩中 [图 1.32(a)]。流纹岩样品有着低的 K_2O(0.06% ～ 0.55 %) 和高的 Na_2O(5.3% ～ 7.2 %) 含量，有着低的 K_2O/Na_2O 值 (0.01 ～ 0.09)，表明它们是低钾或者富钠流纹岩。同时，它们还有较低的 Al_2O_3 含量 (12 % ～ 14 %)，很低的 CaO 含量 (0.14 % ～ 0.51 %)、P_2O_5 含量 (0.03 % ～ 0.04 %)、MgO 含量 (0.16 % ～ 0.54 %) 和 Mg# 指数 (27 ～ 45)。值得注意的是，尽管流纹岩具有很低的 K 含量，但是它们表现出钙碱性富铁质的趋势，而非拉斑趋势 [图 1.32(b)](Miyashiro，1974)。分异指数 (DI，DI=Q+Or+Ab+Ne+Lc+Kp) 为 84 ～ 97，说明这些岩浆是高度演化的。

在微量元素方面，流纹岩有低的 Sc(1.9 ～ 3.9 ppm)、Cr(1.4 ～ 4.4 ppm)、Co(0.62 ～ 1.8 ppm) 和 Ni(0.95 ～ 1.6 ppm)，以及多变的 LILE 含量 (Ba = 65 ～ 207 ppm，Sr = 107 ～ 236 ppm)。流纹岩的稀土总量变化较大 (37 ～ 74 ppm，平均值 55 ppm)，轻重稀土分异并不明显 [$(La/Yb)_{CN}$=3.1 ～ 7.3，平均值 5.3]，具有较明显的负 Eu 异常 (Eu/Eu*= 0.43 ～ 0.65，平均值 0.51)。在微量元素蛛网图上可以看出，流纹岩样品具有明显的 Nb、Ta、Ti 负异常和 Pb 正异常 [图 1.32(c) 和图 1.32(d)]。

我们挑选了 9 个流纹质样品进行了全岩 Sr-Nd 分析，在计算 $^{87}Sr/^{86}Sr$ 初始值 (I_{Sr}) 和

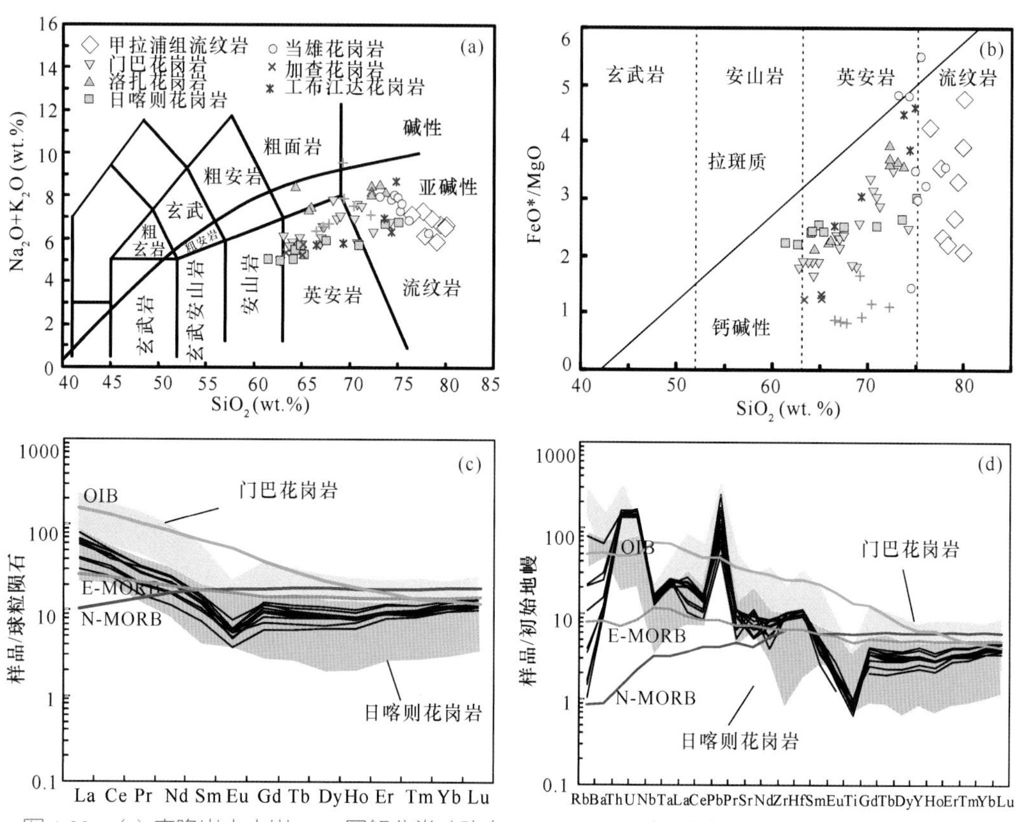

图 1.32 (a) 麦隆岗火山岩 TAS 图解分类（改自 Le Bas，1986）；(b) FeO*/MgO-SiO_2 图解（改自 Miyashiro，1974）；(c) 稀土元素球粒陨石标准化配分曲线；(d) 微量元素初始地幔标准化配分曲线。球粒陨石和初始地幔标准化值引自 Sun 和 McDonough (1989) 与 Wang 等 (2019b)

OIB，洋岛玄武岩；N-MORB，正常洋中脊玄武岩；E-MORB，富集型洋中脊玄武岩

$^{143}Nd/^{144}Nd$ 值 (I_{Nd}) 以及 $\varepsilon_{Nd}(t)$ 数值时均采用本研究所得到的锆石年龄（约 190 Ma）。流纹岩样品的 $^{87}Sr/^{86}Sr$ 初始值为 0.7050 ~ 0.7061，有较低的正 $\varepsilon_{Nd}(t)$ 值 (+1.21 ~ +2.33)，相当于新元古代 Nd 模式年龄（图 1.33）。

3. 构造背景

对于受到一定变质作用的曲水中基性火山岩，本书主要采用耐熔不相容元素或强不相容元素 Ti、Zr、Nb、Th、Hf 等及其比值，进行构造环境示踪分析。在 V-Ti/1000 图解中，曲水中基性火山岩均落入岛弧火山岩区域［图 1.34(a)］。Hf、Th、Ta 属于不活泼元素，而且部分熔融和分离结晶作用对它们的影响并不大，因而可以很好地反映中基性岩浆岩的源区性质 (Wood et al.，1979)。在 Hf/3-Th-Ta 构造判别图解中，火山岩主要落在了钙碱性岛弧火山岩区域［图 1.34(b)］。对流纹岩来说，在 Rb-Y+Nb 图解 (Pearce et al.，1984) 和 Th/Yb-Ta/Yb 图解 (Gorton and Schandl，2000) 中，样品均落入岛弧和活动大陆边缘区域［图 1.34(c) 和图 1.34(d)］。甲拉浦组沉积岩套中的杂砂岩的稀土元素特征也反映了活动大陆边缘和陆缘弧背景（李广伟，

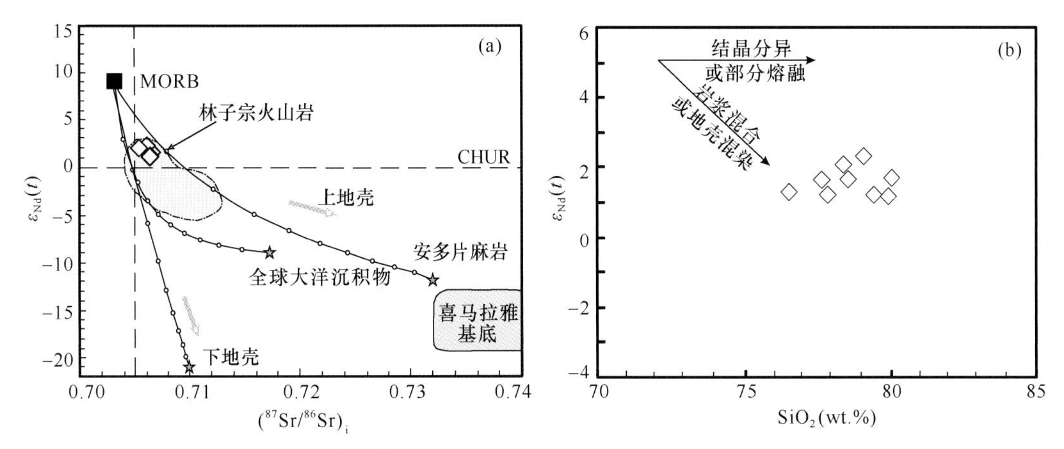

图 1.33　$\varepsilon_{Nd}(t)$-$(^{87}Sr/^{86}Sr)_i$ (a) 和 $\varepsilon_{Nd}(t)$-SiO_2 图解 (Wang et al，2019b) (b)

MORB，洋中脊玄武岩；MORB (Xu and Castillo，2004；Zhang et al.，2005)；林子宗火山岩 (Mo et al.，2008)；全球俯冲沉积物 (Plank and Langmuir，1998)；安多片麻岩 (Harris et al.，1988)；下地壳 (Miller et al.，1999)；CHUR，球粒陨石

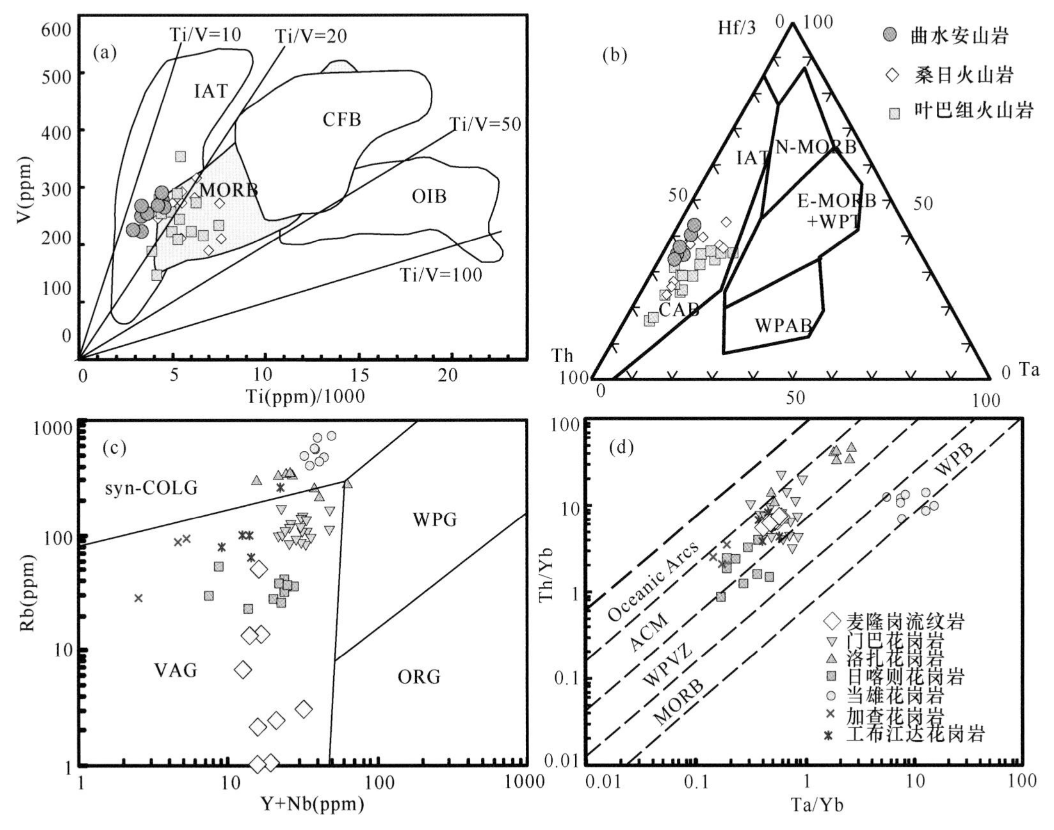

图 1.34　早侏罗世曲水中基性火山岩和麦隆岗流纹岩构造判别图解 (Wang et al.，2019b)

针对中基性火山岩 (a) V–Ti/1000 图解和 (b) Hf/3-Th-Ta 图解；而流纹岩则使用 (c) Rb-Y+Nb 图解和 (d) Th/Yb-Ta/Yb 图解。IAT，岛弧拉斑玄武岩；CFB，大陆溢流玄武岩；MORB，洋中脊玄武岩；N-MORB，正常洋中脊玄武岩；E-MORB，富集型洋中脊玄武岩；OIB，洋岛玄武岩；WPT，板内拉斑玄武岩；syn-COLG，同碰撞花岗岩；VAG，岛弧花岗岩；WPG：板内花岗岩；ORG，造山带花岗岩；ACM，活动大陆边缘；WPVZ，板内火山岩区；CAB，大陆碱性玄武岩；WPAB，板内碱性玄武岩；Oceanic Arcs，大洋岛弧

2010)。因此，结合前人资料，我们认为下侏罗统拉萨地块属于较为成熟的活动大陆边缘。

前文提及，在中—晚二叠世冈瓦纳大陆北缘的大规模裂解事件代表了新特提斯的开启（朱同兴等，2002；Garzanti et al.，1999）。而下、上三叠统含放射虫动物群硅质岩的发现，也表明新特提斯洋在中三叠世时期已经完全打开，存在深水环境（朱杰等，2005)，在特提斯喜马拉雅分布的浅变质三叠系通常代表新特提斯洋的被动大陆边缘沉积，指示洋盆在此时已具有相当规模 (Liu and Einsele，1994)。对昌果乡火山岩的研究表明，在晚三叠世早期 (Carnian 期）就出现了与俯冲有关的中基性火山岩，且同位素都表现为高的正值 (Wang et al.，2016a)；而在曲水达噶花岗岩中，孟元库 (2016) 也得到了相似的结论［侵位年龄 230 ～ 225 Ma；$\varepsilon_{\mathrm{Hf}}(t)$ 为 +13.91 ～ +15.54)，说明在卡尼阶末期新特提斯洋很有可能开始俯冲。近些年来，前人报道了与雅鲁藏布江平行的下、中侏罗统花岗岩带，从西部的措勤打加错，中部的谢通门、乌郁、大竹卡、尼木，延伸到东部的驱龙、工布江达、加兴、加查、泽当地区（孟元库，2016；Guo et al.，2013；Ji et al.，2009a，2009b)。同时期火山岩（桑日群，叶巴组火山岩）是同时代花岗质岩石（闪长岩到花岗岩）在地壳深部的一个响应。这些证据表明，在早侏罗世，新特提斯洋已经发生较大面积的北向俯冲。但是，简单的俯冲模式不能很好地解释拉萨地块南部出露的广泛和多样化的岩石组合特征。曲水地区高镁安山岩一般形成于高温环境，而麦隆岗地区出露的下侏罗统流纹岩有着较高的锆饱和温度 (755 ～ 802°C)。同时，流纹岩锆石 Hf 同位素特征也表明地幔岩浆加入其源区中。最近，有学者在加查地区报道了一些下侏罗统 (199 ～ 179 Ma) 埃达克质岩石，并认为新特提斯洋弧后扩展导致的软流圈上涌熔融俯冲板片形成这些岩石，他们进一步推断其是班公错 – 怒江特提斯洋板片南向俯冲折返形成。但是，前文也提过，拉萨地块南部中生代岩浆活动与新特提斯洋板片的北向俯冲更加相符。另外一种模式，拉萨南部分布的下侏罗统叶巴组双峰式火山岩是新特提斯洋板片在早侏罗世发生了快速的折返，导致弧后拉张形成双峰式火山岩。

结合拉萨地块中生界岩浆岩分布规律，我们更赞同后一种模式。在中晚三叠世 (226 Ma)，新特提斯洋板片已经开始向北俯冲，形成了昌果地区火山岩和曲水地区闪长岩。伴随着俯冲的进行，一些小的弧后盆地开始发育，这可能是板片重力增加导致折返，从而造成软流圈上涌形成。该过程会导致地幔熔融，拉萨地块南部形成强烈的线性岩浆岩带，同时，也会导致俯冲板片熔融，形成埃达克质岩石（图 1.35)。弧后扩展也会导致局部张性盆地的形成。因此，在早侏罗世，由于新特提斯洋的北向俯冲，拉萨地块南缘应为典型的安第斯型活动大陆边缘，不仅形成了与俯冲有关的岩浆活动，而且形成了高地形，将晚三叠世早期形成的侵入岩体剥露于地表，俯冲产生的火山 – 沉积地层沉积于其之上，经过后期多次俯冲、碰撞相关的地质运动后，形成了研究区所观察到的剖面。同时，由于持续的俯冲，在拉萨地块南部也孕育了与俯冲有关的矿床，如雄村铜矿等。

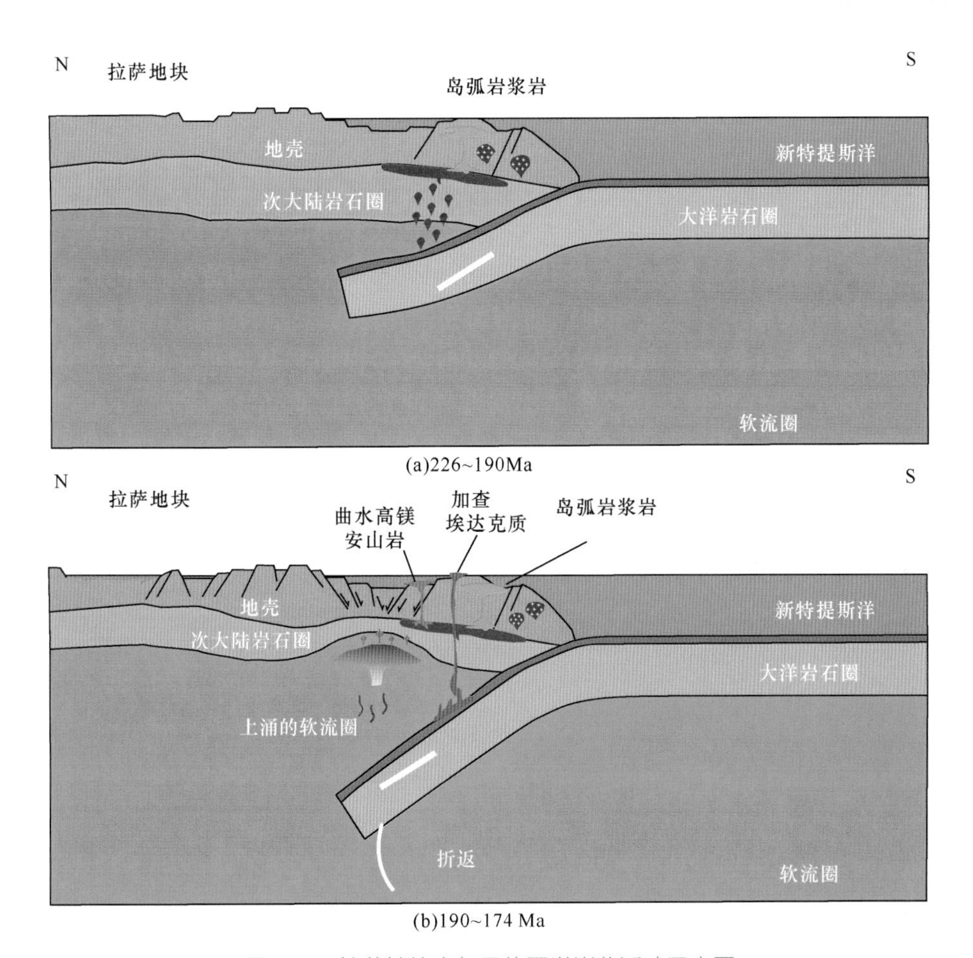

图 1.35　拉萨地块南部早侏罗世岩浆活动示意图

1.3　构造地质

新特提斯洋的关闭和印度 – 欧亚板块的碰撞直接导致了高原的形成，它们是整个高原形成的关键。

当陆陆碰撞开始后，在两陆块之间相向运动所造成的挤压作用下，紧随大洋岩石圈进入俯冲带的被动陆缘部分所处的应力环境发生了显著的改变，主要表现为从原有的稳定弱变形环境转为强烈压性应力环境。被动陆缘前缘可以发生向仰冲大陆之下的俯冲或底冲作用，而未俯冲或底冲的地壳物质则会形成向被动大陆腹陆方向扩展的褶皱逆冲带，陆壳开始解耦。雅鲁藏布江缝合带两侧的地球物理数据显示，印度地壳很可能在俯冲带附近发生了解耦，下地壳继续向拉萨地块下俯冲，而中上地壳在缝合带南侧发生大规模褶皱逆冲。这些褶皱冲断带不断向南部迁移，依次发育有 3 个主要的逆冲冲断系，由北向南依次为：仲巴 – 江孜冲断系（包括雅鲁藏布江缝合带）、拉轨岗日冲断系和喜马拉雅冲断系。

1.3.1 大反向逆冲断裂系

雅鲁藏布江缝合带在印度–亚洲大陆碰撞后构造变形以大反向逆冲断裂系（GCT）的发育为主，该断裂在局部地区又称仁布—泽当逆冲断裂，其构造极性和印度–亚洲大陆碰撞边界断裂相反，断层倾向以向南为主，沿该断裂雅鲁藏布江缝合带物质向北逆冲到日喀则弧前盆地上（Ding et al.，2005）或特提斯喜马拉雅带地层上（Murphy and Yin，2003），特提斯喜马拉雅带地层向北逆冲到雅鲁藏布江缝合带（Ratschbacher et al.，1994）、冈底斯砾岩（Quidelleur et al.，1997）或直接逆冲到冈底斯岩浆弧上（Yin et al.，1994）。大反冲逆冲断裂的发育对俯冲–碰撞早期的构造变形进行了叠加改造，使得部分地区早期面理和构造指向发生了倒转（Wang et al.，2017）。根据断裂带岩石中矿物的 ^{40}Ar-^{39}Ar 及 K-Ar 年代学，以及切割断裂的岩墙中矿物 ^{40}Ar-^{39}Ar 年代学的研究结果，大反向逆冲断裂活动时间被限定为 25 ～ 10Ma（Harrison et al.，1999；Ratschbacher et al.，1994；Quidelleur et al.，1997；Yin et al.，1994）。

1.3.2 仲巴—江孜逆冲断裂系

仲巴—江孜逆冲断裂是亚洲大陆与印度大陆的边界断裂，将亚洲大陆南缘的雅鲁藏布江缝合带单元向南仰冲到印度大陆北缘的特提斯喜马拉雅带地层上。仲巴—江孜逆冲断裂的活动时代可能记录了印度与欧亚大陆最初碰撞的时间信息。选取仲巴—江孜逆冲断裂，通过详细的野外调查，并结合室内电子背散射衍射（EBSD）分析、碎屑锆石 U-Pb 年代学和云母 ^{40}Ar/^{39}Ar 阶段加温热年代学实验等方法，对日喀则昂仁县桑桑地区仲巴—江孜逆冲断裂的构造变形特征和过程进行了详细的研究。仲巴—江孜逆冲断裂的剪切带位于雅鲁藏布江缝合带下部的沉积质混杂岩中，该混杂岩的基质主要为深海–半深海硅质沉积物、碎屑沉积物和蓝片岩，岩块包括玄武岩、灰岩和砂岩。野外观测和镜下薄片观察显示，混杂岩的基质内发育了透入性的 F1 面理和膝折构造；同时 EBSD 分析显示，蓝片岩中钠质闪石具有很强的晶格优选方位，这与低温型（350 ～ 450℃）滑移系 (010)[001] 的发育有关。上述构造变形都发生在仲巴—江孜逆冲断裂活动期间。对断裂剪切带内蓝片岩中多硅白云母和千枚岩中绢云母的 ^{40}Ar-^{39}Ar 热年代学研究表明，仲巴—江孜逆冲断裂的活动时间为 71 ～ 60Ma。在断裂的下盘特提斯喜马拉雅带上，新发现的桑单林组的砂岩具有亚洲南缘冈底斯岩浆弧特征的碎屑锆石年龄，且碎屑锆石年龄指示其沉积年龄约为 61Ma。桑单林组代表了雅鲁藏布江前陆盆地的沉积，标志着印度–亚洲大陆初始碰撞的发生。仲巴—江孜逆冲断裂和桑单林组发育时间的同时性表明，仲巴—江孜逆冲断裂反映了印度–亚洲大陆碰撞早期的构造变形过程，并作为前缘断裂控制了前陆盆地的演化（Wang et al.，

2017）。

拉轨岗日断裂系主要发育在拉轨岗日南坡、特提斯喜马拉雅沉积岩系中，以脆性断裂发育为主，是岗巴 – 定日盆地的边界断裂，但目前对其分布和时代的控制较差。根据区域构造演化关系及岗巴 – 定日盆地的最高海相沉积，推测该断裂系的发育年龄为 50 ～ 40Ma。

碰撞后，雅鲁藏布江缝合带与不变形的印度地盾之间发生了大规模的地壳缩短，高原向南扩展，缩短量为 66%(536 km)(Ratschbacher et al.，1994)。中新世以来的地壳缩短主要是由于一系列大型冲断褶皱带的吸收，从北向南依次为：主中央逆断层(22 Ma)(Hodges，2000；Harrison et al.，1995；Parrish and Hodges，1996)、主边界逆断层（11 Ma 至今）(Burbank et al.，1996)、主前缘断裂（MFT）等。在喜马拉雅冲断 – 褶皱带，从雅鲁藏布江缝合带到 MFT，综合地质平衡剖面、国际合作喜马拉雅与青藏高原深剖面及综合研究（International Deep Profiling of Tibet and the Himalaya，INDEPTH）计划地球物理资料所建立的地壳尺度剖面约缩短 600 km(DeCelles et al.，2002)，这可能为缩短量的最小值，如果把透入性的变形、小尺度的褶皱和断裂都考虑在内，喜马拉雅褶皱 – 冲断带的缩短量可能达到 1000 km。

1.3.3　藏南拆离断裂系

藏南拆离断裂系（STDS）大体沿喜马拉雅山脉平行分布，在中部出露最好，是世界上规模最大的正断层体系之一，沿走向可连续追踪 2000 km 以上，它代表喜马拉雅造山带在大规模逆冲的同时发生伸展作用。STDS 上盘为变质变形程度较低的特提斯喜马拉雅带，下盘为高级变质的高喜马拉雅带（Burg et al.，1984；Burchfiel et al.，1992；Edwards et al.，1996；Herren，1987；Hodges et al.，1996）。在构造特征上，STDS 通常表现为一个宽达数千千米的大型剪切带，缺乏脆性断层（张进江，2007）。高喜马拉雅花岗岩系的淡色花岗岩常出露在 STDS 的上盘和下盘中，部分下盘中的淡色花岗岩含有与断裂走滑有关的剪切组构，它们的形成时代可以对 STDS 的活动时代进行约束。已有的年代学工作显示，STDS 主要活动时间介于 24 ～ 12 Ma。关于 STDS 以及高喜马拉雅带的成因争议较大，主要有重力垮塌模型（Burg et al.，1984）、塑性楔状挤出模型（Burchfiel and Royden，1985）、中下地壳楔状挤出模型（Chemenda et al.，2000）、下地壳流模型（Beaumont et al.，2001）以及被动顶板断层模型（Yin，2006）。

1.3.4　主中央逆冲断裂系

主中央逆冲断裂系（MCT）是喜马拉雅造山带最为重要的断裂。尽管 MCT 的准确定义仍有争议，但普遍能够接受 MCT 上盘为高喜马拉雅结晶岩系，下盘为未变质 – 低级变质的低喜马拉雅带，二者之间是一条宽几千米到十余千米的剪切带（Grasemann et al.，1999）。MCT 经历了较为复杂的构造活动历史（Harrison et al.，1997；Yin，2006），根据 Yin(2006) 的总结，西喜马拉雅 Zanskar 地区活动时间为 21 ～ 19 Ma（Catlos et al.，2002；Walker et al.，1999），Garhwal 地区活动时间为 21 ～ 14 Ma 以及 5.9 Ma（Catlos et al.，2002）；中喜马拉雅主要活动时间为 23 ～ 20 Ma(Coleman and Hodges，1998；Hodges et al.，1992，1996；Godin et al.，2001)，在 5 ～ 3Ma 重新活动（Catlos et al.，2002；Harrison et al.，1997）；东喜马拉雅主要活动时间介于 18 ～ 13 Ma（Daniel et al.，2003）。

沿整个喜马拉雅造山带，横穿 MCT 带发育有特征的反转变质作用，即变质级别从 MCT 下盘的顶部向上穿过 MCT 带，再延伸至 MCT 上盘，下部逐步增大，达到最大压力和温度的变质程度后再朝着 STDS 方向逐步降低（Harrison et al.，1999；Heim and Gansser，1939；Hubbard，1989；Le Fort，1975；Macfarlane，1995；Pecher，1989；Vannay and Grasemann，2001）。通常情况下，从下至上的变质带依次是绿泥石带、黑云母带、石榴子石带、蓝晶石带和矽线石带。关于反转变质作用的成因存在运动学模型、热模型和热 – 力学耦合模型等不同的解释（Yin，2006）。运动学模型一般认为逆冲变形（如逆冲剪切、平卧褶皱等）使得正常变质序列的地层发生倒转变形，呈现出目前观察到的反转变质序列。但是，对于变质作用的发生时代还存在不同的观点：一类认为变质作用与新生代变形事件有关（Harrison et al.，1999；Hubbard，1996；Molnar and England，1990；Johnson et al.，2001；Robinson et al.，2003；Royden，1993）；另一类认为变质作用发生在新生代地质事件之前（Gehrels et al.，2003；Marquer et al.，2000）。热模型的主要思路是热的高喜马拉雅带逆冲到冷的低喜马拉雅带之上或者摩擦生热等加热作用，导致 MCT 附近的等温线呈 S 形分布，这种特征的温度分布制约了反转变质作用的形成（邓晋福等，1994）。但是，热模型只能给出变质温度的反转制约，无法解释同时发生的变质压力反转。Jamieson 等（1996）在讨论反转变质作用发生的热结构性质的同时考虑了岩石最初所处的构造位置，提出了热 – 力学耦合模型。

1.3.5 主边界逆冲断裂系

主边界逆冲断裂系（MBT）通常表现为陡的、北倾的断裂，一般认为它将低喜马拉雅带推覆到中新统—更新统锡瓦利克组沉积地层之上（Heim and Gansser，1939）。有关 MBT 开始活动的时间还存在不同的看法：Meigs 等（1995）由沉积降率的变化推断 MBT 活动早于 10 Ma；Burbank 等（1996）根据喜马拉雅前陆沉积的磁性地层学记录，提出 MBT 的滑动开始于约 11 Ma；而根据 MBT 上盘加入喜马拉雅前陆盆地的粗粒碎屑沉积物，DeCelles 等（1998）推断其活动晚于 5 Ma；Nakata(1989) 根据喜马拉雅前缘的地貌学研究猜测，MBT 可能到最近一直是活动的。在印度西北部地区，Treloar 等(1992)、Meigs 等（1995）和 Burbank 等（1996）根据 MBT 在图上的形态及其活动持续的时间，认为在喜马拉雅带西段和中段的滑动距离超过 100 km。而在喜马拉雅带东段的 MBT 滑移规模却不十分清楚。

1.4　矿产资源

1.4.1　铬铁矿床

青藏高原雅鲁藏布蛇绿岩带被认为是新特提斯洋的残片，呈近东西向展布，断续延伸约 2000km；主要形成于俯冲带之上的 SSZ 构造背景，时代主体为白垩纪（熊发挥等，2014；Chan et al.，2015；Zhang et al.，2016）。在该带上发育丰富的豆荚状铬铁矿床 / 点（如罗布莎、拉昂错、当穷、东坡、休古嘎布等），其主要分布于六个含铬铁矿蛇绿岩亚带中：自西向东分别为昂仁 – 萨嘎、日喀则 – 白朗、仁布、浪卡子、扎囊 – 桑日及曲松 – 加查蛇绿岩亚带（陈思，2011），构成了中国最重要的铬成矿带之一。其中，以扎囊 – 桑日蛇绿岩亚带的罗布莎铬铁矿床为典型代表（图 1.36），其是中国重要的铬资源工业产地之一。近年来，大量野外勘查工作发现，雅鲁藏布蛇绿岩带西段普兰、东坡和休古嘎布出露的岩体面积巨大（400 ～ 700 km^2），且有铬铁矿矿化迹象，其是未来重要的找矿靶区，显示该带具有巨大的铬铁矿资源的找矿前景（陈思，2011；黄圭成，2006；熊发挥等，2013；章奇志等，2017）。

青藏高原南部罗布莎大型铬铁矿床位于拉萨市东南约 200 km 的雅鲁藏布江缝合带东段，铬金属资源量约 700 万 t，Cr_2O_3 品位为 43% ～ 50%（章奇志等，2017）；主要分为三个矿段：罗布莎、康金拉和香卡山（图 1.36）。罗布莎蛇绿岩体东西向延伸约 42km，最宽处约 3.7 km，面积达 70 km^2；主要由地幔橄榄岩和堆晶岩组成（鲍佩声，

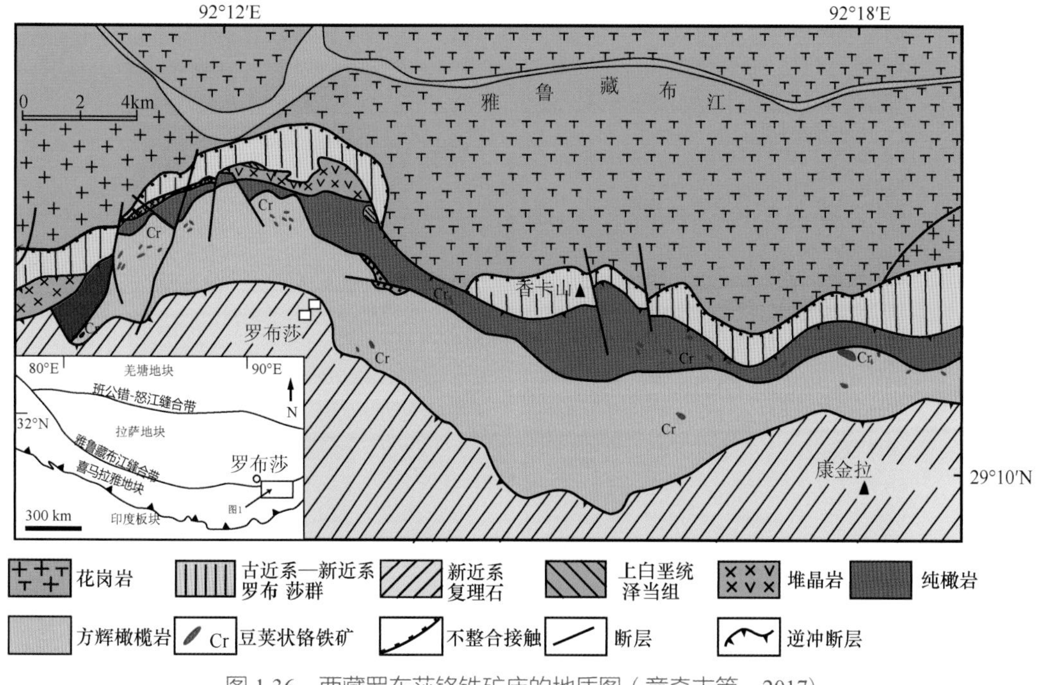

图 1.36　西藏罗布莎铬铁矿床的地质图（章奇志等，2017）

2009；李金阳等，2012；王希斌等，2010；熊发挥等，2014；Zhou et al.，1996）。铬铁矿主要产于地幔橄榄岩中（图 1.36），属于高 Cr 的豆荚状铬铁矿类型（Zhou et al.，1996；Shi et al.，2007；章奇志等，2017）；主要以板状及透镜状产出，且成群成带分布；矿石构造以浸染状、豆状和致密块状等为主（图 1.37）（熊发挥等，2014；章奇志等，2017；Xiong et al.，2015）。

目前，关于罗布莎蛇绿岩的岩石成因及构造背景存在巨大的争议。例如，年代学、岩石地球化学及同位素研究表明，罗布莎超基性 – 基性岩石主要形成于早白垩世（图 1.38）；岩石地球化学具有 N-MORB 的特征，Sr-Nd-Hf 同位素具有亏损地幔的特征（图 1.39），认为可能形成于大洋中脊环境（Zhang et al.，2016）。而也有学者研究认为，罗布莎地幔橄榄岩体开始形成于大洋中脊环境（侏罗纪），并受到后期不同程度的白垩

图 1.37 西藏罗布莎铬铁矿床的典型矿石照片（Xiong et al.，2015）

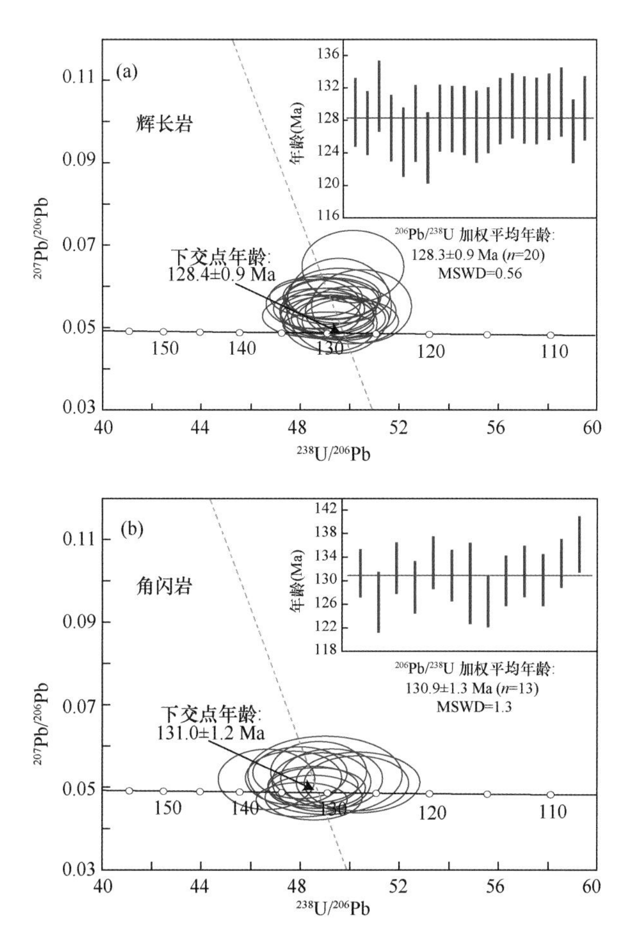

图 1.38　西藏罗布莎铬铁矿床辉长岩 (a) 和角闪岩 (b) 的锆石 U-Pb 年龄 (Zhang et al.，2016)

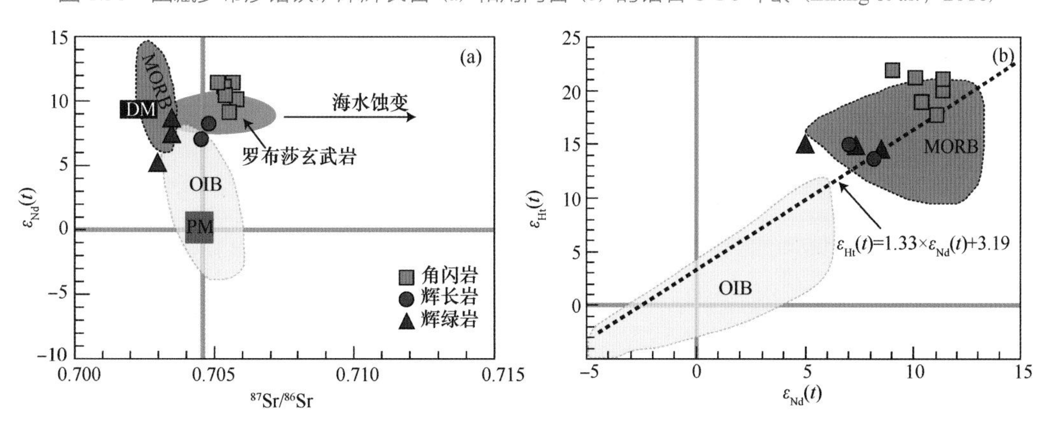

图 1.39　西藏罗布莎铬铁矿床基性岩石的 Sr-Nd-Hf 同位素特征 (Zhang et al.，2016)

注：DM：亏损地幔

纪俯冲作用的改造（熊发挥等，2014；钟立峰等，2006；Xiong et al.，2017）。特别是近年来，超高压矿物（如金刚石等）的发现，暗示罗布莎地幔橄榄岩形成深度达到 400 km 以上（杨经绥等，2004，2008；章奇志等，2017；Xiong et al.，2015）。

而对于罗布莎铬铁矿的成矿机制同样也存在分歧（Zhou et al.，1996；鲍佩声，2009；熊发挥等，2014）。早期普遍流行的观点是罗布莎高 Cr 型的铬铁矿形成于俯冲带（SSZ）构造背景，是在壳 – 幔过渡带附近，由俯冲带富水的玻安质熔体与方辉橄榄岩反应形成（Zhou et al.，1996）。但是近年来基于超高压矿物在罗布莎地幔橄榄岩中的重大发现，学者提出了新的豆荚状高 Cr 铬铁矿的成矿模型（图 1.40）（熊发挥等，2014；杨经绥等，2008；章奇志等，2017；Xiong et al.，2015）：早期在地幔过渡带，俯冲洋壳物质脱水导致地幔熔融，形成超高压矿物金刚石和斯石英等，随后熔体上升到过渡带顶部结晶铬铁矿，继续向上迁移到洋中脊环境，形成铬铁矿矿浆，而另一期俯冲含水熔体交代方辉橄榄岩而形成豆荚状铬铁矿。

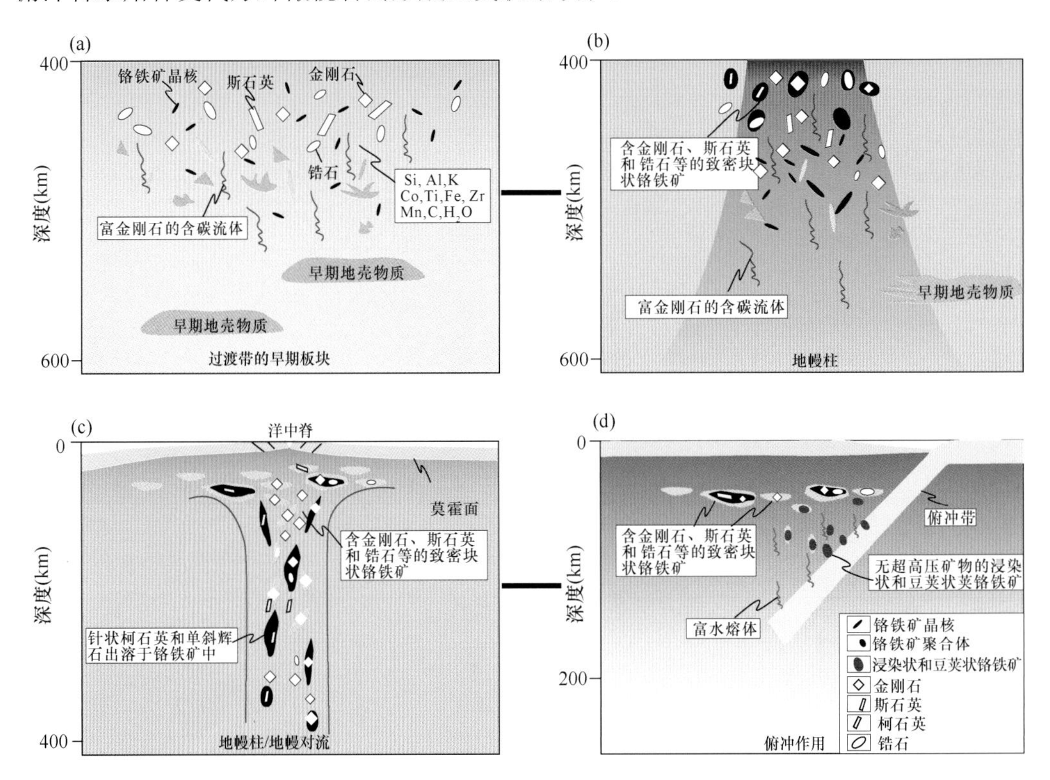

图 1.40　西藏罗布莎铬铁矿床的成矿模式（章奇志等，2017；Xiong et al.，2015）

1.4.2　铅锌矿床

近年来，喜马拉雅带成为青藏高原继冈底斯始新世铅锌成矿带之外又一重要的铅锌锑金（Pb-Zn-Sb-Au）成矿带（图 1.41）（侯增谦等，2006a，2006b；杨竹森等，2006；郑有业等，2014）；主要成因类型是岩浆 – 热液型，但也可能存在喷流沉积类型（郑有业等，2014；Xie et al.，2017；Sun et al.，2018），其存在较大争议；成矿主要在中新世（或者始新世），这可能与南北向伸展构造及同期的长英质岩浆有关（梁维等，2015；

郑有业等，2014；Sun et al.，2018；Zhou et al.，2018）。其中，以藏南隆子县的大型扎西康 Pb-Zn-Sb-Ag 多金属矿床为典型代表。

扎西康大型铅锌多金属矿床（已控制 Pb + Zn + Sb 资源量约 120 万 t）位于特提斯喜马拉雅成矿带东段（图 1.41），是该带内目前规模最大的多金属矿床。在该矿床周边还发现柯月、桑日则等 Pb-Zn-Sb 矿床，整体构成一个铅锌多金属的超大型矿集区（图 1.42）（梁维等，2014；郑有业等，2012；Sun et al.，2018）。矿区主要赋矿地层为下侏罗统日当组的一套浅变质的海相碎屑沉积岩（梁维等，2015；郑有业等，2014）。出露的岩浆岩主要为辉绿岩、流纹岩和少量的白云母花岗斑岩（图 1.42）。锆石 U-Pb 年龄显示辉绿岩和流纹岩形成于 135 ～ 132Ma，与邻近的措美大火成岩省的形成年龄一致（林彬等，2014；杨超等，2014），而二云母花岗岩锆石 U-Pb 年龄显示约 44 Ma（Zhou et al.，2018）。

目前扎西康矿区已控制 9 条矿体（图 1.43），主要受近 SN 和 NE 向断裂控制；主要以脉状和透镜状产出，走向延伸 500 ～ 1200 m，倾向延伸 200 ～ 800 m；Sb 平均品位为 0.98%、Pb 为 1.85%、Zn 为 3.11%。而矿化主要分为两期：早期 Pb-Zn 阶段和晚期富锑矿化阶段，且晚期富锑矿化期对先存硫化物存在叠加改造作用（梁维等，2014；吴建阳等，2015；Sun et al.，2018）。矿石矿物主要有闪锌矿、方铅矿、辉锑矿（图 1.44）等，且矿化在垂向上具有明显的分带：浅部以 Sb 为主，Sb-Pb-Zn 到深部以 Pb-Zn-Cu 为主（吴建阳等，2015；Sun et al.，2018）。

与富锑成矿期阶段闪锌矿、黄铁矿等矿物共生的绢云母 ^{40}Ar-^{39}Ar 的坪年龄为 17.9 ± 0.5Ma（图 1.45），显示成矿时代为中新世，与区域上南北向断层和矿区南部淡色花岗岩的时代基本一致（梁维等，2015；Sun et al.，2018），暗示它们之间可能有成因联系。但是定年最新结果显示，矿区硫化物（黄铜矿和黄铁矿）的 Re-Os 等时线获得了较好的年龄为 43.1 ± 2.5Ma（Zhou et al.，2018），暗示成矿年代为始新世而不是中新世（图 1.46），这可能与主碰撞阶段南北向的伸展构造有关，也与矿区内 40 ～ 44Ma 淡色花岗岩的时代一致（李光明等，2017；Zhou et al.，2018）。

另外，约 43 Ma 硫化物 Re-Os 年龄也与区域上邦布造山带型金矿的绢云母 ^{40}Ar-^{39}Ar 年龄一致（约 44 Ma）（Sun et al.，2016），显示扎西康矿床可能属于喜马拉雅成矿带约 40Ma 同一期区域成矿事件。但是，扎西康矿区成矿年龄存在分歧，还需进一步研究限定：一种可能是热液绢云母 Ar-Ar 年龄仅代表了早期形成的矿体被中新世后期侵入花岗岩的热扰动的年龄，因为绢云母的 Ar 同位素体系的封闭温度较低（300 ～ 350°C）；另一种可能是硫化物 Re-Os 体系可能有地层物质（如页岩等）的混染，导致年龄变老。

扎西康铅锌锑多金属矿床的流体包裹体以低盐度液相包裹体为主，含少量 CO_2 包裹体，均一温度为 180 ～ 336℃，盐度为 0.51% ～ 17.44% NaCl，属于中低温 – 低盐度的 H_2O-NaCl 体系，含少量的 CH_4 和 CO_2（李应栩等，2015）；O-H 同位素显示（δD=–165‰ ～ –131‰，$\delta^{18}O$=–13.7‰ ～ 0.2‰），成矿流体以大气降水为主（李应栩等，

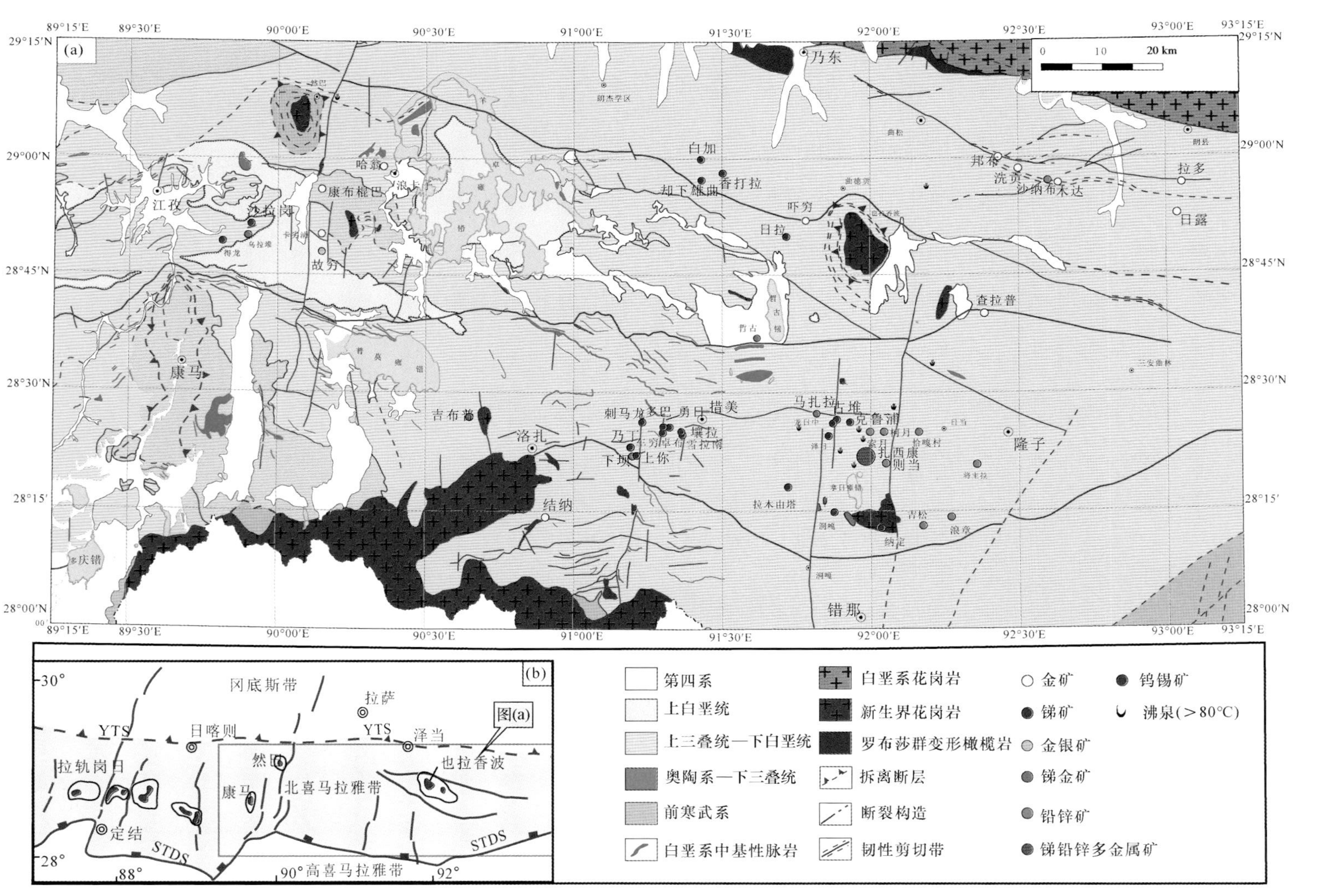

图 1.41　西藏喜马拉雅带铅锌多金属矿床空间分布（郑有业等，2014）

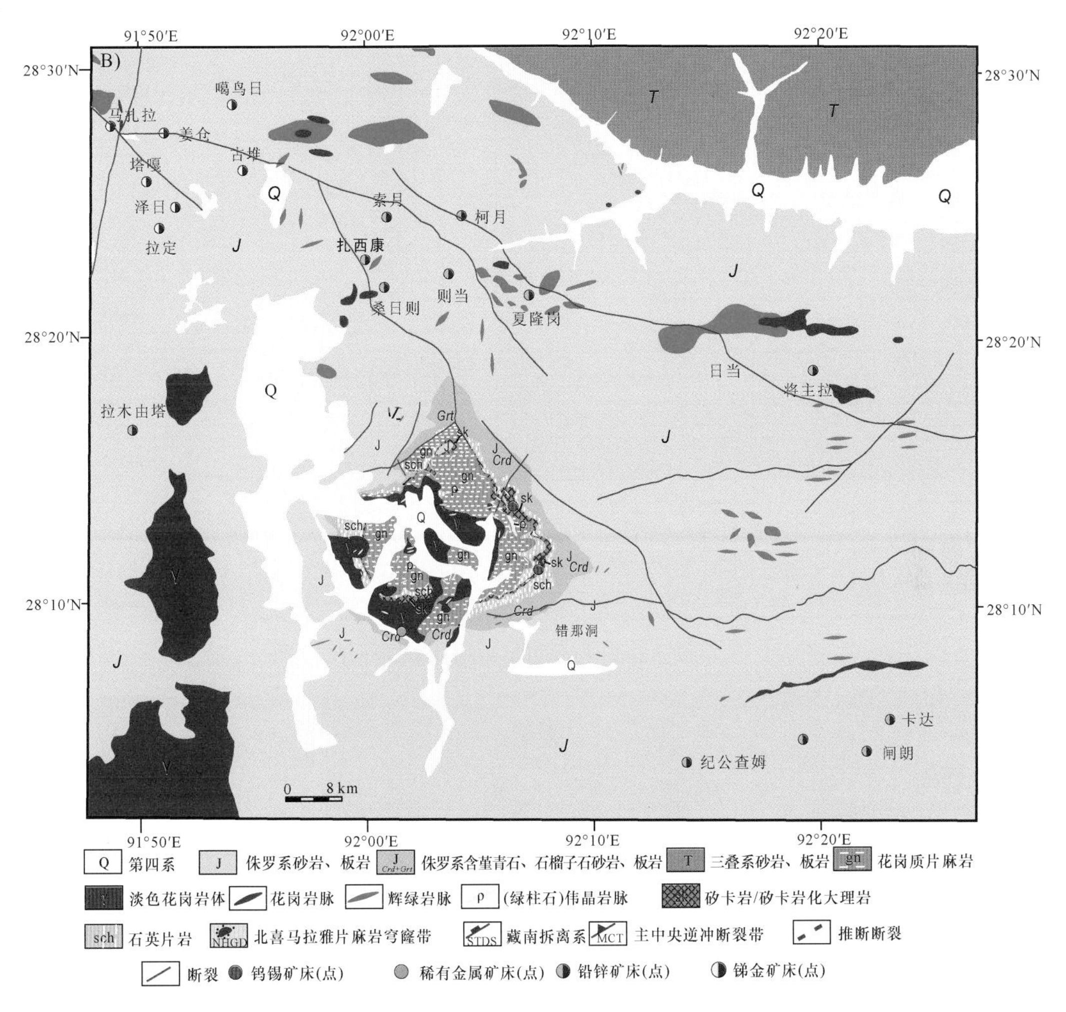

图 1.42　西藏喜马拉雅成矿带扎西康矿床的区域地质和矿产分布图（张志等，2017）

2015；Sun et al.，2018）。硫化物（闪锌矿、黄铁矿、方铅矿和辉锑矿）的 δ^{34}S 值范围为 5.0‰～12.0‰，明显高于岩浆 S 的范围 (0～3‰)，暗示 S 元素可能主要来源于围岩地层；硫化物的 Pb 同位素显示也主要来源于壳源（程文斌等，2013；Sun et al.，2018；Zhou et al.，2018）。综上所述，扎西康是一个中低温的热液矿床，其可能与中新统或者始新统（约 40 Ma）花岗质岩浆活动有关。闪锌矿的微量元素特征和硫化物的 Zn 同位素明显不同于喷流沉积矿床，其可能与岩浆–热液有关（张政等，2016；Duan et al.，2016）。

基于矿床地质特征、O-H-S-Pb 同位素以及流体包裹体的研究，建立扎西康矿床的成矿模式如下（图 1.47）(Sun et al.，2018)：①来源于深部岩浆的成矿流体沿着南北向的断层带向上运移，并萃取围岩地层的 S、Pb 等成矿元素，快速结晶形成细粒棕色的闪锌矿、Mn-Fe 碳酸盐、方铅矿和黄铁矿［图 1.47(a)］；②后期相对氧化的富集 Sb 元素的成矿流体，萃取围岩地层和早期硫化物的 Pb 等成矿元素，并叠加早期矿体和活化

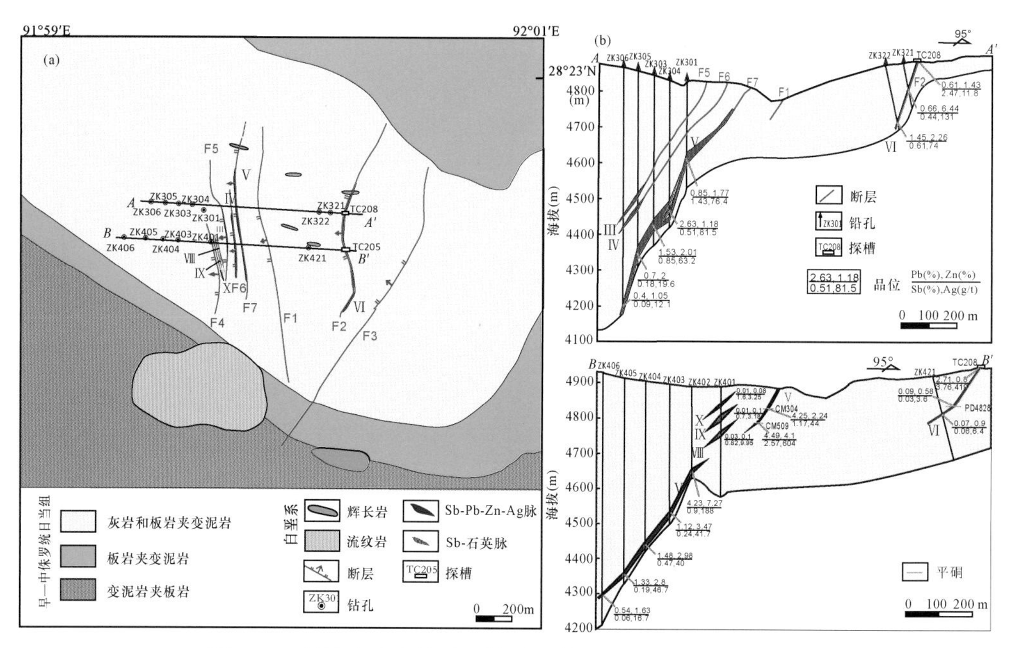

图 1.43　扎西康矿床的矿区地质和剖面图（Sun et al.，2018）

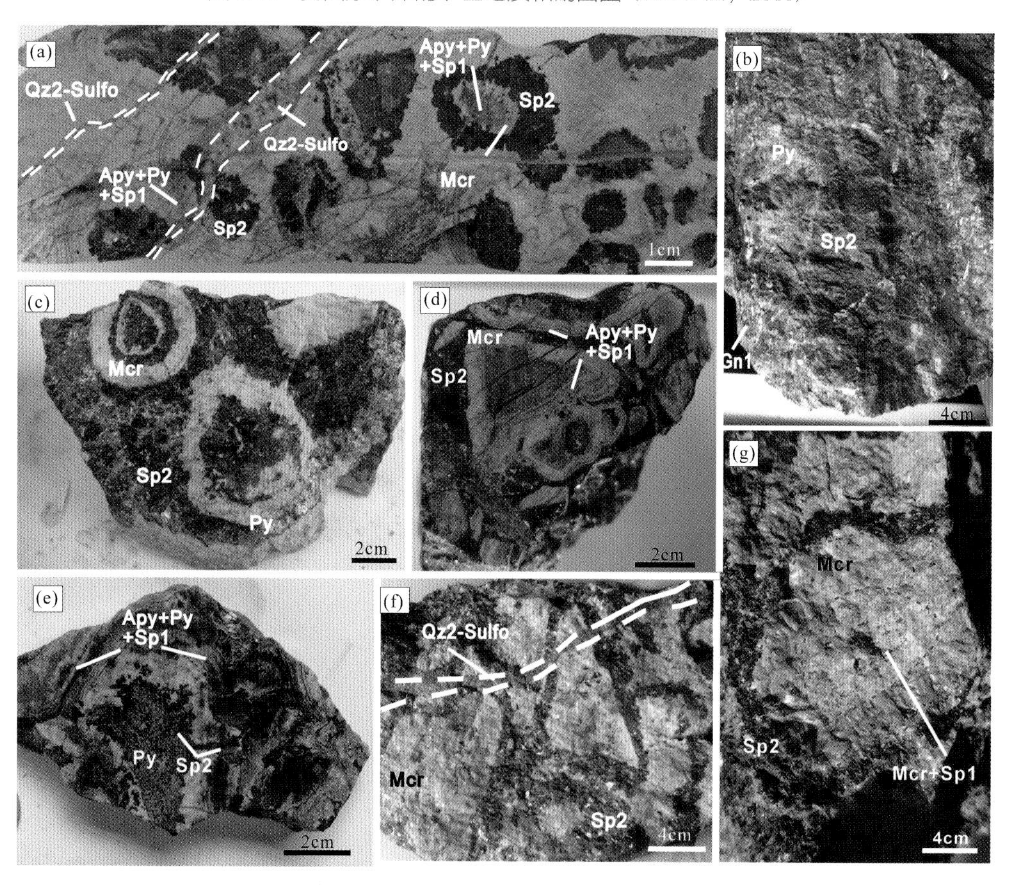

图 1.44　扎西康矿床的铅锌矿石典型照片（Sun et al.，2018）

Apy，砷黄铁矿；Sp，闪锌矿；Mcr，Mn-Fe 碳酸盐；Py，黄铁矿；Sulfo，硫酸盐；Qz，石英；Gn，方铅矿

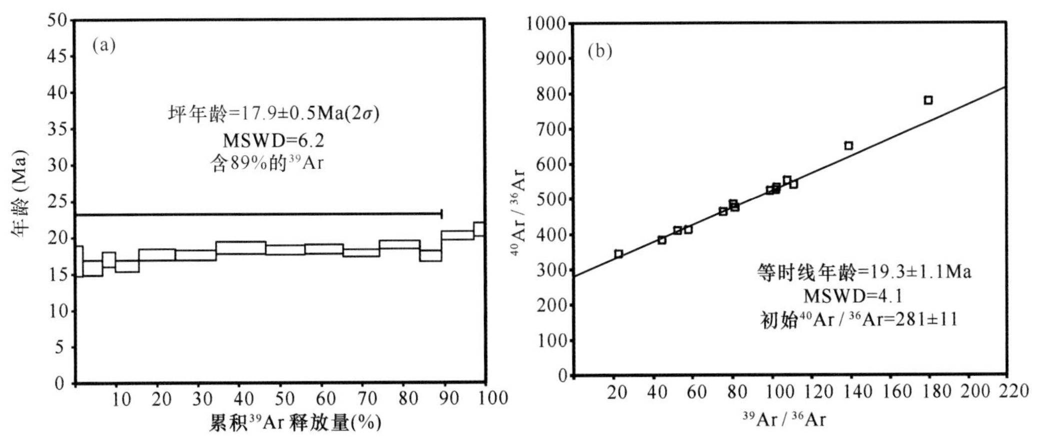

图 1.45　扎西康矿床的热液绢云母的 ^{40}Ar-^{39}Ar 坪年龄和等时线年龄（Sun et al., 2018）

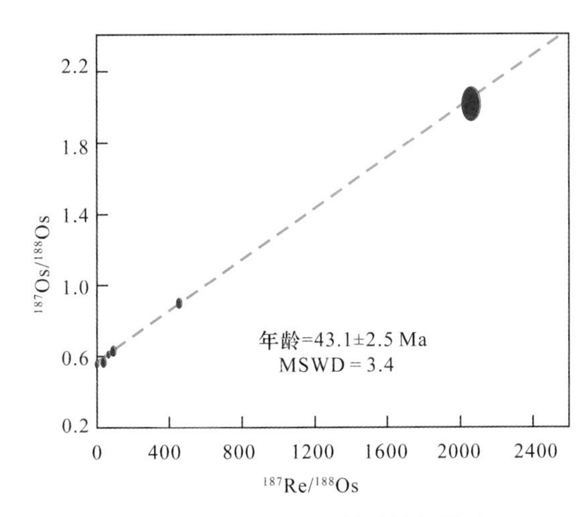

图 1.46　扎西康矿床的硫化物的 Re-Os 等时线年龄（Zhou et al., 2018）

成矿元素形成辉锑矿 – 方铅矿 – 闪锌矿 – 碳酸盐相关石英脉［图 1.47(b)］。

1.4.3　金锑矿床

由于新生代印度 – 欧亚大陆的碰撞，在喜马拉雅带形成两期重要的金（Au）成矿带：始新世的造山型金矿带和中新世低温热液型金锑矿带（李华健等，2017；聂凤军等，2005；杨竹森等，2006）。早期始新世造山型 Au 矿床主要分布在喜马拉雅北部，代表性矿床有马攸木、念扎、邦布及折木朗等，该矿带形成于拉萨地块及特提斯喜马拉雅地壳碰撞增生的构造背景（59 ～ 44 Ma），与林子宗火山岩和高压变质岩同期（李华健等，2017；周峰等，2011；Zhang et al.，2017；Zhao et al.，2019）。而晚中新世低温热液型金锑矿床主要分布在喜马拉雅中部，代表性矿床有查拉普、马扎拉、古堆、沙拉岗等；主要发育于藏南拆离带及变质核杂岩周围，该矿带形成于后碰撞阶段与南北向伸展构造背景下，其与中新统花岗质岩浆 – 热液有关

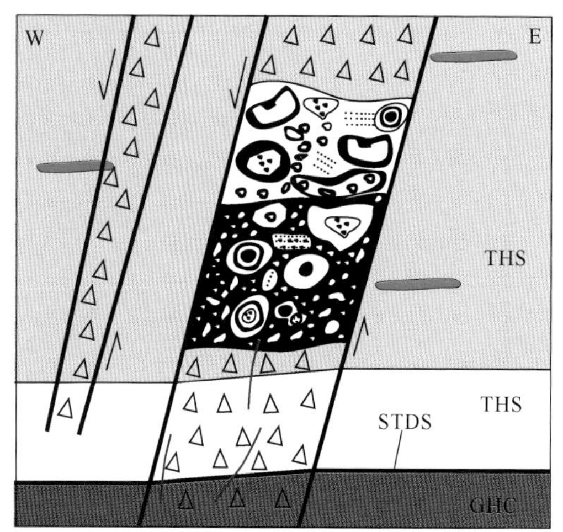

(a) Pb-Zn-矿化的 Mn-Fe 碳酸盐脉的形成

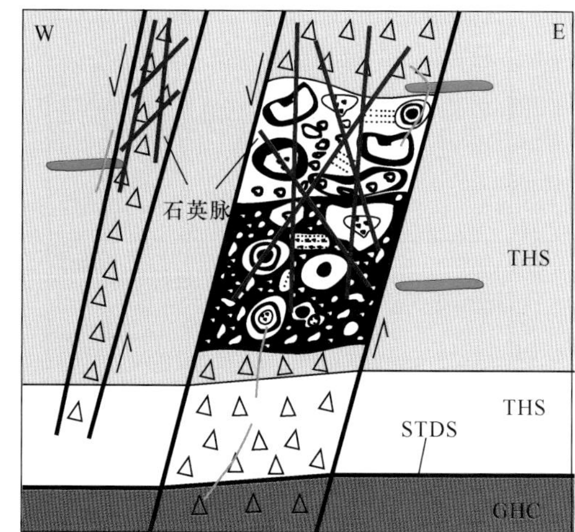

(b) 石英-辉锑矿和Sb-Pb-Zn-Ag矿化脉的形成

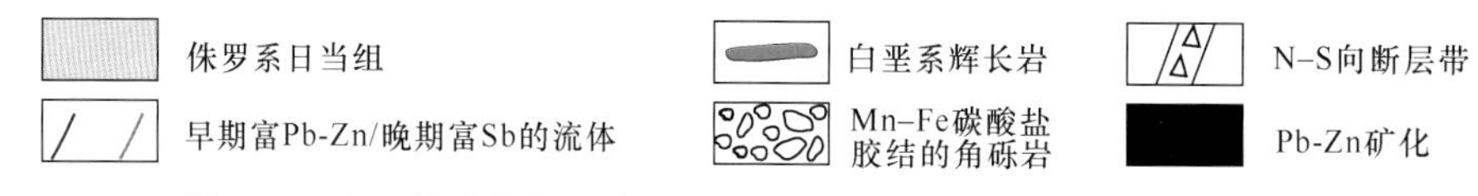

图 1.47　喜马拉雅带扎西康 Pb-Zn-Sb-Ag 矿床的成矿模式（Sun et al.，2018）

THS，特提斯喜马拉雅；GHC，高喜马拉雅；STDS，藏南拆离系

（杨竹森等，2006；Yang et al.，2009；Zhai et al.，2014）。

1. 始新世造山型金矿床

青藏高原南部始新世造山型金矿床分布于特提斯喜马拉雅造山带中，已经成为西藏重要的金成矿带之一，且具有巨大的找矿前景（侯增谦等，2006a，2006b）。代表性矿床在空间上由东至西依次分布马攸木金矿、邦布金矿、念扎金矿及折木朗金矿［图 1.48(a)］（江思宏等，2006，2008；李华健等，2017；聂凤军等，2005）。

（1）马攸木金矿

马攸木金矿位于西藏阿里地区普兰县霍尔乡，是 2001 年发现的大型金矿床，探明储量超过 80t，金平均品位为 31.8 g/t（温春齐等，2006）。位于雅鲁藏布江缝合带 / 特提斯喜马拉雅带西段［图 1.48(a)］。矿区出露的岩浆岩主要有中新统石英闪长岩、花岗闪长岩 / 斑岩（锆石 U-Pb 年龄 18.4±1.3 Ma）（胡朋等，2006）、花岗岩以及始新统—渐新统的中酸性次火山岩（黑云母 Ar-Ar 年龄为 34.16±0.12 Ma）（温春齐等，2004b）。矿体主要赋存在震旦系—寒武系绿泥石 / 绢云母 – 石英片岩中［图 1.48(b)］，与近 EW 或 NEE 走向的逆冲断层密切相关（温春齐等，2006）。在矿区已探明有近东西向的 16 条矿化体［图 1.48(b)］，它们主要以透镜状产出，长度 100 ～ 500 m，厚 0.5 ～ 10 m，延伸 250 ～ 300 m。矿石类型以石英 - 硫化物脉为主，其次为构造蚀变岩型。蚀变类型主要包括硅化、绢云母化、绿泥石化等。金主要以银金矿和自然金的形式产出，与黝铜矿、脆硫锑铅矿及石英密切共生（孙燕等，2008）。

马攸木金矿床主要成矿期石英 – 黄铁矿阶段的石英 Ar-Ar（约 44 Ma）（温春齐等，

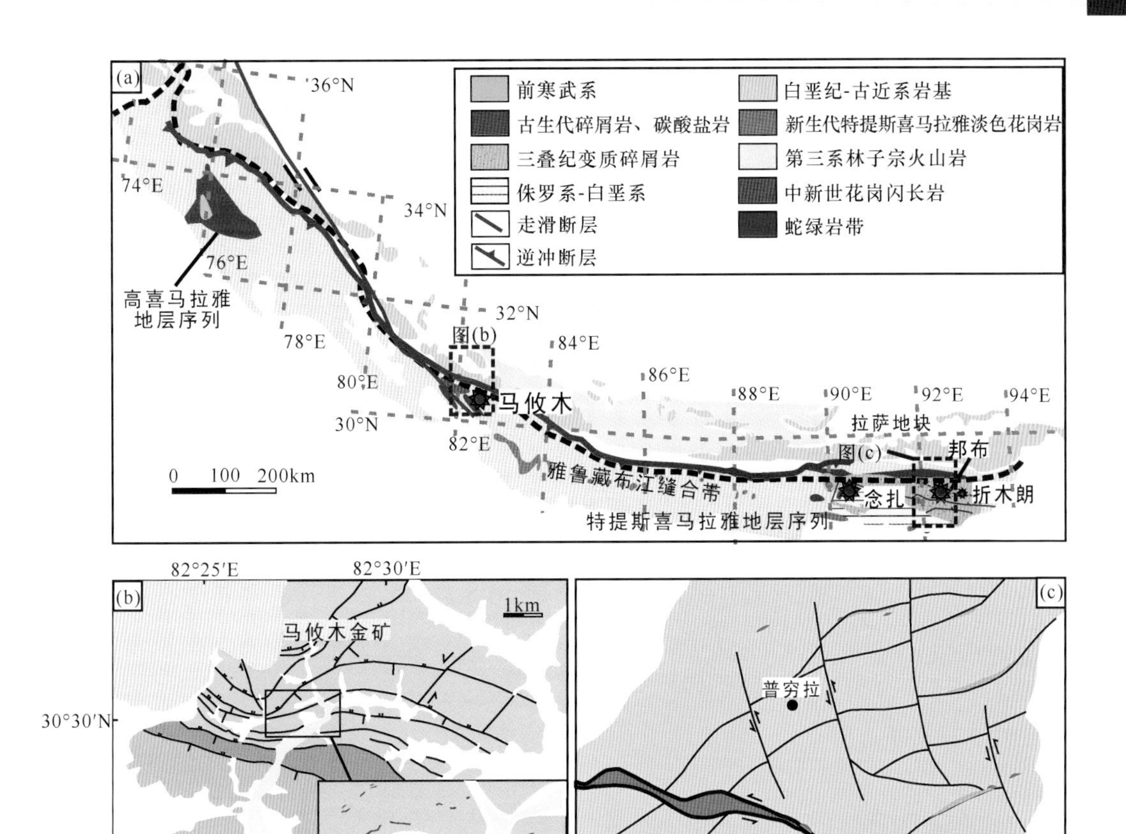

图 1.48　喜马拉雅带造山型金矿的空间分布 (a)（李华健等，2017）、西段马攸木金矿 (b) (Jiang et al.，2009) 和东段邦布金矿 (c) (Sun et al.，2016) 的矿床地质图

2004a) 和热液绢云母的 Ar-Ar 年龄（约 60 Ma)（江思宏等，2008；Jiang et al.，2009) 的结果显示，其成矿时代为始新世，与印度 – 欧亚大陆主碰撞阶段时间范围较一致（侯增谦等，2006a，2006b)。流体包裹体以 CO_2 包裹体为主，有少量液相包裹体；均一温度为 170 ～ 290℃，盐度为 0.18% ～ 7.20% NaCl；属于中 – 低温富 CO_2、低盐度的 NaCl-H_2O 体系；成矿流体的氧同位素 $\delta^{18}O$ 为 4.34‰ ～ 11.65‰，氢同位素 δD 为 –89‰ ～ –79‰，显示成矿流体以变质流体为主，有少量大气降水加入（霍艳等，2004；温春齐等，2006；李腊梅等，2009；Jiang et al.，2009)。硫化物的 $\delta^{34}S$ 值范围为 –0.2‰ ～ 16.8‰，变化范围大，暗示可能具有多来源的特征 (Jiang et al.，2009)。

（2）邦布金矿

邦布金矿床位于藏南加查县南部，为典型的主要以石英脉为矿化特征的造山型金矿，金储量达到 15t 以上，达到大型金矿床规模（孙清钟等，2013；Sun et al.，2016）。该矿床大地构造上处于雅鲁藏布江缝合带朗杰学增生楔东段的南缘［图 1.48(a)］，在曲松—错古—折木朗大型脆 – 韧性剪切带中，其与 NNW 向和 NE 向的次级断裂密切相关［图 1.48(c)］。出露的郎杰学群宋热组是主要赋矿层位（千枚岩夹变砂岩）［图 1.48(c)］。目前共发现了 11 条矿化体，东西长约 1600 m，南北宽 1500 m，金平均品位为 9.39 g/t，产于 NNW 向压扭性断裂带中。矿石类型可分为石英 – 硫化物脉和破碎蚀变岩型（图 1.49）。成矿期次可划分为 4 个阶段：①石英 – 硫化物阶段；②金 – 细粒硫化物阶段；③碳酸盐阶段；④晚期的胶黄铁矿阶段（孙清钟等，2013）。蚀变类型主要有绿泥石化、硅化、黄铁绢英岩化、碳酸盐化等。金矿化主要以包体金产于硫化物中，以及以颗粒金产于石英和硫化物裂隙中，且与细粒黄铁矿密切相关（图 1.50）（孙清钟等，2012）。

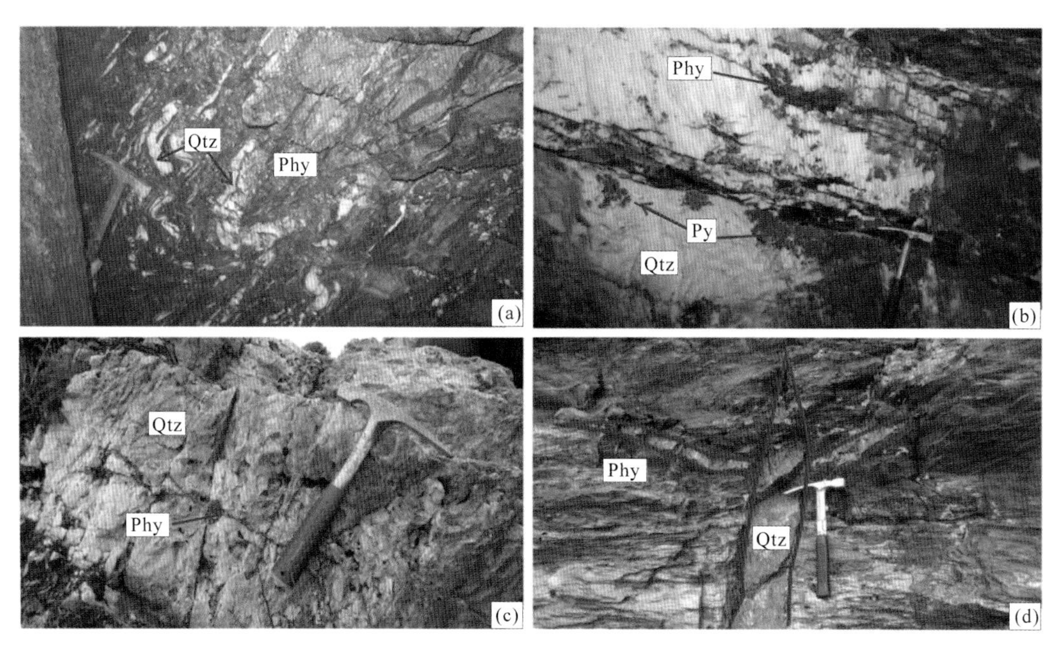

图 1.49　邦布金矿床的含金 (a) ～ (c) 和不含金 (d) 石英脉的宏观照片（孙清钟等，2013）
Qtz，石英；Phy，磁黄铁矿；Py，黄铁矿

邦布金矿床的流体包裹体主要有液相包裹体和含 CO_2 包裹体（图 1.51），成矿流体具有低盐度 – 中低温度的特征，且富含 CO_2（盐度：2.20% ～ 9.45% NaCl；均一温度：166 ～ 336℃）（孙晓明等，2010；Sun et al.，2016）。O-H 同位素特征（δD=–105.3‰ ～ –44.4‰，$\delta^{18}O_{H_2O}$ 范围为 4.7‰ ～ 9.0‰）（图 1.52），显示成矿流体主要为变质水，但有地幔流体的加入（孙清钟等，2013；孙晓明等，2010；Pei et al.，2016；Sun et al.，2016）。

另外，邦布矿区含金石英脉中黄铁矿的流体包裹体 He-Ar 同位素位于地壳流体和幔源流体范围之间（图 1.53），也显示地幔流体的加入（韦慧晓等，2010；孙清钟等，2013；孙晓明等，2010；Pei et al.，2016；Sun et al.，2016），暗示幔源流体的加入可能是邦布金矿床形成的重要关键因素之一（韦慧晓等，2010；Sun et al.，2016）。

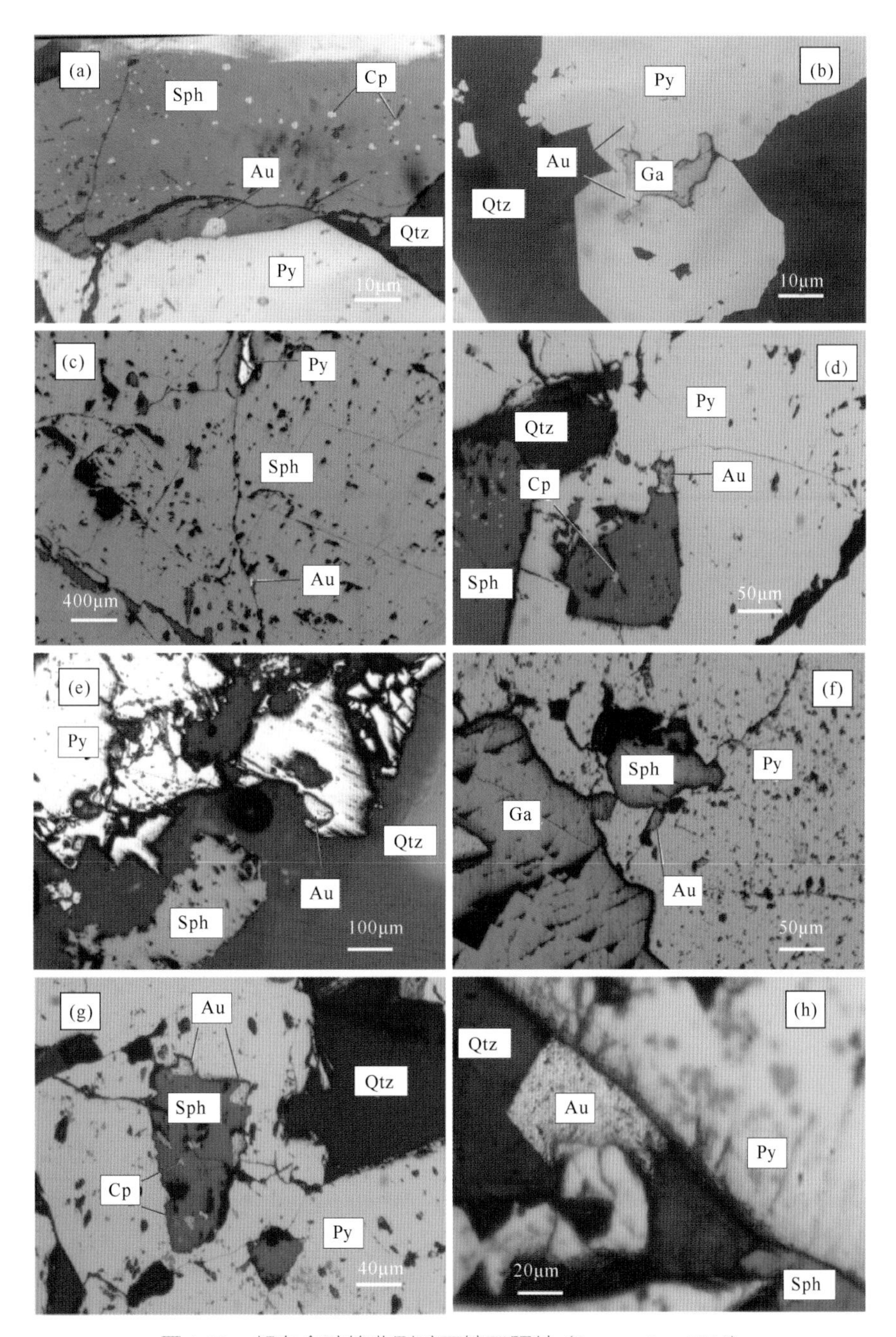

图 1.50　邦布金矿的典型矿石镜下照片（Sun et al.，2016）

Sph，闪锌矿；Au，金；Py，黄铁矿；Cp，黄铜矿；Ga，方铅矿；Qtz，石英

邦布矿区与金矿化密切相关的热液绢云母的 Ar-Ar 年龄为 43.6±3.2 Ma（Sun et al.，2016）和 49.5±0.5 Ma（图 1.54）（Pei et al.，2016），显示邦布金矿形成时代为始新世（49 ～ 43 Ma）。其与成矿带西段的马攸木金矿床形成时代（59 ～ 44 Ma）（江思宏等，2008；温春齐等，2004a；Jiang et al.，2009）基本一致，也与印度 – 欧亚大陆主碰

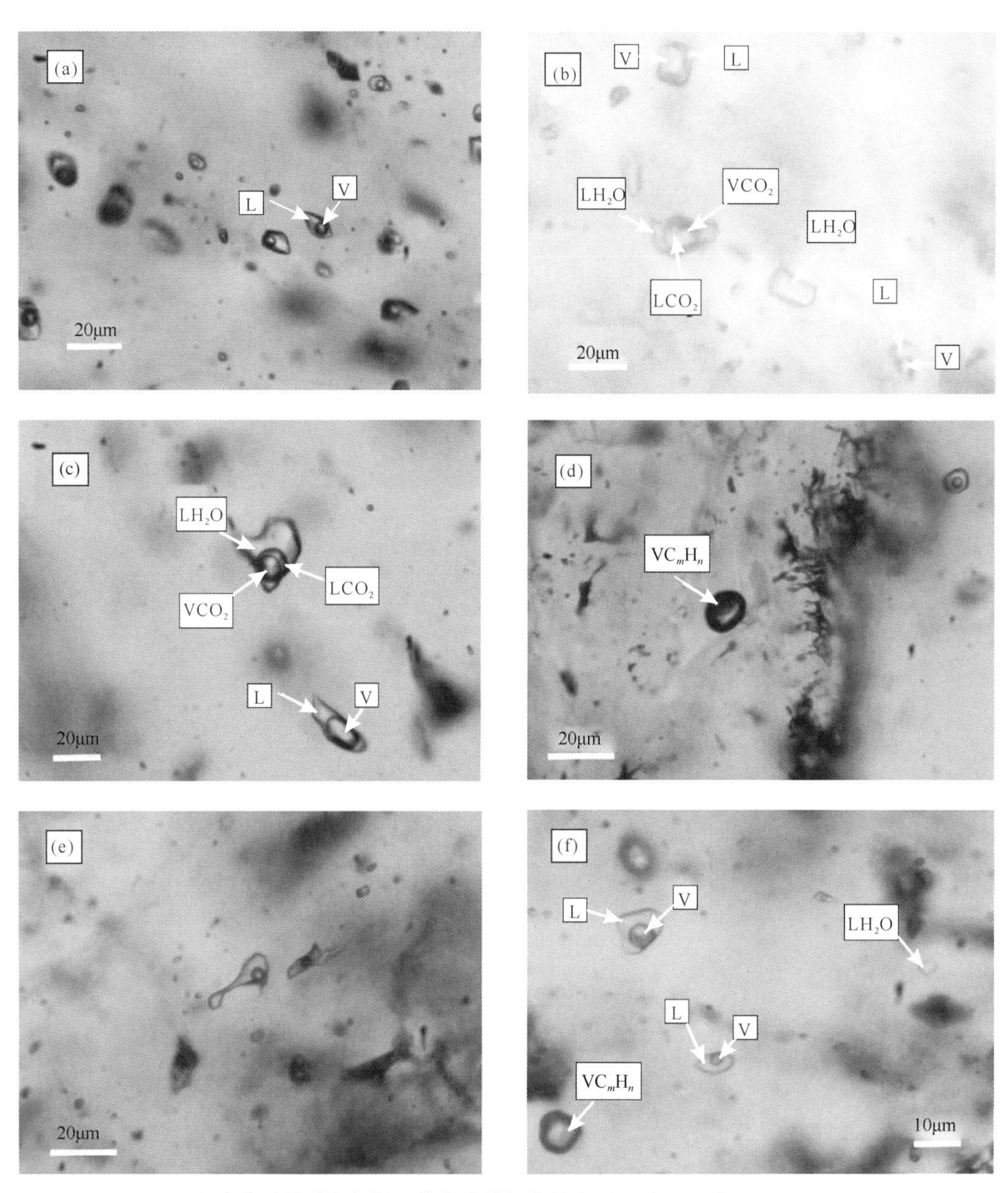

图 1.51 邦布金矿的矿化相关石英中流体包裹体类型及镜下照片（Sun et al.，2016）

L，液相；V，气相；C_mH_n，包括 CH_4，C_2H_6，C_3H_8 和 C_6H_6

撞阶段时间范围重叠（侯增谦等，2006a，2006b），暗示这些造山型金矿床都形成于碰撞造山背景下。

综上所述，始新世造山型金矿床的成矿过程模式如下（江思宏等，2008；Sun et al.，2016；Pei et al.，2016；Zhao et al.，2019）：始新世印度与欧亚大陆碰撞过程中，地幔来源的岩浆深部去气与下地壳脱水形成的富 CO_2 流体混合，沿着韧性剪切带上升运移，在构造薄弱带由于温度、压力降低和流体沸腾而形成金矿体（图 1.55）。

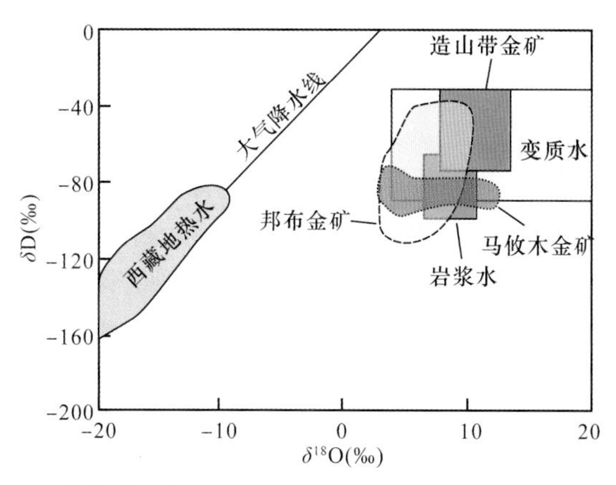

图 1.52　邦布金矿的成矿流体的 O-H 同位素特征（Sun et al.，2016）

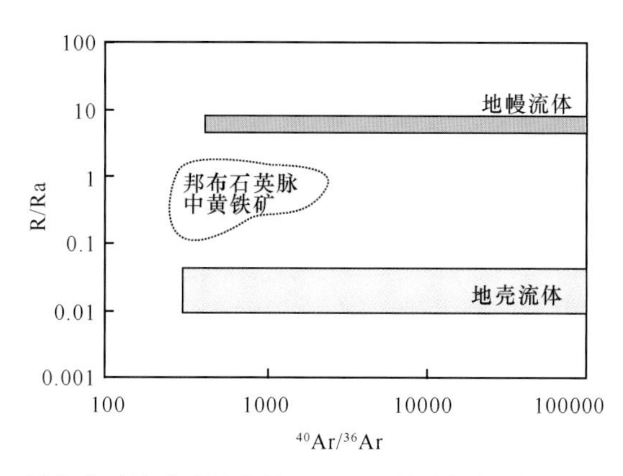

图 1.53　邦布金矿的成矿流体的 He-Ar 同位素特征（Sun et al.，2016）

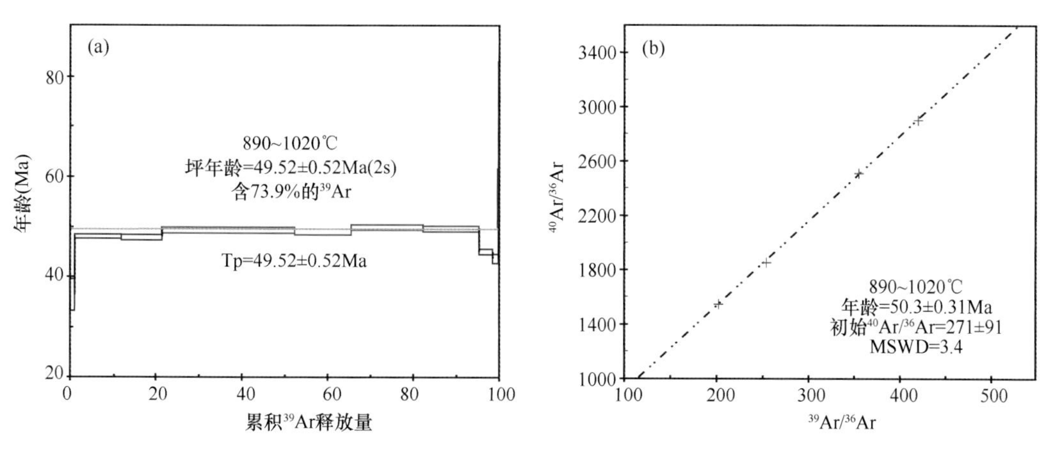

图 1.54　邦布金矿的热液绢云母的 Ar-Ar 年龄（Pei et al.，2016）

2. 中新世低温热液型金锑矿床

除始新世典型造山型金矿床以外，近年来对喜马拉雅带的大量勘查还发现许多中新世低温热液型金锑矿床，代表性矿床有查拉普、马扎拉、姐纳各普、古堆、沙拉岗

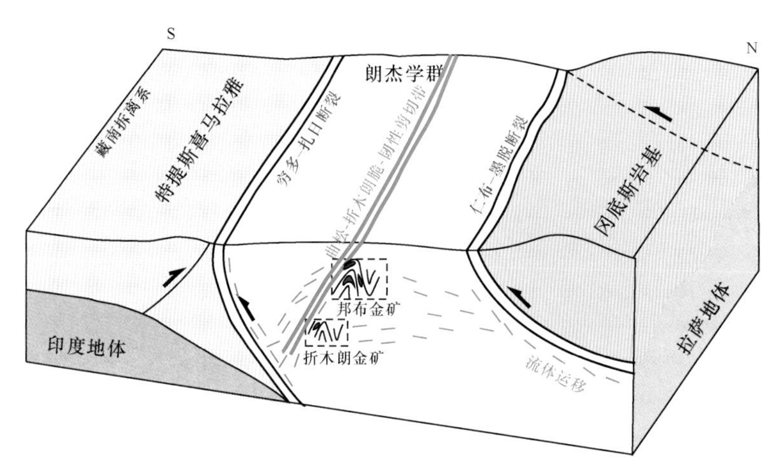

图 1.55　喜马拉雅带始新世邦布等造山型金矿的成矿模式（Zhao et al.，2019）

等（图 1.56），其已经成为青藏高原重要的且具有巨大找矿前景的金锑多金属成矿带之一（杨竹森等，2006；郑有业等，2014；Yang et al.，2009；Zhai et al.，2014）。但其成因存在巨大争议：是造山型金矿还是低温热液型金矿（杨竹森等，2006；Yang et al.，2009；Zhai et al.，2014）。这些矿床形成于后碰撞阶段，与近 EW 向展布的变质核杂岩、

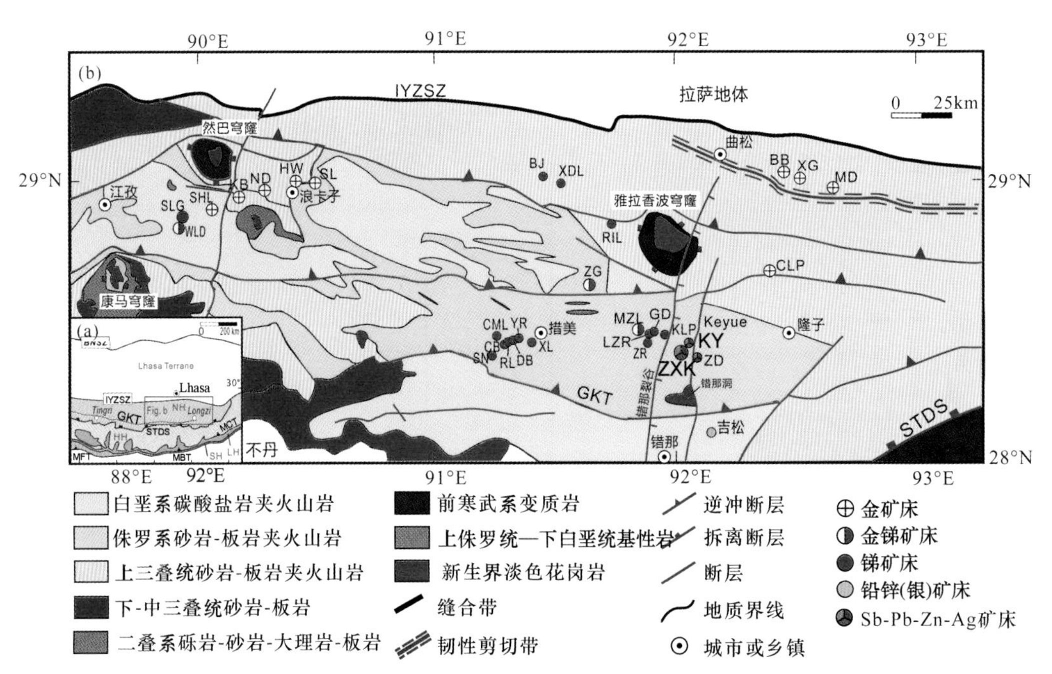

图 1.56　喜马拉雅带中新世金锑矿床的空间分布（Zhai et al.，2014；Sun et al.，2018）

IYZSZ，雅鲁藏布缝合带；GKT，吉隆－康马逆冲断裂；STDS，藏南拆离系；WLD，乌拉堆；SLG，沙拉岗；SHL，省那；HW，哈翁；KB，康布；ND，脑东；SL，舍里；BJ，白加；XDL，香打拉；RIL，日拉；ZG，哲古；BB，帮布；XG，洗贡；MD，木达；CLP，查拉普；CB，车穷卓布；DB，多巴；YR，勇日；SN，上你；CML，刺马龙；RL，壤拉；XL，雪拉；MZL，马拉扎；GD，古堆；ZR，泽日；LZR，龙中日；KLP，克鲁浦；ZXK，扎西康；KY，柯月；ZD，则当

NS 向伸展断裂以及中新统淡色花岗岩相关；进一步基于矿体与控矿构造的关系，可分为三种矿床类型（杜泽忠和李关清，2011；杨竹森等，2006；Yang et al.，2009）：①与剥离断层有关（浪卡子式）；②层间破碎带（马扎拉式）；③ NS 向正断层（沙拉岗式）。

（1）沙拉岗金锑矿

西藏沙拉岗金锑矿床位于北喜马拉雅地区然巴杂岩穹窿的东南部 40 km 处。该区发育 4 种矿床类型：金矿、金锑矿、锑矿、铅锌（银、锑）矿，构成 Au-Sb-Pb-Zn-Ag 多金属矿集区。沙拉岗是该地区代表性的脉状金锑矿床（图 1.57）。

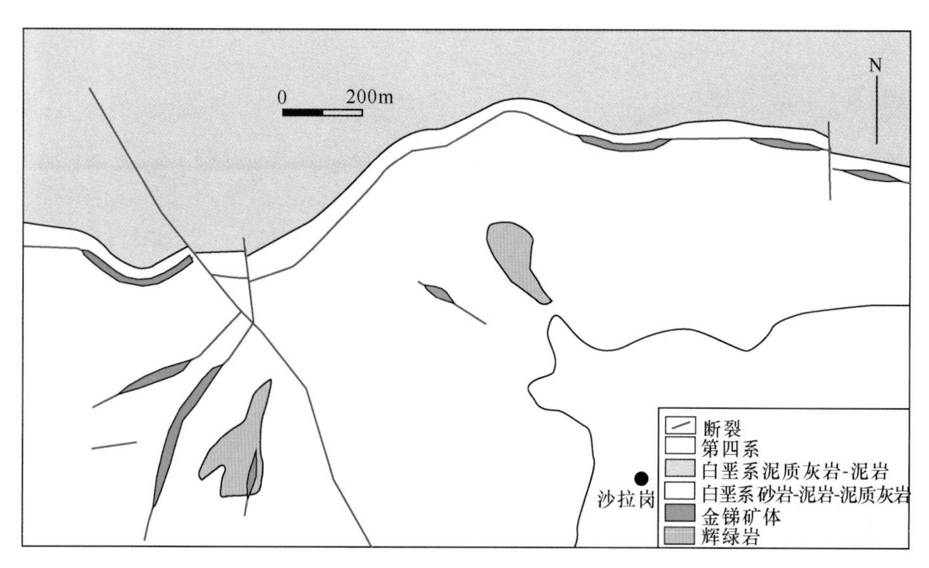

图 1.57　喜马拉雅带沙拉岗金锑矿床的地质图（Zhai et al.，2014）

该矿床位于江孜–龙马复背斜东端，出露的地层岩性主要是白垩系宗卓组的泥岩、砂岩夹透镜状灰岩，且与 SN 向和 EW 向断层关系密切（图 1.57）。岩浆岩有白垩系（约 130 Ma）辉长岩及中新统闪长岩小岩脉（张刚阳等，2011）；在岩体的裂隙里发育脉状锑矿化，显示成矿发生于中新统岩体侵位之后。金锑矿体既产于 EW 向层间断裂带内（图 1.57），主要以脉状产出，长 5 ～ 30 m，厚度 0.3 ～ 1.7 m；也产于南北向正断层中，长约 200 m，宽 1 ～ 2 m。成矿期次可划分为 3 个阶段：早期石英阶段、石英–毒砂–金阶段、晚期石英–辉锑矿–金阶段（杨竹森等，2006；Zhai et al.，2014）。蚀变类型主要有绿泥石化、碳酸盐化和高岭石化等；而金属矿物主要有黄铁矿、辉锑矿、辰砂、雄黄和毒砂等（图 1.58）。

沙拉岗矿床石英流体包裹体主要有三种类型：气相、液相和含 CO_2 的液相包裹体（图 1.59）；均一温度为 148 ～ 297℃，盐度范围为 3.39% ～ 5.86%NaCl，属于中低温–低盐度的成矿流体，且含有少量 CO_2（杨竹森等，2006）。O-H 同位素显示具有明显负的成矿流体 δD 值，范围为 –166‰ ～ –140‰，而 δ^{18}O 值范围为 9.4‰ ～ 12.3‰，落入残余岩浆水的范围（图 1.60）。硫化物的 δ^{34}S 值主要分布在 –4.1‰ ～ –2.6‰，也证实其以岩浆水为主（Yang et al.，2009）。

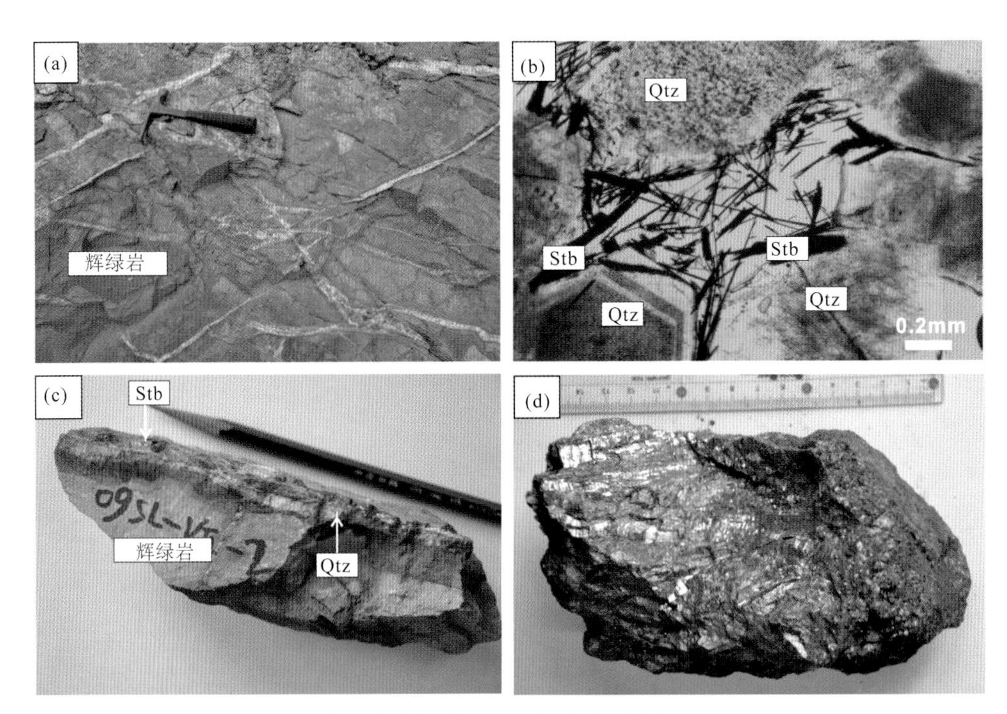

图 1.58 喜马拉雅带沙拉岗金锑矿床的典型矿石照片 (Zhai et al.，2014)

Qtz，石英；Stb，辉锑矿

(2) 马扎拉金锑矿

马扎拉金锑矿床位于扎西康 Pb-Zn-Sb-Au 矿集区的西北角，主要赋矿地层为下侏罗统日当组的变砂板岩夹安山岩 – 灰岩，其与 EW 向、NE 向和 NS 向断裂关系密切 (图 1.61)。目前已探明有 36 条金锑矿化体，主要以脉状、透镜状以及似层状产出。围岩蚀变类型主要有硅化、绢云母化、绿泥石化、碳酸盐化等。矿石类型可分为两种：石英脉型和蚀变岩型 (图 1.62)；矿石矿物主要包括辉锑矿、自然金及毒砂等；金品位为 2 ～ 18.6g/t，锑品位为 5% ～ 70%。金以自然金为主，其次为钯金矿、含银自然金等，以粒间金、包裹金、裂隙金 (图 1.62) 赋存在黄铁矿和毒砂中 (吴昊等，2017)。

马扎拉主要有 4 种类型流体包裹体：液相、纯 H_2O 包裹体、纯 CO_2 包裹体和三相 CO_2-H_2O 包裹体 (图 1.59)；均一温度范围为 180 ～ 300°C，盐度介于 2.5% ～ 4.9 %NaCl(莫儒伟等，2013；杨竹森等，2006)，成矿流体具有中 – 低温、低盐度和富含 CO_2 的特征 (莫儒伟等，2013；杨竹森等，2006)。成矿流体的 δD 范围为 –108‰ ～ –68.1‰，δ^{18}O 值范围为 –2.2‰ ～ 12.2‰，显示岩浆水和大气降水的混合，且以岩浆水为主 (图 1.60)。矿区硫化物的 δ^{34}S 值范围为 –1‰ ～ 2.5‰，也显示成矿物质主要来源于岩浆 (杨竹森等，2006；Zhai et al.，2014)；流体包裹体的 δ^{13}C 值范围为 –12.6‰ ～ –2.9‰，显示 C 主要来源于幔源，有地壳 C 的加入 (莫儒伟等，2013；Zhai et al.，2014)。

另外，扎西康矿集区姐纳各普金 Sb-Au 矿床含矿石英脉中绢云母 Ar-Ar 坪年龄为

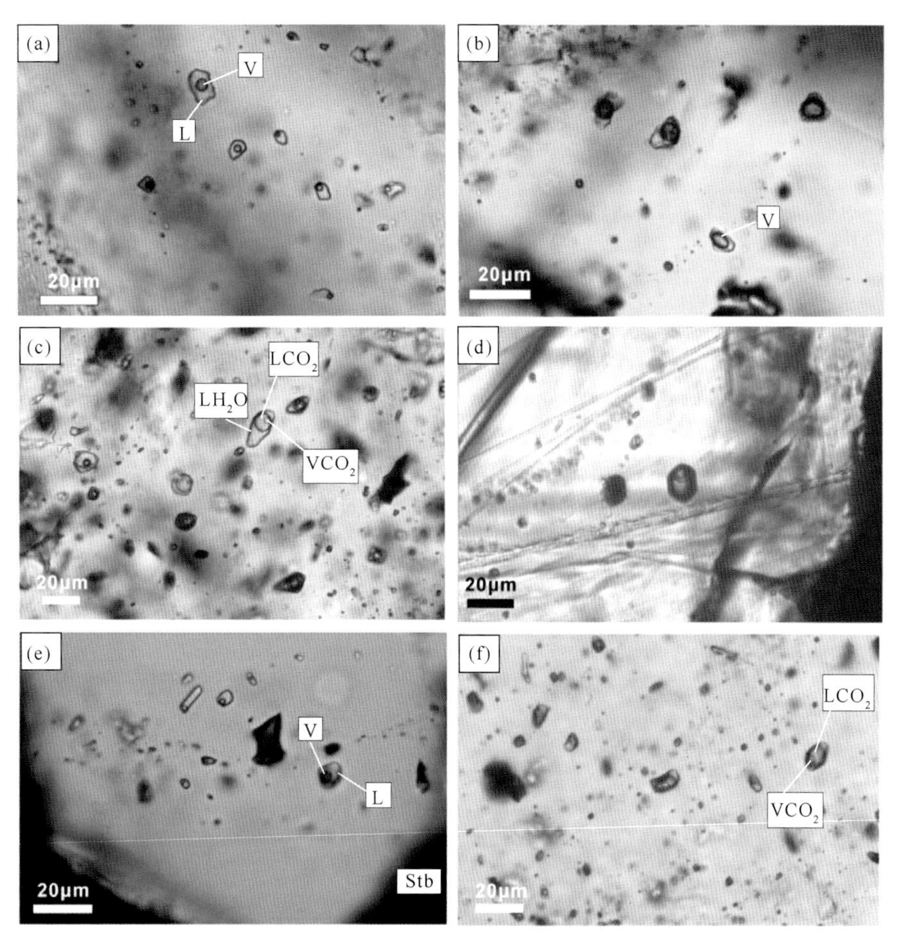

图 1.59　喜马拉雅带沙拉岗和马扎拉金锑矿床的流体包裹体类型的镜下照片（Zhai et al.，2014）

V，气相；L，液相；Stb，辉锑矿

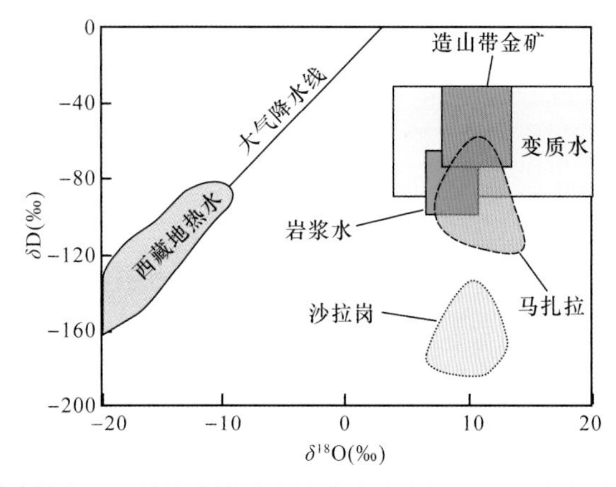

图 1.60　喜马拉雅带沙拉岗和马扎拉金锑矿床的成矿流体的 O-H 同位素特征（Zhai et al.，2014）

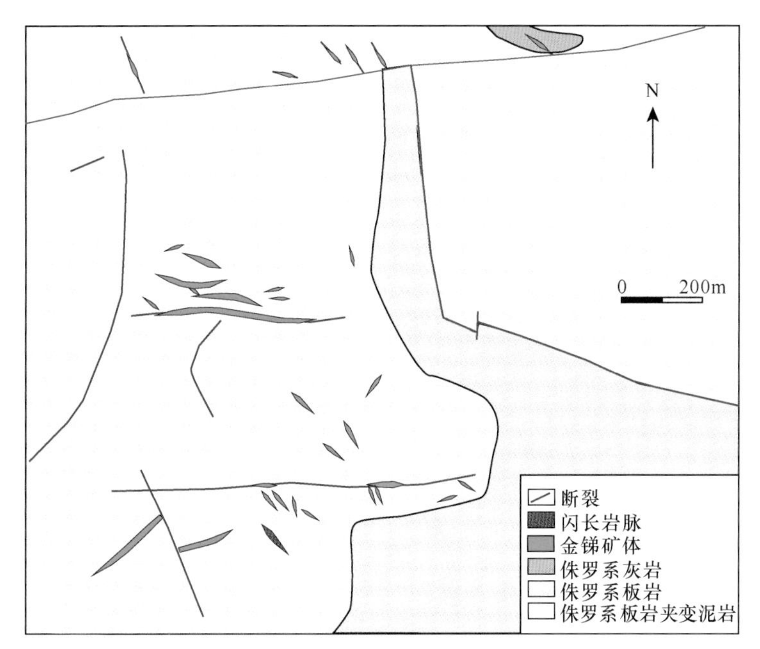

图 1.61　喜马拉雅带扎西康矿集区马扎拉金锑矿床地质图（Zhai et al.，2014）

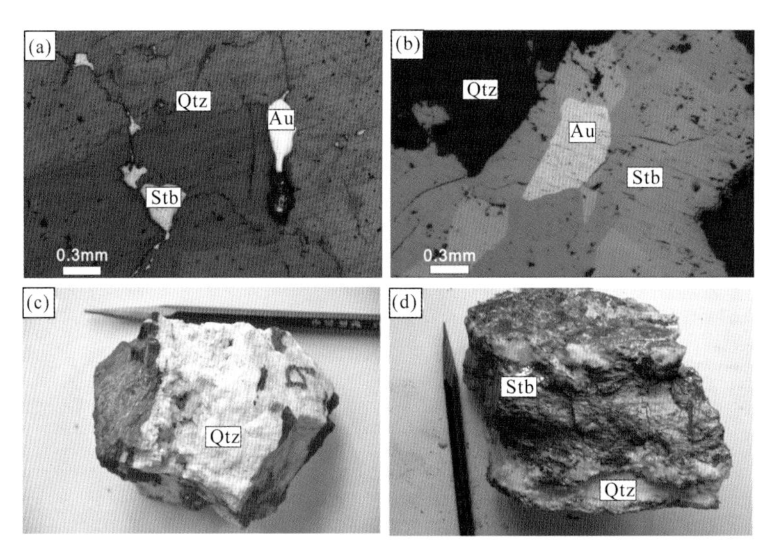

图 1.62　喜马拉雅带扎西康矿集区马扎拉金锑矿床的典型矿石矿物照片（Zhai et al.，2014）

Qtz，石英；Stb，辉锑矿；Au，金

17.6±1.8 Ma（董随亮等，2017），与扎西康铅锌多金属矿中早期铅锌成矿阶段绢云母 Ar-Ar 年龄 17.9±0.5 Ma 一致（梁维等，2015；Sun et al.，2018），显示扎西康矿集区铅锌和金锑成矿是同一期成矿事件。

结合区域构造和岩浆演化，喜马拉雅带中新世金锑成矿模式如下（图 1.63）：65 ～ 45 Ma 印度 – 欧亚大陆碰撞和 45 ～ 30 Ma 碰撞加厚，在 <30 Ma 时加厚的岩石圈发生拆沉，软流圈上涌造成地温梯度升高，以及伴随着 EW 向逆冲断层系发育和地壳

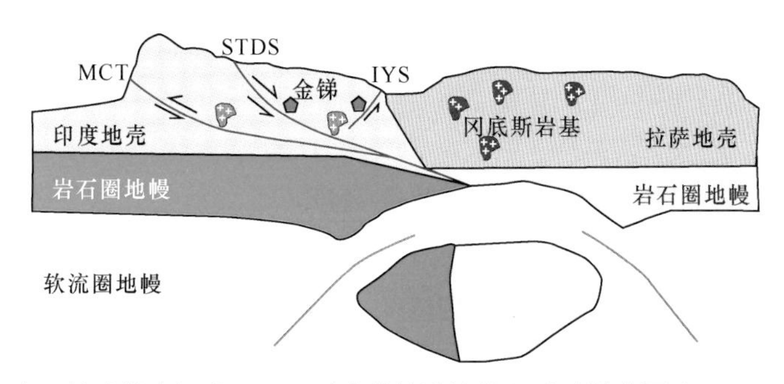

图 1.63　喜马拉雅带中新世 Au-Sb 矿床的构造演化和成矿模式图（Zhai et al.，2014）

来源的中新统花岗岩侵入，岩浆出溶成矿流体运移到压性断裂膨大部位和 SN 向的张性断裂中，由于温度降低、流体混合等而成矿（杨竹森等，2006；Yang et al.，2009；Zhai et al.，2014）。

(3) 铍－锡－钨－铌－钽等稀有金属矿床

喜马拉雅新生界（46 ～ 8 Ma）淡色花岗岩是青藏高原南部广泛分布且独具特色的岩石类型，呈东西向分布（超过 1000 km）。基于空间展布特征，可将其分为特提斯喜马拉雅北带（雅拉香波、然巴、苦堆、夏如和佩枯措等）和高喜马拉雅淡色花岗岩南带（如错那洞、洛扎、定结、吉隆和纳木那尼等）（图 1.64），主要岩性有黑云母花岗岩、二云母花岗岩、白云母 / 电气石 / 石榴子石花岗岩和花岗伟晶岩等（吴福元等，2015）。目前初步研究表明，在喜马拉雅两个淡色花岗岩带普遍发育铍－锡－钨－铌－钽（Be-Sn-W-Nb-Ta）等稀有金属的矿化，主要矿石矿物有绿柱石、重钽铁矿、褐钇铌矿、锡石和白钨矿等（王汝成等，2017）。由此可见，与印度－欧亚大陆碰撞有关的新生界喜马拉雅淡色花岗岩带的稀有金属矿化范围广，显示出良好的稀有金属成矿潜力，有望成为中国重要的稀有金属成矿带。

目前，在藏南喜马拉雅淡色花岗岩带扎西康地区的错那洞岩体发现了超大型规模的

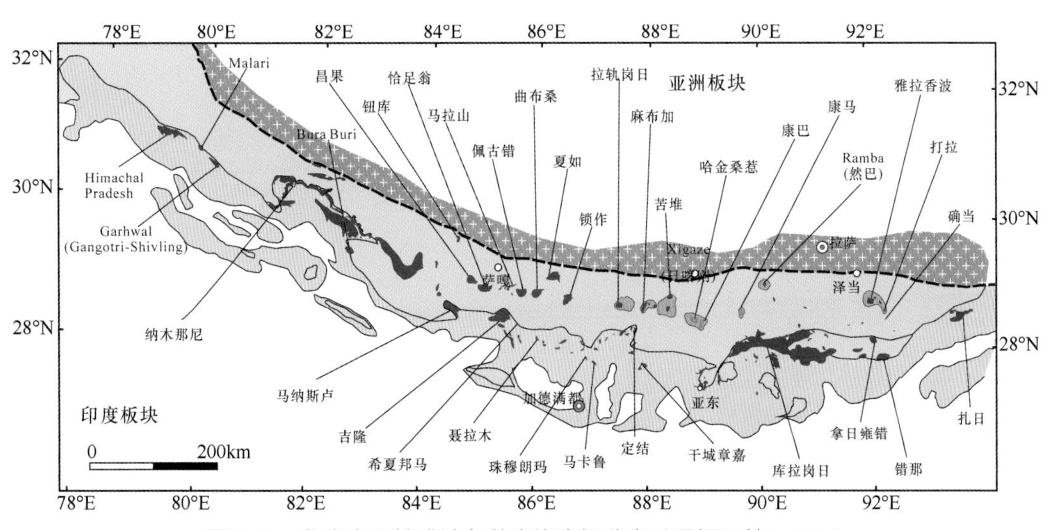

图 1.64　藏南喜马拉雅淡色花岗岩空间分布（吴福元等，2015）

Be 矿床（图 1.65），且该矿床的共生 W-Sn 也达到大型规模（李光明等，2017）。错那洞是一个典型的片麻岩热穹窿，受控于新生代伸展拆离作用和淡色花质岩浆（Fu et al.，2016；付建刚等，2018；梁维等，2018；张志等，2017），且与扎西康大型多金属成矿系统密切相关（李光明等，2017）。而错那洞岩体是一套淡色花岗质复式岩株，其侵入于寒武纪（约 500Ma）的花岗片麻岩中（张林奎等，2018；张志等，2017），以二云母花岗岩和白云母花岗岩为主，并普遍含有电气石、石榴子石等特征矿物。锆石 U-Pb 年龄显示范围为 44 ～ 16 Ma（李光明等，2017；张林奎等，2018；张志等，2017）。岩石地球化学特征表明，错那洞与稀有金属相关的中新统淡色花岗岩是一套高 SiO_2、低 MgO 和强过铝质岩石组合；轻稀土元素富集，明显负 Eu 异常；富集 Th、U、K 等大离子亲石元素，亏损 Nb、Ta、Zr、Ti 等高场强元素；锆石 $\varepsilon_{Hf}(t)$ 为负值（–17.6 ～ –3.9）；可能形成于中新世印度 – 欧亚大陆碰撞后伸展背景下壳源岩石的熔融（林彬等，2016；董汉文等，2017；付建刚等，2018；王晓先等；2016；Fu et al.，2016）。

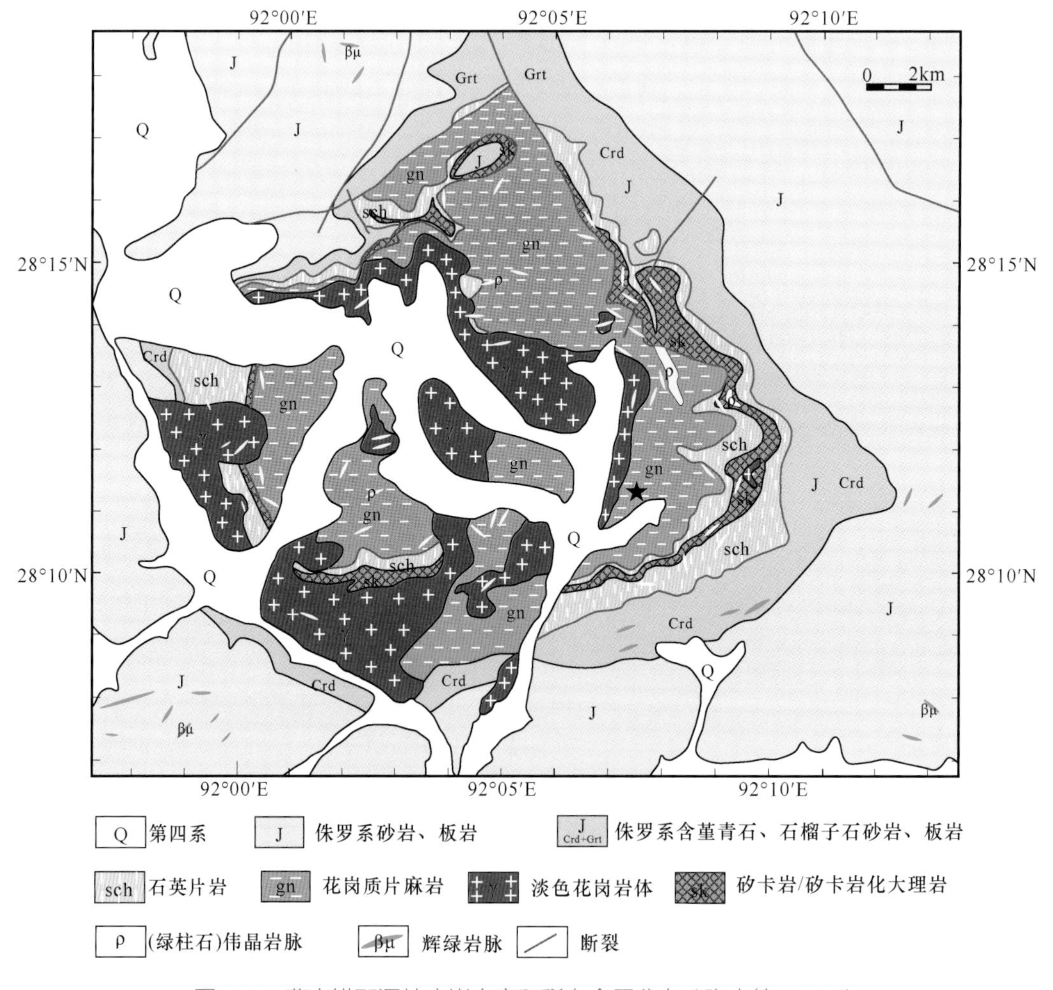

图 1.65　藏南错那洞片麻岩穹窿和稀有金属分布（张志等，2017）

错那洞 Be-W-Sn 矿化主要与中新世（约 16 Ma）的淡色花岗岩有关，其主要分布于错那洞穹窿北部及东部，赋存于淡色花岗岩体外接触带的夕卡岩和夕卡岩化大理岩中（图 1.65）（张志等，2017；张林奎等，2018），部分产于花岗岩伟晶岩中（绿柱石、锡石等）（图 1.66）。含铍矿物主要为硅铍石、羟硅铍石，其次为香花石。金属矿物主要为锡石、白钨矿，次有方铅矿、辉铋矿和黄铁矿等。综合认为，错那洞稀有多金属矿床主要是一个典型的与中新统淡色花岗岩有关的夕卡岩型矿床（李光明等，2017）。目前，初步勘查控制北部矿带夕卡岩矿体长约 3.2 km，平均厚度 7.5 m，WO_3 平均品位 0.21%，Sn 平均品位 0.36%，BeO 平均品位 0.08%；而东部矿体长约 12 km，厚 6 ～ 14 m，BeO 平均品位 0.09%，初步估算资源量 Be 约 14 万 t，Sn 大于 8 万 t，WO_3 大于 5 万 t（李光明等，2017；梁维等，2018；张志等，2017）。而且，由于勘查程度处于初期阶段，对矿体的空间延伸以及南部矿化接触带没有进行更详细的勘探工作（图 1.65），预计错那洞地区 Be 资源量可达 50 万 t，W-Sn 可达 30 万 t（李光明等，2017）。

更为重要的是，中新世错那洞超大型 Be-W-Sn 矿床的发现，对于在藏南淡色花岗岩带寻找同类型矿床有很好的借鉴意义。错那洞矿床与中新统高分异淡色花岗岩密切有关（林彬等，2016；Fu et al.，2016；董汉文等，2017；付建刚等，2018；梁维等，2018）。尽管目前初步查明，在该带其他岩体只发现 Be-Sn-W-Nb-Ta 等稀有金属的矿化现象（王汝成等，2017），但是这些岩体都显示出高分异的特征，具有形成工业规模矿床的巨大潜力（李光明等，2017；王汝成等，2017；吴福元等，2015），急需加强勘查和研究力度。

图 1.66　藏南错那洞稀有金属矿床伟晶岩中绿柱石矿化

参考文献

鲍佩声. 2009. 再论蛇绿岩中豆荚状铬铁矿的成因——质疑岩石/熔体反应成矿说. 地质通报, 28: 1741-1761.

陈思. 2011. 雅鲁藏布江结合带中段铬铁矿时空分布规律研究. 成都: 成都理工大学.

程文斌, 李关清, 顾雪祥, 等. 2013. 藏南扎西康铅锌锑银多金属矿床成矿物质来源的元素地球化学与S、Pb同位素研究. 矿物学报, 33: 302-303.

邓晋福, 赵海玲, 来绍聪, 等. 1994. 白云母/二云母花岗岩形成与陆内俯冲作用. 地球科学. 中国地质大学学报, 19: 139-147.

丁林. 2003. 西藏雅鲁藏布江缝合带古新世深水沉积和放射虫动物群的发现及对前陆盆地演化的制约. 中国科学(D辑), 33: 47-58.

董汉文, 许志琴, 孟元库, 等. 2017. 藏南错那洞淡色花岗岩年代学研究及其对藏南拆离系活动时间的限定. 岩石学报, 33: 3741-3752.

董随亮, 黄勇, 李光明, 等. 2017. 藏南姐纳各普金矿地质特征及成矿时代约束——对扎西康矿集区铅锌金锑成矿系统的启示. 资源与产业, 19: 56-64.

杜泽忠, 李关清. 2011. 藏南锑-金矿带成矿规律初步探讨. 矿物学报, 31: 764-765.

付建刚, 李光明, 王根厚, 等. 2018. 北喜马拉雅E-W向伸展变形时限: 来自藏南错那洞穹隆Ar-Ar年代学证据. 地球科学, 43(8): 2638-2650.

侯增谦, 曲晓明, 杨竹森, 等. 2006a. 青藏高原碰撞造山带: III. 后碰撞伸展成矿作用. 矿床地质, 25(6): 629-651.

侯增谦, 杨竹森, 徐文艺, 等. 2006b. 青藏高原碰撞造山带: I. 主碰撞造山成矿作用. 矿床地质, 25(4): 337-358.

胡朋, 聂凤军, 江思宏, 等. 2006. 西藏马攸木金矿松托嘎岩体锆石SHRIMP年龄及其地质意义. 地质论评, 52(2): 276-282.

黄圭成. 2006. 西藏雅鲁藏布江西段蛇绿岩及铬铁矿研究. 北京: 中国地质大学.

霍艳, 温春齐, 李保华, 等. 2004. 西藏马攸木金矿床流体包裹体特征初步研究. 地质找矿论丛, 20(3): 100-104,113.

江思宏, 聂凤军, 胡朋, 等. 2006. 西藏马莜木埃达克质斑岩的～(40)Ar-～(39)Ar年龄与地球化学特征. 岩石学报, 22(3): 603-611.

江思宏, 聂凤军, 胡朋, 等. 2007. 藏南基性岩墙群的地球化学特征. 地质学报, 81: 60-71.

江思宏, 聂凤军, 刘翼飞. 2008. 西藏马攸木金矿床的矿床类型讨论. 矿床地质, 27(2): 220-229.

康志强. 2009. 拉萨地块中生代火山岩的地球化学、成因及其构造意义. 北京: 中国科学院大学.

李光明, 张林奎, 焦彦杰, 等. 2017. 西藏喜马拉雅成矿带错那洞超大型铍锡钨多金属矿床的发现及意义. 矿床地质, 36: 1003-1008.

李广伟. 2010. 雅鲁藏布江缝合带两侧早中生代沉积物源对比研究——“新特提斯洋”的早期形成演化. 北京: 中国科学院大学.

李国彪, 万晓樵, 刘文灿, 等. 2004. 雅鲁藏布江缝合带南侧古近纪海相地层的发现及其构造意义. 中国科学(D辑), 34: 228-240.

李华健, 王庆飞, 杨林, 等. 2017. 青藏高原碰撞造山背景造山型金矿床: 构造背景、地质及地球化学特征. 岩石学报, 33: 2189-2201.

李金阳, 杨经绥, 巴登珠, 等. 2012. 西藏罗布莎蛇绿岩中不同产出的纯橄岩及成因探讨. 岩石学报, 28: 1829-1845.

李腊梅, 谢玉玲, 杨竹森, 等. 2009. 西藏马攸木金矿富CO_2超临界流体特征及矿床成因探讨. 地质与勘探, 45: 502-508.

李祥辉, 王成善, 胡修棉, 等. 2000. 朋曲组—西藏南部最高海相层位一个新的地层单元. 地层学杂志, 24: 243-248.

李祥辉, 王成善, 胡修棉. 2001. 西藏最新非碳酸盐岩海相沉积及其对新特提斯关闭的意义. 地质学报, 75: 314-321.

李亚林, 王成善, 胡修棉, 等. 2007. 西藏南部始新世早期放射虫动物群及其对特提斯闭合时间的约束. 科学通报, 52: 1430-1435.

李应栩, 李光明, 董随亮, 等. 2015. 西藏扎西康多金属矿床成矿过程中的流体性质演化初探. 矿物岩石地球化学通报, 34: 571-582.

梁维, 杨竹森, 郑远川. 2015. 藏南扎西康铅锌多金属矿绢云母Ar-Ar年龄及其成矿意义. 地质学报, 89: 560-568.

梁维, 张林奎, 夏祥标, 等. 2018. 藏南地区错那洞钨锡多金属矿地质特征及成因分析. 地球科学, 43(8): 2742-2754.

梁维, 郑远川, 杨竹森, 等. 2014. 藏南扎西康铅锌银锑多金属矿多期多阶段成矿特征及其指示意义. 岩石矿物学杂志, 33: 64-78.

林彬, 唐菊兴, 郑文宝, 等. 2012. 藏南扎西康铅锌多金属矿矿床地质特征. 矿床地质, 31: 1043-1044.

林彬, 唐菊兴, 郑文宝, 等. 2014. 藏南扎西康矿区流纹岩的岩石地球化学、锆石U-Pb测年和Hf同位素组成. 地质论评, 60: 178-189.

林彬, 唐菊兴, 郑文宝, 等. 2016. 西藏错那洞淡色花岗岩地球化学特征、成岩时代及岩石成因. 岩石矿物学杂志, 35: 391-406.

刘小汉, 琚宜太, 韦利杰, 等. 2009. 再论雅鲁藏布江缝合带构造模型. 中国科学(D辑), (4): 448-463.

马冠卿. 1998. 西藏区域地质基本特征. 中国区域地质, 17: 16-24.

孟元库. 2016. 藏南冈底斯中段南缘构造演化. 北京: 中国地质科学院.

莫儒伟, 孙晓明, 翟伟, 等. 2013. 藏南马扎拉金锑矿床成矿流体地球化学和成矿机制. 岩石学报, 29: 1427-1438.

聂凤军, 胡朋, 江思宏, 等. 2005. 藏南地区金和锑矿床(点)类型及其时空分布特征. 地质学报, 79(3): 373-385.

裘碧波, 朱弟成, 赵志丹, 等. 2010. 藏南措美残余大火成岩省的西延及意义. 岩石学报, 26: 2207-2216.

任纪舜, 肖黎薇. 2004. 1∶25万地质填图进一步揭开了青藏高原大地构造的神秘面纱. 地质通报, 23: 1-11.

石耀林, 王其允. 1997. 高喜马拉雅淡色花岗岩形成的热模拟. 地球物理学报, 40: 667-675.

孙清钟, 郑远川, 侯增谦, 等. 2013. 西藏邦布石英脉型金矿床的成因: 流体包裹体及氢-氧同位素证据. 矿床地质, 32: 353-366.

孙清钟, 郑远川, 李为, 等. 2012. 西藏邦布造山型金矿金的赋存状态研究. 东华理工大学学报(自然科学版), 35: 136-142.

孙晓明, 韦慧晓, 翟伟, 等. 2010. 藏南邦布大型造山型金矿成矿流体地球化学和成矿机制. 岩石学报, 26: 1672-1684.

孙燕, 温春齐, 多吉, 等. 2008. 西藏马攸木金矿床金银互化物的赋存状态. 地质与勘探, 44(5): 42-46.

童劲松, 刘俊, 钟华明, 等. 2007. 藏南洛扎地区基性岩墙群锆石 U-Pb 定年-地球化学特征及构造意义. 地质通报, 26: 1654-1664.

王立全, 潘桂棠, 丁俊, 等. 2013. 青藏高原及邻区1: 150万地质图及说明书. 北京: 地质出版社.

王汝成, 吴福元, 谢磊, 等. 2017. 藏南喜马拉雅淡色花岗岩稀有金属成矿作用初步研究. 中国科学: 地球科学, 47: 871-880.

王希斌, 周详, 郝梓国. 2010. 西藏罗布莎铬铁矿床的进一步找矿意见和建议. 地质通报, 29: 105-114.

王晓先, 吴福元, 谢磊, 等. 2017b. 藏南喜马拉雅淡色花岗岩稀有金属成矿作用初步研究. 中国科学: 地球科学, 47: 871-880.

王晓先, 张进江, 刘江, 等. 2012. 中新世中期喜马拉雅造山带构造体制的转换. 科学通报, 57(33): 3162-3172.

王晓先, 张进江, 闫淑玉, 等. 2016. 藏南错那淡色花岗岩LA-MC-ICP-MS锆石U-Pb年龄、岩石地球化学及其地质意义. 地质通报, 35: 91-103.

王晓先, 张进江, 杨雄英. 2017a. 藏南吉隆淡色花岗岩地球化学特征、成因机制及其构造动力学意义. 大地构造与成矿学, 41(2): 354-368.

王亚莹, 高利娥, 曾令森, 等. 2016. 藏南特提斯喜马拉雅带内江孜-康马地区白垩纪多期基性岩浆作用. 岩石学报, 32: 3572-3596.

韦慧晓, 孙晓明, 翟伟, 等. 2010. 藏南邦布大型金矿成矿流体He-Ar-S同位素组成及其成矿意义. 岩石学报, 26: 1685-1691.

温春齐, 多吉, 范小平, 等. 2006. 西藏西部马攸木金矿床成矿流体的特征. 地质通报, 25(1-2): 261-266.

温春齐, 多吉, 孙燕, 等. 2004a. 西藏普兰县马攸木金矿床石英的～(40)Ar/～(39)Ar年龄及其地质意义. 地质通报, (7): 686-688.

温春齐, 多吉, 温泉, 等. 2004b. 西藏马攸木金矿区黑云母的～(40)Ar/～(39)Ar法定年. 矿物岩石, 24(2): 53-56.

吴福元, 刘志超, 刘小驰, 等. 2015. 喜马拉雅淡色花岗岩. 岩石学报, 31(1): 1-36.

吴昊, 李光明, 张林奎, 等. 2017. 扎西康矿区独立金矿体金的赋存状态研究. 矿物岩石, 37: 6-13.

吴建阳, 李光明, 周清, 等. 2015. 藏南扎西康整装勘查区成矿体系初探. 中国地质, 42: 1674-1683.

熊发挥, 杨经绥, 巴登珠, 等. 2014. 西藏罗布莎不同类型铬铁矿的特征及成因模式讨论. 岩石学报, 30: 2137-2163.

熊发挥, 杨经绥, 刘钊, 等. 2013. 西藏雅鲁藏布江缝合带西段发现高铬型和高铝型豆荚状铬铁矿体. 岩石学报, 29: 1878-1908.

徐钰林. 2000. 西藏南部早第三纪钙质超微化石及东特提斯在西藏境内的封闭时限. 现代地质, 14: 255-262.

杨超, 唐菊兴, 郑文宝, 等. 2014. 藏南扎西康锌多金属矿床辉绿岩锆石U-Pb年代学、岩石地球化学特征研究. 有色金属(矿山部分), 66: 30-37.

杨经绥, 白文吉, 方青松, 等. 2004. 西藏罗布莎豆荚状铬铁矿中发现超高压矿物柯石英. 地球科学, 29(6): 651-660.

杨经绥, 白文吉, 方青松, 等. 2008. 西藏罗布莎蛇绿岩铬铁矿中的超高压矿物和新矿物(综述). 地球学报,

29(3): 263-274.
杨晓松, 金振民, Huenges E, 等. 2001. 高喜马拉雅黑云斜长片麻岩脱水熔融实验: 对青藏高原地壳深熔的启示. 科学通报, 46(3): 246-250.
杨竹森, 侯增谦, 高伟, 等. 2006. 藏南拆离系锑金成矿特征与成因模式. 地质学报, 80(9): 1377-1391.
余光明, 王成善. 1990. 西藏特提斯沉积地质. 北京: 地质出版社.
曾令森, 高利娥. 2017. 喜马拉雅碰撞造山带新生代地壳深熔作用与淡色花岗岩. 岩石学报, 33(5): 1420-1444.
曾令森, 高利娥, 侯可军, 等. 2012. 藏南特提斯喜马拉雅带晚二叠纪基性岩浆作用及其构造地质意义. 岩石学报, 28: 1731-1740.
张刚阳, 郑有业, 张建芳, 等. 2011. 西藏沙拉岗锑矿控矿构造及成矿时代约束. 岩石学报, 27: 2143-2149.
张进江. 2007. 北喜马拉雅及藏南伸展构造综述. 地质通报, 26(6): 639-649.
张林奎, 张志, 李光明, 等. 2018. 特提斯喜马拉雅错那洞穹隆的岩石组合、构造特征与成因探讨. 地球科学, 43(8): 2664-2683.
张政, 唐菊兴, 林彬, 等. 2016. 藏南扎西康矿床闪锌矿微量元素地球化学特征及地质意义. 矿物岩石地球化学通报, 35: 1203-1216,1289.
张志, 张林奎, 李光明, 等. 2017. 北喜马拉雅错那洞穹隆: 片麻岩穹隆新成员与穹隆控矿新命题. 地球学报, 38: 754-766.
章炳高. 1988. 西藏定日龙江的圆板虫. 微体古生物学报, 5: 1-13.
章奇志, 巴登珠, 熊发挥, 等. 2017. 西藏罗布莎豆荚状铬铁矿床深部找矿突破与成因模式讨论. 中国地质, 44: 224-241.
赵政璋, 李永铁, 叶和飞, 等. 2001. 青藏高原地层. 北京: 科学出版社.
郑有业, 刘敏院, 孙祥, 等. 2012. 西藏扎西康锑多金属矿床类型、发现过程及意义. 地球科学(中国地质大学学报), 37: 1003-1014.
郑有业, 孙祥, 田立明, 等. 2014. 北喜马拉雅东段金锑多金属成矿作用、矿床类型与成矿时代. 大地构造与成矿学, 38: 108-118.
钟立峰, 夏斌, 周国庆, 等. 2006. 藏南罗布莎蛇绿岩辉绿岩中锆石SHRIMP测年. 地质论评, (2): 224-229.
周峰, 孙晓明, 翟伟, 等. 2011. 藏南折木朗造山型金矿成矿流体地球化学和成矿机制. 岩石学报, 27: 2775-2785.
朱弟成, 潘桂棠, 莫宣学, 等. 2004. 藏南特提斯喜马拉雅带中段二叠纪-白垩纪的火山活动(I): 分布特点及其意义. 地质通报, 23: 645-654.
朱弟成, 潘桂棠, 莫宣学, 等. 2006. 特提斯喜马拉雅带中段东部三叠纪火山岩的地球化学和岩石成因. 岩石学报, 22: 804-816.
朱杰, 杜远生, 刘早学, 等. 2005. 西藏雅鲁藏布江缝合带中段中生代放射虫硅质岩成因及其大地构造意义. 中国科学(D辑: 地球科学), 35(12): 1131-1139.
朱同兴, 潘桂棠, 冯心涛, 等. 2002. 藏南喜马拉雅北坡色龙地区二叠系基性火山岩的发现及其构造意义. 地质通报, 21(11): 717-722.
Aitchison J C. 2000. Remnants of a Cretaceous intra-oceanic subduction system within the Yarlung-Zangbo

suture (South Tibet). Earth and Planetary Science Letters, 183: 231-244.

Ambrose T, Larson K, Guilmette C, et al. 2015. Lateral extrusion, underplating, and out-of-sequence thrusting within the Himalayan metamorphic core, Kanchenjunga, Nepal. Lithosphere, 7(4): 441-464.

Anczkiewicz R, Chakraborty S, Dasgupta S, et al. 2014. Timing, duration and inversion of prograde Barrovian metamorphism constrained by high resolution Lu-Hf garnet dating: a case study from the Sikkim Himalaya, NE India. Earth and Planetary Science Letters, 407: 70-81.

Aoya M, Wallis S, Terada K, et al. 2005. North-south extension in the Tibetan crust triggered by granite emplacement. Geology, 33(11): 853-856.

Austin J, Stoffa P, Phillips J, et al. 1990. Crustal structure of the southeast Georgia embayment±Carolina trough: preliminary results of a composite seismic image of a continental suture and a volcanic passive margin. Geology, 18: 1023-1027.

Beaumont C, Jamieson R A, Nguyen M H, et al. 2001. Himalayan tectonics explained by extrusion of a low-viscosity crustal channel coupled to focused surface denudation. Nature, 414(6865): 738-742.

Booth A, Chamberlain C, Kidd W, et al. 2009. Constraints on the metamorphic evolution of the eastern Himalayan syntaxis from geochronologic and petrologic studies of Namche Barwa. Geological Society of America Bulletin, 121(3-4): 385-407.

BouDagher-Fadel M, Hu X, Price G, et al. 2017. Foraminiferal biostratigraphy and palaeoenvironmental analysis of the mid-Cretaceous limestones in the southern Tibetan Plateau. Journal of Foraminiferal Research, 47: 188-207.

BouDagher-Fadel M, Price G, Hu X, et al. 2015. Late Cretaceous to early Paleogene foraminiferal biozones in the Tibetan Himalayas, and a pan-Tethyan foraminiferal correlation scheme. Stratigraphy, 12: 67-91.

Brookfield M. 1993. The Himalayan passive margin from Precambrian to Cretaceous times. Sedimentary Geology, 84(1-4) : 1-35.

Burbank D W, Beck R A, Mulder T. 1996. The Himalayan foreland basin//Yin A, Harrison T M. The Tectonics of Asia. New York: Cambridge University Press: 149-188.

Burchfiel B C,Chen Z L,Hodges K, et al. 1992. The south Tibetan detachment system, himalayan orogen: extension contemporaneous with and parallel to shortening in a collisional mountain belt. Geological Society of America Special Papers, 269: 1-41.

Burchfiel B, Royden L. 1985. North-south extension within the convergent Himalayan region. Geology, 13(1) : 679-682.

Burg J, Guiraud M, Chen G, et al. 1984. Himalayan metamorphism and deformations in the north Himalayan belt (southern Tibet, China). Earth and Planetary Science Letters, 69(2): 391-400.

Cai F L, Ding L, Laskowski A K, et al. 2016. Late Triassic paleogeographic reconstruction along the Neo-Tethyan Ocean margins, Southern Tibet. Earth and Planetary Science Letters, 435: 105-114.

Cai F L, Ding L, Leary R J, et al. 2012. Tectonistratigraph and provenance of an accretionary complex within the Yarlung-Zangpo suture zone, Southern Tibet: insights into subduction-accretion processes in the Neo-Tethys. Tectonophysics, 574-575: 181-192.

Cai F, Ding L, Yue Y. 2011. Provenance analysis of upper Cretaceous strata in the Tethys Himalaya, Southern Tibet: implications for timing of India-Asia collision. Earth and Planetary Science Letters, 305: 195-206.

Caironi V, Garzanti E, Sciunnach D. 1996. Typology of detrital zircons as a key to unravelling provenance in rift siliciclastic sequences (Permo-Carboniferous of Spiti, N India). Geodinamica Acta, 9: 101-113.

Catlos E J, Gilley L D, Harrison T M. 2002. Interpretation of monazite ages obtained via in situ analysis. Chemical Geology, 188(3): 193-215.

Chan G, Aitchison J, Crowley Q, et al. 2015. U-Pb zircon ages for Yarlung Tsangpo suture zone ophiolites, southwestern Tibet and their tectonic implications. Gondwana Research, 27: 719-732.

Chauvet F, Lapierre H, Maury R, et al. 2011. Triassic alkaline magmatism of the Hawasina Nappes: post-breakup melting of the Oman lithospheric mantle modifed by the Permian Neotethyan Plume. Lithos, 122: 122-113.

Chemenda A I, Burg J P, Mattauer M. 2000. Evolutionary model of the Himalaya-Tibet system: geopoem based on new modelling, geological and geophysical data. Earth and Planetary Science Letters, 174(3-4): 397-409.

Chen S, Fan W, Shi R, et al. 2018. 118-115 Ma magmatism in the Tethyan Himalaya igneous province: constraints on early cretaceous rifting of the northern margin of greater India. Earth and Planetary Science Letters, 491: 21-33.

Chen S, Shi R, Fan W, et al. 2017. Early Permian mafic dikes in the Nagqu area, central Tibet, China, associated with embryonic oceanic crust of the Meso-Tethys Ocean. Journal of Geophysical Research: Solid Earth, 122(6): 4172-4190.

Cherchi A, Schroeder R. 2005. Revision of Keramosphaerinopsis haydeni (H. Douville), larger foraminifer (Miliolacea) from the Paleocene of southern Tibet (Tethys Himalaya). Bollettino della Societa Paleontologica Italiana, 44: 175-183.

Coffin M F, Pringle M S, Duncan R A, et al.2002. Kerguelen hotspot magma output since 130 Ma. J. Petrol, 43: 1121-1139.

Coleman M E, Hodges K V. 1998. Contrasting Oligocene and Miocene thermal histories from the hanging wall and footwall of the South Tibetan detachment in the central Himalaya from Ar-40/Ar-39 thermochronology, Marsyandi Valley, Central Nepal. Tectonics, 17(5): 726-740.

Corfu F, Hanchar J, Hoskin P, et al. 2003. Atlas of zircon textures. Reviews in Mineralogy and Geochemistry, 53(16): 469-500.

Corrie S, Kohn M, Vervoort J. 2010. Young eclogite from the Greater Himalayan Sequence, Arun Valley, eastern Nepal: P-T-t path and tectonic implications. Earth and Planetary Science Letters, 289: 406-416.

Cottle J, Searle M, Horstwood M. et al. 2009. Timing of midcrustal metamorphism, melting, and deformation in the Mount Everest Region of Southern Tibet revealed by U (-Th)-Pb geochronology. The Journal of Geology, 117: 643-664.

Dai J G, Yin A, Liu W C. 2008. Nd isotopic compositions of the Tethyan Himalayan Sequence in Southeastern Tibet. Sci China Ser D: Earth Sci, 51: 1306-1316.

Daniel C G, Hollister L S, Parrish R R,et al. 2003. Exhumation of the main central thrust from lower crustal depths, eastern Bhutan Himalaya. Journal of Metamorphic Geology, 21(4): 317-334.

Dasgupta S, Chakraborty S, Neogi S. 2009. Petrology of an inverted Barrovian sequence of metapelites in Sikkim Himalaya, India: constraints on the tectonics of inversion. American Journal of Science, 309(1): 43-84.

Dasgupta S, Ganguly J, Neogi S. 2004. Inverted metamorphic sequence in the Sikkim Himalayas: Crystallization history, P-T gradient and implications. Journal of Metamorphic Geology, 22(5): 395-412.

De Sigoyer J, Chavagnac V, Blichert-Toft J, et al. 2000. Dating the Indian continental subduction and collisional thickening in the Northwest Himalaya: Multichronology of the Tso Morari eclogites. Geology, 28(6): 487-490.

De Sigoyer J, Guillot S, Dick P. 2004. Exhumation of the ultrahigh-pressure Tso Morari unit in eastern Ladakh (NW-Himalaya): a case study. Tectonics, 23(3): TC3003.

DeCelles P G, Gehrels G E, Quade J, et al. 1998. Neogene foreland basin deposits, erosional unroofing, and the kinematic history of the Himalayan fold-thrust belt, western Nepal. Geological Society of America Bulletin, 110(1): 2-21.

DeCelles P G, Kapp P, Gehrels G E, et al. 2014. Paleocene-Eocene foreland basin evolution in the Himalaya of southern Tibet and Nepal: implications for the age of initial India-Asia collision. Tectonics, 33: 2014TC003522.

DeCelles P G, Robinson D M, Zandt G. 2002. Implications of shortening in the Himalayan fold-thrust belt for uplift of the Tibetan Plateau. Tectonics, 21(6): 1062.

Ding H X, Zhang Z M, Dong X, et al. 2016. Early Eocene (c. 50 Ma) collision of the Indian and Asian continents: constraints from the North Himalayan metamorphic rocks, Southeastern Tibet. Earth and Planetary Science Letters, 435: 64-73.

Ding L, Kapp P, Wan X. 2005. Paleocene-eocene record of ophiolite obduction and initial India-Asia collision, south central Tibet. Tectonics, 24: 1-18.

Ding L, Spicer R A, Yang J, et al. 2017. Quantifying the rise of the Himalaya orogen and implications for the South Asian monsoon. Geology, 45: 215-218.

Ding L, Zhong D L. 1999. Metamorphic characteristics and geotectonic implications of the high-pressure granulites from Namjagbarwa, eastern Tibet. Science in China (Series D), 42(2): 491-505.

Duan J, Tang J, Lin B. 2016. Zinc and lead isotope signatures of the Zhaxikang PbZn deposit, South Tibet: implications for the source of the ore-forming metals. Ore Geology Reviews, 78: 58-68.

Duretz T, Gerya T V, Kaus B, et al. 2012. Thermomechanical modeling of slab eduction. J Geophys Res, 117: B08411.

Edwards M A, Kidd W S F, Li J, et al. 1996. Multi-stage development of the southern Tibet detachment system near Khula Kangri. New Data from Gonto La, 260(1/3): 1-19.

Fu J, Li G, Wang G, et al. 2016. First field identification of the Cuonadong dome in southern Tibet: implications for EW extension of the North Himalayan gneiss dome. International Journal of Earth

Sciences, 106: 1581-1596.

Fuchs G, Willems H. 1990. The final stages of sedimentation in the Tethyan zone of Zanskar and their geodynamic significance (Ladakh-Himalaya). Jahrbuch der Geologischen Bundesanstalt Wien, 133: 259-273.

Gaidies F, Petley-Ragan A, Chakraborty S, et al. 2015. Constraining the conditions of Barrovian metamorphism in Sikkim, India: P-T-t paths of garnet crystallization in the Lesser Himalayan Belt. Journal of Metamorphic Geology, 33(1): 23-44.

Gao L E, Zeng L S, Asimow P D. 2017. Contrasting geochemical signatures of fluid-absent versus fluid-fluxed melting of muscovite in metasedimentary sources: the Himalayan leucogranites. Geology, 45 (1): 39-42.

Gao L E, Zeng L S, Gao J H, et al. 2016a. Oligocene crustal anatexis in the Tethyan Himalaya, southern Tibet. Lithos, 264: 201-209.

Gao L E, Zeng L S, Wang L, et al. 2016b. Timing of different crustal partial melting in the Himalayan orogenic belt and its tectonic implications. Acta Geologica Sinica, 90 (11): 3039-3059.

Gao L E, Zeng L S, Xu Z Q, et al. 2015. Himalaya in the Caledonia Time: a record from the Malashan-Gyirong area, Southern Tibet. Acta Petrologica Sinica, 31 (5) : 1200-1218.

Garzanti E, Baud A, Mascle G. 1987. Sedimentary record of the northward flight of India and its collision with Eurasia (Ladakh Himalaya, India). Geodinamica Acta, 1: 297-312.

Garzanti E, Hu X. 2015. Latest Cretaceous Himalayan tectonics: obduction, collision or Deccan-related uplift? Gondwana Research, 28(1): 765-178.

Garzanti E, Le Fort P, Sciunnach D. 1999. First report of Lower Permian basalts in South Tibet: tholeiitic magmatism during break-up and incipient opening of Neotethys. J Asian Earth Sci, 17: 533-546.

Garzanti E, Sciunnach D. 1997. Early Carboniferous onset of Gondwanian glaciation and Neo-Tethyan rifting in Southern Tibet. Earth and Planetary Science Letters, 148: 359-365.

Gehrels G E, DeCelles P G, Martin A,et al. 2003. Initiation of the Himalayan orogen as an early Paleozoic thin-skinned thrust belt. GSA Today, 13: 4-9.

Geng Q R, Pan G T, Zheng L L, et al. 2006. The eastern Himalayan syntaxis: major tectonic domains, ophiolitic mélanges and geologic evolution. Journal of Asian Earth Sciences, 27(3): 265-285.

Ghatak A, Basu A R. 2011. Vestiges of the Kerguelen plume in the Sylhet Traps, Northeastern India. Earth and Planetary Science Letters, 308: 52-64.

Godin L, Parrish R R, Brown R L, et al. 2001. Crustal thickening leading to exhumation of the Himalayan Metamorphic core of central Nepal: insight from U-Pb Geochronology and 4øAr/39Ar Thermochronology. Tectonics, 20(5): 729-747.

Gorton M P, Schandl E S. 2000. From continents to island arcs: a geochemical index of tectonic setting for arc-related and within-plate felsic to intermediate volcanic rocks. The Canadian Mineralogist, 38: 1065-1073.

Grasemann B, Fritz H, Vannay J C. 1999. Quantitative kinematic flow analysis from the Main Central Thrust Zone (NW-Himalaya, India): implications for a decelerating strain path and the extrusion of orogenic wedges. Journal of Structural Geology, 21(7): 837-853.

Green O R, Searle M P, Corfield R I, et al. 2008. Cretaceous-Tertiary carbonate platform evolution and the age of the India-Asia collision along the Ladakh Himalaya (Northwest India). The Journal of Geology, 116: 331-353.

Groppo C, Lombardo B, Rolfo F, et al. 2007. Clockwise exhumation path of granulitized eclogites from the Ama Drime range (eastern Himalayas). Journal of Metamorphic Geology, 25: 51-75.

Grujic D, Warren C J, Wooden J L. 2011. Rapid synconvergent exhumation of Miocene-aged lower orogenic crust in the eastern Himalaya. Lithosphere, 3: 346-366.

Guillot S, de Sigoyer J, Lardeaux J M, et al. 1997. Eclogitic metasediments from the Tso Morari area (Ladakh, Himalaya): evidence for continental subduction during India-Asia convergence. Contributions to Mineralogy and Petrology, 128(2-3) : 197-212.

Guillot S, Mahéo G, de Sigoyer D, et al. 2008. Tethyan and Indian subduction viewed from the Himalayan high- to ultrahigh-pressure metamorphic rocks. Tectonophys, 451: 225-241.

Guilmette C, Hébert R, Dupuis C, et al. 2009.Geochemistry and geochronology of the metamorphic sole underlying the Xigaze Ophiolite, Yarlung Zangbo Suture Zone, South Tibet. Lithos, (112) : 149-162.

Guilmette C, Indares A, Hébert R. 2011. High-pressure anatectic paragneisses from the Namche Barwa, Eastern Himalayan Syntaxis: textural evidence for partial melting, phase equilibria modeling and tectonic implications. Lithos, 124(1-2): 66-81.

Guo L, Liu Y, Liu S, et al. 2013. Petrogenesis of Early to Middle Jurassic granitoid rocks from the Gangdese belt, Southern Tibet: implications for early history of the Neo-Tethys. Lithos, 179: 320-333.

Harris N, Ronghua X, Lewis C, et al. 1988. Plutonic rocks of the 1985 Tibet geotraverse, Lhasa to Golmud. Philosophical Transactions of the Royal Society of London A: Mathematical, Physical and Engineering Sciences, 327: 145-168.

Harris N B W, Caddick M, Kosler J, et al. 2004. The pressure-temperature-time path of migmatites from the Sikkim Himalaya. Journal of Metamorphic Geology, 22(3): 249-264.

Harrison M T, Grove M, Mckeegan K D, et al. 1999. Origin and episodic emplacement of the Manaslu intrusive complex, central Himalaya. Journal of Petrology, 40(1): 3-19.

Harrison T M, McKeegan K D, LeFort P. 1995. Detection of inherited monazite in the Manaslu leucogranite by 204Pb/232Th ion microprobe dating: crystallization age and tectonic implications. Earth and Planetary Science Letters, 133: 271-282.

Harrison T M, Ryerson F J, Le Fort P, et al. 1997. A late Miocene-Pliocene origin for the Central Hima-layan inverted metamorphism. Earth and Plane. Science Letters, 146: E1-E8.

Hawkesworth C J, O'Nions R K, Arculus R J. 1979. Nd and Sr isotope geochemistry of island arc volcanics, Grenada, Lesser Antilles. Earth and Planetary Science Letters, 45: 237-248.

Hebert H, Bezard R, Guilmette C, et al. 2012. The Indus-Yarlung Zangbo ophiolites from Nanga Parbat to Namche Barwa syntaxes, southern Tibet: first synthesis of petrology, geochemistry, and geochronology with incidences on geodynamic reconstructions of Neo-Tethys. Gondwana Research, 22: 337-397.

Hegner E, Pallister J S. 1989. Pb, Sr, and Nd isotopic characteristics of Tertiary Red Sea Rift volcanics from the central Saudi Arabian coastal plain. Journal of Geophysical Research, 94 (B6): 7749-7755.

Heim A A, Gansser A. 1939. Central Himalaya Geological Observations of the Swiss Expedition(1936). Delhi: Hindustan Publishing Corporation.

Herren E. 1987. Zanskar shear zone: northeast-southwest extension within the Higher Himalayas (Ladakh, India). Geology, 15(5): 409-413.

Hodges K V. 2000. Tectonics of the Himalaya and southern Tibet from two perspectives. Geological Society of America Bulletin, 112(3) : 324-350.

Hodges K V, Parrish R R, Housh T B,et al. 1992. Simultaneous miocene extension and shortening in the Himalayan orogen. Science, 258(5087): 1466-1470.

Hodges K V, Parrish R R, Searle M P. 1996. Tectonic evolution of the central Annapurna Range, Nepalese Himalayas. Tectonics, 15(6): 1264-1291.

Honegger K, Le Fort P, Mascle G, et al. 1989. The blueschists along the Indus Suture Zone in Ladakh, NW Himalaya. Journal of Metamorphic Geology, 1(7): 57-72.

Hoskin P W O, Schaltegger U. 2003. The composition of zircon and igneous and metamorphic petrogenesis. Reviews in Mineralogy and Geochemistry, 53: 27-62.

Hou Z Q, Zheng Y C, Zeng L S, et al. 2012. Eocene-Oligocene granitoids in southern Tibet: constraints on crustal anatexis and tectonic evolution of the Himalayan orogen. Earth and Planetary Science Letters, 349-350: 38-52.

Hu X, Jansa L, Chen L, et al. 2010. Provenance of Lower Cretaceous Wölong volcaniclastics in the Tibetan Tethyan Himalaya: implications for the final breakup of eastern Gondwana. Sedimentary Geology, 223: 193-205.

Hu X, Sinclair H D, Wang J, et al. 2012. Late cretaceous-palaeogene stratigraphic and basin evolution in the Zhepure Mountain of southern Tibet: implications for the timing of India-Asia initial collision. Basin Research, 24: 1-24.

Hubbard M S. 1989. Thermobarometric constraints on the thermal history of the Main Central Thrust Zone and Tibetan Slab, Eastern Nepal Himalaya. Journal of Metamorphic Geology, 7(1): 19-30.

Hubbard M S. 1996. Ductile shear as a cause of inverted metamorphism: example from the Nepal Himalaya. Journal of Geology, 104(4): 493-499.

Imayama T, Takeshita T, Arita K. 2010. Metamorphic P-T profile and P-T path discontinuity across the far-eastern Nepal Himalaya: investigation of channel flow models. Journal of Metamorphic Geology, 28(5): 527-549.

Imayama T, Takeshita T, Yi K, et al. 2012. Two-stage partial melting and contrasting cooling history within the Higher Himalayan crystalline sequence in the far-Eastern Nepal Himalaya. Lithos, 134-135: 1-22.

Inger S, Harris N. 1993. Geochemical constraints on leucogranite magmatism in the Langtang Valley, Nepal Himalaya. Journal of Petrology, 34(2) : 345-368.

Ingle S, Weis D, Doucet S, et al. 2003. Hf isotope constraints on mantle sources and shallow-level contaminants during Kerguelen hot spot activity since â¼120 Ma. Geochem Geophys Geosyst, 4: 1068.

Jagoutz O, Müntener O, Manatschal G, et al., 2007. The rift-to-drift transition in the North Atlantic: a stuttering start of the MORB machine? Geology, 35: 1087-1090.

Jamieson R A, Beaumont C, Hamilton J, et al. 1996. Tectonic assembly of inverted metamorphic sequences. Geology, 24(9): 839-842.

Ji W Q, Wu F Y, Chung S L, et al. 2009a. Zircon U-Pb geochronology and Hf isotopic constraints on petrogenesis of the Gangdese batholith, southern Tibet. Chemical Geology, 262: 229-245.

Ji W Q, Wu F, Liu C, et al. 2009b. Geochronology and petrogenesis of granitic rocks in Gangdese batholith, southern Tibet. Science in China Series D: Earth Sciences, 52: 1240-1261.

Jiang S, Nie F, Hu, et al. 2009. Mayum: an orogenic gold deposit in Tibet, China. Ore Geology Reviews, 36: 160-173.

Jiang T, Aitchison J C, Wan X. 2016. The youngest marine deposits preserved in southern Tibet and disappearance of the Tethyan Ocean. Gondwana Research, 32: 64-75.

Johnson M R W, Oliver G J H, Parrish R R, et al. 2001. Synthrusting metamorphism, cooling, and erosion of the Himalayan Kathmandu Complex, Nepal. Tectonics, 20(3): 394-415.

Kahsnitz M M, Willems H. 2017. Genesis of Paleocene and Lower Eocene shallow-water nodular limestone of South Tibet (China). Carbonates and Evaporites, (B10): 1-20.

Kahsnitz M M, Willems H, Luo H, et al. 2018. Paleocene and Lower Eocene shallow-water limestones of Tibet: microfacies analysis and correlation of the eastern Neo-Tethyan Ocean. Palaeoworld, 27: 226-246.

Kahsnitz M M, Zhang Q, Willems H. 2016. Stratigraphic distribution of the larger benthic foraminifera Lockhartia in south Tibet (China). Journal of Foraminiferal Research, 46: 34-47.

Kaneko Y, Katayama I, Yamamoto H, et al. 2003. Timing of Himalayan ultrahigh-pressure metamorphism: sinking rate and subduction angle of the Indian continental crust beneath Asia. Journal of Metamorphic Geology, 21(6) : 589-599.

Kang Z, Xu J, Wilde S A, et al. 2014. Geochronology and geochemistry of the Sangri Group Volcanic Rocks, Southern Lhasa Terrane: implications for the early subduction history of the Neo-Tethys and Gangdese Magmatic Arc. Lithos, 200: 157-168.

Keller F, Marcoux J. 2004. The Tethyan plume: geochemical diversity of Middle Permian basalts from the Oman rifted margin. Lithos, 74: 167-198.

King J, Harris N, Argles T, et al. 2011. Contribution of crustal anatexis to the tectonic evolution of Indian crust beneath southern Tibet. Geological Society of America Bulletin, 123: 218-239.

Kohn M J. 2014. Himalayan metamorphism and its tectonic implications. Annual Review of Earth and Planetary Sciences, 42(1): 381-419.

Kumar P, Yuan X, Kumar M R, et al. 2007. The rapid drift of the Indian tectonic plate. Nature, 449: 894-897.

Lapierre H, Samper A, Bosch D, et al. 1991. Collision and rifting in the Tethys Ocean: geodynamic implications. Tectonophysics, 196: 371-384.

Larson K P, Godin L, Davis W J, et al. 2010. Out-of-sequence deformation and expansion of the Himalayan orogenic wedge: insight from the Changgo culmination, South Central Tibet. Tectonics, 29 (4) : TC4013.

Le Bas M J, Le Maitre R W, Streckeisen A, et al. 1986. A chemical classifcation of volcanic rocks based on the total alkali-silica diagram. J Petrol, 27(3): 745-750.

Le Fort P. 1975. Himalayas-collided range-present knowledge of continental arc. American Journal of Science, A275: 1-44.

Le Maitre R W. 2002. Igneous Rocks: A Classification and Glossary of Terms 2nd ed. Cambridge: Cambridge University Press.

Leech M L, Singh S, Jain A K, et al. 2005. The onset of India-Asia continental collision: early, steep subduction required by the timing of UHP metamorphism in the western Himalaya. Earth and Planetary Science Letters, 234 (1-2) : 83-97.

Li G W, Liu X H, Alex P, et al. 2010. In situ detrital zircon geochronology and Hf isotopic analyses from Upper Triassic Tethys sequence strata. Earth and Planetary Science Letters, 297: 461-470.

Li G W, Sandiford M, Liu X H, et al. 2014. Provenance of late Triassic sediments in central Lhasa terrane, Tibet and its implication. Gondwana Res, 25: 1680-1689.

Li J, Hu X, Garzanti E, et al. 2015. Paleogene carbonate microfacies and sandstone provenance (Gamba area, South Tibet): Stratigraphic response to initial Indiaâ€ Asia continental collision. Journal of Asian Earth Sciences, 104: 39-54.

Li J, Hu X, Garzanti E, et al. 2017. Shallow-water carbonate responses to the Paleocene-Eocene thermal maximum in the Tethyan Himalaya (southern Tibet): tectonic and climatic implications. Palaeogeography, Palaeoclimatology, Palaeoecology, 466: 153-165.

Li X, Wang C, Luba J, et al. 2006. Age of initiation of the India-Asia collision in the east-central himalaya: a discussion. The Journal of Geology, 114: 637-640.

Li Z H, Gerya T V. 2009. Polyphase formation and exhumation of high- to ultrahigh-pressure rocks in continental subduction zone: numerical modeling and application to the Sulu UHP terrane in eastern China. J Geophys Res, 114: B09406.

Li Z H, Xu Z Q, Gerya T V. 2011. Flat versus steep subduction: Contrasting modes for the formation and exhumation of high- to ultrahigh-pressure rocks in continental collision zones. Earth and Planetary Science Letters, 301: 65-77.

Liao S Y, Wang D B, Tang Y, et al. 2015. Late Paleozoic Woniusi basaltic province from Sibumasu terrane: implications for the breakup of eastern Gondwana's northern margin. Geological Society of America Bulletin, 127: 1313-1330.

Liu G, Einsele G. 1994. Sedimentary history of the Tethyan basin in the Tibetan Himalayas. Geologische Rundschau, 83: 32-61.

Liu X, Hsu K J, Ju Y, et al. 2012. New interpretation of tectonic model in south Tibet. J. Asian Earth Sci, 56: 147-159.

Liu Y, Siebel W, Massonne H, et al. 2007. Geochronological and petrological constraints fortectonic evolution of the central Greater Himalayansequence in the Kharta area, southern Tibet. The Journal of Geology,

115: 215-242.

Liu Y, Zhong D L. 1997. Petrology of high-pressure granulites from the eastern Himalayan syntaxis. Journal of Metamorphic Geology, 15(4): 451-466.

Liu Z C, Wu F Y, Ding L, et al. 2016. Highly fractionated Late Eocene (~35Ma) leucogranite in the Xiaru Dome, Tethyan Himalaya, South Tibet. Lithos, 240-243: 337-354.

Liu Z C, Wu F Y, Ji W Q, et al. 2014. Petrogenesis of the Ramba leucogranite in the Tethyan Himalaya and constraints on the channel flow model. Lithos, 208-209: 118-136.

Liu Z, Zhou Q, Lai Y, et al. 2015. Petrogenesis of the Early cretaceous laguila bimodal intrusive rocks from the Tethyan Himalaya: implications for the break-up of Eastern Gondwana. Lithos, 236: 190-202.

Lombardo B, Pertusati P, Rolfo F, et al. 1998. First report of eclogites from the E Himalaya: implications for the Himalayan orogeny. Memorie di Scienze Geologiche dell' Università di Padova, 50: 67-68.

Lombardo B, Rolfo F. 2000. Two contrasting eclogite types in the Himalayas: implications for the Himalayan orogeny. Journal of Geodynamics, 30: 37-60.

Macfarlane A M. 1995. An evaluation of the inverted metamorphic gradient at Langtang National Park, Central Nepal Himalaya. Journal of Metamorphic Geology, 13(5): 595-612.

Marquer D, Chawla H S, Challandes N. 2000. Pre-alpine high grade metamorphism in high Himalaya crystalline sequences: evidences from lower palaeozoic kinnar kailas granite and surrounding rocks in the Sutlej Valley (Himachal pradesch, India). Eclogae Geologicae Helvetiae, 93(2): 207-220.

Maury R C, Béchennec F, Cotton J, et al. 2003. Middle Permian plumerelated magmatism of the Hawasina Nappes and the Arabian Platform: implications on the evolution of the Neotethyan margin in Oman. Tectonics, 22(6): 10.

McDermid I R, Aitchison J C, Davis A M, et al. 2002. The Zedong terrane: a Late Jurassic intra-oceanic magmatic arc within the Yarlung-Zangbo suture zone, southeastern Tibet. Chem Geol, 187: 267-277.

Meigs A J, Burbank D W, Beck R A. 1995. Middle-Late Miocene (Greater-Than-10 Ma) formation of the main boundary thrust in the Western Himalaya. Geology, 23(5): 423-426.

Meisel T, Walker R J, Irving A J, et al. 2001. Osmium isotopic compositions of mantle xenoliths: a global perspective. Geochimica et Cosmochimica Acta, 65(8): 1311-1323.

Miller C, Schuster R, Klötzli U, et al. 1999. Post-collisional potassic and ultrapotassic magmatism in SW Tibet: geochemical and Sr-Nd-Pb-O isotopic constraints for mantle source characteristics and petrogenesis. Journal of Petrology, 40: 1399-1424.

Miyashiro A. 1974. Volcanic rock series in island arcs and active continental margins. Am J Sci, 274: 321-355.

Mo X, Niu Y, Dong G, et al. 2008. Contribution of syncollisional felsic magmatism to continental crust growth: a case study of the Paleogene Linzizong volcanic Succession in southern Tibet. Chemical Geology, 250: 49-67.

Molnar P, England P. 1990. Temperatures, heat flux, and frictional stress near major thrust faults. Journal of Geophysical Research: Solid Earth, 95(B4): 4833-4856.

Murphy M A, Yin A. 2003. Sequence of thrusting in the Tethyan fold-thrust belt and Indus-Yalu suture zone, Southwest Tibet. Geological Society of America Bulletin, 115: 21-34.

Nabelek P I, Liu M. 2004. Petrologic and thermal constraints on the origin of leucogranites in collisional orogens. Trans. Royal Soc Edinburgh: Earth Sci, 95: 73-85.

Najman Y, Appel E, Boudagher-Fadel M, et al. 2010. Timing of India-Asia collision: geological, biostratigraphic, and palaeomagnetic constraints. J Geophys Res, 115: B12416.

Nakata T. 1989. Active faults of the Himalaya in India and Nepal. Geol Soc Am Spec Pap, 232: 243-264.

Negredo A M, Replumaz A, Villasenor A, et al. 2007. Modeling the evolution of continental subduction processes in the Pamir-Hindu Kush region. Earth and Planetary Science Letters, 259: 212-225.

O'Brien, Zotov N, Law R, et al. 2001. Coesite in Himalayan eclogite and implications for models of India-Asia collision. Geology, 29(5): 435-438.

Olierook H K, Jourdan F, Merle R E, et al. 2016. Bunbury Basalt: Gondwana breakup products or earliest vestiges of the Kerguelen mantle plume? Earth and Planetary Science Letters, 440: 20-32.

Olierook H K, Merle R E, Jourdan F. 2017. Toward a Greater Kerguelen large igneous province: evolving mantle source contributions in and around the Indian Ocean. Lithos, 282: 163-172.

Papazzoni C A, Cosovic V, Briguglio A, et al. 2017. Towards a calibrated larger foraminifera biostratigraphic zonation: celebrating 18 years of the application of shallow benthic zones. Palaios, 32: 1-5.

Parrish R P, Hodges K V. 1996. Isotopic constraints on the age and provenance of the Lesser and Greater Himalayan sequences, Nepalese Himalaya. Geological Society American Bulletin, 108(7): 904-911.

Parrish R R, Gough S J, Searle M P, et al. 2006. Plate velocity exhumation of ultrahigh-pressure eclogites in the Pakistan Himalaya. Geology, 34(11): 989-992.

Patiño Douce A E, Harris N. 1998. Experimental constraints on Himalayan anatexis. Journal of Petrology, 39: 689-710.

Pearce J A. 1996. A user's guide to basalt discrimination diagrams//Bailes A H, Christiansen E H, Galley A G, et al. Trace element geochemistry of volcanic rocks: applications for massive sulphide exploration. Short Course Notes, 12: 79-113.

Pearce J A, Harris N B W, Tindle A G. 1984. Trace element discrimination diagrams for the tectonic interpretation of granitic rocks. Journal of Petrology, 25: 956-983.

Pecher A. 1989. The metamorphism in the Central Himalaya. Journal of Metamorphic Geology, 7(1): 31-41.

Pei Y R, Sun Q Z, Zheng Y C, et al. 2016. Genesis of the Bangbu orogenic gold deposit, Tibet: evidence from fluid inclusion, stable isotopes, and Ar-Ar geochronology. Acta Geol Sin-Engl, 90: 722-737.

Pin C, Paquette J L. 1997. A mantle-derived bimodal suite in the Hercynian Belt: Nd isotope and trace element evidence for a subduction-related rift origin of the Late Devonian Brévenne metavolcanics, Massif Central (France). Contrib Mineral Petrol, 129: 222-238.

Plank T, Langmuir C H. 1998. The chemical composition of subducting sediment and its consequences for the crust and mantle. Chemical Geology, 145: 325-394.

Quidelleur X, Grove M, Lovera W M, et al. 1997. Thermal evolution and slip history of the Renbu Zedong

Thrust, southeastern Tibet. Journal of Geophysical Research, 102: 2659-2679.

Ratschbacher L, Frisch W, Liu G H.1994. Distributed deformation in southern and western Tibet during and after the India-Asia collision. Journal of Geophysical Research, 99: 19917-19945.

Rehman H U, Kobayash K, Tsujimori T, et al. 2013. Ion microprobe U-Th-Pb geochronology and study of micro-inclusions in zircon from the Himalayan high- and ultrahigh-pressure eclogites, Kaghan Valley of Pakistan. Journal of Asian Earth Science, 63: 179-196.

Robinson D M, DeCelles P G, Garzione C N, et al. 2003. Kinematic model for the main central thrust in Nepal. Geology, 31(4): 359-362.

Roecker S W. 1982. Velocity structure of the Pamir-Hindu Kush region: possible evidence of subducted crust. J Geophys Res, 87: 945-959.

Rolfo F, Carosi R, Montomoli C, et al. 2008. Discovery of granulitized eclogite in North Sikkim expands the Eastern Himalaya high-pressure province. Extended Abstracts: 23rd Himalayan- Karakoram-Tibet Workshop, India Society of America Bulletin, 111(11): 1644-1664.

Royden L H. 1993. The steady state thermal structure of eroding orogenic belts and accretionary prisms. Journal of Geophysical Research: Solid Earth, 98(B3): 4487-4507.

Rubatto D, Chakraborty S, Dasgupta S. 2013. Timescales of crustal melting in the Higher Himalayan Crystallines (Sikkim, Eastern Himalaya) inferred from trace element-constrained monazite and zircon chronology. Contributions to Mineralogy and Petrology, 165(2): 349-372.

Sachan H K, Mukherjee M K, Ogasawara Y, et al. 2004. Discovery of coesite from Indus Suture Zone (ISZ), Ladakh, India: evidence for deep subduction. European Journal of Mineralogy, 16: 235-240.

Schärer U, Xu R H, Allégre C. 1986. U-(Th)-Pb systematics and ages of Himalayan leucogranites, southern Tibet. Earth and Planetary Science Letters, 77: 35-48.

Sengor A M C. 1990. A new model for the late Palaeozoic-Mesozoic tectonic evolution of Iran and implication for Oman//Robertson A H F, Searle M P, Ries A C. The Geology and Tectonics of the Oman Region. Geological Society London, Special Publications, 49: 797-831.

Serra-Kiel J, Hottinger L, Caus E, et al. 1998. Larger foraminiferal biostratigraphy of the Tethyan Paleocene and Eocene. Bulletin de la Societé géologique de France, 169: 281-299.

Shi R D, Alard O, Zhi X C, et al. 2007. Multiple events in the Neo-Tethyan oceanic upper mantle: evidence from Ru-Os-Ir alloys in the Luobusa and Dongqiao ophiolitic podiform chromitites, Tibet. Earth and Planetary Science Letters, 261: 33-48.

Shirey S B, Walker R J. 1998. The Re-Os isotope system in cosmochemistry and high-temperature geochemistry. Annual Review of Earth and Planetary Sciences, 26(1): 423-500.

Skogseid J, Pedersen T, Eldholm O, et al. 1992. Tectonism and magmatism during NE Atlantic continental break-up: the Vøring Margin. Geol Soc (Lond) Spec Publ, 68: 305-320.

Sorcar N, Hoppe U, Dasgupta S, et al. 2014. High-temperature cooling histories of migmatites from the High Himalayan Crystallines in Sikkim, India: rapid cooling unrelated to exhumation?. Contributions to Mineralogy and Petrology, 167(2): 957.

Spencer D A, Tonarini S, Pognante U. 1995. Geochemical and Sr-Nd isotopic characterization of Higher Himalayan eclogites (and associated metabasites). European Journal of Mineralogy, 7(1) : 89-102.

Stampfli G M, Borel G D. 2002. A plate tectonic model for the Paleozoic and Mesozoic constrained by dynamic plate boundaries and restored synthetic oceanic isochrones. Earth and Planetary Science Letters, 196: 17-33.

St-Onge M R, Rayner N, Palin R M, et al. 2013. Integrated pressure-temperature-time constraints for the Tso Morari dome (Northwest India): implications for the burial and exhumation path of UHP units in the western Himalaya. Journal of Metamorphic Geology, 31 (5): 469-504.

Sun S S, McDonough W F. 1989. Chemical and isotopic systematics of oceanic basalts: implications for mantle composition and processes. Geological Society, London, Special Publications, 42: 313-345.

Sun X, Wei H, Zhai W, et al. 2016. Fluid inclusion geochemistry and Ar-Ar geochronology of the Cenozoic Bangbu orogenic gold deposit, southern Tibet, China. Ore Geology Reviews, 74: 196-210.

Sun X, Zheng Y, Pirajno F, et al. 2018. Geology, S-Pb isotopes, and 40Ar/39Ar geochronology of the Zhaxikang Sb-Pb-Zn-Ag deposit in Southern Tibet: implications for multiple mineralization events at Zhaxikang. Mineralium Deposita, 53: 435-458.

Treloar P J, Coward M P, Chambers A F, et al. 1992. Thrust geometries, interferences and rotations in the Northwest Himalaya//McClay K R. Thrust Tectonics. Dordrecht: Springer Netherlands.

Treloar P J, O'Brien P J, Parrish R R, et al. 2003. Exhumation of early Tertiary, coesite-bearing eclogites from the Pakistan Himalaya. Journal of the Geological Society, 160(3): 367-376.

van der Voo R, Spakman W, Bijwaard H. 1999. Tethyan subducted slabs under India. Earth and Planetary Science Letters, 171: 7-20.

van Hinsbergen D J J, Lippert P C, Dupont-Nivet G, et al. 2012. Greater India Basin hypothesis and a two-stage Cenozoic collision between India and Asia. Proc Natl Acad Sci, 109: 7659-7664.

Vannay J C, Grasemann B. 2001. Himalayan inverted metamorphism and syn-convergence extension as a consequence of a general extrusion. Geological Magazine, 138(3): 253-276.

Walker J D, Martin M W, Bowring S A, et al. 1999. Metamorphism, melting, and extension: age constraints from the high Himalayan slab of Southeast Zanskar and Northwest Lahaul. The Journal of Geology, 107(4): 473-495.

Wan X. 1990. Eocene Larger Foraminifera from Southern Tibet. Revista Espanola de Micropaleontologia, 22: 213-238.

Wan X. 1991. Palaeocene larger foraminifera from southern Tibet. Revista Espanola de Micropaleontologia, 23: 7-28.

Wan X, Jansa L F, Sarti M. 2002. Cretaceous and Paleogene boundary strata in southern Tibet and their implication for the India-Eurasia collision. Lethaia, 35: 131-146.

Wan X, Jiang T, Zhang Y, et al. 2014. Palaeogene marine stratigraphy in China. Lethaia, 47: 297-308.

Wan X, Wang X, Jansa L F. 2010. Biostratigraphy of a Paleocene-Eocene Foreland Basin boundary in southern Tibet. Geoscience Frontiers, 1: 69-79.

Wang C, Ding L, Zhang L Y, et al. 2016a. Petrogenesis of Middle-Late Triassic volcanic rocks from the Gangdese belt, southern Lhasa Terrane: implications for early subduction of Neo-Tethyan oceanic lithosphere. Lithos, 262: 320-333.

Wang C, Ding L, Zhang L Y, et al. 2019a. Early Jurassic high-Mg andesites in the Quxu area, southern Lhasa telrrane: implications for magma evolution related to a slab rollback of the Neo-Tethyan Ocean. Geological Journal, 54: 2508-2524.

Wang C, Ding L, Zhang L Y, et al. 2019b. Early Jurassic highly fractioned rhyolites and associated sedimentary rocks in southern Tibet: constraints on the early evolution of the NeoTethyan Ocean. International Journal of Earth Science, 108(1): 137-154.

Wang C, Li X, Hu X, et al. 2002. Latest marine horizon north of Qomolangma (Mt Everest): implications for closure of Tethys seaway and collision tectonics. Terra Nova, 14: 114-120.

Wang H Q, Ding L, Cai F L, et al. 2017. Early Tertiary deformation of the Zhongba-Gyangze Thrust in central southern Tibet. Gondwana Research, 41: 235-248.

Wang J, Hu X, Jansa L, et al. 2011. Provenance of the upper cretaceous-eocene deep-water sandstones in sangdanlin, Southern Tibet: constraints on the timing of Initial India-Asia collision. The Journal of Geology, 119: 293-309.

Wang J M, Zhang J J, Liu K, et al. 2016b. Spatial and temporal evolution of Tectonometamorphic discontinuities in the central Himalaya: constraints from P-T paths and geochronology. Tectonophysics, 679: 41-60.

Warren C T, Grujic D, Kellett D A, et al. 2011. Probing the depths of the India-Asia collision: U-Th-Pb monazite chronology of granulites from NW Bhutan. Tectonics, 30: TC2004.

Wei Y, Liang W, Shang Y,et al. 2017. Petrogenesis and tectonic implications of â¼130 Ma diabase dikes in the western Tethyan Himalaya (western Tibet). J Asian Earth Sci, 143: 236-248.

Wendler I, Wendler J, Gräfe K U, et al. 2009. Turonian to Santonian carbon isotope data from the Tethys Himalaya, southern Tibet. Cretaceous Research, 30: 961-979.

Wendler I, Willems H, Gräfe K U, et al. 2011. Upper Cretaceous inter-hemispheric correlation between the Southern Tethys and the Boreal: chemo- and biostratigraphy and paleoclimatic reconstructions from a new section in the Tethys Himalaya, S-Tibet. Newsletters on Stratigraphy, 44: 137-171.

Whittaker J M, Williams S E, Halpin J A, et al. 2016. Eastern Indian Ocean microcontinent formation driven by plate motion changes. Earth and Planetary Science Letters, 454: 203-212.

Wilke F D H, O'Brien P J, Altenberger U, et al. 2010. Multi-stage reaction history in different eclogite types from the Pakistan Himalaya and implications for exhumation processes. Lithos, 114: 70-85.

Wilke F D H, O'Brien P J, Schmidt A, et al. 2015. Subduction, peak and multi-stage exhumation metamorphism: Traces from one coesite-bearing eclogite, Tso Morari, western Himalaya. Lithos, 231: 77-91.

Willems H, Zhou Z, Zhang B, et al. 1996. Stratigraphy of the upper cretaceous and lower tertiary strata in the Tethyan Himalayas of Tibet (Tingri area, China). Geologische Rundschau, 85: 723.

Winchester J A, Floyd P A. 1976. Geochemical magma type discrimination: application to altered and metamorphosed basic igneous rocks. Earth and Planetary Science Letters, 28: 459-469.

Wood D A, Joron J L, Treuil M. 1979. A re-appraisal of the use of trace elements to classify and discriminate between magma series erupted in different tectonic settings. Earth and Planetary Science Letters, 45(2): 326-336.

Xie Y, Li L, Wang B, et al. 2017. Genesis of the Zhaxikang epithermal Pb-Zn-Sb deposit in southern Tibet, China: evidence for a magmatic link. Ore Geology Reviews, 80: 891-909.

Xiong F, Yang J, Robinson P T, et al. 2015. Origin of podiform chromitite, a new model based on the Luobusa ophiolite, Tibet. Gondwana Research, 27: 525-542.

Xiong Q, Henry H, Griffin W L, et al. 2017. High- and low-Cr chromitite and dunite in a Tibetan ophiolite: evolution from mature subduction system to incipient forearc in the Neo-Tethyan Ocean. Contributions to Mineralogy and Petrology, 172(6): 45.

Xu J F, Castillo P R. 2004. Geochemical and Nd-Pb isotopic characteristics of the Tethyan asthenosphere: implications for the origin of the Indian Ocean mantle domain. Tectonophysics, 393(1): 9-27.

Xu X, Yang J, Robinson P T, et al. 2015. Origin of ultrahigh pressure and highly reduced minerals in podiform chromitites and associated mantle peridotites of the Luobusa ophiolite, Tibet. Gondwana Research, 27: 686-700.

Yang T, Ma Y, Bian W, et al. 2015. Paleomagnetic results from the Early Cretaceous Lakang Formation lavas: constraints on the paleolatitude of the Tethyan Himalaya and the India-Asia collision. Earth and Planetary Science Letters, 428: 120-133.

Yang Z, Hou Z, Meng X, et al. 2009. Post-collisional Sb and Au mineralization related to the South Tibetan detachment system, Himalayan orogen. Ore Geology Reviews, 36: 194-212.

Yin A. 2006. Cenozoic tectonic evolution of the Himalayan orogen as constrained by along-strike variation of structural geometry, exhumation history, and foreland sedimentation. Earth-Science Reviews, 76(1-2): 1-131.

Yin A, Harrison T M. 2000. Geologic evolution of the Himalayan-Tibetan Orogen. Annu Rev Earth Planet Sci, 28: 211-284.

Yin A, Harrison T M, Ryerson F J, et al. 1994. Tertiary structural evolution of the Gangdese thrust system, southeastern Tibet. Journal of Geophysical Research, 99 (B9) : 18175-18201.

Zeng L, Gao L E, Xie K, et al. 2011. Mid-Eocene high Sr/Y granites in the Northern Himalayan Gneiss Domes: Melting thickened lower continental crust. Earth and Planetary Science Letters, 303(3): 251-266.

Zeng L S, Gao L E, Dong C Y, et al. 2012. High-pressure melting of metapelite and the formation of Ca-rich granitic melts in the Namche Barwa Massif, Southern Tibet. Gondwana Research, 21 (1): 138-151.

Zeng L S, Gao L E, Tang S H, et al. 2015. Eocene magmatism in the Tethyan Himalaya, southern Tibet// Jenkin G R T, Lusty P A J. Ore Deposits in An Evolving Earth. Geological Society, London, Special Publications, 412(1) : 287-316.

Zhai Q G, Jahn B M, Su L, et al. 2013. SHRIMP zircon U-Pb geochronology, geochemistry and Sr-Nd-Hf isotopic compositions of a mafic dyke swarm in the Qiangtang terrane, Northern Tibet and geodynamic implications. Lithos, 174: 28-43.

Zhai W, Sun X, Yi J, et al. 2014. Geology, geochemistry, and genesis of orogenic gold-antimony mineralization in the Himalayan Orogen, South Tibet, China. Ore Geology Reviews, 58: 68-90.

Zhang C, Liu C Z, Wu F Y, et al. 2016. Geochemistry and geochronology of mafic rocks from the Luobusa ophiolite, South Tibet. Lithos, 245: 93-108.

Zhang H F, Harris N, Parrish R, et al. 2004a. Causes and consequences of protracted melting of the mid-crust exposed in the North Himalayan antiform. Earth and Planetary Science Letters, 228: 195-212.

Zhang H F, Harris N, Parrish R, et al. 2004b. U-Pb ages of Kude and Sajia leucogranites in Sajia dome from North Himalaya and their geological implications. Chinese Science Bulletin, 49(19): 2087-2092.

Zhang J J, Santosh M, Wang X X, et al. 2012. Tectonics of the northern Himalaya since the India-Asia collision. Gondwana Research, 21: 939-960.

Zhang Q, Willems H, Ding L. 2013. Evolution of the Paleocene-Early Eocene larger benthic foraminifera in the Tethyan Himalaya of Tibet, China. International Journal of Earth Sciences, 102: 1427-1445.

Zhang Q, Willems H, Ding L, et al. 2012. Initial India-Asia continental collision and foreland basin evolution in the tethyan himalaya of tibet: evidence from stratigraphy and paleontology. The Journal of Geology, 120: 175-189.

Zhang Q, Willems H, Ding L, et al. 2019. Response of larger benthic foraminifera to the Paleocene-Eocene thermal maximum and the position of the Paleocene/Eocene boundary in the Tethyan shallow benthic zones: evidence from south Tibet. Geological Society of America Bulletin, 131: 84-98.

Zhang S Q, Mahoney J J, Mo X X, et al. 2005. Evidence for a widespread tethyan upper mantle with Indian-Ocean-Type isotopic characteristics. Journal of Petrology, 46: 829-858.

Zhang X, Deng X G, Yang Z S, et al. 2017. Genesis of the gold deposit in the Indus-Yarlung tsangpo suture zone, Southern Tibet: Evidence from geological and geochemical data. Acta Geol Sin-Engl, 91: 947-970.

Zhang Z M, Dong X, Santosh M, et al. 2012. Petrology and geochronology of the Namche Barwa Complex in the eastern Himalayan syntaxis, Tibet: constraints on the origin and evolution of the north-eastern margin of the Indian Craton. Gondwana Research, 21(1): 123-137.

Zhang Z M, Xiang H, Dong X, et al. 2015. Long-lived high-temperature granulite-facies metamorphism in the Eastern Himalayan orogen, South Tibet. Lithos, 212-215: 1-15.

Zhang Z M, Zhao G C, Santosh M, et al. 2010. Two stages of granulite facies metamorphism in the eastern Himalayan syntaxis, South Tibet: petrology, zircon geochronology and implications for the subduction of Neo-Tethys and the Indian continent beneath Asia. Journal of Metamorphic Geology, 28(7): 719-733.

Zhao X, Yang Z, Hou Z, et al. 2019. The structural deformation characteristics and the control of gold mineralization of the upper Triassic flysch (Langjiexue Group) in Tibetan Plateau. Geological Journal, 54: 1331-1342.

Zhong D L, Ding L. 1996. Discovery of high-pressure basic granulite in Namjagbarwa area, Tibet, China. Chinese Science Bulletin, 41(1): 87-88.

Zhou M F, Robinson P T, Malpas J, et al. 1996. Podiform chromitites in the Luobusa ophiolite (southern Tibet): implications for melt-rock interaction and chromite segregation in the upper mantle. J Petrol, 37: 3-21.

Zhou Q, Li W, Qing C, et al. 2018. Origin and tectonic implications of the Zhaxikang Pb-Zn-Sb-Ag deposit in northern Himalaya: evidence from structures, Re-Os-Pb-S isotopes, and fluid inclusions. Mineralium Deposita, 53: 585-600.

Zhu B, Kidd W S F, Rowley D B, et al. 2005. Age of initiation of the India-Asia collision in the East-Central himalaya. The Journal of Geology, 113: 265-285.

Zhu B, Kidd W S F, Rowley D B, et al. 2006. Age of initiation of the India-Asia collision in the East-Central himalaya: a reply. The Journal of Geology, 114: 641-643.

Zhu D C, Chung S L, Mo X X, et al. 2009. The 132 Ma Comei–Bunbury large igneous province: remnants identified in presentday southeastern Tibet and southwestern Australia. Geology, 37: 583-586.

Zhu D C, Mo X X, Zhao Z D, et al. 2010. Presence of Permian extension- and arc-type magmatism in southern Tibet: Paleogeographic implications. GSA Bulletin, 122: 979-993.

Zhu D C, Pan G T, Chung S L, et al. 2008. SHRIMP zircon age and geochemical constraints on the origin of lower jurassic volcanic rocks from the Yeba formation, Southern Gangdese, South Tibet. International Geology Review, 50: 442-471.

第2章

新特提斯洋构造演化历史*

* 本章作者：蔡福龙、黄启帅、王厚起、史仁灯。

特提斯的概念最初由 Eduard Suess 于 1893 年提出，但直到板块构造被提出后，特提斯洋的时空分布范围才有了很好的限定。其空间展布上指的是北方劳亚大陆和南方冈瓦纳大陆之间向东开口的三角形海域。Sengör(1979) 又根据大洋发育的时代进一步划分为古特提斯洋和新特提斯洋，二者之间的一系列裂解自冈瓦纳大陆的微陆块统称为基梅里大陆。随着特提斯洋的消亡，来自冈瓦纳大陆的微陆块自北向南依次拼贴到欧亚板块之上，形成现今的喜马拉雅 – 青藏高原造山带。

增生楔通常记录了消亡古大洋的俯冲和增生历史 (Chang et al.，2009；Raymond，1984；Underwood and Moore，1994)。藏南广泛发育的雅鲁藏布江缝合带是新特提斯洋的残余 (Burg et al.，1987；Searle et al.，1987)。前人的研究将该缝合带自北向南划分为蛇绿岩、蛇绿混杂岩、放射虫硅质岩岩席以及羊卓雍措混杂岩 (Burg and Chen，1984；Searle et al.，1987；Tapponnier et al.，1981)。这些组合被解释形成在拉萨地体南缘的洋 – 陆俯冲带中，因此它们首先增生到拉萨地体南缘，随后在印度 – 欧亚板块碰撞过程中仰冲到以特提斯喜马拉雅为代表的印度大陆之上 (Burg and Chen，1984；Ding et al.，2005；Searle et al.，1987；Tapponnier et al.，1981)。Aitchison 等 (2000) 重新将缝合带划分为泽当地体、大竹曲地体和白朗地体，将泽当地体解释为洋内俯冲环境下形成的晚侏罗世大洋岛弧，并提出该岛弧首先同印度大陆碰撞，随后一起同亚洲板块南缘发生碰撞。Ma 等 (2017) 的研究认为，冈底斯弧南缘还存在一个晚三叠世的洋内岛弧，这意味着该洋内岛弧可能先同亚洲板块发生了碰撞。总的来说，新特提斯洋大洋岩石圈消亡的时间、过程和方式依然存在很大争议。而详细的蛇绿岩和混杂岩年代学、构造属性、源区以及增生历史研究是解决这些争议的理想途径。本书中，为叙述方便，雅鲁藏布江缝合带包括蛇绿岩、蛇绿混杂岩、富硅质混杂岩、富泥质混杂岩和海沟沉积物五部分。

2.1 蛇绿岩

青藏高原南缘的特提斯喜马拉雅构造带是天然的地质实验室，记录着二叠纪到新生代新特提斯洋从大陆裂解到大洋扩张、俯冲消减，以及紧随其后的并持续至今的印度 – 亚洲大陆碰撞 / 俯冲、造山等一系列演化过程。新特提斯洋演化过程与印度 – 亚洲大陆碰撞后的喜马拉雅山隆升是青藏高原地学研究的两大关键命题，阐明新特提斯洋的演化过程是约束青藏高原各块体碰撞拼合和喜马拉雅山隆升的基础。我们现今看到的蛇绿岩块体可能代表着形成于被动大陆边缘洋陆过渡带、大洋扩张中脊或者俯冲带上盘扩张脊等不同构造环境的大洋岩石圈残片，其是研究古老大洋演化历史和构造 – 岩浆过程的载体。第一次青藏高原科学考察清晰地厘定出介于印度大陆与亚洲大陆南部之间的雅鲁藏布江缝合带，认为它是新特提斯洋盆俯冲消减的位置（常承法和郑锡澜，1973）。该缝合带内出露了多个蛇绿岩体，对雅鲁藏布蛇绿岩形成过程的研究对于约束印度 – 亚洲板块碰撞之前的新特提斯洋演化历史以及碰撞后青藏高原隆升历史有重要的意义。因此，在第二次青藏高原科学考察研究过程中，我们试图通过对雅鲁藏布蛇绿岩进行再研究，进一步刻画新特提斯洋的演化过程。

2.1.1　雅鲁藏布蛇绿岩地质概况

雅鲁藏布江缝合带东西展布长达 2000km，西起狮泉河地区，经萨嘎、昂仁、日喀则和泽当延至东构造结，之后往南延伸到缅甸境内。按照前人的划分方案，我们将蛇绿岩带分为西段、中段和东段来做简单介绍。

雅鲁藏布蛇绿岩带西段主要指萨嘎蛇绿岩—狮泉河蛇绿岩一线，在两地之间还分布有北侧的达机翁—公珠错蛇绿岩和南侧的休古嘎布蛇绿岩、普兰蛇绿岩和东波蛇绿岩等。北侧的蛇绿岩发育了很多辉长岩和玄武岩等地壳单元岩石，南侧的蛇绿岩则以发育大规模的橄榄岩为主。近几年的研究更多地指示南北两侧的蛇绿岩体代表同一个蛇绿岩带。

雅鲁藏布蛇绿岩带中段主要为日喀则蛇绿岩，也是我国出露规模最大、岩石单元最完整的蛇绿岩体。在第一次青藏高原科学考察中，中国地质科学院王希斌等（1987）系统地调查了多个蛇绿岩体的野外产出情况，对吉定、路曲、白朗和大竹曲等蛇绿岩剖面进行了系统填图和岩石矿物学研究。在这些剖面中发育有地幔橄榄岩、超镁铁–镁铁质堆晶岩、均质辉长岩、辉绿岩和玄武质火山岩等岩石组合，其中超镁铁岩石的发育规模远远大于镁铁质岩石，但岩性基本显示出自南向北从地幔橄榄岩、辉长岩到玄武岩的变化规律。日喀则蛇绿岩南侧是一套中生界混杂岩，北侧可见盖在蛇绿岩体之上的白垩系冲堆组和日喀则弧前盆地沉积地层。对雅鲁藏布蛇绿岩最新的研究综述认为，雅鲁藏布江带中的蛇绿岩在宏观岩石单元组合和特征上与世界上经典蛇绿岩体差别甚远，雅鲁藏布蛇绿岩中的镁铁质岩石相对不太发育，局部地区甚至缺失，堆晶辉长岩十分少见，这可能反映着雅鲁藏布蛇绿岩在形成过程中没有大的岩浆房存在，而且蛇绿岩中的辉绿岩并不是典型的席状岩墙群，而是侵入于地幔橄榄岩中的岩脉（吴福元等，2014）。

雅鲁藏布蛇绿岩带东段主要包括泽当及其以东地区，其中在泽当和罗布莎蛇绿岩出露较好。在东部的朗县、墨脱地区也有一些报道，但是岩石出露不够完整或者变质程度十分强烈，并没有保留原始岩石的特征，而只是地球化学上具有大洋地壳的特点。经过不同学者数年的研究，泽当蛇绿岩的二辉橄榄岩 Os-Nd-Hf 同位素组成具有典型的亏损地幔特点（史仁灯等，2012；Xiong et al.，2016），已经成为新特提斯洋典型大洋岩石圈地幔的代表。罗布莎蛇绿岩以出露豆荚状铬铁矿最为知名，蛇绿岩中岩石组合主要为橄榄岩、辉长岩以及少量的玄武质岩石和硅质岩。前人虽然报道可能存在“上杂”和“下杂”两套堆晶岩，但近些年并未有新的研究报道，资料十分有限。罗布莎以东的雅鲁藏布蛇绿岩研究程度更低，在东构造结一带有少量的研究报道，主要岩石都为变质的镁铁质片岩和斜长角闪岩，本研究组在东构造结东侧的旁辛地区发现了新鲜的纯橄岩，初步研究揭示它们可能是经历了深俯冲而折返回来的壳幔过渡带岩石，并出露有少量铬铁矿，其为该区存在蛇绿岩提供了更多的证据。雅鲁藏布蛇绿岩带延伸进入缅甸境内，Liu 等（2016a）对缅甸境内吉灵庙蛇绿岩的异剥钙榴岩和斜长角闪岩、密支那蛇绿岩中的斜长花岗岩样品锆石 SIMS U-Pb 定年及 Hf-O 同位素的最新研究表明，缅甸东段的密支那蛇绿岩形成于中侏罗世（173 ～ 171 Ma），而西段的吉灵庙蛇绿岩形成于早白垩世（大约 125 Ma），揭示出缅甸东段的密支那蛇绿岩与班公错—怒江缝合带形成时代吻合，而西段的吉灵庙蛇绿岩则与雅鲁藏布江带具有一致的年龄，他们提出缅甸东、西蛇绿岩带隶属于两条时代不同的缝合带，分别代表了班公错—怒江缝合带和雅鲁藏布江缝合带的东延（Liu et al.，2016a）。

2.1.2 存在的问题

蛇绿岩概念提出 200 年来，其研究意义主要在于几点：第一，构造演化与古地理重建，这也是我们现今研究开展最多的工作；第二，蛇绿岩从地幔到地壳连续共生的古老岩石记录的地球动力学信息，大陆裂解的方式和动力？大洋发生初始俯冲的原因？第三，产出在蛇绿岩体的豆荚状铬铁矿的形成过程和机制，为什么邻近的哈萨克斯坦保存有超大规模的铬铁矿床，而我国只有寥寥的几个小矿体（如罗布莎铬铁矿床）保存在雅鲁藏布江缝合带中。具体到雅江藏布江蛇绿岩研究，争议最大的还是雅鲁藏布蛇绿岩的形成时代和形成过程。

关于雅鲁藏布蛇绿岩的形成时代，前人主要对蛇绿岩中基性壳层岩石开展了大量的 U-Pb 锆石定年工作（Chan et al.，2015；Hebert et al.，2012；Zhang et al.，2016），研究显示，雅鲁藏布蛇绿岩中段和西段蛇绿岩体的形成时代比较集中（130 ～ 120 Ma）；雅鲁藏布江东段蛇绿岩体的形成时代还有较大争议，部分学者认为形成时代较早（170 ～ 150 Ma）（钟立峰等，2006），还有一些学者认为它们与中段和西段蛇绿岩形成时代并无明显差别（Xiong et al.，2016；Zhang et al.，2016）。但是，沉积地层和古生物研究认为，新特提斯洋盆在二叠纪或者至少在三叠纪就已经开启（Wang et al.，2002），而现存雅鲁藏布蛇绿岩仅仅保存了新特提斯洋在白垩纪演化的一个片段吗？它们是在什么样的大洋演化背景下形成的，是代表了大洋中脊环境下的软流圈地幔熔融产物，还是俯冲带环境下形成的大洋岩石圈，仍然存在很大的争议。

依据板块构造理论，蛇绿岩中的壳幔岩石单元是有成因联系的。前期对日喀则蛇绿岩的 Pb 同位素的研究显示，二者是解耦的（Göpel et al.，1984）。虽然对雅鲁藏布蛇绿岩多处基性岩地壳的 Sr-Nd-Hf 同位素的研究显示，它们来自软流圈地幔熔融（Xiong et al.，2016；Zhang et al.，2016），泽当蛇绿岩的洋壳和地幔橄榄岩具有成因联系，但是对西藏蛇绿岩越来越多的 Os 同位素研究显示出古老地幔组分的存在（Gong et al.，2016；Huang et al.，2015；Shi et al.，2007）。蛇绿岩壳幔联系直接约束着我们对蛇绿岩形成环境和形成过程的认识。近些年，中国地质科学院的杨经绥等在前期研究的基础上，在雅鲁藏布蛇绿岩中发现了越来越多的深度地幔矿物，包括金刚石、SiC 等超还原 – 超高压的矿物。这些异常矿物的发现，打破了我们对大洋岩石圈壳幔单元形成的传统认识（Yang et al.，2007，2014）。为了解释这些异常地幔矿物的出现，不同的学者相继提出了雅鲁藏布蛇绿岩形成于地幔柱、雅鲁藏布蛇绿岩经历深部地幔再循环等模型（Griffin et al.，2016；Yang et al.，2014）。随着研究的深入，现今针对雅鲁藏布蛇绿岩成因的争议反而越来越大。

综合来看，对雅鲁藏布蛇绿岩的形成过程还存在极大的争议，为了全面认识雅鲁藏布蛇绿岩的成因，揭示新特提斯洋的演化过程，我们急需解决的是蛇绿岩地幔橄榄岩的来源与构造属性问题，以及继承性地幔与新生地壳是否具有成因联系。针对这些问题，我们需要在已有研究的基础上，总结经验，采用新的研究思路来打开突破口，首先要回答的就是这些传统认识上的蛇绿岩是否还可以称作“蛇绿岩”。

2.1.3　开展的工作

Re-Os 同位素体系在蛇绿岩研究中的应用揭示出在特提斯蛇绿岩中普遍存在继承性古老亏损地幔。但是，这种古老地幔的组分是软流圈中古老熔融的残留，还是再循环的大陆岩石圈地幔，一直缺乏直接的证据。在第二次青藏高原科考过程中，我们采集了日喀则蛇绿岩大竹曲地幔橄榄岩中含辉石岩脉样品（图 2.1，图 2.2），主要完成了锆石分选和 U-Pb 定年工作。结果显示，锆石 $^{206}Pb/^{238}U$ 年龄为 283 ～ 237 Ma，平均年龄为 256.7 Ma（图 2.3），这与雅鲁藏布江缝合带中普遍存在的 130 ～ 120 Ma 镁铁质洋壳的年龄并不一致。我们初步认为，这套辉石岩是大陆裂解形成新特提斯洋的初期，幔源岩浆底侵和大陆岩石圈地幔熔融的产物，它们精确地记录了新特提斯洋的开启历史，并间接约束了日喀则蛇绿岩地幔橄榄岩是继承来的，而不是白垩纪新生的大洋岩石圈地幔。

除此之外，我们还在日喀则南部白朗蛇绿岩底部的沟谷滚石中发现了一件辉石岩侵入橄榄岩的样品，虽然并不是原位样品，我们也尝试对它进行了锆石分选和镜下观察。这是因为橄榄岩中的辉石岩脉可能记录着古老的地幔交代信息，这是我们甄别地幔橄榄岩构造属性的有力工具。由图 2.4 可见，辉石岩脉与橄榄岩有截然的分界，表明辉石岩可能不是熔体——橄榄岩反应的产物，而是岩浆侵入结晶的关系。它们的成因

图 2.1　日喀则蛇绿岩大竹曲地幔橄榄岩中辉石岩脉野外（a）和手标本照片（b）

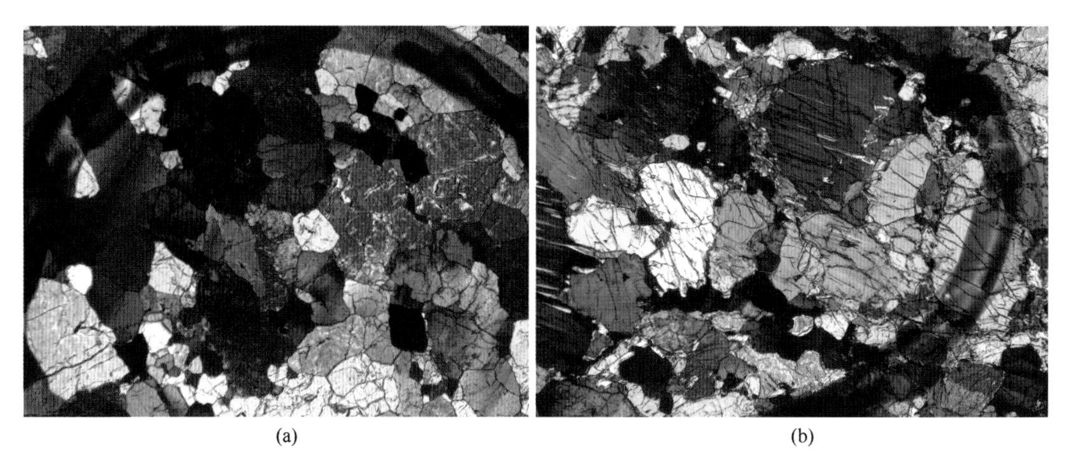

图 2.2　日喀则蛇绿岩大竹曲地幔橄榄岩 (a) 和斜方辉石岩脉 (b) 镜下照片

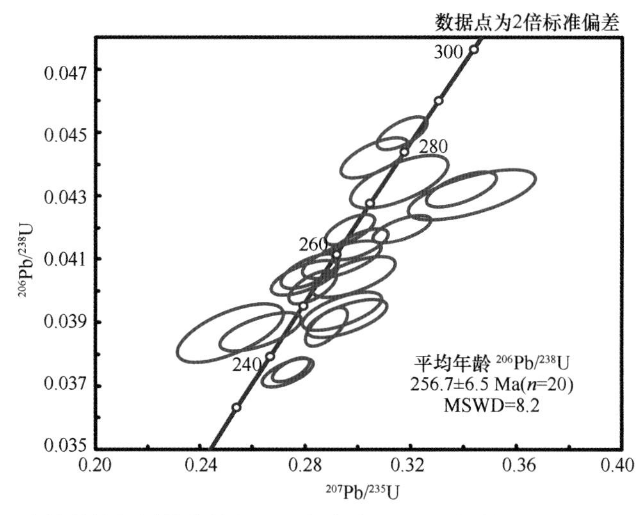

图 2.3　大竹曲地幔橄榄岩斜方辉石岩脉锆石 U-Pb 年龄（原始数据见表 2.1）

图 2.4　白朗蛇绿岩中滚石橄榄岩与辉石岩脉

联系还需要进一步的工作支持，但是锆石 U-Pb 年龄分析给出了惊人的结果，$^{206}Pb/^{207}Pb$ 年龄集中在 19 亿年（图 2.5）。这与印度北缘低喜马拉雅地区大陆岩浆弧的岩浆活动时代一致（Phukon et al.，2018）。虽然对该滚石样品，还需要进一步野外考察，寻找野外原位样品，但它也给了我们更多探索的空间，特提斯蛇绿岩地幔橄榄岩中可能会有老于 19 亿年的继承性地幔存在（年龄数据见表 2.1）。

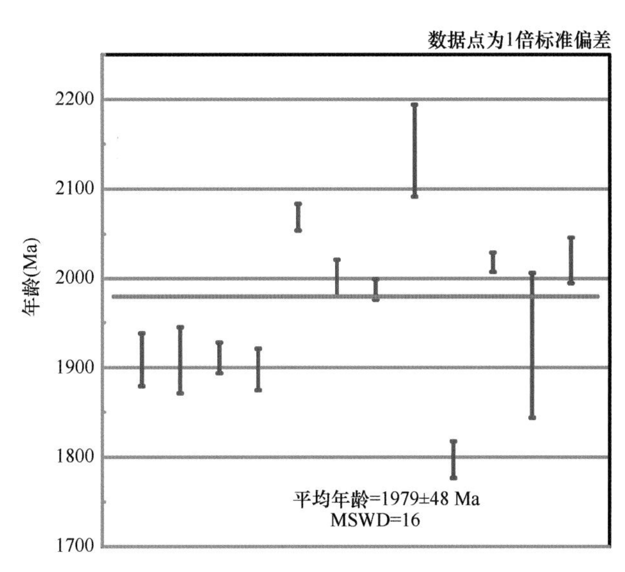

图 2.5　白朗蛇绿岩中滚石辉石岩锆石 U-Pb 年龄 $^{207}Pb/^{206}Pb$ 年龄平均值

除此之外，我们还尝试通过对雅鲁藏布蛇绿岩带中白朗和萨嘎蛇绿岩变质底板的研究来探究蛇绿岩的形成过程。普遍存在的 130 ～ 120 Ma 变质底板时代，是代表着雅鲁藏布蛇绿岩所属洋盆的形成时代，还是开始闭合的时代？白朗蛇绿岩位于日喀则市东南、白朗县城雪布村东侧山坡（29°8′2″N，89°19′37″E），自南向北主要由蛇绿混杂岩、地幔橄榄岩、堆晶岩和上部熔岩、硅质岩组成。本次科考在橄榄岩体南部的蛇绿岩混杂岩中发现并采集了变质角闪岩，依据石榴子石和斜长石的多少，可以分为石榴子石角闪岩（斜长石很少）、含少量石榴石角闪岩、斜长角闪岩（手标本下未见石榴子石），它们的围岩主要是蚀变的地幔橄榄岩和红色的硅质岩（图 2.6）。在之前的研究中，虽然 Zhao 等（2015）将其命名为石榴辉石岩，但通过锆石 U-Pb 分析方法给出了 149.0±3.1 Ma 的结果，这明显老于通常报道的日喀则蛇绿岩的洋壳时代（Liu et al.，2016b；Zhang et al.，2016；Zhao et al.，2015）。对白朗蛇绿岩变质底板的原岩时代进行精确研究和重复性验证，并对白朗蛇绿岩变质底板进行详细的矿物学研究，描述其在俯冲过程中经历的不同温度、压力环境和变质历史。为了更准确地描述新特提斯洋的俯冲消亡过程，我们对萨嘎蛇绿岩和东巧蛇绿岩进行了相似的野外考察和采样工作。萨嘎蛇绿岩分布在萨嘎县城的北部，近些年中－加合作研究中首次报道（Guilmette et al.，2012）角闪石的 Ar-Ar 年代学数据，认为变质时代在 132 ～ 127 Ma。对于萨嘎蛇绿岩洋壳的时代和变质底板原岩的时代缺乏研究。本次科学考察在萨嘎北部那不隆

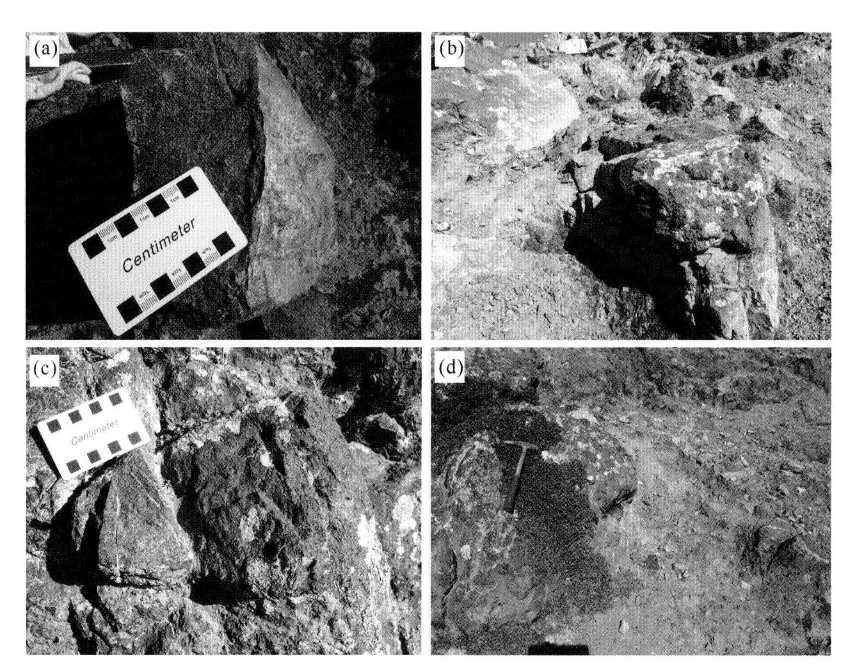

图 2.6 (a) 白朗县石榴角闪岩照片；(b) 石榴角闪岩手标本照片；(c) 石榴角闪岩的围岩为硅质岩和方辉橄榄岩；(d) 蚀变橄榄岩

沟谷中系统采集了角闪岩化辉长岩和斜长角闪岩，以及侵入角闪岩中的长英质岩脉(图 2.7)，这些长英质脉体可能是俯冲初始阶段沉积物熔融的产物。但是由于构造破坏严重和地理条件限制，我们没有对地幔橄榄岩体进行详细的地质剖面探查，以验证是

图 2.7 萨嘎蛇绿岩变质底板不同类型岩石出露情况

(a) 角闪岩化辉长岩；(b) 角闪岩，自边部向核部斜长石明显减少；(c) 长英质脉侵入的斜长角闪岩；(d) 斜长角闪岩块

否有长英质岩脉侵入俯冲上盘的地幔橄榄岩。

计划开展的研究主要是针对变质底板中锆石核部和边部的微区分析来确定变质时代和原岩的形成时代。初步研究发现，变质底板中锆石几乎完全重结晶，而且是在开放体系下发生重结晶作用，U、Th 和 Pb 元素都从体系中丢失，并没有获得预期的锆石 U-Pb 年龄信息。下一步，我们将尝试开展石榴子石 Lu-Hf 同位素定年，以期对新特提斯洋的俯冲过程和俯冲机制提供更多约束。

小结：在第二次青藏高原科学考察研究的初步工作中，我们获得了蛇绿岩地幔橄榄岩中辉石岩脉的锆石 U-Pb 年龄结果，这些岩浆活动和其造成的地幔交代作用，有力地证明雅鲁藏布蛇绿岩的地幔单元中存在继承性古老地幔，它们可能是来自大陆边缘的岩石圈地幔，而非特提斯洋壳形成时期软流圈地幔熔融的产物。这与国外学者在雅鲁藏布蛇绿岩的研究中，为了解释超高压矿物存在而提出的地幔过渡带再循环模型并不一致（Griffin et al.，2016）。深入研究将为理解新特提斯蛇绿岩形成过程、探究大洋演化历史以及随后的大洋闭合和大陆碰撞过程提供更多证据。

表 2.1　日喀则蛇绿岩中辉石岩锆石 U-Pb 年龄原始数据

大竹曲	Th/U	$^{207}Pb/^{235}U$	1 倍标准偏差	$^{206}Pb/^{238}U$	1 倍标准偏差	$^{207}Pb/^{235}U$	1 倍标准偏差	$^{206}Pb/^{238}U$	1 倍标准偏差
DZ2	0.47	0.2514	0.0166	0.0387	0.0008	227.7	13.4	244.6	4.7
DZ3	0.52	0.3007	0.0087	0.0415	0.0004	267.0	6.8	262.0	2.5
DZ4	0.33	0.2939	0.0123	0.0394	0.0005	261.6	9.6	248.9	3.1
DZ5	0.68	0.3062	0.0105	0.0442	0.0005	271.3	8.1	278.8	3.2
DZ6	0.40	0.2733	0.0079	0.0374	0.0004	245.3	6.3	236.8	2.3
DZ7	0.42	0.2797	0.0104	0.0404	0.0004	250.4	8.3	255.4	2.8
DZ8	0.68	0.2938	0.0122	0.0410	0.0005	261.5	9.6	259.0	3.0
DZ9	0.92	0.2881	0.0066	0.0389	0.0005	257.0	5.2	245.8	3.1
DZ10	0.55	0.2817	0.0090	0.0406	0.0004	252.0	7.1	256.7	2.8
DZ11	0.82	0.2827	0.0074	0.0401	0.0004	252.8	5.9	253.6	2.7
DZ12	0.48	0.2983	0.0129	0.0404	0.0005	265.1	10.1	255.6	3.3
DZ13	0.56	0.3430	0.0197	0.0430	0.0006	299.5	14.9	271.7	4.0
DZ14	0.48	0.2969	0.0077	0.0419	0.0004	264.0	6.0	264.9	2.4
DZ15	0.84	0.3391	0.0109	0.0432	0.0005	296.5	8.2	272.7	2.8
DZ16	0.52	0.3166	0.0078	0.0450	0.0004	279.3	6.0	283.6	2.6
DZ17	0.67	0.3156	0.0151	0.0435	0.0007	278.5	11.6	274.2	4.2
DZ18	0.53	0.2746	0.0058	0.0375	0.0003	246.3	4.6	237.4	2.0
DZ19	0.76	0.2958	0.0124	0.0391	0.0005	263.1	9.7	247.5	3.0
DZ20	0.80	0.3166	0.0090	0.0420	0.0004	279.3	6.9	265.0	2.2
DZ21	0.63	0.2631	0.0126	0.0387	0.0005	237.2	10.1	244.9	3.1

续表

白朗	Th/U	$^{206}Pb/^{238}U$	±s %	$^{207}Pb/^{206}Pb$	±s %	$^{207}Pb/^{206}Pb$	±s Ma	$^{206}Pb/^{238}U$	±s Ma
BL-01	0.12	0.2553	2.33	0.1169	1.65	1909.1	29.4	1466.0	30.6
BL-02	0.61	0.2245	2.36	0.1168	2.10	1908.3	37.3	1305.7	28.0
BL-03	0.28	0.3118	2.39	0.1170	0.97	1911.4	17.3	1749.8	36.8
BL-04	0.86	0.3293	2.38	0.1162	1.32	1898.2	23.6	1835.1	38.1
BL-05	0.70	0.3460	2.47	0.1278	0.87	2068.5	15.3	1915.4	41.1
BL-06	0.39	0.3428	2.99	0.1230	1.15	2000.0	20.3	1900.0	49.4
BL-07	0.61	0.3475	2.68	0.1221	0.64	1987.6	11.4	1922.8	44.7
BL-08	0.42	0.2508	2.87	0.1334	2.98	2142.5	51.1	1442.7	37.2
BL-09	0.21	0.2232	2.37	0.1099	1.11	1797.1	20.1	1298.5	28.0
BL-10	0.32	0.3395	2.35	0.1242	0.60	2017.5	10.6	1884.4	38.4
BL-11	0.81	0.2135	2.83	0.1179	4.62	1924.9	80.6	1247.5	32.2
BL-12	0.45	0.1651	2.47	0.1244	1.47	2019.9	25.9	984.9	22.6

2.2 混杂岩

2.2.1 混杂岩构造和物质组成

雅鲁藏布江缝合带中段主要由蛇绿混杂岩、富硅质混杂岩、富泥砂质混杂岩、洋岛残余以及连续的浊积岩组成（图 2.8）。

蛇绿混杂岩位于雅鲁藏布蛇绿岩底部，厚度数百米至数千米，其基质为强面理化的蛇纹岩，面理走向近 EW 或 ESE—WNW，岩块包括蛇绿岩的组成部分（硅质岩、辉长岩或辉绿岩、超基性岩）和高温变质岩（角闪岩、含石榴石角闪岩、辉石

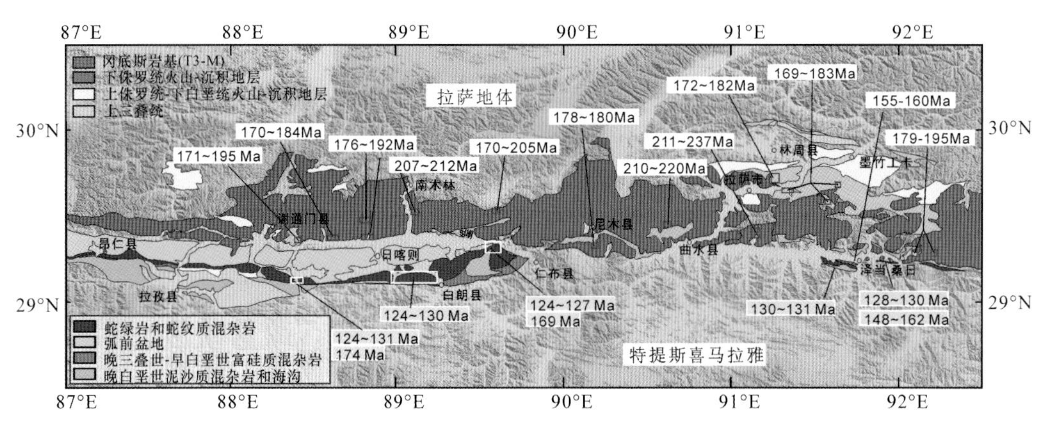

图 2.8 雅鲁藏布江缝合带中段分布范围和物质组成

蓝色方框为蛇绿岩中辉绿岩锆石年龄，白色方框为冈底斯弧南缘上三叠统—上侏罗统岩浆锆石年龄

角闪岩等）(Girardeau et al.，1985；Guilmette et al.，2009；Nicolas et al.，1981；王希斌等，1987)。蛇绿混杂岩通常为北倾面理、强烈的南北向拉伸线理，岩块通常为透镜状和布丁状。变质地板发育在蛇绿混杂岩底部，角闪石 Ar-Ar 年龄为 130 ～ 120 Ma(Guilmette et al.，2009)。一个有趣的现象是底部变形强烈，而顶部变形较弱，甚至保存了原始的岩浆结构。蛇绿混杂岩形成于蛇绿岩的仰冲过程 (Girardeau et al.，1985) 或新特提斯洋的洋内初始俯冲阶段 (Guilmette et al.，2009)，标志着其北部蛇绿岩和南部沉积质混杂岩的构造接触关系，因此又称为主地幔逆冲断裂。主地幔逆冲断裂活动时间主要由罗布莎、日喀则、白朗、布马、萨嘎等地角闪岩类变质岩块中角闪石和黑云母的 ^{40}Ar-^{39}Ar 冷却年龄或 K-Ar 年龄进行限定，结果集中在 132 ～ 124 Ma(132 ～ 124 Ma 和 88 ～ 81 Ma)（王希斌等，1987；Guilmette et al.，2009，2012；Malpas et al.，2003)，这可能与该断裂多期活动有关。

沉积质混杂岩根据基质类型的差异又可分为北部的富硅质混杂岩和南部的富泥砂质混杂岩（陈国铭等，1984；高延林和汤耀庆，1984；Cai et al.，2012)。

富硅质混杂岩内部可分为数个由北向南逐渐变年轻的增生岩片，岩片基质主要为深海－半深海硅质岩、硅质页岩、钙质泥岩等，泽当、白朗、夏鲁、拉孜、仲巴等地放射虫年代指示基质形成年代主要为中—晚三叠世、中晚侏罗世—早白垩世（吴浩若，1988；孙立新等，2002，2004；朱杰等，2005；Matsuoka et al.，2002；Ziabrev et al.，2004)；岩块包括玄武岩、硅质岩、超基性岩和灰岩（陈国铭 等，1984；高延林和汤耀庆，1984)，灰岩化石年代多为二叠纪（李文忠和沈树忠，2005)。富硅质混杂岩内部发育和新特提斯洋俯冲相关的构造变形，主要包括不同岩片之间的增生、基质内的小型褶皱、岩块的剪切破碎等（高延林和汤耀庆，1984；Cai et al.，2012；Ziabrev et al.，2004)。

富泥砂质混杂岩出露在富硅质混杂岩南侧，二者断层接触，基质主要为高度剪切的放射虫硅质岩和泥岩，广泛发育透入性劈理。岩块包括砂岩、灰岩、硅质岩、火山岩。二叠系浪错灰岩通常以岩块的形式保存在富泥砂质混杂岩中，表明外来岩块的特征。砂岩主要为岩屑砂岩，其中石英主要为波状消光的单晶石英，多晶石英主要为变质石英，岩屑主要为火山岩岩屑。砂岩碎屑锆石年龄主要集中在 120 ～ 80 Ma，其他的峰值介于 300 ～ 120 Ma 以及 2000 ～ 500 Ma（图 2.9）(An et al.，2017；Cai et al.，2012；Li et al.，2015；Wang et al.，2017a)。

富硅质混杂岩和富泥砂质混杂岩均由北倾的岩席组成，具有明显的岩块－基质特征。原始层布丁化，单独的布丁相对于原始层理发生了旋转。基质通常表现为北倾的面理、强烈的南北向拉伸线理，以及具有向南逆冲指向的构造。外来岩块与基质断层接触。详细的野外观察表明，基质经历了两期变形。早期变形以广泛的透入性面理和膝折为主，晚期表现为面理发生褶皱。

连续沉积单元的海沟在昂仁南部和萨嘎南部均有发现，其与北部的富泥砂质混杂岩断层接触。昂仁的海沟沉积单元可分为底部的多色硅质岩和玄武岩组合、中部的红色和绿色桂枝泥岩以及上部的厚层砂岩和页岩。河道、侵蚀面、鲍马层序等特征表

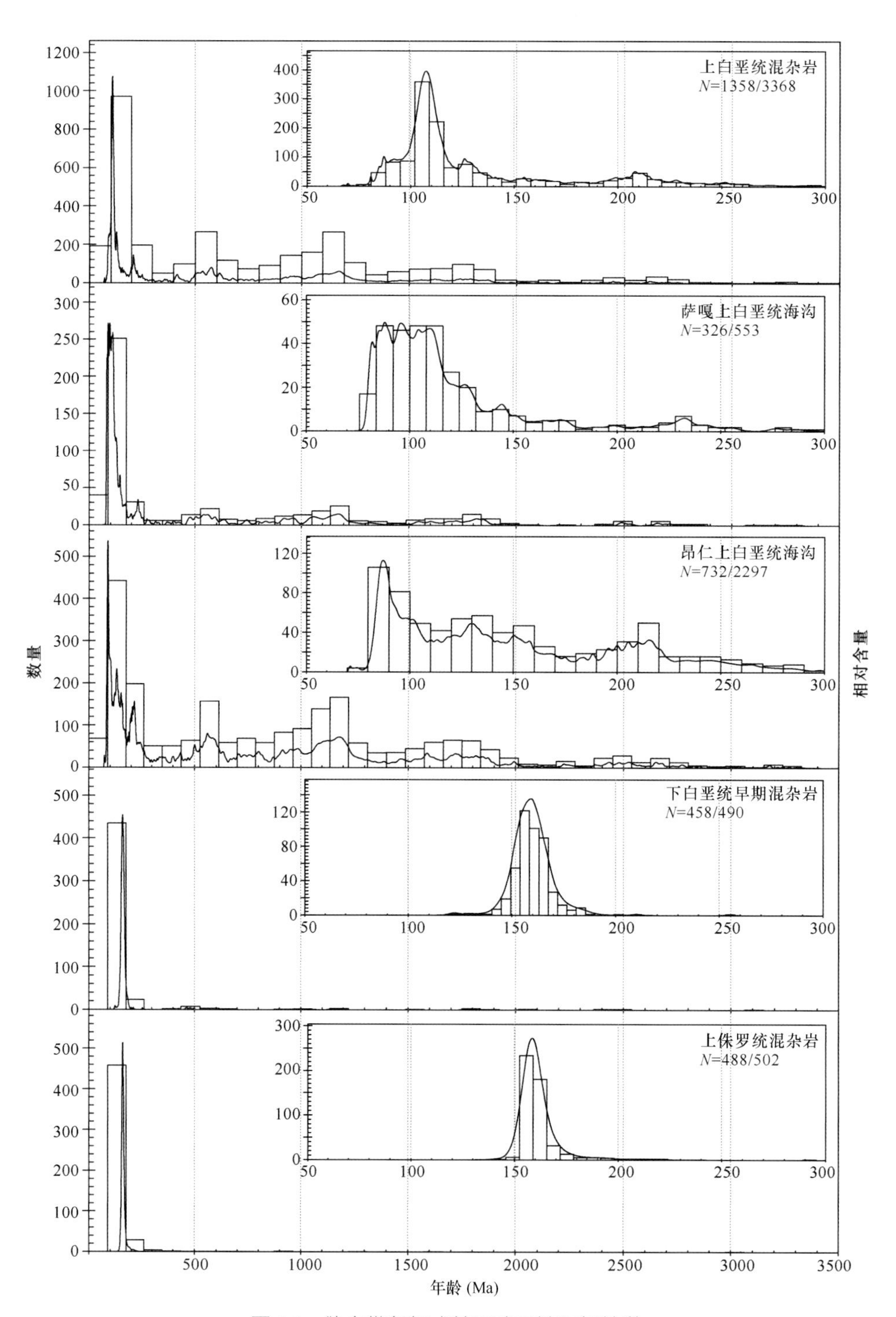

图 2.9　缝合带各组成单元碎屑锆石年龄谱

其中上白垩统混杂岩数据来自 Cai et al.，2012；Li et al.，2015；Wang et al.，2017a；An et al.，2017；萨嘎上白垩统海沟数据来自 An et al.，2018；昂仁上白垩统海沟数据来自 Cai et al.，2012；Kathryn and Kapp，2019；下白垩统早期混杂岩数据来自 Wang et al.，2018；上侏罗统混杂岩数据来自 Metcalf and Kapp，2019

N=1358/3368，其中 1358 代表 300 ～ 50Ma 的碎屑锆石数量，3368 代表 3500 ～ 50Ma 的碎屑锆石总量

明，该套地层为浊流沉积。而 Metcalf 和 Kapp(2019) 认为只有上部的浊积岩部分属于海沟。萨嘎地区的海沟沉积为一套砾岩 – 砂岩 – 泥岩的深海扇（An et al.，2018）。与前面几套构造单元相比，海沟沉积更加富含陆源碎屑物质。构造变形主要表现为不同尺度向南的紧闭 – 斜卧褶皱，在上部地层中，无根褶皱表明了强烈的构造扰动。砂岩主要为岩屑砂岩，分选差，棱角状 – 次棱角状，石英主要为波状消光的单晶石英，岩屑主要为火山岩岩屑和泥岩岩屑。昂仁和萨噶地区砂岩碎屑锆石年龄主要集中在 250 ～ 70 Ma、2000 ～ 500 Ma 以及少量的碎屑锆石年龄大于 2000 Ma(An et al.，2018；Cai et al.，2012)，总的来说，萨嘎地区海沟沉积中老于 250 Ma 的锆石数量明显少于昂仁地区（图 2.9)。海沟沉积的碎屑锆石峰值明显较混杂岩中砂岩块碎屑锆石峰值年轻（图 2.9)。

2.2.2　物源分析

拉萨地体经历了长时期复杂的岩浆演化历史，主要包括白垩纪—古近纪岩浆活动，以及少量的泥盆纪—侏罗纪岩浆活动（Chu et al.，2006；Ji et al.，2009，2012；Zhang et al.，2007；Zhu et al.，2011）。新生代以前沉积岩中碎屑锆石以 160 ～ 100 Ma、260 ～ 180Ma、700 ～ 500 Ma 以及 1300 ～ 800 Ma 峰值为主要特征（Gehrels et al.，2011；Leier et al.，2007；Li et al.，2014；Pullen et al.，2008)。南羌塘地体上三叠统以 300 ～ 200 Ma 和 2000 ～ 1800 Ma 碎屑锆石峰值和少量 1000 ～ 500 Ma 峰值为主要特征（Gehrels et al.，2011)。冈底斯弧经历了长期的岩浆活动，随着越来越多的岩浆岩锆石数据的积累，目前冈底斯弧主要岩浆活动发生在 70 ～ 40 Ma 和 110 ～ 70 Ma 两个阶段，此外 210 ～ 100 Ma 也有少量的岩浆活动（参见总结性文章和数据库，如 Chapman and Kapp，2017)。日喀则弧前盆地东西部锆石特征有较为明显的差别，东部碎屑锆石主要峰值在 130 ～ 90 Ma，而西部主要峰值在 110 ～ 80 Ma(An et al.，2014；Orme and Laskowski，2016；Wu et al.，2010)。

富泥砂质混杂岩和海沟沉积中的砂岩岩块具有相似的岩石学特征，即富岩屑、贫石英是典型的再循环造山带物源区。同时，二者均包含较多的中生代碎屑锆石 (250 ～ 70 Ma)。通过与周围潜在的物源区对比，这些中生代碎屑锆石最有可能来自北侧的冈底斯弧。

2.2.3　OPS 重建

日喀则地区上三叠统—下白垩统中的富硅质混杂岩嘎学群以富含放射虫化石的硅质岩和硅质泥岩为主，含有少量的凝灰岩和玄武岩，表明嘎学群的沉积在远洋环境下，对比目前已知的海洋和陆地增生楔系统，嘎学群最可能沉积在远离大陆的洋壳之上。而 Albian 期的硅质泥岩中发育大量的酸性凝灰岩，表明此时最可能的位置是接近俯冲带位置，而新特提斯洋的俯冲产生了 Albian 的岩浆活动 (Cai et al.，2012)。

拉孜地区广泛分布的中—下二叠统中的浪错灰岩由上部灰岩和下部玄武岩组成，是典型的洋岛结构（Cai et al.，2012）。拉孜地区上侏罗统—下白垩统中的富硅质混杂岩（汤嘎混杂岩）以富硅质岩贫陆源物质的特征，代表了深海沉积，同样为沉积在洋壳之上的远洋沉积（Cai et al.，2012）。拉孜地区中—上三叠统中的中贝混杂岩基质以硅质岩和硅质泥岩为主，尽管其中含有砂岩块，但是石英砂岩块明显来自特提斯喜马拉雅带上侏罗统维美组（An et al.，2017），岩屑砂岩块更是年轻到晚白垩世（An et al.，2017），因此中贝混杂岩基质缺乏陆源碎屑物质，代表深海沉积，只是在后期进入俯冲带才卷入了白垩系岩块，而在陆陆碰撞过程中卷入了特提斯喜马拉雅的石英砂岩块（An et al.，2017）。

整个雅鲁藏布江缝合带中段的上白垩统砂岩块，代表该时期的海沟沉积或者斜坡沉积，随着后续物质进入海沟，这些已经存在的海沟碎屑沉积在构造作用下破碎，形成混杂岩。

在日喀则、萨嘎地区还存在整体连续的碎屑岩地层，碎屑锆石计算的最大沉积时代为晚白垩世最晚期，根据发育较多的同沉积变形，我们推测它们代表残余的海沟沉积（An et al.，2018；Cai et al.，2012；Metcalf and Kapp，2019）。

2.2.4 新特提斯洋白垩纪俯冲 – 增生历史

综合以上构造填图、岩石学和碎屑锆石年代学数据，雅鲁藏布江缝合带中段的冈底斯弧、日喀则弧前盆地、SSZ 蛇绿岩以及向南变新的增生楔（蛇绿混杂岩、富硅质混杂岩、富泥砂质混杂岩、海沟沉积），代表了一个完整的白垩纪的新特提斯洋俯冲–增生序列，这一序列最可能形成于单一的大陆边缘俯冲环境下。

早白垩世晚期是新特提斯洋演化的重要时期，大多数重要地质事件，如日喀则蛇绿岩的形成、冈底斯弧的建立、弧前盆地雏形初成，以及缝合带主要增生事件均从此时开始。前人对日喀则蛇绿岩、嘎学群硅质岩年代学和构造填图等工作提出日喀则地区可能具有洋内俯冲系统（Aitchison，2000）。而另一种观点则认为新特提斯洋全部沿着拉萨地体南缘俯冲（Searle et al.，1987）。我们在该地区的填图和碎屑锆石源区分析工作就是针对上述争议进行的，我们尝试为该地区的地质演化提供新的思路和证据。

上三叠统—下白垩统嘎学群出露在 128 ～ 120 Ma 的日喀则蛇绿岩和上白垩统的泥砂质混杂岩之间，意味着嘎学群沉积在洋壳之上，嘎学群最年轻的硅质泥岩中放射虫在 Albian 时期，且含有大量的酸性凝灰岩，因此嘎学群在 Albian 晚期进入海沟，接收到此时可能来自冈底斯的火山灰，被整体刮削增生到日喀则蛇绿岩南侧，即嘎学群在日喀则蛇绿岩刚刚形成时进入海沟。而作为亚洲板块边缘沉积的日喀则弧前盆地整体沉积在日喀则蛇绿岩之上，这意味着日喀则蛇绿岩位于拉萨地体南部且靠近大陆位置。因此，嘎学群的增生一定发生在拉萨地体南缘的洋–陆俯冲位置，这也与最新的古地磁和沉积学数据一致（Huang et al.，2015；Wang et al.，2017a），而非如 Aitchison 等认为的发生在洋内俯冲带中 (Aitchison et al.，2000；Abrajevitch et al.，2005)。前人对嘎学群的填图、沉积学和古生物学研究后提出，嘎学群可进一步分为两部分：北面由上三叠统—下白垩统的放射虫硅质岩组成，代表了真正的远洋沉积，而南部由上三叠统—上侏罗统硅质泥岩、灰岩和硅质岩组成，代表了由早期半深海到晚期远洋沉积的转变，因此提出二者位于大洋中脊两侧，并分别通过洋内俯冲系统增生到泽当洋内岛弧南侧，二者之间夹着洋中脊 (Ziabrev et al.，2004)。我们在项目执行期间对该套地层进行的路线地质调查，并未发现二者之间存在洋中脊物质，且这种北部远洋沉积、南部半深海 – 远洋沉积组合并不需要隔着一个洋中脊，完全可以用拉萨地体南缘的俯冲来解释，即 Aptian 蛇绿岩形成之后发生沿着拉萨地体南侧的洋 – 陆俯冲系统，位于远洋沉积的嘎学群北部地层首先进入俯冲带，而来自冈底斯弧的陆源碎屑物质第一次进入弧前盆地的时间为 113 ～ 110 Ma(Wang et al.，2017b)。考虑到此时的弧前盆地处于饥饿状态，因此碎屑物质很难进入俯冲带，这就给南侧靠近大陆沉积的南亚带充足的时间和空间，通过不断向北的运移进入俯冲带。

更南侧的泥沙质混杂岩中开始出现了大量的砂岩块，这些砂岩块碎屑锆石最大沉积年龄主体为 95 ～ 70 Ma，采样密度较大，意味着采样策略能够覆盖绝大多数的砂岩块，因此，可以比较确定地认为，来自冈底斯弧的物质大量进入海沟应该发生在此阶段，海沟物质在沉积过程中经历了强烈的挤压破碎，形成了目前所见的典型的混杂岩。

2.2.5　存在的问题

综上所述，白垩纪的冈底斯弧、弧前盆地、蛇绿岩和增生楔组成了一个完美的白垩纪俯冲系统。然而，冈底斯弧南缘发育有晚三叠世—晚侏罗世的岛弧型岩浆活动 (耿全如等，2005；张宏飞等，2007；董昕和张泽明，2013；Chu et al.，2006；Guo et al.，2013；Hou et al.，2015；Kang et al.，2013；Meng et al.，2016；Wang et al.，2016，2017；Xu et al.，2019；Zhang et al.，2014；Zhu et al.，2008，2013)，对于这些岩浆的大地构造背景依然有争议，部分学者认为它是班公错 – 怒江洋向南俯冲的结果 (Shui et al.，2018；Zhu et al.，2008，2011，2013)，另一部分学者则认为是新特提斯洋向北俯冲形成的 (Chu et al.，2006；Guo et al.，2013；Kang et al.，2013；Lang et al.，2014；Ma et al.，2017；Meng et al.，2016)。近些年，也有观点认为，这些晚三叠世—早侏罗世的岩浆活动是新特提斯洋内俯冲的结果 (Ma et al.，2017，2018a，2018b；Lang et al.，2018；Li et al.，2010)。这些研究使我们必须重视一个问题：雅鲁藏布江缝合带内是否存在新特提斯洋在前白垩纪的俯冲沉积记录？从近两年新发现的晚侏罗世和早白垩世早期的混杂岩来看，雅鲁藏布江缝合带存在老于日喀则蛇绿岩的俯冲沉积记录，进一步暗示存在更早期的俯冲。目前，这些俯冲位置和极性争议的解决需要多学科配合研究，而对缝合带的直接解析无疑是一个有效的手段。如果新特提斯洋向北俯冲正确，则晚三叠世开始的俯冲与目前保存的白垩纪俯冲系统并不匹配，意味着雅鲁藏布江缝合带内缺失了晚三叠世—晚侏罗世的俯冲沉积记录。

2.3 蓝片岩

蓝片岩作为一种经典的高压变质岩，一般形成于大洋或大陆岩石圈俯冲过程中（Ernst and Liou，2008；Zheng，2008）。因此，在造山带内出露的蓝片岩可用来指示俯冲作用的存在，如北美西部的科迪勒拉造山带、阿尔卑斯造山带和苏鲁—大别造山带等。

沿印度大陆与欧亚大陆的缝合带，蓝片岩主要出露在西侧的印度河缝合带和东侧印缅山脉的那加山地区，其中印度河缝合带内的蓝片岩主要包括巴基斯坦西北部的 Shangla 蓝片岩及拉达克境内的 Sapi-Shergol 和 Sumdo 蓝片岩（Ao and Bhowmik，2014；Guillot et al.，2008）。印度河缝合带内的蓝片岩主要以逆冲岩片或外来岩块的形式赋存在蛇绿混杂岩中，原岩以镁铁质岩、火山碎屑岩、沉积岩等为主（Honegger et al.，1989；Kazmi et al.，1984；Virdi et al.，1977），峰期变质 P-T 可达 320 ～ 480℃、7 ～ 19 kbar①（Anczkiewicz et al.，2000；Honegger et al.，1989；Jan，1985；Groppo et al.，2016）。地球化学研究显示其原岩具有 E-MORB、洋内弧或海山特征，可能代表了新特提斯洋大洋岩石圈（Honegger et al.，1989），K-Ar、^{40}Ar-^{39}Ar、Rb-Sr 等年代学研究显示蓝片岩的变质时间为 100 ～ 80 Ma，指示了新特提斯洋大洋岩石圈的俯冲作用时间（Anczkiewicz et al.，2000；Honegger et al.，1989；Shams，1980）。那加蓝片岩同样出露在蛇绿混杂岩中，主要为由变玄武岩和变硅质岩组成的逆冲岩片，其峰期变质 *P-T* 为 340 ～ 540℃、10 ～ 12 kbar（Ao and Bhowmik，2014；Chatterjee and Ghose，2010）。目前，尚未对那加蓝片岩原岩地球化学特征和变质年龄进行研究，但其构造位置和变质过程中较低的地温梯度（<10℃ /km）共同指示了那加蓝片岩可能形成于新特提斯洋大洋岩石圈俯冲过程中（Ao and Bhowmik，2014）。

相比于印度 – 欧亚缝合带西侧和东侧地区，缝合带中部的雅鲁藏布江缝合带内出露的蓝片岩较少，且已有的研究基础相对薄弱，这严重制约了对新特提斯洋俯冲和印度 – 欧亚碰撞过程的认识。雅鲁藏布江缝合带内的蓝片岩主要出露在桑桑和卡堆两地。卡堆蓝片岩在 1 ∶ 25 万日喀则市幅地质填图工作中发现，出露于日喀则市以南的印度被动陆缘的变沉积岩地层内，岩性主要为含蓝闪石绿帘绿泥片岩、含蓝闪石黑云母片岩和含蓝闪石板岩等（胡敬仁等，2004），蓝闪石以青铝闪石为主，^{40}Ar-^{39}Ar 冷却年龄约为 59 Ma，标志着印度 – 欧亚初始碰撞（李才等，2007）。桑桑蓝片岩在 20 世纪 80 年代初中 – 法科考时发现（肖序常和高延林，1984），以构造岩块的形式出露在沉积质混杂岩中（Ding et al.，2005）；蓝片岩的全岩主量元素特征显示其原岩为碱性玄武岩，角闪石成分为镁钠闪石、冻蓝闪石和蓝透闪石（肖序常和高延林，1984；Ding et al.，2005），角闪石 ^{40}Ar-^{39}Ar 年龄约为 62Ma，形成于雅鲁藏布蛇绿岩向印度被动陆缘的仰冲过程中，标志着印度 – 欧亚初始碰撞的发生（Ding et al.，2005）。

我们主要对桑桑蓝片岩进行了详细的野外考察（图 2.10），包括其出露范围、岩性组合和构造变形特征等，采集了蓝片岩和其围岩样品进行室内薄片观察和 EBSD 显微

① 1bar=10^5Pa。

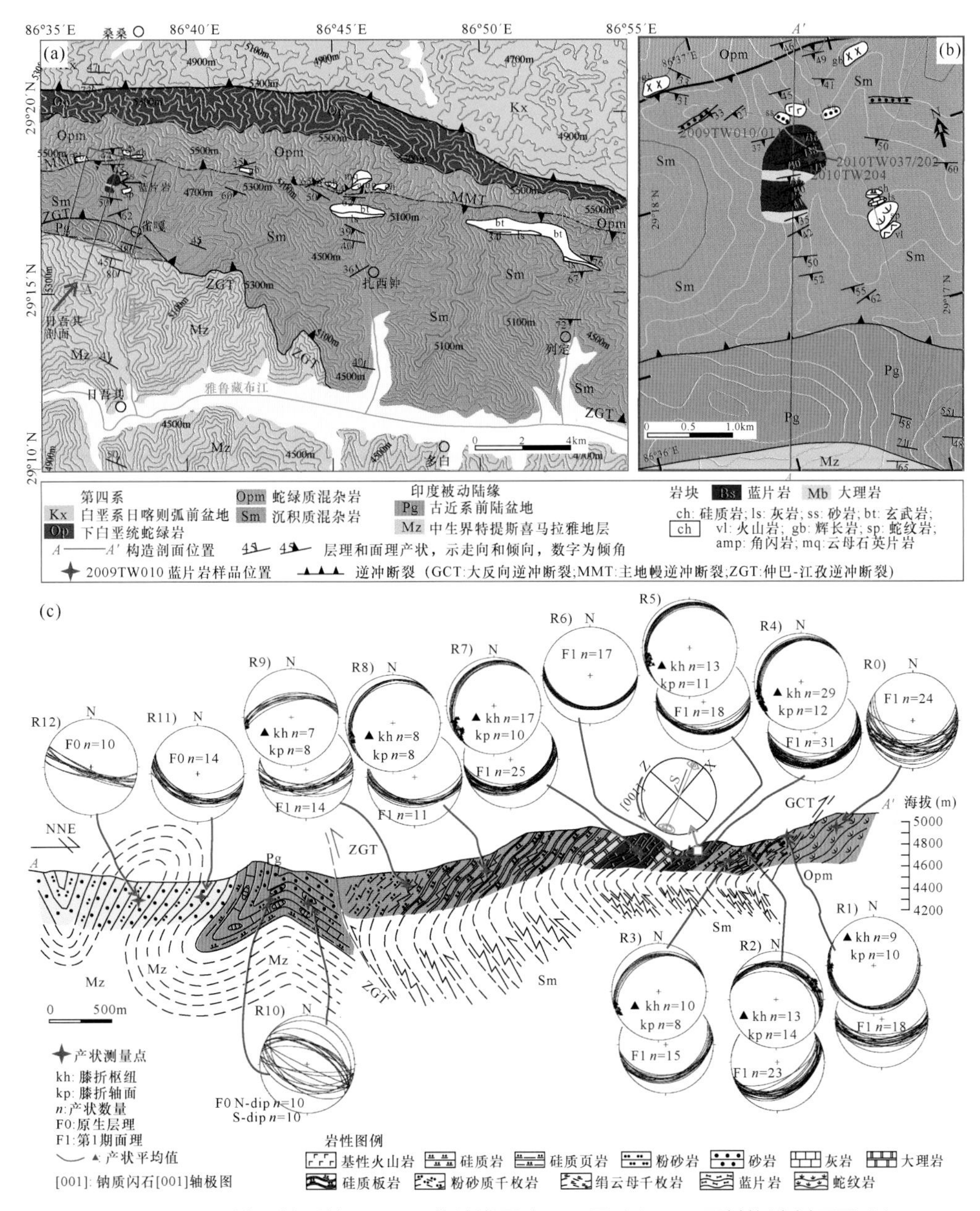

图 2.10　桑桑地区地质简图 (a)、蓝片岩露头平面图 (b) 和日吾其构造剖面图 (c)

组构分析等工作，并结合已有研究成果对桑桑蓝片岩构造变形与印度–欧亚初始碰撞的关系进行分析。

2.3.1　野外产状

桑桑蓝片岩出露在新特提斯洋增生楔内（图 2.10 ～ 2.11），围岩主要为沉积质混杂岩，混杂岩南北出露宽度达数千米，其北部和雅鲁藏布蛇绿岩及蛇绿混杂岩沿主地幔逆冲断裂推覆到沉积质混杂岩上，而沉积质混杂岩沿仲巴－江孜逆冲断裂向南仰冲到印度被动陆缘上。在日吾其剖面上，沉积质混杂岩基质岩性主要为深海－半深海相的硅质岩、硅质页岩、粉砂质页岩、粉砂岩等，但经过低级变质作用形成硅质板岩、绢云母千枚岩、粉砂质千枚岩等，代表了新特提斯洋的大洋板片地层；蓝片岩出露在混杂岩的中北部，并显示和大理岩共生的现象，二者从北向南重复性出现（图 2.10）。蓝片岩整体出露范围南北约 1 km、东西约 500 m。蓝片岩变质程度不均一，局部仍保留了明显的气孔、杏仁等火山岩结构（图 2.11）；大理岩出露宽度约数十米，其新鲜面多为浅白色，层厚 10 ～ 30cm。

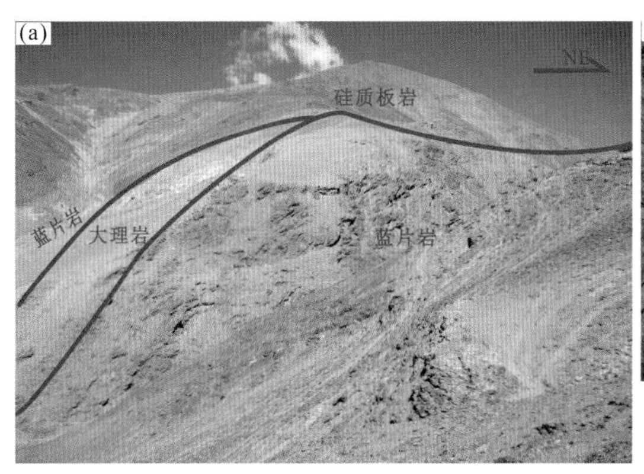

图 2.11　桑桑蓝片岩野外露头 (a) 及蓝片岩表面特征 (b)

蓝片岩和其围岩内部发育了透入性面理构造 (F1) 和膝折构造（图 2.10），具体测量数据详见表 2.2。F1 面理倾向以南—南南东为主，倾角中等（表 2.2）。膝折构造主要且普遍发育在蓝片岩、硅质板岩和硅质千枚岩基质中，由南倾的 F1 面理经向下的旋转形成，其长短轴之间的不对称形貌指示沿面理向下的剪切作用（图 2.10），这种形貌特征和 F1 面理在后期变形过程中的倒转有关。膝折枢纽倾伏向主要为南西—南西西，倾伏角较小，指示形成膝折的剪切运动具有极低的走滑分量。膝折的轴面倾向主要为北西—北北东，倾角较小；大部分的轴面倾向和 F1 面理倾向向左的现象说明膝折的应变量不是很大，这种情况下轴面不能构成突出的面理构造，轴面作为 F2 面理只在部分露头上明显可见。

表 2.2　野外产状数据

点位	主要岩性	平均产状 / 产状数量		
		F1 面理 /F0 层理	膝折面	膝折枢纽
R0	蛇纹岩	181.4° ∠ 39.7° /24		
R1	绢云母千枚岩	178.3° ∠ 50.5° /18	189.3° ∠ 14.0° /10	263.7° ∠ 7.4° /9
R2	硅质板岩	153.1° ∠ 39.1° /23	18.0° ∠ 30.5° /14	69.7° ∠ 13.9° /13
R3	硅质板岩	164.4° ∠ 29.7° /15	337.7° ∠ 25.7° /8	246.7° ∠ 6.4° /10
R4	蓝片岩	167.2° ∠ 36.9° /31	320.7° ∠ 16.8° /12	247.0° ∠ 6.9° /29
R5	蓝片岩	182.8° ∠ 38.1° /18	320.5° ∠ 13.2° /11	254.8° ∠ 11.7° /13
R6	大理岩	185.3° ∠ 33.1° /17		
R7	蓝片岩	162.8° ∠ 39.8° /25	311.1° ∠ 16.3° /10	239.3° ∠ 12.3° /17
R8	硅质板岩	183.7° ∠ 46.7° /11	319.4° ∠ 17.1° /8	249.7° ∠ 9.9° /8

续表

点位	主要岩性	平均产状 / 产状数量		
		F1 面理 /F0 层理	膝折面	膝折枢纽
R9	硅质 / 粉砂质板岩	174.7° ∠ 58.0° /14	350.9° ∠ 55.7° /8	261.0° ∠ 5.6° /7
R10	硅质页岩、灰岩、粉砂岩、砂岩	029.0° ∠ 53.0° /10 200.4° ∠ 61.0° /10		
R11	石英砂岩	196.3° ∠ 45.4° /14		
R12	石英砂岩、粉砂岩	196.6° ∠ 78.5° /10		

2.3.2　显微变形

桑桑蓝片岩的围岩绢云母千枚岩中的 F1 面理主要由细小泥质矿物（包括绢云母）的定向形成 [图 2.12(a)]，而在蓝片岩中，F1 面理主要由角闪石、多硅白云母、绿泥石等柱状或片状矿物的定向排列组成 [图 2.12(c)]。对蓝片岩中角闪石的形态优选方位 (shape preferred orientation，SPO) 进行镜下观测，从角闪石长短轴比 (R) 和长轴与面理间偏角 (Φ) 图中（图 2.13）可以清楚地看到，所有样品的 R 值绝大部分大于 4，并在 4 ～ 15 集中分布。Φ 值除个别点（如 2009TW011）大于 30° 以外，绝大部分集中分布于 –25° ～ 25°，并在 0° 值两侧呈现一种对称分布的样式，显示了 F1 面理的形成与角闪石的强烈定向有关。

F1 面理的弯曲形成膝折构造，如在硅质板岩 [图 2.12(b)] 和蓝片岩中 [图 2.12(e)，图 2.12(f)]，这是露头上的膝折构造 [图 2.12(b)] 在显微尺度上的反映，其长短轴的不对称形貌同样指示了沿南倾面理向下的剪切指向。显微组构还包括钠长石的压力影构造 [图 2.12(d)，图 2.12(f)]，压力影构造的排列和膝折相一致，且钠长石的生长方向指示了和膝折构造相同的剪切指向，因此压力影构造和膝折构造属于同期变形的产物。

2.3.3　EBSD 显微组构分析

主要对蓝片岩基质中的钠质角闪石和钠长石进行 EBSD 观测，首先利用石英对 EBSD 探头的几何位置进行校正（图 2.14)，然后利用点模式对目标矿物进行测定。

根据 EDS 分析结果，Fe/(Fe+Al) 值较低的钠质闪石标准矿物选用蓝闪石 (glaucophane)，而 Fe/(Fe+Al) 值较高的选用青铝闪石 (crossite)（图 2.15)，钠长石则选用标准矿物钠长石 (albite)。由于测试矿物颗粒细小，一般每个颗粒只测一个点。

钠质闪石：在极图上可以看出（图 2.16)，钠质闪石的 (100) 面法线集中于 Y 轴附近，指示 (100) 面和 XZ 面近平行。(010) 面法线围绕 Z 轴呈小圆状分布，显示 (010) 面和 YZ 面近似平行；而 [001] 轴在大圆弧上呈聚集状分布，且与 X 轴呈小角度斜交，显示 [001] 轴和线理方向近似平行。这些特征指示钠质闪石发育了强烈的晶格优选方位 (lattice preferred orientation，LPO) 组构，主要滑移系为 (010)[001]。

钠长石：从极图上（图 2.17) 可以看出，钠长石整体在各个样品之间并不具有一

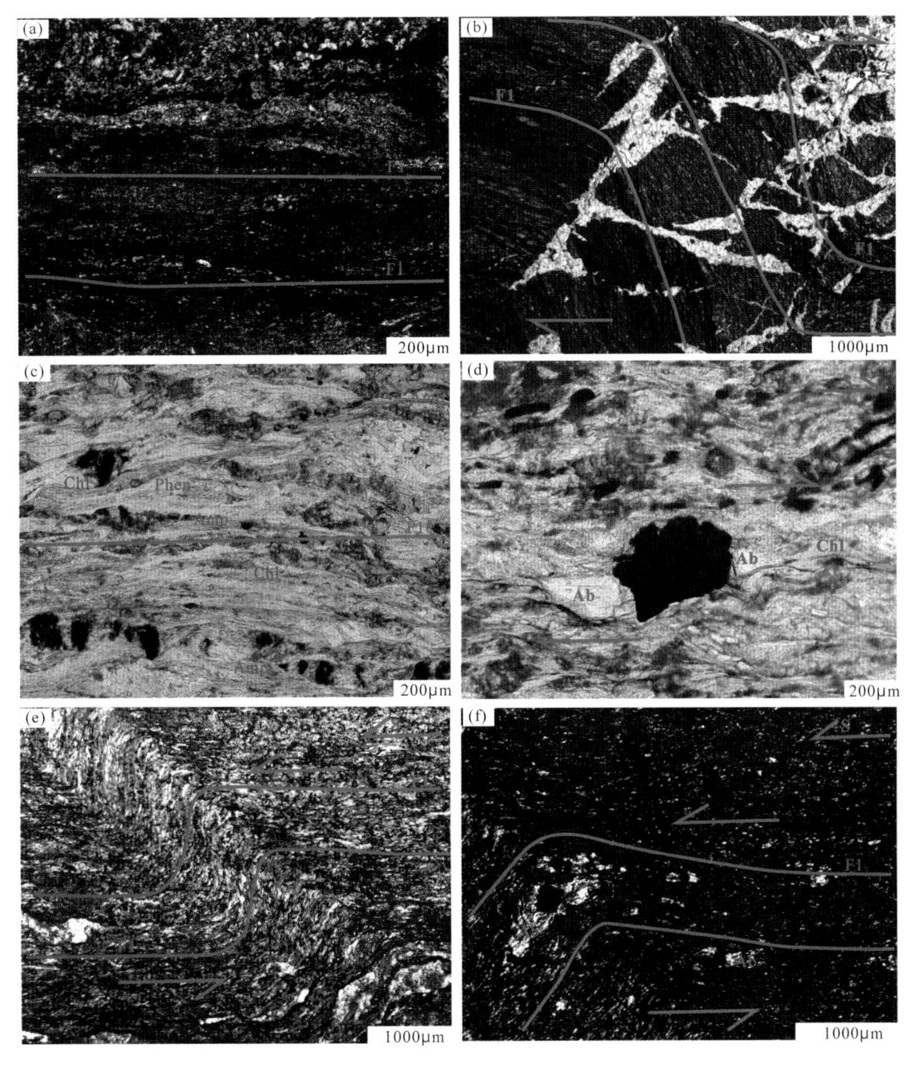

图 2.12　桑桑蓝片岩及其围岩显微构造照片

(b) ～ (e) 单偏光；(a) 和 (f) 正交偏光

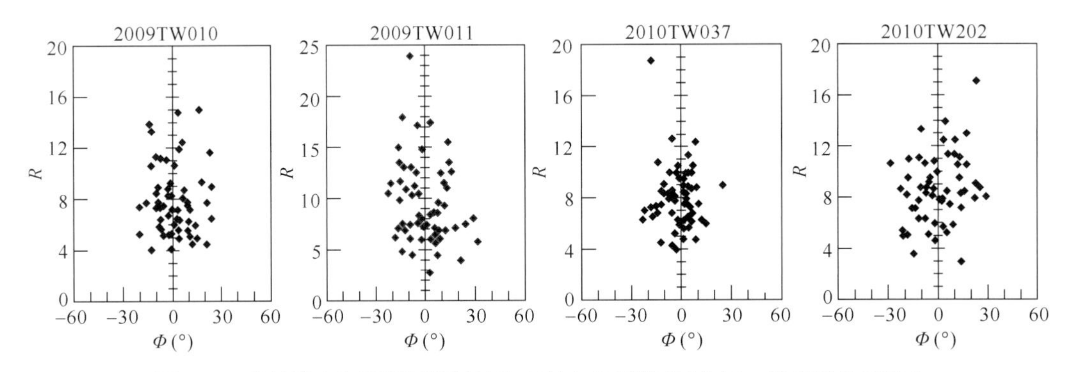

图 2.13　蓝片岩中角闪石长短轴比和长轴与面理偏角图（Φ：逆时针为正值）

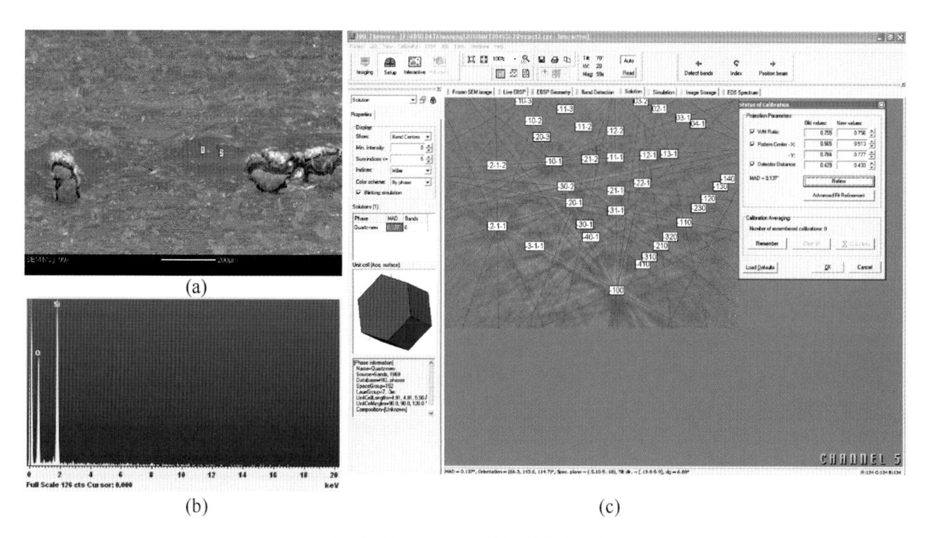

图 2.14　EBSD 探头校正图

(a) BSE 图中石英位置；(b) EDS 成分；(c) 石英菊池花样匹配

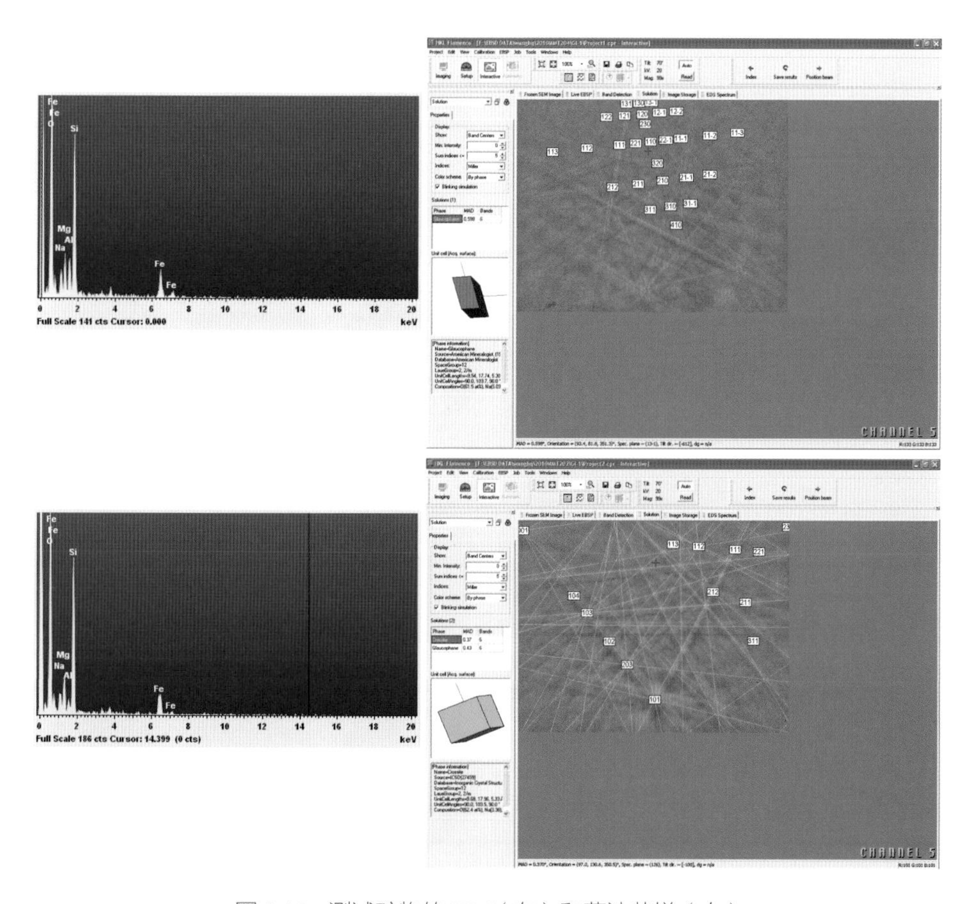

图 2.15　测试矿物的 EDS（左）和菊池花样（右）

上图为蓝闪石，下图为青铝闪石

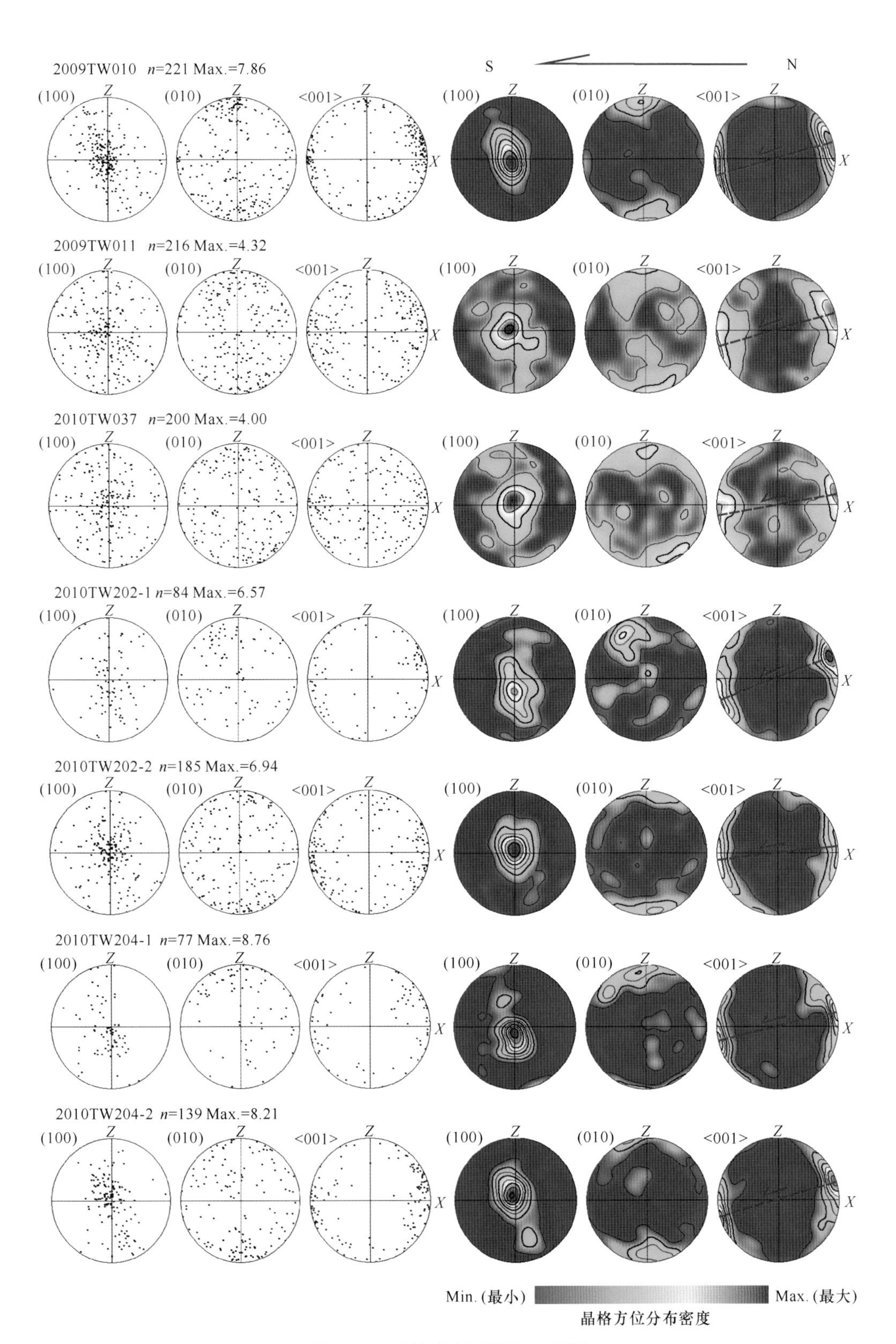

图 2.16 蓝片岩中钠质闪石极图

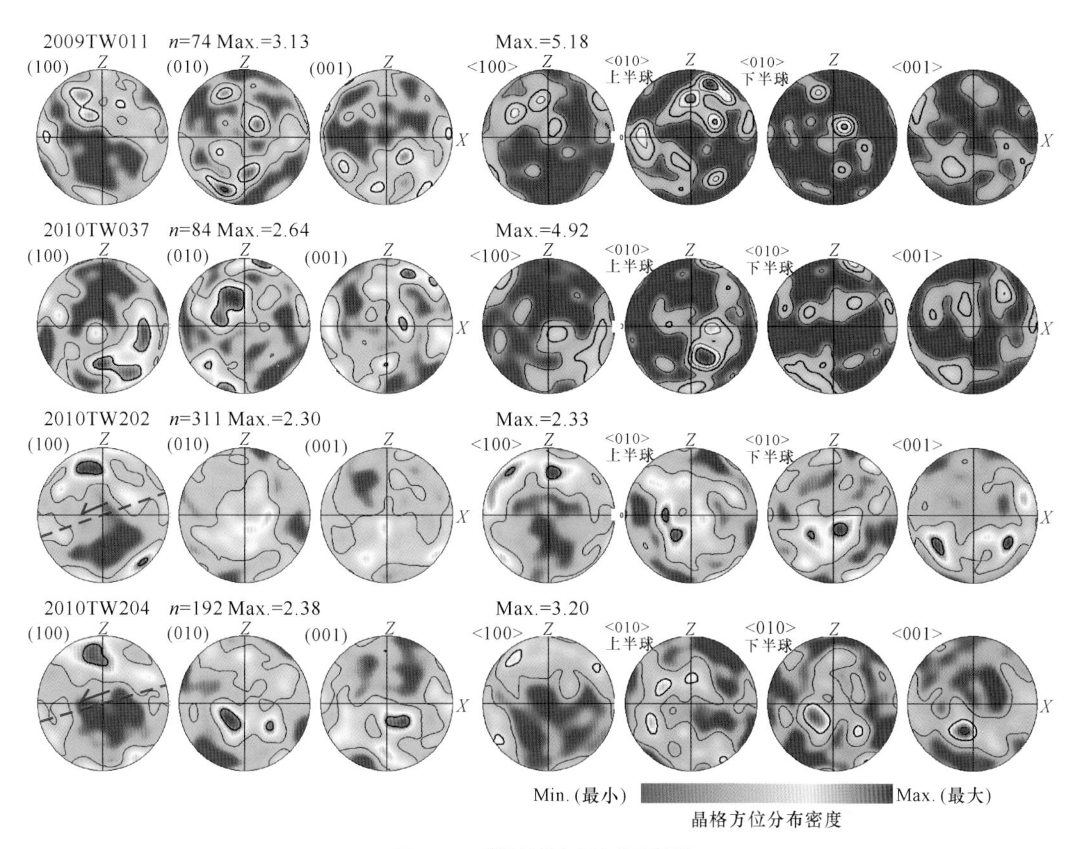

图 2.17　蓝片岩中钠长石极图

致的晶轴优选分布。但在样品 2010TW202 和 2010TW204 中，(100) 面法线趋向于 *Z* 轴紧密分布，指示 (100) 面和 *XY* 面即面理之间近似平行，而 [010] 和 [001] 轴在样品 2010TW202、2010TW204 中，围绕 *Y* 轴具有紧密的分布，这指示可能存在 (100)[010] 或 (100)[001] 滑移系。

蓝片岩中的矿物 LPO 可用来指示剪切方向和变形温度条件。蓝片岩中钠质闪石的 LPO 不对称性指示了沿面理向下的剪切方向（图 2.16)，这和膝折构造所指示的剪切方向一致，代表了同一期构造应力在晶格尺度上的反映。蓝片岩中钠长石的 LPO 不对称性指示了和钠质闪石相同的剪切方向，表明二者形成于同一期构造活动中，同时和显微尺度上的压力影构造彼此对应。

对于钠质闪石的 LPO 变形温度，Reynard 等 (1989) 利用 TEM 技术对西阿尔卑斯地区退变蓝片岩的研究显示，其主要滑移系为 (010)[100]、{110}1/2<1-10>(350 ～ 450℃) (Reynard et al.，1989)。本书所研究的桑桑蓝片岩中钠质闪石滑移系以 (010)[001] 为主（图 2.16)，显示了钠质闪石的变形温度为低温 (350 ～ 450℃)，这和由矿物成分得出的蓝片岩峰期变质条件 (400 ～ 450℃、7 ～ 8 kbar) 相一致（肖序常和高延林，1984)。钠质闪石 M4 占位上的 Na^+ 可以滑移到 A 占位上，因此钠质闪石在低温条件下容易发生位错滑移，即晶内塑性变形 (Reynard et al.，1989)。因此，桑桑蓝片岩钠质闪石的 LPO 可能是晶内位错滑移的结果。同时部分钠质闪石显示了明显的波状消光，表明钠质闪石可能发生了晶内塑性变形。

对实际样品的观测和实验岩石学结果表明，斜长石在中高温条件下发育明显的 LPO 组构，而在低温条件下（绿片岩相）很难发育同变形的 LPO 组构，其光轴分布比较散乱或继承变形前的组构特征 (Prior and Wheeler，1999)。本书蓝片岩中的钠长石也没有发育比较好的 LPO（图 2.17），这可能与经历的变形温度较低有关；部分样品中所显示的弱的 LPO 组构可能与压力影构造形成过程中的颗粒旋转有关。

2.3.4 构造变形序列

本书将蓝片岩及其围岩内的膝折构造及同期构造定为 D1 期变形，其是仲巴 – 江孜逆冲断裂活动的产物，而膝折构造之前发生的构造变形定为 pre-D1。在仲巴 – 江孜逆冲断裂带内，pre-D1 期的变形包括沉积质混杂岩基质中的 F1 面理。由于沉积质混杂岩的形成与新特提斯洋俯冲阶段的增生作用有关，因此 F1 面理在不同增生单元内的形成时间会有较大的差异，即 F1 面理可形成于 pre-D1 到 D1 期，且 pre-D1 期形成的 F1 可在 D1 期得到强化。D1 期的构造主要包括膝折构造、蓝片岩中钠质闪石 LPO、钠长石压力影和 LPO 等 [图 2.18(a)]。

在日吾其剖面上，膝折构造的几何形貌和蓝片岩中钠质闪石的 LPO 的不对称形貌，以及蓝片岩中钠长石的压力影构造和 LPO 共同指示了沿南倾的 F1 面理向下的剪切运动指向，即南向的伸展作用 [图 2.18(b)]。而雅鲁藏布江缝合带地区自新特提斯洋俯冲以来一直处于南北向挤压的大地构造背景中，并未有大规模南北向伸展作用的发生 (Burg and Chen，1984)，因此在桑桑地区发生伸展运动的可能性并不大。此外，膝折和矿物 LPO 所代表的变形代表了蓝片岩内的主要变形，其和蓝片岩的折返有关，而蓝

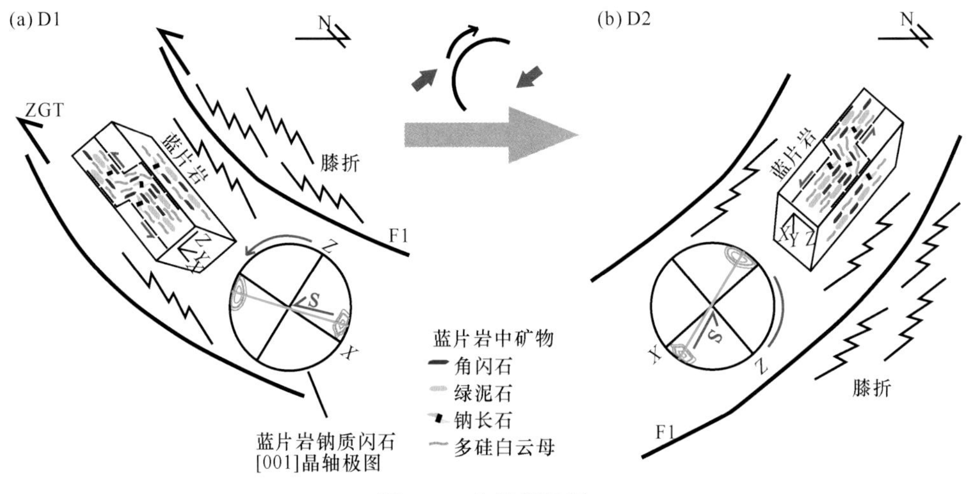

图 2.18　构造倒转图

注：ZGT，仲巴 – 江孜逆冲断裂

片岩的折返，尤其是早期的折返，一般与向大洋或俯冲板片一侧逆冲的断裂活动有关，很难只通过正断层的伸展活动实现（Chemenda et al.，1996）。

因此，日吾其剖面上 D1 期的构造可能在形成之后经历过构造倒转，从而呈现出如今的几何形貌（图 2.18）。D1 期构造形成时，F1 面理倾向以向北为主，膝折、压力影和矿物 LPO 都指示向南的逆冲剪切作用［图 2.18(a)］。在构造倒转过程中，F1 面理倾向从向北为主变为向南为主，同时膝折等构造的几何形貌从原来指示沿面理向南的逆冲转变为向南的伸展［图 2.18(b)］。该期倒转作用作为 D2 期变形，发生在印度 – 亚洲大陆碰撞的递进变形过程中，可能与碰撞后期向北逆冲的大反向逆冲断裂活动有关，该断裂在中新世时的活动对缝合带地区很多早期构造变形进行了改造（Ratschbacher et al.，1994；Yin et al.，1994）。

2.3.5　构造变形意义

桑桑蓝片岩中角闪石 ^{40}Ar-^{39}Ar 冷却年龄约为 62 Ma，代表了蓝片岩的构造折返时间（Ding et al.，2005）。在同一时期（约 60 Ma），桑桑地区的印度被动陆缘上开始沉积来自欧亚大陆的碎屑物质，标志着印度 – 欧亚初始碰撞阶段雅鲁藏布江前陆盆地的形成（Wang et al.，2017a）。因此，桑桑蓝片岩构造折返和雅鲁藏布江前陆盆地的同时性指示了蓝片岩记录了印度 – 欧亚初始碰撞阶段的构造变形特征，主要包括露头和镜下尺度的透入性的F1面理和膝折构造，以及晶格尺度的钠质闪石低温 (010)[001] 滑移系的发育等。

在印度 – 欧亚初始碰撞阶段，桑桑蓝片岩和其围岩沉积质混杂岩一起沿仲巴 – 江孜逆冲断裂向南仰冲到印度被动陆缘上，印度陆缘发生构造挠曲形成雅鲁藏布江前陆盆地。随着印度 – 亚洲大陆碰撞的继续，变形带前缘不断向南推进，导致印度大陆北缘地壳逐步缩短、加厚和隆升，最终形成了现今的喜马拉雅山脉。桑桑蓝片岩的构造变形是印度 – 欧亚碰撞构造的序曲。

参考文献

常承法, 郑锡澜. 1973. 中国西藏南部珠穆朗玛峰地区地质构造特征以及青藏高原东西向诸山系形成的探讨. 中国科学: A辑, 16: 190-203.

陈国铭, 李光岑, 曲景川. 1984. 西藏南部混杂堆积及其地质意义——喜马拉雅地质 II. 北京: 地质出版社.

董昕, 张泽明. 2013. 拉萨地体南部早侏罗世岩浆岩的成因和构造意义. 岩石学报, 29: 1933-1948.

高延林, 汤耀庆. 1984. 西藏南部的构造混杂体——喜马拉雅地质 II. 北京: 地质出版社.

耿全如, 潘桂堂, 金振民, 等. 2005. 西藏冈底斯带叶巴组火山岩地球化学及成因. 地球科学(中国地质大学学报), 30: 747-760.

胡敬仁, 孙中良, 陈国结, 等. 2004. 日喀则市幅地质调查新成果及主要进展. 地质通报, 23: 463-470.

李才, 胡敬仁, 翟庆国, 等, 2007. 印度与亚洲板块碰撞及碰撞时限的新证据——日喀则卡堆蓝片岩Ar- Ar

定年. 地质通报, 26: 1299-1303.
史仁灯, 黄启帅, 刘德亮, 等. 2012. 古老大陆岩石圈地幔再循环与蛇绿岩中铬铁矿床成因. 地质论评, 58: 643-652.
孙立新, 万晓樵, 贾建称, 等. 2004. 雅鲁藏布江缝合带中部硅岩地球化学特征及构造环境制约. 地质学报, 78(3): 380-389.
孙立新, 张振利, 范永贵, 等. 2002. 西藏仲巴晚白垩纪硅岩放射虫化石的发现. 地质通报, (3): 172-174.
王希斌, 鲍佩生, 肖序常. 1987. 雅鲁藏布蛇绿岩. 北京: 测绘出版社.
王玉净. 2002. 西藏丁青蛇绿岩特征、时代及其地质意义. 微体微生物学报, 19: 417-420.
吴福元, 刘传周, 张亮亮, 等. 2014. 雅鲁藏布蛇绿岩——事实与臆想. 岩石学报, 30(2): 293-325.
吴浩若. 1988. 西藏南部雅鲁藏布蛇绿岩带下鲁硅岩中的侏罗白垩纪放射虫化石及其地质意义. 中国科学院地质研究所集刊, (3): 191-212.
肖序常, 高延林. 1984. 西藏雅鲁藏布江缝合带中段高压低温变质带的新认识//喜马拉雅地质文集编辑委员会. 喜马拉雅地质 II 中法合作喜马拉雅地质考察1981年成果之一. 北京: 地质出版社: 1-18.
张宏飞, 徐旺春, 郭建秋, 等. 2007. 冈底斯南缘变形花岗岩锆石U-Pb年龄和Hf同位素组成: 新特提斯洋早侏罗世俯冲作用的证据. 岩石学报, 23: 1347-1353.
钟立峰, 夏斌, 周国庆, 等. 2006. 藏南罗布莎蛇绿岩成因: 壳层熔岩的Sr-Nd-Pb同位素制约. 矿物岩石, 26: 57-63.
朱杰, 杜远生, 刘早学, 等. 2005. 西藏雅鲁藏布江缝合带中段中生代放射虫硅质岩成因及其大地构造意义. 中国科学(D辑), 35(12): 1131-1139.
Abrajevitch A, Ali J R, Aitchison J C, et al. 2005. Neotethys and the India-Asia collision: insights from a palaeomagnetic study of the Dazhuqu ophiolite southern Tibet. Earth and Planetary Science Letters, 233: 87-102.
Aitchison J C, Badengzhu, Davis A, et al. 2000. Remnants of a Cretaceous intra-oceanic subduction system within the Yarlung-Zangbo suture (south Tibet). Earth and Planetary Science Letters, 183: 231-244.
An W, Hu X, Garzanti E. 2017. Sandstone provenance and tectonic evolution of the Xiukang Mélange from Neotethyan subduction to India-Asia collision (Yarlung-Zangbo suture, south Tibet). Gondwana Research, 41: 222-234.
An W, Hu X, Garzanti E, et al. 2014. Xigaze forearc basin revisited (South Tibet): provenance changes and origin of the Xigaze Ophiolite. Geological Society of America Bulletin, 126: 1595-1613.
An W, Hum X M, Garzanti E. 2018. Discovery of Upper Cretaceous Neo-Tethyan trench deposits in south Tibet (Luogangcuo Formation). Lithosphere, 10(3): 446-459.
Anczkiewicz R, Burg J P, Villa I M, et al. 2000. Late Cretaceous blueschist metamorphism in the Indus Suture Zone, Shangla region, Pakistan Himalaya. Tectonophysics, 324: 111-134.
Ao A, Bhowmik S K. 2014. Cold subduction of the Neotethys: the metamorphic record from finely banded lawsonite and epidote blueschists and associated metabasalts of the Nagaland Ophiolite Complex, India. Journal of Metamorphic Geology, 32: 829-860.
Arai S. 2013. Conversion of low-pressure chromitites to ultrahigh-pressure chromitites by deep recycling: a

good inference. Earth and Planetary Science Letters, 379: 81-87.

Beaumont C, Jamieson R A, Nguyen M H, et al. 2001. Himalayan tectonics explained by extrusion of a low-viscosity crustal channel coupled to focused surface denudation. Nature, 414(6865): 738-742.

Beaumont C, Jamieson R A, Nguyen M H, et al. 2004. Crustal channel flows: 1. numerical models with applications to the tectonics of the Himalayan-Tibetan orogen. Journal of Geophysical Research: Solid Earth, 109(B6): B06406.

Burbank D W, Beck R A, Mulder T. 1996. The Himalayan foreland basin//Yin A, Harrison T M. The Tectonics of Asia. New York: Cambridge University Press.

Burchfiel B C, Chen Z L, Hodges K, et al. 1992. The South Tibetan detachment system, Himalayan orogen: extension contemporaneous with and parallel to shortening in a collisional mountain belt. Geological Society of America Special Papers, 269: 1-41.

Burg J P, Chen G M. 1984. Tectonics and structural zonation of southern Tibet, China. Nature, 311: 219-223.

Burg J P, Leyreloup A, Girardeau J, et al. 1987. Structure and metamorphism of a tectonically thickened continental crust: the Yalu Tsangpo suture (Tibet). Phil Trans R Soc Lond, A321: 67-86.

Cai F L, Ding L, Leary R J, et al. 2012. Tectonistratigraph and provenance of an accretionary complex within the Yarlung-Zangpo suture zone, Southern Tibet: insights into subduction-accretion processes in the Neo-Tethys. Tectonophysics, 574-575: 181-192.

Catlos E J, Gilley L D, Harrison T M. 2002. Interpretation of monazite ages obtained via in situ analysis. Chemical Geology, 188(3): 193-215.

Chan G H N, Aitchison J C, Crowley Q G, et al. 2015. U-Pb zircon ages for Yarlung Tsangpo suture zone ophiolites, southwestern Tibet and their tectonic implications. Gondwana Research, 27: 719-732.

Chang C P, Angelier J, Huang C Y. 2009. Evolution of subductions indicated by mélanges in Taiwan//Lallemand S, Funiciello F. Subduction Zone Geodynamics. New York: Springer.

Chapman J B, Kapp P. 2017. Tibetan magmatism database. Geochemistry, Geophysics, Geosystems, 18: 4229-4234.

Chatterjee N, Ghose N C. 2010. Metamorphic evolution of the Naga Hills eclogite and blueschist, Northeast India: implications for early subduction of the Indian plate under the Burma microplate. Journal of Metamorphic Geology, 28: 209-225.

Chemenda A I, Burg J P, Mattauer M. 2000. Evolutionary model of the Himalaya-Tibet system: geopoem based on new modelling, geological and geophysical data. Earth and Planetary Science Letters, 174(3-4): 397-409.

Chemenda A I, Mattauer M, Bokun A N. 1996. Continental subduction and a mechanism for exhumation of high-pressure metamorphic rocks: new modelling and field data from Oman. Earth and Planetary Science Letters, 143: 173-182.

Chu M F, Chung S L, Song B, et al. 2006. Zircon U-Pb and Hf isotope constraints on the Mesozoic tectonics and crustal evolution of southern Tibet. Geology, 34: 745-748.

Coleman M E, Hodges K V. 1998. Contrasting Oligocene and Miocene thermal histories from the hanging wall and footwall of the South Tibetan detachment in the central Himalaya from Ar-40/Ar-39 thermochronology, Marsyandi Valley, Central Nepal. Tectonics, 17(5): 726-740.

Daniel C G, Hollister L S, Parrish R R, et al. 2003. Exhumation of the main central thrust from lower crustal depths, eastern Bhutan Himalaya. Journal of Metamorphic Geology, 21(4): 317-334.

DeCelles P G, Robinson D M, Zandt G. 2002. Implications of shortening in the Himalayan fold-thrust belt for uplift of the Tibetan Plateau. Tectonics, 21(6): 12-25.

Ding L, Kapp P, Wan X Q. 2005. Paleocene-Eocene record of ophiolite obduction and initial India-Asia collision, south central Tibet. Tectonics, 24: TC3001.

Dobrzhinetskaya L F, Wirth R, Yang J S, et al. 2009. High-pressure highly reduced nitrides and oxides from chromitite of a Tibetan ophiolite. Proceedings of the National Academy of Sciences of the United States of America, 106: 19233-19238.

Edwards M A, Kidd W S F, Li J, et al. 1996. Multi-stage development of the southern Tibet detachment system near Khula Kangri. New Data from Gonto La Tectonophysics, 260(1/3): 1-19.

Ernst W G, Liou J G. 2008. High- and ultrahigh-pressure metamorphism: past results and future prospects. American Mineralogist, 93: 1771.

Gehrels G E, DeCelles P G, Martin A, et al. 2003. Initiation of the Himalayan orogen as an early Paleozoic thin-skinned thrust belt. GSA Today, 13: 4-9.

Gehrels G E, Kapp P, DeCelles P, et al. 2011. Detrital zircon geochronology of pre-Tertiary strata in the Tibetan-Himalayan orogen. Tectonics, 30: TC5016.

Girardeau J, Mercier J C C, Yougong Z. 1985. Origin of the Xigaze ophiolite, Yarlung Zangbo suture zone, southern Tibet. Tectonophysics, 119: 407-433.

Gong X H, Shi R D, Griffin W L, et al. 2016. Recycling of ancient subduction-modified mantle domains in the Purang ophiolite (southwestern Tibet). Lithos, 262: 11-26.

Göpel C, Allègre C J, Xu R H. 1984. Lead isotopic study of the Xigaze ophiolite (Tibet): the problem of the relationship between magmatites (gabbros, dolerites, lavas) and tectonites (harzburgites). Earth and Planetary Science Letters, 69: 301-310.

Grasemann B, Fritz H, Vannay J C. 1999. Quantitative kinematic flow analysis from the Main Central Thrust Zone (NW-Himalaya, India): implications for a decelerating strain path and the extrusion of orogenic wedges. Journal of Structural Geology, 21(7): 837-853.

Griffin W L, Afonso J C, Belousova E A, et al. 2016. Mantle recycling: transition zone metamorphism of Tibetan ophiolitic peridotites and its tectonic implications. Journal of Petrology, 57: 655-684.

Groppo C, Rolfo F, Sachan H K, et al. 2016. Petrology of blueschist from the Western Himalaya (Ladakh, NW India): exploring the complex behavior of a lawsonite-bearing system in a paleo-accretionary setting. Lithos, 252-253: 41-56.

Guillot S, Mahéo G, Sigoyer J D, et al. 2008. Tethyan and Indian subduction viewed from the Himalayan high- to ultrahigh-pressure metamorphic rocks. Tectonophysics, 451: 225-241.

Guilmette C, Hébert R, Dostal J, et al. 2012. Discovery of a dismembered metamorphic sole in the Saga ophiolitic melange, south Tibet: assessing an early cretaceous disruption of the Neo-Tethyan supra-subduction zone and consequences on basin closing. Gondwana Research, 22: 398-414.

Guilmette C, Hébert R, Dupuis C, et al. 2009. Geochemistry and geochronology of the metamorphic sole underlying the Xigaze Ophiolite, Yarlung Zangbo Suture Zone, South Tibet. Lithos, (112) : 149-162.

Guo L S, Liu Y L, Liu S W, et al. 2013. Petrogenesis of Early to Middle Jurassic granitoid rocks from the Gangdese belt, Southern Tibet: implications for early history of the Neo-Tethys. Lithos, 179: 320-333.

Harrison T M, Grove M, Lovera O M, et al. 1998. A model for the origin of Himalayan anatexis and inverted metamorphism. Journal of Geophysical Research-Solid Earth, 103(B11): 27017-27032.

Hebert R, Bezard R, Guilmette C, et al. 2012. The Indus-Yarlung Zangbo ophiolites from Nanga Parbat to Namche Barwa syntaxes, Southern Tibet: first synthesis of petrology, geochemistry, and geochronology with incidences on geodynamic reconstructions of Neo-Tethys. Gondwana Research, 22: 377-397.

Heim A A, Gansser A. 1939. Central Himalaya: Geological Observations of the Swiss Expedition, 1936. Delhi: Hindustan Publishing Corporation (India).

Herren E. 1987. Zanskar shear zone: northeast-southwest extension within the Higher Himalayas (Ladakh, India). Geology, 15(5): 409-413.

Hodges K V, Parrish R R, Housh T B, et al. 1992. Simultaneous Miocene extension and shortening in the Himalayan orogen. Science, 258(5087): 1466-1470.

Hodges K V, Parrish R R, Searle M P. 1996. Tectonic evolution of the central Annapurna range, Nepalese Himalayas. Tectonics, 15(6): 1264-1291.

Honegger K, Fort P L, Mascle G, et al. 1989. The blueschists along the Indus Suture Zone in Ladakh, NW Himalaya. Journal of Metamorphic Geology, 7: 57-72.

Hou Z Q, Yang Z M, Lu Y J, et al. 2015. A genetic linkage between subduction- and collision-related porphyry Cu deposits in continental collision zones. Geology, 43: 247-250.

Huang W, van Hinsbergen D J, Maffione M, et al. 2015. Lower Cretaceous Xigaze ophiolites formed in the Gangdese forearc: evidence from paleomagnetism, sediment provenance, and stratigraphy. Earth and Planetary Science Letters, 415: 142-153.

Hubbard M S. 1989. Thermobarometric constraints on the thermal history of the Main Central Thrust Zone and Tibetan Slab, eastern Nepal Himalaya. Journal of Metamorphic Geology, 7(1): 19-30.

Jamieson R A, Beaumont C, Hamilton J, et al. 1996. Tectonic assembly of inverted metamorphic sequences. Geology, 24(9): 839-842.

Jan M Q. 1985. High-P rocks along the suture zones around Indo-Pakistan Plate and phase chemistry of blueschists from eastern Ladakh. Geological Bulletin University of Peshawar, 18: 1-40.

Ji W Q, Wu F Y, Chung S L, et al. 2009. Zircon U-Pb geochronology and Hf isotopic constraints on petrogenesis of the Gangdese batholith, southern Tibet. Chem Geol, 262: 229-245.

Ji W Q, Wu F Y, Chung S L, et al. 2012. Identification of early Carboniferous granitoids from southern Tibet and implications for terrane assembly related to the Paleo-Tethyan evolution. J Geol, 120 (5): 531-541.

Johnson M R W, Oliver G J H, Parrish R R, et al. 2001. Synthrusting metamorphism, cooling, and erosion of the Himalayan Kathmandu Complex, Nepal. Tectonics, 20(3): 394-415.

Kang Z Q, Xu J F, Wilde S A, et al. 2013. Geochronology and geochemistry of the Sangri Group Volcanic Rocks, Southern Lhasa Terrane: implications for the early subduction history of the Neo-Tethys and Gangdese magmatic Arc. Lithos, 200-201: 157-168.

Kazmi A H, Lawrence R D, Dawood H, et al. 1984. Geology of the Indus Suture Zone in the Mingora-Shangla area of Swat, N. Pakistan. Geological Bulletin University of Peshawar, 17: 127-144.

Lang X H, Tang J X, Li Z J, et al. 2014. U-Pb and Re-Os geochronological evidence for the Jurassic porphyry metallogenic event of the Xiongcun district in the Gangdese porphyry copper belt, southern Tibet, PRC. J. Asian Earth Sci, 79: 608-622.

Lang X H, Wang X H, Tang J X, et al. 2018. Composition and age of Jurassic diabase dikes in the Xiongcun porphyry copper-gold district, southern margin of the Lhasa terrane, Tibet, China: petrogenesis and tectonic setting. Geological Journal, 53: 1973-1993.

Leier A L, Kapp P, Gehrels G E, et al. 2007. Detrital zircon geochronology of Carboniferous-Cretaceous strata in the Lhasa terrane, southern Tibet. Basin Res, 19: 361-378.

Li G W, Liu X H, Alex P, et al. 2010. In-situ detrital zircon geochronology and Hf isotopic analyses from Upper Triassic Tethys sequence strata. Earth and Planetary Science Letters, 297: 461-470.

Li G W, Sandiford M, Liu X H, et al. 2014. Provenance of late Triassic sediments in central Lhasa terrane, Tibet and its implication. Gondwana Research, 25: 1680-1689.

Li G W, Sandiford M, Boger S, et al. 2015. Provenance of the Upper Cretaceous to Lower Tertiary sedimentary relicts in the Renbu Mélange Zone, within the Indus-Yarlung Suture Zone. Journal of Geology, 123: 39-54.

Liou J G, Tsujimori T, Yang J S, et al. 2014. Recycling of crustal materials through study of ultrahigh-pressure minerals in collisional orogens, ophiolites, and mantle xenoliths: a review. Journal of Asian Earth Sciences, 96: 386-420.

Liu C Z, Chung S L, Wu F Y, et al. 2016a. Tethyan suturing in Southeast Asia: Zircon U-Pb and Hf-O isotopic constraints from Myanmar ophiolites. Geology, 44: 311-314.

Liu T, Wu F Y, Zhang L L, et al. 2016b. Zircon U-Pb geochronological constraints on rapid exhumation of the mantle peridotite of the Xigaze ophiolite, southern Tibet. Chemical Geology, 443: 67-86.

Ma X, Xu Z, Meert J, et al. 2017. Early Jurassic intra-oceanic arc system of the Neotethys Ocean: constraints from andesites in the Gangdese magmatic belt, south Tibet. Island Arc, 26: 1-14.

Ma X X, Meert J G, Xu Z Q, et a l. 2018b. Late Triassic intra-oceanic arc system within Neotethys: evidence from cumulate appinite in the Gangdese Belt, southern Tibet. Lithosphere, 10: 545-565.

Ma X X, Meert J, Xu Z Q, et al. 2018a. The Jurassic Yeba Formation in the Gangdese arc of S. Tibet: implications for upper plate extension in the Lhasa terrane. International Geology Review, 374: 481-503.

Macfarlane A M. 1995. An evaluation of the inverted metamorphic gradient at Langtang National Park, Central Nepal Himalaya. Journal of Metamorphic Geology, 13(5): 595-612.

Malpas J, Zhou M F, Robinson P T, et al. 2003. Geochemical and geochronological constraints on the origin and emplacement of the Yarlung-Zangpo ophiolites, southern Tibet. Geol Soc Spec Pub, 218: 191-206.

Marquer D, Chawla H S, Challandes N. 2000. Pre-Alpine high grade metamorphism in high Himalaya crystalline sequences: evidences from lower Palaeozoic Kinnar Kailas granite and surrounding rocks in the Sutlej Valley (Himachal pradesch, India). Eclogae Geologicae Helvetiae, 93(2): 207-220.

Matsuoka A, Yang Q, Kobayashi K, et al. 2002. Jurassic-Cretaceous radiolarian biostratigraphy and sedimentary environments of the Ceno-Tethys: records from the Xialu Chert in the Yarlung-Zangbo Suture Zone, southern Tibet. Journal of Asian Earth Sciences, 20: 277-287.

Meigs A J, Burbank D W, Beck R A. 1995. Middle-Late Miocene (Greater-Than-10 Ma) formation of the main boundary thrust in the western Himalaya. Geology, 23(5): 423-426.

Meng Y K, Xu Z Q, Santosh M, et al. 2016. Late Triassic crustal growth in southern Tibet: evidence from the Gangdese magmatic belt. Gondwana Research, 37: 449-464.

Metcalf K, Kapp P. 2019. History of subduction erosion and accretion recorded in the Yarlung Suture Zone, southern Tibet. Geological Society, Special Publications, 483: 12.

Molnar P, England P. 1990. Temperatures, heat flux, and frictional stress near major thrust faults. Journal of Geophysical Research: Solid Earth, 95(B4): 4833-4856.

Murphy M A, Yin A. 2003. Sequence of thrusting in the Tethyan fold-thrust belt and Indus-Yalu suture zone, southwest Tibet. Geological Society of America Bulletin, 115(1): 21-34.

Nakata T. 1989. Active faults of the Himalaya of India and Nepal. Geological Society of America Special Papers: Tectonics of the Western Himalayas, 232: 243-264.

Nicolas A, Girardeau J, Marcoux J, et al. 1981. The Xigaze ophiolite (Tibet): a peculiar oceanic lithosphere. Nature, 294: 414-417.

Orme D A, Laskowski A K. 2016. Basin analysis of the Albian-Santonian Xigaze Forearc, Lazi Region, South-Central Tibet. Journal of Sedimentary Research, 86: 894-913.

Pecher A. 1989. The metamorphism in the central Himalaya. Journal of Metamorphic Geology, 7(1): 31-41.

Phukon P, Sen K, Srivastava H B, et al. 2018. U-Pb geochronology and geochemistry from the Kumaun Himalaya, NW India, reveal Paleoproterozoic arc magmatism related to formation of the Columbia supercontinent. Geological Society of America Bulletin, 130: 1164-1176.

Prior D J, Wheeler J. 1999. Feldspar fabrics in a greenschist facies albite-rich mylonite from electron backscatter diffraction. Tectonophysics, 303: 29-49.

Pullen A, Kapp P, Gehrels G E, et al. 2008. Gangdese retroarc thrust belt and foreland basin deposits in the Damxung area, southern Tibet. J Asian Earth Sci, 33: 323-336.

Quidelleur X, Grove M, Lovera W M, et al. 1997. Thermal evolution and slip history of the Renbu Zedong Thrust, Southeastern Tibet. Journal of Geophysical Research, 102: 2659-2679.

Ratschbacher L, Frisch W, Liu G H, et al. 1994. Distributed deformation in southern and western tibet during and after the India-Asia collision. Journal of Geophysical Research-Solid Earth, 99: 19917-19945.

Raymond L A. 1984. Classification of mélange// Raymond L A. Mélanges: Their Nature, Origin and Significance. Geol Soc Spec Pap, 198: 7-20.

Reynard B, Gillet P, Willaime C. 1989. Deformation mechanisms in naturally deformed glaucophanes-a TEM and HREM study. European Journal of Mineralogy, 1: 611-624.

Robinson D M, DeCelles P G, Garzione C N, et al. 2003. Kinematic model for the main central thrust in Nepal. Geology, 31(4): 359-362.

Royden L H. 1993. The steady state thermal structure of eroding orogenic belts and accretionary prisms. Journal of Geophysical Research: Solid Earth, 98(B3): 4487-4507.

Satsukawa T, Griffin W L, Piazolo S, et al. 2015. Messengers from the deep: Fossil wadsleyite-chromite microstructures from the Mantle Transition Zone. Scientific Reports, 5: 16484.

Searle M P, Windley B F, Coward M P, et al. 1987. The closing of Tethys and the tectonics of the Himalaya. Geol Soc Am Bull, 98: 678-701.

Sengör A M C. 1979. Mid-Mesozoic closure of Permo-Triassic Tethys and its implications. Nature, 279: 590-593.

Shams F A. 1980. Origin of Shangla blueschist, Swat Himalaya, Pakistan. Geologcial Bulletin of the University of Peshawar, 13: 67-70.

Shi R D, Alard O, Zhi X C, et al. 2007. Multiple events in the Neo-Tethyan oceanic upper mantle: evidence from Ru-Os-Ir alloys in the Luobusa and Dongqiao ophiolitic podiform chromitites, Tibet. Earth and Planetary Science Letters, 261: 33-48.

Shui X F, He Z Y, Klemd R, et al. 2018. Early Jurassic adakitic rocks in the southern Lhasa sub-terrane, southern Tibet: petrogenesis and geodynamic implications. Geological Magazine, 155: 132-148.

Tapponnier P, Mercier J L, Proust F, et al. 1981. The Tibetan side of the India-Eurasia collision. Nature , 294: 405-410.

Treloar P J, Coward M P, Chambers A F, et al. 1992. Thrust geometries, interferences and rotations in the Northwest Himalaya//McClay K R. Thrust Tectonics. Dordrecht: Springer Netherlands: 325-342.

Underwood M B, Moore G F. 1994. Trenches and trench-slop basins// Busby C J, Ingersoll R V. Tectonics of Sedimentary Basins. London: Blackwell Science: 179-220.

Vannay J C, Grasemann B. 2001. Himalayan inverted metamorphism and syn-convergence extension as a consequence of a general extrusion. Geological Magazine, 138(3): 253-276.

Virdi N S, Thakur V C, Kunar S. 1977. Blueschist facies metamorphism from the Indus Suture zone of Ladakh and its significance. Himalayan Geology, 7: 479-482.

Walker J D, Martin M W, Bowring S A , et al. 1999. Metamorphism, melting, and extension: age constraints from the high Himalayan slab of southeast Zanskar and Northwest Lahaul. Journal of Geology, 107(4): 473-495.

Wang H Q, Ding L, Cai F L, et al. 2017a. Early Tertiary deformation of the Zhongba-Gyangze Thrust in central southern Tibet. Gondwana Research, 41: 235-248.

Wang C, Ding L, Zhang L Y, et al. 2016. Petrogenesis of Middle-Late Triassic volcanic rocks from the Gangdese belt, southern Lhasa terrane: implications for early subduction of Neo-Tethyan oceanic lithosphere. Lithos, 262: 320-333.

Wang H Q, Ding L, Kapp P, et al. 2018. Earliest Cretaceous accretion of Neo-Tethys oceanic subduction along the Yarlung Zangbo Suture Zone, Sangsang area, southern Tibet. Tectonophysics, 744: 373-389.

Wang J G, Hu X, Garzanti E, et al. 2017b. The birth of the Xigaze forearc basin in southern Tibet. Earth and Planetary Science Letters, 465: 38-47.

Wu F Y, Liu C Z, Zhang L L, et al. 2014. Yarlung Zangbo ophiolite: a critical updated view. Acta Petrologica Sinica, 30: 293-325.

Wu F Y, Ji W Q, Liu C Z, et al. 2010. Detrital zircon U-Pb and Hf isotopic constraints from the Xigaze fore-arc basin on the Transhimalaya magmatic evolution in southern Tibet. Chem Geol, 271: 13-25.

Xiong Q, Griffin W L, Zheng J P, et al. 2016. Southward trench migration at ~130-120 Ma caused accretion of the Neo-Tethyan forearc lithosphere in Tibetan ophiolites. Earth and Planetary Science Letters, 438: 57-65.

Xu W, Zhu D C, Wang Q, et al. 2019. Constructing the Early Mesozoic Gangdese crust in southern Tibet by hornblende-dominated magmatic differentiation. Journal of Petrology, 60(3): 515-552.

Yang J S, Dobrzhinetskaya L, Bai W J, et al. 2007. Diamond-and coesite-bearing chromitites from the Luobusa ophiolite, Tibet. Geology, 35: 875-878.

Yang J S, Robinson P T, Dilek Y. 2014. Diamonds in ophiolites. Elements, 10: 127-130.

Yin A, Harrison T M, Ryerson F J, et al. 1994. Tertiary structural evolution of the gangdese thrust system, southeastern tibet. Journal of Geophysical Research-Solid Earth, 99: 18175-18201.

Zhang C, Liu C Z, Wu F Y, et al. 2017. Ultra-refractory mantle domains in the Luqu ophiolite (Tibet): petrology and tectonic setting. Lithos, 286: 252-263.

Zhang H F, Xu W C, Guo J Q, et al. 2007. Zircon U-Pb and Hf isotopic composition of deformed granite in the southern margin of the Gangdese terrane, Tibet: evidence for early Jurassic subduction of Neo-Tethyan oceanic slab. Acta Petrol Sin, 23: 1347-1353.

Zhang L L, Liu C Z, Wu F Y, et al. 2016. Sr-Nd-Hf isotopes of the intrusive rocks in the Cretaceous Xigaze ophiolite, southern Tibet: constraints on its formation setting. Lithos, 258-259: 133-148.

Zhang L L, Liu C Z, Wu F Y, et al. 2014. Zedong terrane revisited: an intra-oceanic arc within Neo-Tethys or a part of the Asian active continental margin? Journal of Asian Earth Sciences, 80: 34-55.

Zhao J N, Xu Z, Liang F H. 2015. Geochemistry and geochronology of Bailang garnet pyroxenite within Xigaze area in Tibet, and its tectonic significance. Acta Petrologica Sinica, 31: 3687-3700.

Zheng Y. 2008. A perspective view on ultrahigh-pressure metamorphism and continental collision in the Dabie-Sulu orogenic belt. Chinese Science Bulletin, 53: 3081-3104.

Zhou M F, Robinson P T, Su B X, et al. 2014. Compositions of chromite, associated minerals, and parental magmas of podiform chromite deposits: the role of slab contamination of asthenospheric melts in suprasubduction zone environments. Gondwana Research, 26: 262-283.

Zhu D C, Pan G T, Chung S L, et al. 2008. SHRIMP zircon age and geochemical constraints on the origin of lower Jurassic Volcanic Rocks from the Yeba Formation, southern Gangdese, South Tibet. Int Geol Rev, 50: 442-471.

Zhu D C, Zhao Z D, Niiu Y L, et al. 2011. The Lhasa Terrane: record of a microcontinent and its histories of drift and growth. Earth and Planetary Science Letters, 301: 241-255.

Zhu D, Zhao Z, Niu Y, et al. 2013. The origin and pre-Cenozoic evolution of the Tibetan Plateau. Gondwana Research, 23: 1429-1454.

Ziabrev S V, Aitchison J C, Abrajevitch A V, et al. 2004. Bainang Terrane, Yarlung-Tsangpo suture, southern Tibet (Xizang, China): a record of intra-Neotethyan subduction-accretion processes preserved on the roof of the world. Journal of the Geological Society, 161: 523-538.

第3章

喜马拉雅山隆升的深部地球动力学过程*

---

* 本章作者：赵俊猛、白玲、刘红兵、裴顺平、徐强、张衡。

3.1 喜马拉雅山地区的壳幔精细结构

3.1.1 喜马拉雅山地区的地震观测系统

青藏高原的壳幔结构与隆升机制一直是地学研究的前沿课题。青藏高原特殊的自然环境使获得数据（特别在高寒、高海拔、无人区）极其困难，因此，青藏高原的壳幔结构不甚清楚，青藏高原隆升的模型众说纷纭，其扩展的动力机制问题没有得到解决。

始于 65Ma 前的印度 – 欧亚大陆的碰撞和汇聚导致青藏高原快速隆升 (Ding et al., 2005)。碰撞前，印度板块的海洋部分俯冲消减于中亚，但该板块大陆部分的去向以及自碰撞以来岩石圈缩短的性质问题没有得到解决。早在 20 世纪 20 年代，德国科学家 Argand(1924) 就提出了“双层地壳”结构模型，他认为印度大陆向欧亚大陆的俯冲导致了青藏高原的形成。Willett 和 Beaumont(1994) 根据数值模拟结果认为，亚洲岩石圈向青藏高原之下俯冲造就了青藏高原；Matte 等 (1996) 提出了印度板块与亚洲板块以高角度相向俯冲造成青藏高原快速隆升的理论模型；Yin 和 Harrison(2000) 提出了低角度俯冲模型，即印度板块与亚洲板块以低角度相向俯冲，致使青藏高原快速隆升；Tapponnier 等 (2001) 又提出了双向多期俯冲模型。当然，已提出的模型远不仅如此，所罗列的只不过是国外有代表性的几个而已。实际上，我国科学家在研究青藏高原时也建立了许多颇有建树的地球动力学模型。

青藏高原地球动力学模型的提出是对青藏高原隆升机制的精辟概括，它建立在地球动力学观测研究的基础之上，是我们继续深入研究的基础。然而，同是一个青藏高原为什么会有如此之多的模型呢？原因可能是建立这些模型所使用的数据不充分或者分辨能力有限，如在青藏高原北部，现有的地震数据（如 INDEPTH-III、INDEPTH-IV）只是零星的，大部分地区为空白区，约束能力十分有限。此外，使用同样的有限数据，Kind 等 (2002) 和 Kumar 等 (2006) 得出了不同的结论。若所有的模型都是正确的，那么这些模型可能针对青藏高原的不同构造部位，或者说青藏高原的隆升机制不能用一个二维模型去概括。Kind 等 (2002) 的研究表明，亚洲岩石圈地幔由北向南俯冲到青藏高原之下，没有发现印度岩石圈地幔由南向北俯冲；而 Kumar 等 (2006) 的研究结果发现，印度岩石圈由南向北俯冲到青藏高原之下，没有发现亚洲岩石圈由北向南俯冲。

针对青藏高原隆升机制这一科学问题，考虑到青藏高原深部构造的复杂性和多样性，中国科学院青藏高原研究所倡导并领导实施了青藏高原国际岩石圈探测研究计划——“羚羊计划”(Array Network of Tibetan International Lithospheric Observation and Probe Experiments，ANTILOPE)（图 3.1），在中国科学院“百人计划”择优支持项目、中国科学院知识创新工程重要方向性项目 (KZCX3-SW-143)、国家自然科学基金项目 (40652002) 和国家自然科学基金重点项目 (40930317) 的多方资助下先后完成了 ANTILOPE-I（普兰—民丰剖面）、ANTILOPE-II（樟木—茫崖剖面）和 ANTILOPE-III（格尔—德格剖面）中段的宽频带流动台阵观测任务（图 3.1）。

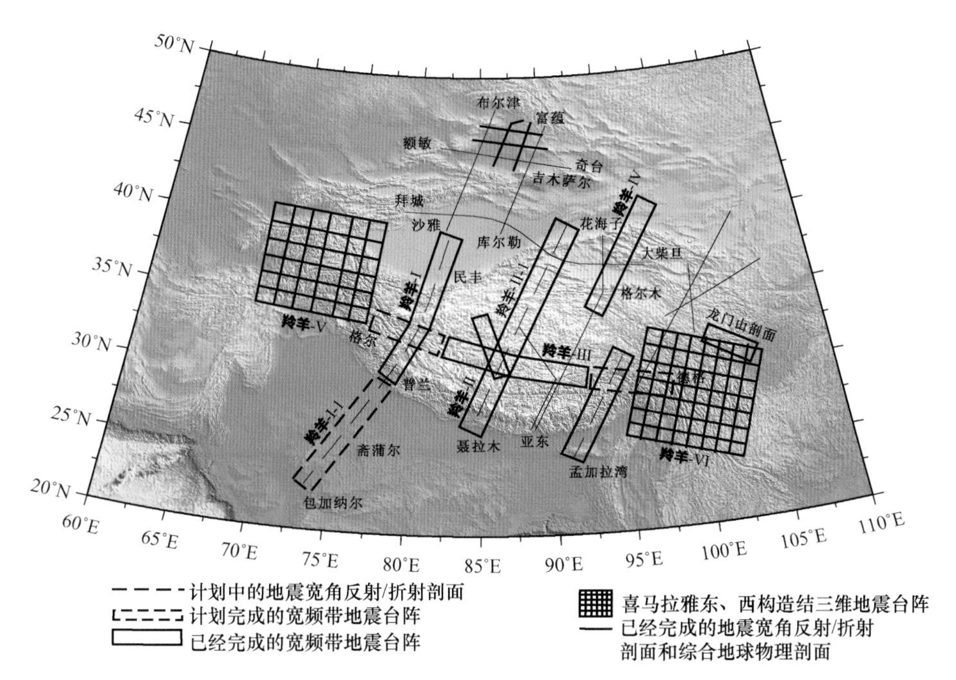

图 3.1　青藏高原国际岩石圈探测研究网络计划（ANTILOPE）及进展

ANTILOPE-I 南起中尼印交界的普兰县，北至塔里木盆地南部的民丰县，全长约 800 km，沿剖面共架设了 80 套宽频带地震仪器，平均点距 10km；ANTILOPE-II 南起中尼边界的樟木，北至柴达木盆地西部的茫崖，全长约 1300km，沿剖面共架设了 130 套宽频带地震仪器，平均点距 10 km；ANTILOPE-III 近东西走向，西起西构造结的格尔县，东至东构造结的德格县，全长近 2000 km，主要考察藏南数条南北向裂谷的深部结构特征及其形成的动力学机制问题，目前，已经完成了该剖面的中间部分约 400 km 长的剖面探测，取得了高质量的地震数据，获得了一些重要的研究成果。

喜马拉雅东、西构造结是研究喜马拉雅造山带形成、演化的关键地区。截至目前，我们在喜马拉雅西构造结架设了 60 个地震台（计划架设 90 个地震台）（图 3.1），获得了高质量的地震数据，此外，还获得了 17 个物理点的宽频带大地电磁测深，以及高质量的 MT 电磁数据，利用该数据体一名巴基斯坦籍留学生顺利毕业，且获得优秀博士学位论文。

2017 年 11 月 18 日 6 时 34 分，在西藏林芝市米林县 (29.75°N，95.02°E) 发生 6.9 级地震，震源深度 10km。西藏米林县发生地震是一件十分重要的事，之所以重要，不但由于此次地震发生在人口稠密、经济发达的地区，而且由于此次地震的震级远远低于预期。藏东南地区历史上发生过多次大地震，震级高达 8 级，这意味着米林县的地震可能高达 8 级，但实际上这次的地震震级只有 6.9 级。这就出现一个问题，即米林县地震是主震，还是主震前的前震？由于问题的严重性，米林地震刚发生，中国科学院青藏高原研究所所长姚檀栋院士立即组织召开紧急会议，讨论、决定并立即对米林地震进行监测、研究，并将其作为第二次青藏高原综合考察的重要内容。

遵从姚所长的指示，中国科学院青藏高原研究所紧急启动应急响应。根据中国科学院青藏高原研究所的总体部署，赵俊猛研究员负责的固体圈层的物理性质小组成员刘红兵副研究员、徐强副研究员、张衡副研究员等在第一时间前往震中地区开展宽频带流动地震台站布设工作（图 3.2，图 3.3）。地球物理学科组第一时间赶赴地震灾区，克服重重困难，在很短的时间内在灾区架设了地震台站，实现了对米林地震余震的全方位监测研究。

图 3.2　科研人员在靠近震中较近的米林县直白村架设的宽频带流动地震台站

米林地震发生在喜马拉雅山南侧雅鲁藏布江大峡谷地区（图 3.3），处于印度板块和欧亚板块交接缝合带的东北端。印度板块至今仍然持续向北推进，缝合带附近应力集中，地壳很不稳定，经常发生大地震。这次地震是近年来西藏发生的较大地震，余震主要呈北西向分布，沿西兴拉断裂带方向展布（图 3.3）。

另外，此次地震距离 1950 年 8.6 级墨脱大地震也很近。因此，此次余震监测在震中周边的巴宜区、米林县、波密县和墨脱县境内架设了 30 个流动地震台站（图 3.3，表 3.1），台站间距 5 ～ 10 km，构建了这个区域目前最密集的余震监测网络。

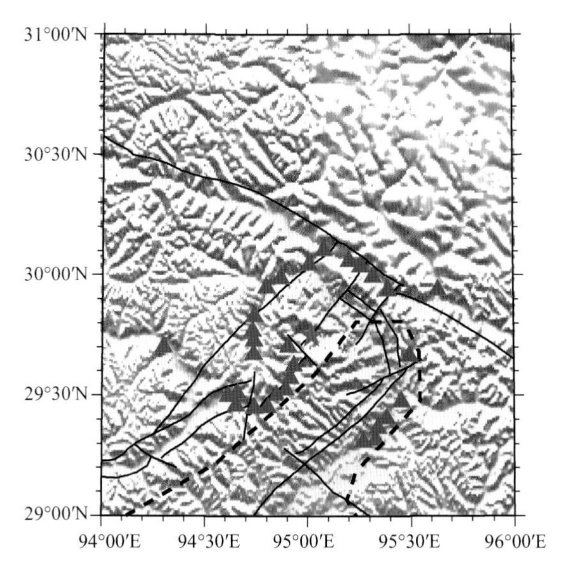

图 3.3　余震监测宽频带流动地震台站位置分布图

蓝色三角形表示台站位置，黑色直线代表主要断裂分布，虚线表示雅鲁藏布江缝合带

表 3.1　米林流动地震台站位置

台站名称	纬度（°N）	经度（°E）	高程（m）	地点描述
MIL01	29.62326	94.93374	2927	直白村
MIL02	29.70216	94.90508	2829	加拉村
MIL03	29.52272	94.8926	3052	达乃村
MIL04	29.57134	94.91646	3147	尼定村
MIL05	29.5011	94.84567	2967	派镇
MIL06	29.45096	94.8032	2952	崩嘎村
MIL07	29.45769	94.653	2927	鲁夏村
MIL08	29.44758	94.7397	2951	朋才
MIL09	29.4963	94.61367	2952	增巴村
MIL10	29.51018	94.65929	3168	达嘎扎村
MIL11	29.67013	94.73709	3513	东巴才村
MIL12	29.7259	94.73899	3423	罗布村
MIL13	29.82837	94.74133	3095	东久村
MIL14	29.94637	94.7985	2532	曲尼玛村
MIL15	29.98645	94.86973	2575	拉月村
MIL16	30.0411	95.00831	2076	迫龙沟特大桥
MIL17	30.10153	95.08121	2082	通麦镇
MIL18	30.05745	95.20475	2418	邓村
MIL19	30.03484	95.25912	2388	索通村西
MIL20	29.99083	95.31663	2464	索通村东
MIL21	29.93449	95.39045	2563	雪瓦村
MIL22	29.47354	95.45346	1435	达木珞巴民族乡
MIL23	29.30584	95.27085	1135	荷扎村

续表

台站名称	纬度（°N）	经度（°E）	高程（m）	地点描述
MIL24	29.31655	95.33013	1191	墨脱镇
MIL25	29.36515	95.34017	1263	温浪村
MIL26	29.40325	95.38438	904	玛迪村
MIL27	29.66285	95.49396	2152	80K
MIL28	29.93851	95.63568	2701	嘎朗村
MIL29	29.76667	94.73333	3326	鲁朗站
MIL30	29.7	94.3	3000	林芝巴宜区

本次地震监测计划持续约 6 个月的时间。余震监测野外工作结束以后，利用记录到的地震波形数据，开展以下三方面的研究工作。

1）探测余震序列，分析地震发展动向：利用模板扫描和双差定位等方法获取高精度余震的时空分布图像，获得震区活动断裂的展布情况，为灾区抗震加固和修建水电站等工程提供科技支撑，为地震预报和政府部门提供决策依据。

2）获取震源及周边地区的壳幔三维速度结构：利用记录到的 P 波和 S 波震相走时数据进行三维 V_P 和 V_S 的精细结构成像，构建发震构造模型，揭示地震孕育的深部结构背景。

3）研究印度板块下地壳的俯冲形态：以往的研究已经获取了震区及周边区域岩石圈结构的图像以及深部动力学过程（Xu et al.，2013；Zhang et al.，2012），但是对于地壳内部的结构仍然不清楚。通过震源区及周边地区的密集台站观测，获得喜马拉雅东构造结地区精细的壳幔速度结构与构造，为印度板块下地壳俯冲形态提供重要约束。

3.1.2 数据处理解释的理论与方法

1. P 波接收函数

远震体波受到震源时间函数、传播路径、接收台站下方的介质结构以及仪器响应等多种复杂因素的共同作用，而从地震波中提取详细的地球内部结构一直是地震学研究的目标之一。接收函数，简单来讲，就是去除震源、地震波传播路径以及仪器响应等因素后的时间序列，它主要包含地震台站下方地壳和上地幔速度间断面所产生的转换波及其多次反射波的信息。经过四十多年的逐步发展和完善，P 波接收函数方法已经被成功应用于获得地壳结构以及上地幔主要间断面（可能存在的俯冲结构，410 km 和 660 km 间断面）的构造图像。

P 波接收函数的计算基本采用 Yuan 等（1997）和 Kind 等（2012）所描述的处理步骤。首先，利用后方位角和理论的入射角把原始的 *ZNE* 三分量地震记录旋转到 *LQT* 射线坐标系，其中 *L* 分量是 P 波入射的方向，*Q* 垂直于 *L* 指向远离震源的方向，*T* 为右手坐标系中的第三个方向。P 波能量主要集中在 *L* 分量上，而 *Q* 和 *T* 分量分别包含了 SV

波和 SH 波的能量。然后，在等效震源时间函数假设前提下采用一种时间域的脉冲反卷积方法来提取接收函数。这种时间域的反卷积方法利用最小二乘意义上观测的 L 分量和期望的具有归一化幅度的 δ 脉冲函数之间差异的方法获得一个逆滤波器，然后把这个逆滤波器分别与 LQT 三分量进行卷积，分别得到期望的零相位脉冲（L 分量）、Q 分量接收函数和 T 分量接收函数。最后，反卷积后得到的 LQT 三分量根据 L 分量包含的脉冲函数的最大幅度进行归一化处理。其中，Q 分量的接收函数是需要重点进行构造解译的 P 波接收函数，而 T 分量的接收函数则显示了台站下方倾斜和 / 或各向异性的构造特征。

利用提取的 P 波接收函数，需要进行的后续分析主要包括但不限于：①获取平均地壳厚度和 V_P/V_S；②结合面波频散数据联合反演地壳 S 波速度结构；③获得主要间断面的横向变化的深度偏移图像。

2. S 波接收函数

Farra 和 Vinnik（2000）及 Yuan 等（2006）从理论和实际数据处理流程方面详细讨论了 S 波接收函数，这种技术主要使用 Sp 转换波来探测大陆碰撞区域、造山带、克拉通和热点构造区域的岩石圈和软流圈边界（LAB）的深度。S 波接收函数与 P 波接收函数相比，一个显著的优势在于使用的 Sp 震相是 S 类型波的前驱波，不受多次波的干扰，因此可以比较准确地识别 LAB 和可能存在的岩石圈地幔间断面的深度。

S 波接收函数的计算和 P 波接收函数类似，包括坐标旋转和反卷积两个步骤。原始的 ZNE 三分量地震记录旋转到 LQT（P-SV-SH）坐标系的计算对于入射角的选择比 P 波接收函数重要得多，因为不正确的入射角会增强噪声和弱化主要的 Sp 震相，能够使 L 分量在 S 波到达时能量最小的入射角被最终用来进行旋转。然后，L 分量和 Q 分量在时间域中采用脉冲反卷积的方法进行反卷积，反卷积后得到的 L 分量就是 S 波接收函数。由于 Sp 和 Ps 转换系数的符号相反，为了使 S 波接收函数看起来更像传统的 P 波接收函数，我们通常翻转 S 波接收函数的时间轴和振幅的极性。最后，我们采用共穿透点叠加和共反射点叠加的方法来获取 LAB 深度的平面分布图和典型剖面的深度偏移图像。

3. 体波成像

我们使用的地震层析成像方法依赖于射线理论这个物理学基础。所谓射线理论，即对地震波的传播做几何光学近似，近似的条件则是前面提到的线弹性和微扰假设。用这种方法来模拟地震波的传播时，由震源（source）i 到台站（station）j 的走时 T_{ij} 可用积分的形式表示为

$$T_{ij} = \int_{\text{source}}^{\text{station}} u(x, y, z)\,\mathrm{d}s = \int_{\text{source}}^{\text{station}} \frac{1}{V(x, y, z)}\mathrm{d}s \tag{3-1}$$

式中，$u(x, y, z)$ 为波的慢度（波慢，速度的倒数）；$V(x, y, z)$ 为波的传播速度；station 为台站位置；source 为震源位置；ds 为沿射线路径的线元。

在地震层析成像问题中，我们仅知道台站位置 station 和观测到时 t_{ij}（$t_{ij}=\tau_i+T_{ij}$，τ_i 为发震时刻），而震源的位置 (x_e, y_e, z_e)、发震时刻 τ_i、慢度 u（模型参数）和射线路径等都是未知的。所以，通常的处理方法是先假定一个震源参数（包括发震时刻、震源位置）和地震波速度结构模型，由式 (3-1) 可以得到地震波理论到时 $t_{ij\text{cal}}$，那么观测到时 $t_{ij\text{obs}}$ 和理论到时 $t_{ij\text{cal}}$ 之间的残差 r_{ij} 为

$$r_{ij}=t_{ij\text{obs}}-t_{ij\text{cal}} \tag{3-2}$$

在实际计算中，或者说为了方便程序的制作，通常将地球离散化为若干个小单元。设每个小单元的速度 $V(x, y, z)$ 为常量，将式 (3-2) 对所有震源和速度结构参数做一阶 Taylor 展开，则式 (3-2) 可写成如下的离散化求和的形式（略去高阶项）：

$$r_{ij}=\Delta\tau_i+\frac{\partial T_{ij}}{\partial x_e}\Delta x_e+\frac{\partial T_{ij}}{\partial y_e}\Delta y_e+\frac{\partial T_{ij}}{\partial z_e}\Delta z_e+\sum_{l=1}^{N}\frac{\partial T_{ij}}{\partial V_l}\Delta V_l \tag{3-3}$$

式中，$\Delta\tau_i$ 为发震时刻改变量；$\partial T_{ij}/\partial x_e$，$\partial T_{ij}/\partial y_e$，$\partial T_{ij}/\partial z_e$ 为走时对震源空间坐标的偏导数；Δx_e，Δy_e，Δz_e 为震源坐标的改变量；N 为描述速度结构模型参量的总数；$\partial T_{ij}/\partial V_l$ 为地震走时对第 l 个单元处的速度值的偏导数；ΔV_l 为第 l 个单元处的速度值的改变量。

我们最终希望得到的结果是每个单元处的速度扰动值 (ΔV_l)。将得到的式 (3-3) 使用 LSQR 方式进行反演。数据处理中使用 Crazyseismic 拾取地震走时信息。

4. 地震背景噪声成像技术

背景噪声成像方法近年来被广泛应用于地壳结构的研究。与传统的面波层析成像方法相比，它主要包含短周期的频散数据，可以获得较为均匀的射线分布，对于地壳浅层结构的分辨能力更好。参考 Yao 等 (2006) 的研究，地震背景噪声成像方法的数据处理流程主要包括以下 5 个步骤：①对所有台站的垂直分量的背景噪声数据进行了预处理，其主要过程包括截取每天的噪声数据、数据重采样、去除仪器响应、去除均值和线性趋势、5 ～ 100 s 的带通滤波、时间域正则化和频谱白化；②单台数据预处理完成之后，所有的可能的台站对组合数据进行互相关计算、叠加，求取时间导数，从而获得瑞利波的经验格林函数；③采用 Yao 等 (2005) 的基于图像变换技术的相速度频散曲线快速提取方法，可视化地提取了具有较高信噪比的相速度频散曲线；④使用得到的相速度频散曲线，采用面波层析成像的方法获取每一个周期的二维相速度分布；⑤根据相速度分布，提取纯路径频散，进而反演剪切波速度。

5. S 波分裂与地震各向异性

地震波在非各向同性介质中传播时，沿着不同的传播方向会产生不同的地震波传播速度，这就是地震各向异性（图 3.4），各向异性主要是地球内部矿物成分在高温高压条件下或地层中的微小构造排列方式由于应力应变发生变化引起的。地震各向异性研究能够提供物质的流变特性。通过研究各向异性与介质和应变的关系，以及应变与地壳运动的关系，有助于理解地球内部构造过去和现在的变形过程，进而为了解岩石

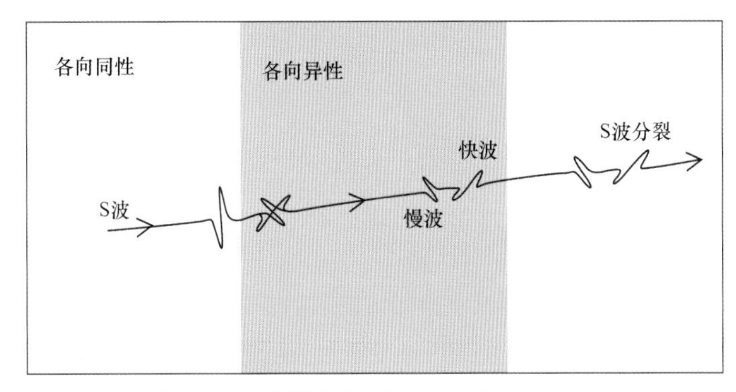

图 3.4　各向异性介质中剪切波分裂示意图（据 Wustefeld et al.，2008）

圈和软流圈的结构和演化提供约束。

地震各向异性的成因相对复杂，在地壳和地幔范围内，主要有两种解释：一是形状优势排列（SPO），地球内部的地层、构造的定向排列产生各向异性；二是晶格优势排列（LPO），具有各向异性的岩石在应力、应变等环境下沿特定方向排列产生（Montagner and Guillot，2002；Zhang and Karato，1995）。

剪切波分裂研究是目前普遍用于研究地震各向异性的一种方法，通过计算在各向异性介质中发生分裂的剪切波震相的快波偏振方向（φ）和快、慢波时间延迟（δt）来表征地震各向异性的方向和大小（Silver and Chan，1991；Vinnik et al.，1989）。其中，近垂直入射的直达 S 波分裂研究主要是获取上地壳各向异性参数；利用莫霍面 Ps 转换波，通过接收函数方法可以约束整个地壳的各向异性参数；以 SKS 震相为主的远震剪切波分裂测量主要用于研究上地幔的各向异性结构。

20 世纪 90 年代以来，学者对 SKS 波分裂方法有了较为系统的研究，提出并发展了三种剪切波分裂参数的计算方法：旋转相关法（rotation-correlation method，RC）、最小切向能量法（minimum transverse energy method，SC）和特征值法（eigenvalue method，EV），这些方法都是在 φ-δt 域进行网格搜索得到最优的分裂参数。

旋转相关法，对每一个尝试的快波方向，相对于原始的 *Q-T* 坐标系的旋转角，将 *Q-T* 坐标系旋转至测试的快、慢波坐标系，然后将测试的“慢波”向前时移，再计算快、慢波的互相关函数，寻找最优的快波方向和时移时间，使得互相关系数最大，得到的分裂参数被认为是最接近真实的。最小切向能量法，主要是将 *Q-T* 坐标系中的两个分量旋转到 *R-T* 坐标系中，然后通过网格搜索（φ，δt），寻找使得切向能量最小的参数对，即所求的最优的分裂参数。特征值法（EV），通过计算相关矩阵的最小特征值，认为当最小特征值达到最小时对应的分裂参数为最优的快波方向和时间延迟。SC 法可以被认为是 EV 法在分裂前偏振方向已知的特殊情况，且由于其解法相对稳定而被作为剪切波分裂的主要计算方法。

后来的学者在这基础上又进行了算法的改进和优化，如计算 SKS 波穿透点进行简单计算得到各向异性的深度（Gao and Liu，2012），通过校正摆偏角（地震仪器上的 N-S 方向并没有与地理 N-S 极对齐，存在的一个夹角）获得更准确的计算结果（Tian et al.，2011），自动拾取 SKS 时窗，利用聚类分析方法实现 SKS 分裂的半自动计算（Yu and Chen，2016；Teanby et al.，2004）。

6. 速度与各向异性联合反演

在 HTI 假设下，慢度可以写为如下形式：

$$S(\varphi)=S_0[1+A\cos(2\varphi)+B\sin(2\varphi)] \tag{3-4}$$

式中，S 为慢度；S_0 为各向同性慢度；A 和 B 为各向异性参数；φ 为射线路径方位角。快波速度方向（FVD）ψ 和各向异性强度 α 可以分别表示为

$$\psi=\begin{cases}\dfrac{1}{2}\tan^{-1}\dfrac{B}{A}+\begin{cases}\dfrac{\pi}{2}, & A>0\\ 0, & A<0\end{cases}\\ -\dfrac{\pi}{4}, \quad A=0, \; B>0\\ \dfrac{\pi}{4}, \quad A=0, \; B<0\end{cases} \tag{3-5}$$

$$\alpha=\frac{V_f-V_s}{2V_0}=\frac{\sqrt{A^2+B^2}}{1-(A^2+B^2)} \tag{3-6}$$

式中，V_0 为各向同性速度；V_f 和 V_s 分别为快、慢波速度。

在 VTI 假设下，慢度可以写为

$$S=S_0[1+M\cos(2\theta)] \tag{3-7}$$

式中，S 为慢度；S_0 为各向同性慢度；M 为径向各向异性参数；θ 为射线入射角。径向各向异性强度 β 可以表示为

$$\beta=\frac{V_{ph}-V_{pv}}{2V_0}=\frac{M}{1-M^2} \tag{3-8}$$

式中，V_{ph} 和 V_{pv} 为 P 波水平向和垂直向速度；V_0 为各向同性速度。因此，$\beta>0$ 说明 P 波在水平向传播更快，$V_{ph}/V_{pv}>1$。

同样地，我们可以得到与式（3-3）类似的离散方程组。在构建模型时，采用离散化地下结构的方式，对每一个网格节点上的速度和各向异性参数进行求解（图 3.5）。下一步将进行反演，在反演过程中，使用带平滑和阻尼系数的 LSQR 方法求解（Wang and Zhao，2013；Zhao et al.，1994）。

7. 上地壳脆性层速度与各向异性联合成像

上地壳脆性层速度与各向异性联合成像利用二维 Pg 波走时层析成像方法（Pei et al.，2013；Pei and Chen，2012）研究发震层，也就是上地壳脆性层的速度横向变化和各向异性分布，该方法将上地壳脆性层近似为一层厚度很薄的薄层（相对于水平距离而言），忽略速度随深度的变化，同时引入台站项和事件项来弥补二维假设的误差和震源深度的误差。各向异性的分布在上地壳脆性层主要指示微裂隙的分布，其对认识

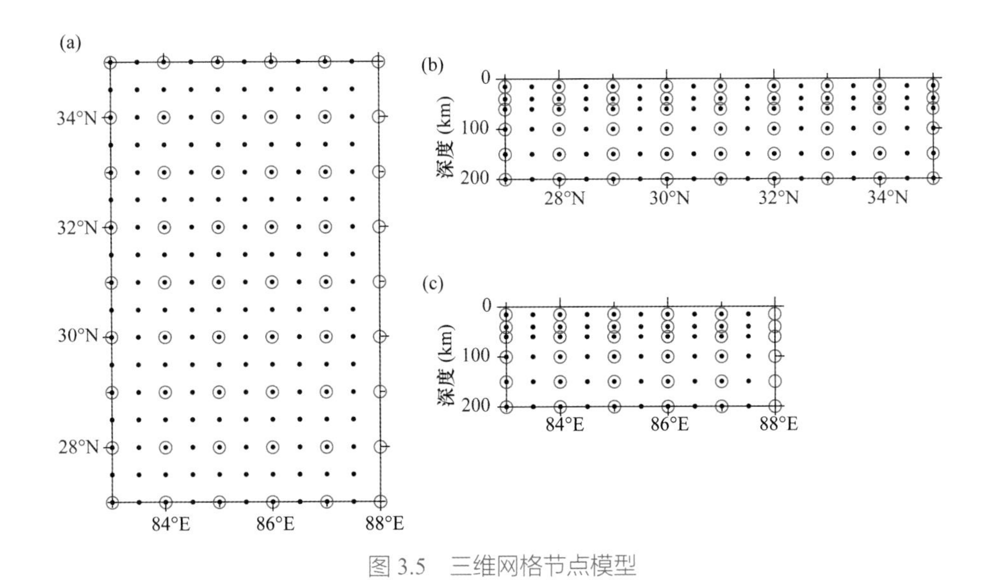

图 3.5　三维网格节点模型

断裂带的性质和强震的发生具有非常重要的意义。

假设 Pg 波在震中距不大时近似为直线传播，此时 Pg 波的走时方程可以写为

$$t_{\text{obs}} - (\sqrt{h^2 + \varDelta^2} - \varDelta)/v = \varDelta/v + t_{\text{sta}} + t_{\text{evt}} \tag{3-9}$$

式中，t_{obs} 为震源深度为 h、震中距为 $\varDelta$ 时的观测走时，同时引入台站项 t_{sta} 和事件项 t_{evt}，台站项代表台基地质状况的差异和到时差等因素造成的走时差，事件项代表震源深度误差和发震时刻的误差。式 (3-9) 的左侧表示震源深度校正到地表后的走时。如果将上地壳脆性层划分成二维网格，同时考虑速度的方位各向异性变化，则校正后的走时方程可以写成：

$$t_{ij} = a_i + b_j + \sum_k d_{ijk} \cdot (s_k + A_k \cos 2\phi + B_k \sin 2\phi) \tag{3-10}$$

式中，t_{ij} 为地震 j 到台站 i 的深度校正后的走时；a_i 为第 i 个台站的台站项；b_j 为第 j 个地震的事件项；d_{ijk} 为射线 ij 在第 k 个网格内的旅行距离；s_k 为网格 k 的慢度（速度的倒数）；ϕ 为射线 ij 的方位角；网格 k 的波速各向异性大小为 $(A_k^2+B_k^2)^{1/2}$，波速最快方向方位角为 $1/2\arctan(B_k/A_k)+90°$。式 (3-10) 采用经典 LSQR 方法求解，即可获得 Pg 波速度的横向变化和各向异性。

3.1.3　喜马拉雅山地区壳幔地震学结构与构造分析

1. ANTILOPE-I 所揭示的喜马拉雅山地区的壳幔精细结构

(1) 剖面位置

ANTILOPE-I 剖面的南端位于中国、尼泊尔、印度三国交界处的普兰县，向北进入塔里木盆地，穿过整个青藏高原的西部。该剖面的南端穿过喜马拉雅造山带，是研

究喜马拉雅造山带西段的关键性地球物理剖面（图 3.6）。

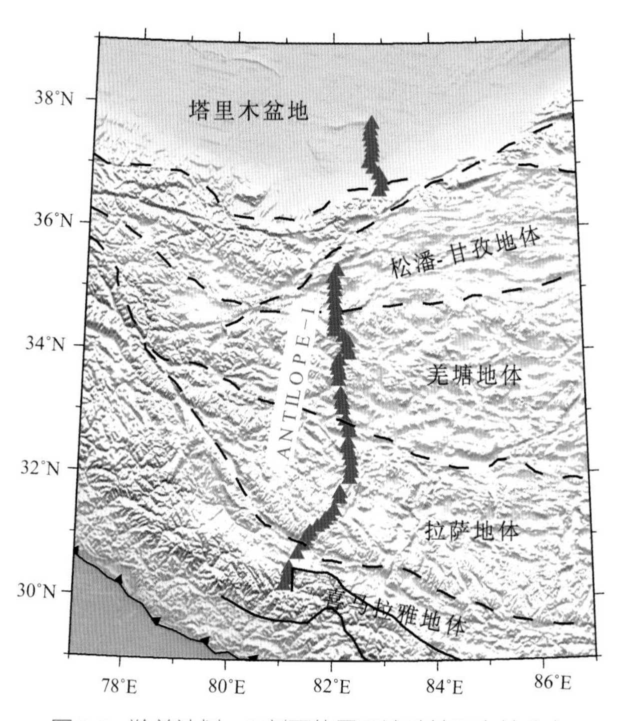

图 3.6　羚羊计划 - I 剖面位置及流动地震台站分布

(2) 印度板块岩石圈沿 ANTILOPE-I 剖面的精细俯冲结构

利用 P 波和 S 波接收函数成像的方法，调查了印度板块岩石圈在青藏高原西部沿 ANTILOPE-I 剖面的精细的俯冲结构。图 3.7 显示了转换波在不同深度间断面的穿透点的位置，直接反映了数据采样的构造区域。

研究结果主要包括：①莫霍面整体呈现凹面形，其深度在青藏高原西部位于 55 ～ 82 km，并在雅鲁藏布江缝合带北侧达到最深处 82 km；在青藏高原与塔里木盆地的交界处莫霍面突然抬升约 20km［图 3.8(a)］。阿尔金断裂附近的地形起伏对于莫霍面断差的影响仅占 10%。在柴达木盆地、四川盆地与青藏高原的交界处也观测到类似的莫霍面错断 (Zhang et al.，2010；Shi et al.，2009；Wittlinger et al.，2004；Zhu and Helmberger，1998)。高原北缘和东缘之下的莫霍面错断具有重要的构造意义，它们意味着地壳缩短的模式是以纯剪切增厚为主，而非明显的俯冲，这与藏南不同。在西藏南部，印度地壳沿主喜马拉雅逆冲带向西藏的地壳之下俯冲，在雅鲁藏布江缝合带以北的广大区域也观测到该俯冲 (Nabelek et al.，2009；Wittlinger et al.，2009；Kind et al.，2002；Yuan et al.，1997)。② 拉萨地体南部约 55 km 深度存在一个壳内间断面，这个间断面连接着雅鲁藏布江缝合带南侧的主喜马拉雅逆冲断裂 (MHT)，可能代表着正在俯冲的印度板块下地壳的顶界面。研究认为，榴辉岩化的印度下地壳已经延伸到拉萨地体的中部（约 32°N)，并且引起了拉萨地体南部的重力低异常（图 3.9)。③喜马拉雅地体和拉萨地体的 15 ～

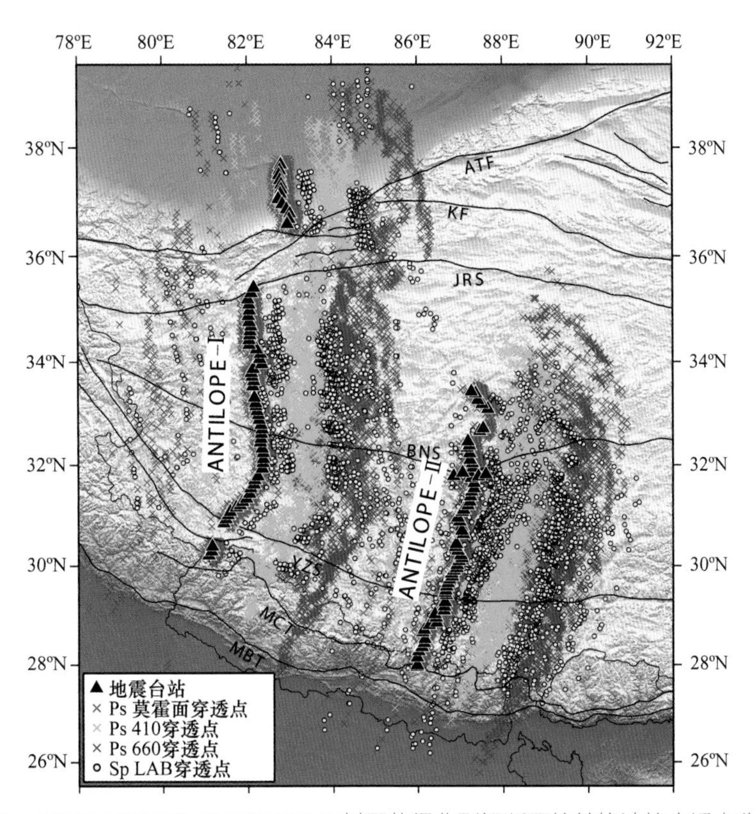

图 3.7　ANTILOPE-I 和 ANTILOPE-II 剖面获得典型间断面的转换波的穿透点分布图（据 Zhao et al.，2010d）

黑色线表示主要的缝合带和断裂，叉字表示 Ps 波的转换点（穿透点）在不同深度的投影；黄色的圆圈为在 LAB 深度上 Sp 波转换的穿透点。ATF，阿尔金断裂；KF，昆仑山断裂；JRS，金沙江缝合带；BNS，班公错 – 怒江缝合带；YZS，雅鲁藏布江缝合带；MBT，主边界逆冲断裂；MCT，主中央逆冲断裂

25 km 深度存在中低壳的低速层，反映了地壳中存在部分熔融。这个低速层协调了上地壳的逆冲褶皱变形和下地壳的缩短和俯冲（图 3.9）。④印度的 LAB 由青藏高原南部的 120km 左右加深到青藏高原中部的约 200km，然后保持近水平向北延伸，直到 36°N，再以高角度向北俯冲，表明印度板块的岩石圈地幔以斜坡 – 水平的几何形态俯冲在青藏高原的南部，并且可能在雅鲁藏布江缝合带下方和下地壳发生解耦［图 3.9 和图 3.8(a)］。在它的北面发现了亚洲的 LAB，它的深度在阿尔金断裂（ATF）之下约 150km。在青藏高原的西北缘，来自印度的 LAB 和亚洲的 LAB 之间有约 50km 的深度差，表明青藏高原西北边界的断裂切穿了整个岩石圈，因而支持了这里的变形模式，即缩短增厚模式。

(3) ANTILOPE-I 剖面的上地幔间断面结构

利用 P 波接收函数技术，确定的 ANTILOPE-I 剖面的 410km 和 660km 间断面十分清晰（图 3.10）。它们构成了上地幔过渡带，而该带的厚度沿测线南北没有发生变化，表明既没有冷的下降板片穿过该带，也没有热的地幔柱穿过该带，表明该带沿剖面保持完好，这意味着目前俯冲的印度板块没有穿过青藏高原的上地幔转换带。那么，俯冲下去的印度岩石圈地幔的去向及命运乃是急需回答的问题。

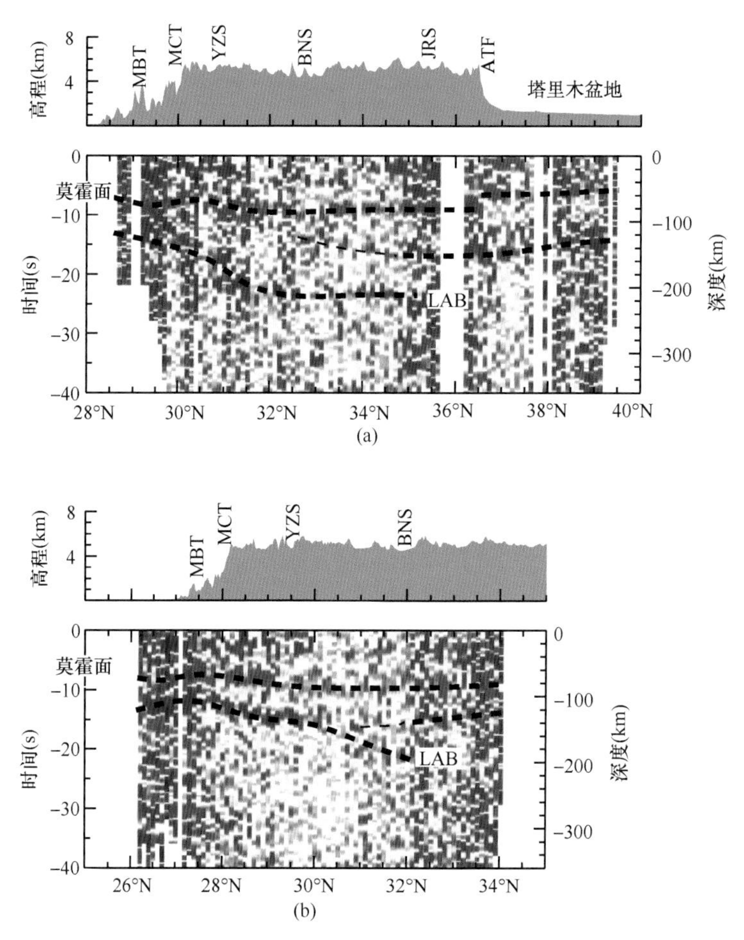

图 3.8　ANTILOPE-I(a) 和 ANTILOPE-II(b)S 波接收函数结果（据 Zhao et al.，2010d）

红色表示正的振幅，表明速度随深度发生跳跃式增加；蓝色表示负的振幅，表明速度随深度急剧减小。莫霍面和 LAB（岩石圈与软流圈之间的边界，或称岩石圈的底边界）以虚线标出。每条剖面的上方标有地形高程和沿剖面的主要缝合带和断裂的位置。ATF，阿尔金断裂；JRS，金沙江缝合带；BNS，班公错—怒江缝合带；YZS，雅鲁藏布江缝合带；MBT，主边界逆冲断裂；MCT，主中央逆冲断裂

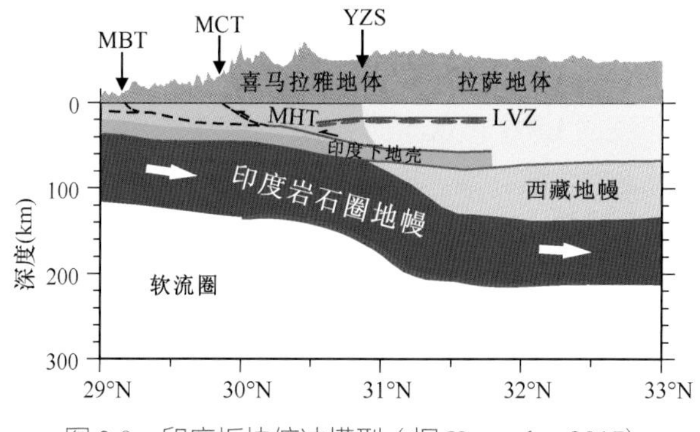

图 3.9　印度板块俯冲模型（据 Xu et al.，2017）

MBT，主边界逆冲断裂；MCT，主中央逆冲断裂；MHT，主喜马拉雅逆冲断裂；YZS，雅鲁藏布江缝合带；LVZ，低速层

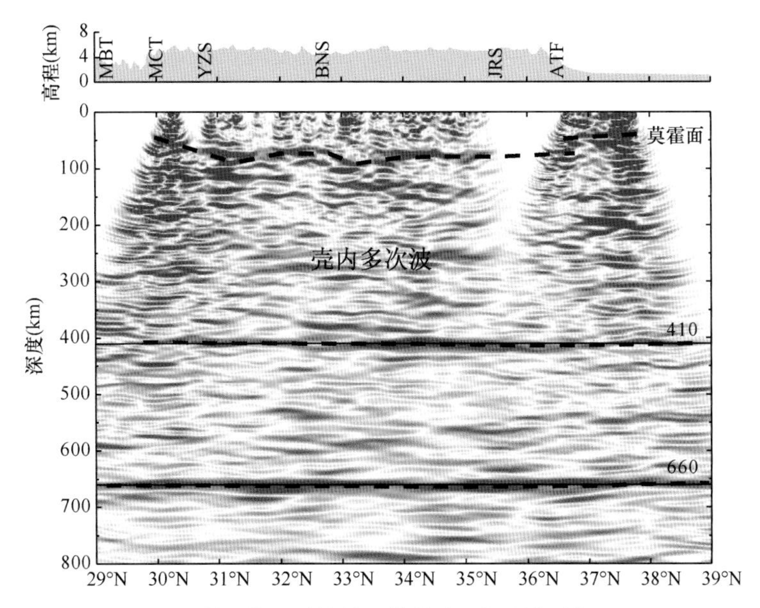

图 3.10　ANTILOPE-I 剖面的 P 波接收函数偏移叠加图像（据 Zhao et al.，2010d）

ATF，阿尔金断裂；JRS，金沙江缝合带；BNS，班公错 – 怒江缝合带；YZS，雅鲁藏布江缝合带；MBT，主边界逆冲断裂；MCT，主中央逆冲断裂

此外，沿剖面的 410km、660km 界面水平分布，表明沿剖面 410km 界面以上的地震波速度没有发生明显的变化。

(4) 地震背景噪声成像

单台背景噪声数据预处理完成之后，对所有可能的台站组合数据进行互相关计算和叠加，求取时间导数，从而获得瑞利波的经验格林函数。该函数正负时间信号代表瑞利面波在两台站间沿相反方向传播。图 3.11 显示了台站 wtp02 与其他台站间的经验格林函数在正负时间轴上都有明显的面波信号，视速度约为 3km/s。非均匀分布的噪声

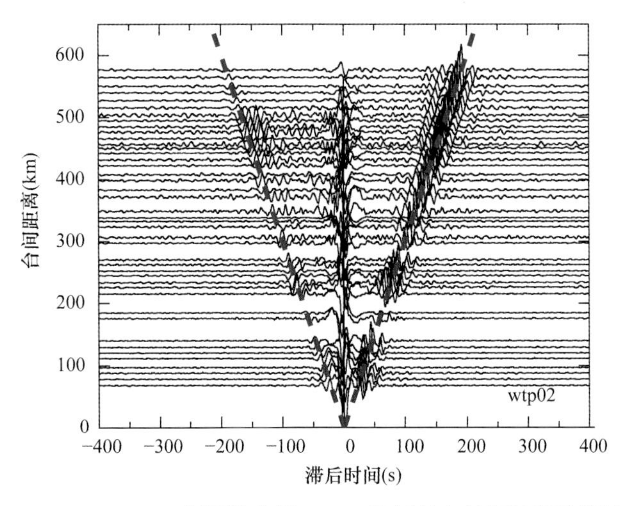

图 3.11　ANTILOPE-I 剖面的台站 wtp02 和其他台站间的经验格林函数

蓝色虚线表示速度为 3.0km/s 的动校正曲线

源及其距台站距离等因素造成正负时间信号振幅不对称，我们将正负信号反序叠加得到平均的经验格林函数。

利用可视化的方法从所有的台站的平均经验格林函数提取了相速度频散曲线，据此采用传统的面波层析成像方法反演了 ANTILOPE-I 测线的地壳 S 波速度结构（图 3.12）。研究结果表明，一个显著的水平状低速异常存在于拉萨块体 20 ～ 40 km 深度范围内，而另外一个明显的低速异常处于羌塘地体中部 20 ～ 40 km 深度范围内。浅层的低速异常分布在塔里木盆地，松潘 – 甘孜地体和羌塘地体的北部对应着较厚的沉积层。拉萨地体南部 40 ～ 60km 深度存在着明显的高速异常，可能指示着正在俯冲的印度下地壳。

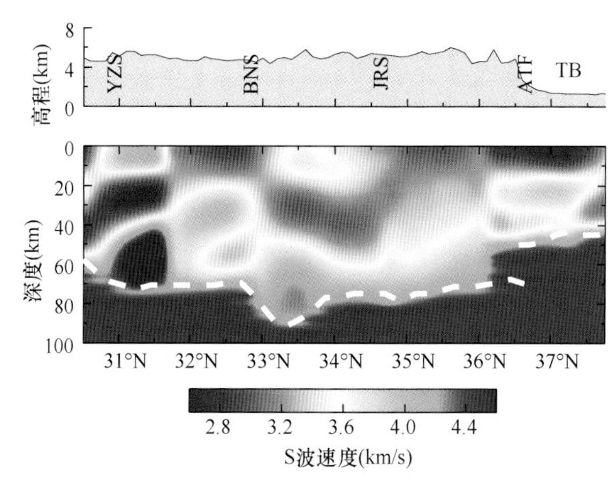

图 3.12　利用背景噪声成像技术反演得到的沿 ANTILOPE-I 剖面的 S 波速度结构

ATF，阿尔金断裂；JRS，金沙江缝合带；BNS，班公错—怒江缝合带；YZS，雅鲁藏布江缝合带；TB，塔里木盆地

2. ANTILOPE-II 所揭示的喜马拉雅地区的壳幔精细结构

(1) 剖面位置

ANTILOPE-II 剖面由南至北先后穿过了喜马拉雅造山带以及喜马拉雅地体、拉萨地体、冈底斯地体、羌塘地体等构造单元（图 3.13），其对于解剖喜马拉雅造山带极为重要。

(2) 印度板块岩石圈沿 ANTILOPE-II 剖面的精细俯冲结构

同样地，我们利用 P 波和 S 波接收函数成像的方法调查了 ANTILOPE-II 测线的印度板块岩石圈的俯冲形态［图 3.14 和图 3.8(b)］，研究结果主要包括：①拉萨地体约 60km 存在一个壳内连续界面，这个界面连接着地表的 MBT 和喜马拉雅地体下方的 MHT，可能代表着印度地壳的俯冲一直到达班公错—怒江缝合带的南侧。②拉萨地体和喜马拉雅地体下方的 14 ～ 30km 深度观测到了一个中地壳的低速层，这个低速层的形成可能和部分熔融或者含水有关。③沿 ANTILOPE-II 的 S 波接收函数表明，印度的 LAB 由南向北逐渐加深，在剖面南端深度为 120km 左右，到班公错—怒江缝合带附近深度约 200km。亚洲的 LAB 由测线北端的 120km 向南逐渐加深，到班公错—怒江缝合带附近其深度约 140km［图 3.8(b)］。与 ANTILOPE-I 剖面类似，印度和亚洲的 LAB 在

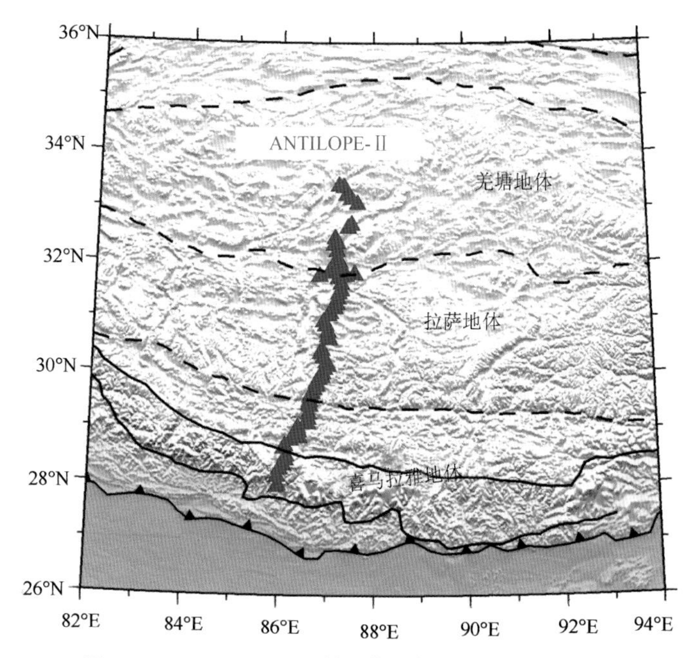

图 3.13　ANTILOPE-II 剖面位置与流动地震台站分布

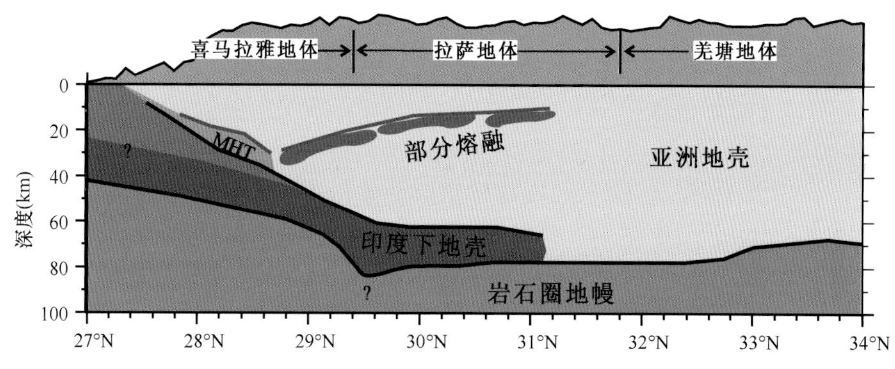

图 3.14　依据 P 波接收函数的结果得出的 ANTILOPE-II 测线的综合解释图（据 Xu et al.，2015）
? 表示图中的界面可能存在

这里也有一个约 50km 的深度差。这个深度变化在 ANTILOPE-II 发生在班公错—怒江缝合带（BNS）附近，在 ANTILOPE-I 则几乎抵达阿尔金断裂（ATF）。沿不同剖面所观测到的 LAB 错断的位置确定了印度板块向北俯冲的北部边界。INDEPTH 剖面的结果（Tilmann et al.，2003）以及 Kumar 等（2006）也将班公错—怒江缝合带确定为印度岩石圈地幔的北界。

(3) ANTILOPE-II 剖面的上地幔间断面结构

ANTILOPE-II 剖面的 410 km 和 660 km 的走时在剖面北侧和 IASP91 模型相比，存在约 2s 的延迟，对应着约 20 km 的加深（图 3.15）。剖面北侧 410 km 和 660 km 加深约 20 km 的特征，可以解释成剖面北侧上地幔的地震波平均速度比起南侧降低了约 5%。根据 Karato（1993）的研究结果，这对应着剖面北侧的上地幔温度近似增加 300 K。

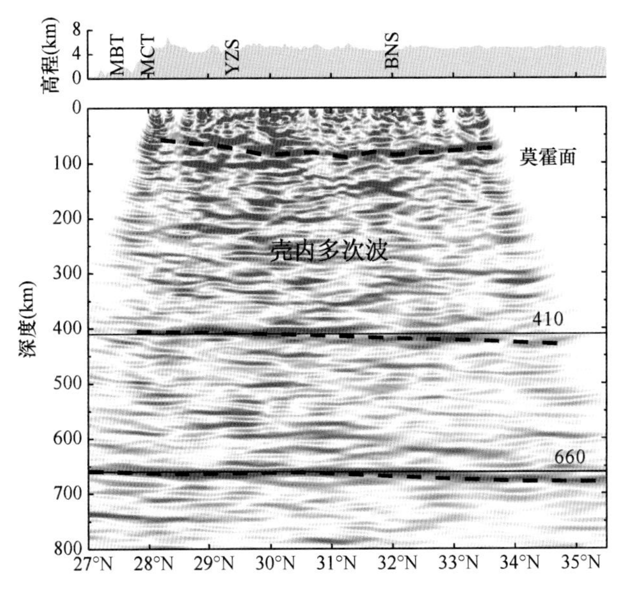

图 3.15 ANTILOPE-II 剖面的 P 波接收函数偏移叠加图像（据 Zhao et al.，2010d）

BNS，班公错—怒江缝合带；YZS，雅鲁藏布江缝合带；MBT，主边界逆冲断裂；MCT，主中央逆冲断裂

另外，410 km 和 660 km 深度增加的边界大致位于班公错—怒江断裂南侧附近。这表明，向北俯冲的印度板块大致结束在班公错 – 怒江缝合带附近。

（4）地震背景噪声成像

利用背景噪声成像技术获得了沿 ANTILOPE-II 剖面的地壳 S 波速度结构（图 3.16）。研究结果显示，明显的低速异常区分别位于雅鲁藏布江缝合带下方和羌塘地体南部 20 ～ 40 km 深度范围，并且低速异常区在不同块体之间可能没有连通。两个比较明显的高速异常位于雅鲁藏布江缝合带下方以及喜马拉雅地体内，可能对应着正在俯冲的印度下地壳。另外，藏南的地壳呈现复杂的形态，表明喜马拉雅造山带沿

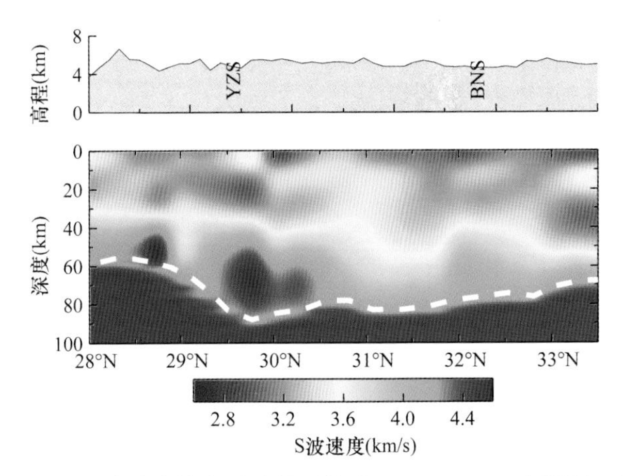

图 3.16 利用背景噪声成像技术反演得到的沿 ANTILOPE-II 剖面的 S 波速度结构

BNS，班公错—怒江缝合带；YZS，雅鲁藏布江缝合带

ANTILOPE-II 剖面在地壳的浅表和地壳的中下部结构不同。这种不同应当与印度地壳对欧亚地壳的改造、混染有关。

(5) 地震各向异性

地震各向异性是介质的重要物性参数，也是地球动力学研究的重要信息。利用 SKS 波分裂分析技术，获得了沿 ANTILOPE-I 和 ANTILOPE-II 两条剖面的地震各向异性参数。依据这两条剖面的研究结果以及其他已发表的结果（图 3.17）可以清楚地看到，在西藏南部和西部所观测到的地震各向异性很弱，甚至根本观测不到，这里印度岩石圈置于青藏高原之下；相反，青藏高原的中北部和东部像是一个介于碰撞板块间的活动的缓冲器，以较强的地震各向异性为特点。

青藏高原的地震各向异性的大小与方向在不同地区具有不同特点。但总体看来，其大小具有由西向东逐渐增大、由南至北逐渐增强的趋势，最大值落在青藏高原的中北部，即西藏板块所在的位置 (Zhao et al.，2011)。这里地震波速度较低 (S 波速度较南北两侧低 5%)，温度较高（计算得到的温度较其南北两侧高约 300K)，因此，西藏板块是一个较软、容易变形的块体。

3. ANTILOPE-III 所揭示的藏南地区的壳幔精细结构

ANTILOPE-III 剖面以东西走向穿过青藏高原，目前已经完成了该剖面的中间部

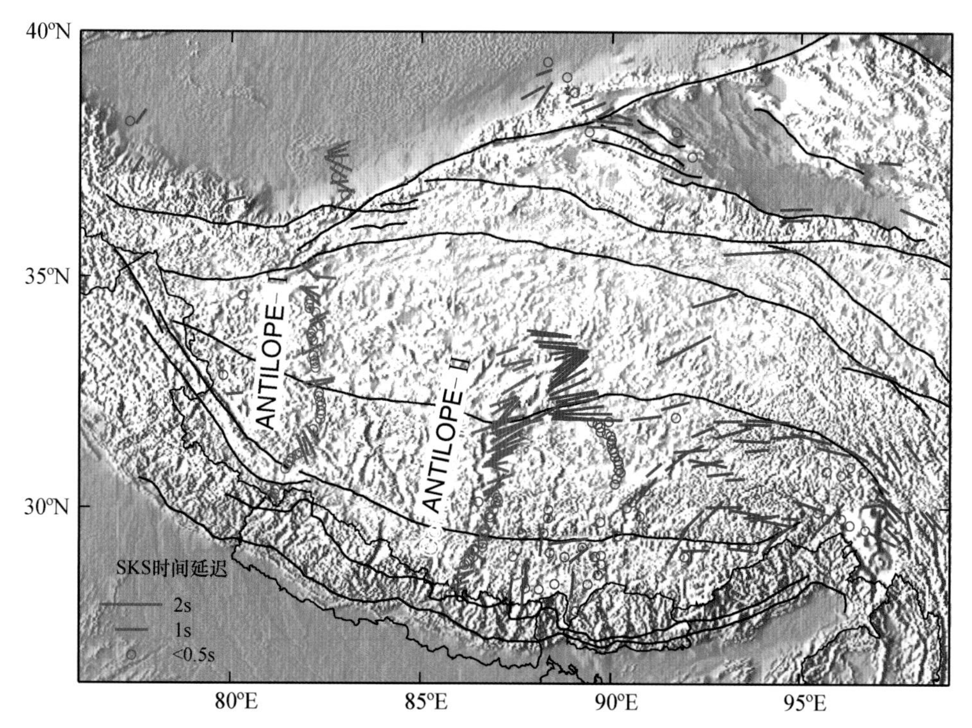

图 3.17 SKS 分裂方法获得的地震各向异性分布（据 Zhao et al.，2010d）

线段的长度表示时间延迟的大小，其方向代表快波的偏振方向。红色线段为 ANTILOPE-I 和 ANTILOPE-II 两个剖面的 SKS 波分裂结果，蓝色线段为其他研究获得的 SKS 波分裂结果

分，穿过藏南的两条裂谷（图 3.18）。尼泊尔 Mw7.8 级地震发生于印度和欧亚板块碰撞边界，我们利用 ANTILOPE-III 宽带地震站记录的余震数据，获得震源区的精细结构（图 3.19 ～图 3.21）。结果表明，主震的最大同震滑动区域与高 P 波速度非常一致，同时，高 P 波速度所对应的最大滑移区的范围和异常幅度均比初始滑移区更大，这

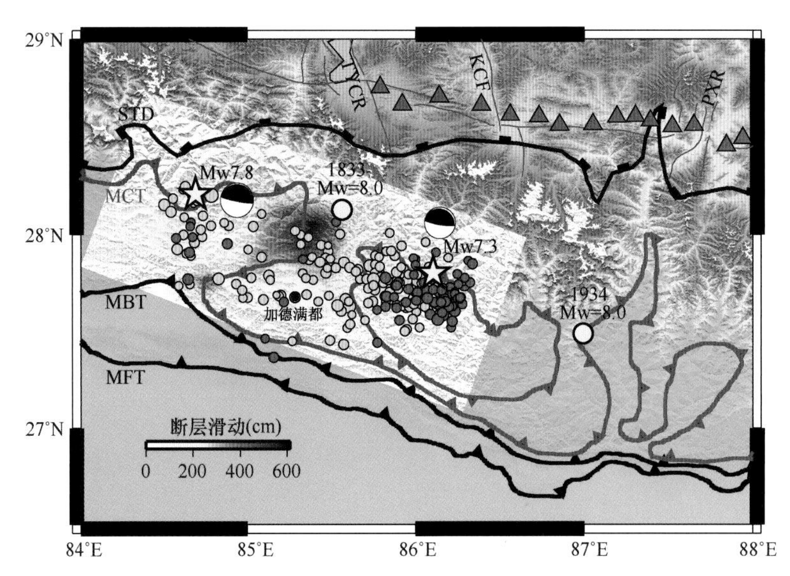

图 3.18　2015 年尼泊尔两大地震震中位置、震源机制及地质构造背景图（据 Pei et al.，2016）

左侧黄色五角星为 Mw7.8 廓尔喀地震震中位置，右侧黄色五角星为 Mw7.3 科达里地震震中位置；粉色圆圈和红色圆圈分别为科达里地震前后中小地震序列；红色三角为中国科学院青藏高原研究所在廓尔喀地震之前在中国 – 尼泊尔边界布设的 15 个流动台站（ANTILOPE-III 南线）；图中 1833 和 1934 表示地震发生的年份；地质构造背景叠加了滑动模型 (Wang et al.，2015)；南北向细线为活动正断层 (Deng et al.，2007)。图中主要断裂及边界线分布 (Amatya et al.，1994) 分别是：STD，藏南滑脱带；MBT，主边界逆冲断裂；MCT，主中央逆冲断裂；MFT，主前缘逆冲断裂。一些南北走向断裂构成明显的裂谷，TYCR，当惹雍措裂谷，图中部位也称为吉隆裂谷；KCF，康错断裂或裂谷； PXR，朋曲 – 申扎裂谷

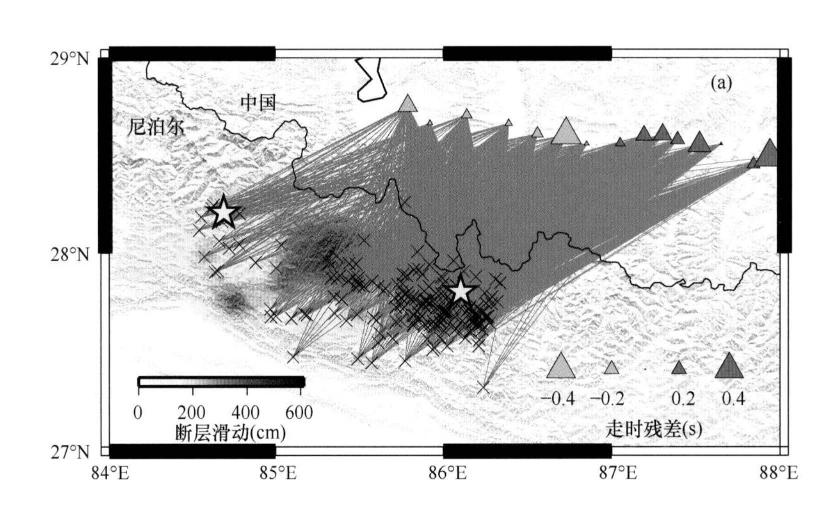

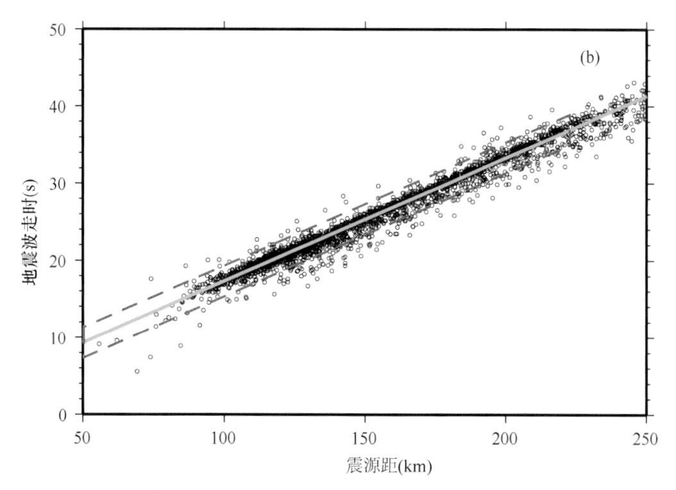

图 3.19　余震资料 Pg 波射线分布及时距曲线图（据 Pei et al.，2016）

(a) 余震资料 Pg 波射线分布图；(b) 余震资料 Pg 波时距曲线图。图 (a) 中“十”和三角形分别代表地震事件和台站，三角形的大小与每个台站的平均残差成正比，绿色三角形代表早到时，红色三角形代表晚到时，走时残差小于 2.0s 的数据用于反演，走时残差标准差由反演前的 0.68s 降为反演后的 0.34s

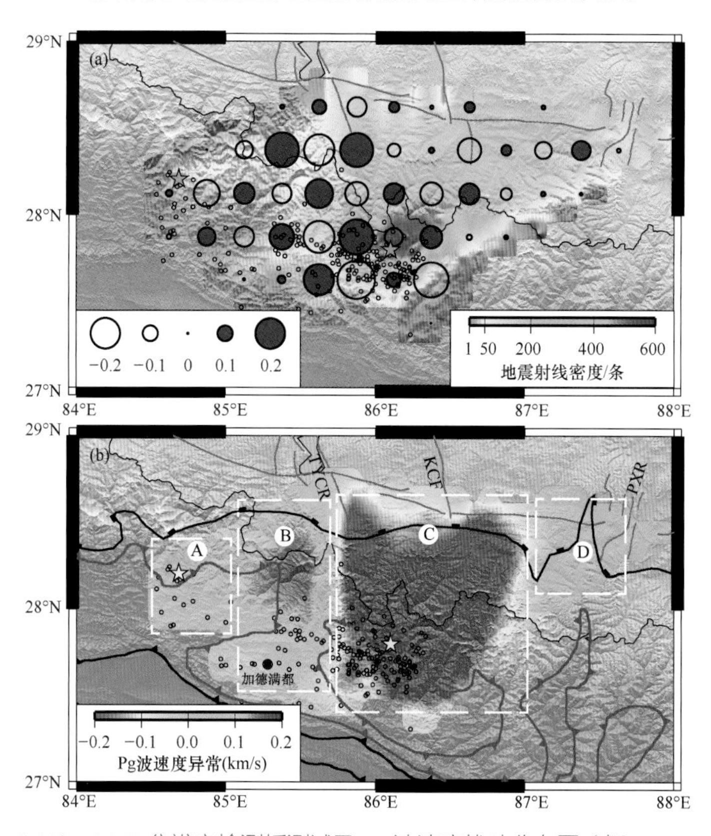

图 3.20　0.25°×0.25° 分辨率检测板测试及 Pg 波速度扰动分布图（据 Pei et al.，2016）

(a) 0.25°×0.25° 射线密度分布分辨率检测板测试；(b) Pg 波横向速度扰动分布。Pg 波平均速度为 6.24km/s。图 (b) 中，红色代表速度低于平均速度，蓝色代表高于平均速度，黑色小圆圈代表余震，检测板测试表明射线覆盖良好的区域分辨率能够达到 0.25°×0.25°。区域 A、B 和 D 为不同程度的 Pg 波高速异常，区域 C 为 Pg 波低速异常。图中代码的含义见图 3.18

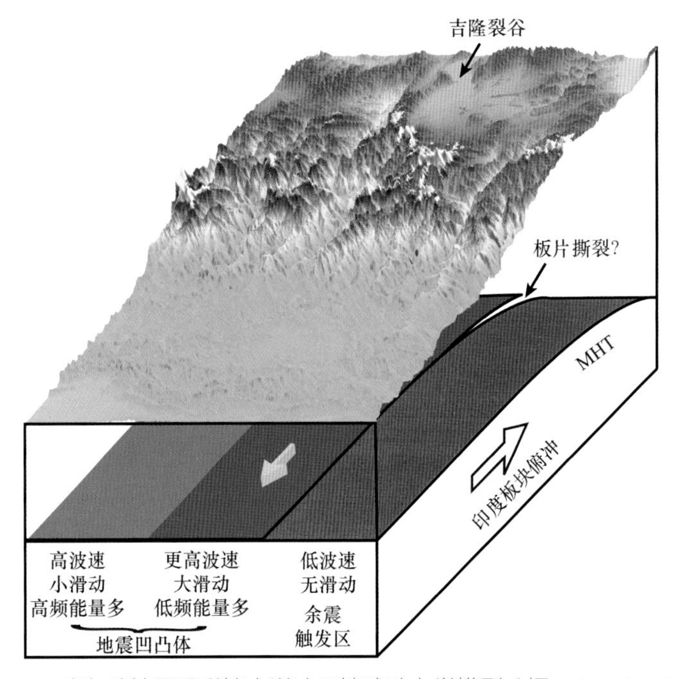

图 3.21　廓尔喀地震沿碰撞大逆冲区地球动力学模型（据 Pei et al.，2016）

高速区与低速区的分界线与地表裂谷分布一致，表明上地壳存在撕裂现象，这一分界线也是莫霍面起伏、重力异常、LAB 和深源地震的分界线，并且该分界线有可能切穿了正在俯冲的印度板块岩石圈。MHT，主喜马拉雅逆冲断裂

可能是震源破裂过程中先观测到较多的高频能量辐射，而后观测到较多的低频能量辐射的原因。更进一步，成像结果发现，高低地震速度异常的边界非常清晰，刚好位于当惹雍措裂谷南端，可能为印度板块俯冲角度的差异造成的地壳撕裂（Pei et al., 2016）。

3.2　喜马拉雅山地区的地震活动性

3.2.1　喜马拉雅山地区的地震分布特点

印度–欧亚陆陆板块碰撞带有绵长的板块边界，即喜马拉雅造山带。喜马拉雅造山带是全球人口密度最大和地震风险最高的地区之一。据美国地质调查局（USGS），(https://earthquake.usgs.gov/earthquakes/map/) 提供的地震目录记载，研究区域内 1960 年以来共发生矩震级 Mw ≥ 5.0 的地震约 2500 次，其中包括浅源地震约 1500 次，中深源地震约 1000 次（图 3.22）。从震源深度分布来看，喜马拉雅造山带中部和青藏高原腹地以浅源地震（$H \leqslant 50$km）为主，青藏高原东西两翼则以中深源地震（$H>50$km）为主，形成帕米尔–兴都库什和缅甸山弧两个深源俯冲带。

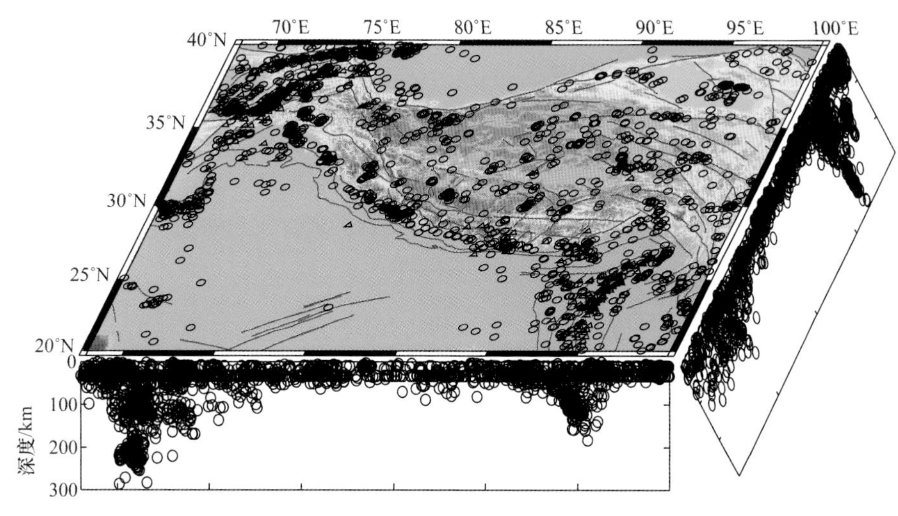

图 3.22　青藏高原 - 喜马拉雅地区 1960 年以来发生的矩震级 Mw ≥ 5.0 的地震的分布
（据 Bai et al.，2017）
黑色圆圈表示地震，数据来自 USGS 地震目录

据美国国家海洋和大气管理局（National Oceanic and Atmospheric Administration，NOAA）历史大地震目录记载，公元 1000 年以来喜马拉雅造山带地区共发生 7.5 级以上浅源地震十余次，自西向东分别为 2005 年巴控克什米尔 7.6 级地震，1555 年印控克什米尔 7.5 级地震，1905 年印度坎格拉 8.6 级地震，1505 年尼泊尔格尔纳利河 8.1 级地震，2015 年尼泊尔廓尔喀 7.8 级地震，1833 年尼泊尔加德满都北部 8.0 级地震，1934 年尼泊尔比哈尔邦 8.2 级地震，1871 年西藏错那 – 洛扎 7.5 级地震，1806 年西藏错那西北 7.6 级地震和 1950 年西藏察隅 8.6 级地震等（图 3.23，表 3.2）。

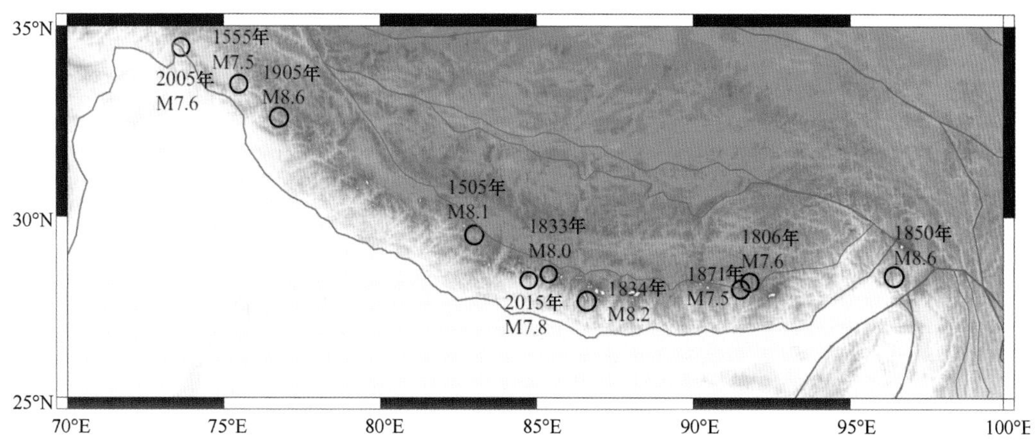

图 3.23　喜马拉雅地区历史上发生的 7.5 级以上浅源地震（圆圈）分布图
数据主要来自 NOAA 地震目录

表 3.2　公元 1000 年以来喜马拉雅 – 青藏高原地区发生的 7.5 级以上地震的统计目录

时间（年 / 月 / 日）	纬度 (°N)	经度 (°E)	震级	参考	时间（年 / 月 / 日）	纬度 (°N)	经度 (°E)	震级	参考
1411/9/29	30.0	90.2	7.6	A&D	1911/1/3	43.5	77.5	7.7	NOAA
1505/6/6	29.5	83.0	8.1	A&D	1914/8/4	43.5	91.5	7.5	NOAA
1515/6/27	26.7	100.7	7.8	Z	1916/8/28	30.0	81.0	7.7	NOAA
1536/3/29	28.1	102.2	7.5	Z	1920/12/16	36.6	105.3	8.3	NOAA
1555/8/31	33.5	75.5	7.5	A&D	1921/11/15	36.5	70.5	7.8	NOAA
1654/7/21	34.3	105.5	8.0	Z	1922/12/6	36.5	70.5	7.5	NOAA
1663/11/30	25.0	90.0	7.7	A&D	1927/5/22	36.8	102.0	7.6	NOAA
1709/10/14	37.4	105.3	7.5	Z	1931/1/27	25.6	96.8	7.6	NOAA
1715/11/30	43.2	81.0	7.6	Z	1932/12/25	39.7	96.7	7.6	NOAA
1718/6/19	35.0	105.2	7.5	Z	1933/8/25	31.9	103.4	7.5	NOAA
1733/8/2	26.3	103.1	7.8	Z	1934/1/15	27.6	87.1	8.2	NOAA
1786/6/1	29.9	102.0	7.8	Z	1935/5/30	29.5	66.7	7.6	NOAA
1803/9/1	28.8	78.6	7.7	S	1937/1/7	35.5	97.6	7.5	NOAA
1806/6/11	28.5	92.0	7.6	A&D	1946/11/2	41.5	72.5	7.6	NOAA
1812/3/8	43.7	83.0	8.0	Z	1947/3/17	33.3	99.5	7.7	NOAA
1816/12/8	31.4	100.7	7.5	Z	1947/7/29	28.5	94.0	7.9	NOAA
1833/8/26	27.6	86.1	8.0	Z	1949/3/4	36.0	70.5	7.5	NOAA
1833/9/6	25.0	103.0	8.0	Z	1950/8/15	28.5	96.5	8.6	NOAA
1842/2/19	34.7	71.0	7.6	A&D	1951/11/18	31.1	91.4	7.5	NOAA
1816/9/12	27.7	102.4	7.5	Z	1955/4/14	30.0	101.8	7.5	NOAA
1871/5/31	28.0	91.5	7.5	Z	1957/12/4	45.5	99.5	8.1	NOAA
1889/1/10	24.0	93.3	8.3	Z	1973/7/14	35.2	86.5	7.5	NOAA
1889/7/11	43.2	78.7	8.3	Z	1973/2/6	31.4	100.6	7.6	NOAA
1896/9/23	37.0	71.0	7.5	B	1985/8/23	39.4	75.2	7.5	NOAA
1897/6/12	25.1	90.1	8.4	S	1992/8/19	42.1	73.6	7.5	NOAA
1902/8/22	39.9	76.2	7.7	NOAA	1997/11/8	35.1	87.3	7.5	NOAA
1902/3/16	39.9	76.2	8.3	Z	2001/11/14	35.9	90.5	7.8	NOAA
1905/4/4	33.0	76.0	8.6	NOAA	2005/10/8	34.5	73.6	7.6	NOAA
1906/12/22	43.5	85.0	8.3	NOAA	2008/5/12	31.0	103.3	7.9	NOAA
1908/12/12	26.5	97.0	7.5	NOAA	2015/10/26	36.4	70.7	7.5	NOAA
1909/7/7	36.5	70.5	8.1	NOAA	2015/4/25	28.1	84.7	7.8	NOAA
1911/7/4	36.0	70.5	7.6	NOAA					

注：统计目录包括浅源地震和中深源地震。NOAA：美国国家海洋和大气管理局；A & D: (Ambraseys and Douglas，2004)；B: (Bhatia et al.，1999)；S: (Szeliga et al.，2010)；Z: (Zhang et al.，1999)

无论是浅源地震还是中深源地震，震源机制解都呈现显著的多样性。复杂多样的地震活动性无法简单地用印度 – 欧亚板块的陆陆碰撞进行解释。但是这些地震发生的规律性很强，清晰地揭示了不同构造背景的差异。

本书首先按照地震的活动规律将喜马拉雅造山带分为三个区域：造山带中部尼泊尔喜马拉雅、东喜马拉雅构造结、西喜马拉雅构造结，并对不同研究区域的地震活动性进行简单回顾。基于中国科学院青藏高原研究所在研究区域架设的宽频带流动地震台站记录的波形资料，结合中国地震局及国内外其他地震台网记录的波形和到时数据，选取 2015 年尼泊尔 7.8 级地震、2017 年米林 6.9 级地震和 2015 年巴基斯坦 – 阿富汗交界 7.5 级地震序列震源区作为典型实例，对地震的震源参数进行重新确定。在此基础上，结合震源区断层分布和历史地震活动性，揭示地震活动规律，探讨地震危险性，为喜马拉雅造山带地区防震减灾服务。

3.2.2　喜马拉雅山地区的地震震源参数

1. 地震重新定位与震源机制解反演

地震定位和震源机制解反演是地震学中最基本的问题。地震震源参数的确定精度直接影响了人们对地震发生规律的认识程度。不同地震目录的对比揭示了震源深度测定的不确定性（图 3.24）。与中深源地震（Bai and Zhang，2015）相比，浅源地震（Bai et al.，2017）震源深度定位误差更大，部分地震深度偏差高达 20 ～ 30km。

中国地震台网中心（CENC）地震目录来源于区域地震台网的到时数据，其绝大多

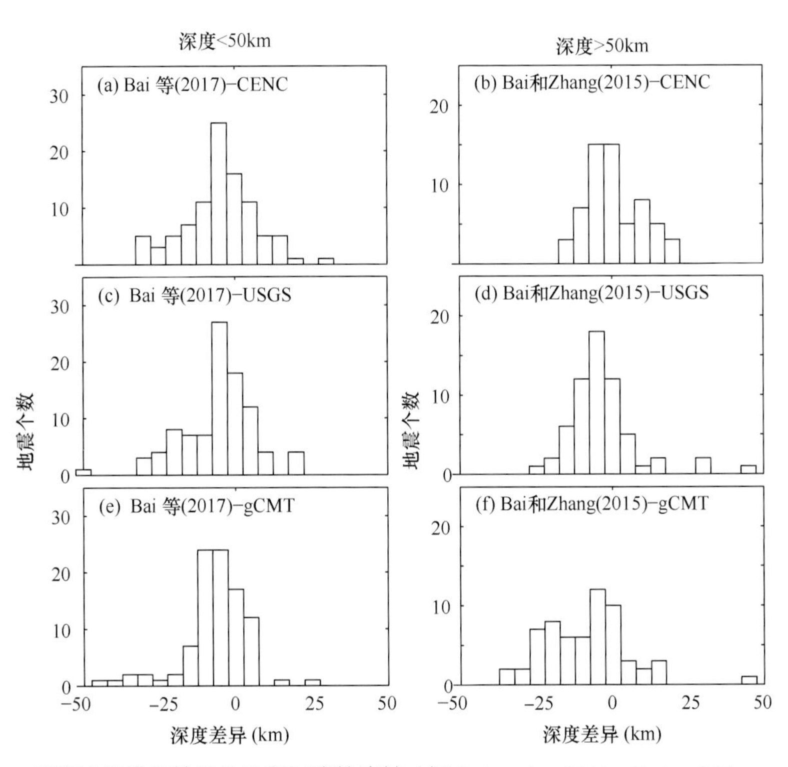

图 3.24　不同地震目录给出的震源深度的比较（据 Bai et al.，2017；Bai and Zhang，2015）

左侧表示浅源地震［(a)，(c)，(e)］，右侧表示深源地震［(b)，(d)，(f)］

数台站位于中国东部地区，青藏高原地区地震台站较少，震源区速度结构又较为复杂，所以对震源深度的精确度约束不够，会给地震定位带来误差。美国地质调查局（USGS）和国际地震中心（ISC）提供的地震目录主要是基于远震体波到时数据获得的，与 CENC 地震目录的定位精度大体在同一水平。以 USGS 目录给出的震源位置为基础，全球矩心矩张量（GCMT）目录同时对震源位置和震源机制解进行了重新计算，波形信息的加入使部分地震的定位精度有所提高，但 GCMT 使用的波形数据主要是面波和长周期的体波，目标是为了确定震源机制解，对震源深度的定位误差仍然较大。GEM 项目对震源参数确定精度的评估结果表明，全球 5 级以上地震经纬度和深度的定位精度在 90% 的置信区间内高达 20km（Bondár et al.，2015），由此可见震源参数重新确定的必要性。

本书采用三个步骤对震源参数进行重新计算：①基于近震观测数据对地震的绝对震源位置进行计算；②基于直达波和地表反射（pP 和 sP 波）等深度震相确定地震的震源深度和震源机制解；③以步骤①和②获得的震源参数作为约束，进一步约束群发地震的相对震源位置。

地震绝对定位采用 Hyposat 方法实现（Schweitzer，2001）。其实质是将非线性方程线性化，并通过最小二乘原理求解。其基本思路是把走时在初值 (x, y, z) 附近做泰勒展开，取一级近似，即

$$T' = T + \frac{\partial T}{\partial x}(x' - x) + \frac{\partial T}{\partial y}(y' - y) + \frac{\partial T}{\partial z}(z' - z) \tag{3-11}$$

式中，T 为实际走时；T' 为相对于 (x, y, z) 附近一点 (x', y', z') 的走时。该方法适用于近震和远震不同震中距多种不同类型震相的到时数据。为了对震源深度进行更加合理的约束，可以采用 3 种不同的方法进行地震定位，即固定震源深度为初始深度，从第一次迭代开始反演震源深度和经纬度，获得稳定解之后反演震源深度，最后将残差最小的震源位置作为最后定位的结果。

波形拟合是确定震源深度的有效方法。直达 P 波后续的 pP 波和 sP 波，从震源出发后，沿着近垂直的方西向地表传播，其与 P 波的走时差主要取决于地震的震源深度。为了对包含各种后续震相的复杂的 P 波进行理论计算，我们采用了 Kikuchi 和 Kanamori（1982）发展的远震波形拟合方法。我们对震中距 30° ～ 95° 范围内的地震波形进行滤波、积分等处理，选取震源时间函数比较简单、信噪比较高的地震和波形。由于 P 波后续震相的反射点位于地表，因此波形拟合获得的震源深度为相对于地表的深度，最后需要对地形起伏进行校正。当深度较浅时（<15km），P 波及其后续震相到时接近，需要对多种震相叠加以后的波形进行拟合。对于较深的地震，后续震相与直达 P 波具有明显的到时差，需要分别对多种震相的到时和振幅进行拟合。图 3.25 给出了两个地震波形拟合的例子。第一个地震是位于拉萨地体的正断层型地震（1996 年 7 月 3 日），波形拟合获得的震源深度为 9km，去除地形起伏 5km，最后获得的震源深度为 4km。第二个地震位于帕米尔南部（1997 年 2 月 27 日），波形拟合获得的震源深度为 41km，去掉地形起伏 1km，最后获得的震源深度为 40km。

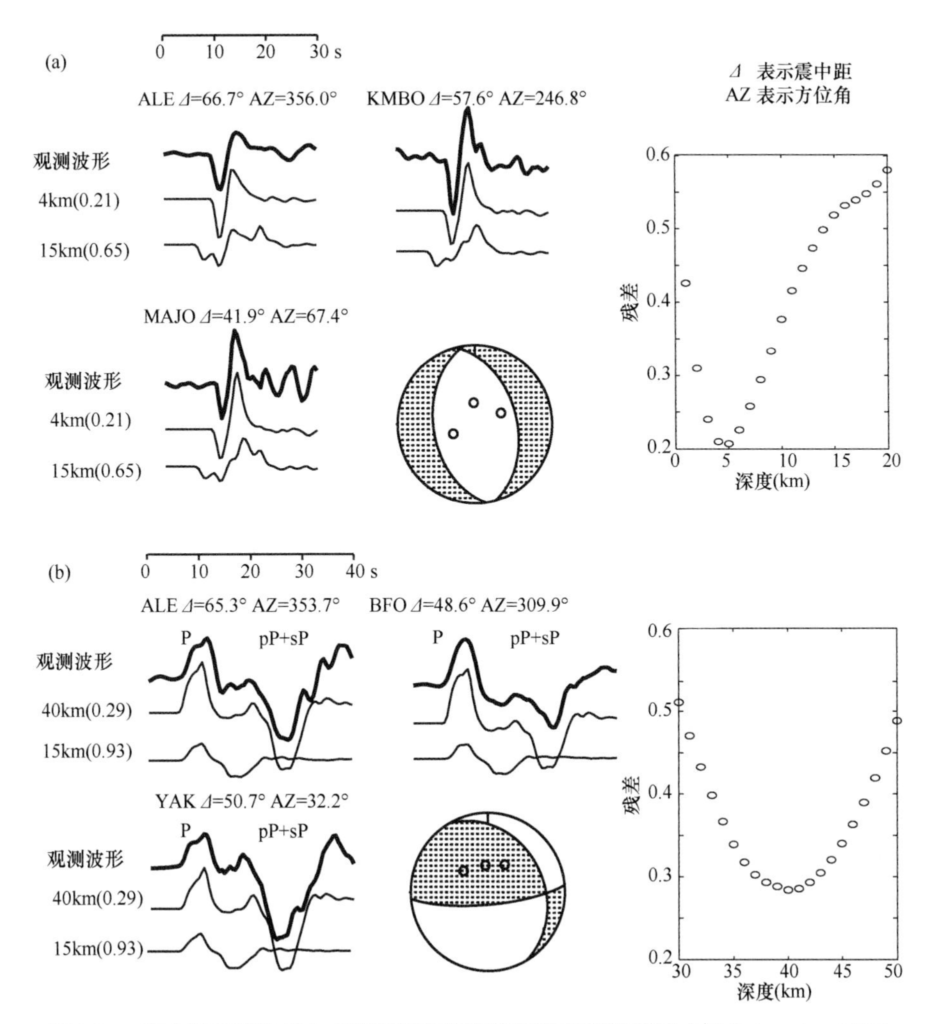

图 3.25　两个地震波形拟合求取震源深度和震源机制解的例子（据 Bai et al.，2017）

三个波形（从上到下）分别表示观测波形、由最佳震源深度获得的理论波形和采用 GCMT 震源深度获得的理论波形。深度后面括号中的数字表示波形模型拟合残差。ALE，KMBO，MAJO，BFO 和 YAK 为台站名称

当一群地震的分布比较集中时，可以应用双差地震定位法 (double-difference earthquake relocation，DD) (Waldhauser and Ellsworth，2000)，消除整个射线路径上区域及全球三维速度模型的不确定性带来的误差。当两个地震 i 和 j 到台站 k 的路径基本相似时，通过计算两个地震的计算与理论到时残差之差，即可获得 DD 法的基本方程：

$$\frac{\partial t_k^j}{\partial m}\Delta m^i - \frac{\partial t_k^j}{\partial m}\Delta m^j = dr_k^{ij} \tag{3-12}$$

式中，$\Delta m^i = (\Delta dx^i, \Delta dy^i, \Delta dz^i, \Delta d\tau^i)$； $dr_k^{ij} = (t_k^i - t_k^j)^{\text{obs}} - (t_k^i - t_k^j)^{\text{cal}}$。式 (3-12) 可计算得到各震相的理论到时和相应的偏导数，原则上该方程式可用于各种震中距的各种震相。全球俯冲带地区地震多而大，然而地震台站分布比较稀疏，应用近震观测数据进行地震定位的方法受到局限。鉴于此，我们发展了多尺度双差地震定位法 (multi-scale double-difference earthquake relocation，multi-DD)(Bai and Zhang，2015)，同时利用地方震、区域震和远震多种震相进行地震精确定位。为了将其推广至区域地震和远震，需要加入相应的走时计算（正演）部分，即建立区域和远震震相所对应的方程，与地方震相获得的方程结合起来，实现对选定地区地震的重新定位。其中，在偏导数计算中，各震相离源角的测定是添加深度震相的核心内容。

2. 尼泊尔喜马拉雅地区地震震源参数特征

2015 年 4 月 25 日在尼泊尔首都加德满都附近廓尔喀地区发生了 7.8 级强烈地震（简称 2015 年尼泊尔地震）(图 3.26)，并相继发生了 3 次 Mw ≥ 6.0 的强余震，造成近 9000 人死亡，20000 余人受伤，震中地区大部分建筑物被毁 (Bilham，2015)。此次地震是继 1934 年尼泊尔 – 比哈尔 8.0 级地震以来发生的又一次破坏性事件，波及中国、印度等周边多个国家和地区，造成我国西藏南部发生了严重的滑坡等地质灾害。

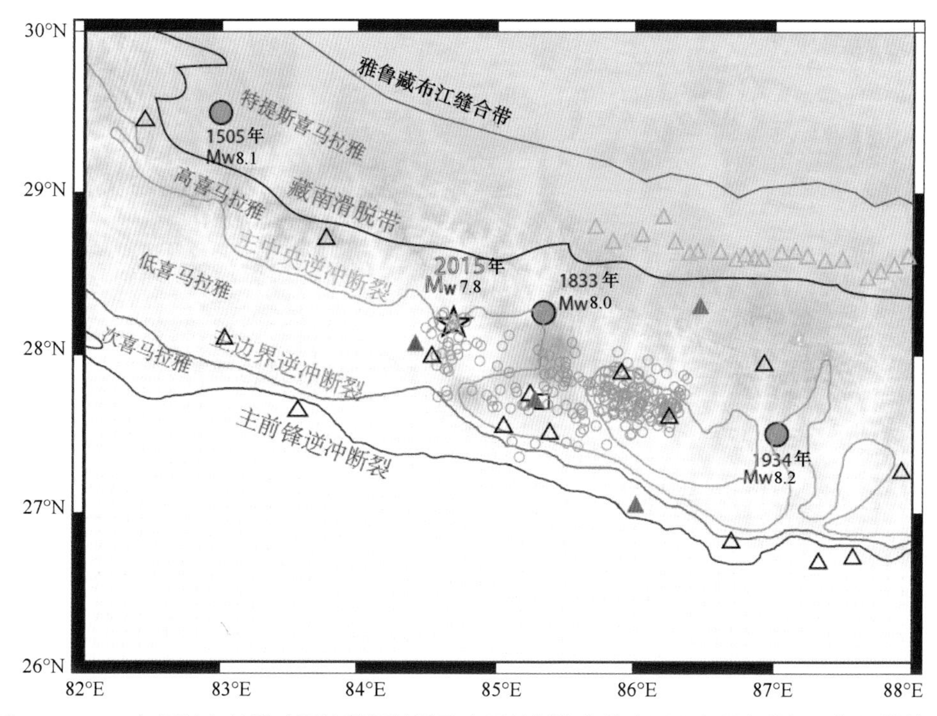

图 3.26　2015 年尼泊尔地震序列的震源位置及中国科学院青藏高原研究所在震源区架设的临时（绿色三角形）和固定台站（红色三角形）的位置

目前，关于尼泊尔地震震源参数的研究取得了重要的阶段性进展。基于尼泊尔地震台网和中 – 尼边界地震台阵等观测获得的波形资料，开展了地震定位和震源机制解反演方面的工作 (Adhikari et al.，2015；Bai et al.，2016；Letort et al.，2016；Wang et al.，2017)。结果表明，尼泊尔地震余震序列沿着构造走向分布在 150km×80km 的范围内，与主震破裂分布范围基本一致 (Avouac et al.，2015；Galetzka et al.，2015)。主震和 Mw7.3 最大余震（Lindsey et al.，2015）分别位于震源区的西部和东部边缘地区。主震断层面倾角 7° ～ 10°（http://www.globalcmt.org/），是在 MHT 上发生的典型的低角度逆冲型地震，位于板块边界断层闭锁区（locking）与耦合较弱非闭锁区（unlocking）的过渡地带（Avouac et al.，2015）。主震触发了大量的逆冲型、走滑型和正断层型余震，大多分布在 MHT 上盘。这些研究揭示了尼泊尔地震余震活动的多样性和发震构造的复杂性（刘静等，2015；滕吉文等，2017）。尼泊尔地震的主震破裂及余震深度较浅（<20km），但是尚未到达地表。波形反演研究显示，尼泊尔地震断层面倾角较小，为 7° ～ 10°（http://www.globalcmt.org/）。

尼泊尔地震是有现代地震记录以来在造山带上发生的最大地震，该地震以低角度逆冲推覆构造为主要特征，是陆陆碰撞带俯冲前缘地震活动构造的典型代表，其为探讨典型的板块边界大地震的发生机理及其震源区地下结构提供了宝贵的资料。中国科学院青藏高原研究所于 2014 年底在震源区北部的高喜马拉雅地区布置了临时地震台站（图 3.26 中绿色三角形），包括 22 个宽频带地震台，平均海拔 4 ～ 5km，位于中 – 尼边界地区，主震和大多数余震位于 0 ～ 300km（Bai et al.，2016）。2015 年尼泊尔地震发生后，以中国科学院加德满都科教中心和中国科学院青藏高原研究所珠穆朗玛大气与环境综合观测研究站为观测平台，在尼泊尔和青藏高原南部架设了固定台站（图 3.26 中红色三角形，图 3.27），实现了对尼泊尔喜马拉雅地区地震活动的长期连续观测。

作为该地区大地震的主要发震断层，主喜马拉雅逆冲断裂（MHT）的形成始于两者的初始碰撞，且持续活动至今，其经历了多期次的变质、沉积等变形演化过程，导致其三维结构非常复杂，其三维几何形态引起了广泛关注。横贯地表的 MFT、MBT 和 MCT 等断层在地下汇聚到 MHT，形成这一北倾的大型低角度逆冲滑脱带，最早基于 10 ～ 20km 深度地震的震源参数首次被提出（Ni and Barazangi，1984）。以中美合作为

图 3.27　建于中国科学院加德满都科教中心主观测场的宽频带地震台

基础，2002 ～ 2006 年开展了 Hi-CLIMB 地震探测项目，进行了穿越喜马拉雅山南北向剖面的宽频带地震观测，获得了关于 MHT 浅部俯冲边界的几何形状（Caldwell et al.，2013；Hetényi et al.，2007）。基于地电、地质、地形变等多种不同研究手段获得的观测资料发现，在喜马拉雅造山带前缘地区，MHT 的起伏沿着俯冲方向呈现出明显的断坪 – 断坡构造交替出现的特点，其空间位置与地震的初始破裂点、破裂范围及其地表隆升过程具有直接的相关性（Elliott et al.，2016；Whipple et al.，2016），值得进一步深入研究。

重新定位结果表明，2015 年尼泊尔地震的主震发生在地表以下 18±2km（海平面以下 16.4±2km），位于高喜马拉雅和低喜马拉雅的过渡地带，余震大多较浅，位于 MHT 上盘，余震断层面倾角较大，揭示了主喜马拉雅逆冲带上盘的精细结构，其结果为喜马拉雅中部逆冲断层系统的存在提供了有力证据（图 3.28）(Bai et al.，2016，2019)。

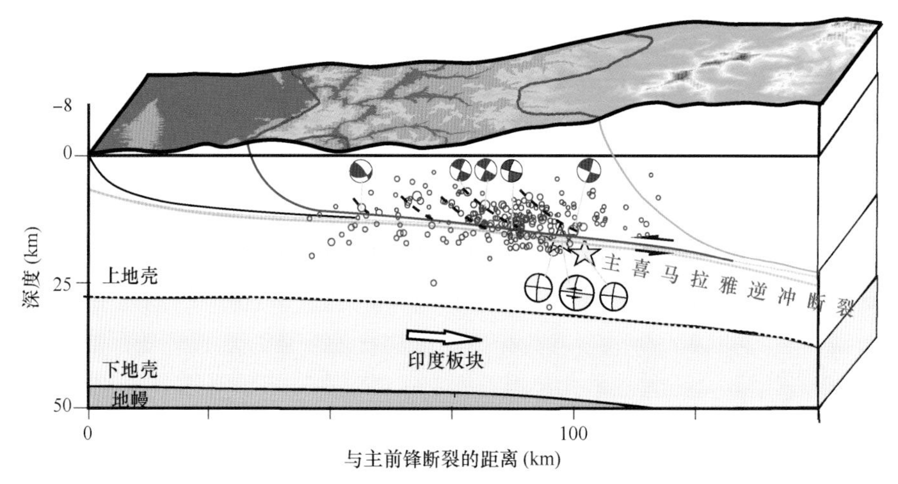

图 3.28　2015 年尼泊尔地震序列及其构造背景的剖面图（据 Bai et al.，2016，2019）

3. 东喜马拉雅构造结地区地震震源参数特征

东喜马拉雅构造结（简称东构造结）位于喜马拉雅造山带的东段，近东西向的欧亚大陆边缘在此碰撞后突然发生了 90° 的顺时针偏转，其是两个板块碰撞作用和地表侵蚀作用最为强烈的地区之一（白玲等，2017；杨建亚等，2017；Zeitler et al.，2014）。东构造结被雅鲁藏布江缝合带分割为北部的拉萨地体和南部的南迦巴瓦变质体两部分（图 3.29）。雅鲁藏布江缝合带由一系列不同性质的断裂组成，包括 NE—SW 走向的东久—米林断裂、墨脱—阿尼桥断裂和 NW—SE 走向的嘉黎断裂、西兴拉断裂 (Ding et al.，2001)。

据中国地震台网地震目录记载，自 1970 年以来在东构造结地区共发生 3 级以上地震 2000 余次，4.5 级以上地震约 240 次，近 50 年以中小地震为主（杨建亚等，2017）。地震大多集中在雅鲁藏布江大拐弯顶端及北部，沿着西兴拉断裂呈 NW—SE 向展布，东久—米林断裂带以西和南迦巴瓦变质岩系内部地震不活跃，墨脱剪切带东南

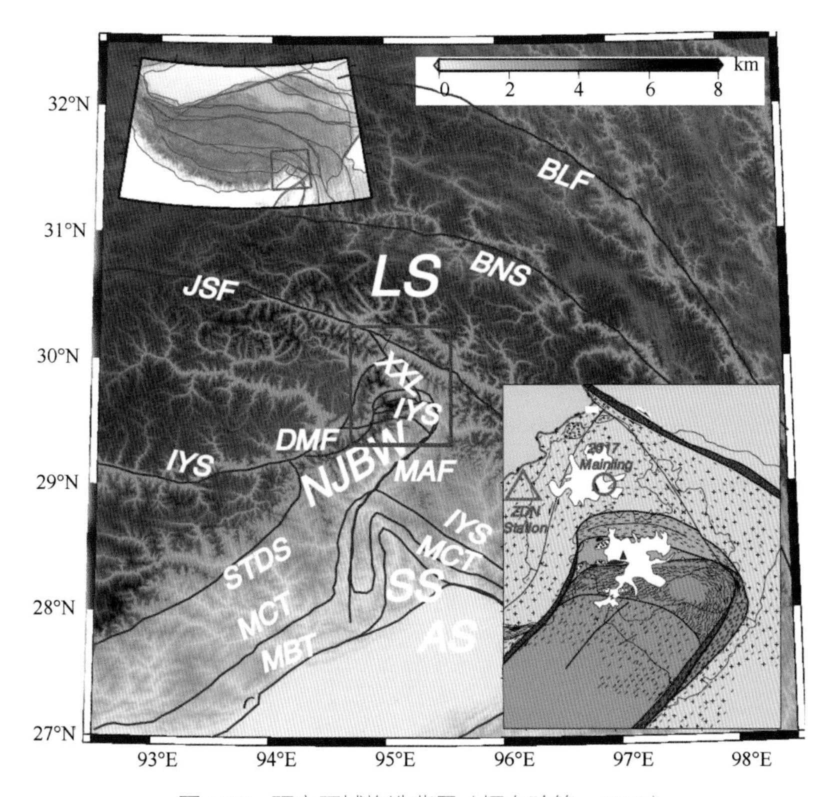

图 3.29　研究区域构造背景（据白玲等，2017）

蓝线为主要缝合带和断层，分别是：AS，阿萨姆构造结；BLF，巴青－类乌齐走滑断裂带；BNS，班公错－怒江缝合带；DMF，东久－米林走滑断裂带；IYS，雅鲁藏布江缝合带；JSF，嘉黎走滑断裂带；LS，拉萨地块；MAF，墨脱－阿尼桥走滑断裂带；MCT，主中央逆冲断层；MBT，主边界俯冲断层；NJBW，南迦巴瓦构造结；SS，桑构造结；STDS，藏南拆离带；XXL，西兴拉断层。红色圆圈为 USGS 给出的震中位置

方向与喜马拉雅主中央断裂的桑构造结和阿萨姆构造结顶端地震活动频繁（杨建亚等，2017）。

东构造结地区自 20 世纪以来共发生 27 次 6 级以上地震，包括 1950 年 Ms 8.6 西藏察隅地震和 1947 年 Ms 7.7 朗县东南地震。察隅地震震中位于西藏察隅县、墨脱县与印度阿萨姆邦相接的位置，因此又被称为墨脱地震或阿萨姆地震，发震时刻为北京时间 1950 年 8 月 15 日 22 点 09 分，震中最大烈度 11 度，断层长度约 250km（Ben-Menahem et al.，1974），产生了 7 ～ 8m 的断层滑移（Chen and Molnar，1977），造成近 4000 人死亡，整个青藏高原及毗邻的印度平原地区均有明显震感。有学者基于 P 波初动方向、余震分布和当地的地质特征计算了该地震的震中位置和震源机制解，认为地震发生在（28.65°N，96.68°E），走向为 NW—SE，属于右旋走滑型地震（李保昆等，2015）。利用面波和体波振幅信息，结合余震和滑坡分布规律获得的结果，同样认为该地震发生在走滑断层上（Ben-Menahem et al.，1974）。前震主要发生在雅鲁藏布江大峡谷北部，初期余震大部分位于震中察隅附近，此后逐渐扩展到印度和缅甸等南部大范围地区，呈现由 NW—SE 方向的顺时针旋移，显示出分时段分区分布的特征（Ben-

Menahem et al.，1974）。基于主事件定位方法，对主震及其 100 个余震进行了重新定位，发现余震没有明显的方位分布规律，低角度北倾的逆冲断层同样可以很好地拟合所观测到的地震波形，符合米什米（Mishmi）山逆冲断裂的产状（Chen and Molnar，1977）。由于关于历史大地震的早期数据资料有限，对其发生规律等问题目前还存在很大争议。

北京时间 2017 年 11 月 18 日 06 时 34 分，在雅鲁藏布江缝合带顶端发生了里氏震级为 6.9 级的地震。USGS 和 GCMT 目录给出的北倾节面的走向、倾角、滑动角分别为（303°/36°/83°）和（328°/66°/108°），主震震源机制解以逆冲型为主兼有走滑成分。USGS 地震目录给出的震中位置位于数条主要断裂的交会部位，西部与加拉白垒峰及大型冰川相邻（图 3.29）。除地质构造复杂外，震源区的地理地貌特征也很特殊，地形起伏高达 8km，地势险峻，人烟稀少。

中国科学院青藏高原研究所在林芝市鲁朗镇建设了藏东南高山环境综合观测研究站（藏东南站），我们在此安装了宽频带固定地震台站，考虑到该地区地下沉积层较厚、地震波信号衰减大的实际情况，还对台站的地基进行了改造，将钢钎植入深井，使台站与地下基岩之间能更好地接触（图 3.30）。藏东南台站位于震中以西约 30km，清晰地记录了此次米林地震主震及其余震，为地震参数的确定提供了宝贵的近震观测资料（图 3.31）。

图 3.30　建于中国科学院青藏高原研究所藏东南站的宽频带流动地震台站

地震发生后，中国科学院青藏高原研究所立即启动应急响应。根据中国科学院青藏高原研究所总体部署，在第一时间前往震中地区开展宽频带流动地震台站布设和野外现场地质考察工作，发现震中附近多处房屋倒塌，山体塌方，沿江有明显沙土液化和水位上升现象，推测雅鲁藏布江下游震中区可能发生了堵江（图 3.32）。

基于藏东南站宽频带流动地震台站记录的波形数据，同时收集中国地震台网和美

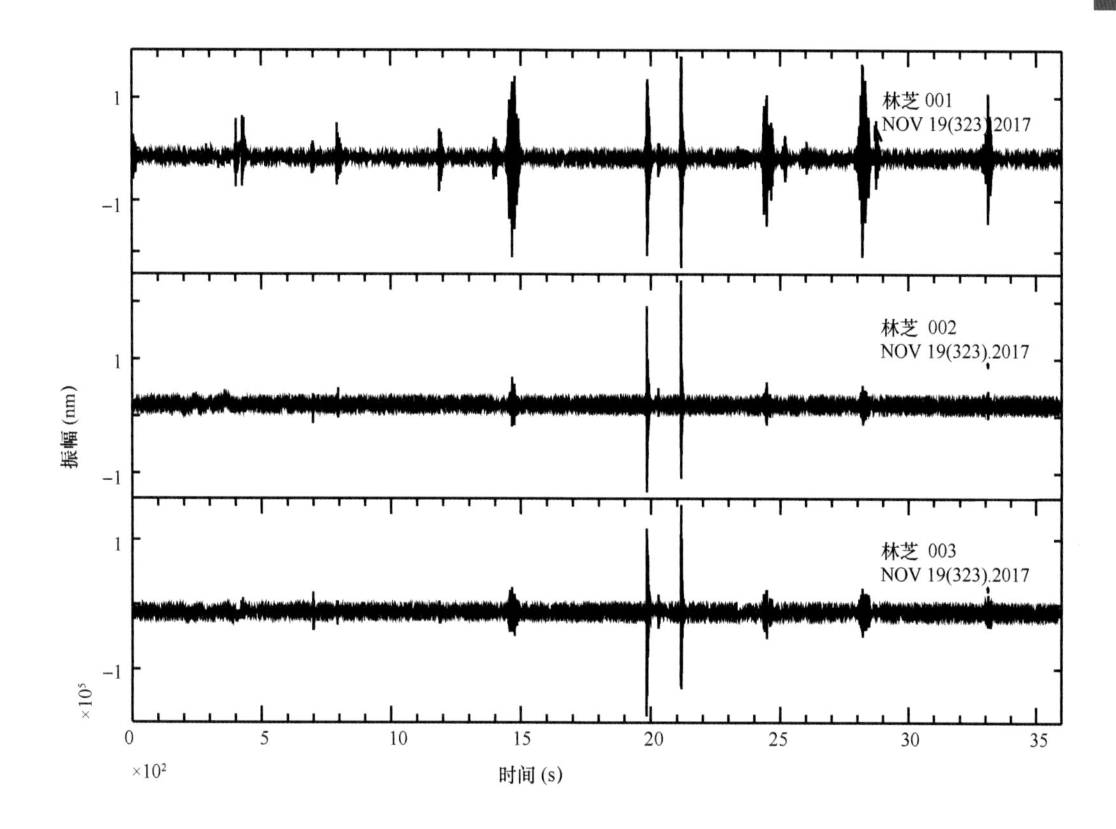

图 3.31　2017 年米林地震后第二天 24h 连续波形数据

(a)　(b)

图 3.32　野外地质考察与地震观测（据白玲等，2017）

(a) 米林县派镇直白村房屋严重受损；(b) 米林县派镇直白村房屋墙面裂隙

国地震学联合研究会 (IRIS) 提供的波形数据，对该地震的震源位置重新进行了确定。结果表明，该地震的震源深度为地表以下 10±2km（海平面以下 7±2km）。波形拟合结果表明，该地震的震源破裂在深度上没有明显的方向性，破裂较大的位置主要集中在初始破裂点附近。接收函数研究结果表明，喜马拉雅东构造结周边的拉萨地块内普遍存在低速层，分布在 20 ～ 40km 深度范围内，厚度为 5 ～ 15km（程成等，2017），表明该地区地震发震层主要位于拉萨地块上地壳。

重新定位获得的震中位置为(29.87±0.01°N，95.02±0.01°E)，位于印度大陆俯冲前缘南迦巴瓦变质体与欧亚大陆拉萨地块相互碰撞的交界处。不同地震目录的对比表明，本次地震重新定位后的位置位于CENC、USGS和GCMT震源位置的东北部，更加靠近西兴拉断裂，揭示了南迦巴瓦构造结的逆冲推覆和青藏高原侧向挤压的构造背景(图3.33)。

4. 西喜马拉雅构造结地区地震震源参数特征

西喜马拉雅构造结(简称西构造结)是指帕米尔、兴都库什、天山等地区，是世界上仅有的与洋壳俯冲没有直接关联的中深源地震带，地震带长约700km，近S形分布(图3.34)。印度–欧亚板块的近N-S向汇聚作用使得地壳物质在这里被大规模压缩，青藏高原最宽处超过1200km，而帕米尔高原只有近500km宽，地壳厚度高达75km，是一个年轻的正在进行着的大陆俯冲–碰撞造山带(图3.34)。该地区出露有大面积的花岗质岩石，记录了大洋俯冲—大陆碰撞—大陆俯冲的岩浆活动。三维走时层析成像等地球物理资料显示，印度板块在该地区俯冲到400km甚至更深，但是俯冲的连续性

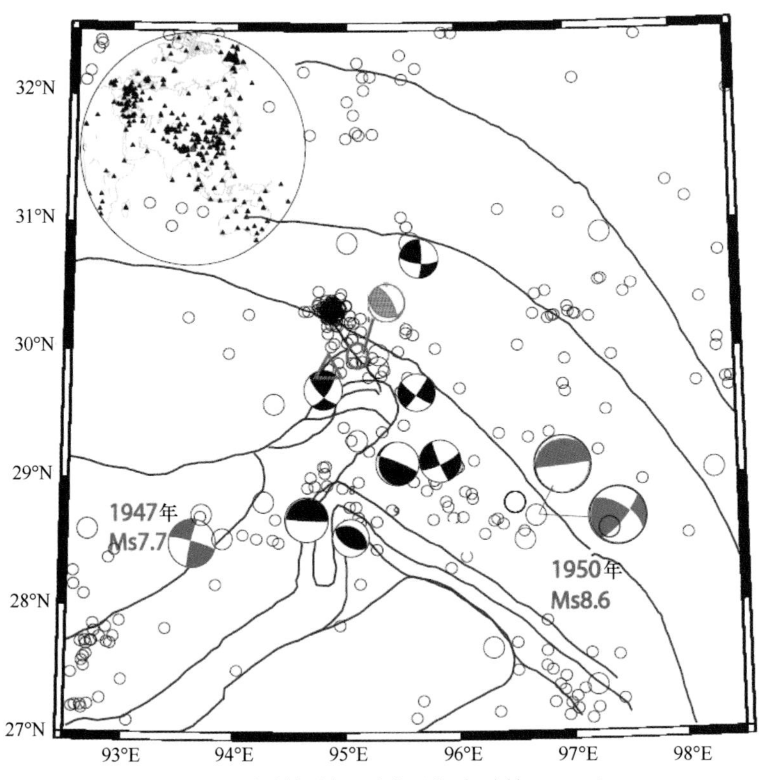

图3.33 台站与地震分布(据白玲等，2017)

红色三角形表示藏东南台站位置，红色沙滩球所指位置为重新定位后的结果。其他标志分别代表：红色细线圆圈为本次地震CENC、USGS和GCMT震中位置，小圆圈为1964年以来发生的4.5级以上地震，大圆圈为1000～1964年发生的6.0级以上地震，蓝色沙滩球为1900年以来发生的两次7级以上地震，黑色沙滩球为1964年以来发生的较大地震的震源机制解。左上角插图表示地震定位使用的台站

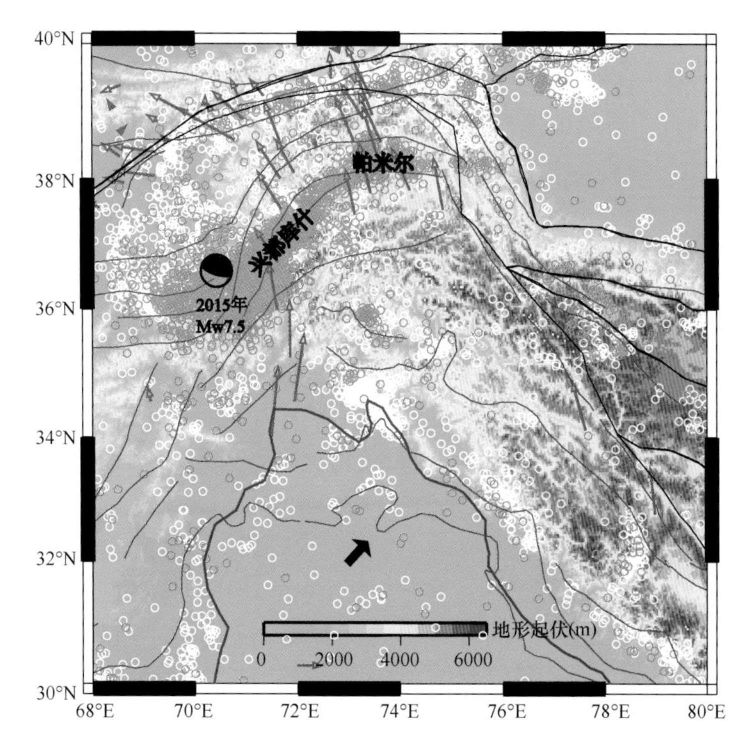

图 3.34　帕米尔 – 兴都库什地区地质构造背景与地震活动

板块汇聚使地表发生了强烈的缩短变形，地震震源深度高达 300km

和形态存在较大差异。

自 1960 年以来在西构造结地区共发生 6 次 7 级以上中深源地震，包括 1993 年 8 月 9 日 Mw 7.1 地震、2002 年 3 月 3 日 Mw 7.3 地震和 2015 年 10 月 26 日 Mw 7.5 地震。这些地震以高角度逆冲型为主，平均间隔约为 10 年（图 3.35）。3 次地震震中位置比较接近，均位于印度板块在深部向南倾的俯冲边界上，震源深度均为 210km，断层面走

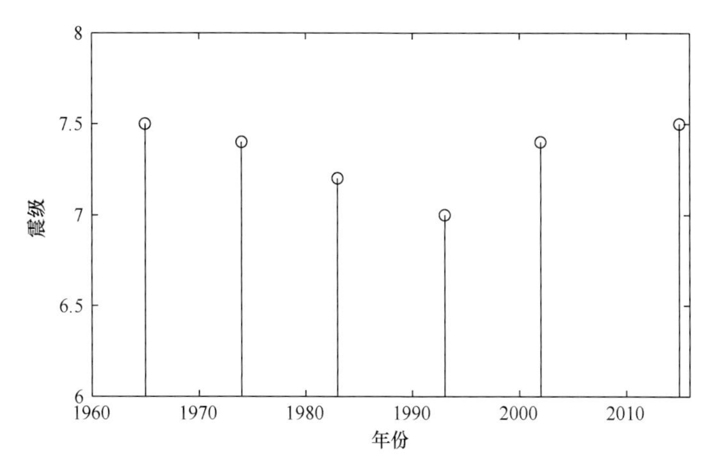

图 3.35　帕米尔 – 兴都库什地区 1960 以来发生的 6 次 Mw 7 以上中深源地震的时间 – 震级分布图

向为近东西向，倾角约 70°，震源机制解类似。2015 年 7.5 级地震发生在阿富汗境内，位于阿富汗 – 巴基斯坦边界附近。虽然震源深度高达 210km，但是巴基斯坦、阿富汗、印度及中国境内西藏、新疆地区均有强烈震感，共造成 365 人死亡，其中巴基斯坦境内 248 人死亡，阿富汗境内 115 人死亡，印控克什米尔地区 2 人死亡。

S 形中深源地震带包括南部的兴都库什和北部的帕米尔两部分，两者在构造背景、地震的深度分布和震源机制解特征等方面具有很大的差异。在南段的兴都库什地区，地震在 75 ～ 175km 深度范围内沿着近 60º 的倾角向北部倾斜，在 175 ～ 275km 深度范围内发生角度更大的向南倾的倒转（图 3.36）。震源机制解以逆断层型地震为主（图 3.37），表明该地区现今的构造应力场主要处于挤压状态，与典型的大洋俯冲带类似。

与南部的兴都库什地区相比，北向挤压导致的地壳缩短主要发生在其北部边缘的帕米尔逆冲带上，即 S 形中深源地震带的北段，这里调节了印度 – 亚洲汇聚量的很大一部分 (Ischuk et al.，2013)，其地下结构更加复杂，中深源地震主要位于 75 ～ 200km（图 3.37），以近 45º 的倾角向南侧倾斜，震源机制解复杂多样 (Gao et al.，2000)（图 3.38），以走滑型地震为主，挤压和剪切等作用同时发生（图 3.39），与典型的大洋俯冲特征存在明显的差别，无法简单地用板块碰撞俯冲的模型进行解释。因此，帕米尔 – 兴都库什地区发生的中深源地震，与大尺度的印度板块和亚洲板块的双向俯冲，以及区域性活断层等构造之间到底有什么关联，仍然存在很大争议 (Pegler and Das，

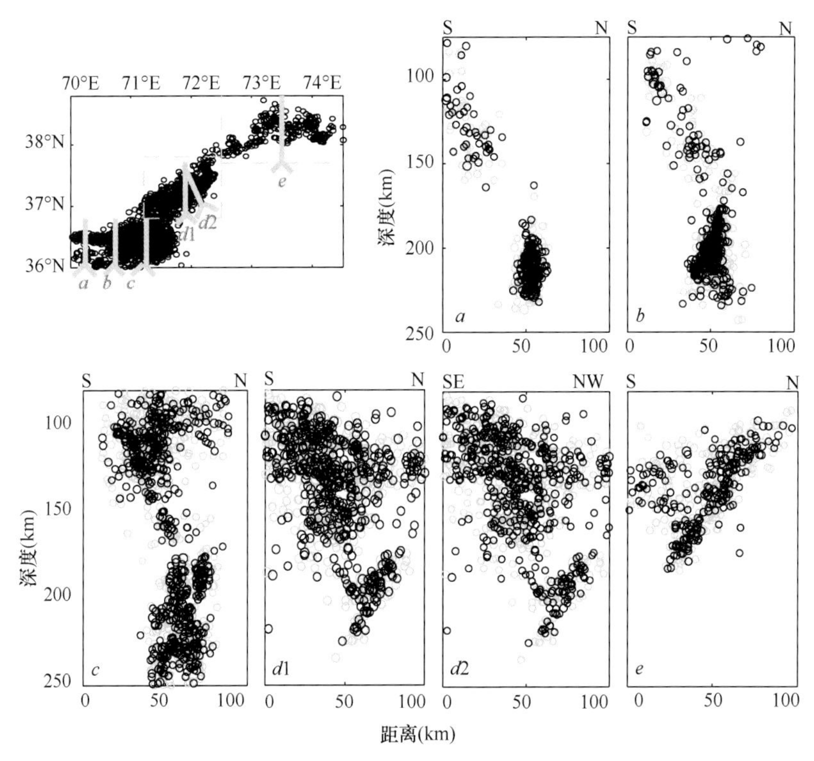

图 3.36　帕米尔 – 兴都库什地区中深源地震重新定位前（灰色圆圈）、后（黑色圆圈）地震分布的平面图与剖面图（剖面 a ～ e 的位置见平面图）（据 Bai and Zhang，2015）

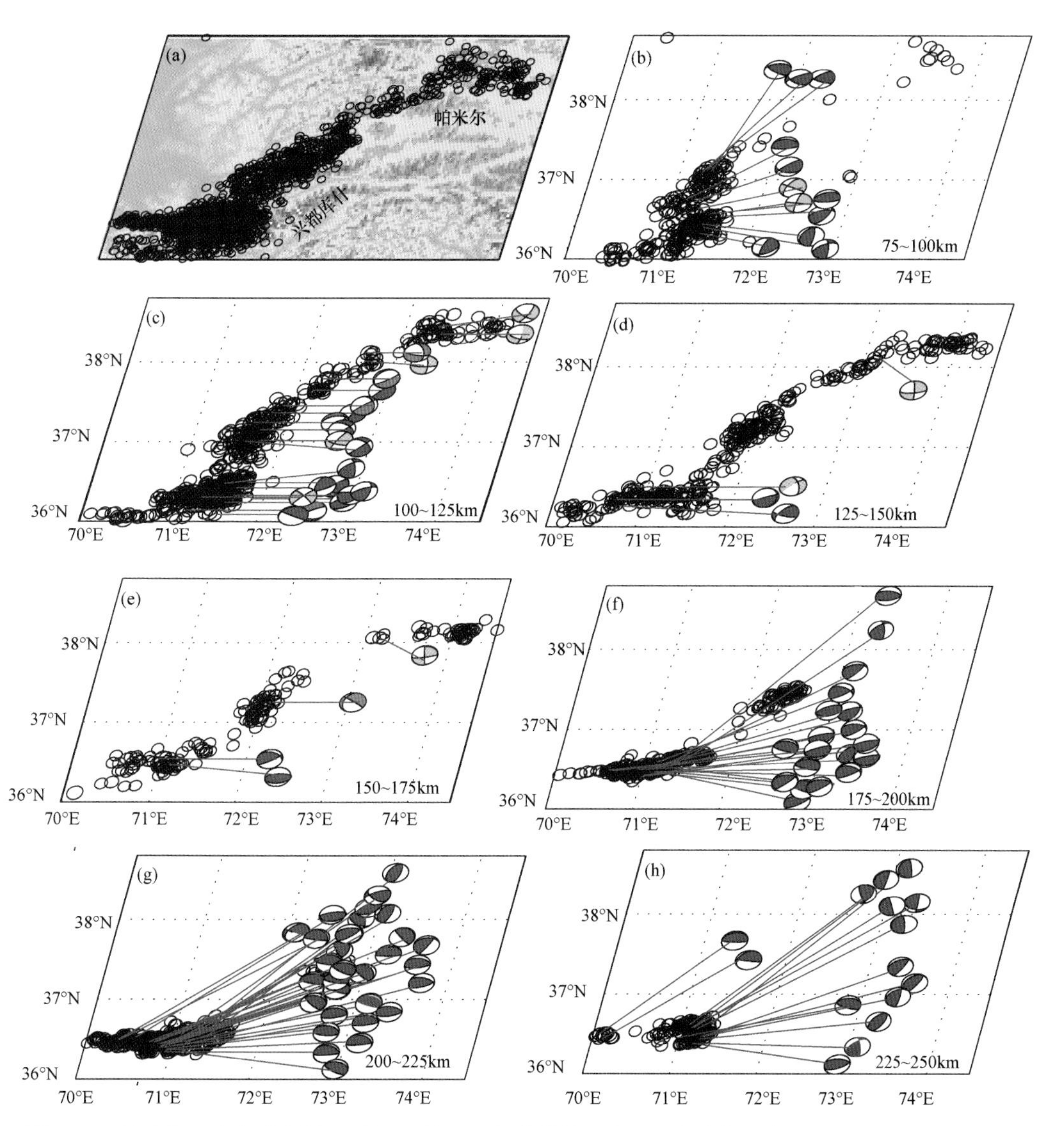

图 3.37　帕米尔－兴都库什地区中深源地震重新定位结果与震源机制解（据 Bai and Zhang，2015）

(a) 为地震分布与构造背景；(b) ～ (h) 分别为每隔 25km 绘制的平面图

1998；Zhao et al.，2010d）。

上述地震观测结果表明，北向俯冲的印度板块在 175km 以下的深度发生了北倾向南倾的偏转，本书支持前人提出的印度板块发生拆离并形成香肠构造的观点 (Lister et al.，2008)。进一步观测结果表明，兴都库什地区地震的震源机制解虽然以逆断层型地震为主，但是震源机制解具有不同的 *P* 轴方向，而且具有规律性的分布特征，分布在东西两侧不同位置，同时具有不同的深度范围，表明印度板块俯冲方向和角度在 (71ºE，36.5ºN) 附近发生了明显的偏转，应力场呈现复杂的水平和深度方向上的变化，剪切作用伴随板块挤压俯冲作用同时发生（图 3.40）。

与中深源地震相比，西构造结地区浅源地震主要分布在帕米尔北部的主帕

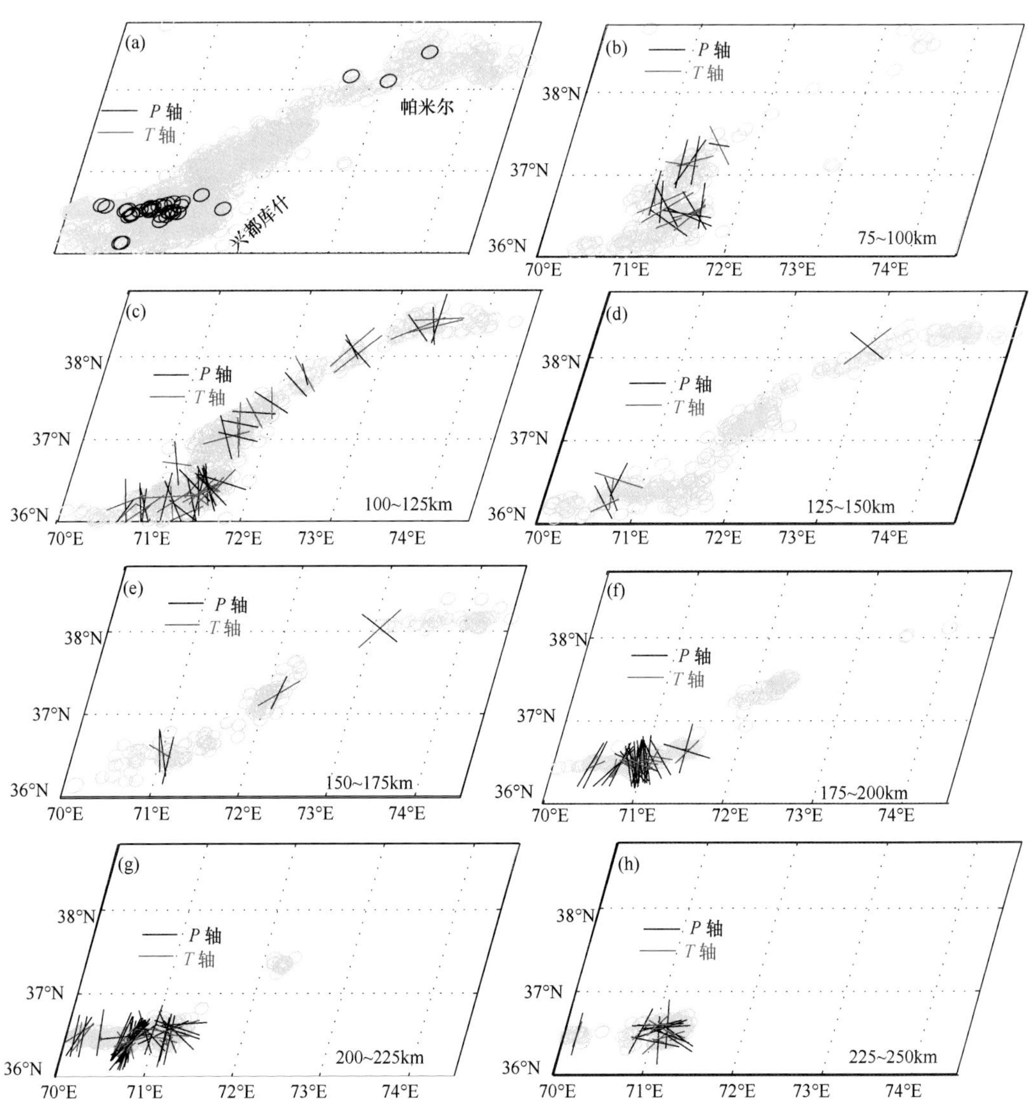

图 3.38　表示主压（黑色直线）和主张（红色直线）应力轴的分布（与图 3.37 类似）（据 Bai and Zhang，2015）

米尔逆冲断裂 (MPT) 及其天山地区。作为世界上最活跃的陆陆碰撞造山带之一，天山地区的许多地学问题一直困扰着该领域的研究学者，如不同的地质单元的构造关系及绵延 2500km 的近东西向的造山带和山间盆地下的浅源地震带（图 3.41）。尽管距离南部的俯冲汇聚前缘有很长距离，但东天山的形成与来自南部板块碰撞的应力有莫大关系。东西费尔干纳断裂带的地质结构差别较大，这主要是因为印度板块及黏弹性的地幔物质俯冲到天山之下，这对费尔干纳断裂带的地质结构产生重要影响。

该地区地震震源机制解以逆冲型为主，说明该地区的构造背景为挤压类型，而发生在北西塔里木盆地和主帕米尔俯冲带的地震的震源机制解显示，这些地区的应力场

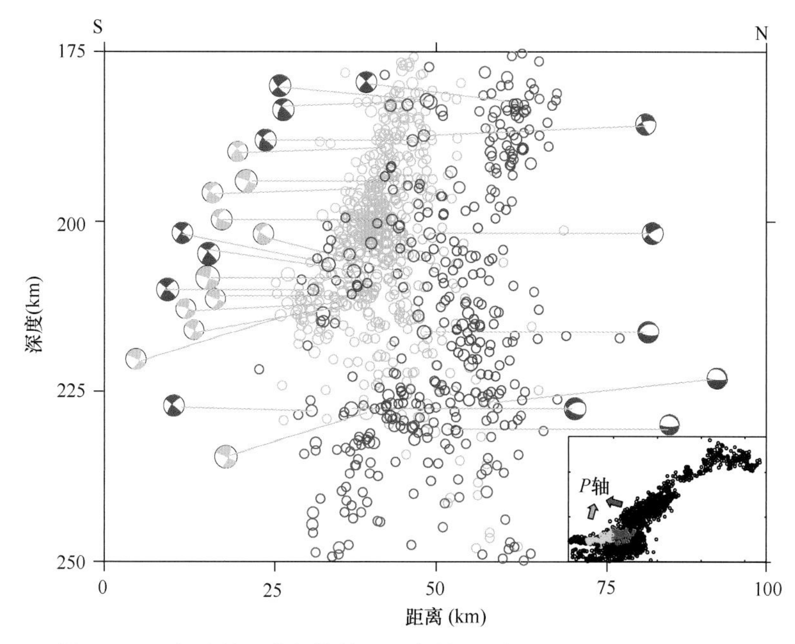

图 3.39　重新定位后获得的地震深度剖面（据 Bai and Zhang，2015）
上图显示了不同地区的地震和（右下角插图）在深度分布与震源机制解等方面的不同特征

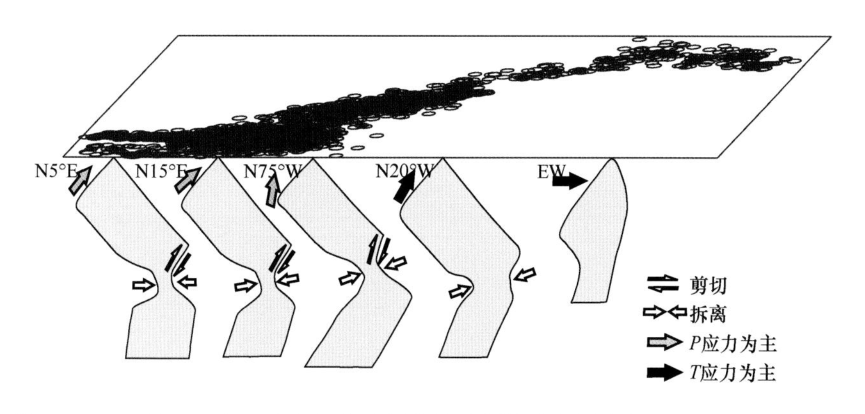

图 3.40　帕米尔 – 兴都库什地区印度板块俯冲形状示意图（据 Bai and Zhang，2015）

具有多样性。沿着南天山缝合带由西向东，地震的强度逐渐降低。通过观测喀什 – 阿克苏叠瓦构造带上发生的震群，可以发现塔里木盆地向天山下的俯冲形态并不是一致的，而是表现出差异性。此外，在喀什 – 阿克苏叠瓦构造和费尔干纳盆地下，发育有震源深度达到 80km 左右的比较深源的地震。在 Bashkaingdy 下 80km 处存在低速异常，在中天山下稍浅的地方存在高速异常（图 3.42）。

与西天山相比，东天山的速度相对较高，地震活动相对较少，表明西天山的变形程度较小。我们推测导致东西天山呈现变形差异的原因主要如下：①费尔干纳盆地的北缘出现了应力的衰减；②费尔干纳盆地的右旋运动产生的应力被帕米尔深俯冲抵消；③在下地壳中出现了由低密度的地幔物质形成的黏弹性层。此外，在东天山南部

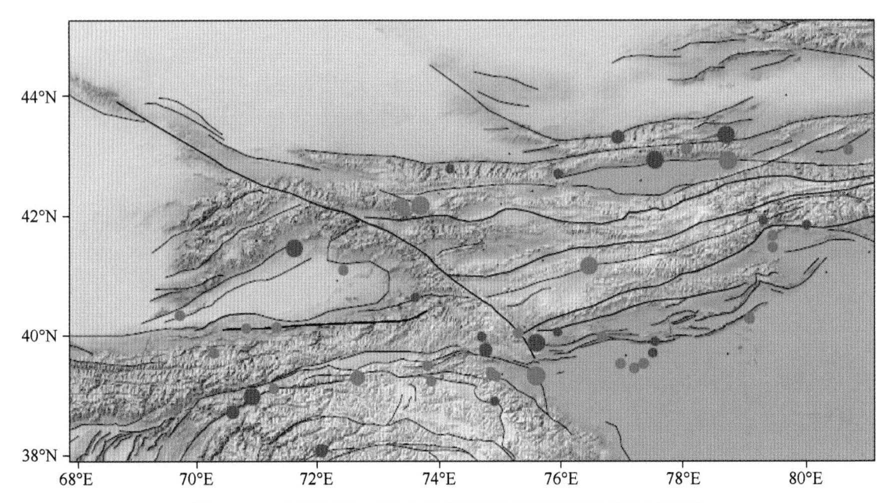

图 3.41 帕米尔 – 天山地区构造背景与地震分布图

蓝色和红色圆圈分别表示 1960 年之前和之后发生的较大地震

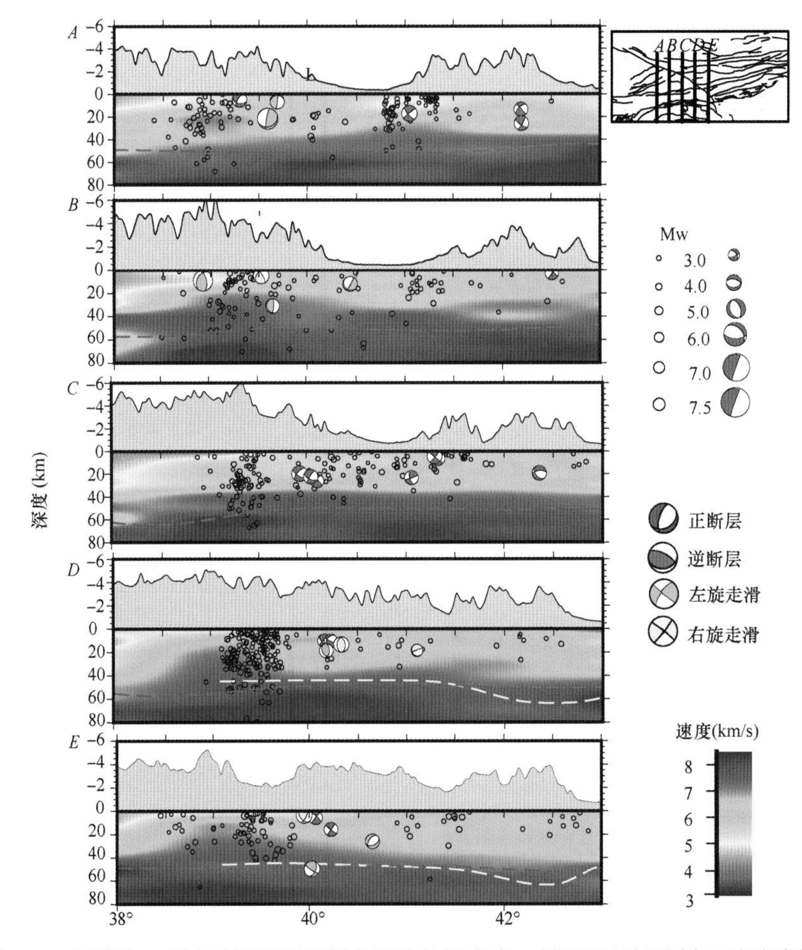

图 3.42 帕米尔 – 天山地区沿着不同剖面的地震分布、震源机制解及其 P 波速度结构

（Khan et al.，2017）

Bashkaingdy 下观测到的低速异常与东天山的形成直接相关。这种低速异常的发现表明，塔里木盆地北向俯冲到东天山的上地幔并产生部分熔融，进一步揭示了盆地与造山带不同构造单元之间的深部接触关系（图 3.42）(Khan et al., 2017)。该观测结果为天山的形成提供了有力的地震学证据，表明塔里木盆地的北向俯冲和哈萨克地块的南向俯冲是天山形成的主要原因。

3.2.3　喜马拉雅山地区的地震活动揭示的构造意义

陆陆板块的长期相互碰撞使青藏高原–喜马拉雅地区的岩石圈经历了强烈的变形。与大洋岩石圈相比，大陆岩石圈构造要复杂得多。从威尔逊旋回的角度来讲，大陆俯冲是大洋俯冲的继续，但大陆俯冲变形过程更加复杂，其远程响应可扩展至数千千米之外。不同构造背景下岩石圈形变模式的复杂性导致了地震活动的多样性（图 3.43）。

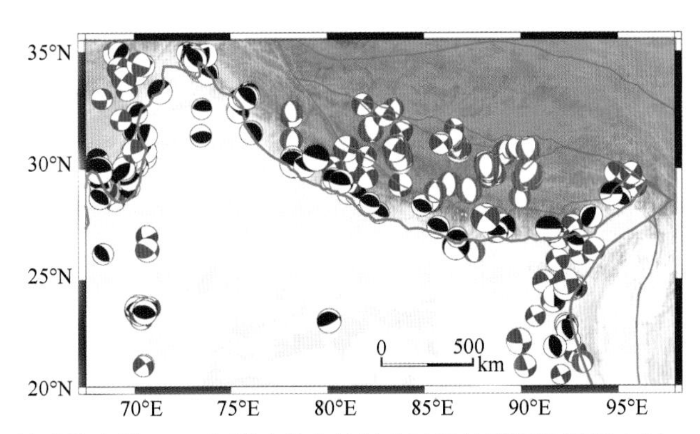

图 3.43　喜马拉雅造山带 1960 年以来发生的较大地震的震源机制解（据 Bai et al., 2017）

不同颜色表示不同类型的震源机制解

20 世纪 90 年代以来，我国地学工作者与美国、德国、法国、加拿大等多个国家合作，在青藏高原南部和喜马拉雅山陆续开展了地震和地质等方面的野外工作，积累了宝贵资料，在碰撞造山过程和大地震发生机理方面提出了许多构造模型，包括隧道流模型 (Beaumont et al., 2001；Jamieson et al., 2006)、低喜马拉雅双重构造模型 (Gao et al., 2016；Bollinger et al., 2006)、被动楔形逆冲挤出模型 (Burchfiel and Royden, 1985)、主动反序列逆冲模型 (Wobus et al., 2005) 等。隧道流模型的核心思想是地壳下部存在柔弱层，高喜马拉雅结晶岩系主要来源于部分熔融的造山带中下地壳，在双倍加厚地壳的重力作用下向南流动，下地壳的流动造成了青藏高原的隆升。双重构造是低喜马拉雅和特提斯喜马拉雅地区重要的结构模式，由顶板逆冲断层和底板逆冲断层 (MHT) 及夹于其中的叠瓦式逆冲断层组成，印度板块向北俯冲过程中地壳物质在低喜马拉雅堆积并形成中间层叠瓦式逆冲断层。被动楔形逆冲挤出模型认为，高喜马拉雅结晶岩系是一套高级变质的结晶杂岩，高级变质的高喜马拉雅夹持在低级变质的低喜马拉雅和特提斯喜马拉雅之间，高喜马拉雅向下变细形成楔形体，从两个低级变质系岩中向南挤出。从断层扩展方式来看，从造山带向前陆逐渐扩展的逆冲断层发育序列更为常见，而在喜马拉雅造山带前缘，新断层MFT形成之后，原有的断层（MBT和MCT）仍然活动，表现为异常序列逆冲扩展形式。

地震活动为合理解释造山带构造模型提供有力证据。地震目录中给出的震源深度贯穿整个西藏和印度地壳。从1990年以来在青藏高原–喜马拉雅地区发生的中等规模地震的震源参数来看（图3.43），地震活动与不同构造单元的背景具有明显的相关性。然而由于喜马拉雅地区自然和政治环境比较特殊，缺乏必要的长期连续的地震观测，对于该地区地震发生规律的认识还存在很多争议，主要包括如下几个方面。

1）在造山带中部高喜马拉雅北部地区部分地震震源深度高达80km，位于俯冲的印度板块的莫霍面附近。这些地震到底是发生在上地幔还是下地壳，是喜马拉雅及全球很多地区地震学研究的热点问题。Chen和Yang(2004)采用波形拟合的方法测定了地震的震源深度并提出了地幔地震的证据，此后临时地震台阵观测也发现了震级较小（Mw<4）的地幔地震（Liang et al.，2008；Monsalve et al.，2006）。另外一种观点认为，印度俯冲过程中麻粒岩发生榴辉岩化作用，并在60～85km深度附近形成双莫霍面（Hetényi et al.，2007），这些较深的地震可能发生在榴辉岩化的印度板块下地壳内（Priestley et al.，2008）。对于岩石圈流变学分层结构的认识，依赖于地震震源深度与莫霍面深度测定的精度。

2）西构造结是世界上仅有的陆陆碰撞深俯冲带，印度板块在0～150km深度范围内以高角度向北侧俯冲，在150km深度以下发生向南俯冲的突然偏转，震源深度分布和震源机制解所揭示的区域应力场呈现复杂的水平和深度方向上的变化，挤压、拉张、剪切作用伴随板块俯冲作用同时发生。其地震活动代表的是海相俯冲还是陆相俯冲、是一个俯冲带还是两个俯冲带等问题还一直存在争议。在典型的洋壳俯冲带，地震沿着俯冲板块表面有规律地排列，震源机制主压应力轴与俯冲角度一致性较好，兴都库什地区的地震，基本上符合洋壳俯冲带特征，但是从陆陆碰撞的年龄与速率来看，200～300km深度的地震，似乎用印度板块俯冲过程进行解释更加合理。一些研究认为，这些深源地震与南北两个俯冲过程相关。但是从震源机制来看，帕米尔地区的地震，以走滑型地震为主，与典型俯冲带地震完全不同，这些证据表明北倾的印度板块发生撕裂或者地震发生在南倾的亚洲板块的内部。

3）喜马拉雅–青藏高原造山带是典型的高温造山带，中下地壳发生大范围熔融，下地壳的流动造成了青藏高原东部的隆升和向外扩展。地壳流的观点最早是针对青藏高原东缘提出的，青藏高原东部地区在隆升的过程中经历了强烈的断裂错动和地壳变形，然而GPS观测结果表明，龙门山和相邻的前陆盆地却不存在显著的缩短量，基于横向均一的黏滞流变模型模拟青藏高原及其下伏地壳的演化过程，推测在该地区可能存在地壳流（Royden et al.，1997），模拟结果表明，表面速度和变形场与GPS观测具有很好的一致性。相比而言，在喜马拉雅山地区，地壳流的方向、深度分布及流体力学特征等方面存在明显差异（Beaumont et al.，2001）。地壳流低速层的深度分布范围与岩石圈中孕震层的厚度有直接的相关性。

3.2.4 喜马拉雅山地区的地震危险性分析

纵观历史发展进程，长期以来地震及其火灾、滑坡等次生灾害一直是自然界主要的自然灾害来源。青藏高原周边发育许多大型的活动构造带，如南边的喜马拉雅造山带，北边的天山造山带，东南边的云南—四川地震带，西边的帕米尔—兴都库什地震带，历史上这些构造带都发生过强烈的地震。地震危险性分析是降低地震灾害风险的有效手段，在喜马拉雅山地国家和地区，现有的各式建筑建于不同年代，房屋以砖木结构为主，绝大多数建筑缺乏抗震设计，房屋坍塌是地震时的最大威胁，如何保障公众在地震中的生命安全是地震危险性分析首先要考虑的问题。

以 Cornell(1968) 的早期工作为基础，概率性地震危险性分析（probabilistic seismic hazard analysis，PSHA）成为世界范围内常用的方法，在全球尺度和区域尺度得到了广泛应用。目前国际上许多国家地震区划图都采用 PSHA 方法，其在我国地震区划中的应用始于 1990 年，针对大陆板内地震活动特点，对地震活动性模型进行了改进，形成了考虑地震活动时空不均匀性的概率地震危险性分析方法（Gao，2003）。

计算过程中首先通过收集历史大地震、现代中等以上地震、断层几何形态等地震地质资料，根据不同的构造背景，对整个研究区域划分潜在震源区。依据地震发生规律确定震级分布和震源模型。根据强地面运动观测数据获得的地震动衰减特征，建立地震动预测模型，在逻辑树结构中对于不同的模型采用不同的权系数，对地震参数估计和地震动参数衰减关系不确定性进行分析，权系数的选择由计算过程中的不确定性决定。最后计算场点的地震动超越概率曲线，获得地震动峰值加速度（peak ground motion acceleration，PGA）区划图。

基于喜马拉雅地区构造背景复杂的实际情况，我们采用多种地震动参数和震源模型的组合，将潜在震源分为线源、面源、弥散源三个不同类别，不同模型的组合对该研究区域具有很好的适用性。尼泊尔地区地震多发，地震资料丰富，与相邻地区相比活动断层资料比较详尽，我们以尼泊尔地区为例，对研究资料的选取和处理方法进行了测试和检验，揭示了不同潜在震源区模型对结果的影响，通过与前人的结果对比分析，对不同模型的组合对该研究区域地震危险性评估方法的适用性进行了探讨。

在此基础上进一步对青藏高原和喜马拉雅地区的 PGA 进行了评估。所得结果呈现明显的时空变化趋势，喜马拉雅地区的地震危险性普遍较高。对于 50 年超越概率为 10% 的地震动，地表峰值加速度位于 0.04 ～ 0.87g。此外，地震强度的分布图与地区的地质构造分布表现出了很好的耦合性（Rahman et al.，2018）。

喜马拉雅造山带是全球地震风险最高的地区之一，山地灾害的监测水平在喜马拉雅地区和我国西部的开发过程中占有举足轻重的战略地位。地震危险性分析对相关地质灾害形成机理的认识具有不可替代的重要性，同时对喜马拉雅地区工程建设具有参考价值，是服务“一带一路”沿线国家和地区经济社会发展的重要前提。

3.3 喜马拉雅山隆升的动力学演化过程

3.3.1 造山带构造隆升的深部控制因素

1. 造山带构造隆升的“层间插入消减”模型

喜马拉雅造山带是印度板块与欧亚板块在65Ma（Ding et al.，2005）碰撞造山的产物，而天山造山带则是塔里木板块在二叠纪末与准噶尔板块碰撞造山的产物，两者具有对比性。分布于天山两侧的塔里木盆地和准噶尔盆地是两个刚性块体，其特点是岩石圈整体性好，具有较高的地震波速度、较高的介质密度以及较高的电导率（Zhao et al.，2003，2006，2013），这两个刚性地块，在双向挤压的应力环境下变形相对较小；而天山是一个地震波速度相对较低、地壳及地幔顶部的密度较低、电阻率值较高、软的、干燥块体，地壳缩短主要发生在这里。在双向挤压下，塔里木地块的地壳在库尔勒断裂附近向天山造山带的地壳与上地幔分层插入与消减。地壳上部的沉积盖层发生拆离滑脱、逆掩和冲断；上、中地壳分别插入天山造山带的中地壳与下地壳；下地壳连同岩石圈地幔则向天山下面的上地幔俯冲消减（Zhao et al.，2003）。在俯冲消减过程中，大量的塔里木地块下地壳物质被带到天山造山带的上地幔。这些物质密度较小，熔点较低，再加之板块消减产生大量的热，在地下流体的渗入下，这些低密度的物质熔融，成为壳内岩浆源。由于高温高压作用，这些岩浆沿着板块缝合带或断层向壳内运移。岩浆在莫霍面附近侧向侵位，冷却后，在壳–幔间形成了一个薄层，当然，岩浆也可以在中上地壳就位甚至喷出地表。岩浆活动的多期性与构造活动的复杂性，使得天山下面的壳–幔过渡带十分复杂，它由数个薄层组成，总厚度约20km。对于基底以上的盖层来说，由于塔里木地块向天山的地壳和上地幔分层插入与消减，其下地壳与岩石圈地幔消减于天山的软流圈，中上地壳部分分层插入天山的中下地壳，结晶基底以上的盖层与基底发生拆离与滑脱，在基底的拖拽下产生大规模的逆掩与冲断。但由于盖层上部为自由端，在南北向挤压的环境下，在基底由于向天山的壳内插入而产生地壳缩短的背景下，盖层沿其下界面拆离、滑脱，并朝着准噶尔盆地的方向滑移、收缩，使得在地表所见的断裂和缝合带与相应的深部构造错位，形成不协调的深浅部构造关系。再者，塔里木地块下地壳物质被带到天山造山带甚至准噶尔盆地南缘的上地幔顶部，使天山成为低密度与低波速块体，在重力均衡作用下隆升。在水平挤压与垂直向上的力的综合作用下，基底以上的盖层产生大规模的逆掩推覆，形成典型的对称的花状构造。在这一过程中，盖层的底部为挤压环境，上部为引张环境，在这统一的力学环境下形成天山中部的大尤尔都斯盆地（赵俊猛，2005，2012；Zhao et al.，2010a，2010b，2010c）。

因此，天山地区的岩石圈增厚可能有以下几方面原因：①沉积盖层的逆掩冲断；②中上地壳的分层插入消减；③塔里木盆地下地壳物质的加入。这些下地壳物质的密度较小，根据重力均衡原理，它必定产生垂直向上的调整力，使天山隆升。而隆升的速度与塔里木盆地向天山下面俯冲消减的速度有关，也就是与西伯利亚板块和印度板块之间的敛合速度有关（图 3.44）。

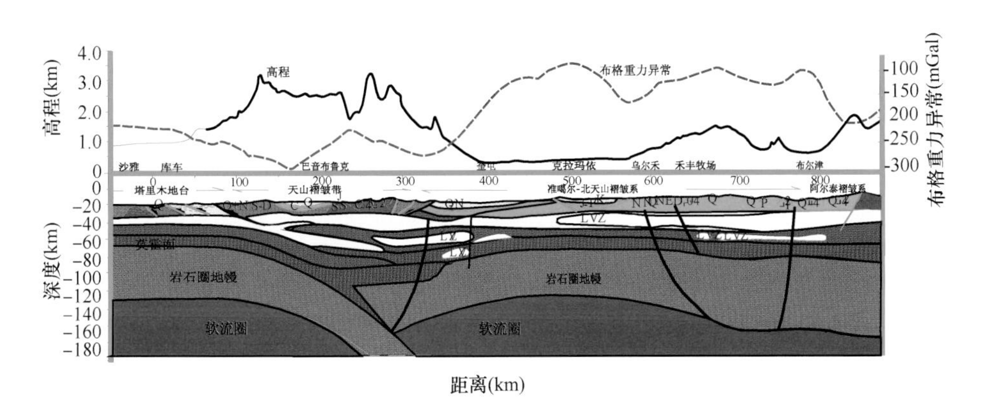

图 3.44　天山造山带岩石圈缩短、增厚与构造隆升的“层间插入削减”模型（据 Zhao et al.，2003）

天山造山带的构造抬升和准噶尔盆地的构造沉降的脉动式特点可能与古、中、新特提斯洋的关闭有关，也就是与羌塘、拉萨、印度三个地块依次与古亚洲大陆南部边缘的碰撞有关。每次碰撞都伴随着山脉的快速隆升与盆地的急速沉降，形成粗碎屑堆积与一系列的岩浆活动。

2. 喜马拉雅山构造隆升的深部控制因素

喜马拉雅山是印度大陆与欧亚大陆碰撞的前缘，其构造活动比天山更加强烈而复杂。为了研究喜马拉雅山的隆升机制，中外科学家在不同时间、不同部位对该造山带进行了探测研究，尤其是为了获得该造山带详细的地壳结构而进行了地震近垂直反射探测，发现了主喜马拉雅逆冲断裂（MHT）（Zhao et al.，1993）以及地壳构造叠置（Gao et al.，2016）。而近年来完成的横跨喜马拉雅的宽频带地震剖面（ANTILOPE-I、ANTILOPE-II、INDEPTH、Hi-CLIMB）等不仅获得了横跨喜马拉雅的莫霍面（地壳与地幔的分界面）、LAB（岩石圈与软流圈的分界面）与 410km 和 660km 上地幔间断面，还可以通过背景噪声成像等技术获得地壳内部的 S 波速度结构，其为研究该造山带的隆升机制与构造演化规律奠定了数据基础。

沿 ANTILOPE-I 剖面的地震背景噪声成像结果（图 3.12）刻画了南起喜马拉雅山，北至塔里木盆地的地壳 S 波速度结构。如果将该结果与沿同一剖面的 S 波接收函数结果［图 3.8(a)］结合起来，就得到图 3.45。

(1) 地壳表层的逆掩冲断

印度大陆的北向推挤使得喜马拉雅的地壳浅表不同构造层发生变形、褶皱、断裂、直立、倒转等构造变形，这种变形的向空中（自由端）发展使得地壳加厚、构造抬升，成为喜马拉雅构造抬升的第一因素。

（2）地壳内部构造叠置

Gao 等（2016）的研究结果揭示，喜马拉雅造山带西部的雅鲁藏布江缝合带之下存在地壳尺度的构造叠置，并且印度地壳并没有大规模向北俯冲到亚洲大陆之下。该研究认为，雅鲁藏布江缝合带的深反射地震莫霍面（即地壳与地幔分界面；莫霍面深度也可以视为地壳厚度）深度在 70 ～ 75km，横过雅鲁藏布江缝合带并不存在前人认为的 10 ～ 20km 莫霍面错断，同时，提出在特提斯喜马拉雅构造带—雅鲁藏布江缝合带之间存在一种新的陆陆碰撞地壳变形机制，即地壳尺度的构造叠置作用导致了俯冲板块的地壳物质顺着主喜马拉雅逆冲断裂（MHT）从底部向上部运移，形成多重构造叠置，这一过程造成印度俯冲地壳厚度变薄与喜马拉雅地壳加厚，这是喜马拉雅造山带构造抬升的第二因素。

（3）层间插入

在印度板块俯冲的过程中，印度的中下地壳（具有分层结构且各层具有不同的速度）将向欧亚板块的地壳“层间插入”（图 3.45），以消耗俯冲的印度岩石圈的中下地壳部分。在这里，可以观测到多震相现象，主要原因是此处发育多层界面。“层间插入”是造成喜马拉雅构造抬升的第三因素。

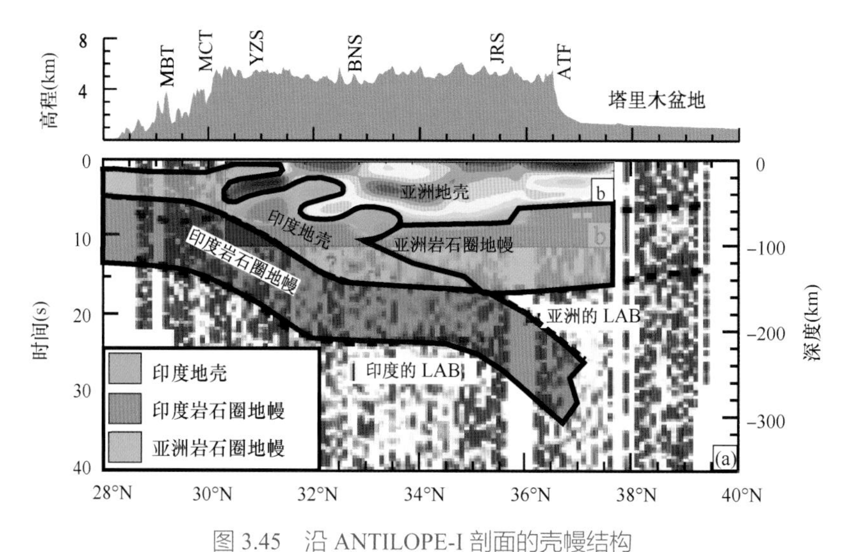

图 3.45 沿 ANTILOPE-I 剖面的壳幔结构

(a) S 波接收函数结果；(b) 地震背景噪声成像结果。ATF，阿尔金断裂；JRS，金沙江缝合带；BNS，班公错－怒江缝合带；YZS，雅鲁藏布江缝合带；MBT，主边界逆冲断裂；MCT，主中央逆冲断裂

（4）印度板片俯冲

印度板块的北向俯冲不仅提供了喜马拉雅及青藏高原更多的物质，而且将印度板块地壳部分的低密度物质带到藏南地壳的深处甚至上地幔顶部，由于密度差而产生浮力。因此，印度板块的俯冲不但加厚了喜马拉雅造山带及青藏高原，还产生浮力，是

喜马拉雅山及青藏高原快速隆升的动力之一。

3.3.2　洋 – 陆俯冲到陆 – 陆碰撞俯冲的特点及转换机制

1. 青藏高原碰撞板块格局

依据目前已有的研究结果，青藏高原碰撞板块的构造格局可概括如下。

1）在青藏高原之下，印度和亚洲岩石圈之间的边界大致沿塔里木盆地的西部边界到喜马拉雅东构造结一线。沿剖面印度和亚洲岩石圈的底边界具有明显的深度差，印度岩石圈俯冲深度约 200km，而亚洲岩石圈仅为 150km。另外，两个板块的俯冲角度从西向东发生了变化。亚洲板块的俯冲角度由西向东变低，而印度板块的俯冲角度从西向东变高。

2）在青藏高原的南部，地壳的缩短主要由印度的地壳向亚洲的地壳之下俯冲实现调节，俯冲的印度地壳由南向北已经超过了雅鲁藏布江缝合带。在青藏高原的北部，地壳的缩短主要由均匀的地壳增厚所吸收。

3）在青藏高原的中北部和东部发现了巨大的破碎带（西藏板块），它夹持于印度大陆与欧亚大陆之间，具有高温、低速、易于变形的特点。它的存在与位置得到了较弱的地震各向异性及来自 410km 间断面的到时所确定的较低的平均速度的佐证。

4）印度板块与亚洲板块碰撞的几何学特征表明，青藏高原的西南部海拔较高且地形起伏较大的原因是此处有刚性的岩石圈地幔的支持，而青藏高原东北部的岩石圈由于存在破碎带而相对较软，更易于变形，故海拔相对较低，地形相对平坦。

5）印度和亚洲岩石圈地幔之间的边界与地表主要缝合带的位置不一致，表明这些缝合带应当被限制在地壳范围内。

2. 洋 – 陆俯冲的特点

板块构造学说起源于大洋。大洋板块向大陆板块俯冲是一个经典的、规则的构造行为。从最基本的概念出发，一个大洋板块俯冲于一个大陆板块，该大洋板块由于具有较大的密度几乎可以全部俯冲于大陆板块之下。但当两个大陆发生碰撞俯冲情况就不那么简单，很难想象密度相当的两个大陆间发生碰撞时其中一个大陆可以全部俯冲到另一个大陆之下。

洋 – 陆俯冲的最终结果是陆陆碰撞、俯冲，即发生洋陆俯冲与陆陆碰撞俯冲的转换。在陆陆碰撞俯冲的情况下，一个大陆碰撞、俯冲于另一个大陆是有条件的、分层次的，地壳浅表的逆掩冲断，中上地壳的分层插入消减，以及印度下地壳物质的加入。这些下地壳物质的密度较小，根据重力均衡原理，它必定产生垂直向上的调整力，使喜马拉雅隆升，而隆升的速度与印度板块向青藏高原之下俯冲消减的速度有关。

3.3.3 喜马拉雅山隆升的动力学模型

1. 印度大陆碰撞

在与亚洲大陆碰撞以后，印度次大陆并没有停止其向北的移动，只是速度减慢为5mm/a，并向北插入在喜马拉雅山之下。当受到北部亚洲刚性地块的阻挡时，青藏高原处在强大的南北向挤压应力作用之下，其内部出现大规模的冲断及剪切作用，地块与地块相互重叠，岩浆活动显著，从而造成地壳在南北方向上缩短，在垂直方向上增厚，并有一部分物质向东滑移，在地貌上就形成一系列对冲山岭和盆地相间的挤压逆冲构造带，自北而南依次为祁连山—阿尔金山、昆仑山、唐古拉山、冈底斯山和喜马拉雅山等山脉。据估计，自古近纪–新近纪早期以来，印度大陆已向北推进了1500～2000km，并深深地楔入亚洲大陆内部，形成复杂多样的新构造变形。晚新生代以来，在整体不断隆升的背景下，青藏高原内部形成了一些不同性质的活动构造带（袁道阳和张培震，2001）。

2. 喜马拉雅山岩石圈增厚

岩石圈由地壳与岩石圈地幔两部分构成。岩石圈的缩短、增厚需要同时考虑地壳与岩石圈地幔相应的缩短与增厚。喜马拉雅山的地壳缩短、增厚主要体现在上地壳的逆掩、冲断、构造叠置；中下地壳的层间插入；在岩石圈地幔深度范围则发生印度岩石圈地幔的俯冲及印度下地壳部分物质的加入（到青藏高原的地壳与上地幔的顶部）。

3. 上地幔物质运动致使藏南南北向构造形成

对西藏西部地区的近远震数据联合反演，得到了该地区深浅部速度和各向异性结构特征（图3.46）。虽然速度异常随深度变化极小，但是该地区的各向异性结构呈现出明显的纵向分层情况，将其解释为向北运动的印度岩石圈受到了后期改造的作用。

通过对青藏高原中部地震成像（图3.47），结果显示印度板块的俯冲很可能是不连续的。并且，该地区的南北向裂谷成因与印度板块的俯冲状态和残留的欧亚岩石圈状态均有密切关系。从西向东，三条裂谷的成因分别为熔融填充 (LKR)，地幔结构东西向差异导致的地壳受力不均匀 (TYR) 和拆沉岩石圈 (PXR)。

使用Hi-CLIMB数据得到西藏中部地区的成像结果显示，印度板块在俯冲的过程中很可能发生了断裂（或者是有一些裂口存在于印度板块上）的情况，并且认为裂谷的形成很可能与这种地幔物质的上涌有关；印度板块的俯冲前缘到达班公错—怒江缝合带附近（图3.48）。

利用ANTILOPE-III剖面的南线数据，获得了横穿藏南“裂谷”南部的远震P波接收函数共转换点叠加偏移图像（图3.49），以及剖面的S波速度结构和所有台站的P波接收函数叠加图像（图3.50）。

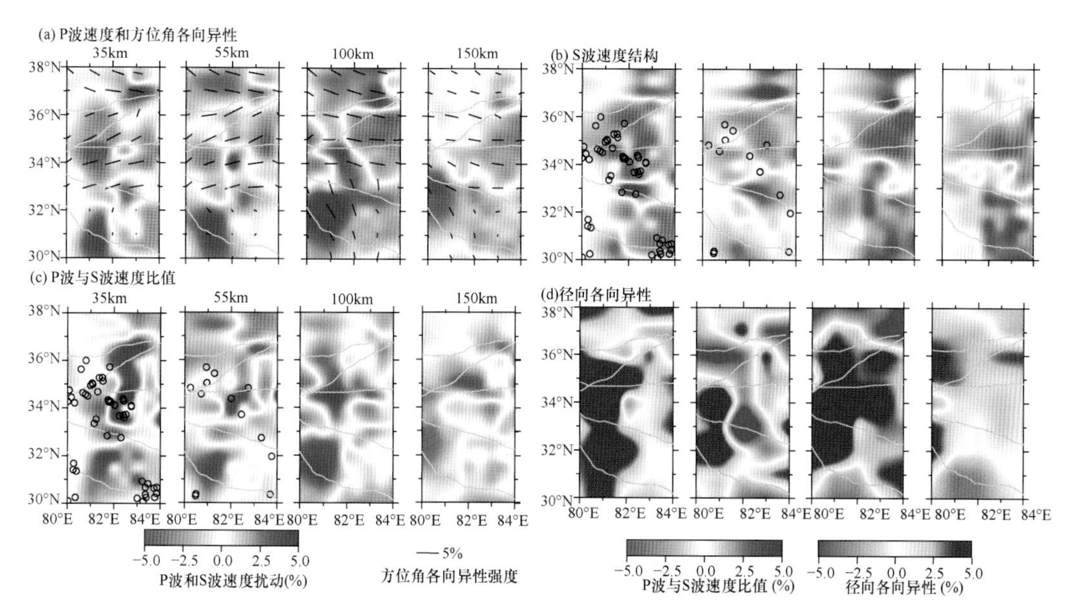

图 3.46　西藏西部地区深浅部 P 波速度与各向异性结构（据 Zhang et al.，2016）

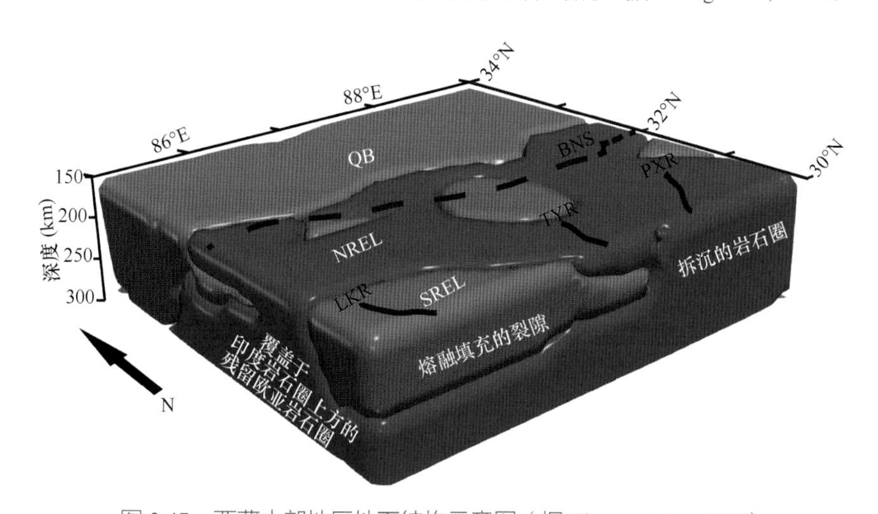

图 3.47　西藏中部地区地下结构示意图（据 Zhang et al.，2018）

红色和蓝色分别代表低速和高速相对扰动。QB，羌塘块体；BNS，班公错 – 怒江缝合带；NREL，残留欧亚岩石圈北部；SREL，残留欧亚岩石圈南部；LKR，洛普抗日裂谷；TYR，当惹雍错裂谷；PXR，扑母区申扎裂谷

图 3.49 和图 3.50 中在莫霍面上方的 40 ～ 50 km 深度处存在一个非常明显的壳内间断面，类似于已有的研究结果所提及的“双莫霍”现象，或者把这个壳内间断面解释为正在俯冲的印度下地壳的顶界面 (Xu et al.，2017)。这个间断面在尼玛—定日裂谷以西较弱，并且在剖面东侧被申扎—定结裂谷切断，这与反演得到的结果是一致的。整体上这两个间断面大致水平，说明下方的构造变化处于初期，地壳未受地幔上涌的物质所改造。申扎—定结裂谷在地表的位置与深部的位置相垂直，表明裂谷从地表到地幔有可能被切割，而且剪切的速度较快。剖面下方 30 km 深度存在两个连续的壳内低速层。藏南已有的接收函数的结果也发现了同样深度的低速层，并且也对应于人工

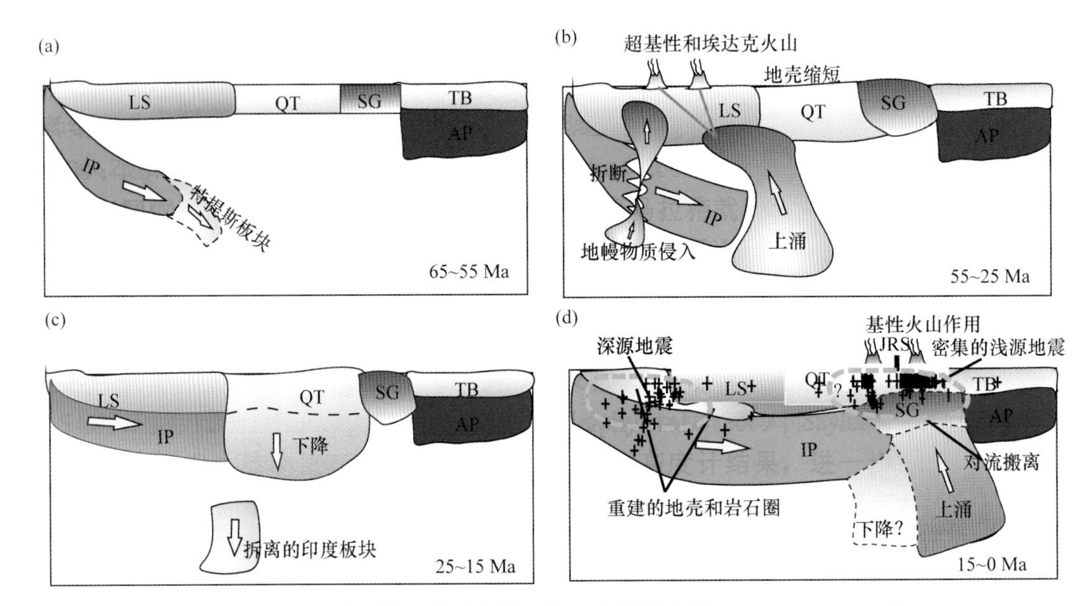

图 3.48　西藏中部地区的成像结果解释卡通图（据 Zhang et al.，2015）

LS，拉萨地体；QT，羌塘地体；SG，松潘－甘孜地体；TB，塔里木盆地；IP，印度板块；AP，亚洲板块；JRS：金沙江缝合带。黑色“十”代表地震位置

源反射地震剖面上的“亮点”结构。这个低速层的形成可能说明地壳中存在部分熔融的高温物质或者和含有自由水有关（Nelson et al.，1996）。莫霍面深度沿剖面自西向东从约 60km 逐渐加深到约 80km，在申扎—定结裂谷附近区域内先变浅后加深，而在尼玛－定日裂谷附近结构比较简单。

总的来说，共转换点叠加图像与波形数据的分析、反演的结果是一致的，这些结果都表明了尼玛—定日裂谷莫霍面平直分布，推测它可能是一个较新的裂谷，地壳的结构受到地幔物质的改造较弱。申扎—定结裂谷的莫霍面上隆 10km，说明申扎—定结裂谷下的地幔物质活动相对强烈，推测其形成时间较尼玛－定日裂谷要早。

藏南“裂谷”的形成机制与大陆裂谷的形成机制不完全相同。大陆裂谷是在水平的构造应力作用下同时向两边拉伸形成的。藏南裂谷的成因是印度板块向北持续俯冲，青藏高原西边界因印度板块俯冲至塔里木盆地而被固定，青藏高原内部下地壳与岩石圈地幔物质在南北挤压的应力背景下被迫向东迁移，且深部迁移的速度比地表的要快，造成藏南裂谷地表位置与莫霍面相应位置的错位，在南北挤压所造成的东西向拉张及地幔物质快速流动的拖曳的联合作用下地壳拉张、断裂，形成“裂谷”。

根据藏南裂谷深部结构特点，尤其是南北向构造的深、浅部构造关系，结合地质与地球化学成果，综合分析藏南南北向构造的属性，认为发育在藏南的南北向构造不完全具有成熟（典型）裂谷的深部构造特点，即使称为裂谷也是处于裂谷的“婴儿期”；而藏南“裂谷”形成的机制与典型大陆裂谷不甚相同。强烈的南北向挤压引起的地壳东西向拉张，以及藏南（特别是西藏板块）上地幔物质的东向迁移是藏南“裂谷”形成的重要因素（刘启民，2013；张衡等，2011）。

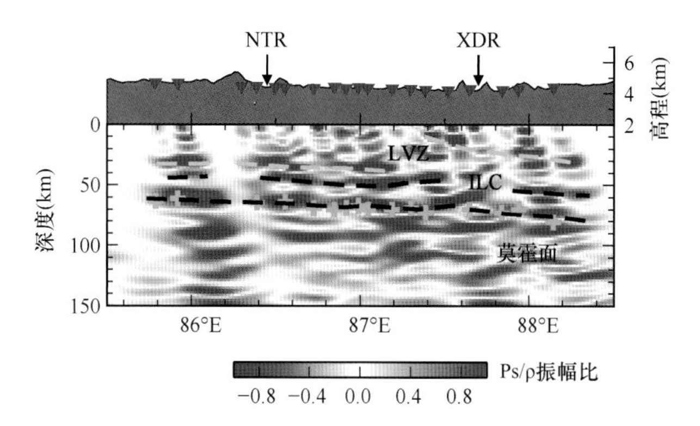

图 3.49　TD 剖面的远震 P 波接收函数共转换点叠加偏移图像

NTR，尼玛－定日裂谷；XDR，申扎－定结裂谷；ILC，印度下地壳；LVZ，低速层

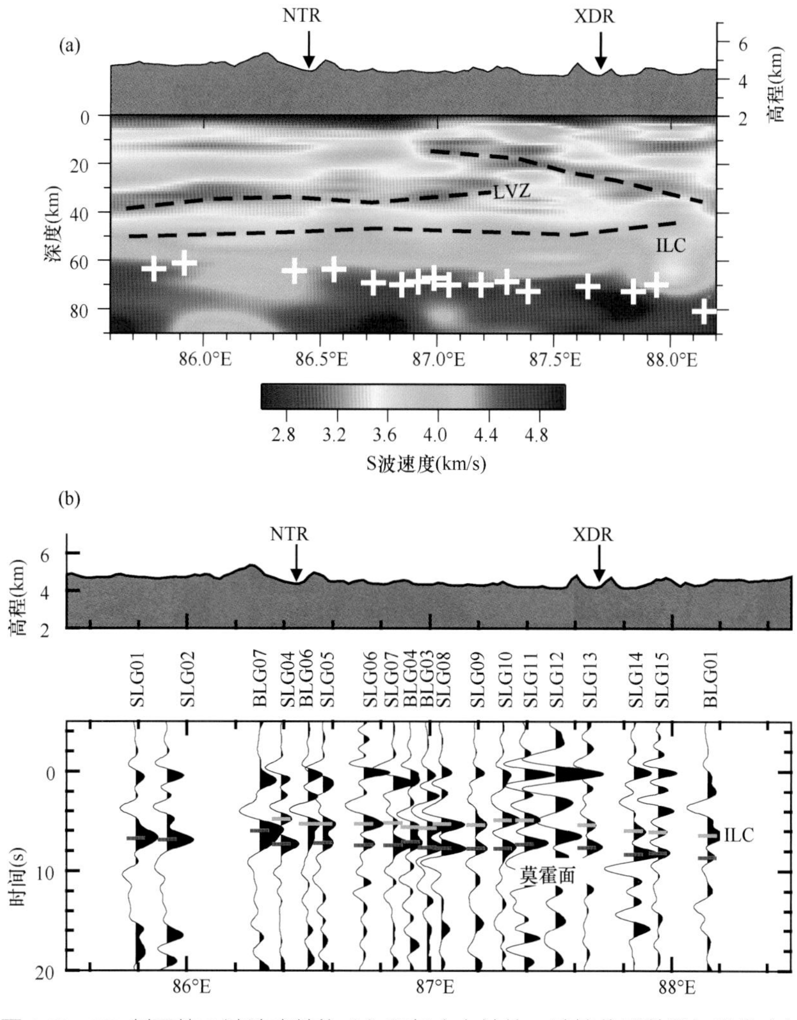

图 3.50　TD 剖面的 S 波速度结构 (a) 和每个台站的 P 波接收函数叠加图像 (b)

NTR，尼玛－定日裂谷；XDR，申扎—定结裂谷；ILC，印度下地壳；LVZ，低速层

4. 青藏高原板块构造格局及深部动力学过程

自65Ma印度大陆与欧亚大陆碰撞以来，印度板块持续向北楔入，致使两个大陆之间的地壳缩短达3000km。这一地壳缩短的机制与缩短了的岩石圈的去向一直是悬而未决的问题。通过ANTILOPE计划的实施，特别是第二次青藏高原综合科学考察研究，我们认为，目前青藏高原是由南部的印度板块、北部的亚洲板块和夹持于其间的西藏板块构成的，其中西藏板块具有高温、低速、高地震各向异性的特点。俯冲下去的印度岩石圈在西藏"板块"这个熔炉里熔融、在南北挤压的应力背景下被迫向东流动，撕裂了西藏板块地壳的坚硬部分，形成了藏南的南北向构造（并非典型意义上的裂谷）。当遇到坚硬的四川盆地阻挡后向四个方向运动：向东南形成云贵高原；向东北的鄂尔多斯方向运动；向上形成龙门山，风化剥蚀后掉进四川盆地；向下进入深部地幔（此处的地幔过渡带变宽，表明有低温物质穿越）。发育在藏南的大型金属矿床，发生在藏东及藏东南的特大地震，以及目前该区强烈、频繁的地震活动应当源于该区的深部构造背景与强烈且仍在继续的深部动力学过程。

参考文献

白玲, 李国辉, 宋博文. 2017. 2017年西藏米林6.9级地震震源参数及其构造意义. 地球物理学报, 60(12): 4956-4963.

程成, 白玲, 丁林, 等. 2017. 利用接收函数方法研究喜马拉雅东构造结地区地壳结构. 地球物理学报, 60(8): 2969-2979.

李保昆, 刁桂苓, 徐锡伟, 等. 2015. 1950年西藏察隅M8.6强震序列震源参数复核. 地球物理学报, 58(11): 4254-4265.

刘静, 纪晨, 张金玉, 等. 2015. 2015年4月25日尼泊尔M_w7.8级地震的孕震构造背景和特征. 科学通报, 60(27): 2640-2655.

刘启民. 2013. 藏南裂谷深部结构及形成机制. 北京: 中国科学院大学.

滕吉文, 马学英, 张雪梅, 等. 2017. 2015年尼泊尔M_s8.1大地震孕育的深层过程与发生的动力学响应. 地球物理学报, 60(1): 123-141.

杨建亚, 白玲, 李国辉, 等. 2017. 东喜马拉雅构造结地区地震活动及其构造意义. 国际地震动态, 6: 12-18.

袁道阳, 张培震. 2001. 青藏高原新生代构造和第四纪研究的进展及问题讨论. 西北地震学报, 23(2): 199-205.

张衡, 赵俊猛, 徐强. 2011. 西藏东部地区层析成像及东南部裂谷成因讨论. 科学通报, 56(27): 2328-2334.

赵俊猛. 2005. 天山造山带岩石圈结构与动力学. 北京: 地震出版社.

赵俊猛. 2012. 青藏高原北缘地球动力学条件. 北京: 科学出版社.

Adhikari L B, Gautam U P, Koirala B P, et al. 2015. The aftershock sequence of the 2015 April 25 Gorkha–Nepal earthquake. Geophysical Journal International, 203(3): 2119-2124.

Amatya K, Jnawali B, Shrestha P. 1994. Geological map of Nepal: Kathmandu, 1994: Scale: 1: 1000000. Department of Mines and Geology.

Ambraseys N N, Douglas J. 2004. Magnitude calibration of north Indian earthquakes. Geophysical Journal International, 159(1): 165-206.

Argand E. 1924. La tectonique de l'Asie. Int Geol Cong Rep Sess, 13: 170-372.

Avouac J P, Meng L, Wei S, et al. 2015. Lower edge of locked Main Himalayan Thrust unzipped by the 2015 Gorkha earthquake. Nature Geoscience, 8: 708-711.

Bai L, Klemperer S L, Mori J, et al. 2019. Lateral variation of the Main Himalayan Thrust controls the rupture length of the 2015 Gorkha earthquake in Nepal. Science Advances, 5: eaav0723.

Bai L, Li G, Khan N G, et al. 2017. Focal depths and mechanisms of shallow earthquakes in the Himalayan-Tibetan region. Gondwana Research, 41: 390-399.

Bai L, Liu H, Ritsema J, et al. 2016. Faulting structure above the Main Himalayan Thrust as shown by relocated aftershocks of the 2015 Mw7.8 Gorkha, Nepal, earthquake. Geophysical Research Letters, 43(2): 637-642.

Bai L, Zhang T. 2015. Complex deformation pattern of the Pamir-Hindu Kush region inferred from multi-scale double-difference earthquake relocations. Tectonophysics, 638: 177-184.

Beaumont C, Jamieson R A, Nguyen M H, et al. 2001. Himalayan tectonics explained by extrusion of a low-viscosity crustal channel coupled to focused surface denudation. Nature, 414: 738-742.

Ben-Menahem A, Aboodi E, Schild R. 1974. The source of the great Assam earthquake-an interplate wedge motion. Physics of the Earth and Planetary Interiors, 9(4): 265-289.

Bhatia S C, Kumar M R, Gupta H K. 1999. A probabilistic seismic hazard map of India and adjoining regions. Annals of Geophysics, 42(6): 1153-1164.

Bilham R. 2015. Raising Kathmandu. Nature Geoscience, 8: 582-584.

Bollinger L, Henry P, Avouac J P. 2006. Mountain building in the Nepal Himalaya: thermal and kinematic model. Earth and Planetary Science Letters, 244(1): 58-71.

Bondár I, Engdahl E R, Villaseñor A, et al. 2015. ISC-GEM: global instrumental earthquake catalogue (1900–2009), II. location and seismicity patterns. Physics of the Earth and Planetary Interiors, 239(3): 2-13.

Burchfiel B C, Royden L H. 1985. North-south extension within the convergent Himalayan region. Geology, 13(10): 679-682.

Caldwell W B, Klemperer S L, Lawrence J F, et al. 2013. Characterizing the Main Himalayan Thrust in the Garhwal Himalaya, India with receiver function CCP stacking. Earth and Planetary Science Letters, 367: 15-27.

Chen W P, Molnar P. 1977. Seismic moments of major earthquakes and the average rate of slip in central Asia. Journal of Geophysical Research, 82(20): 2945-2969.

Chen W P, Yang Z. 2004. Earthquakes Beneath the Himalayas and Tibet: evidence for strong lithospheric mantle. Science, 304(5679): 1949-1952.

Cornell C A. 1968. Engineering seismic risk analysis. Bulletin of the Seismological Society of America, 58(5): 1583-1606.

Deng Q D, et al. 2007. Active Tectonics Map of China (1:400 000 000). Beijing: Earthquake Press.

Ding L, Kapp P, Wan X. 2005. Paleocene-Eocene record of ophiolite obduction and initial India-Asia collision, south-central Tibet. Tectonics, 24(3): 1-18.

Ding L, Zhong D, Yin A, et al. 2001. Cenozoic structural and metamorphic evolution of the eastern Himalayan syntaxis (Namche Barwa). Earth and Planetary Science Letters, 192(3): 423-438.

Elliott J, Jolivet R, González P J, et al. 2016. Himalayan megathrust geometry and relation to topography revealed by the Gorkha earthquake. Nature Geoscience, 9(2): 174-180.

Farra V, Vinnik L.2000. Upper mantle stratification by P and S receiver functions. Geophysical Journal International, 141(3): 699-712.

Galetzka J, Melgar D, Genrich J F, et al. 2015. Slip pulse and resonance of the Kathmandu basin during the 2015 Gorkha earthquake, Nepal. Science, 349(6252): 1091-1095.

Gao M T. 2003. New national seismic zoning map of China. Acta Seismologica Sinica, 16(6): 639-645.

Gao R, Lu Z, Klemperer S L, et al. 2016. Crustal-scale duplexing beneath the Yarlung Zangbo suture in the western Himalaya. Nature Geoscience, 9: 555-560.

Gao S S, Liu K H. 2012. AnisDep: a fortran program for the estimation of the depth of anisotropy using spatial coherency of shear-wave splitting parameters. Computers and Geosciences, 49(4): 330-333.

Gao Y, Wu Z, Liu Z, et al. 2000. Seismic source characteristics of nine strong earthquakes from 1988 to 1990 and earthquake activity since 1970 in the Sichuan-Qinghai-Xizang (Tibet) zone of China. Pure and Applied Geophysics, 157(9): 1423-1443.

Hetényi G, Cattin R, Brunet F, et al. 2007. Density distribution of the India plate beneath the Tibetan plateau: geophysical and petrological constraints on the kinetics of lower-crustal eclogitization. Earth and Planetary Science Letters, 264(1-2): 226-244.

Ischuk A, Bendick R, Rybin A, et al. 2013. Kinematics of the Pamir and Hindu Kush regions from GPS geodesy. Journal of Geophysical Research-Solid Earth, 118(5): 2408-2416.

Jamieson R A, Beaumont C, Nguyen M H, et al. 2006. Provenance of the Greater Himalayan Sequence and associated rocks: predictions of channel flow models. Geological Society, London, Special Publications, 268(1):165-182.

Karato S. 1993. Importance of anelasticity in the interpretation of seismic tomography. Geophysical Research Letters, 20: 1623-1626.

Khan N G, Bai L, Zhao J, et al. 2017. Crustal structure beneath Tien Shan orogenic belt and its adjacent regions from multi-scale seismic data. Science China-Earth Sciences, 60(10): 1-14.

Kikuchi M, Kanamori H. 1982. Inversion of complex body waves-III. Bulletin of the Seismological Society of America, 72(2): 491-506.

Kind R, Yuan X, Kumar P. 2012. Seismic receiver functions and the lithosphere-asthenosphere boundary. Tectonophysics, 536-537: 25-43.

Kind R, Yuan X, Saul J, et al. 2002. Seismic images of crust and upper mantle beneath Tibet: evidence for Eurasian plate subduction. Science, 298(5596): 1219-1221.

Kumar P, Yuan X, Kind R, et al. 2006. Imaging the colliding Indian and Asian lithospheric plates beneath Tibet. Journal of Geophysical Research, 111(B6): 1-11.

Letort J, Bollinger L, Lyoncaen H, et al. 2016. Teleseismic depth estimation of the 2015 Gorkha-Nepal aftershocks. Geophysical Journal International, 207(3): 1584-1595.

Liang X, Zhou S, Chen Y J, et al. 2008. Earthquake distribution in southern Tibet and its tectonic implications. Journal of Geophysical Research-Solid Earth, 113(B12409).

Lindsey E O, Natsuaki R, Xu X, et al. 2015. Line-of-sight displacement from ALOS-2 interferometry: Mw7.8 Gorkha Earthquake and Mw7.3 aftershock. Geophysical Research Letters, 42(16): 6655-6661.

Lister G, Kennett B, Richards S, et al. 2008. Boudinage of a stretching slablet implicated in earthquakes beneath the Hindu Kush. Nature Geoscience, 1(3): 196-201.

Matte P, Tapponnier P, Arnaud N, et al. 1996. Tectonics of Western Tibet, between the Tarim and the Indus. Earth and Planetary Science Letters, 142(3-4): 311-330.

Monsalve G, Sheehan A, Schulte-Pelkum V, et al. 2006. Seismicity and one-dimensional velocity structure of the Himalayan collision zone: earthquakes in the crust and upper mantle. Journal of Geophysical Research Solid Earth, 111(B10): 1-19.

Montagner J P, Guillot L. 2002. Seismic anisotropy and global geodynamics. Reviews in Mineralogy and Geochemistry, 51(1): 353-385.

Nabelek J, Hetenyi G, Vergne J, et al. 2009. Underplating in the Himalaya-Tibet collision zone revealed by the Hi-CLIMB experiment. Science, 325(5946): 1371-1374.

Nelson K D, Zhao W, Brown L D, et al. 1996. Partially molten middle crust beneath southern Tibet: synthesis of project INDEPTH results. Science, 274: 1684-1688.

Ni J, Barazangi M. 1984. Seismotectonics of the Himalayan Collision Zone: geometry of the underthrusting Indian Plate beneath the Himalaya. Journal of Geophysical Research-Solid Earth, 89(B2): 1147-1163.

Pegler G, Das S. 1998. An enhanced image of the Pamir-Hindu Kush seismic zone from relocated earthquake hypocentres. Geophysical Journal International, 134(2): 573-595.

Pei S, Chen Y J. 2012. Link between seismic velocity structure and the 2010 M_s=7.1 Yushu earthquake, Qinghai, China: evidence from aftershocks tomography. Bulletin of the Seismological Society of America, 102: 445-450.

Pei S, Chen Y J, Feng B, et al. 2013. High-resolution seismic velocity structure and azimuthal anisotropy around the 2010 M_s=7.1 Yushu earthquake, Qinghai, China from 2D tomography. Tectonophysics, 584: 144-151.

Pei S, Liu H, Bai L, et al. 2016. High-resolution seismic tomography of the 2015 M_w7.8 Gorkha earthquake, Nepal: evidence for the crustal tearing of the Himalayan rift. Geophysical Research Letters, 43: 9045-9052.

Priestley K F, Jackson J A, Mckenzie D P. 2008. Lithospheric structure and deep earthquakes beneath India, the Himalaya and southern Tibet. Geophysical Journal International, 172(1): 345-362.

Rahman M M, Bai L, Khan N G, et al. 2018. Probabilistic seismic hazard assessment for Himalayan-Tibetan region from historical and instrumental earthquake catalogs. Pure and Applied Geophysics, 175(2): 685-705.

Royden L H, Burchfiel B C, King R W, et al. 1997. Surface deformation and lower crustal flow in Eastern Tibet. Science, 276(5313): 788-790.

Schweitzer J. 2001. HYPOSAT-An enhanced routine to locate seismic events. Pure and Applied Geophysics, 158(1): 277-289.

Shi D, Shen Y, Zhao W, et al. 2009. Seismic evidence for a Moho offset and south-directed thrust at the easternmost Qaidam-Kunlun boundary in the Northeast Tibetan plateau. Earth and Planetary Science Letters, 288(1-2): 329-334.

Silver P G, Chan W W. 1991. Shear wave splitting and subcontinental mantle deformation. Journal of Geophysical Research-Solid Earth, 96(B10): 16429-16454.

Szeliga W, Hough S, Martin S, et al. 2010. Intensity, magnitude, location, and attenuation in India for felt earthquakes since 1762. Bulletin of the Seismological Society of America, 100(2): 570-584.

Tapponnier P, Xu Z, Roger F, et al. 2001. Oblique stepwise rise and growth of the Tibet plateau. Science, 294(5547): 1671-1677.

Teanby N A, Kendall J M, Baan M V D. 2004. Automation of shear-wave splitting measurements using cluster analysis. Bulletin of the Seismological Society of America, 94(2): 453-463.

Tian X B, Zhang J L, Si S K, et al. 2011. SKS splitting measurements with horizontal component misalignment. Geophysical Journal International, 185(1): 329-340.

Tilmann F, Ni J, Hearn T, et al. 2003. Seismic imaging of the downwelling Indian lithosphere beneath central Tibet. Science, 300: 1424-1427.

Vinnik L P, Farra V, Romanowicz B. 1989. Azimuthal anisotropy in the Earth from observations of SKS at Geoscope and Nars broad-band stations. Bulletin of the Seismological Society of America, 79(5): 1542-1558.

Waldhauser F, Ellsworth W L. 2000. A double-difference earthquake location algorithm: method and application to the Northern Hayward Fault, California. Bulletin of the Seismological Society of America, 90(6): 1353-1368.

Wang J, Zhao D P. 2013. P-wave tomography for 3-D radial and azimuthal anisotropy of Tohoku and Kyushu subduction zones. Geophysical Journal International, 193(3): 1166-1181.

Wang W, Hao J, He J, et al. 2015. Rupture process of the Mw7.9 Nepal earthquake April 25, 2015. Sci China Earth Sci, 58(10): 1895-1900.

Wang X, Wei S, Wu W. 2017. Double-ramp on the Main Himalayan Thrust revealed by broadband waveform modeling of the 2015 Gorkha earthquake sequence. Earth and Planetary Science Letters, 473: 83-93.

Whipple K X, Shirzaei M, Hodges K V, et al. 2016. Active shortening within the Himalayan orogenic wedge implied by the 2015 Gorkha earthquake. Nature Geoscience, 9: 711-716.

Willett S D, Beaumont C. 1994. Subduction of Asian lithospheric mantle beneath Tibet inferred from models of continental collision. Nature, 369(6482): 642-645.

Wittlinger G, Farra V, Hetényi G, et al. 2009. Seismic velocities in Southern Tibet lower crust: a receiver function approach for eclogite detection. Geophysical Journal International, 177(3):1037-1049.

Wittlinger G, Vergne J, Tapponnier P, et al. 2004. Teleseismic imaging of subducting lithosphere and Moho offsets beneath western Tibet. Earth and Planetary Science Letters, 221(1-4): 117-130.

Wobus C, Heimsath A, Whipple K, et al. 2005. Active out-of-sequence thrust faulting in the central Nepalese Himalaya. Nature, 434(7036): 1008-1011.

Wustefeld A, Bokelmann G, Zaroli C, et al. 2008. SplitLab: a shear-wave splitting environment in Matlab. Computers & Geosciences, 34: 515-528.

Xu Q, Zhao J M, Pei S P, et al. 2013. Imaging lithospheric structure of the eastern Himalayan syntaxis: new insights from receiver function analysis. Journal of Geophysical Research-Solid Earth, 118: 2323-2332.

Xu Q, Zhao J, Yuan X, et al. 2017. Detailed configuration of the underthrusting Indian lithosphere beneath western Tibet revealed by receiver function images. Journal of Geophysical Research-Solid Earth, 122(10): 8257-8269.

Xu, Q, Zhao, J M, Yuan X H, et al. 2015. Mapping crustal structure beneath southern Tibet: seismic evidence for continental crustal underthrusting. Gondwana Research, 27: 1487-1493.

Yao H, Hilst R D V D, Hoop M V D. 2006. Surface-wave array tomography in SE Tibet from ambient seismic noise and two-station analysis-I. Phase velocity maps. Geophysical Journal International, 166(2): 732-744.

Yao H, Xu G, Zhu L, et al. 2005. Mantle structure from inter-station Rayleigh wave dispersion and its tectonic implication in western China and neighboring regions. Physics of the Earth and Planetary Interiors, 148(1): 39-54.

Yin A, Harrison T M. 2000. Geologic evolution of the Himalayan-Tibetan orogeny. Annual Review of Earth and Planetary Sciences, 28(1): 211-280.

Yu Y, Chen Y J. 2016. Seismic anisotropy beneath the southern Ordos block and the Qinling-Dabie orogen, China: eastward Tibetan asthenospheric flow around the southern Ordos. Earth and Planetary Science Letters, 455: 1-6.

Yuan X, Kind R, Li X, et al. 2006. The S receiver functions: synthetics and data example. Geophysical Journal International, 165: 555-564.

Yuan X, Ni J, Kind R, et al. 1997. Lithospheric and upper mantle structure of southern Tibet from a seismological passive source experiment. Journal of Geophysical Research-Solid Earth, 102(B12): 27491-27500.

Zeitler P K, Meltzer A S, Brown L, et al. 2014. Tectonics and topographic evolution of Namche Barwa and the easternmost Lhasa block, Tibet. Toward an improved understanding of uplift mechanisms and the elevation history of the Tibetan Plateau. Geological Society of America, 507: 23.

Zhang H, Li Y E, Zhao D P, et al. 2018. Formation of rifts in Central Tibet: insight from P wave radial anisotropy. Journal of Geophysical Research-Solid Earth, 123: 8827-8841.

Zhang H, Zhao D P, Zhao J M, et al. 2012. Convergence of the Indian and Eurasian plates under eastern Tibet revealed by seismic tomography. Geochemistry Geophysics Geosystems, 13(6): DOI: 10.1029/2012GC004031.

Zhang H, Zhao D P, Zhao J M, et al. 2015. Tomographic imaging of the underthrusting Indian slab and mantle upwelling beneath central Tibet. Gondwana Research, 28: 121-132.

Zhang H, Zhao J M, Zhao D P, et al. 2016. Complex deformation in western Tibet revealed by anisotropic tomography. Earth and Planetary Science Letters, 451: 97-107.

Zhang P Z, Yang Z X, Gupta H K, et al. 1999. Global seismic hazard assessment program (GSHAP) in continental Asia. Annali Di Geofisica, 42(6): 1167-1190.

Zhang S Q, Karato S. 1995. Lattice preferred orientation of olivine aggregates deformed in simple shear. Nature, 375(6534): 774-777.

Zhang Z, Yuan X, Chen Y, et al. 2010. Seismic signature of the collision between the east Tibetan escape flow and the Sichuan Basin. Earth and Planetary Science Letters, 292(3-4): 254-264.

Zhao D, Hasegawa A, Kanamori H. 1994. Deep structure of Japan subduction zone as derived from local, regional, and teleseismic events. Journal of Geophysical Research-Solild Earth, 99(B11): 22313-22329.

Zhao J, Chen X, Liu X. 2010a. A Geoscience Transect from Emin to Hami, Xinjiang, China (including a map of GGT). Beijing: Science Press.

Zhao J, Jin Z, Liu X. 2010b. A Geoscience Transect from Beicheng, Xinjiang to Da Qaidam, Qinghai, China (including a map of GGT). Beijing: Science Press.

Zhao J, Jin Z, Mooney W D, et al. 2013. Crustal structure of the central Qaidam basin imaged by seismic wide-angle reflection/refraction profiling. Tectonophysics, 584: 174-190.

Zhao J, Liu G, Lu Z, et al. 2003. Lithospheric structure and dynamic processes of the Tianshan orogenic belt and the Junggar basin. Tectonophysics, 376(3): 199-239.

Zhao J, Liu X, Wang Q. 2010c. A Geoscience Transect from Fuyun to Korla, Xinjiang, China (including a map of GGT). Beijing: Science Press.

Zhao J, Mooney W D, Zhang X, et al. 2006. Crustal structure across the Altyn Tagh Range at the northern margin of the Tibetan plateau and tectonic implications. Earth and Planetary Science Letters, 241: 804-814.

Zhao J, Yuan X, Liu H, et al. 2010d. The boundary between the Indian and Asian tectonic plates below Tibet. Proceedings of the National Academy of Sciences, 107(25): 11229-11233.

Zhao W J, Kumar P, Mechie J, et al. 2011. Tibetan plate overriding the Asian plate in central and northern Tibet. Nature Geoscience, 4: 870-873.

Zhao W, Nelson K D, Che J, et al. 1993. Deep seismic reflection evidence for continental underthrusting beneath southern Tibet. Nature, 366(6455): 557-559.

Zhu L, Helmberger D V. 1998. Moho offset across the northern margin of the Tibetan Plateau. Science, 281(5380): 1170-1172.

第 4 章

喜马拉雅山超高压变质岩*

* 本章作者：陈意、张丁丁。

板块构造理论是20世纪自然科学的重大进展之一，其核心内容为板块俯冲。板块俯冲带是地球内部物质和能量传输的活跃区带，与地球上许多重大地质事件都密切关联，如沟弧盆体系和大陆地壳的形成（Plank and Langmuir，1993；Tatsumi et al.，1986）、地球内部元素分配和循环（Adam et al.，2014；John et al.，2008）、俯冲带相关矿产资源的形成（Ling et al.，2013；Sun et al.，2004）以及中深源地震的发生（Hacker et al.，2003；Yuan et al.，2000；van Keken et al.，2011）。因此，长期以来板块俯冲带都是固体地球科学研究的重要前沿领域。当板块向下俯冲时，会发生一系列变质脱水反应，释放的流体向上改造地幔楔，其中一部分俯冲地壳岩石和地幔楔的岩石有机会返回到地表，形成高压–超高压变质岩（图4.1）。因此，对这些变质岩进行研究就相当于直接观察板块俯冲、折返和改造过程。

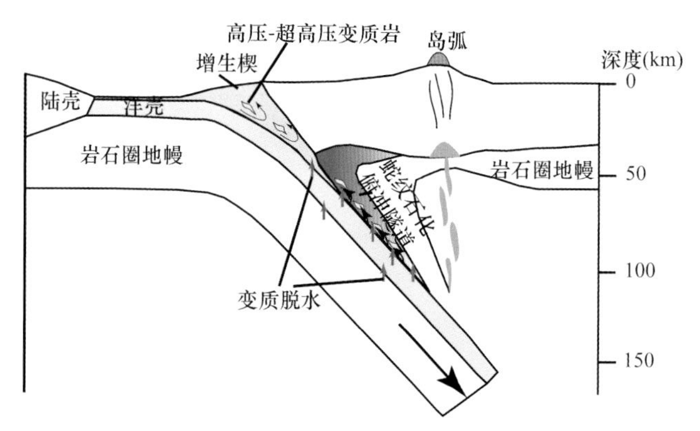

图4.1　板块俯冲带高压–超高压变质岩成因简图（改自Chen et al.，2013）

板块俯冲可分为大洋板块俯冲和大陆板块俯冲。板块构造理论发展早期，人们对俯冲带的认知几乎都是建立在大洋俯冲带的系列研究基础之上的。这是由于大洋板块含水量较高，在俯冲过程中有显著的流体活动、元素迁移和物质循环，从而导致大规模的地幔交代、岩浆–变质活动以及矿产资源形成（Bebout，2007，2014）。在大洋俯冲带普遍出露高压变质岩石，主要包括蓝片岩、榴辉岩、变沉积岩和蛇纹岩。通过对这些高压变质岩的研究，前人已深入刻画了大洋岩石圈俯冲、折返及其改造过程。

20世纪80年代地质学家分别在西阿尔卑斯和挪威西部的变质表壳岩中发现了超高压变质矿物柯石英（Chopin，1984；Smith，1984），证明低密度大陆地壳可以俯冲到>80 km的地幔深度，于是开启了大陆深俯冲研究的序章。随后30多年来，国内学者针对我国的大别–苏鲁、北秦岭、南阿尔金和柴北缘碰撞造山带中的高压–超高压变质岩进行了大量的研究，证明低密度的大陆地壳物质可以俯冲到>200 km甚至>300 km的深度（Liu et al.，2007，2018；Song et al.，2004，2005；Ye et al.，2000），并能回返到地表，且大陆俯冲–碰撞造山带同样存在着显著的熔/流体活动（Chen et al.，2012，2013，2017；Guo et al.，2012；Sheng et al.，2013；Zheng et al.，2011）。这些研究成果改变了人们对传统的大陆动力学的认知，丰富和完善了板块构造理论。然而，这些古老的大陆俯冲碰撞造山带已发育成熟，大部分高原已经垮塌，加厚地壳已经消失，高压 – 超高压变质带内部受到了与造山带垮塌相关的伸展构造变形和碰撞后岩浆活动的强烈改造（Chen et al.，2006；Dong et al.，2004；Gao et al.，1998；Ratschbacher et al.，2000；Schmid et al.，2001），早期与俯冲相关的地质记录大多是残破和不完整的，普遍缺失与大陆俯冲相关的大规模岩浆活动（Zheng，2012；Zheng et al.，2011）。这些碰撞后期的强烈改造，使得识别大陆俯冲 – 碰撞的关键过程和机制面临许多困难，如低密度大陆如何俯冲到 >200 km 的地幔深度？从大洋俯冲到陆陆碰撞的转换过程和机制是什么？陆陆碰撞过程中地壳是以何种方式加厚的？超高压变质岩如何从下地壳（或加厚地壳）抬升 / 剥露到地表？在年轻的、尚未垮塌的大陆俯冲 – 碰撞造山带，查明并建立从大洋俯冲到大陆俯冲变质产物的时空和演化序列，是认识大陆碰撞—俯冲—折返动力学机制的关键。

作为年轻的大陆俯冲碰撞造山带——喜马拉雅山，自印度 – 欧亚板块碰撞以来，出现了大规模的岩浆 – 变质作用和矿产资源，并且强震频发，这对板块构造和大陆动力学提出了新的挑战。沿着印度河—雅鲁藏布缝合带出露了大量的高压 – 超高压变质岩石，尤其是喜马拉雅山东西构造结，出现了大规模的地壳缩短和旋转变形，并且在帕米尔—天山构造结出露有超高压俯冲陆壳变质岩石，而在南迦巴瓦—印缅构造结则同时出露了代表大洋俯冲和大陆俯冲的高压变质岩石。这些高压 – 超高压变质岩石记录了从新特提斯洋俯冲到印度 – 亚洲板块碰撞的动力学过程（Guillot et al.，2008）。因此，喜马拉雅东西构造结是正在进行的大陆深俯冲的天然实验室，是验证大陆岩石圈俯冲过程最有利的地区，而折返到地表的高压 – 超高压变质岩则为喜马拉雅山构造结碰撞的动力学过程提供了最理想的研究载体。将东、西构造结的高压 – 超高压变质岩作为整体对比研究，可为准确揭示大陆岩石圈碰撞—俯冲—折返过程和机制提供最直接的变质岩石学证据。

4.1　东构造结

喜马拉雅东构造结（南迦巴瓦—印缅构造结）位于印度大陆东北角，东连苏门答腊—安达曼俯冲带及东南亚多岛洋构造体系，西接青藏高原—喜马拉雅碰撞造山带，并出露多种高压变质岩（图 4.2）。已有的研究表明，南迦巴瓦—印缅构造结不仅出露代表大陆俯冲的高压麻粒岩（如南迦巴瓦高压麻粒岩），还出露代表大洋俯冲的榴辉岩、蓝片岩和硬玉岩（如 Naga 山蓝片岩、缅甸硬玉岩 – 榴辉岩等）。因此，它是研究大洋和大陆俯冲、折返过程和机制的理想地区。

4.1.1　南迦巴瓦高压变质岩

我国境内南迦巴瓦构造结广泛出露高温高压的高喜马拉雅结晶岩系，20 多年来，它已成为研究喜马拉雅造山过程的国际热点地区（钟大赉和丁林，1995；Booth et al.，2004，2009；Burg et al.，1998；Ding and Zhong，1999；Ding et al.，2001；Geng et

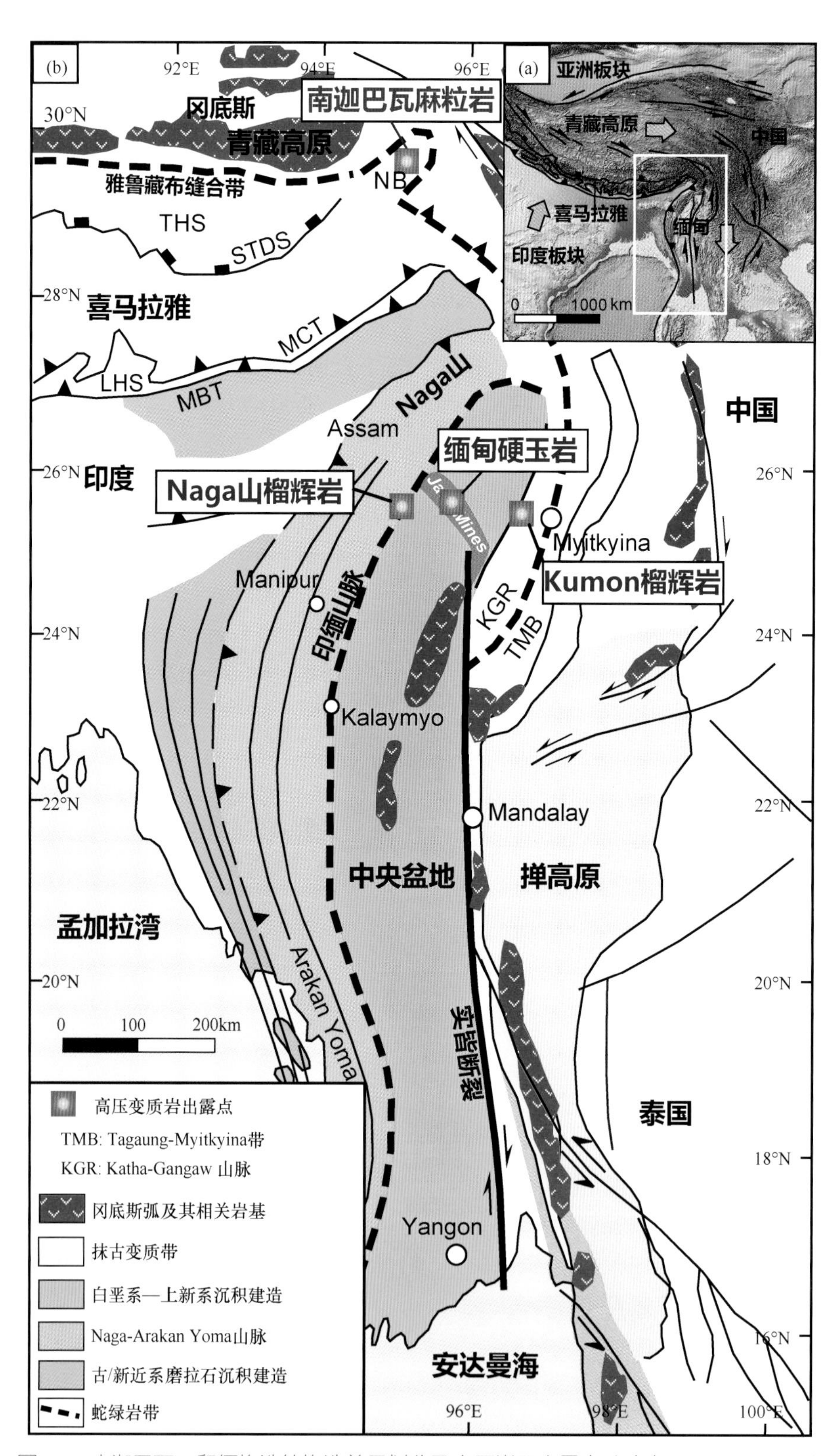

图 4.2　南迦巴瓦 – 印缅构造结构造单元划分及高压岩石出露点（改自 Liu et al.，2016）

al.，2006；Guilmette et al.，2011；Liu and Zhong，1997；Su et al.，2012；Zhang et al.，2010）。该构造结出露的高压变质岩包括石榴子石－蓝晶石－三元长石泥质高压麻粒岩、石榴子石－单斜辉石基性高压麻粒岩和石榴辉石岩。目前，南迦巴瓦高压变质岩的研究主要围绕高级变质作用和地壳深熔过程两方面来开展，其为大陆碰撞造山深部过程及机制提供了丰富的研究资料。

岩石学工作表明，南迦巴瓦泥质麻粒岩（图 4.3）记录了高压变质作用，峰期矿物组合为石榴子石＋蓝晶石＋黑云母＋三元长石＋石英＋金红石，但由于普遍受到后期中压高温麻粒岩相叠加改造，峰期变质温压条件限定范围变得非常宽泛（11 ～ 18 kbar 和 >800℃）(Booth et al.，2009；Ding and Zhong，1999；Guilmette et al.，2011；Liu and Zhong，1997；Zhang et al.，2010)。晚期中压高温麻粒岩相叠加主要表现为石榴子石和蓝晶石边部的斜方辉石＋堇青石＋尖晶石、斜方辉石＋斜长石及黑云母＋矽线石＋钾长石＋钛铁矿的后成合晶，形成温压条件为约 800 ℃和 5 ～ 10 kbar，表明早期可能经历了近等温降压的折返过程 (Ding and Zhong，1999；Guilmette et al.，2011；Liu and Zhong，1997)。最近，Zhang 等 (2015) 通过粗粒石榴子石生长环带确立了南迦巴瓦泥质麻粒岩的进变质过程，认为区内麻粒岩大多经历了

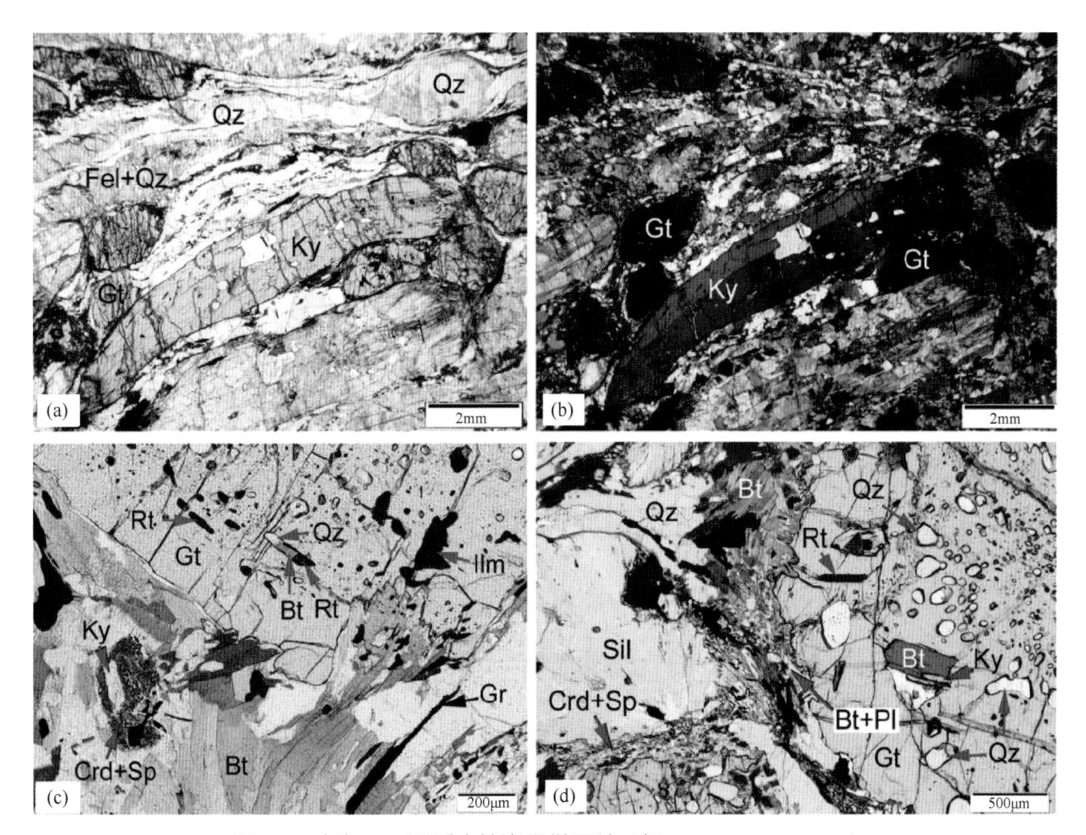

图 4.3　南迦巴瓦泥质麻粒岩显微照片（据 Zhang et al.，2015）

Bt，黑云母；Qz，石英；Crd，堇青石；Fel，长石；Ky，蓝晶石；Gt，石榴子石；Rt，金红石；Sp，尖晶石；Ilm，钛铁矿；Gr，石墨；Sil，夕线石；Pl，长石

进变质、峰期高压麻粒岩变质（13 ～ 16 kbar，840 ～ 880 ℃）与部分熔融作用及早期退变质（近等温降压至 5 ～ 6 kbar）的长期（约 20 Ma）演化过程（图 4.4）。

南迦巴瓦变泥质岩和变基性岩是否经历了榴辉岩相变质甚至超高压变质，仍然不明确。众所周知，若高压 – 超高压变质岩抬升速率不快，晚期高温麻粒岩相叠加改造会使得早期 / 峰期矿物组合和成分发生显著的调整，从而使得早期进变质和峰期变质温压条件难以限定。并且，对于长英质 / 泥质岩体系来说，在 >15 kbar 条件下，富 Na 斜长石一般都会逐渐转变为硬玉和石英，但在降压过程中硬玉极难保存，会再次转变为富 Na 斜长石，所以导致很多经历了榴辉岩相变质的长英质 / 泥质岩只记录了高压麻粒岩相或角闪岩相的矿物组合（Wei et al.，2009）。除了常规的地质温压计和热力学模拟计算之外，更好地恢复这些高压 – 超高压变质岩峰期压力条件可以借助于典型超高压指示矿物和矿物出溶结构。比较经典的例子是 Bohemian 结晶基底的高压麻粒岩中发现了柯石英和金刚石（Kotková et al.，2011），南阿尔金泥质片麻岩和榴辉岩中发现了斯石英假象（石英出溶蓝晶石和尖晶石），指示其形成深度 >300 km（Liu et al.，2007，2018）。尽管在南迦巴瓦高压麻粒岩中还未发现榴辉岩相变质的矿物学证据，但作为与西喜马拉雅构造结并齐的东喜马拉雅构造结，有可能也经历了类似的榴辉岩相甚至超高压条件下的变质作用。从现有的岩石学资料来看，有部分矿物结构暗示南迦巴瓦高压岩石可能经历了榴辉岩相变质作用，如南迦巴瓦石榴辉石岩中的单斜辉石普遍发育钠长石、石英或角闪石棒状体出溶（张泽明等，2017），类似的出溶结构在超高压榴辉岩的绿辉石中很常见，说明原生单斜辉石富 Na 富 Si 并含结构水，这是超高压变质

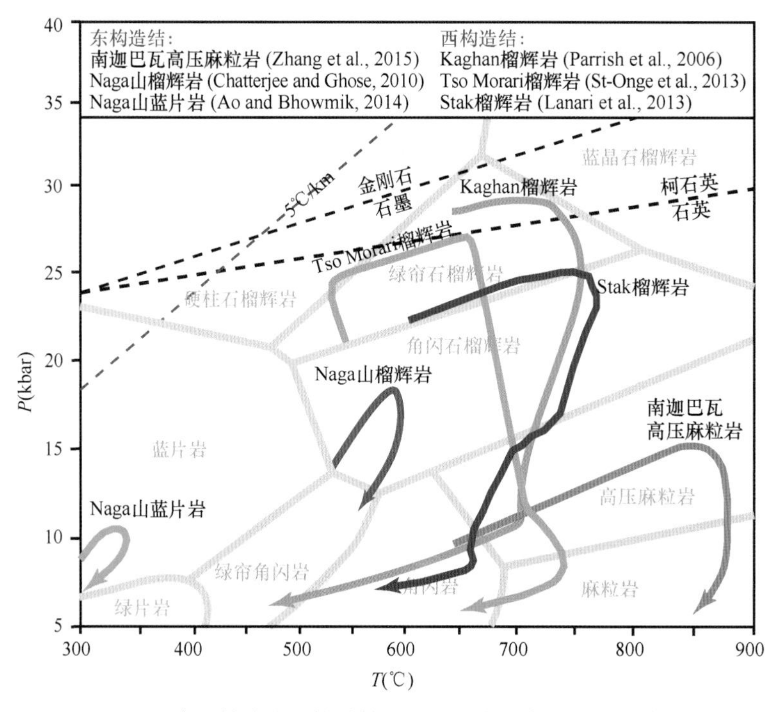

图 4.4　喜马拉雅东西构造结高压 – 超高压变质岩 P-T 轨迹

作用的重要标志之一 (Chopin，2003；Song et al.，2004，2005)。尽管 Page 等 (2005) 认为单斜辉石出溶石英并不一定代表超高压变质作用，但至少代表高压榴辉岩相变质作用。寻找榴辉岩相变质矿物学证据仍然是南迦巴瓦高压变质岩的重要科学目标之一。

石榴黑云斜长片麻岩与石榴蓝晶黑云片麻岩是南迦巴瓦岩群中代表性高压泥质麻粒岩单元 (Zhang et al.，2012)，在露头尺度可发现其内部发育大量的浅色体，表明大陆表壳岩经历了显著的部分熔融。研究表明，这些变泥质片麻岩多在高温进变质阶段经历云母脱水熔融作用形成花岗质熔体，熔体比例为 20% ～ 30%(向华等，2013；张泽明等，2017，2018；Guilmette et al.，2011；Zhang et al.，2015)，其石榴子石是高压麻粒岩相条件下的转熔矿物 (高利娥等，2017)。言下之意，南迦巴瓦构造结大陆俯冲为热俯冲环境，并在俯冲过程中伴随着陆壳岩石的部分显著熔融，这不同于全球其他典型的大陆俯冲带 (如大别 - 苏鲁、秦岭、阿尔金、挪威西部片麻岩地体、波希米亚地体等) 显现的冷俯冲环境。

到目前为止，尽管南迦巴瓦高压变质岩的年龄数据较多，但年龄范围很宽泛，使得年龄的解读纷繁复杂 (Booth et al.，2004；Burg et al.，1998；Ding and Zhong，1999；Ding et al.，2001；Liu et al.，2011；Su et al.，2012；Xu et al.，2010，2012；Zhang et al.，2015)。分选锆石记录的变质年龄为 40 ～ 32 Ma 和 24 ～ 11 Ma，可能代表峰期高压麻粒岩相和晚期中压麻粒岩相变质年龄 (Ding et al.，2001；Xu et al.，2010；Zhang et al.，2010)；而分选独居石记录的变质年龄却为 19 ～ 4Ma(Liu et al.，2011)；角闪石 $^{40}Ar/^{39}Ar$ 记录的冷却年龄约为 8 Ma(Ding and Zhong，1999；Ding et al.，2001)；但局部的淡色花岗岩和浅色体记录的锆石 U-Pb 年龄为 14 ～ 3Ma(Booth et al.，2004)。Su 等 (2012) 获得了约 25 Ma 的峰期变质年龄和约 18 Ma 的退变质年龄。Booth 等 (2009) 基于南迦巴瓦变泥质岩的独居石和榍石，获得了 11 ～ 3 Ma 的变质年龄，认为高压岩石从约 11Ma 到约 6 Ma 经历了 5 kbar 的快速降压过程。Zhang 等 (2015) 将锆石 U-Pb 年龄和微量元素相结合，认为高温麻粒岩相变质可能起始于约 40 Ma，高温过程一直持续到约 8 Ma。这些复杂的年代学数据，一方面表明不同定年矿物的生长阶段差异显著，另一方面也表明南迦巴瓦高压变质岩经历了长期 (>32 Ma) 变质演化过程。

4.1.2　印度 Naga 山高压变质岩

印度境内的 Naga 山蛇绿杂岩属于印度河—雅鲁藏布缝合带的东沿部分，位于印度板块和缅甸板块结合部位，长约 200 km，宽 5 ～ 15 km，近南北向展布 (Searle et al.，2007) (图 4.2)。前人研究表明，Naga 山蛇绿岩顶部由远洋沉积和枕状玄武岩组成，向下逐渐出现席状岩墙、斜长花岗岩、堆晶辉长岩和一套蛇纹石化橄榄岩 (Acharyya et al.，1986；Brunnschweiler，1966；Ghose and Singh，1980)。顶部沉积盖层和岩浆作用的时间为晚侏罗世 (Baxter et al.，2011；Sarkar et al.，1996)。

早在 1980 年，Ghose 等就在印度东北部 Naga 山蛇绿岩中发现了蓝片岩（Ghose and Singh，1980）。4 年后，他们在同一地区又报道了一套榴辉岩 – 蓝片岩组合（Ghose et al.，1984）。然而，30 多年来，Naga 山地区的研究工作几乎都集中在蛇绿岩上，而榴辉岩和蓝片岩的研究工作非常薄弱（Ao and Bhowmik，2014；Chatterjee and Ghose，2010；Ghose et al.，2010）。

Naga 山蓝片岩和榴辉岩以透镜状或条带状包裹于变玄武岩或超基性堆晶岩中（Ghose et al.，2010），某些绿片岩相 - 蓝片岩相变玄武岩甚至能够保留枕状构造（图 4.5）（Ao and Bhowmik，2014；Ghose et al.，2014）。较新鲜的榴辉岩一般出现透镜体核部，边部为蓝片岩或绿片岩。在榴辉岩中除石榴子石和绿辉石外，均富含冻蓝闪石、绿帘石、绿泥石和多硅白云母（Chatterjee and Ghose，2010；Ghose et al.，2014），为典型的绿帘石榴辉岩。Chatterjee 和 Ghose（2010）通过岩石学观测和相平衡模拟计算，限定 Naga 山榴辉岩具有顺时针 *P-T* 轨迹，经历了进变质（13 kbar，525℃）、峰期榴辉岩相变质（17 ～ 20 kbar 和 580 ～ 610℃）和角闪岩相退变质（11 kbar，540℃）演化过程（图 4.4），指示冷俯冲（8 ～ 9℃ /km）环境。其峰期温压条件和 *P-T* 轨迹明显不同于西构造结卡甘、错莫拉里和斯塔克地区的榴辉岩，结合其全岩成分具有大洋玄武岩成分的特征（Ghose et al.，2010），并且产于蛇绿岩中，表明它是洋壳俯冲的产物。

Naga 山蓝片岩从矿物组合上可分为硬柱石蓝片岩和绿帘石蓝片岩。硬柱石蓝片岩

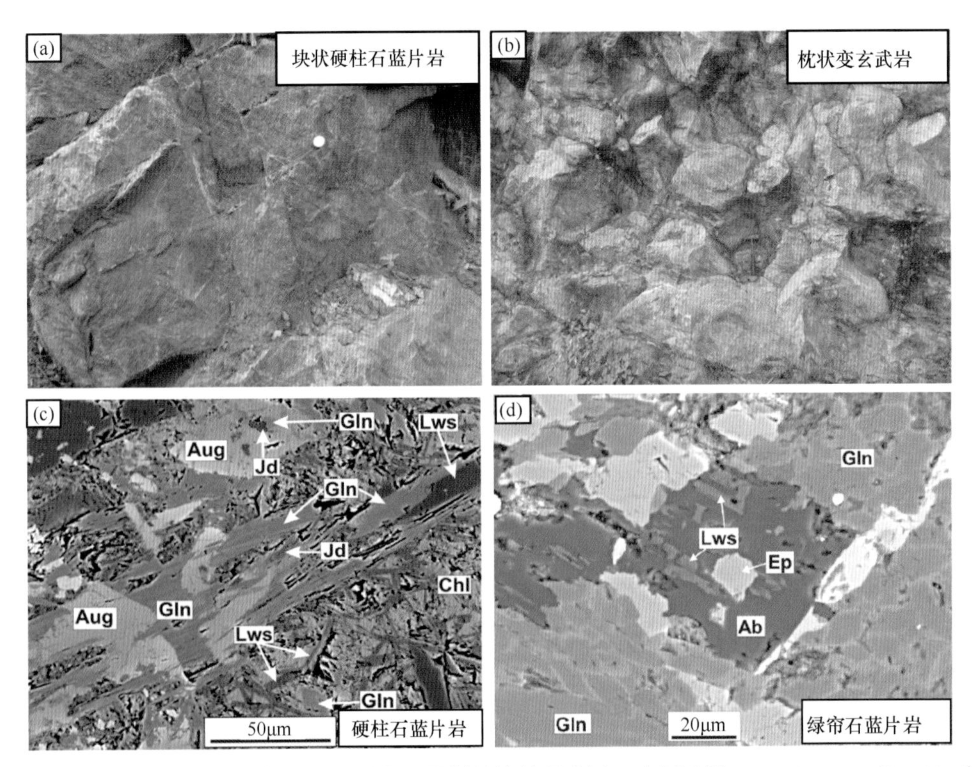

图 4.5　Naga 山蓝片岩野外［(a)、(b)］和显微结构特征［(c)、(d)］(据 Ao and Bhowmik，2014)

Ab，钠长石；Aug，普通辉石；Chl，绿泥石；Ep，绿帘石；Jd，硬玉；Gln，蓝闪石；Lws，硬柱石

由硬柱石、绿辉石、硬玉、蓝闪石和多硅白云母组成，绿帘石蓝片岩由绿帘石、蓝闪石、绿辉石、硬柱石、绿泥石、多硅白云母、榍石和石英组成［图 4.5(c)，图 4.5(d)］(Ghose et al.，2014)。岩相学观测和相平衡模拟计算结果显示，硬柱石蓝片岩和绿帘石蓝片岩记录的峰期变质温压条件分别为约 340℃和约 11.5 kbar、约 325℃和约 10 kbar，并且均记录了顺时针的 *P-T* 轨迹（图 4.4）(Ao and Bhowmik，2014)。这表明 Naga 山蓝片岩记录的俯冲地温梯度为约 8℃ /km，与榴辉岩相当，代表典型的大洋冷俯冲环境。尽管 Naga 山蓝片岩的岩石学研究比较缺乏，但其成因仍存在争议，它与榴辉岩的成因联系仍然不清楚。Chatterjee 和 Ghose(2010) 认为，蓝片岩为榴辉岩退变质产物。然而，Ao 和 Bhowmik(2014) 基于蓝片岩部分保留了原岩的岩浆结构，认为蓝片岩是玄武岩直接的俯冲变质产物。因此，Naga 山蓝片岩和榴辉岩可能代表大洋俯冲带不同深度折返的产物，或者大洋俯冲带不同时期的产物。目前 Naga 山高压变质岩还缺乏年龄数据，但现有研究均认为其是新特提斯洋俯冲的产物 (Ao and Bhowmik，2014；Chatterjee and Ghose，2010；Ghose et al.，2010，2014)。

4.1.3 缅甸硬玉岩

硬玉岩（翡翠）是一种特殊的高压 / 低温变质岩，几乎完全由硬玉 (>90%) 组成，大多以透镜体或脉体分布于蛇纹岩或变基性岩中，常与高压 / 低温的变质洋壳岩石伴生，如低温榴辉岩、蓝片岩和云母片岩等 (Harlow et al.，2015；Schertl et al.，2012；Tsujimori and Harlow，2012)。全球硬玉岩几乎都分布在环太平洋俯冲带和新特提斯造山带，与大洋俯冲过程紧密相关 (Tsujimori and Harlow，2012)。硬玉岩直接记录了大洋俯冲隧道的流体活动 (Harlow et al.，2015；Shi et al.，2012；Tsujimori and Harlow，2012)，因此为解析大洋俯冲带流体性质和过程提供了理想的视窗 (Harlow et al.，2016)。缅甸克钦邦帕敢硬玉岩以全球储量最大、品质最好的翡翠矿而闻名于世。大量的研究表明，缅甸硬玉岩代表俯冲大洋板块释放的流体在地幔楔沉淀的产物 (Shi et al.，2009，2012；Sorensen et al.，2006)，或代表俯冲带流体交代俯冲洋壳岩石的产物 (Lei et al.，2016；Ng et al.，2016；Yui et al.，2013)。因此，缅甸硬玉岩是研究俯冲带流体性质和过程的绝佳样品。

缅甸位于喜马拉雅造山带东缘，从西到东由四个构造单元组成：印缅山脉、西缅地块（中央盆地）、抹古变质带和掸高原 (Mitchell et al.，2012；Searle et al.，2007)。缅甸硬玉岩矿区位于西缅地块东北缘的克钦邦帕敢 (Hpakan) 地区，矿区东南缘为大型走滑断裂——实皆断裂 (Sagaing fault)（图 4.2）(Bertrand et al.，1999；Mitchell et al.，2007，2012)。帕敢硬玉岩矿区主要包含蛇纹岩或蛇纹石化橄榄岩、蓝片岩、云母片岩、透辉石大理岩、角闪岩和硬玉岩（图 4.6）(Bender，1983；Shi et al.，2014)。硬玉岩常呈白色，以脉状 (0.5 ～ 20 m) 或团块状产于蛇纹岩中［图 4.6(a)］，但在硬玉岩和蛇纹岩之间常分布一层 3 ～ 50 cm 的角闪岩薄“壳”［图 4.6(b)，图 4.6(c)］，为硬玉质流体与蛇纹岩交代反应的产物 (Shi et al.，2003，2012)。此外，一些绿色的硬玉岩细脉

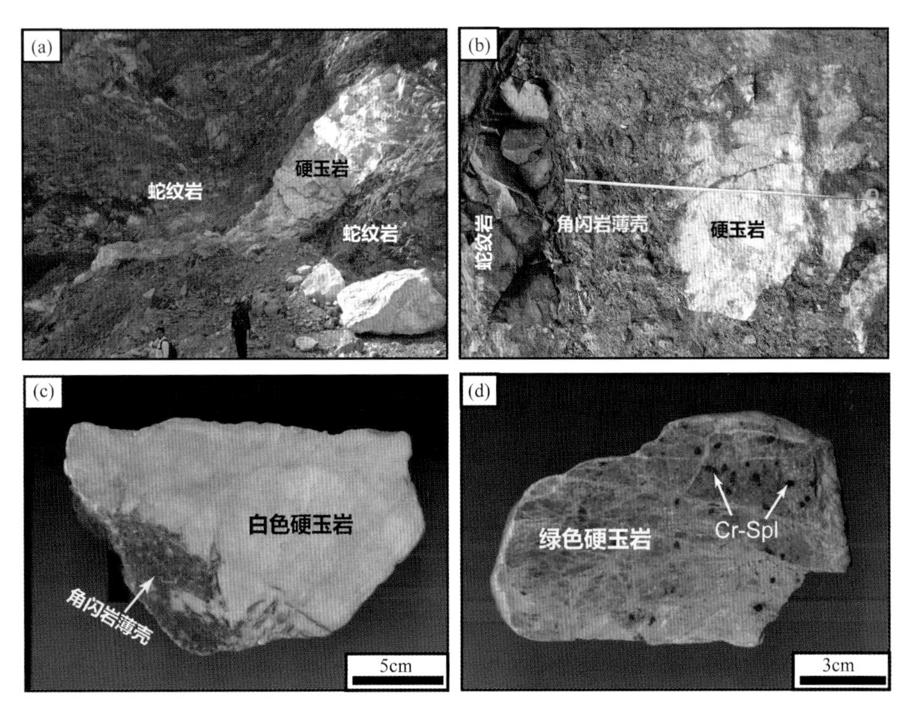

图 4.6 缅甸硬玉岩野外和手标本照片

注：Cr-Spl：铬尖晶石

（高品质翡翠）常贯穿于角闪岩薄层或白色硬玉岩内部，并偶尔可见少量铬尖晶石［图 4.6(d)］。硬玉岩的围岩为富含叶蛇纹石的蛇纹岩 (Shi et al.，2012)，属于典型的俯冲带环境的蛇纹岩。到目前为止，硬玉岩矿区只有少量的榴辉岩和蓝片岩被报道 (Goffé et al.，2000；Nyunt，2009)。在矿区以东 80km 的 Kumon 地区也有榴辉岩被报道（图 4.2）(Enami et al.，2011)，该榴辉岩由石榴子石、绿辉石、角闪石、黑云母、多硅白云母和石英组成，峰期温压条件为 530 ～ 615℃和 >1.2 GPa。Enami 等 (2011) 认为 Kumon 榴辉岩与 Naga 山榴辉岩都可能属于雅鲁藏布缝合带的东南缘部分，但目前这两个地区榴辉岩都缺乏年龄资料制约，并且 Kumon 榴辉岩的原岩属性与硬玉岩矿区的关系仍不明确。

目前，缅甸帕敢硬玉岩的研究工作主要集中在矿物学和年代学，在硬玉岩成岩环境、形成时代、成因类型和流体来源等方面，均取得了重要进展，亦存在需要进一步研究的科学问题。

1) 硬玉岩成岩环境可通过温压条件来限定。硬玉岩主要由硬玉、绿辉石和钠长石组成，由于矿物组合过于简单，且无石榴子石等关键的变质矿物，所以其温压条件一直难以准确限定 (Harlow et al.，2015；Sorensen et al.，2006)。Mével 和 Kiénast (1986) 依据钠长石分解反应线，给出了宽泛的温压条件 300 ～ 500℃和 1 ～ 1.5 GPa。Harlow (1994) 根据钠长石、硬玉、硬柱石等变质反应进一步限定不含石英的硬玉岩稳定的温压条件为约 450℃和 1.4 GPa。Goffé 等 (2000) 根据与硬玉岩伴生的榴辉岩中蓝片岩退变质结构和矿物组合，限定硬玉岩温压条件为 1.4 ～ 1.6 GPa 和 400 ～ 450℃。

Shi 等（2003）根据角闪岩薄壳中的钠质角闪石限定硬玉岩形成条件为 250 ～ 370℃和 >1 GPa。Oberhänsli 等（2007）通过相平衡模拟获得硬玉岩温压条件为约 1.5 GPa 和约 370℃。尽管限定的温压条件差异较大，但总体上都落在了现今俯冲大洋地壳表皮地温梯度演化曲线的右侧（图 4.7），与弧前俯冲板块 - 地幔界面温压条件类似（Penniston-Dorland et al.，2015），指示缅甸硬玉岩可能形成于弧前地幔楔环境（Harlow et al.，2015；Tsujimori and Harlow，2012）。

2）目前帕敢硬玉岩的形成时代还有较大争议。从锆石 U-Pb 年龄来看，Shi 等（2008，2009）认为硬玉岩的原岩年龄为约 163 Ma，形成的时间在 147 Ma 左右；但 Qiu 等（2009）认为硬玉岩的形成时间约为 158 Ma；Yui 等（2013）则认为侏罗纪年龄只能代表硬玉岩的原岩年龄，硬玉岩变质年龄应在晚白垩世约 77 Ma，其与新特提斯洋闭合过程相关。与帕敢硬玉岩伴生的榴辉岩中多硅白云母记录的 $^{40}Ar/^{39}Ar$ 年龄显示，榴辉岩相变质年龄约为 80 Ma，蓝片岩相退变质年龄约为 30 Ma（Goffé et al.，2002）；然而，角闪石的 $^{40}Ar/^{39}Ar$ 年龄则显示硬玉岩可能在早白垩世（约 135 Ma）就已形成，在晚白垩世（约 93Ma）再次经历改造（Qi et al.，2013）。与硬玉岩伴生的云母片岩中多硅白云母记录的 $^{40}Ar/^{39}Ar$ 年龄为约 45 Ma，指示硬玉岩在始新世经历了快速抬升过程（Shi et al.，2014）。复杂的年代学数据暗示硬玉岩形成过程的复杂性，硬玉岩中可能经历多期次生长，且硬玉岩的生长可能与围岩中的榴辉岩 / 蓝片岩相变质并无直接关联。直接对硬玉岩本身进行精细的矿物学结构和年代学相结合研究是解决这一科学问题的有效方法。

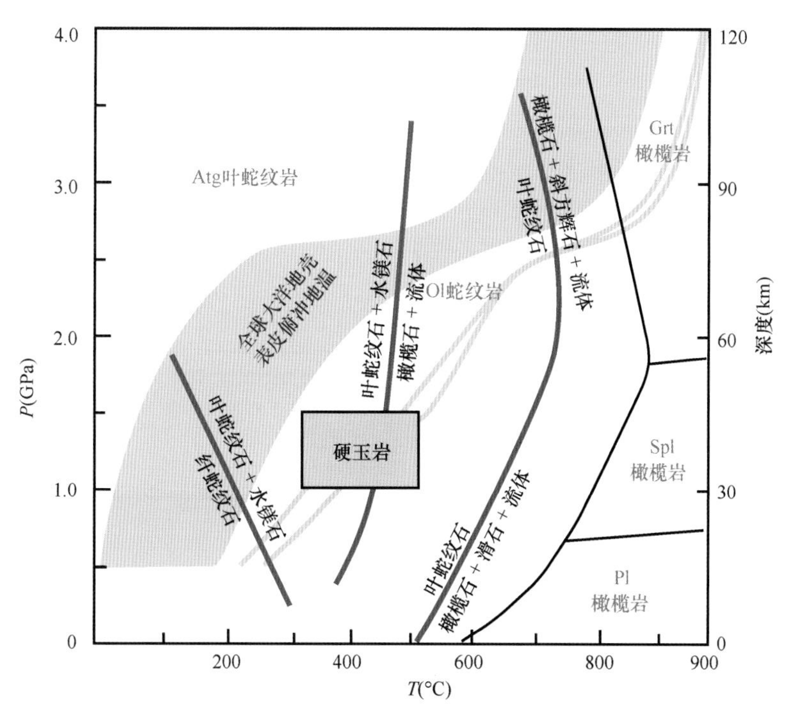

图 4.7　缅甸硬玉岩温压条件与全球俯冲大洋地壳表皮地温对比（底图据 Scambelluri et al.，2004）

Atg，叶蛇纹石；Ol，橄榄石；Grt，石榴子石；Pl，斜长石；Spl，尖晶石

3）硬玉岩的成因类型可分为两类：一类为直接从流体结晶（P 型），另一类为流体交代成因（R 型）(Tsujimori and Harlow，2012)。绝大多数 P 型硬玉岩以脉体形式产于蛇纹岩中，硬玉自形程度高，且 CL 照片显示明显的韵律震荡环带，并包含大量的流体包裹体，表明硬玉岩是由富 Na-Al-Si 流体直接结晶形成的（Shi et al.，2008，2009，2012；Sorensen et al.，2006）。R 型硬玉岩则表现为在矿物结构和成分上保留了部分原岩特征，如硬玉中包含原岩矿物、锆石保留有继承性核等（Ng et al.，2016；Lei et al.，2016；Yui et al.，2013）。综合前人的研究工作，纯度较高硬玉岩大多为 P 型，保留了流体结晶的特点。

4）形成硬玉岩的流体来源仍然存在争议。大洋俯冲带流体来自三个重要储库：蚀变洋壳（AOC）、大洋沉积物和蛇纹岩（Elliott，2003；Marschall and Schumacher，2012；Scambelluri et al.，2004，2015；Spandler and Pirard，2013；Spandler et al.，2014）。其中，蛇纹岩又可分为俯冲洋壳之下的富水岩石圈地幔和之上的富水弧前地幔楔（Deschamps et al.，2013）。与洋中脊玄武岩相比，缅甸硬玉岩富集 Na、Al、Si、Ba、Pb、Sr、U、Li、Zr 和 Hf，亏损 Rb、K、Ti、Nb 和 Ta(Shi et al.，2008)。硬玉岩中高度富集 Ba 和 Li 的特征（Shi et al.，2008）、富 Ba 矿物（Shi et al.，2010）和深海铁球体（deep-sea spherules）(Shi et al.，2011）的发现，指示硬玉质流体来源于俯冲大洋沉积。然而，硬玉岩中锆石高度亏损 Hf 同位素的特征，表明硬玉质流体可能来自俯冲的蚀变洋壳（Qiu et al.，2009；Shi et al.，2009）。再者，具有震荡环带的硬玉边部显示明显的 Ca、Mg、Cr 含量升高，表面硬玉岩结晶后期有部分来自蛇纹岩流体的加入（Sorensen et al.，2006）。因此，从以上证据来看，硬玉质流体可能具有多来源属性，三个重要储库可能均有贡献，此类混合性质的流体在俯冲板块–地幔界面较为常见（Bebout and Penniston-Dorland，2016；Manning，2004；Marschall and Schumacher，2012）。然而，实验和理论计算结果表明，蛇纹岩释放的流体具有相对富 Mg，贫 Na、Al 和 Si 的特性，洋壳和沉积物释放的流体可富集 Na、Al 和 Si(Dvir et al.，2011；Galvez et al.，2015；Manning，2004；Schneider and Eggler，1986；Stalder et al.，2001；Spandler et al.，2007)。因此，蛇纹岩对硬玉质流体的贡献比较少。AOC 和沉积物哪个对硬玉质流体贡献最大？这一科学问题需要在今后的研究工作中进一步深化。

硬玉岩为何如此稀少仍是未解之谜。尽管在现代板块汇聚边界广泛出露蛇绿混杂岩和高压–超高压岩石（Maruyama et al.，1996；Tsujimori and Ernst，2014），但并不是所有的大洋俯冲带都有硬玉岩。到目前为止，全球只有十几处报道有硬玉岩，其出露面积远小于其他高压–超高压变质岩（Harlow et al.，2015；Tsujimori and Harlow，2012）。到底是什么原因致使硬玉岩出露这么稀少？如果上述的俯冲带流体结晶模型是正确的话，那么硬玉岩在俯冲带中应普遍存在，这一点与事实不符。那么，可能有某种原因致使硬玉岩难以折返到地表。现今高压–超高压变质岩的折返机制大多与浮力相关（Chen et al.，2013）。硬玉的密度与地幔值相当，因此无法以自身浮力折返。由于大部分硬玉的直接围岩为蛇纹岩，蛇纹岩本身具有极低的密度，因此低密度地幔楔蛇纹岩可以裹挟硬玉岩沿俯冲隧道折返，但问题是这种折返模式仍无法解释硬玉岩出露稀少这一事实。再者，缅甸硬玉岩位于中央盆地北部（图 4.2），在 IYS 以东，构造背景上属于弧前盆地位置。因此，俯冲隧道模型不能适用于硬玉岩的抬升过程。与硬玉岩相比，钠长岩在大洋俯冲带中更为常见，部分钠长岩是硬玉岩与晚期流体继续反应的产物。因此，硬玉岩保存可能需要快速抬升过程 (Shi et al.，2014)。一般来讲，大型走滑断层、逆冲断层和底侵都可导致高压变质地体快速抬升过程 (Agard et al.，2009；Gerya et al.，2002；Michard et al.，1993；Platt，1993)。而缅甸硬玉岩矿区正好位于大型走滑断层——实皆断裂西缘，其可能是触发硬玉岩快速抬升的原因 (Shi et al.，2014)。大型走滑 / 逆冲断层在危地马拉、古巴、日本、乌拉尔和伊朗硬玉岩附近亦有出现 (Harlow et al.，2007，2011，2016；Garcia-Casco et al.，2009；Meng et al.，2011；Oberhänsli et al.，2007；Rodriguez and Córdoba，2010；Shi et al.，2014；Tsujimori et al.，2006)。这种基于走滑 / 逆冲断层导致硬玉岩快速抬升而得以保存的模型，目前还缺乏严谨的直接证据，需进一步验证。

综上所述，喜马拉雅东构造结既出露了代表新特提斯洋俯冲的高压榴辉岩和硬玉岩，也出露了代表印度大陆俯冲的高压麻粒岩，记录了从侏罗纪大洋俯冲到始新世—中新世大陆俯冲—折返的完整过程。尽管目前已有部分有利证据支持这些高压变质岩记录了大洋和大陆板块俯冲与折返过程的岩石学和年代学信息，但就目前的数据和认知程度，我们还无法将其作为一个整体有机结合起来准确揭示从大洋俯冲到大陆俯冲的转换过程。系统开展对东西构造结高压 – 超高压岩石的变质岩石学和年代学研究，对于理解喜马拉雅造山过程、大洋大陆俯冲转换过程和机制、高压 – 超高压变质岩的折返 – 剥露过程和机制具有重要意义。

4.2　西构造结

西构造结在喜马拉雅带西北部，强烈的构造运动使地壳发生大规模缩短和旋转变形。它保留了古近纪区域变质作用完整记录的地区，在印度西北部和尼泊尔中喜马拉雅造山带都不存在 (金振民，1999)。自 1987 年在巴基斯坦北部 Kaghan 地区发现榴辉岩后，印度西北部的 Tso Morari 和 Stak 等地区陆续发现片麻岩中包裹榴辉岩透镜体 (Chaudhry and Ghazanfar，1987；Le Fort et al.，1997)。2001 年在 Kaghan 和 Tso Morari 榴辉岩中陆续发现柯石英包裹体 (Mukherjee and Sachan，2001；O'Brien et al.，2001)。根据地球物理资料在兴都库什 - 帕米尔地区识别出正在俯冲的大陆岩石圈，且俯冲深度超过 200km(Burtman and Molnar，1993；Sippl et al.，2013a，2013b)。原岩属性方面，前人研究工作表明榴辉岩原岩为二叠纪 Panjal Trap 玄武岩或岩墙分支 (Rehman et al.，2016；Spencer et al.，1995)，并未明确原岩来源于俯冲顶板还是底板 (图 4.8)。

4.2.1　Kaghan 和 Tso Morari 超高压榴辉岩

不同学者对这些榴辉岩进行岩相学得到的温压条件有差异 (Guillot et al.，2008；

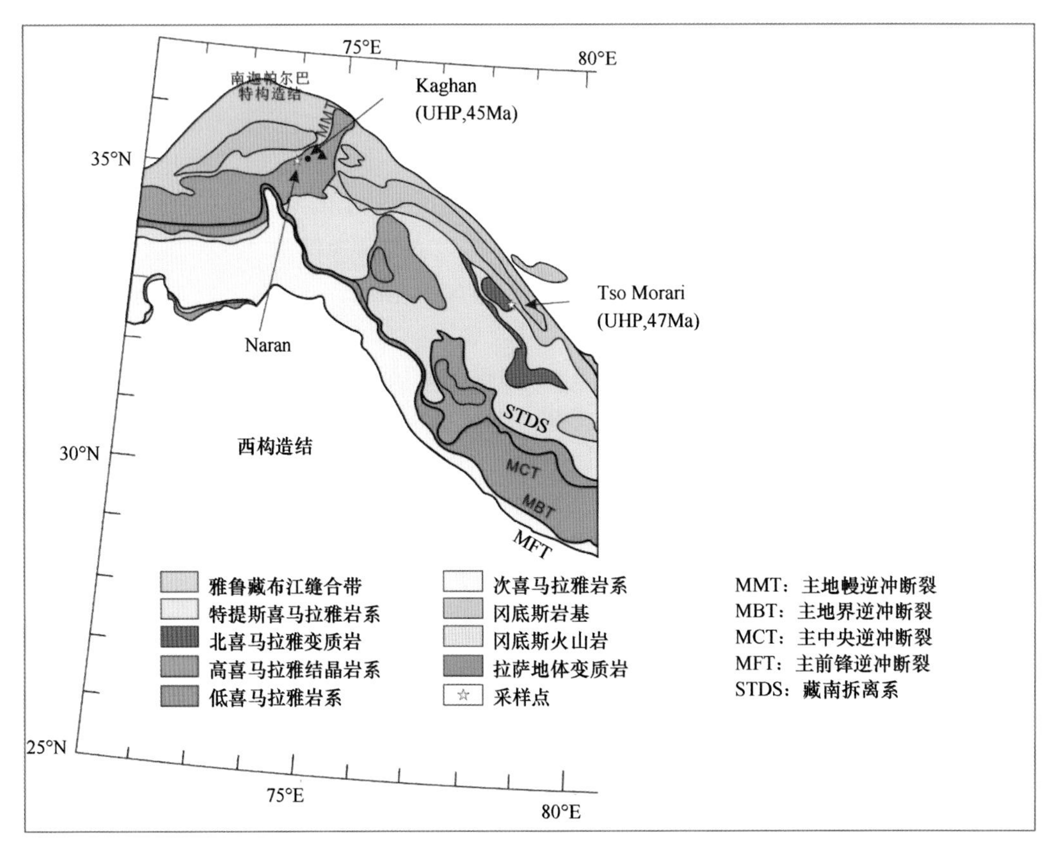

图 4.8　喜马拉雅造山带西构造结构造简图
黄石星形为 Naran 榴辉岩采样点

Kaneko et al.，2003；Parrish et al.，2006；St-Onge et al.，2013；Wilke et al.，2010b）。用地质温压计计算得出榴辉岩峰期变质温压条件，Kaghan 地区为 2.7 ～ 3.2 GPa、700 ± 70℃（Kaneko et al.，2003；O'Brien et al.，2001；Rehman et al.，2007）。Tso Morari 地区为 2.6 ～ 2.8 GPa、630 ～ 650°C（St-Onge et al.，2013；O'Brien，2001）。这些 *P-T* 计算结果的建立是基于石榴子石 – 绿辉石 – 多硅白云母温压计，目前还比较缺乏变质相平衡的计算，并没有考虑到流体活度的变化。

多期次的变质过程造成副矿物年龄复杂且范围宽泛，不同方法对西构造结 Kaghan 榴辉岩进行定年得到不同的结果。Kaghan 地区含柯石英变质锆石 U-Pb 方法定年结果为 47 ～ 44 Ma（Kaneko et al.，2003；Parrish et al.，2006；Tonarini et al.，1993）。Tso Morari 地区石榴子石 Sm-Nd 和 Lu-Hf 等时线结果表明，Tso Morari 峰期变质时代为 55 ～ 51 Ma（De Sigoyer et al.，2000，Leech et al.，2005；St-Onge et al.，2013）。Donaldson 等（2013）对 Tso Morari 榴辉岩中石榴子石的锆石进行原位定年，认为具有轻稀土平坦且无 Eu 异常的锆石指示榴辉岩相变质为 47 ～ 43 Ma，而印度 – 欧亚的初始碰撞年代在 51 Ma 左右。但这些变质锆石不包含标志性矿物如柯石英、金刚石，具有这些稀土元素特征并不能代表峰期变质年代，峰期变质年代仍可能为 55 ～ 51 Ma。

年代学的研究方法不同、副矿物的产状不同和复杂的副矿物结构造成了对定年结果的不同认识。但前人对石榴子石成分环带的正确解读、温压计的适用范围以及流体活度的变化未给予足够重视，导致定年结果与变质温压条件以及它们的对应关系模糊，不利于正确解读西构造结的变质抬升历史。

4.2.2　新发现的 Naran 榴辉岩

近年来我们在巴基斯坦境内新发现了榴辉岩，它位于喜马拉雅西构造结靠近主地幔断裂的 Naran 地区［图 4.9(a)，图 4.9(b)］。岩相学观察表明，早期矿物组合为石榴子石 – 黝帘石 – 金红石 – 角闪石，峰期矿物组合为石榴子石 – 黝帘石 – 金红石 – 绿辉石，晚期矿物组合为石榴子石 – 黝帘石 – 钛铁矿 – 透辉石 – 斜长石 – 角闪石，具有单斜辉石 + 斜长石和角闪石 + 斜长石两阶段后成合晶［图 4.9(c)，图 4.9(d)］。这表明榴辉岩峰期变质之后可能有麻粒岩相和角闪岩相叠加。矿物化学分析表明，从核部到边部镁铝榴石和 Mg# 升高而钙铝榴石、铁铝榴石和锰铝榴石下降，呈典型的生长环带特征

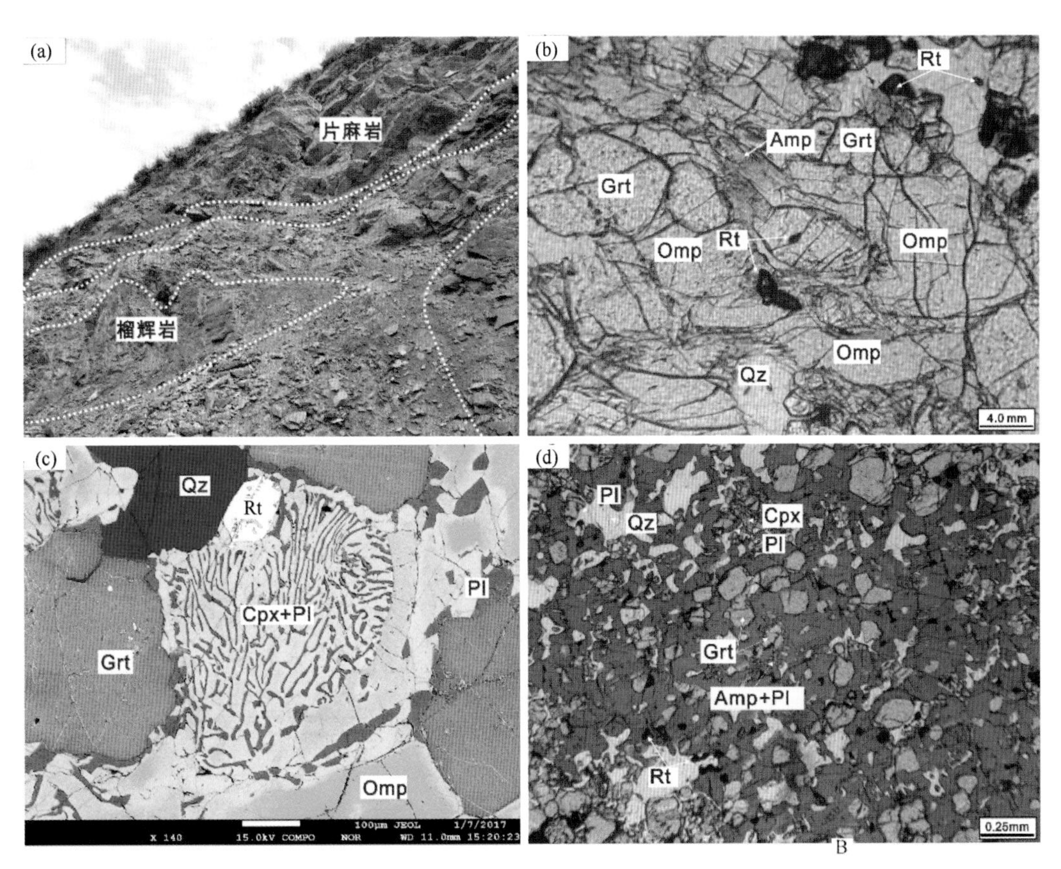

图 4.9　(a) Naran 榴辉岩与围岩片麻岩野外照片；(b) Naran 榴辉岩峰期矿物组合；(c) 峰期之后麻粒岩相叠加；(d) 晚期角闪岩相矿物组合

Grt，石榴子石；Omp，绿辉石；Cpx，单斜辉石；Pl，斜长石；Amp，角闪石；Qz，石英；Rt，金红石

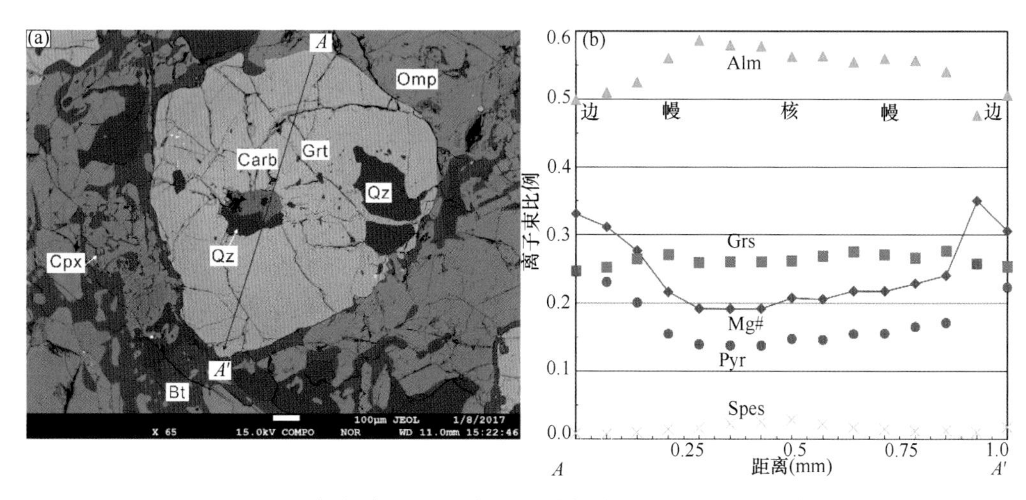

图 4.10 Naran 榴辉岩 BSE 照片 (a) 及其石榴子石化学成分环带图 (b)

Grt，石榴子石；Omp，绿辉石；Cpx，单斜辉石；Bt，黑云母；Qz，石英；Pyr，镁铝榴石；Grs，钙铝榴石；Spes，锰铝榴石；Alm，铁铝榴石；Carb，碳酸岩；Mg# = Mg/(Mg+Fe)

(图 4.10)。包裹体产状和基质核部的单斜辉石为绿辉石，基质边部成分为普通辉石。而角闪石包裹体成分为砂川闪石，后成合晶产状的角闪石成分为韭闪石，基质中角闪石为浅闪石或韭闪石 (图 4.11)。

锆石 SIMS U-Pb 年代学表明，巴基斯坦 Naran 榴辉岩峰期变质年代约为 46 Ma (图 4.12)。巴基斯坦 Naran 榴辉岩初步研究表明，它经历了陆陆俯冲—碰撞—折返的地质过程，它在约 46 Ma 俯冲到约 90 km 深度，Naran 榴辉岩峰期之后的中麻粒岩的叠加过程指示了折返阶段的“热松弛”过程，这与经历麻粒岩相叠加的苏鲁超高压榴辉岩类似 (Yao et al.，2000)，而与 Kaghan 和 Tso Morari 地区不同。Kaghan 榴辉岩的 *P-T* 轨迹呈 S 形的三阶段折返特征，折返速率分别为 86 ～ 143 mm/a、1 mm/a 和

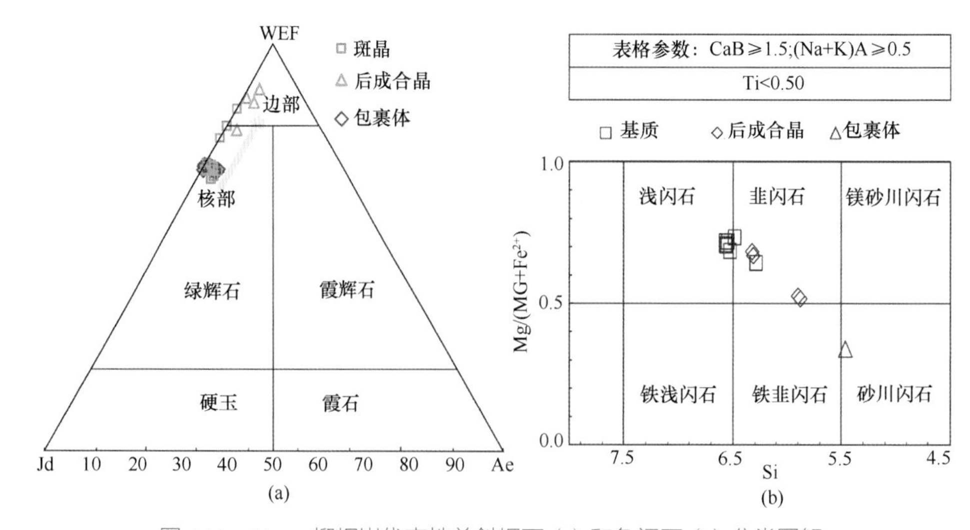

图 4.11 Naran 榴辉岩代表性单斜辉石 (a) 和角闪石 (b) 分类图解

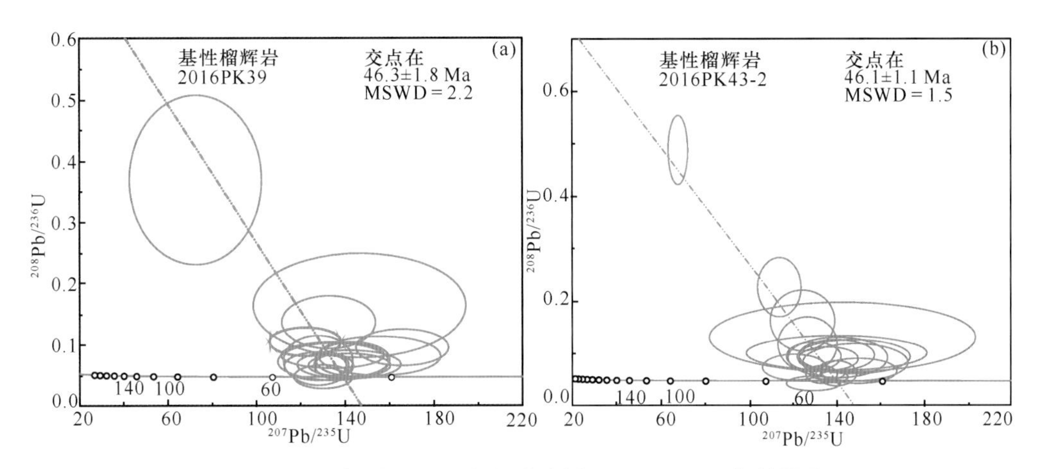

图 4.12　巴基斯坦 Naran 榴辉岩中锆石 SIMS U-Pb 年龄图谱

2 mm/a，即先超快速地降温降压，后慢速地升温降压，最后慢速地降温降压，其中第二阶段的升温降压过程主要的矿物结构证据为蓝闪石边部被普通角闪石所取代（Kaneko et al.，2003；Wilke et al.，2010a）。Tso Morari 地区典型的大陆深俯冲岩石隆升时呈现第一阶段升温降压的阿尔卑斯型“热松弛”特征（Smye et al.，2011）。Tso Morari 榴辉岩的 *P-T* 轨迹也呈 S 形，而角闪石类型为冻蓝闪石（St-Onge et al.，2013）。“热松弛”过程很可能与大洋岩石圈冷俯冲向陆陆碰撞转化过程中造成的俯冲速率降低甚至停止有关，或与沿着俯冲通道上升的地幔流有关（Gerya et al.，2002；Peacock，2003）。Naran 榴辉岩的变质作用为研究西构造结多岩片差异性折返提供了新的证据。

参考文献

丁林, 钟大赉. 1999. 西藏南伽巴瓦峰地区高压麻粒岩相变质作用特征及其构造地质意义. 中国科学(D辑), 2(5): 385-397.

高利娥, 曾令森, 赵令浩, 等. 2017. 喜马拉雅造山带片麻岩中石榴子石的多期生长. 岩石学报, 33: 3729-3740.

金振民. 1999. 喜马拉雅造山带西构造结含柯石英榴辉岩的发现及其启示. 中国科技情报, 18(3): 1-5.

李忠海. 2014. 大陆俯冲-碰撞-折返的动力学数值模拟研究综述. 中国科学: 地球科学, 44(5): 817-841.

李忠海, 许志琴. 2015. 大洋俯冲和大陆碰撞沿走向的转换动力学及流体、熔体活动的作用. 岩石学报, 31(12): 3524-3530.

刘焰, 钟大赉. 1998. 东喜马拉雅地区高压麻粒岩岩石学研究及构造意义. 地球科学, 33(3): 267-281.

莫宣学, 赵志丹, 周肃, 等. 2007. 印度-亚洲大陆碰撞的时限. 地质通报, 26: 1240-1244.

向华, 张泽明, 董昕, 等. 2013. 印度大陆俯冲过程中的高压变质与深熔作用: 东喜马拉雅构造结南迦巴瓦杂岩的相平衡模拟研究. 岩石学报, 29: 3792-3802.

许志琴, 杨经绥, 李海兵, 等. 2006. 青藏高原与大陆动力学——地体拼合、碰撞造山及高原隆升的深部驱动力. 中国地质, 33: 221-238.

张泽明, 董昕, 丁慧霞, 等. 2017. 喜马拉雅造山带的变质作用与部分熔融. 岩石学报, 33(8): 2313-2341.

张泽明, 康东艳, 丁慧霞, 等. 2018. 喜马拉雅造山带的部分熔融与淡色花岗岩成因机制.地球科学, 43: 82-98.

钟大赉, 丁林. 1995. 西藏南迦巴瓦峰地区发现高压麻粒岩. 科学通报, 40(14): 1343.

Acharyya S K, Roy D K, Mitra N D. 1986. Stratigraphy and palaeontology of the Naga Hills ophiolite belt// Ghosh D B. Geology of the Nagaland Ophiolite. Geological Survey of India Memoirs, 119: 64-74.

Adam J, Locmelis M, Afonso J C, et al. 2014. The capacity of hydrous fluids to transport and fractionate incompatible elements and metals within the Earth's mantle. Geochemistry, Geophysics, Geosystems, 15: 2241-2253.

Agard P, Yamato P, Jolivet L, et al. 2009. Exhumation of oceanic blueschists and eclogites in subduction zones: timing and mechanisms. Earth-Sci Rev, 92: 53-79.

Andrew J S, Mike J B, Tim J B, et al. 2011. Rapid formation and exhumation of the youngest Alpine eclogites: a thermal conundrum to Barrovian metamorphism. Earth and Planetary Science Letters, 306: 193-204.

Ao A, Bhowmik S K. 2014. Cold subduction of the Neotethys: the metamorphic record from finely banded lawsonite and epidote blueschists and associated metabasalts of the Nagaland Ophiolite Complex, India. Journal of Metamorphic Geology, 32: 829-860.

Arnaud N O, Vidal Ph, Tapponnier P, et al. 1992. The high K_2O volcanism of northwestern Tibet: geochemistry and tectonic implications. Earth Planet Sci Lett, 111: 351-367.

Baxter A T, Aitchison J C, Zyabrev S V, et al. 2011. Upper Jurassic radiolarians from the Naga Ophiolite, Nagaland, northeast India. Gondwana Research, 20: 638-644.

Bebout G E. 2007. Metamorphic chemical geodynamics of subduction zones. Earth and Planetary Science Letters, 260: 373-393.

Bebout G E. 2014. Chemical and isotopic cycling in subduction zones. Treatise on Geochemistry, 4: 703-747.

Bebout G E, Penniston-Dorland S C. 2016. Fluid and mass transfer at subduction interfaces-The field metamorphic record. Lithos, 240-243: 228-258.

Bender F. 1983. Geology of Burma. Berlin: Gebrüder Bornträger.

Bertrand G, Rangin C, Maluski H, et al. 1999. Cenozoic metamorphism along the Shan Scarp (Myanmar): evidences for ductile shear along the Sagaing fault or the northward migration of the Eastern Himalayan syntaxis? Geophysical Research Letters, 26: 915-918.

Booth A L, Chamberlain C P, Kidd W S F, et al. 2009. Constraints on the metamorphic evolution of the easternHimalayan syntaxis from geochronologic and petrologic studies of Namche Barwa. Geol Soc Am Bull, 121: 385-407.

Booth A L, Zeitler P K, Kidd W S F, et al. 2004. U-Pb zircon constraints on the tectonic evolution of southeastern Tibet, Namche Barwa area. Am J Sci, 304: 889-929.

Brunnschweiler R O. 1966. On the geology of Indo-Burman ranges. Geological Society of Australia, 13: 137-195.

Burg J P, Guiraud M, Chen G M, et al. 1984. Himalaya metamorphism and deformation in the north Himalayan belt Southern Tibet, China. Earth and Planetary Science Letters, 69: 391-400.

Burg J P, Nievergelt P, Oberli F, et al. 1998. The Namche Barwa syntaxis: evidence for exhumation related to compressional crustal folding. Journal of Asian Earth Sciences, 16: 239-252.

Burtman V S, Molnar P. 1993. Geological and Geophysical evidence for deep subduction of continental crust beneath the Pamir. Geological Society of America (special papers), 281: 1-76.

Chatterjee N, Ghose N C. 2010. Metamorphic evolution of the Naga Hills eclogite and blueschist, Northeast India: implications for early subduction of the Indian plate under the Burma microplate. Journal of Metamorphic Geology, 28: 209-225.

Chaudhry M N, Ghazanfar M. 1987. Geology, structure and geomorphology of Upper Kaghan valley, Northwestern Pakistan. Geological Bulletin University of Punjab, 22: 13-57.

Chen R X, Zheng Y F, Hu Z C. 2012. Episodic fluid action during exhumation of deeply subducted continental crust: geochemical constraints from zoisite-quartz vein and host metabasite in the Dabie orogen. Lithos, 155: 146-166.

Chen Y, Su B, Chu Z Y. 2017. Modification of an ancient subcontinental lithospheric mantle by continental subduction: insight from the Maowu garnet peridotites in the Dabie UHP belt, eastern China. Lithos, 278-281: 54-71.

Chen Y, Ye K, Liu J B, et al. 2006. Multistage metamorphism of the Huangtuling granulite, Northern Dabie Orogen, eastern China: implications for the tectonometamorphic evolution of subducted lower continental crust. Journal of Metamorphic Geology, 24: 633-654.

Chen Y, Ye K, Wu T F, et al. 2013. Exhumation of oceanic eclogites: thermodynamic constraints on pressure, temperature, bulk composition and density. Journal of Metamorphic Geology, 31: 549-570.

Chopin C. 1984. Coesite and pure pyrope in high-grade blueschists of the Western Alps: a first record and some consequences. Contributions to Mineralogy and Petrology, 86: 107-118.

Chopin C. 2003. Ultrahigh-pressure metamorphism: tracing continental crust into the mantle. Earth and Planetary Science Letters, 212: 1-14.

De Sigoyer J, Chavagnac V, Blichert-Toft J, et al. 2000. Dating the Indian continental subduction and collisional thickening in the northwest Himalaya: multichronology of the Tso Morari eclogites. Geology, 28(6): 487-490.

Deschamps F, Godard M, Guillot S, et al. 2013. Geochemistry of subduction zone serpentinites: a review. Lithos, 178: 96-127.

Ding L, Zhong D L. 1999. Metamorphic characteristics and geotectonic implications of the high-pressure granulites from Namjagbarwa, eastern Tibet. Sci China, 42: 491-505.

Ding L, Zhong D, Yin A, et al. 2001. Cenozoic structural and metamorphic evolution of the eastern Himalayan syntaxis (Namche Barwa). Earth and Planetary Science Letters, 192(3): 423-438.

Donaldson D G, Webb A A G, Menold C A, et al. 2013. Petrochronology of Himalayan ultrahigh-pressure eclogite. Geology, 41(8): 835-838.

Dong S W, Gao R, Cong B L, et al. 2004. Crustal structure of the southern Dabie ultrahigh-pressure orogen and Yangtze foreland from deep seismic reflection profiling. Terra Nova, 16: 319-324.

Dvir O, Pettke T, Fumagalli P, et al. 2011. Fluids in the peridotite-water system up to 6 GPa and 800℃: new experimental constrains on dehydration reactions. Contributions to Mineralogy and Petrology, 161: 829-844.

Elliott T. 2003. Tracers of the slab//Eiler J. Inside the Subduction Factory. Geophysical Monograph Series, 138: 23-45.

Enami M, Ko Z W, Win A, et al. 2011. Eclogite from the Kumon range, Myanmar: petrology and tectonic implications. Gondwana Research, 21: 548-558.

Epard J L, Steck A. 2008. Structural development of the Tso Morari ultra-high pressure nappe of the Ladakh Himalaya. Tectonophys, 451: 242-264.

Galvez M E, Manning C E, Connolly J A D, et al. 2015. The solubility of rocks in metamorphic fluids: a model for rock-dominated conditions to upper mantle pressure and temperature. Earth and Planetary Science Letters, 430: 486-498.

Gao S, Zhang B R, Jin Z M, et al. 1998. How mafic is the lower continental crust? Earth and Planetary Science Letters, 161: 101-117.

Garcia-Casco A, Vega A R, Párraga J C, et al. 2009. A new jadeitite jade locality (Sierra del Convento, Cuba): first report and some petrological and archeological implications. Contributions to Mineralogy and Petrology, 158: 1-16.

Geng Q, Pan G, Zheng L, et al. 2006. The eastern Himalayan Syntaxis; major tectonic domains, ophiolitic melanges and geologic evolution. Journal of Asian Earth Sciences, 27: 265-285.

Gerya T V, Stöckhert B, Perchuk A L. 2002. Exhumation of high-pressure metamorphic rocks in a subduction channel: a numerical simulation. Tectonics, 21: 1056.

Ghose N C, Agrawal O P, Chatterjee N. 2010. Geological and mineralogical study of eclogite and glaucophane schists in the Naga Hills Ophiolite, Northeast India. Island Arc, 19: 336-356.

Ghose N C, Agrawal O P, Windley B F. 1984. Geochemistry of the blueschist-eclogite association in the ophiolite belt of Nagaland, India//Cenozoic Crustal Evolution of the Indian Plate Margin. Seminar Abstracts. Patna: Patna University.

Ghose N C, Chatterjee N, Fareeduddin. 2014. A petrographic Atlas of Ophiolite: An Example from the Eastern India-Asia Collision Zone. Berlin: Springer.

Ghose N C, Singh R N. 1980. Occurrence of blueschist facies in the ophiolite belt of Naga Hills, east of Kiphire, N.E., India. Geologische Rundschau, 69: 41-43.

Goffé B, Rangin C, Maluski H. 2000. Jade and associated rocks from jade mines area, northern Myanmar as record of a polyphased high-pressure metamorphism. Eos, 81: F1365.

Goffé B, Rangin C, Maluski H. 2002. Jade and associated rocks from the Jade Mines area, northern Myanmar as record of a polyphased high-pressure metamorphism. Himalaya-Karakoram-Tibet Workshop Meeting (Abstracts). Journal of Asian Earth Sciences, 20: 16-17.

Groppo C, Lombardo B, Rolfo F, et al. 2007. Clockwise exhumation path of granulitized eclogites from the Ama Drime range (eastern Himalayas). Journal of Metamorphic Geology, 25(1): 51-75.

Guillot S, de Sigoyer J, Dick P. 2004. Exhumation Processes of the high pressure low-temperature Tso Morari dome in a convergent context (eastern-Ladakh, NW-Himalaya). Tectonics, 23 (3): TC 3003.

Guillot S, de Sigoyer J, Lardeaux J M, et al. 1997. Eclogitic metasediments from the Tso Morari area (Ladakh, Himalaya): evidence for continental subduction during India-Asia convergence. Contributions to Mineralogy and Petrology, 128: 197-212.

Guillot S, Garzanti E, Baratoux D, et al. 2003. Reconstructing the total shortening history of the NW Himalaya.Geochemistry, Geophysics, Geosystems, 4 (7) : 1-10.

Guillot S, Maheo G, de Sigoyer J, et al. 2008. Tethyan and Indian subduction viewed from the Himalayan high- to ultrahigh-pressure metamorphic rocks. Tectonophysics, 451: 225-241.

Guilmette C, Indares A, H'ebert R. 2011. High-pressure anatectic paragneisses from the Namche Barwa, Eastern Himalayan Syntaxis: textural evidence for partial melting, phase equilibria modeling and tectonic implications. Lithos, 124: 66-81.

Guo S, Ye K, Chen Y, et al. 2012. Fluid-rock interaction and element mobilization in UHP metabasalt: constraints from an omphacite-epidote vein and host eclogites in the Dabie orogen. Lithos, 136: 145-167.

Hacker B R, Abers G A, Peacock S M. 2003. Subduction factory 1. Theoretical mineralogy, densities, seismic wave speeds, and H_2O contents. J Geophys Res, 108: B1.

Harlow G E. 1994. Jadeitites, albitites and related rocks from the Motagua Fault Zone, Guatemala. Journal of Metamorphic Geology, 12: 49-68.

Harlow G E, Flores K E, Marschall H R. 2016. Fluid-mediated mass transfer from a paleosubduction channel to its mantle wedge: evidence from jadeitite and related rocks from the Guatemala Suture Zone. Lithos, 258-259: 15-36.

Harlow G E, Sisson V B, Sorensen S S. 2011. Jadeitite from Guatemala: distinctions among multiple occurrences. Geologica Acta, 9: 363-387.

Harlow G E, Sorensen S S, Sisson V B. 2007. Jade//Groat L A. The Geology of Gem Deposits. Short Course Handbook Series, 37. Quebec: Mineralogical Association of Canada: 207-254.

Harlow G E, Tsujimori T, Sorensen S S. 2015. Jadeitites and plate tectonics. Annual Review of Earth and Planetary Sciences, 43: 105-138.

John T, Klemd R, Gao J, et al. 2008. Trace element mobilization in slabs due to non steady-state fluid-rock interaction: constraints from an eclogite-facies transport vein in blueschist (Tianshan, China). Lithos, 103: 1-24.

Kaneko Y, Katayama I, Yamamoto H, et al. 2003. Timing of Himalayan ultrahigh-pressure metamorphism: sinking rate and subduction angle of the Indian continental crust beneath Asia. Journal of Metamorphic Geology, 21(6): 589-599.

Kotková J, O'Brien P J, Ziemann M A. 2011. Diamond and coesite discovered in Saxony-type granulite: solution to the Variscan garnet peridotite enigma. Geology, 39: 667-670.

Lanari P, Riel N, Guillot S, et al. 2013. Deciphering high-pressure metamorphism in collisional context usingmicroprobe mapping methods: application to the Stak eclogiticmassif (northwest Himalaya). Geology, 41: 111-114.

Larson K P, Ambrose T K, Webb A A G, et al. 2015. Reconciling Himalayan midcrustal discontinuities: the Main Central thrust system. Earth and Planetary Science Letters, 429: 139-146.

Le Fort P, Guillot S, Pêcher A. 1997. HP metamorphic belt along the Indus suture zone of NW Himalaya: new discoveries and significance. Comptes Rendus de l'Académie des Science, Series IIA, Earth and Planetary Science, 325(10): 773-778.

Leech M, Singh S, Jain A, et al. 2005. The onset of India-Asia continental collision: early, steep subduction required by the timing of UHP metamorphism in the western Himalaya. Earth and Planetary Science Letters, 234(1): 83-97.

Lei W Y, Shi G H, Santosh M, et al. 2016. Trace element features of hydrothermal and inherited igneous zircon grains in mantle wedge environment: a case study from the Myanmar jadeitite. Lithos, 266-267: 16-27.

Ling M X, Liu Y L, Williams L S, et al. 2013. Formation of the world's largest REE deposit through protracted fluxing of carbonatite by subduction-derived fluids. Scientific Reports, 3: 1776.

Liu C Z, Zhang C, Xu Y, et al. 2016. Petrology and geochemistry of mantle peridotites from the Kalaymyo and Myitkyina ophiolites (Myanmar): implications for tectonic settings. Lithos, 264: 495-508.

Liu L, Zhang J F, Cao Y T, et al. 2018. Evidence of former stishovite in UHP eclogite from the South Altyn Tagh, western China. Earth and Planetary Science Letters, 484: 353-362.

Liu L, Zhang J F, Green II H W, et al. 2007. Evidence of former stishovite in metamorphosed sediments, implying subduction to >350 km. Earth and Planetary Science Letters, 263(3-4): 180-191.

Liu Y, Siebel W, Theye T, et al. 2011. Isotopic and structural constraints on the late Miocene to Pliocene evolution of the Namche Barwa area, eastern Himalayan syntaxis, SE Tibet. Gondwana Res, 19: 894-909.

Liu Y, Zhong D. 1997. Petroloyg of high-Pressure gnaruliets from the eastern Himalayan syntxais. Journal of Metamorphic Geology, 15(4): 451-466.

Manning C E. 2004. The chemistry of subduction-zone fluids. Earth and Planetary Science Letters, 223: 1-16.

Marschall H R, Schumacher J C. 2012. Arc magmas sourced from melange diapirs in subduction zones. Nature Geoscience, 5: 862-867.

Maruyama S, Liou J G, Terbayashi M. 1996. Blueschists and eclogites of the world and their exhumation. International Geology Review, 38: 485-594.

Meng F C, Makeyev A B, Yang J S. 2011. Zircon U-Pb dating of jadeitite from the Syum-Keu ultramafic complex, Polar Urals, Russia: constraints for subduction initiation. Journal of Asian Earth Sciences, 42: 596-606.

Mével C, Kiénast J R. 1986. Jadeite-kosmochlor solid solution and chromite, sodic amphiboles in jadeitites and associated rocks from Tawmaw (Burma). Bulletin de Minéralogie, 109: 617-633.

Michard A, Chopin C, Henry C. 1993. Compression versus extension in the exhumation of the Dora-Maira coesite-bearing unit, Western Alps, Italy. Tectonophysics, 221: 2173-2193.

Mitchell A, Chung S L, Oo T, et al. 2012. Zircon U-Pb ages in Myanmar: magmatic-metamorphic events and the closure of a neo-Tethys ocean? Journal of Asian Earth Sciences, 56: 1-23.

Mitchell A H G, Htay M T, Htun K M, et al. 2007. Rock relationships in the Mogok Metamorphic Belt, Tatkon to Mandalay, Central Myanmar. Journal of Asian Earth Sciences, 29: 891-910.

Mukheerjee B K, Sachan H K, Ogasawaray Y, et al. 2003. Carbonate-bearing UHPM rocks from the Tso-Morari Region, Ladakh, India: petrological implications. Int Geol Rev, 45: 49-69.

Mukherjee B K, Sachan H K. 2001. Discovery of coesite from Indian Himalaya: a record of ultra-high pressure metamorphism in Indian continental crust. Current Science, 81(10): 1358-1361.

Ng Y N, Shi G H, Santosh M. 2016. Titanite-bearing omphacitite from the jade tract, Myanmar: interpretation from mineral and trace element compositions. Journal of Asian Earth Sciences, 117: 1-12.

Nyunt T T. 2009. Petrological and Geochemical Contribution to the Origin of Jadeitite and Associated Rocks of the Tawmaw Area, Kachin State, Myanmar. Stuttgart: Universität Stuttgart.

O'Brien, Zotov N, Law R, et al. 2001. Coesite in Himalayan eclogite and implications for models of India-Asia collision. Geology, 29(5): 435-438.

Oberhänsli R, Bousquet R, Moinzadeh H, et al. 2007. The field of stability of blue jadeite: a newoccurrence of jadeitite from Sorkhan, Iran, as a case study. Canadian Mineralogists, 45: 1501-1509.

Page F Z, Essene E J, Mukasa S B. 2005. Quartz exsolution in clinopyroxene is not proof of ultrahigh pressures: evidence in eclogites from the Eastern Blue Ridge, Southern Appalachians, USA. American Mineralogists, 90: 1092-1099.

Parrish R R, Gough S J, Searle M P, et al. 2006. Plate velocity exhumation of ultrahigh-pressure eclogites in the Pakistan Himalaya. Geology, 34: 989-992.

Peacock S M. 2003. Thermal structure and metamorphic evolution of subducting slabs//Eiler J M. Inside the Subduction Factory. Washington, DC: Geophysics, AGU: 7-12.

Penniston-Dorland S C, Kohn M J, Manning C E. 2015. The global range of subduction zone thermal structures from exhumed blueschists and eclogites: rocks are hotter than models. Earth and Planetary Science Letters, 428: 243-254.

Plank T, Langmuir C H. 1993, Tracing trace elements from sediment input to volcanic output at subduction zones. Nature, 362: 739-743.

Platt J P. 1993. Exhumation of high-pressure rocks: a review of concept and processes. Terra Nova, 5: 119-133.

Qi M, Xiang H, Zhong Z Q, et al. 2013. $^{40}Ar/^{39}Ar$ geochronology constraints on the formation age of Myanmar jadeitite. Lithos, 162-163: 107-114.

Qiu Z L, Wu F Y, Yang S F, et al. 2009. Age and genesis of the Myanmar jadeite: constraints from U-Pb ages and Hf isotopes of zircon. Chinese Sci Bull, 53: 658-668.

Ratschbacher L, Hacker B R, Webb L E, et al. 2000. Exhumation of ultrahigh-pressure continental crust in east-central China: Cretaceous and Cenozoic unroofing and the Tan-Lu fault. Journal of Geophysics Research, 105: 13303-13338.

Rehman H U, Kobayash K, Tsujimori T, et al. 2013. Ion microprobe U-Th-Pb geochronology and study ofmicro-inclusions in zircon from the Himalayan high- and ultrahigh-pressure eclogites, Kaghan Valley of Pakistan. Journal of Asian Earth Science, 63: 179-196.

Rehman H U, Lee H Y, Chung S L, et al. 2016. Source and mode of the Permian Panjal Trap magmatism: evidence from zircon U-Pb and Hf isotopes and trace element data from the Himalayan ultrahigh-pressure rocks. Lithos, 260: 286-299.

Rehman H U, Yamamoto H, Kaneko Y, et al. 2007. Thermobaric structure of the Himalayan Metamorphic Belt in Kaghan Valley, Pakistan. Journal of Asian Earth Science, 29(2): 390-406.

Rodriguez M O C, Córdoba D. 2010. Study of the cuban fractures. Geotectonics, 44(2): 176-202.

Sarkar A, Datta A K, Poddar B C, et al. 1996. Geochronological studies of Mesozoic igneous rocks from eastern India. Journal of Southeast Asian Earth Sciences, 13: 77-81.

Scambelluri M, Fiebig J, Malaspina N. 2004. Serpentinite subduction: implications for fluid processes and trace-element recycling. International Geology Review, 46: 595-613.

Scambelluri M, Pettke T, Cannaò E. 2015. Fluid-related inclusions in Alpine high-pressure peridotite reveal trace element recycling during subduction-zone dehydration of serpentinized mantle (Cima di Gagnone, Swiss Alps). Earth and Planetary Science Letters, 429: 45-59.

Schertl H P, Maresch W V, Stanek K P, et al. 2012. New occurrences of jadeitite, jadeite quartzite and jadeite-lawsonite quartzite in the Dominican Republic, Hispaniola: petrological and geochronological overview. Eur J Mineral, 24: 199-216.

Schmid R, Ryberg T, Ratschbacher L, et al. 2001. Crustal structure of the eastern Dabie Shan interpreted from deep reflection and shallow tomographic data. Tectonophysics, 333: 347-359.

Schneider M E, Eggler D H. 1986. Fluids in equilibrium with peridotite minerals: implications for mantle metasomatism. Geochimica et Cosmochimica Acta, 50: 711- 724.

Searle M P, Noble S R, Cottle J M, et al. 2007. Tectonic evolution of the Mogok Metamorphic belt, Burma (Myanmar) constrained by U-Th-Pb dating of metamorphic and magmatic rocks. Tectonics, 26: TC 3014.

Sheng Y M, Zheng Y F, Li S N, et al. 2013. Element mobility during continental collision: insights from polymineralic metamorphic vein within UHP eclogite in the Dabie orogen. Journal of Metamorphic Geology, 31: 221-241.

Shi G H, Cui W Y, Cao S M, et al. 2008. Ion microprobe zircon U-Pb age and geochemistry of the Myanmar jadeitite. J Geol Soc London, 165: 221-234.

Shi G H, Cui W Y, Tropper P, et al. 2003. The petrology of a complex sodic and sodic-calcic amphibole association and its implications for the metasomatic processes in the jadeitite area in northwestern Myanmar, formerly Burma. Contributions to Mineralogy and Petrology, 145: 355-376.

Shi G H, Harlow G E, Wang J, et al. 2012. Mineralogy of jadeitite and related rocks from Myanmar: a review with new data. European Journal of Mineralogy, 24: 345-370.

Shi G H, Jiang N, Liu Y, et al. 2009. Zircon Hf isotope signature of the depleted mantle in the Myanmar jadeitite: implications for mesozoic intra-oceanic subduction between the eastern Indian plate and the Burmese platelet. Lithos, 112: 342-350.

Shi G H, Jiang N, Wang Y W, et al. 2010. Ba minerals in clinopyroxene rocks from the Myanmar jadeitite area: implications for Ba recycling in subduction zones. European Journal of Mineralogy, 22: 199-214.

Shi G H, Lei W Y, He H Y, et al. 2014. Superimposed tectono-metamorphic episodes of Jurassic and Eocene age in the jadeite uplift, Myanmar, as revealed by $^{40}Ar/^{39}Ar$ dating. Gondwana Research, 26: 464-474.

Shi G H, Stockhert B, Chui W Y. 2005. Kosmochlor and chromian jadeite aggregates from the Myanmar jadeitite area. Mineral Mag, 69: 1059-1075.

Shi G H, Zhu X K, Deng J, et al. 2011. Spherules with pure iron cores from Myanmar jadeitite: type-I deep-sea spherules? Geochimica et Cosmochimica Acta, 75: 1608-1620.

Sippl C, Schurr B, Yuan X, et al. 2013a. Geometry of the Pamir-Hindu Kush intermediate-depth earthquake zone from local seismic data. J Geophys Res, 118: 1438-1457.

Sippl C, Schurr S, Tympel J, et al. 2013b. Deep burial of Asian continental crust beneath the Pamir imaged with local earthquake tomography. Earth and Planetary Science Letters, 384: 165-177.

Smith D C. 1984. Coesite in clinopyroxene in the Caledonides and its implications for geodynamics. Nature, 310: 641-644.

Smye A J, Bickle M J, Holland T J B, et al. 2011. Rapid formation and exhumation of the youngest alpine eclogites: a thermal conundrum to Barrovian metamorphism. Earth and Planetary Science Letters, 306:193-204.

Song S, Zhang L, Chen J, et al. 2005. Sodic amphibole exsolutions in garnet from garnet-peridotite, North Qaidam UHPM belt, NW China: implications for ultradeep-origin and hydroxyl defects in mantle garnets. American Mineralogist, 90(5-6): 814-820.

Song S, Zhang L, Niu Y. 2004. Ultra-deep origin of garnet peridotite from the North Qaidam ultrahigh-pressure belt, Northern Tibetan Plateau, NW China. American Mineralogist, 89(8-9): 1330-1336.

Sorensen S S, Harlow G E, Rumble D, 2006. The origin of jadeitite-forming subduction zone fluids: CL-guided SIMS oxygen isotope and trace element evidence. American Mineralogist, 91: 979-996.

Spandler C, Mavrogenes J, Hermann J. 2007. Experimental constraints on element mobility from subducted sediments using high-P synthetic fluid/melt inclusions. Chemical Geology, 239: 228-249.

Spandler C, Pettke T, Hermann J. 2014. Experimental study of trace element release during ultrahigh-pressure serpentinite dehydration. Earth and Planetary Science Letters, 391: 296-306.

Spandler C, Pirard C. 2013. Element recycling from subducting slabs to arc crust: a review. Lithos, 170-171: 208-233.

Spencer D A, Tonarini S, Pognante U. 1995. Geochemical and Sr-Nd Isotopic Characterization of Higher Himalayan Eclogites (and Associated Metabasites). European Journal of Mineralogy, 89-102.

Stalder R, Ulmer P, Thompson A B, et al. 2001. High pressure fluids in the system $MgO-SiO_2-H_2O$ under upper mantle conditions. Contributions to Mineralogy and Petrology, 140: 607-618.

Steck A, Epard J L, Vannay J C, et al. 1998. Geological transect across the Tso Moarari and Spiti areas: the nappe structures of the Tethys Himalaya. Eclogae Geologicae Helveticae, 91: 103-121.

Steck A, Spring L, Vannay J C, et al. 1993. Geological transect across the northwestern Himalaya in eastern Ladakh and Lahul (a model for the continental collision of India and Asia). Eclogae Geologicae Helveticae, 86(1): 219-263.

St-Onge M R, Rayner N, Palin R M, et al. 2013. Integrated pressure-temperature-time constraints for the Tso Morari dome (Northwest India): implications for the burial and exhumation path of UHP units in the western Himalaya. Journal of Metamorphic Geology, 31(5): 469-504.

Su W, Zhang M, Liu X H, et al. 2012. Exact timing of granulite metamorphism in the Namche Barwa, eastern Himalayan syntaxis: new constrains from SIMS U-Pb zircon age. Int J Earth Sci, 101: 239-252.

Sun W D , Arculus R J , Kamenetsky V S,et al. 2004. Release of gold-bearing fluids in convergent margin magmas prompted by magnetite crystallization. Nature, 431 (7011):975-978.

Tatsumi Y. 1986. Formation of the volcanic front in subduction zones. Geophysical Research Letters, 13: 717-720.

Tatsumi Y, Takahashi T. 2006. Operation of subduction factory and production of andesite. Journal of Mineralogical and Petrological Sciences, 101(3): 145-153.

Tonarini S, Villa I M, Oberli F, et al. 1993. Eocene age of eclogite metamorphism in Pakistan Himalaya: implications for India-Eurasia collision. Terra Nova, 5(1): 13-20.

Tsujimori T, Ernst W G. 2014. Lawsonite blueschists and lawsonite eclogites as proxies for paleosubduction zone processes: a review. Journal of Metamorphic Geology, 32: 437-454.

Tsujimori T, Harlow G E. 2012. Petrogenetic relationships between jadeitite and associated high-pressure and low-temperature metamorphic rocks in worldwide jadeitite localities: a review. Eur J Mineral, 24: 371-390.

Tsujimori T, Sisson V B, Liou J G, et al. 2006. Very-low-temperature record of the subduction process: a review of worldwide lawsonite eclogites. Lithos, 92(3/4): 609-624.

van Keken P E, Hacker B R, Syracuse E M, et al. 2011. Subduction factory: 4. depth-dependent flux of H_2O from subducting slabs worldwide. J Geophys Res, 116: B01401.

Wang Y H, Zhang L F, Zhang J J, et al. 2017. The youngest eclogite in central Himalaya: P-T path,U-Pb zircon age and its tectonic implication. Gondwana Research, 41: 188-206.

Warren C J, Beaumont C, Jamieson R A. 2008. Modelling tectonic styles and ultra-high pressure (UHP) rock exhumation during the transition from oceanic subduction to continental collision. Earth and Planetary Science Letters, 267: 129-145.

Wei C J, Wang W, Clarke G, et al. 2009. Metamorphism of high/ultrahigh-pressure pelitic-felsic schist in the south Tianshan orogen, NW China: phase equilibria and P-T path. J Petrol, 50: 1973-1991.

Wilke F D H, O'Brien P J, Altenberger U, et al. 2010a. Multi-stage reaction history in different eclogite types from the Pakistan Himalaya and implications for exhumation processes. Lithos, 114: 70-85.

Wilke F D H, O'Brien P J, Gerdes A, et al. 2010b. The multistage exhumation history of the Kaghan Valley UHP series, NWHimalaya, Pakistan from U-Pb and 40Ar/39Ar ages. Eur J Mineral, 22: 703-719.

Xu W C, Zhang H F, Parrish R, et al. 2010. Timing of granulite-facies metamorphism in the eastern Himalayan syntaxis and its tectonic implications. Tectonophysics, 485: 231-244.

Xu Z, Ji S, Cai Z, et al. 2012. Kinematics and dynamics of the Namche Barwa Syntaxis, eastern Himalaya: constraints from deformation, fabrics and geochronology. Gondwana Research, 21: 19-36.

Xu Z Q,Wang Q, Pêcher A, et al. 2013. Orogen-parallel ductile extension and extrusion of the Greater Himalaya in the late Oligocene and Miocene. Tectonics, 32(2): 191-215.

Yamato P, Burov E, Agard P, et al. 2008. HP-UHP exhumation during slow continental subduction: self-consistent thermodynamically and thermomechanically coupled model with application to the Western Alps. Earth and Planetary Science Letters, 271: 63-74.

Yao Y P, Ye K, Liu J B, et al. 2000. A transitional eclogite-to high pressure granulite-facies overprint on coesite–eclogite at Taohang in the Sulu ultrahigh-pressure terrane, Eastern China. Lithos, 52: 109-120.

Ye K, Cong B, Ye D. 2000. The possible subduction of continental material to depths greater than 200 km. Nature, 407: 734-736.

Yuan X, Sobolev SV, Kind R, et al. 2000. Subduction and collision processes in the Central Andes constrained by converted seismic phases. Nature, 408: 958-961.

Yui T F, Fukoyama M, Iizuka Y, et al. 2013. Is Myanmar jadeitite of Jurassic age? A result from incompletely recrystallized inherited zircon. Lithos, 160-161: 268-282.

Zhang Z M, Dong X, Santosh M, et al. 2012. Petrology and geochronology of the Namche Barwa Complex in the eastern Himalayan Syntaxis, Tibet: constraints on the origin and evolution of the north-eastern margin of the Indian Craton. Gondwana Research, 21: 123-137.

Zhang Z M, Xiang H, Dong X, et al. 2015. Long-live high-temperature granulite-facies metamorphism in the Eastern Himalayan orogeny, south Tibet. Lithos, 212-215: 1-15.

Zhang Z M, Zhao G C, Santosh M, et al. 2010. Two stages of granulite facies metamorphism in the eastern Himalayan syntaxis, south Tibet: petrology, zircon geochronology and implications for the subduction of Neo-Tethys and the Indian continent beneath Asia. Journal of Metamorphic Geology, 28: 719-733.

Zheng Y F. 2012. Metamorphic chemical geodynamics in continental subduction zones. Chemical Geology, 328: 5-48.

Zheng Y F, Xia Q, Chen R X, et al. 2011. Partial melting, fluid supercriticality and element mobility in ultrahigh-pressure metamorphic rocks during continental collision. Earth-Science Reviews, 107(3): 342-374.

第5章

喜马拉雅山周边古地磁研究*

* 本章作者：颜茂都、张大文。

在遥远的古生代，南半球存在一个叫作冈瓦纳的超级古陆，其包括了祁连、柴达木–昆仑、松潘–甘孜、南–北羌塘、拉萨和特提斯喜马拉雅等在内的小陆块。上述小陆块，自早古生代开始陆续向北漂移拼贴到北半球欧亚大陆的南缘（Allégre et al.，1984；Dewey et al.，1988；Metcalfe，2011；Yan et al.，2016；Yin and Harrison，2000）；尤其是自早新生代开始，源自冈瓦纳大陆的印度板块与欧亚板块发生了碰撞并持续向北挤入，形成了目前世界上规模最大、最高的喜马拉雅–青藏高原造山带（Dewey et al.，1988；Yin and Harrison，2000；Tapponnier et al.，2001）。沧海桑田，这些漂移演化过程，涉及了海底扩张、大陆漂移、陆–陆碰撞和造山、特提斯洋的张开和闭合、气候环境变迁，以及矿产资源的富集和改造等（Dewey et al.，1988；Fang et al.，2016；Metcalfe，2013；Raymo and Ruddiman，1992；Yin and Harrison，2000；Zheng et al.，2011）。因此，这个目前还在隆升和变形的高原是开展上述相关构造和地球动力学过程及全球气候变化等方面研究的天然实验室（Yin and Harrison，2000）。印度–欧亚大陆初始碰撞是喜马拉雅造山作用的起点，对于理解大陆碰撞过程和青藏高原隆升动力学等具有至关重要的作用。

拉萨陆块位于青藏高原南部，是印度–欧亚板块碰撞前欧亚板块的南部边界（图 5.1）；特提斯喜马拉雅一般被认为是大印度板块北部延伸出露部分的最北端（Ali and Aitchison，2005；Meng et al.，2012；Yi et al.，2011），但基于白垩纪和古新世期间特提斯喜马拉雅与印度板块之间可能存在一个洋内盆地的认识，其也有可能是一个独立的微陆块或者岛弧（Ali and Aitchison，2008；Metcalfe，2013；van Hinsbergen et al.，2012）（为了表述方便，这里权且作为特提斯喜马拉雅）。考虑到印度和欧亚板块之间

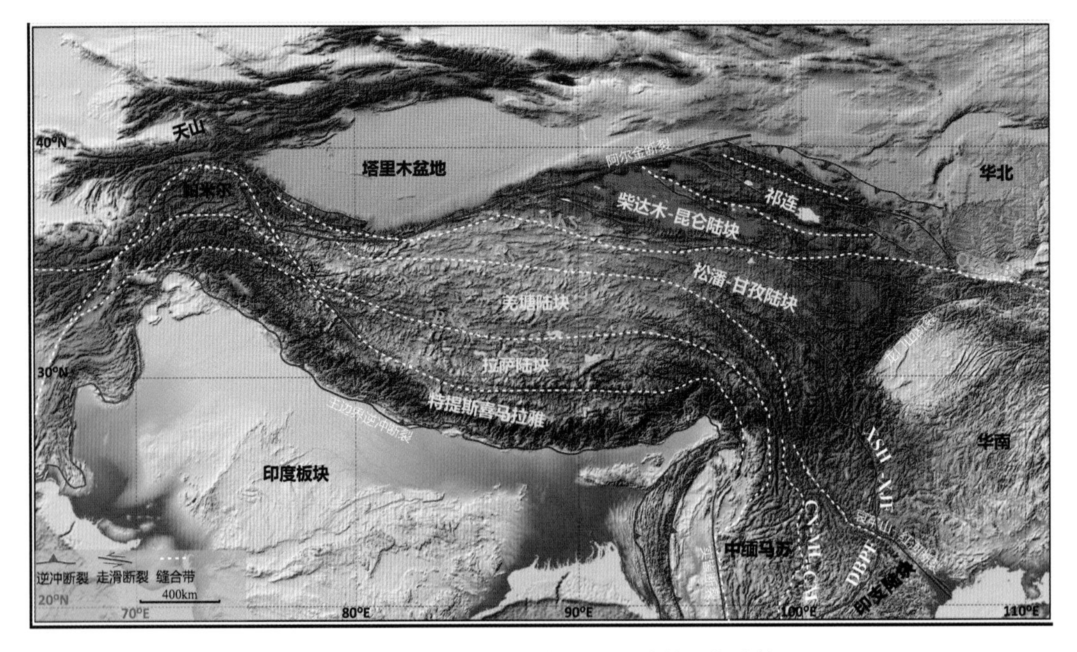

图 5.1　拉萨、特提斯喜马拉雅及周边地区构造简图

ASK，阿尼玛卿—昆仑缝合带；BNS，班公—怒江缝合带；CN-ML-CM，昌宁—孟连—清迈缝合带；DBPF，奠边府断裂；JSS，金沙江缝合带；QL-DBS，秦岭—大别缝合带；XSH-XJF，鲜水河—小江断裂；IYS，雅鲁藏布江缝合带

广泛接受的地质边界位于分割拉萨和特提斯喜马拉雅的雅鲁藏布缝合带上（Yin A and Harrison，2000；Yin，2010），确定这两个陆块自白垩纪以来，尤其是早新生代的构造演化过程对于限定印度 – 欧亚板块的碰撞时限非常关键。

近几十年来，很多学科围绕印度 – 亚洲大陆初始碰撞时限的持续研究取得了诸多重要进展，但已发表的来自沉积学、地质学和古生物学的结果存在着巨大差异。例如，印度 - 欧亚板块的碰撞时限范围从 7000 多万年至 2000 多万年不等，碰撞方式有单次碰撞和二次碰撞两种模式，碰撞后的南北向缩短从 3000 多千米到几百千米不等，大印度范围从 3400 多千米到小于几百千米不等（Aitchison and Davis，2001；Besse et al.，1984；Chen et al.，2010；Ding et al.，2005；Dupont-Nivet et al.，2010；Hu et al.，2015，2016；Najman et al.，2010；Sun et al.，2010，2012；Tan et al.，2010；Tong et al.，2017；van Hinsbergen et al.，2012；Yang et al.，2015a；Yi et al.，2011；Yin and Harrison，2000）。古地磁学可以很好地限定陆块的古纬度，在限定陆块的南北向运动演化过程研究中具有独特的优势，尤其是可以通过缝合带两侧陆块古纬度的重合时间来揭示碰撞发生的时间。过去近 40 年来，大量的古地磁学研究很好地建立了青藏高原各陆块古生代以来的漂移演化历史框架（Dewey et al.，1988；Yan et al.，2016）。围绕着印度 – 欧亚板块碰撞时限方面的工作尤其多，相关古地磁论文不少于 50 篇，尤其在近十年来文章如雨后春笋般之多，获得了很多认识（Achache et al.，1984；Ali and Aichison，2008；Cao et al.，2017；Chen et al.，2010；Dupont-Nivet et al.，2010；Huang et al.，2015a，2015d，2015e；Klootwijk et al.，1979；Lippert et al.，2014；Ma et al.，2016；Meng et al.，2012；Patzelt et al.，1996；Sun et al.，2010；Tong et al.，2017；Yang et al.，2015a，2015b；Yi et al.，2011；van Hinsbergen et al.，2012，2018）。但是，岩石所记录的剩磁方向，由于受到如区域构造、样品数、次生剩磁、火山岩地球磁场长期变化、沉积岩磁倾角浅化等在内的各种因素的影响，加上地层出露较差，高海拔无人区的样品采集难度大，总体古地磁数据量较少，不同研究所获得的古地磁数据揭示的古纬度存在很大的分歧，造成其限定的印度 – 欧亚板块碰撞时限、方式和模式等存在很大的争议。比如，依据古地磁限定的碰撞时限从 65 Ma 到 20 Ma（Ali and Aichison，2008；Cao et al.，2017；Chen et al.，2010；Lippert et al.，2014；Patzelt et al.，1996；Sun et al.，2010；Tan et al.，2010；Tong et al.，2017；van Hinsbergen et al.，2012，2018；Yang et al.，2015a，2015b），碰撞模式有硬碰撞与软碰撞两种（印度 - 特提斯喜马拉雅为单一陆块，早新生代与欧亚大陆发生了一次碰撞）（Achache et al.，1984；Appel et al.，1998；Besse et al.，1984；Chen et al.，2010，2012，2014；Patriat and Achache，1984；Patzelt et al.，1996；Sun et al.，2012；Tan et al.，2010；Tong et al.，2008；Yi et al.，2011），或者印度与特提斯喜马拉雅为两个独立的陆块，先（早新生代）后（晚始新世—渐新世）与欧亚大陆发生了两期次碰撞（Aitchison et al.，2007；Ma et al.，2016；van Hinsbergen et al.，2012；Yang et al.，2015a，2015b）。因此，跟其他研究结果类似，到目前为止，印度 – 欧亚板块具体碰撞时间存在很大不确定性。

为此，本书拟简要介绍古地磁学一些基本概念，帮助了解和认识开展古地磁研究一些需要注意的事项；在此基础上，重点利用古地磁学中公认的数据评判标准，对已有的拉萨和特提斯喜马拉雅的古地磁数据进行评判和分析造成差异的主要原因，并利用剩余有效古地磁数据，探讨印度–欧亚板块碰撞时限。

5.1 古地磁学

古地磁学是20世纪50年代以来快速发展起来的一门学科，为证实大陆漂移和海底扩张假说，以及建立现代板块构造理论等提供了许多定量证据，为地球科学的发展做出了重要贡献。古地磁学研究有两个最基本的假设：一是地质历史时期地磁场主要为轴向地心偶极子磁场；二是岩石记录与当时地磁场方向平行且强度成比例的稳定剩磁方向。

5.1.1 轴向地心偶极子磁场

地球磁场是一个三维矢量，包括三个要素：磁偏角、磁倾角和强度。其中，磁偏角是地球磁场的水平分量（指向磁北极）与地理子午线的顺时针夹角（0°～360°）。磁倾角为地球磁场的垂直分量，为磁场方向与水平面的夹角（在南北极分别为–/+90°，赤道为0°）［图5.2(a)］(Butler，1992；van der Voo，1993)。

观测发现，现代的地球磁场是以地心偶极子为主的磁场(geocentric axial dipole，GAD)［图5.2(b)］，占约90%，剩余的约10%为非偶极子磁场，包括四极子和八极子磁场等。所谓GAD磁场是指一个在地心沿着旋转轴的偶磁极产生的磁场。这个偶极子磁场与地球旋转轴存在11.5°的夹角(Butler，1992)。

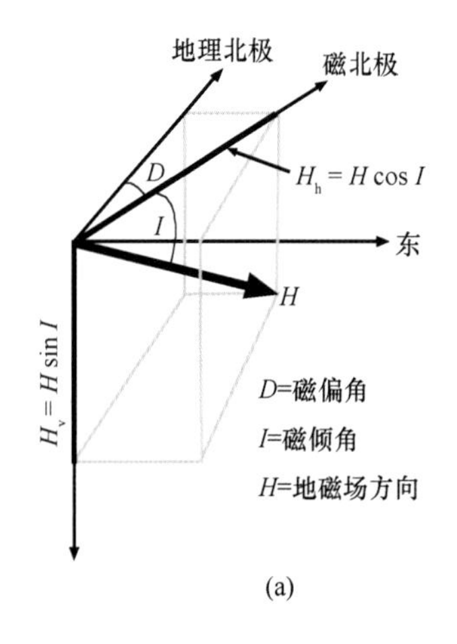

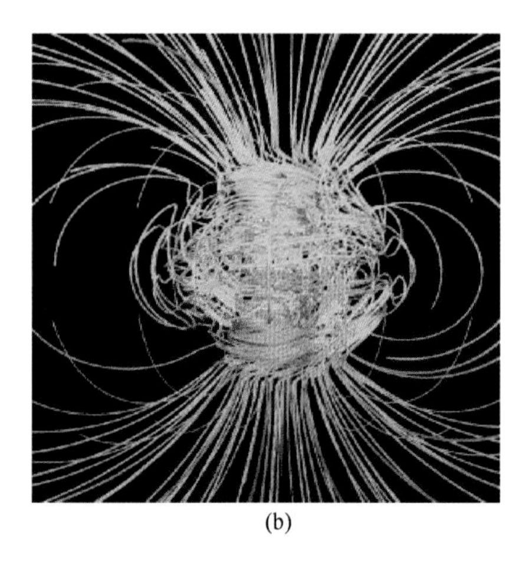

图5.2 地磁场描述(a)（修改自McElhinny，1973）。三维地磁场方向可以分解成水平分量H_h和垂直分量H_v。从核/幔边界模拟的地球磁场(b)（来自Tauxe，2005），指示地球磁场主要为偶极子磁场

地球表面磁场的方向和大小随时间变化，即地磁场长期变化。历史记录表明，全球范围许多地磁台站上各地磁要素（方向和大小等）的年均值均有缓慢而明显的逐年变化。地磁场长期变化的主导因素可能是由于偶极子磁场和非偶极子磁场变化引起的，起源主要在地球内部。其中，非偶极子磁场的变化主导短期（<3000 年）地磁场变化；在地质历史时期，非偶极子磁场以约 0.4°/ 年的速率向西漂移 (Butler，1992)。偶极子磁场则主导更长时期的变化，其强度和方向也随时间发生变化。地球磁场是否为 GAD 是具体的可以检验的。通过对全球 8 个地区（鉴于它们是全球空间分布，非偶极子磁场的影响已经被平均掉了）以每百年为步长，2000 年以来的地磁极时空分布进行分析发现，偶极子地磁极经历长期变化，围绕地理北极随机游走，地磁极的平均位置与旋转轴无法区分［图 5.3(a)］，指示过去 2000 年平均地磁场为轴向地心偶极子磁场 (Butler，1992)。对过去 500 万年全球古地磁数据的球谐进行分析［图 5.3(b)］，结果表明，地球古磁场为一个近 GAD 磁场，非偶极子磁场不超过 5%(Carlut et al.，2000；Merrill and McElhinnny，1977；Opdyke and Henry，1969)，即如果将过去 500 万年的古地磁场看作 GAD 磁场，古地磁极的误差为 3° ～ 4°(Merrill and McElhinnny，1983)。最新汇编的大西洋两岸大陆 200 ～ 0 Ma 的古地磁极数据结果与 GAD 模型非常吻合，来自轴向四极子磁场的贡献比例很小（约 3%)(Besse and Courtillot，2002)。通过对古地磁古纬度记录和气候敏感的沉积岩揭示的古纬度这两个独立证据对比分析发现，两者在过去 25 亿年以来具有很好的相关性。例如，蒸发岩主要集中在赤道南北纬 30° 内，与古地磁揭示的古纬度非常吻合，指示地球过去 25 亿年来主要为 GAD 古地磁场 (Evans et al.，2006；van der Voo，1993)。另外，Tarduno 等 (2010) 通过对 34 亿年前夹有磁性杂物的单一硅酸盐晶体古强度分析发现，当初就已经存在地球发电机地磁场，强度为现代磁场强度的 50% ～ 70%，可能指示了 34 亿年前偶极子磁场的存在。总之，通过上述研究可以看出，在长时间尺度内，地球磁场总体符合 GAD 磁场模型，但在短时间尺度，会受到长期变化的影响。因此，如果古地磁采样充分，用足够长的

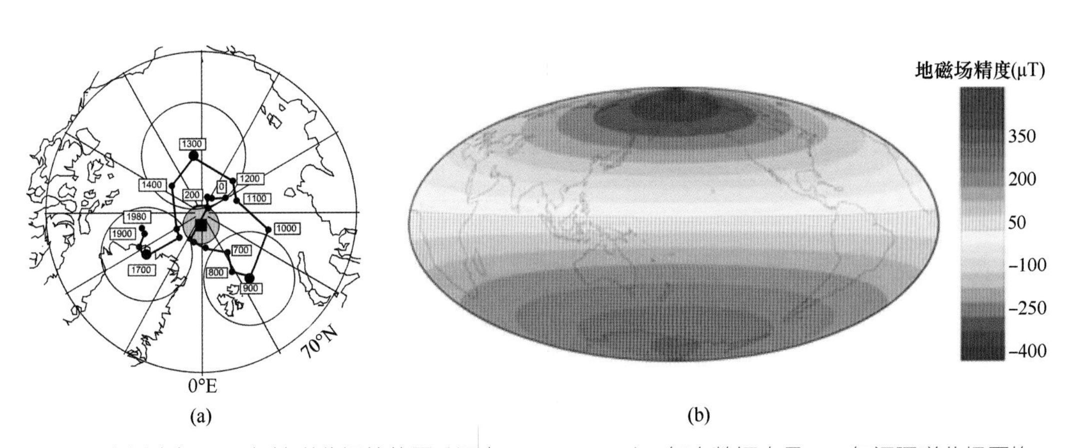

图 5.3　(a) 过去 2000 年地磁北极的位置（源自 Butler，1992）。每个数据点是 100 年间隔磁北极平均；黑色方框为过去 2000 年磁北极的平均值位置；圆圈为 95% 置信区间；(b) 过去 5Ma 平均的火山岩纬向磁场（源自 Johnson et al.，2008），揭示以 GAD 为主，包含四极子的区域分布图

时间来平均虚地磁极（VGP）的话，就可以消除长期变化的影响，平均极位置与旋转轴一致，即获得有效古地磁极。综上所述，有效的古地磁数据是一定长度时段内古地磁方向的平均结果，必须要具备统计意义（时长、样品数和统计误差等）。

需要提醒的是，目前还不清楚需要用多长时间来平均掉长期变，但要大于400年，小于5 Ma。大多数教科书认为1万～10万年就足够了（Bulter，1992）。另外，对于获得一个好的平均极位置至少需要多少个采样点也没有定论，Bulter（1992）建议至少需要10个采样点，而Tauxe等（2003）认为大约需要100个采样点才能完全平均掉长期变的影响。对于火山岩，考虑到其喷发和冷却时间短，其古地磁记录仅提供了地磁场行为点的读数（Tauxe，1993），观测到的大范围的古纬度可能反映的是地磁场长期变结果。因此，火山岩古地磁研究尤其要注意地球磁场长期变是否平均掉了，采样点年代跨度应该尽可能地充分。

在GAD模型下，极位置与旋转轴一致，也与地理坐标极一致。那么，地球上任意一点的磁场方向，其磁偏角 D 永远指向磁北极（地理北极，D=0°），磁倾角 I 就可以根据偶极子公式，转化成（古）纬度（λ）：

$$\tan I=2\tan\lambda \tag{5-1}$$

因此，通过古地磁的磁倾角和磁偏角以及计算的古磁极，可以开展相应的陆块古地理重建工作。

5.1.2 天然剩磁，沉积剩磁磁倾角浅化

古地磁研究的另一个重要假设是岩石在形成时记录的磁场方向与当时的地磁场方向平行，强度成一定比例，然后在地质时间内保留下来。下面主要依据古地磁学教材（Butler，1992）介绍几个相关的术语和知识。

首先，古地磁学中有一个术语叫作天然剩磁（natural remanent magnetization，NRM），即岩石在实验室处理之前所挟带的剩磁。NRM取决于岩石形成时和之后经历的地磁场与地质过程，通常含有多个分量，包括岩石形成时记录的剩磁 – 原生剩磁及形成后在地质历史时期获得的剩磁 – 次生剩磁。原生剩磁是大多数古地磁研究中寻求的组分，一般为退磁分析中的高温 / 场组分；而次生剩磁组分一般为退磁分析中的中、低温 / 场组分，可能会改变或掩盖原生剩磁。需要说明的是，原生、次生剩磁跟高、低温 / 场的关系并不是绝对的。因此，古地磁学研究中，需要通过退磁分析方法分离不同组分的剩磁方向，并通过各种野外检验方法，来验证 / 判断各组分获得的相对时间以及原生与否，来达到研究的目的。

常见的剩磁获得方式包括从高温冷却时获得的热剩磁（TRM），沉积物沉积和成岩时获得的沉积剩磁（DRM）及在居里温度点下铁磁颗粒生长获得的化学剩磁（CRM）。热剩磁的载体主要为火山岩，热剩磁的一个重要方面是，在一个小磁场（如地球表面地磁场）环境下，铁磁性颗粒在高温冷却过程中，能够获得与该时段地磁场方向偏差很小的剩磁方向；在地表温度环境下，该剩磁在地质历史时期内是稳定的，并

且在冷却后能够抵抗后期地磁场的影响。但是火山岩在古地磁研究中美中不足的地方是，火山岩野外地层产状确定不是很容易，一定要小心并结合沉积地层的产状来限定。

化学剩磁可以通过将原有矿物改变成铁磁矿物或者从溶液中沉淀出铁磁性矿物来获得，虽然存在例外，但 CRM 最常见于沉积岩中。如果 CRM 在沉积很久后获得，通常情况下可以作为次生组分；如果在沉积不久后获得，如红层中的一些赤铁矿，可以看作是原生的。但是红层中剩磁获得的模式和时间是一个存在争议的问题。由于红层是古地磁数据的主要来源，因此对红层的磁化过程（以及伴随的不确定性）的认识非常重要。

DRM 很复杂，因为许多复杂过程可能与沉积岩的形成有关。例如，自然界各种各样的初始矿物质组成，沉积后的物理过程（如生物扰动、压实作用等）和化学过程（改变 / 去除原有铁磁性矿物或沉淀新的铁磁性矿物）等都可以影响古地磁记录。由于这些复杂性，对 DRM 的了解不如 TRM，并且沉积岩中古地磁记录的准确性存在更多不确定性。这里就沉积岩剩磁中常见的磁倾角浅化问题进行简单介绍。

研究发现，许多地方，尤其是中亚地区，沉积岩石记录的沉积剩磁磁倾角比预期的磁倾角值要小，即存在磁倾角浅化现象（颜茂都等，2012；Thomas et al.，1994；Chauvin et al.，1996；Tan et al.，2003；Yan et al.，2005）。许多沉积物的沉降实验表明，对于长条形的磁性颗粒，它们在沉降过程中，一般按照磁场方向排列；但沉积时倾向于沿着长轴方向沉积，导致实际记录的剩磁磁倾角方向小于地球磁场的磁倾角方向 (Butler，1992)（图 5.4）。另外，岩石在沉积时或者之后，由于重力作用会产生脱水和压实作用。这个过程同样会造成沉积时记录较高角度的磁倾角浅化（颜茂都等，2012；Gilder et al.，2001；Tan et al.，2003，2007；Tauxe，2005；Yan et al.，2005）。因为磁倾角跟纬度紧密相关，沉积岩中观察到的一些较低古纬度值可能部分归因于磁倾角浅化所引起的低纬度偏差 (Huang et al.，2013；Tan et al.，2010)。上述两个过程的磁倾角浅化过程，符合下述公式关系，可以进行磁倾角校正：

$$\tan I_0 = f \tan I_H \tag{5-2}$$

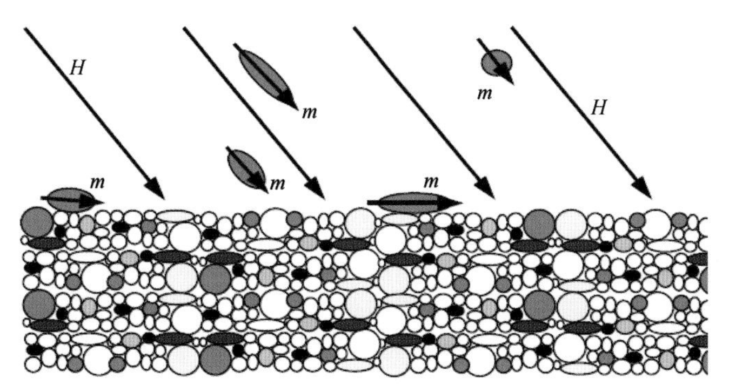

图 5.4　沉积剩磁获得过程示意图（源自 Butler，1992）

H 为磁场方向，*m* 为长条颗粒的磁矩。沉积过程中颗粒倾向于沿着长轴沉积导致沉积剩磁磁倾角浅化

式中，I_0 为沉积岩记录的剩磁磁倾角；I_H 为地磁场在该地区的磁倾角；f 为浅化系数。常用的校正方法有两种：Tauxe 和 Kent(2004) 的 E/I 法和 Kodama 课题组（包括谈晓东）的 AIR 法。这两种方法对一些磁倾角浅化结果能够起到很好的校正作用。但是，如前面所说，DRM 是很复杂的，剩磁获得的机制本身并不是很清楚，如并不是所有的沉积物都存在磁倾角浅化现象，上述两种方法校正的磁倾角结果并不能完全保证是正确的，最好跟同地区同时期的火山岩结果进行对比验证。

5.1.3 古地磁数据的评判标准

开展古地磁学研究涉及野外地层的控制、样品的采集、实验室内古地磁的测试和分析等步骤。各个环节对古地磁数据的质量都有不同程度的影响。例如，野外的区域构造和地层产状限定的精确程度、样品采集时采样点和样品点的设置、方向标定时的精度、仪器测试的实验误差和退磁步骤的设计及次生剩磁的清洗程度将直接影响数据的质量。同时，古地磁数据是某一确定时间段内一系列数据的统计平均结果，有没有平均掉火山岩地球磁场长期变化，是否对沉积岩的磁倾角浅化进行了校正，数据结果是否有统计意义，并得到了可靠性检验等，也都影响着数据的质量。

目前，全球包括青藏高原地区已经开展了大量的古地磁学研究。不同实验室在不同年代和不同的研究条件下获得的古地磁数据参差不齐，严重影响了古地磁结果的解释。如何筛选可靠的古地磁数据是关键。目前，国际上常用的古地磁数据遴选原则主要根据 van der Voo(1990) 总结的 7 条判据。下面列出了 7 条经过适当调整的判据：①精确的地层年代。一般情况下，年代精度最好控制在岩石年代 1% 的范围内，或显生宙确定在半个“世”之内，前寒武纪确定在 4% 或者 40 Ma 之内。但总的来说，具体年代的精度范围取决于研究目的。如果是研究印度欧亚板块碰撞时限，最好可以限定在 1 个百万年内。②足够的样品量。因为需要平均掉地磁场长期变化以及使数据具备统计意义，一般要求采样点数 $N \geqslant 3$，每个采样点样品数 $\geqslant 3$，样品总数 $n>24$，精度参数 k（或 K）$\geqslant 10$ 和置信区间 α_{95}（或 A_{95}）$\leqslant 16$。③有效的退磁步骤。因为岩石记录的剩磁通常包含多个组分，包括高温 / 场指向原点的特征剩磁方向和中、低温 / 场组分，必须能够确定各组分被明确分离，并利用主成分分析法计算方向。④有野外检验或者其他方法约束剩磁获得时代或排除了重磁化。常用的野外检验法包括褶皱检验（剩磁获得时间与褶皱发生时间的关系）、烘烤检验（侵入岩剩磁方向与烘烤边及围岩剩磁方向的关系）、砾岩检验（砾岩所挟带剩磁方向是否无序）等。当然，随着科学技术的发展，一些岩石磁学、岩相学或者扫描电镜等技术可以限定剩磁获得时间或者排除了重磁化的可能，其将具有跟野外检验类似的效果，也应该可以作为类似评判标准之一。⑤有地层产状控制（火山岩具有清晰的产状）或者构造从属于稳定克拉通或板块。对于造山带附近，尤其是青藏高原地区，必须要有明确的地层产状控制，因为大多数地层已经产生了变形，对剩磁方向有明显的影响。⑥具有双极性。地球总体是一个 GAD 磁场，其正负极性是对趾的。数据中出现对趾极性，表明足够长的时间平均掉了长期变化且方向没有受到后期叠加剩磁的影响，但不代表所获得极性就一定代表原生剩磁方向。⑦显著区别于较年轻（超过一个世）的古地磁极方向。因为一些岩石存在重磁化的现象，如果数据缺乏上述各种检验限定，所获得的极最好跟年轻的极显著不同，这样在一定程度上能够避免部分重磁化结果。另外，随着研究的进展，越来越多的学者认识到了沉积岩磁倾角浅化对古地磁极的影响。因此，许多研究中都在上述七条判据的基础上，增加了⑧沉积岩古地磁结果是否经过了磁倾角浅化校正 / 验证这一条。另外，考虑到目前拉萨地区的火山岩古地磁结果可能存在长期变化没有平均掉这一现象，额外增加第二条，火山岩结果需要通过地磁场长期变化验证（或者满足年代足够长）。

在上述评据中，古地磁极每通过一条判据，得到一个点数，所有点数之和即该古地磁极的品质因子 (Q，范围 0 ～ 7)。目前，国际上一般认为一个可靠的古地磁极，其品质因子 Q 应大于 2($Q \geqslant 3$)，Q 值一般越高越好；但也有研究者认为，高质量的古地磁数据必须全部满足判据①～⑤ (Besse and Courtillot，2002)。因为目前拉萨和特提斯喜马拉雅地区的古地磁结果存在较大争议，我们选取了后者这个比较严格的方案，即判据①～⑤必须全部得到满足；同时，还适当考虑是否满足新增的判据⑧。当然，需要指出的是，部分未满足上述标准的有效数据可能因此被舍弃掉了。另外，对于那些同一或邻近地区同一套地层中不同古地磁研究结果存在争议（如重磁化或者地磁场长期变未平均掉可能等）且无法确认原因的，或者结果存在显著局部旋转变形的，为避免争议或者误导，本书也把这些古地磁数据排除在古纬度分析之外，仅作参考。但是，总的来说，通过了上述判据评判的古地磁数据，至少在可靠性上得到了一定的保证。

5.2　拉萨陆块古地磁研究

5.2.1　拉萨陆块地质背景

拉萨陆块位于青藏高原南部、欧亚大陆最南端的活动大陆边缘，是一条近东西向延伸的巨型狭长构造 – 岩浆岩带 (Dewey et al.，1988；Pearce and Deng，1988)，东西长约 2500 km、南北宽 100 ～ 300 km，面积近 49.3 万 km^2（朱弟成等，2009）。拉萨陆块北与羌塘陆块以班公错—怒江缝合带 (BNS) 为界，南与特提斯喜马拉雅以印度河 - 雅鲁藏布缝合带 (IYZSZ) 为界（图 5.1）。受印度板块北东向和北西向挤压，拉萨陆块向东围绕东喜马拉雅构造结发生约 90° 扭曲变为近南北走向（李春昱等，1982；钟大赉，1998）；向西穿过喀喇昆仑右旋走滑断裂在西喜马拉雅构造结变成了科希斯坦 – 拉达克弧地体（潘裕生，1990；Searle，1996）。

拉萨陆块寒武纪及前寒武纪结晶基底以班公错—怒江缝合带内的安多片麻岩为代表 (Xu et al.，1985；Dewey et al.，1988；Guynn et al.，2006)。古生代地层主要为海相灰岩、冰海相杂砾岩和浅海相碳酸盐岩沉积（潘桂棠等，1997；潘桂棠和李兴振，

2002；Zhang et al.，2014），并发育少量裂谷环境的火山岩（潘桂棠等，2004，2006；朱弟成等，2012）。晚三叠世时期，随着南部的雅鲁藏布江特提斯洋向北俯冲，在拉萨陆块南缘开始出现弧岩浆活动并一直持续到新生代早期（陈松永等，2007；李化启，2009；莫宣学和潘桂棠，2006）。中侏罗世以后，班公错–怒江洋开始向南俯冲，到中晚白垩世在拉萨陆块北缘形成了多期岛弧岩浆岩和蛇绿岩（史仁灯，2007；耿全如等，2011；郑有业等，2008）。晚侏罗世—早白垩世时期，拉萨陆块增生到欧亚大陆南缘（DeCelles et al.，2007；Kapp et al.，2007；Yan et al.，2016；Yin and Harrison，2000）。新特提斯洋在晚侏罗世—早白垩世初期至新生代早期向北俯冲在拉萨陆块南缘形成了规模巨大的“安第斯山系”增生岩浆带（冈底斯岩浆带）（许志琴等，2011）。白垩纪时期拉萨陆块广泛发育了总厚度超过 3000 m 的沉积地层，包括早白垩世早期的河流相和边缘海相沉积、早白垩世晚期的以浅海相灰岩为主的沉积和晚白垩世河流相的红层沉积（Leeder et al.，1988；Leier et al.，2002；Yin et al.，1988；Zhang et al.，2004），主要形成在与拉萨–羌塘陆块碰撞相关的盆地内（England and Searle，1986；Kapp et al.，2003；Yin et al.，1994；Zhang et al.，2004）。古近纪时期随着雅鲁藏布江特提斯洋逐渐关闭，印度大陆北缘与拉萨陆块发生碰撞，形成了著名的林子宗火山岩（莫宣学等，2003；Mo et al.，2008）和陆相沉积。拉萨陆块南部白垩系及更老地层广泛被晚中生代–早新生代钙碱性花岗岩岩基侵入或被林子宗群火山–沉积岩系不整合覆盖（如 Burg et al.，1983；Coulon et al.，1986；Harrison et al.，2000；Mo et al.，2003）。中新世时期，包括拉萨陆块在内的青藏高原发生东西向伸展作用，产生了一系列近南北向分布的裂谷盆地（Coleman and Hodges，1995；Lee et al.，2011；Styron et al.，2013；Sundell et al.，2013）和岩浆活动（丁林等，2006；Coulon et al.，1986；Maluski et al.，1988；Williams et al.，2001）。

5.2.2 拉萨陆块古地磁研究现状

确定拉萨陆块碰撞前后的古纬度位置对于约束印度和欧亚板块初始碰撞时限与地壳缩短量等具有重要的意义。针对拉萨陆块白垩纪—古近纪古地理位置的古地磁研究始于 20 世纪 70 年代末（Klootwijk et al.，1979），此后在 80 ～ 90 年代有些研究（朱志文等，1981；叶祥华和李家福，1987；Achache et al.，1984；Chen et al.，1993；Li and Mercier，1980；Lin and Watts，1988；Otofuji et al.，1989，1990；Pozzi et al.，1982；Westphal et al.，1983），其在最近 10 年成为古地磁学家研究的焦点之一（李阳阳，2016；马义明，2016；薛永康，2016；叶亚坤，2016；孙知明等，2008；唐祥德等，2013；Cao et al.，2017；Chen et al.，2010，2012，2014；Ding et al.，2015；Dupont-Nivet et al.，2010；Huang et al.，2013，2015c，2015e；Li et al.，2017；Lippert et al.，2014；Liebke et al.，2010；Ma et al.，2014；Meng et al.，2012；Sun et al.，2010；Tan et al.，2010；Tong et al.，2017；Yang et al.，2015a；Yi et al.，2015），研究区域也从集

中分布在拉萨陆块东缘和西缘扩展到拉萨陆块更多地方（图 5.5，表 5.1，表 5.2）。这些研究对于认识拉萨陆块在白垩纪—古近纪的古地理位置、约束印度和欧亚大陆的初始碰撞时限以及陆内变形等提供了重要的研究基础。到目前为止，上述古地磁结果基本确定拉萨陆块在早白垩世、晚白垩世和古近纪的古纬度分别为 6.0° ～ 32°N、12° ～ 33°N 和 3° ～ 33°N，由此约束的碰撞时间为 65 ～ 38 Ma、碰撞发生位置为 10° ～ 23°N、碰撞造成的地壳缩短量估计值从数百千米到超过 2500 km 之间（孙知明等，2008；唐祥德等，2013；叶祥华和李家福，1987；朱志文等，1981；Achache et al.，1984；Cao et al.，2017；Chen et al.，2010，2014；Chen et al.，2012；Ding et al.，2015；Dupont-Nivet et al.，2010；Huang et al.，2013，2015b，2015e；Li et al.，2017；Li and Mercier，1980；Liebke et al.，2010；Lin and Watts，1988；Lippert et al.，2014；Ma et al.，2014；Otofuji et al.，1989，1990；Pozzi et al.，1982；Westphal et al.，1983；Sun et al.，2010，2012；Tan et al.，2010；Tong et al.，2017；Yang et al.，2015a；Yi et al.，2015），争议很大。造成对上述认识存在争议的重要原因之一是不同时期获得的古地磁数据质量差别很大，同时考虑到拉萨陆块呈东西向 2500 多千米展布的特征，因此有必要分区域分别对已有的古地磁结果进行可靠性评判。本书按照研究区的分布情况，以 88°E 为界，将拉萨陆块已有古地磁数据划分为中东部和中西部地区，按照上述标准逐一进行评判。同时，对来自雅鲁藏布江缝合带东段的古地磁研究结果单独进行评判。

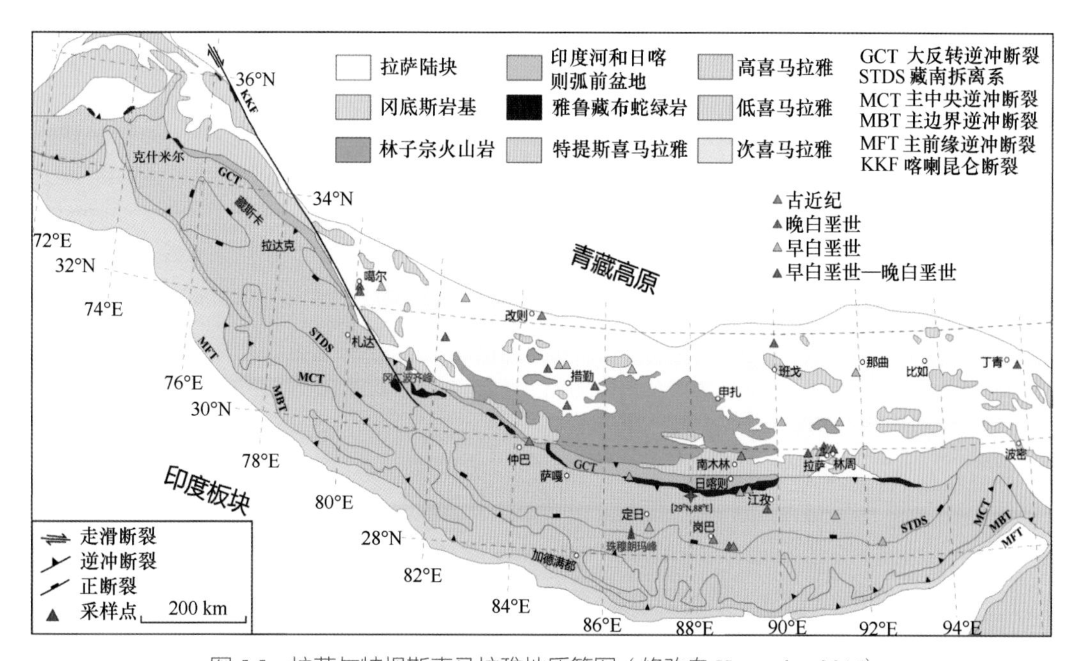

图 5.5　拉萨与特提斯喜马拉雅地质简图（修改自 Hu et al.，2016）

该图显示了白垩纪—古近纪有效古地磁数据的采样点分布位置。本书选取位于拉萨和特提斯喜马拉雅缝合带上的点（星形：29°N，88°E）作为参考点计算相应陆块的古纬度

表 5.1　拉萨与特提斯喜马拉雅白垩纪—古近纪通过评判标准的古地磁数据

采样点			组	年代 (Ma)	岩性	样品 (N/n)	剩磁方向				古地磁极			古纬度 (°)	参考点 (29°N, 88°E) 古纬度	野外检验	评判标准 (Q)	参考文献	编号
位置	纬度 (°N)	经度 (°E)					磁偏角 (°)	磁倾角 (°)	精度 (k)	误差 $\alpha95$(°)	纬度 (°N)	经度 (°E)	误差 (A95)						
拉萨陆块																			
中东部地区																			
林周盆地	30.0	91.2	帕那组（中部）	43 ～ 40	Tuff	9/76	359.5	51.8	98.0	5.2	87.5	81.4	5.9	32.4	31.5+5.1/ −4.5	F2	1,2,3,4,5,7,8? (7?)	Tan et al., 2010*	1
林周盆地	30.0	91.1	帕那组上部	(54 ～ 44) 50 ～ 44	凝灰岩，安山岩	5/35	3.3	12.3	36.0	12.9	66.0	263.0	9.4	6.2	—	F2(r)	1,2,3,4,5,7 (6)	Chen JS et al., 2010*	
林周盆地	30.0	91.1	帕那组	(54 ～ 44) 50 ～ 44	（流纹质）熔结凝灰岩，流纹岩，凝灰岩，（流纹质）安山岩	12/88	15.8	26.6	27.4	8.4	68.4	225.2	6.7	14.1	—	R	1,2,3,4,5,6,7 (7)	Chen JS et al., 2014*	
林周盆地	30.0	91.1	帕那组	(54 ～ 44) 50 ～ 44	（流纹质）熔结凝灰岩，流纹岩，凝灰岩，（流纹质）安山岩	17/123	12.4	23.2	23.5	7.3	68.7	235.8	5.7	12.1	10.5+4.3/ −4.0	F2	1,2,3,4,5,7,8 (7)	Chen JS et al., 2014*	2
林周盆地	30.0	91.1	林子宗群上部和顶部（帕那组?）	54 ～ 44 (～ 55 ～ 43)	沉积岩	–/96	9.2	41.3	20.2	3.3	78.2	215.7	2.7	18.8	21.4+2.2/ −2.0	T(P)	1,2,3,4,5,7,8 (7)	Huang et al., 2013	3
林周盆地	30.0	91.1	林子宗群 T2 部分（帕那组?）	54 ～ 47	凝灰岩，硅质凝灰质层	24/195	12.5	39.4	29.0	5.6	76.4	212.6	5.0	22.3	20.8+4.1/ −3.7	F2,D	1,2,3,4,5,7,8 (7)	Dupont-Nivet et al., 2010*	4
林周盆地	30.0	91.1	帕那组?	～ 51.5± 4.5	凝灰岩	41PP/–	6.9	39.5	30.5	4.4	80.2	230.4	4.1	22.4	21.1+3.2/ −3.0	F2,D	1,2,3,4,5,7,8 (7)	Lippert et al., 2014*	5

续表

采样点			组	年代 (Ma)	岩性	样品 (*N*/*n*)	剩磁方向				古地磁极			古纬度 (°)	参考点 (29°N, 88°E) 古纬度	野外检验	评判标准 (Q)	参考文献	编号
位置	纬度 (°N)	经度 (°E)					磁偏角 (°)	磁倾角 (°)	精度 (k)	误差 $\alpha95$(°)	纬度 (°N)	经度 (°E)	误差 (A95)						
南木林盆地	29.8	89.2	年波组	60 ~ 54 (51.98± 0.79)	凝灰岩	–/45	—	38.1	—	2.4	—	—	—	21.4	~20.6+1.7/ –1.7	T(R)	1,2,3,4,5 (5)	Huang et al., 2015e*	6
林周盆地	30.0	91.1	—	~ 53	铁镁质岩墙	7/52	16.2	23.6	24.0	12.5	66.8	227.3	9.7	12.3	10.6+7.6/ –6.7	F3,F5, D,T(M)	1,2,3,4,5,7,8? (7?)	Liebke et al., 2010*^	7
林周盆地	30.0	91.2	年波组中部和下部	60 ~ 54 (60 ~ 50)	砂岩，凝灰岩，灰岩	9/63	356.5	20.1	23.8	10.8	70.3	279.5	8.2	10.4	—	F2,F3,D	1,2,3,4,5,7 (6)	Chen JS et al., 2010**	
南木林盆地	29.8	89.2	年波组	60 ~ 54 (60 ~ 50)	凝灰岩，砂岩	8/48	350.6	23.2	15.0	14.8	70.3	297.4	11.5	12.1	11.5+9.2/ –7.5	F2,D	1,2,3,4,5,7 (6)	Chen JS et al., 2010**^	8
林周盆地	30.0	91.1	年波组	60 ~ 54 (60 ~ 50)	熔结凝灰岩	4/27	10.4	13.8	171.6	7.0	65.0	246.0	5.1	7.0	—	F2(r), F3(r)	1,2,3,4,5 (5)	Chen JS et al., 2014**	
林周盆地	30.0	91.2	年波组	60 ~ 54 (60 ~ 50)	砂岩，凝灰岩，灰岩，熔结凝灰岩	13/90	1.0	18.1	27.0	8.1	69.3	268.4	6.1	9.3	8.3+4.5/ –4.2	F2,F3,D	1,2,3,4,5,7,8 (7)	Chen JS et al., 2014**	9
门堆	30.1	90.9	年波组	~ 55.7±3.4（剖面中部）	流纹质凝灰岩	14/104	359.0	26.1	19.6	9.2	73.6	274.3	7.3	13.8	12.7+5.6/ –5.1	F2,F3,D	1,2,3,4,5,7,8 (7)	Sun et al., 2010*	10
南木林盆地，林周盆地	29.8 ~ 30.0	89.2 ~ 91.2	年波组，帕那组	60 ~ 44	凝灰岩，砂岩，灰岩，安山岩	22/146	356.1	19.4	20.0	7.1	69.8	281.4	5.4	10.0	—	F1,F2,D	1,2,3,4,5,7 (6)	Chen JS et al., 2010**^	
林周盆地	30.0 ~ 31.5	91.0 ~ 92.0	林子宗群	~ 69 ~ 44 (60 ~ 45)	安山岩，熔结凝灰岩，花岗岩	7/41	351.6	26.9	24.0	12.5	72.4	299.0	10.0	14.2	13.6+8.0/ –6.9	F1,D	1,2,3,4,5,7 (6)	Achache et al., 1984*^	11
林周盆地	30.0	91.2	典中组	69 ~ 60 (64 ~ 60)	凝灰岩，安山岩	8/50	185.5	–21.1	43.8	8.5	70.4	252.9	6.5	10.9	—	D,F1(r), F2(r), F3(r)	1,2,3,4,5,7 (6)	Chen JS et al., 2010*	
林周盆地	30.0	91.1	典中组	69 ~ 60 (64 ~ 60)	安山岩	12/84	182.2	–6.4	14.1	12.0	63.1	266.2	8.5	3.2	—	D,F2(r), F3(r)	1,2,3,4,5 (5)	Chen JS et al., 2014*	

续表

采样点			组	年代 (Ma)	岩性	样品 (*N*/*n*)	剩磁方向				古地磁极			古纬度 (°)	参考点 (29°N, 88°E) 古纬度	野外检验	评判标准 (Q)	参考文献	编号
位置	纬度 (°N)	经度 (°E)					磁偏角 (°)	磁倾角 (°)	精度 (k)	误差 $\alpha95$(°)	纬度 (°N)	经度 (°E)	误差 (A95)						
林周盆地	29.9	91.1	典中组	69~60 (64~60)	安山岩，凝灰岩	20/134	183.6	−12.4	17.3	8.1	66.4	262.5	6.3	6.3	5.5+4.6/−4.4	F2,F3,D	1,2,3,4,5,7,8 (7)	Chen JS et al., 2014[*]	12
南木林盆地	29.8	89.2	典中组	69~60 (64~60)	安山岩，英安岩	7/43	159.6	−9.0	47.9	8.8	58.2	310.5	6.3	4.5	4.1+4.5/−4.4	F1(r), F2(r), F3(r)	1,2,3,4,5,7 (6)	Chen JS et al., 2010[*]	13
南木林盆地，林周盆地	29.8~30.0	89.2~91.2	典中组	69~60 (64~60)	安山岩，英安岩，凝灰岩	15/93	173.5	−14.8	19.8	8.8	66.0	284.9	8.5	7.5	—	F1,F2, F3,D	1,2,3,4,5,7 (6)	Chen JS et al., 2010[*]	
林周盆地	29.9	91.1	设兴组上部	~75-~68	红层，玄武质熔岩流	21/164	0.5	20.2	25.5	6.4	70.5	269.6	4.9	10.4	9.5+3.6/−3.4	F2,R	1,2,3,4,5,6,7,8 (8)	Cao et al., 2017[**]	14
班戈	31.8	90.0	镜柱山组	K2	粉砂岩，砂岩，含砾砂岩	10/103	328.3	18.7	29.0	9.8	53.2	329.9	7.4	9.6	8.1+5.5/−5.1	D,F(r)	1,2,3,4,5,7 (6)	叶亚坤，2016[^]	15
林周盆地	29.9	91.2	设兴组	~110-~65	红层	43/377	350.2	42.0	75.0	2.5	79.6	330.5	2.4	24.2	23.8+1.9/−1.8	F1,F2, F5,D	1,2,3,4,5,7,8 (7)	Tan et al., 2010	16
林周盆地	29.9	91.2	设兴组	~110-~65	熔岩流	32/136	202.6	−41.9	52.0	4.4	69.1	191.7	4.2	24.2	22.3+3.4/−3.1	F2	1,2,3,4,5,7,8 (7)	Tan et al., 2010[*]	17
马乡	29.9	90.7	设兴组	~110~72.4	红层，安山岩	20/126	350.8	32.1	17.3	8.1	75.0	306.7	6.8	17.5	17.0+5.4/−4.8	F2,F3,D	1,2,3,4,5,7 (6)	Sun et al., 2012[**]	18
丁青	31.3	95.9	镜柱山组	Cenomanian-Santonian? (K2)	红层	15/150	0.9	24.3	46.8	5.6	71.4	273.1	5.2	12.7	10.5+3.9/−3.7	F1,F2,F3	1,2,3,4,5,7,8 (7)	Tong et al., 2017	19
德庆	30.5	90.1	卧荣沟	114.2±1.1	火山碎屑岩（流纹岩）	12/76	20.7	24.1	28.0	8.3	63.8	218.7	6.5	12.6	10.6+4.9/−4.6	T(M)	1,2,3,4,5,7,8 (7)	孙知明等，2008[*^]	20
那曲	31.3	91.9	多尼组	120.2±0.5（岩浆活动峰期）	安山岩	13/79	357.9	14.8	24.0	9.6	66.1	277.1	7.0	7.5	—	D,T(S), F2(r), F3(r)	1,2,3,4,5,7,8 (7)	Li ZY et al., 2017[*^]	

续表

采样点			组	年代 (Ma)	岩性	样品 (N/n)	剩磁方向				古地磁极			古纬度 (°)	参考点 (29°N, 88°E) 古纬度	野外检验	评判标准 (Q)	参考文献	编号
位置	纬度 (°N)	经度 (°E)					磁偏角 (°)	磁倾角 (°)	精度 (k)	误差 $\alpha95$(°)	纬度 (°N)	经度 (°E)	误差 (A95)						
那曲	31.3	91.9	多尼组	K1	粉砂岩，砂岩	5/39	356.4	19.2	141.0	6.5	68.4	281.4	4.9	9.9	—	F2(r),F3(r)	1,2,3,4,5,7(6)	Li ZY et al., 2017	
那曲	31.3	91.9	多尼组	K1	安山岩，粉砂岩，砂岩	18/118	357.5	16.2	33.0	6.6	66.8	278.2	4.9	8.3	6.1+3.6/−3.4	F2, F3, D	1,2,3,4,5,7,8 (7)	Li ZY et al., 2017**^	21
林周盆地	29.9 ~30.0	91.2 ~91.2	塔克那组	Berriasian-Albian/ ~110 Ma (K2)	砂岩，粉砂岩	7/45	356.8	14.7	72.0	6.6	67.4	279.5	4.8	7.5	6.8+3.5/−3.4	F3	1,2,3,4,5,7 (6)	Lin and Watts, 1988^	22
林周盆地	29.9	91.0	塔克那组	Berria sian-Albian/ ~110 Ma (Albian-Cenomanian)	红层	6/57	332.7	37.9	78.0	8.0	64.0	348.0	7.3	21.3	21.7+6.1/−5.3	F1	1,2,3?,4,5,7 (6?)	Westphal et al., 1983	23
林周盆地	30.0	91.0	塔克那组	Berriasian-Albian/~110 Ma (mid-K-K2)	红层	7/68	338.0	35.9	35.0	10.0	68.0	340.0	8.8	19.9	—	F1,D	1,2,3?,4,5,7 (6?)	Pozzi et al., 1982	
安多，那曲，古路地区	31.0 ~32.0	91.5 ~92.0	塔克那组	Berriasian-Albian/~110 Ma (mid-K)	红层	6/49	338.7	25.4	57.0	8.9	63.6	324.7	7.0	13.4	—	F1	1,2,3,4,5,7 (6)	Achache et al., 1984	
拉萨、林周和羊八井之间区域	29.8 ~30.1	91.0 ~91.5	塔克那组	Berriasian-Albian/~110 Ma (mid-K)	红层	8/61	354.3	22.6	45.7	8.3	71.2	288.4	7.9	11.8	—	F1	1,2,3,4,5,7 (6)	Achache et al., 1984	
安多-拉萨沿线	30.5	91.5	塔克那组	Berriasian-Albian/~110 Ma (mid-K)	红层	14/118	347.7	24.0	37.3	6.6	68.8	306.3	5.2	12.6	11.8+3.9/−3.7	F1	1,2,3,4,5,7 (6)	Achache et al., 1984	24

续表

采样点			组	年代 (Ma)	岩性	样品 (*N*/*n*)	剩磁方向				古地磁极			古纬度 (°)	参考点 (29°N, 88°E) 古纬度	野外检验	评判标准 (Q)	参考文献	编号
位置	纬度 (°N)	经度 (°E)					磁偏角 (°)	磁倾角 (°)	精度 (k)	误差 α95(°)	纬度 (°N)	经度 (°E)	误差 (A95)						
中西部地区																			
改则盆地	32.2	84.4	康托组	40~30	红层	35/550	340.3	44.2	63.0	3.1	71.7	339.3	3.1	25.9	21.8+2.5/ –2.3	F1,F2,R	1,2,3,4,5,6,7,8 (8)	Ding et al., 2015	1
错江顶	29.9	84.3	曲下组，加拉孜组	57-~54	砂岩，灰岩，凝灰岩	–/62	168.1	–42.0	7.4	7.1	78.0	329.0	5.9	24.2	22.7+4.8/ –4.3	F2,F5	1,2,3,4,5,7,8 (7)	Meng et al., 2012[**]	2
狮泉河	32.3	80.1	典中组	~67.7	火山岩	36/308	43.9	31.4	51.2	3.4	47.7	180.3	3.1	17.0	19.6+2.4/ –2.3	F1,F2	1,2,3,4,5,7,8 (7)	马文明，2016[*]	3
亚热盆地	31.6	82.2	晚白垩世火山岩（年波组?）	~80（剖面中部）	玄武岩，火山岩团块 (agglo-merate)	15/136	346.6	25.6	123.6	3.5	68.4	298.8	2.7	13.5	10.0+2.0/ –1.9	F1,F2,F3	1,2,3,4,5,7 (6)	Yi et al., 2015[*]	4
措勤	31.2	84.7	镜柱山组	K2	红层	33/291	316.8	30.2	22.4	5.4	49.0	344.3	5.3	16.2	13.3+4.1/ –3.7	F1,F2,D	1,2,3,4,5,7,8 (7)	Yang et al., 2015a	5
噶尔，狮泉河盆地	32.4	80.1	晚白垩世火山岩（典中组和年波组?）	~93-<84	铁镁质熔岩，凝灰岩，火山岩团块 (agglo-merate)	10/78	21.1	26.8	24.3	10.0	64.1	209.0	9.6	14.2	13.8+7.7/ –6.7	F1,F2,R,C	1,2,3,4,5,6,7 (7)	Yi et al., 2015[*]	6
措勤	30.2	85.3	年波组	~92.7±4.8	火山岩	6/44	12.2	23.0	258.6	4.0	68.6	230.9	3.1	12.0	—	F1,F2,F3	1,2,3,4,5,7 (6)	唐祥德等，2013[*]	
措勤	31.0	85.1	典中组	~98.5±1.8-~92.9±3.1	火山岩	8/68	21.5	13.7	35.4	9.4	58.7	220.7	6.9	6.9	—	F1,F3	1,2,3,4,5,7 (6)	唐祥德等，2013[*]	
措勤	30.2~31.0	85.1~85.3	典中组，年波组	~99-~93	火山岩	10/82	15.3	21.8	143.0	4.1	66.1	225.6	3.1	11.3	10.5+2.3/ –2.2	F2	1,2,3,4,5,7,8 (7)	唐祥德等，2013[*^]	7
措勤	31.3	85.1	典中组	121.01±0.66 ~ 117.03±0.51	熔岩，凝灰岩	12/116	350.5	25.5	32.8	7.7	70.1	293.2	7.4	13.4	10.8+5.7/ –5.2	F1(r), F2(r),R(r)	1,2,3,4?,5,7,8 (8)	Yang et al., 2015a[*]	8
措勤	31.3	84.9	则弄群	~130-110	熔岩，凝灰岩	18/162	327.0	35.7	59.3	4.5	58.2	341.9	4.6	19.8	16.5+3.6/ –3.3	F1,F2,R	1,2,3,4,5,6,7,8 (8)	Chen et al., 2012[*]	9

续表

采样点			组	年代 (Ma)	岩性	样品 (N/n)	剩磁方向				古地磁极			古纬度 (°)	参考点 (29°N, 88°E) 古纬度	野外检验	评判标准 (Q)	参考文献	编号
位置	纬度 (°N)	经度 (°E)					磁偏角 (°)	磁倾角 (°)	精度 (k)	误差 $\alpha95$(°)	纬度 (°N)	经度 (°E)	误差 (A95)						
措勤	31.3	85.0	典中组，则弄群	~130~110	熔岩，凝灰岩	30/278	336.9	32.2	25.0	5.4	64.9	328.0	5.5	17.5	14.7+4.3/−3.9	F1(r), F2(r),D	1,2,3,4,5,7,8 (7)	Yang et al., 2015a*	
桑桑	29.3	86.6	日喀则群	Late Barremian-late Aptian	浊流砂岩	–/64	350.7	31.1	9.8	6.0	74.9	302.9	5.0	16.8	16.3+3.9/−3.6	F4, T(P)	1,2,3,4,5,7,8 (7)	Huang et al., 2015b	10
噶尔，狮泉河盆地	32.3	80.6	朗久组	K1	粗面岩	6/77	181.0	−30.2	42.0	10.5	73.9	257.1	8.7	16.2	13.2+6.8/−6.0	D,F1,F3	1,2,3,4,5,7 (6)	薛永康，2016*	11
盐湖	32.3~32.4	82.6~82.8	去申拉组	~132.0±2.9–120.0±1.0	熔岩流	51/444	28.2	34.5	74.3	2.3	61.4	192.9	2.1	19.0	18.6+1.6/−1.5	F2, D	1,2,3,4,5,7,8 (7)	Ma et al., 2014*	12
雅鲁藏布缝合带东段地区																			
白朗	29.2	89.3	Yarlung Zangbo ophiolite	Aptian	硅质岩、（浊流砂岩、泥岩）	–/41	337.5	15.5	16.0	5.8	60.0	318.6	4.3	7.9	8.2+3.1/−3.0	T(P)	1,2,3,4,5,7 (6)	Huang et al., 2015b	1
冲堆	29.1	89.0	Yarlung Zangbo ophiolite	Late Barremian-late Aptian or >113?~<~116~114	硅质岩	–/38	317.3	23.8	47.7	3.4	47.0	345.3	2.6	>12.4	–	F4(r),T(P)	1,2,3,4,5,7 (6)	Huang et al., 2015b	
群让	29.2	89.1	雅鲁藏布蛇绿岩	Barremian-Aptian	硅质岩，硅质泥岩	15/75	297.6	15.3	49.0	5.5	27.8	352.2	4.0	7.8	–	F4(r)	1,2,3,4,5,7 (6)	Abrajevitch et al., 2005^	
群让，冲堆	29.2	89.1	雅鲁藏布蛇绿岩	Barremian-Aptian	硅质岩，硅质泥岩泥岩	–/55	310.8	21.6	30.3	3.5	40.9	348.2	2.7	>11.2	11.8+2.0/−1.9	F4, T(P)	1,2,3,4,5,7 (6)	Huang et al., 2015b	2
特提斯喜马拉雅陆块																			
岗巴	28.3	88.5	宗普组 II-IV 段	59~56	灰岩	14/141	177.0	−19.6	128.2	3.5	71.6	277.8	2.5	10.1	10.8+1.9/−1.8	F2(r), F3(r),R(r)	1,2,3,4,5,6,7,8 (8)	Yi et al., 2011	1

续表

采样点			组	年代 (Ma)	岩性	样品 (*N*/*n*)	剩磁方向				古地磁极			古纬度 (°)	参考点 (29°N, 88°E) 古纬度	野外检验	评判标准 (Q)	参考文献	编号
位置	纬度 (°N)	经度 (°E)					磁偏角 (°)	磁倾角 (°)	精度 (k)	误差 $\alpha95$(°)	纬度 (°N)	经度 (°E)	误差 (A95)						
堆拉，岗巴	28.0 ~28.3	88.5 ~89.2	宗普组	$E1^2$~$E1^3$	灰岩	9/81	176.9	−11.0	32.0	9.3	67.2	276.8	6.7	5.6	11.4+5.0/ −3.6	F1,D	1,2,3,4,5,7 (6)	Patzelt et al., 1996^	2
岗巴	28.3	88.5	宗普组 I 段	~62~59	灰岩	18/171	180.8	−11.1	68.3	4.2	67.3	266.3	3.5	5.6	8.9+2.6/ −2.4	F2(r), F3(r),R(r)	1,2,3,4,5,6,7, 8 (8)	Yi et al., 2011	3
堆拉，岗巴	28.0 ~ 28.3	88.5 ~89.2	宗山组	Campanian-Maastrichtian (Late Maastrichtian)	灰岩	11/122	183.0	15.6	17.0	11.5	53.7	263.8	8.5	−7.9	−7.2+6.4/ −5.9	F1,D	1,2,3,4,5,7 (6)	Patzelt et al., 1996^	4
卧龙	28.5	87.0	Kioto 群，Laptal 组和 Dangar 组	~191~~164	灰岩	−/239	334.2	−41.5	18.5	2.2	32.0	295.0	2.2	−23.8	−23.9+1.7/ −1.7	F4	1,2,3,4,5 (5)	Huang et al., 2015c	5-1, 5-2
江孜	28.9	89.7	床得组	86.3~74.0	灰岩，泥灰岩	7/35	152.0	−52.9	18.0	5.9	−65.7	197.6	5.6	−33.1	−34.2+4.4/ −5.0	R	1,2,3,4,5,6,7 (7)	张波兴等，2017	6
浪卡子	28.8	91.3	桑秀组	~135.1~ ~124.4	熔岩流	26/216	296.1	−65.7	51.7	4.0	−5.9	308.0	6.1	−48.5	−45.7+5.2/ −5.7	F1,F2,R	1,2,3,4,5,6,7,8 (8)	Ma et al., 2016*	7
错那	28.1	92.4	拉康组	134~130	熔岩流	31/225	261.6	−68.5	52.1	3.6	−26.8	315.2	5.7	−52.2	−48.5+4.9/ −5.3	F1, F2,R	1,2,3,4,5,6,7,8 (8)	Yang et al., 2015b*	8
卧龙	28.5	87.0	卧龙 组	Tithonian-Aptian or ~149~120	火山碎屑砂岩	−/201	19.7	−70.6	11.9	3.0	4.4	256.0	3.0	−54.8	−54.7+2.8/ −2.9	T(R,M)	1,2,3,4,5,7,8 (7)	Huang et al., 2015c	9

续表

采样点			组	年代 (Ma)	岩性	样品 (*N*/*n*)	剩磁方向				古地磁极			古纬度 (°)	参考点 (29°N, 88°E) 古纬度	野外检验	评判标准 (Q)	参考文献	编号
位置	纬度 (°N)	经度 (°E)					磁偏角 (°)	磁倾角 (°)	精度 (k)	误差 $\alpha95$(°)	纬度 (°N)	经度 (°E)	误差 (A95)						
印度板块																			
				0							88.5	173.9	1.9		29.1+1.6/ −1.5				
				10							87.2	240.4	1.8		26.5+1.5/ −1.4				
				20							83.7	254.7	2.6		22.8+2.1/ −2.0				
				30							79.7	281.7	2.6		19.0+2.0/ −1.9				
				40							74.7	286.8	2.9		14.4+2.2/ −2.1				
				50							65.1	278.4	2.8		4.4+2.0/− 2.0				
				60							48.5	280.8	2.1		−11.6+1.5/ −1.5				
				70							36.4	280.7	2.5		−23.5+1.9/ −2.0				
				80							29.0	283.5	2.9		−30.2+2.3/ −2.4			Torsvik et al., 2012	
				90							20.9	291.4	2.5		−35.2+2.1/ −2.1				
				100							19.7	293.0	3.3		−35.6+2.7/ −2.9				
				110							11.1	295.9	3.3		−41.7+2.8/ −3.0				
				120							8.6	296.4	2.6		−43.5+2.3/ −2.3				
				130							−1.0	297.1	2.8		−50.6+2.5/ −2.5				
				140							−5.3	297.9	6.0		−53.1+5.3/ −5.8				

续表

采样点			组	年代 (Ma)	岩性	样品 (*N*/*n*)	剩磁方向				古地磁极			古纬度 (°)	参考点 (29°N, 88°E) 古纬度	野外检验	评判标准 (Q)	参考文献	编号
位置	纬度 (°N)	经度 (°E)					磁偏角 (°)	磁倾角 (°)	精度 (k)	误差 $\alpha95$(°)	纬度 (°N)	经度 (°E)	误差 (A95)						
欧亚板块																			
				0							88.5	173.9	1.9		29.1+1.6/−1.5				
				10							86.7	150.0	1.8		30.5+1.5/−1.5				
				20							84.4	152.1	2.6		31.3+2.2/−2.1				
				30							83.1	146.5	2.6		32.4+2.2/−2.1				
				40							81.1	144.3	2.9		33.7+2.5/−2.3				
				50							78.9	164.7	2.8		31.0+2.4/−2.3				
				60							78.2	172.6	2.1		29.5+1.8/−1.7				
				70							79.2	175.7	2.5		28.9+2.1/−2.0			Torsvik et al., 2012	
				80							79.7	177.9	2.9		28.5+2.4/−2.3				
				90							80.4	167.2	2.5		30.3+2.1/−2.0				
				100							80.8	152.3	3.3		32.6+2.8/−2.6				
				110							81.2	193.1	3.3		26.4+2.7/−2.5				
				120							79.0	190.1	2.6		26.2+2.1/−2.0				
				130							75.0	183.4	2.8		26.6+2.3/−2.2				
				140							72.4	187.9	6.0		24.6+5.0/−4.5				

注：$E1^2$-$E1^3$, 古新世中、晚期；K1, 早白垩世；K2, 晚白垩世．*N*/*n*, 用于统计的采样点 / 样品数；PP, 古地磁极．A95, 古地磁极 95% 置信圆锥半顶角．野外检验：C, Watson (1956) 砾岩检验；D, 特征剩磁方向具有双极性； F1, McElhinny (1964) 褶皱检验；F2, McFadden (1990) 褶皱检验；F3, Watson and Enkin (1993) 去褶皱检验；F4, Tauxe and Watson (1994) 非参数褶皱检验；F5, Enkin (2003) 褶皱检验；F(in), 不确定的褶皱检验；F-, 负的褶皱检验；F(r), 广义的或区域褶皱检验；R, McFadden and McElhinny (1990) 倒转检验；R(r), 广义的或区域倒转检验．T, 使用其他方法约束剩磁年代或排除了重磁化 (R, 详细的岩石磁学分析；M, 矿物学检查；P, 特征剩磁方向分布特征)．参考文献：*, 火山岩古地磁结果； **, 火山岩和沉积岩古地磁结果．^, 本文按照评判标准对原数据筛选并重新计算的古地磁结果．括号内、外的年代分别为原文使用的年代和本文使用的年代，详见正文部分．对原文中不确定的中文地名仍使用其英文名．

表 5.2　拉萨与特提斯喜马拉雅白垩纪—古近纪未通过评判标准的古地磁数据

采样点			组	年代 (Ma)	岩性	样品 (N/n)	剩磁方向				古地磁极			古纬度 (°)	野外检验	评判标准 (Q)	参考文献
位置	纬度 (°N)	经度 (°E)					磁偏角 (°)	磁倾角 (°)	精度 (k)	误差 $\alpha95$(°)	纬度 (°N)	经度 (°E)	误差 (A95)				
拉萨陆块																	
中东部地区																	
扎木	29.2	95.9	—	~76.3	花岗闪长岩	–/18	30.4	52.0	—	5.1	63.8	171.3	6.3	32.6	—	1,5 (2)	朱志文等，1981*
林周	29.9	91.2	—	K2~E1	红色砂岩	–/42	338.0	40.3	—	5.0	69.0	347.0	5.7	23.0	—	2?,5 (2?)	朱志文等，1981
波密	29.8	95.7	—	95~65	花岗岩	12/53	8.8	47.1	19.6	10.2	82.2	194.7	10.6	28.3	—	2,3,5 (3)	Otofuji et al., 1990*
Qelico	31.7	90.9	—	95~85	安山岩	4/20	347.0	36.0	32.0	16.5	74.0	318.0	16.7	20.0	F(in)	1,3,5 (3)	Lin and Watts, 1988*
林周	30.0	90.0	—	K2	粉砂岩	—	332.2	22.5	41.0	12.1	58.4	330.6	6.6	11.7	—	1,2?,3,5 (4?)	叶祥华和李家福，1987
那曲	31.5	92.0	—	100~95	安山岩	9/33	358.0	35.0	54.0	6.0	78.0	282.0	0.0	19.3	F(in)	1?,2,3,5? (4?)	Lin and Watts, 1988*
八宿	30.0	96.7	—	127~69	花岗岩	2/8	343.7	12.1	—	—	61.6	312.6	—	6.1	D	3,5 (2)	Otofuji et al., 1990*
安多	32.0	92.0	—	Mid-K	红色砂岩	—	340.0	33.1	49.8	10.6	67.4	328.5	10.4	18.1	—	2?,3,5 (3?)	Li and Mercier, 1980
安多	32.2	91.8	—	Mid-K	红色砂岩	—	346.6	51.7	3.5	24.7	78.7	355.0	25.2	32.3	—	3,5 (2)	Li and Mercier, 1980
八宿	30.1	96.9	八宿组	Aptian-albian	砂岩	4/21	3.3	29.0	11.7	28.0	75.1	264.5	26.6	15.5	—	1,3,5 (3)	Otofuji et al., 1990
比如	31.5	93.7	—	K	红色砂岩	–/41	325.0	44.5	—	3.9	59.0	2.4	4.4	26.2	—	2,5 (2)	朱志文等，1981
中西部地区																	
狮泉河	32.5	80.1	—	Ter	红色页岩	–/9	195.4	–22.7	19.3	12.0	64.9	222.2	10.9	11.8	—	3,5 (2)	Otofuji et al., 1989
门图	31.3	80.9	—	Ter	砂岩	–/10	298.5	52.0	7.5	18.9	38.6	9.7	23.5	32.6	—	3,5 (2)	Otofuji et al., 1989
卡基尔	34.6	76.1	拉达克侵入岩	49~45	花岗闪长岩，辉绿岩墙	3/27	3.0	14.6	53.4	3.8	62.7	249.7	3.3	7.4	D	1,3,5 (3)	Klootwijk et al., 1979*
卡基尔	34.6	76.1	拉达克侵入岩	49~45	花岗闪长岩，辉绿岩墙	3/23	354.9	19.4	13.6	8.5	64.9	268.0	7.6	10.0	D	1,3,5 (3)	Klootwijk et al., 1979*
亚木	29.4	87.7	日喀则群	K-Ter	砂岩	–/11	293.1	–2.6	3.6	27.9	19.3	344.7	23.5	–1.3	—	3,5 (2)	Otofuji et al., 1989
狮泉河盆地	32.3	80.1	典中组	K2? (~60~58)	火山岩	13/80	26.2	22.9	22.2	9.0	58.5	204.4	7.0	11.9	D	2,3,5 (3)	李阳阳，2016*

续表

采样点			组	年代 (Ma)	岩性	样品 (*N*/*n*)	剩磁方向				古地磁极			古纬度 (°)	野外检验	评判标准 (Q)	参考文献
位置	纬度 (°N)	经度 (°E)					磁偏角 (°)	磁倾角 (°)	精度 (k)	误差 $\alpha95$(°)	纬度 (°N)	经度 (°E)	误差 (A95)				
狮泉河盆地	32.4	80.1	年波组	K2? (~60~58)	火山岩	17/113	20.8	1.8	39.6	6.4	53.0	224.0	4.5	0.9	R,F3	2,3,4,5 (4)	李阳阳，2016*
狮泉河盆地	32.4	80.1	典中组，年波组	K2? (~60~58)	火山岩	30/193	24.6	14.6	12.3	7.8	56.2	211.2	5.7	7.4	D	2,3,5 (3)	李阳阳，2016*
狮泉河	32.7	80.2	—	120~80	灰岩	3/22	9.8	23.5	29.9	23.0	67.7	234.2	21.0	12.3	—	1,3,5 (3)	Chen et al., 1993
南列荣	32.1	80.5	—	Mid-K	玄武岩	—	320.4	25.1	38.1	8.4	49.2	332.3	6.9	13.2	—	2?,3,5 (3?)	叶祥华和李家福，1987*
龙门卡	33.1	80.3	—	Kl	砂岩	—	318.1	28.8	28.4	7.3	48.3	335.4	10.3	15.4	—	1,2?,3,5 (4?)	叶祥华和李家福，1987
江巴	32.6	80.4	—	K	石英闪长岩	–/11	294.7 (g)	−17.5 (g)	58.3 (g)	6 (g)	15.3	328.9	5.3	−9.0	—	3,5 (2)	Otofuji et al., 1989*
拉昂错	30.7	81.4	—	K	辉长岩	–/11	298.9 (g)	6.7 (g)	5 (g)	22.7 (g)	26.4	338.8	19.3	3.4	—	3,5 (2)	Otofuji et al., 1989*
雅鲁藏布缝合带东段地区																	
大竹曲	29.3	89.5	雅鲁藏布蛇绿岩	Late Barremian-early Aptian	燧石	4/26	3.6	2.8	67.6	11.3	61.9	261.8	8.0	1.4	D	1,2,3,5 (4)	Abrajevitch et al., 2005
Donglha	29.1	88.4	雅鲁藏布蛇绿岩	Late Barremian-late Aptian	燧石	6/24	303.7	−6.4	79.0	7.6	27.2	337.4	5.4	−3.2	—	1,3,5 (3)	Abrajevitch et al., 2005^
群让	29.2	89.1	大竹曲蛇绿岩	Barremian-Aptian	碎屑沉积物	6/23	33.6	11.5	9.8	22.6	50.6	208.9	19.3	5.8	—	1,3,5 (3)	Abrajevitch et al., 2005
特提斯喜马拉雅陆块																	
曲松	29.2	92.3	—	E1	超基性岩	—	320.0	−37.5	63.0	10.5	26.7	314.5	11.8	−21.0	—	1,2?,5 (3?)	叶祥华和李家福，1987
定日	28.7	86.7	遮普惹山组？	Late E1 to early E2	灰岩	8/60	353.8	−5.1	5.6	25.5	58.2	284.5	6.4	−2.6	F5-	1?,3,4,5 (4)	Liebke et al., 2013
定日	28.7	87.2	宗普组	58~56	灰岩，砂岩	4/28	335.5	−5.9	76.0	10.6	50.6	307.9	5.3	2.8	F1,D	1,3,4,5 (4)	Besse et al., 1984
定日	28.7	86.8	宗普组下部	~65.5~61.7	灰岩	3/15	162.4	29.1	352.6	6.6	42.6	280.1	6.3	−15.6	F(r)	1,3,4,5 (4)	Tong et al., 2008
堆拉	28.1	89.1	宗山组	~84~66	灰岩	9/70	172.5	−4.0	34.6	8.9	62.9	285.8	6.3	−2.0	F1,F3	1?,2,3,4,5 (5?)	易治宇等，2016

续表

采样点			组	年代 (Ma)	岩性	样品 (*N*/*n*)	剩磁方向				古地磁极			古纬度 (°)	野外检验	评判标准 (Q)	参考文献
位置	纬度 (°N)	经度 (°E)					磁偏角 (°)	磁倾角 (°)	精度 (k)	误差 $\alpha95$(°)	纬度 (°N)	经度 (°E)	误差 (A95)				
岗巴	28.3	88.5	基堵拉组	<63-~61.8	灰岩	–/20	200.4	4.1	20.3	7.4	53.9	232.3	6.2	2.1	F2(r), F3(r), R(r)	1,3,4,5 (4)	Yi et al., 2011
岗巴	28.3	88.5	基堵拉组 II 和 III 段	66-63	灰岩，砂岩	4/56	358.6	14.4	160.0	7.3	69.0	272.4	5.3	7.3	D	1,2?,3,5 (4?)	Patzelt et al., 1996
定日	86.8	28.7	基堵拉组，宗谱组	E1(E1-E2)	灰岩	8/95	340.1	15.9	6.5	5.6	62.2	313	4.2	8.1	—	1,3,5 (3)	李建忠等，2006
定日	86.3	28.8	宗山组	~84-~66 (K3)	灰岩，碎屑岩	–/46	152.4	21.8	6.5	8.1	41.8	304	6.2	–11.3	—	1,3,5 (3)	李建忠等，2006
堆拉	89.1	28.1	宗山组下部	~84-~76	灰岩	5/38	168.2	–7.3	105.5	7.5	63.1	295.9	5.4	–3.7	F1(r), F3(r)	1?,2,3,4,5 (5?)	易治宇等，2016
堆拉	28.0	89.1	岗巴村口组	~94-84	灰岩	1/5	135.2	–18	40.6	12.2	43.9	344	9.1	–9.2	—	1,3,5 (3)	易治宇等，2016
定日	28.8	86.9	Zhepure Shanbei	Late Campanian	灰岩	1/24	7.1	–50.2	8.6	10.7	29.9	259.9	12.9	–30.7	D	1,3,5 (3)	Appel et al., 1998
岗巴	28.3	88.5	岗巴群	113-104.3	杂砂岩	2/23	352.0	–40.0	15.7	7.9	38.4	277.9	8.4	–22.8	—	1,3,5 (3)	Patzelt et al., 1996
定日	86.6	28.7	岗巴群	K1-K3	灰岩，碎屑岩	–/89	153.9	33	6	6	36.9	298.1	5.2	–18	—	1,3,5 (3)	李建忠等，2006
聂拉木	86.3	28.8	古错组	K1	灰岩，碎屑岩	15/56	153.4	39.6	7.1	7	32.7	295.7	6.5	–22.4	—	1,3,5 (3)	李建忠等，2006
Thakk-hola 地区	28.8	83.8	Dzong 砂岩	Early Aptian	砂岩，粉砂岩	–/78	326.0	–61.5	12.0	5.0	12.0	288.7	6.0	–42.6	—	1,2,3,5 (4)	Kloot wijk and Bingham, 1980
Thakk-hola 地区	28.8	83.8	Kagbeni 砂岩	Berriasian-Barremian?	砂岩	–/34	333.5	–56.5	15.5	6.5	19.5	286.0	6.5	–37.1	—	1,2,3,5 (4)	Kloot wijk and Bingham, 1980
定日	28.6	87.2	—	K	灰岩	–/13	331.0	–37.0	13.0	16.5	33.0	299.0	16.6	–20.6	—	5 (1)	朱志文等，1981

注：K, 白垩纪；Mid-K, 白垩纪中期；Ter, 第三纪；E1, 古新世 . 样品：g, 地理坐标；?, 根据原文无法确定的结果或结论。

5.2.3 拉萨陆块古地磁数据评判

1. 早白垩世

（1）拉萨陆块中东部地区（88°E 以东）

根据前面所述的古地磁数据可靠性评判标准，数据必须满足七个判据的①～⑤才认为是可靠结果（Besse and Courtillot，2002）。来自该区的部分火山岩与沉积岩古地磁结果（表 5.2）因地层单元划分与年代学不清楚（判据①）（朱志文等，1981；Otofuji et al.，1990）、有效采样点和样品数据量不足及特征剩磁平均方向误差过大（判据②）（Li and Mercier，1980；Otofuji et al.，1990）和缺乏野外检验验证（判据④）（朱志文等，1981；叶祥华和李家福，1987；Li and Mercier，1980）等，这些研究的古地磁结果将直接排除在进一步的拉萨陆块中东部地区早白垩世的古纬度分析之外。

拉萨陆块中东部早白垩世有效的古地磁研究主要围绕林周盆地及周边地区塔克那组、德庆地区卧荣沟组和那曲地区多尼组开展（图 5.5）。林周盆地塔克那组岩性主要表现为砂岩、灰岩和页岩，厚度近 1000 m，地层遭受了强烈的褶皱作用（Achache et al.，1984），该套地层中古生物化石指示的最年轻年代为早白垩世 Albian 期。Pozzi 等（1982）针对林周盆地早白垩世塔克那组红层段开展了古地磁研究，从 7 个采样点中获得 68 个特征剩磁方向，具有双极性且通过褶皱检验，得到地层坐标系下的平均方向为 Dec=338.0°、Inc=35.9°、k=35.0 和 α_{95}=10.0，满足可靠性判据的第 1、第 2、第 3、第 4、第 5 和第 7 条，Q 值为 6；随后 Westphal 等（1983）再次报道了这一研究结果并进行重新分析，认为 Pozzi 等（1982）的研究中的第 7 采样点具有倒转极性特征剩磁方向可能指示了比其他 6 个正极性采样点更年轻的沉积时代（Albian-Cenomanian 期），因而剔除这一采样点并重新计算了其余 6 个采样点地层坐标系下的平均方向（Dec=332.7°、Inc=37.9°、k=78.0 和 α_{95}=8.0），通过褶皱检验，Q 值为 6；然而本书发现部分红层样品加热到高温阶段（>650℃）时退磁并不彻底、特征剩磁方向存在不确定性且用于确定特征剩磁方向的温度步数过少（判据③）。因此，考虑到其特征剩磁方向存在不确定性，本次分析将该套数据排除在有效数据库之外，其结果仅作参考。Achache 等（1984）在安多至拉萨近 400 km 的沿线地区针对塔克那组地层布置了 18 个古地磁采样点，经过系统退磁从 14 个采样点 118 个样品中分离出特征剩磁方向，通过褶皱检验，获得地层坐标系下的平均方向为 Dec=347.7°、Inc=24.0°、k=37.3 和 α_{95}=6.6，满足可靠性判据的第 1、第 2、第 3、第 4、第 5 和第 7 条，Q 值为 6。Lin 和 Watts（1988）也报道了来自林周地区塔克那组红层段的古地磁结果，从 8 个采样点分离出 51 个特征剩磁方向，通过褶皱检验，计算地层坐标系下的平均剩磁方向为 Dec=357.0°、Inc=15.0°、k=70.0 和 α_{95}=6.7，满足可靠性判据的第 1、第 2、第 3、第 4、第 5 和第 7 条，Q 值为 6；但因其中一个采样点（T07）的误差过大（α_{95}>16°），不满足可靠性判据②，本书剔除这一采样点后重新计算了其余 7 个采样点倾斜校正后的平均剩磁方向（Dec=356.8°、Inc=14.7°、

k=72.0 和 α_{95}=6.6)，通过褶皱检验，Q 值为 6。班戈县德庆区一带出露的卧荣沟组是一套中、酸性火山碎屑岩为主的火山岩地层序列，最近的 SHRIMP 年龄（114.2±1.1 Ma）表明该组地层归属早白垩世。孙知明等（2008）在德庆地区针对卧荣沟组火山岩进行了古地磁研究，从 15 个采样点 88 个样品中分离出了特征剩磁方向，全部为正极性，依据岩石薄片显微镜下观察排除了次生热液或风化作用的改造影响并认为岩石中的携磁矿物可能是原生的，通过对虚地磁极（VGP）离散度进行统计分析，他们认为该结果平均掉了地磁场的长期变化，获得地层坐标系下的平均方向为 Dec=18.4°、Inc=26.5°、k=20.9 和 α_{95}=8.6，满足可靠性判据的第 1、第 2、第 3、第 4、第 5、第 7 和第 8 条，Q 值为 7；但因其中 3 个采样点（XD5、XD14 和 XD16）平均方向的误差过大（α_{95}>16°），本书将这 3 个采样点剔除后重新计算了剩余 12 个采样点 76 个特征剩磁方向的平均值为 Dec=20.7°、Inc=24.1°、k=28.0 和 α_{95}=8.3，Q 值为 7。那曲地区发育的多尼组是一套火山 – 沉积岩序列，主要由安山岩、玄武质安山岩、板岩、硅质岩和中细粒碎屑石英砂岩组成，地层中丰富的古生物化石和与周边盆地的地层对比关系约束该套地层归属早白垩世（西藏自治区地质矿产局，1993）。Li 等（2017）在那曲地区针对早白垩世多尼组安山岩和沉积岩分别进行了古地磁研究，其中来自 14 个安山岩采样点的 81 个特征剩磁方向具有双极性，岩石薄片显微镜下观察表明，地层未遭受后期变质或风化作用的改造，保存了岩浆冷却期间结晶的原生载磁矿物，依据对 VGP 离散度统计分析，他们认为这些火山岩结果充分平均掉了地磁场的长期变，计算平均方向为 Dec=356.3°、Inc=15.4°、k=22.5 和 α_{95}=8.6；此外，从 5 个砂岩、粉砂岩采样点中分离出 39 个正极性特征剩磁方向，其平均值为 Dec=356.4°、Inc=19.2°、k=141.0 和 α_{95}=6.5；通过对比火山岩和沉积岩具有一致的平均剩磁方向，他们认为那曲地区早白垩世地层未遭受磁倾角浅化影响，所有采样点方向一起通过褶皱检验，表明为褶皱前获得的原生剩磁，计算所有 19 个采样点的平均方向为 Dec=356.4°、Inc=16.4°、k=29.3 和 α_{95}=6.3，满足第 1、第 2、第 3、第 4、第 5、第 7 和第 8 条判据，Q 值为 7；但因火山岩中的一个采样点（TL08）有效样品数过少（n=2<3），不满足判据的第 2 条，本书将这个采样点剔除后重新计算了剩余 13 个火山岩采样点 79 个样品的平均方向（Dec=357.9°、Inc=14.8°、k=24.0 和 α_{95}=9.6）及其与 5 个沉积岩采样点整体的平均特征剩磁方向（Dec=357.5°、Inc=16.2°、k=33.0 和 α_{95}=6.6），总体数据 Q 值为 7。

由上可知，拉萨陆块中东部地区早白垩世的 9 条古地磁数据，经过严格的古地磁可靠性评判后，剩余 4 条有效数据及 1 条（Westphal et al.，1983）参考数据。4 条有效数据得出的古纬度值在 6.1+3.6/–3.4°N ～ 11.8+3.9/–3.7°N，且火山岩与沉积岩的结果相一致，可能揭示了拉萨陆块中东部地区（参考点：29°N，88°E）在早白垩世时期位于约 10°N 的位置。

（2）拉萨陆块中西部地区（88°E 以西）

首先，来自该区的部分火山岩与沉积岩古地磁结果（表 5.2）同样因地层单元划分与年代学不清楚（判据①）（叶祥华和李家福，1987；Otofuji et al.，1989）、有效采样点和样品数据量不足（判据②）(Chen et al.，1993；Otofuji et al.，1989)、可能的重磁化（Chen et al.，1993）（判据④）和缺乏野外检验控制（判据④）（叶祥华和李家福，

1987；Chen et al.，1993；Otofuji et al.，1989）等，直接排除在进一步的拉萨陆块中西部地区早白垩世的古纬度分析之外。

拉萨陆块中西部地区早白垩世有效的古地磁研究主要围绕措勤地区的则弄群和典中组、狮泉河盆地的郎久组和盐湖地区的去申拉组火山岩以及桑桑地区的日喀则群沉积岩展开。措勤地区广泛出露则弄群和典中组火山岩地层，其中则弄群表现为灰色火山熔岩和火山碎屑岩，平均厚度超过 1000 m，已有的锆石 U-Pb 年代结果表明，则弄群火山活动存在于 130 ～ 110 Ma(Zhu et al.，2008)；典中组火山岩主要分布在则弄群火山岩的南缘，主要由灰绿色火山熔岩和火山碎屑岩组成，已有的锆石 U-Pb 年代（121 ～ 117 Ma）(Yang et al.，2015a) 和 Ar-Ar 年代（99 ～ 93 Ma）(唐祥德等，2013) 结果表明，措勤地区典中组火山岩形成于白垩纪，不同于拉萨陆块中东部林周和南木林地区的古新世典中组火山岩 (陈贝贝等，2016；李皓扬等，2007；梁银平等，2010；周肃等，2004；Chen et al.，2014)。Chen 等（2012）针对措勤地区早白垩世则弄群火山岩开展了古地磁研究，从 18 个采样点中获得 162 个特征剩磁方向，通过褶皱检验、倒转检验和 VGP 离散度统计分析，他们认为所获得的原生特征剩磁方向平均掉了地磁场的长期变，计算得到所有采样点的平均方向为 Dec=327.0°、Inc=35.7°、k=59.3 和 α_{95}=4.5，满足可靠性判据的第 1 ～第 8 条，Q 值为 8。Yang 等（2015a）报道了来自措勤地区早白垩世典中组的古地磁研究结果，从 12 个采样点 116 个样品中分离出了特征剩磁方向，依据地层倾斜校正后特征剩磁方向的精度参数 k 增加和其中一个采样点（DZ14）具有双极性剩磁方向，他们认为典中组火山岩记录了早白垩世晚期褶皱前的原生地磁场方向；依据这些火山岩年代（121 ～ 117 Ma）和 VGP 离散度统计分析，他们认为所获得的特征剩磁方向平均掉了地磁场的长期变，计算得到 12 个采样点的平均方向为 Dec=350.5°、Inc=25.5°、k=32.8 和 α_{95}=7.7，满足第 1、第 2、第 3、第 4、第 5、第 7 和第 8 条判据，其中 4 褶皱检验是通过将典中组与 Chen 等（2012）则弄群结果合并进行的区域广义褶皱检验，Q 值为 7；但考虑到在 121 ～ 117 Ma 古地磁场属于白垩纪超长正极性带时期，该研究中采样点 DZ14 记录的负极性不能像原文那样作为判断其是原生剩磁的证据，这个结果更可能是反映超静磁（CLNS）之后的次生剩磁方向，即不能排除重磁化的可能。因此，我们将该结果排除在进一步的古纬度分析之外，仅作参考。狮泉河地区出露的早白垩世郎久组，主要为粗面岩、含角砾流纹岩和粗面玄武岩，局部地区有少量灰岩。薛永康（2016）从郎久组 6 个粗面岩采样点中获得 77 个特征剩磁方向，具有双极性并通过褶皱检验，这些剩磁平均方向为 Dec=181.0°、Inc=–30.2°、k=42.0 和 α_{95}=10.5，满足可靠性判据的第 1、第 2、第 3、第 4、第 5 和第 7 条，Q 值为 6。去申拉组沉积 – 火山岩地层主要出露于拉萨陆块北缘靠近班公湖 – 怒江缝合带一侧，岩性主要表现为玄武安山岩、粗面玄武安山岩、安山岩、火山碎屑岩和少量玄武岩 (康志强等，2010)。Ma 等（2014）报道了来自盐湖地区去申拉组火山岩的年代学（132 ～ 120 Ma）和古地磁学研究结果，从 51 个安山岩采样点中分离出 444 个特征剩磁方向，具有双极性并通过褶皱检验，依据 VGP 离散度统计分析，他们认为这些古地磁结果平均掉了地磁场的长期变，获得所有采样点的平均方向为 Dec=28.2°、Inc=34.5°、

k=74.3 和 α_{95}=2.3，满足可靠性判据的第 1、第 2、第 3、第 4、第 5、第 7 和第 8 条，Q 值为 7。日喀则群沉积岩地层是日喀则蛇绿岩的盖层，其底部主要由海相、浊流沉积物主导的碎屑层序和源自西藏南部冈底斯岩浆弧火山岩的岩屑组成（Lee et al.，2009）。Huang 等（2015c）在桑桑地区针对不整合于蛇绿岩之上的浊流成因砂岩进行了碎屑锆石 U-Pb 年代学（<128.8±3.4 Ma）和古地磁研究，从 117 个样品中分离出了特征剩磁方向，通过褶皱检验，依据对 VGP 的 95% 置信区间（A_{95}）统计分析，他们认为这些褶皱前的剩磁方向平均掉了地磁场的长期变，获得平均的剩磁方向为 Dec=351.0°、Inc=16.9°、k=14.6 和 α_{95}=3.5；考虑到沉积岩可能存在磁倾角浅化效应，为此该研究利用 E/I（Tauxe and Kent，2004）和 AIR（Kodama，2009）两种方法分别将上述平均的磁倾角方向校正至 30.2° 和 31.1°，结果一致，其中使用后者方法校正后的特征剩磁平均方向为 Dec=350.7°、Inc=31.1°、k=9.8 和 α_{95}=6.0（样品数 n=64），满足第 1、第 2、第 3、第 4、第 5、第 7 和第 8 条判据，Q 值为 7。

由以上分析可知，拉萨陆块中西部地区早白垩世的 10 条古地磁数据，经过严格的古地磁可靠性评判后，剩余 4 条有效数据和 1 条参考数据。这些有效数据得出的古纬度值在 13.2+6.8/–6.0°N ～ 18.6+1.6/–1.5°N，且火山岩与沉积岩的结果相一致，可能揭示了拉萨陆块中西部地区（参考点：29°N，88°E）在早白垩世时期位于约 15°N 的位置。

综上所述，拉萨陆块中东部地区和中西部地区（参考点：29°N，88°E）在早白垩世时期的平均古纬度位置基本位于 10°N 以北，在置信区间内基本吻合。

（3）雅鲁藏布江缝合带东段地区

雅鲁藏布江缝合带位于印度板块与欧亚板块的结合部位，是碰撞接触的标志带，总体沿雅鲁藏布江谷地及其附近呈东西向狭长带状连续出露，延伸超过 2000 km，保存了新特提斯洋岩石圈上地幔和地壳的残片（Miller et al.，2003；Nicolas et al.，1981；Xia et al.，2008），代表着印度 – 欧亚板块碰撞及新特提斯洋最终消亡的地方（Girardeau et al.，1985；Yin and Harrison，2000）。对于雅鲁藏布蛇绿岩带的形成时间和构造属性，一种观点认为雅鲁藏布蛇绿岩可能形成于晚白垩世扩张中心的大洋岩石圈残留（Allégre et al.，1984；Girardeau et al.，1985；Pearce and Deng，1988），另一种观点认为雅鲁藏布蛇绿岩可能在侏罗纪晚期—白垩纪形成于洋内俯冲带之上的岛弧 – 弧后盆地等环境（Aitchison et al.，2000；Bezard et al.，2011；Dai et al.，2008；Wang et al.，2000；Zhou et al.，2005）。目前，针对雅鲁藏布蛇绿岩带的古地磁研究十分有限，主要分布于该带东段地区早白垩世硅质岩（Abrajevitch et al.，2005；Huang et al.，2015b）。Abrajevitch 等（2005）对位于大竹曲地体 Donglha、群让和大竹曲地区蛇绿岩套玄武岩的上覆海相沉积物开展了古地磁研究，其中来自群让地区碎屑沉积物和大竹曲地区硅质岩的古地磁研究样品量不足（判据②）、缺乏野外检验验证（判据④），来自 Donglha 地区硅质岩的 10 个古地磁采样点中有 4 个采样点（Dg-6、Dg-7、Dg-8、Dg-12）样品量不足（$n \leqslant 2$，本书对其余 6 个采样点共 24 个样品重新计算了平均方向）（判据②）、缺乏野外检验验证（判据④），来自大竹曲地区硅质岩的 4 个采样点 26 个剩磁方向缺乏野外检验（判据④），这些古地磁结果未通过本书的可靠性评判标准，因而排除在进一步的雅鲁藏布缝合带古纬度分析之外。此外，来自群让地区硅质岩、硅质泥岩的 17 个采样点 78 个特征剩磁方向在地层坐标系下的平均值为 Dec=297.1°、Inc=15.6°、k=49.9 和 α_{95}=5.1，通过了区域褶皱检验（见下文），尽管这些结果在地层校正后的精度参数降低、误差参数略有增加，但是他们认为该结果可能更具有地质意义；但因其中 2 个采样点 (Qr-11、Qr-12) 样品量不足 ($n \leq 2$)，本书剔除这 2 个采样点后重新计算了其余 15 个采样点 75 个样品的平均剩磁方向为 Dec=297.6°、Inc=15.3°、k=49.0 和 α_{95}=5.5，满足第 1、第 2、第 3、第 4、第 5 和第 7 条判据，Q 值为 6。Huang 等 (2015c) 分别从冲堆和白朗地区蛇绿岩套之上的放射虫硅质岩获得 41 个和 38 个特征剩磁方向，通过统计分析，他们认为这些古地磁结果充分平均了地磁场的长期变并排除了重磁化可能性，获得地层坐标下的平均方向分别为 Dec=337.5°、Inc=15.5°、k=16.0、α_{95}=5.8 和 Dec=317.3°、Inc=23.8°、k=47.7、α_{95}=3.4，均满足第 1、第 2、第 3、第 4、第 5 和第 7 条判据，Q 值为 6；此外，该研究通过将冲堆地区 38 个特征剩磁方向与 Abrajevitch 等 (2005) 群让地区 17 个采样点方向统一进行平均，一起通过了区域褶皱检验，获得地层校正后的平均方向为 Dec=310.8°、Inc=21.6°、k=30.3 和 α_{95}=3.5，Q 值为 6；但是，考虑到上述研究缺乏独立的野外检验，并且 Huang 等 (2015b) 冲堆地区与 Abrajevitch 等 (2005) 群让地区古地磁平均方向存在明显区别（偏角相差近 20°，倾角近 8.5°），在不分析造成这个偏差原因的基础上，将样品水平方向和采样点水平方向统一进行平均的方法的可靠性值得商榷，因此这些结果仅用作参考。

由以上分析可知，来自雅鲁藏布江缝合带东段地区的 6 条古地磁数据，经过严格的古地磁可靠性评判，剩余 3 条通过评判的数据。这些结果约束雅鲁藏布江缝合带东段地区（参考点：29°N，88°E) 在早白垩世时期的古纬度位置为 8.2°N ～ 11.8°N，指示拉萨陆块中东部地区同时期应该至少位于上述古纬度位置以北。

2. 晚白垩世

(1) 拉萨陆块中东部地区 (88°E 以东）

首先，来自该区的部分火山岩与沉积岩古地磁结果（表 5.2) 同样因有效采样点和样品数据量不足（判据②)（朱志文等，1981；Lin and Watts，1988)、缺乏有效的系统退磁（判据③)（朱志文等，1981)、可能的重磁化 (Lin and Watts，1988；Otofuji et al.，1990)（判据④）和缺乏野外检验（判据④)（叶祥华和李家福，1987；朱志文等，1981；Lin and Watts，1988；Otofuji et al.，1990) 及地层产状不明确 (Lin and Watts，1988) 等问题直接排除在进一步的拉萨陆块中东部地区晚白垩世古纬度分析之外。

拉萨陆块中东部地区晚白垩世有效的古地磁研究主要围绕林周盆地及周边地区的设兴组和班戈、丁青地区的镜柱山组开展（图 5.5)。林周盆地及周边地区设兴组不整合于古近纪林子宗群火山岩之下，与下伏早白垩世塔克那组地层整合接触，主要由红层及玄武质熔岩流夹层组成。地层中的化石组合显示其年代为晚白垩世（西藏自治区地质矿产局，1993)，但无法提供准确的生物地层年代约束。根据林子宗群下部典中组底部火山岩的 Ar-Ar 年代学结果为 65 ～ 64.4 Ma(Chen et al.，2014；Mo et al.，

2007)，塔克那组地层中最年轻的化石为早白垩世 Albian 期（西藏自治区地质矿产局，1993)，约束设兴组地层的年代在 110 ～ 65 Ma(Tan et al.，2010)。Tan 等 (2010) 在林周盆地针对设兴组红层和熔岩夹层分别开展了详细的古地磁研究，其中，从 43 个红层采样点中分离出 377 个特征剩磁方向，具有双极性且通过褶皱检验，获得平均剩磁方向为 Dec=350.2°、Inc=23.5°、k=75.0 和 α_{95}=2.5，通过进一步的 E/I 分析 (Tauxe and Kent，2004) 得到校正后的平均磁倾角为 42°(39.9° ～ 44.5°)，该结果满足第 1、第 2、第 3、第 4、第 5、第 7 和第 8 条判据，Q 值为 7；此外，从熔岩层 32 个采样点获得的 136 个特征剩磁方向通过褶皱检验，依据 E/I 统计分析 (Tauxe and Kent，2004)，他们认为这些剩磁方向没有遭受磁倾角浅化影响且很可能平均掉了地磁场的长期变化，计算得到地层坐标系下的平均方向为 Dec=202.6°、Inc=–41.9°、k=52.0 和 α_{95}=4.4，满足第 1、第 2、第 3、第 4、第 5、第 7 和第 8 条判据，Q 值为 7。Sun 等 (2012) 在马乡地区分别从设兴组红层和安山岩层获得了 17 个采样点 111 个样品和 3 个采样点 15 个样品的特征剩磁方向，具有正负极性且通过褶皱检验，满足第 1、第 2、第 3、第 4、第 5 和第 7 条判据，Q 值为 6。Cao 等 (2017) 报道了来自林周盆地设兴组红色砂岩和玄武岩的年代学 (75 ～ 68 Ma) 和古地磁研究结果，从砂岩 10 个采样点 85 个样品和玄武岩层 11 个采样点 79 个样品分离出了特征剩磁方向，结合岩石薄片显微镜下观察、褶皱检验和倒转检验表明，其可能为原生剩磁方向；同时，依据砂岩和玄武岩的磁倾角平均值在误差范围内一致以及 VGP 离散度统计分析，他们认为该地区晚白垩世红层未遭受磁倾角浅化影响且所获得剩磁方向平均掉了地磁场的长期变化，获得倾斜校正后的平均方向为 Dec=0.5°、Inc=20.2°、k=25.5 和 α_{95}=6.4，满足所有判据，Q 值为 8。当然，因为砂岩夹层和玄武岩的磁倾角基本一致，并不能排除其是后期玄武岩的烘烤结果，还待今后烘烤检验来进一步验证。值得指出的是，上述三个研究对于该区设兴组沉积岩石是否存在磁倾角浅化现象存在不同认识。Tan 等 (2010) 通过开展 E/I 分析 (Tauxe and Kent，2004) 认为，设兴组红层存在～ 18.5° 的磁倾角浅化，而 Sun 等 (2012) 虽然认为 E/I 分析在识别红层磁倾角浅化中是有效的，但通过区域综合对比已有研究结果并未采纳这种方法，Cao 等 (2017) 则认为未遭受磁倾角浅化影响。

班戈地区晚白垩世镜柱山组主要表现为一套灰紫—紫红色砂岩、粉砂岩、砾岩和灰岩，局部夹安山岩，总厚度超过 4100 m。叶亚坤 (2016) 从该地区镜柱山组紫红色粉砂岩、砂岩和砂砾岩层中获得 10 个采样点 108 个样品的特征剩磁方向，具有双极性，并与 Yang 等 (2015a) 措勤地区镜柱山组古地磁结果一起通过区域褶皱检验，计算得到地层坐标系下的平均方向为 Dec=328.4°、Inc=19.7°、k=30.9 和 α_{95}=8.8，满足第 1、第 2、第 3、第 4、第 5 和第 7 条判据，Q 值为 6；查看原文后发现其中一个采样点 (L03) 的误差过大 (α_{95}>16°)，不满足可靠性判据②，本书剔除这一采样点后重新计算了其余 9 个采样点倾斜校正后的平均剩磁方向为 Dec=328.3°、Inc=18.7°、k=29.0 和 α_{95}=9.8；另外，这些采样点特征剩磁方向的等积投影具有明显的拉长型分布特征，可能指示了受沉积压实作用造成的磁倾角浅化效应影响。本书尝试使用 E/I 法 (Tauxe and Kent，2004) 对该研究所获得的 108 个特征剩磁方向进行磁倾角浅化分析，将平均磁倾角值由 20.1° 校正至 31.8°(95% 的置信区间为 24.0° ～ 39.6°)。丁青地区晚白垩世地层包括下部的镜柱山组和上部的八达组，两者呈整合接触，其中镜柱山组岩性主要为红色砂岩和粉砂岩，八达组则主要由粗砂岩和砾岩组成。Tong 等 (2017) 从丁青地区晚白垩世镜柱山组红层中获得了 15 个采样点 150 个特征剩磁方向，褶皱检验和 VGP 离散度统计分析表明这些原生的剩磁方向平均掉了地磁场的长期变，通过各向异性法开展磁倾角浅化校正分析 (Hodych and Buchan，1994) 表明该地区镜柱山组地层并未遭受明显的由沉积压实作用引起的磁倾角浅化，获得校正后的特征剩磁平均方向为 Dec=0.9°、Inc=24.3°、k=46.8 和 α_{95}=5.6，满足第 1、第 2、第 3、第 4、第 5、第 7 和第 8 条判据，Q 值为 7。

根据以上研究，来自镜柱山组的结果有两条通过评判的古地磁数据约束拉萨陆块中东部地区晚白垩世古纬度位置（叶亚坤，2016；Tong et al.，2017)；而设兴组有四条通过评判的古地磁数据 (Cao et al.，2017；Sun et al.，2012；Tan et al.，2010)，但这四条数据差别较大。因此，考虑到来自同一研究区相同地层却存在显著不同的古地磁结果，其原因亟待进一步研究，尽管上述四条数据 Q 值都很高，为了避免争议和误导，本书将它们排除在古纬度分析之外，仅作参考。由以上分析可知，拉萨陆块中东部地区晚白垩世的 12 条古地磁数据，经过严格的古地磁可靠性评判后，剩余 2 条有效数据和 4 条参考数据，这 2 条有效数据得出的古纬度值（参考点：29°N，88°E) 为 10.5+3.9/–3.7°N 和 15.8 +5.2/–4.7°N，它们在误差范围内重叠。

(2) 拉萨陆块中西部地区 (88°E 以西）

首先，来自该区的部分沉积岩古地磁结果 (Otofuji et al.，1989)（表 5.2) 由于地层年代学不清楚（判据①)、有效采样点和样品数据量不足（判据②）及缺乏野外检验验证（判据④）而直接排除在本次的古纬度分析之外。此外，李阳阳 (2016) 针对狮泉河地区的典中组和年波组火山岩开展了较为详细的古地磁研究（表 5.2)，从典中组 13 个采样点获得 80 个双极性的特征剩磁方向，从年波组 17 个采样点获得 113 个特征剩磁方向并且通过褶皱检验和倒转检验。然而，考虑到以下三个方面原因：①拉萨陆块西部典中组和年波组火山岩序列可能不同于拉萨陆块东部林周地区的古新世—始新世林子宗群火山岩，如 Yang 等 (2015a) 获得措勤地区典中组火山岩的 U-Pb 锆石年代为 121 ～ 117 Ma，唐祥德等 (2013) 通过 Ar-Ar 年代学研究约束措勤地区典中组和年波组年代为 99 ～ 93 Ma，Yi 等 (2015) 则获得狮泉河盆地（典中组和年波组？）以及亚热盆地（年波组）火山岩的 Ar-Ar 年代分别为约 93 Ma 和约 80 Ma，而马义明 (2016) 针对狮泉河盆地典中组火山岩的 U-Pb 锆石年代结果为约 67.7 Ma，这说明拉萨陆块西部火山岩可能形成于白垩纪时期并且不同地区不同定年方法甚至同一地区不同剖面之间得到的火山岩年代结果从早白垩世到晚白垩世差异很大，因此精确的定年是开展进一步古地磁研究的前提；然而，该研究并未有精确年代学限定，而仅是通过把这些火山岩与林周地区林子宗群火山岩进行简单对比作为其年代学依据。②典中组结果缺乏野外检验。③该研究得到的典中组 (22.9°) 和年波组 (1.8°) 磁倾角平均值相差很大，在未分析原因的基础上直接将两个组的剩磁方向求平均，方法值得商榷；因此，这一古地磁结果也排除在进一步的古纬度分析之外。

拉萨陆块中西部地区晚白垩世有效的古地磁研究主要围绕措勤地区、狮泉河盆地和亚热盆地的典中组与年波组火山岩以及镜柱山组红层开展（图 5.5）。唐祥德等(2013) 报道了来自措勤地区典中组和年波组的年代学 (99 ～ 93 Ma) 和古地磁研究结果，从典中组 8 个采样点和年波组 6 个采样点分别获得 68 个和 44 个特征剩磁方向，并分别通过了褶皱检验；由于在地层坐标系下典中组有 4 采样点 (200 ～ 203) 平均方向显著偏离其他 10 个采样点平均方向（约 53°)，并且造成这种偏差的原因如局部构造变形、野外采样等尚未查明，该研究剔除这 4 个采样点后对剩余 10 个采样点进行了统计，结果通过褶皱检验。此外，依据 VGP 离散度分析，他们认为这些剩磁方向平均掉了地磁场的长期变，计算得到倾斜校正后的平均方向为 Dec=15.3°、Inc=21.8°、k=143.0 和 α_{95}=4.1，满足第 1、第 2、第 3、第 4、第 5、第 7 和第 8 条判据，Q 值为 7。Yi 等 (2015) 针对狮泉河盆地和亚热盆地的晚白垩世火山岩分别开展了古地磁研究，其中从狮泉河盆地 10 个采样点中获得 78 个特征剩磁方向并通过褶皱检验、倒转检验和砾岩检验，计算得到地层坐标系下的平均方向为 Dec=21.1°、Inc=26.8°、k=24.3 和 α_{95}=10.0，满足第 1、第 2、第 3、第 4、第 5 和第 7 条判据，Q 值为 6；从亚热盆地 15 个采样点获得 136 个特征剩磁方向并通过褶皱检验，计算得到地层坐标系下的平均方向为 Dec=346.6°、Inc=25.6°、k=123.6 和 α_{95}=3.5，满足第 1 ～第 7 条判据，Q 值为 7；而依据 VGP 离散度统计分析，他们认为这些结果可能并没有充分平均掉地磁场的长期变，为此该研究通过将两个盆地所获得的剩磁方向的磁倾角一起进行平均，获得平均的磁倾角为 26.7°±3.7°。Yang 等 (2015a) 从措勤地区晚白垩世镜柱山组红层中获得 33 个采样点 291 个特征剩磁方向，具有双极性并通过褶皱检验，计算得到地层坐标系下的平均方向为 Dec=316.8°、Inc=30.2°、k=22.4 和 α_{95}=5.4；考虑到其中 20 个采样点 (CQ1 ～ 20) 平均磁偏角偏离其他采样点 (CQ21 ～ 33) 近 30°，可能是由断裂引起的局部旋转造成的，该研究通过仅对所有采样点的磁倾角进行统计求得平均值为 29.8°±4.4°，与上述结果一致 (30.2°±5.4°)；此外，通过与拉萨陆块已有的晚白垩世火山岩所有采样点平均磁倾角 (29.2°±5.9°) 进行对比，他们认为从镜柱山组获得的古地磁结果未遭受沉积压实引起的浅化影响，满足第 1、第 2、第 3、第 4、第 5、第 7 和第 8 条判据，Q 值为 7。马义明 (2016) 在狮泉河地区针对典中组火山岩开展了古地磁研究，从 37 个采样点获得 315 个特征剩磁方向，通过褶皱检验，依据 VGP 离散度统计分析，他们认为这些剩磁方向平均掉了地磁场的长期变，得到地层坐标系下的平均方向为 Dec=43.4°、Inc=30.5°、k=40.0 和 α_{95}=3.8；然而由于其中一个采样点 (LD44+45) 的平均方向偏离所有采样点平均方向达 38°，该研究剔除这一采样点后重新计算得到其余 36 个采样点 308 个特征剩磁方向的平均值为 Dec=43.9°、Inc=31.4°、k=51.2 和 α_{95}=3.4，依据 VGP 的 A95 值统计分析，他们认为也已经平均掉地磁场的长期变化，满足第 1、第 2、第 3、第 4、第 5、第 7 和 8 条判据，Q 值为 7；此外，通过对比该研究结果与拉萨陆块中西部地区同时期其他结果，发现这一研究的采样点可能遭受了大量的局部旋转变形，造成得到的古地磁极沿着大圆弧分布（马义明，2016)，为了避免转换到参考点 (29°N，88°E) 上造成更大的误差，本书把拉萨陆块放在现今坐标系下，通过该采样点与参考点之间的纬度差，计算得到了参考点在晚白垩世时期的相对古纬度为 13.7+2.2/–2.1°N（表 5.1）。

由以上分析可知，拉萨陆块中西部地区晚白垩世的 9 条古地磁数据，经过严格的古地磁可靠性评判后，剩余 5 条有效数据。这些数据约束拉萨陆块中西部地区（参考点：29°N，88°E）在晚白垩世时期相对稳定、总体位于 10.0°N ～ 13.8°N（唐祥德等，2013；马义明，2016；Yang et al.，2015a；Yi et al.，2015），并在误差范围内重叠。

综上所述拉萨陆块晚白垩世有效的古地磁结果，拉萨陆块中西部地区（参考点：29°N，88°E）在晚白垩世时期的古纬度位置 (10.0°N ～ 13.8°N) 与中东部地区 (10.5°N ～ 15.8°N) 基本一致，可能说明了该时期拉萨陆块整体为与现代相似的近东西向展布。

3. 古近纪

(1) 拉萨陆块中东部地区（88°E 以东）

拉萨陆块中东部地区古近纪古地磁研究主要分布在林周盆地和南木林盆地的林子宗群火山岩与沉积岩序列及其切穿火山岩地层的岩墙群。林子宗群火山 - 沉积岩系主要出露于拉萨陆块南缘一个长约 1000 km、宽约 200 km 的狭长区域内（潘桂棠等，2004；Coulon et al.，1986；Leier et al.，2007；Mo et al.，2007），岩层不整合于强烈变形的中生界地层之上。林周盆地内林子宗群发育齐全，出露良好，地层厚度约 3500 m (He et al.，2007)，自下而上划分为三个组：典中组 (E_1d)、年波组 (E_2n) 和帕那组 (E_2p)，各组之间具有清晰的界线（董国臣等，2005；Ding et al.，2014；Mo et al.，2003）。其中，典中组不整合于上白垩统设兴组之上，主要岩性为玄武安山岩、安山岩和英安 – 流纹质凝灰岩，厚度约 270 m；年波组小角度不整合于典中组之上，下部主要为砾岩、灰岩、砂岩与粉砂岩，中部为沉凝灰质砂岩和泥岩互层，上部主要为钾玄岩、玄武粗安岩与火山角砾岩，年波组被约 53Ma 的基性岩墙群切穿（岳雅慧和丁林，2006）。帕那组也呈小角度不整合于年波组之上，可以分为两个亚单元，下部的帕那组一段 (E_2p^1) 主要为流纹质安山岩和熔结凝灰岩，而上部的帕那组二段 (E_2p^2) 主要表现为河流相沉积与凝灰岩夹层。此外，林子宗群火山与沉积岩系也被划分成四个地层单元，自下而上为 K-T、T1、T2 和 T3 单元 (He et al.，2007)，分别对应于上述划分中的典中组 (E_1d)、年波组 (E_2n)、帕那组一段 (E_2p^1) 和帕那组二段 (E_2p^2) (Chen et al.，2010；Tan et al.，2010)。此外，位于林周盆地以西、日喀则市东北约 50 km 的南木林盆地，林子宗群厚度约 4500 m，主要出露典中组和年波组，而帕那组可能缺失。目前，围绕林子宗群火山岩开展了一系列基于放射性同位素方法（如 U-Pb 和 Ar-Ar）的年代学研究（陈贝贝等，2016；李皓扬等，2007；梁银平等，2010；西藏自治区地质矿产局，1993；周肃等，2004；Chen et al.，2014；Ding L et al.，2014；He et al.，2007；Huang et al.，2015e；Mo et al.，2003；Zhu et al.，2015）。考虑到林周盆地火山岩 Ar-Ar 年代学结果离散度较大，可能受到了盆地热历史的影响，相比之下，U-Pb 结果可以提供更精确的年代学约束 (He et al.，2007)。综合已有年代学研究结果（尤其是 U-Pb

方法），典中组、年波组和帕那组可能分别形成于 69 ～ 60 Ma、60 ～ 54 Ma 和 54 ～ 44 Ma。

Achache 等 (1984) 报道了来自林周盆地林子宗群火山岩的古地磁研究，从 8 个采样点中获得 46 个特征剩磁方向，具有双极性且通过褶皱检验，得到地层校正后的平均方向为 Dec=170.9°、Inc=–25.5°、k=26.4 和 α_{95}=11.0，满足第 1、第 2、第 3、第 4、第 5 和第 7 条判据，Q 值为 6；但经查看原始数据，发现其中一个采样点 (39) 方向误差过大 (α_{95}>16°)，不满足可靠性评判标准判据 2。因此，本书剔除这一采样点后重新计算其余 7 个采样点，获得新的平均方向为 Dec=171.6°、Inc=–26.9°、k=24.0 和 α_{95}=12.5，通过褶皱检验，满足第 1、第 2、第 3、第 4、第 5 和第 7 条判据，Q 值为 6。Chen 等 (2010) 在林周盆地和南木林盆地针对林子宗群地层开展了系统的火山岩年代学和古地磁研究，从林周盆地典中组、年波组和帕那组分别获得了 8 个采样点 50 个样品、9 个采样点 63 个样品和 5 个采样点 88 个样品的特征剩磁方向，从南木林盆地典中组和年波组分别获得了 7 个采样点 43 个样品和 9 个采样点 50 个样品的特征剩磁方向，其中林周盆地典中组具有双极性特征剩磁方向，与南木林盆地典中组特征剩磁方向一起通过区域褶皱检验，计算得到 15 个采样点地层坐标系下的平均方向为 Dec=173.5°、Inc=–14.8°、k=19.8 和 α_{95}=8.8，满足第 1、第 2、第 3、第 4、第 5 和第 7 条判据，Q 值为 6。此外，两个盆地年波组均具有双极性特征剩磁方向且分别通过褶皱检验，与林周盆地帕那组特征剩磁方向一起通过区域褶皱检验，计算得到所有 23 个采样点地层坐标系下的平均方向为 Dec=355.9°、Inc=20.2°、k=20.2 和 α_{95}=6.9，满足第 1、第 2、第 3、第 4、第 5 和第 7 条判据，Q 值为 6；但查看南木林盆地年波组数据，发现有一个采样点 (xn04) 有效样品量不足 (n<3)，不满足可靠性判据②。本书剔除这一采样点后重新计算获得该组及其与林周盆地帕那组、年波组共 22 个采样点的平均剩磁方向 (Dec=356.1°、Inc=19.4°、k=20.0 和 α_{95}=7.1)（表 5.1)，通过了区域褶皱检验，Q 值为 6。Chen 等 (2014) 再次报道了来自林周盆地林子宗群的火山岩古地磁研究结果，其中从典中组获得 12 个采样点 84 个双极性特征剩磁方向，并与 Chen 等 (2010) 该盆地典中组结果一起通过区域褶皱检验，计算得到所有 20 个采样点地层坐标系下的平均方向为 Dec=183.6°、Inc=–12.4°、k=17.3 和 α_{95}=8.1；从年波组获得 4 个采样点 27 个特征剩磁方向，与 Chen 等 (2010) 该盆地年波组结果一起通过区域褶皱检验，计算得到所有 13 个采样点地层坐标系下的平均方向为 Dec=1.0°、Inc=18.1°、k=27.0 和 α_{95}=8.1；从帕那组获得 12 个采样点 88 个特征剩磁方向，通过倒转检验，并与 Chen 等 (2010) 帕那组结果一起通过区域褶皱检验，计算得到所有 17 个采样点地层坐标系下的平均方向为 Dec=12.4°、Inc=23.2°、k=23.5 和 α_{95}=7.3；依据 VGP 角标准差统计分析 (Vandamme, 1994)，他们认为上述林子宗群三个组的剩磁方向充分平均掉了地磁场的长期变，分别满足第 1、第 2、第 3、第 4、第 5、第 7 和第 8 条判据，Q 值均为 7。Sun 等 (2010) 在林周盆地以西门堆地区的年波组地层采集了 15 个采样点的古地磁样品，经过系统退磁从 14 个采样点 104 个样品中分离出了特征剩磁方向，具有双极性并通过褶皱检验，他们依据 VGP 离散度统计分析认为，这些剩磁方向充分平均掉了地磁场的长期变化，

计算得到地层坐标系下的平均方向为Dec=359.0°、Inc=26.1°、k=19.6和α_{95}=9.2，满足第1、第2、第3、第4、第5、第7和第8条判据，Q值为7。Liebke等（2010）对林周盆地侵入年波组中的约53 Ma的铁镁质岩墙群开展了古地磁研究，从10个采样点分离出了68个特征剩磁方向，具有双极性并通过褶皱检验，结合显微镜下矿物学检查表明为原生剩磁方向，经过统计分析他们认为这些结果已经平均掉了地磁场的长期变化，计算得到地层倾斜校正后的平均方向为Dec=15.4°、Inc=27.2°、k=25.6和α_{95}=9.7，满足第1、第2、第3、第4、第5、第7和第8条判据，Q值为7；但查看原始数据发现，其中有3个采样点（LD1、LD4、LD6）的平均方向误差过大（α_{95}>16°），不满足可靠性判据的第2条。因此，本书剔除这3个采样点后重新计算获得剩余7个采样点52个特征剩磁的平均方向为Dec=16.2°、Inc=23.6°、k=24.0和α_{95}=12.5（Q值为7）。Tan等（2010）从林周盆地帕那组凝灰岩中获得了9个采样点76个样品的特征剩磁方向，通过褶皱检验，依据这些剩磁方向的分布特征与Tauxe和Kent（2004）长期变模型预测结果对比，他们认为所获得古地磁结果可能平均掉了地磁场的长期变化，计算得到地层坐标系下的平均方向为Dec=359.5°、Inc=51.8°、k=98.0和α_{95}=5.2，满足第1、第2、第3、第4、第5、第7和第8条判据，Q值为7。Dupont-Nivet等（2010）针对林周盆地林子宗群T2单元（帕那组）开展了古地磁研究，从24个采样点195个样品分离出了双极性的特征剩磁方向，计算得到这些采样点地层坐标系下的平均方向为Dec=12.5°、Inc=39.4°、k=29.0和α_{95}=5.6，与Tan等（2010）帕那组结果（9个采样点）和Achache等（1984）林子宗群部分结果（4个采样点）一起通过区域褶皱检验，满足第1、第2、第3、第4、第5、第7和第8条判据，Q值为7。Huang等（2013）对林周盆地林子宗群上部T3单元的始新世近232 m厚的沉积岩序列开展了详细的古地磁研究，从119个样品中分离出了特征剩磁方向，全部为正极性，根据这些剩磁方向投影呈明显的东西向拉长分布特征，他们认为可能指示了地层沉积期间或之后短时间内获得的地磁场方向，计算得到地层坐标系下的平均方向为Dec=10.2°、Inc=20.5°、k=25.1和α_{95}=2.6；该研究通过开展E/I分析（Tauxe and Kent，2004）和各向异性为基础的磁倾角浅化分析（Kodama，2009），分别将平均磁倾角方向校正至约40°（95%的置信区间为33.1°～49.5°）和41.3°±3.3°，这与Dupont-Nivet等（2010）报道的来自这套沉积岩下伏火山岩的平均磁倾角值一致；其中，基于各向异性为基础的校正得到的地层坐标系下平均方向为Dec=9.2°、Inc=41.3°、k=20.2和α_{95}=3.3（样品数n=96），满足第1、第2、第3、第4、第5、第7和第8条判据，Q值为7。

由以上分析可知，来自拉萨陆块中东部地区古近纪林子宗群及岩墙群的13条通过评判的数据，得到的拉萨陆块中东部地区（参考点：29°N，88°E）古纬度位置在4.1°N～31.5° N，争议很大。其中，来自林周盆地及周边地区、南木林盆地典中组和年波组的古地磁结果普遍约束拉萨陆块中东部在较低的古纬度位置（4.1°N～13.0°N）（Achache et al.，1984；Chen et al.，2010，2014；Liebke et al.，2010；Sun et al.，2010），而来自林周盆地帕那组的古地磁结果约束拉萨陆块中东部的古纬度位置从较低到较高都有（10.5°N～31.5°N）（Chen et al.，2010，2014；Dupont-Nivet et al.，2010；

Huang et al.，2013；Tan et al.，2010）。Dupont-Nivet 等（2010）通过统计分析，认为Tan 等（2010）帕那组 9 个正极性古地磁采样点方向并没有平均掉地磁场的长期变。Chen 等（2014）对来自帕那组火山岩 60 个采样点的古地磁方向进行分析发现，磁倾角分布从约 10° 到超过 65° 离散度很大，指出至少有四种可能的原因造成这一现象：第一，采样的地层单元具有不同的年代，导致古地磁数据记录了帕那组沉积期间拉萨陆块快速的纬向运动；第二，部分火山岩地层产状不明确，导致对古地磁数据进行了不正确的地层校正；第三，部分采样点方向，尤其是沉积岩地层可能经历了显著的由压实效应造成的磁倾角浅化；第四，地磁场的长期变和可能的来自极性转换时期或漂移时期的磁场方向造成。通过分析，他们认为第四种原因最有可能，据此认为帕那组较高的古纬度值（21°N ～ 32°N）(Dupont-Nivet et al.，2010；Liebke et al.，2010；Lippert et al.，2014；Tan et al.，2010）可能是对来自没有平均掉地磁场长期变的古地磁方向的过高估计；此外，他们还认为这些古地磁采样点方向在时间上重叠或者地磁场未被均匀采样也可能是造成古纬度结果呈现较大偏差的原因。因此，仍需要在更大区域范围内开展采样和进一步多手段验证系统古地磁研究。Lippert 等（2014）通过对林周盆地林子宗群上部火山岩（帕那组）已报道的古地磁数据分析发现，这些结果之间的差异可能来源于地磁场的长期变化没有被充分平均，为此该研究对 Achache 等（1984）、Dupont-Nivet 等（2010）、Liebke 等（2010）、Sun 等（2010）和 Tan 等（2010）的 62 个采样点古地磁数据进行评判筛选后，剩余的 41 个采样点古地磁结果具有正负极性倒转序列，通过了区域褶皱检验并且充分平均掉了地磁场的长期变，计算得到帕那组火山岩的平均剩磁方向为 Dec=6.9°、Inc=39.5°、k=30.5 和 α_{95}=4.4，满足第 1、第 2、第 3、第 4、第 5、第 7 和第 8 条判据，Q 值为 7。他们认为这一结果可以提供可靠的拉萨陆块古纬度位置约束。然而，考虑到 Achache 等（1984）的火山岩古地磁结果未给出明确的采样时代和地层单元，直接将该结果与其他帕那组结果统一进行平均来指示帕那组沉积时期的地磁场方向是否合适仍有待考证。此后，Huang 等（2015e）针对南木林盆地林子宗群的典中组和年波组开展了古地磁研究，结合 Chen 等（2010）的古地磁结果，分别开展了年波组沉积岩（红色粉砂岩）采样点、火山岩采样点及年波组和典中组火山岩采样点的检验分析，获得的特征剩磁方向没有通过褶皱检验，指示其为褶皱后获得的剩磁方向。该研究进一步通过详细的岩石磁学和岩相学分析认为，年波组沉积岩的载磁矿物为次生赤铁矿且遭受完全重磁化，年波组顶部凝灰岩层则发生部分重磁化，典中组下部的部分火山岩未遭受重磁化影响而中上部则遭受严重的重磁化。他们认为，Chen 等（2010）从南木林盆地获得的特征剩磁方向是钛磁铁矿和染色赤铁矿携带的原生热剩磁和次生化学剩磁的混合；最后该研究使用磁倾角线性模拟的方法从部分重磁化的年波组上部凝灰岩中分离出了 45 个样品的原生热剩磁磁倾角方向约为 38.1°(95% 置信区间为35.7° ～ 40.5°)，这一结果与林周盆地林子宗群相似时期的火山岩和经过磁倾角浅化校正的沉积岩结果一致（Dupont-Nivet et al.，2010；Huang et al.，2013）。考虑到林周盆地和南木林盆地及其周边地区林子宗群古地磁数据差别很大，且典中组和年波组是否携带原生剩磁或遭受后期重磁化及重磁化的程度（如 Chen et al.，2010，2014；Huang et al.，2015e），以及帕那组虽然未遭受重磁化但却存在地磁场长期变化是否平均掉（Chen et al.，2010，2014；Dupont-Nivet et al.，2010；Huang et al.，2013，2015e；Tan et al.，2010）等争议，本书认为在目前还没有其他验证的基础上，尽管这些数据都通过上述严格的评判标准，但还是不能直接用来限定拉萨该时段的古纬度，仅能作参考。

（2）拉萨陆块中西部地区（88°E 以西）

首先将该区的部分火成岩（Klootwijk et al.，1979）与沉积岩（Otofuji et al.，1989）古地磁结果（表 5.2）因存在地层单元划分与年代学不清楚（判据①）或有效采样点和样品数据量不足（判据②）以及缺乏野外检验验证（判据④）等直接排除在进一步的古纬度分析之外。

上述之外的拉萨陆块中西部地区古近纪古地磁研究主要分布在改则地区康托组和错江顶地区错江顶群。改则地区康托组主要表现为一套紫红色砾岩、砂岩、粉砂岩和泥岩组合，局部地段夹火山岩层。Ding 等（2015）针对改则地区康托组 1100 m 厚的地层序列开展了详细的古地磁学研究，依据区域已有的康托组火山岩层年代学结果和地层对比约束这套地层的年代为 40 ～ 30 Ma，该研究从 37 个采样点获得 700 个古地磁样品，经过系统退磁从 35 个采样点 550 个样品中分离出有效的特征剩磁方向，在地层坐标系下的平均方向为 Dec=340.3°、Inc=27.4°、k=58.5 和 α_{95}=3.2；此外，这些特征剩磁方向呈近东西向展布可能指示了磁倾角浅化效应，为此通过开展 E/I 分析（Tauxe and Kent，2004），将上述磁倾角平均方向校正至 44.2°±3.1°，校正后的剩磁方向通过褶皱检验和倒转检验，满足所有 8 条判据（Q 值为 8）。错江顶地区的错江顶群从下往上主要表现为一套浅海风暴沉积（帕那组）和三角洲沉积（曲贝亚组、曲下组和加拉孜组）。Meng 等（2012）报道了来自错江顶地区约 200 m 厚的古新统—始新统曲下组与加拉孜组的磁性地层和古地磁研究结果，共采集 130 个古地磁样品，经过系统退磁获得 62 个负极性和 7 个正极性的有效特征剩磁方向，通过褶皱检验；该研究依据加拉孜组地层中下部凝灰岩层 U-Pb 锆石年代学结果（54.8±0.7Ma）约束剖面沉积发生在 53.8 ～ 56.6 Ma 的负极性期，并因此推测 7 个正极性方向可能遭受了重磁化。计算剩余 62 个负极性样品获得平均特征剩磁方向为 Dec=168.1°、Inc=–42.0°、k=7.4 和 α_{95}=7.1。通过与同时期其他地区火山岩古地磁方向（Dupont-Nivet et al.，2010；Lippert et al.，2011；van Hinsbergen et al.，2012）对比，他们认为研究区地层未遭受磁倾角浅化影响，满足第 1、第 2、第 3、第 4、第 5、第 7 和第 8 条判据，Q 值为 7。但是，因为部分样品中可能包含了重磁化结果，在没有重磁化验证的基础上，这些负极性特征剩磁方向的可靠性在一定程度上值得怀疑，因此本次研究仅作参考。

由以上分析可知，来自拉萨陆块中西部地区古近纪的 6 条古地磁数据，经过严格的古地磁可靠性评判后，剩余 1 条有效数据和 1 条参考数据，约束拉萨陆块中西部地区（参考点：29°N，88°E）约 30 Ma 古纬度位置在约 22°N。如果参考数据 Meng 等（2012）的结果是正确的话，其揭示在 57 ～ 54 Ma 拉萨陆块中西部地区就已经达到了约 22°N，但这个数据因为重磁化的可能没有排除，亟待进一步的验证。

5.3 特提斯喜马拉雅古地磁研究

5.3.1 特提斯喜马拉雅地质背景

特提斯喜马拉雅位于藏南拆离系和印度河－雅鲁藏布江缝合带之间，是一条近东西向延伸约2000 km而南北狭窄的地质构造单元，主体属于印度被动大陆北缘体系（尹安，2001）或独立的微陆块/岛弧（Ali and Aitchison，2008；Metcalfe，2013；van Hinsbergen et al.，2012），是东冈瓦纳大陆北缘的组成部分（李国彪和万晓樵，2003），与南部的高喜马拉雅、低喜马拉雅及次喜马拉雅共同组成喜马拉雅造山带，分割它们的断裂分别是藏南拆离系（STDS）、主中央逆冲断裂（MCT）和主边界逆冲断裂（MBT）（图5.5）。在东段，藏南拆离系在米林与雅鲁藏布江缝合带复合，因此喜马拉雅造山带东构造结缺失特提斯喜马拉雅。特提斯喜马拉雅保留了大量沉积和构造演化记录（潘桂棠和李兴振，2002），主要发育寒武纪以来的地层，其中古生代奥陶纪到新生代古近纪均为特提斯海相沉积地层，新近纪出现陆相沉积地层（如沃玛组）。通常以定日－定结－岗巴断裂（又称吉隆－康马壳内断裂）将特提斯喜马拉雅分为北带（即拉轨岗日带）和南带（即北喜马拉雅带）。南带主要发育近5000 m厚的古生代到新生代的浅海相碳酸盐和碎屑岩系（朱弟成，2003；Liu and Einsele，1994；Wan et al.，2000），北带主要包括变质变形程度较高的前寒武纪到三叠纪层序和强变形但低变质的侏罗系—古近系海相地层（朱弟成，2003）。此外，古生代—中生代的火山岩在特提斯喜马拉雅也有不同程度的出露（朱弟成等，2004；Yin，2006）。

5.3.2 特提斯喜马拉雅古地磁研究现状

特提斯喜马拉雅碰撞前后的古地理位置也是重建印度大陆轮廓和约束碰撞带各陆块相对位置关系的关键。自20世纪80年代以来，围绕上述科学问题，在特提斯喜马拉雅开展了一系列古地磁研究工作。总的来说，由于地层覆盖和出露及重磁化等，目前有效古地磁数据相对较少。这些古地磁研究主要针对藏南岗巴－定日地区的侏罗系—始新统灰岩（叶祥华和李家福，1987；易治宇等，2016；张波兴等，2017；朱志文等，1981；Appel et al.，1998；Besse et al.，1984；Huang et al.，2015c；Liebke et al.，2013；Ma et al.，2016；Patzelt et al.，1996；Tong et al.，2008；Yang et al.，2015b；Yi et al.，2011）、浪卡子和错那地区的下白垩统火山岩（Ma et al.，2016；Yang et al.，2015b），以及尼泊尔Thakkhola盆地的下白垩统碎屑岩（Klootwijk and Bingham，1980）开展（表5.1，表5.2）。已取得的进展和认识主要有：①特提斯喜马拉雅在早白垩世总体位于南半球中纬度位置（35°S ～ 55°S）（如Huang et al.，2015c；Klootwijk and Bingham，1980；Ma et al.，2016；Yang et al.，2015b），而晚白垩世以来快速向北漂移并在新生代早期到达近赤道或北半球低纬度位置（2°N ～ 10°N）（Patzelt et al.，1996；

Yi et al.，2011)；②特提斯喜马拉雅与亚洲南缘拉萨陆块的碰撞时限在 37 ～ 65 Ma 争议较大 (Besse et al.，1984；Liebke et al.，2013；Ma et al.，2016；Patzelt et al.，1996；Tong et al.，2008；Yi et al.，2011；Yang et al.，2015b)，由此得出的印度 – 欧亚大陆之间的构造缩短量从数百千米到上千千米不等 (Besse et al.，1984；Patzelt et al.，1996；Yi et al.，2011)；③特提斯喜马拉雅与印度板块的关系，一种观点认为特提斯喜马拉雅一直作为印度板块的北缘部分未发生过分离 (Patzelt et al.，1996；Yi et al.，2011)，另一种观点推测两者在晚白垩世发生分离并在之后经历了两次碰撞 (Aitchison et al.，2007；Ma et al.，2016；van Hinsbergen et al.，2012；Yang et al.，2015b)。这些数据为限定印度和欧亚大陆初始碰撞时限、讨论碰撞模式和陆内构造变形等提供了一定的研究基础。然而，不同时期古地磁数据的质量参差不齐 (表 5.1 和表 5.2)，直接造成上述认识之间存在很大争议。

5.3.3 特提斯喜马拉雅古地磁数据评判

1. 早白垩世

首先将特提斯喜马拉雅的部分沉积岩古地磁结果 (表 5.2) 因地层单元划分与年代学不清楚 (判据①) (朱志文等，1981)、有效采样点和样品数据量不足及特征剩磁平均方向误差过大 (判据②) (朱志文等，1981；Patzelt et al.，1996) 和缺乏野外检验验证 (判据④) (李建忠等，2006；朱志文等，1981；Klootwijk and Bingham，1980；Patzelt et al.，1996) 等直接排除在进一步的古纬度分析之外。

上述之外的特提斯喜马拉雅早白垩世古地磁研究主要围绕卧龙地区卧龙组、错那地区拉康组和浪卡子地区桑秀组开展 (图 5.5)。Huang 等 (2015b) 在定日卧龙地区针对晚侏罗世末期—早白垩世 (149 ～ 120 Ma) 约 400 m 厚的火山碎屑砂岩序列开展了古地磁研究，经过系统退磁从 201 个样品中分离出了特征剩磁方向，通过详细的岩石磁学、矿物学检查和端元模拟统计分析，他们认为主要载磁矿物为碎屑磁铁矿并记录了原生的剩磁方向，而通过 E/I 分析 (Tauxe and Kent，2004)，表明卧龙组火山碎屑砂岩未遭受磁倾角浅化影响，计算得到特征剩磁平均方向为 Dec=19.7°、Inc=–70.6°、k=11.9 和 α_{95}=3.0，满足第 1、第 2、第 3、第 4、第 5、第 7 和第 8 条判据，Q 值为 7。Yang 等 (2015b) 报道了来自错那地区下白垩统拉康组火山岩的古地磁研究结果，从 31 个有效采样点中获得 225 个特征剩磁方向，通过褶皱检验和倒转检验，依据 VGP 离散度统计分析，他们认为这些古地磁结果平均掉了地磁场的长期变，计算得到地层校正后的平均方向为 Dec=261.6°、Inc= –68.5°、k=52.1 和 α_{95}=3.6，满足所有判据，Q 值为 8。Ma 等 (2016) 从浪卡子地区下白垩统桑秀组火山岩地层中获得 26 个采样点 216 个特征剩磁方向，通过褶皱检验和倒转检验，依据采样的剖面包括很多熔岩流和沉积岩夹层、跨越足够长的年代 (135.1 ～ 124.4 Ma)、具有双极性剩磁方向和 VGP 离散度与 A95 统计分析，他们认为所获得的古地磁结果平均掉了地磁场的长期变，计算得到地层坐标系下的平均方向为 Dec=296.1°、Inc= –65.7°、k=51.7 和 α_{95}=4.0，满足所有判据，Q 值为 8。

由以上分析可知，来自特提斯喜马拉雅早白垩世的 9 条古地磁数据，经过严格的古地磁可靠性评判后，剩余 3 条通过评判的数据。这些古地磁结果约束特提斯喜马拉雅（参考点：29°N，88°E）在早白垩世时期的古纬度位置为 45.7°S ～ 48.5°S，与同时期印度板块的古纬度位置基本一致，说明早白垩世时期特提斯喜马拉雅可能属于印度板块的北部组成部分。

2. 晚白垩世

首先将特提斯喜马拉雅的部分沉积岩古地磁结果（表 5.2）因有效采样点、样品量不足或特征剩磁平均方向精度参数过低（判据②）以及缺乏野外检验验证（判据④）（李建忠等，2006；易治宇等，2016；Appel et al.，1998）等直接排除在进一步的古纬度分析之外。此外，易治宇等（2016）从堆拉地区上白垩统宗山组下部获得 5 个灰岩采样点的特征剩磁方向，与 Patzelt 等（1996）报道的来自同一地区宗山组中上部灰岩地层中获得的 4 个有效采样点方向一起通过了褶皱检验，表明了宗山组特征剩磁是褶皱前获得的。依据这些结果呈现出统一的负极性，与同时期国际标准极性柱（Ogg and Smith，2004）约 70% 为正极性的特征不符，他们推测堆拉地区宗山组灰岩遭受了后期重磁化，该研究利用印度大陆视极移与重磁化纬度数值关系以及通过设定大印度范围（约 1500 km），约束重磁化发生时间在 51±9 Ma ～ 64±11 Ma，误差很大；然而，考虑到该研究的采样层位有限，缺乏与国际标准极性柱的直接对比以及特提斯喜马拉雅与印度板块主体之间的构造关系和大印度范围仍存在很大争议等问题，这一古地磁结果也排除在进一步分析之外。

上述之外的特提斯喜马拉雅晚白垩世古地磁研究主要围绕江孜地区床得组和岗巴、堆拉地区宗山组开展（图 5.5）。江孜地区床得村附近的床得组主要由红色页岩、泥岩、泥灰岩和灰岩组成，厚度近 30 m，代表了沉积于富氧环境下形成的白垩系大洋红层（胡修棉，2002），来自床得组红层底部和顶部的浮游有孔虫约束这套地层年代为 86.3 ～ 74 Ma。张波兴等（2017）从床得组地层中获得 9 个灰岩有效采样点 35 个特征剩磁方向，通过倒转检验，结合磁组构和岩石薄片分析，认为床得组记录了原生剩磁，计算得到地层坐标系下的平均方向为 Dec=152.0°、Inc=–52.9°、k=18.0 和 α_{95}=5.9，满足第 1、第 2、第 3、第 4、第 5、第 6 和第 7 条判据，Q 值为 7。宗山组主要表现为一套灰色厚层块状生物碎屑灰岩夹页岩，产出有有孔虫、双壳类和介形类等古生物化石，约束该组的沉积时代属于晚白垩世 Campanian 期到 Maastrichtian 期。Patzelt 等（1996）针对岗巴和堆拉地区的上白垩统宗山组分别开展了古地磁研究，从岗巴地区获得 9 个采样点 114 个特征剩磁方向，主要为正极性（n=110），从堆拉地区获得 6 个采样点 46 个负极性特征剩磁方向，这些特征剩磁方向一起通过区域褶皱检验，计算地层坐标系下的平均方向为 Dec=182.9°、Inc=13.5°、k=19.0 和 α_{95}=8.9；但经查看原文发现，岗巴地区宗山组中有 2 个采样点（A28、A86- Ⅲ）和堆拉地区宗山组有 2 个采样点（D39、D53）平均方向误差过大（α_{95}>16°）或精度参数值过低（k<10），本书剔除这些采样点后重新计算获得剩余 11 个采样点 122 个特征剩磁方向的平均值为 Dec=183.0°、

Inc=15.6°、k=17.0 和 α_{95}=11.5，通过区域褶皱检验，满足第 1、第 2、第 3、第 4、第 5 和第 7 条判据，Q 值为 6。但最近，Huang 等（2017a，2017c）依据来自宗山组灰岩不确定的褶皱检验结果、详细的岩石磁学和岩相学分析，认为宗山组灰岩遭受了后期重磁化，记录了由自生磁铁矿挟带的化学剩磁；考虑到该结果重磁化的可能性，本书将该套数据排除在进一步的分析之外，仅作为参考结果。此外，Huang 等（2015b）针对卧龙地区早中侏罗世 Kioto 群灰岩、Laptal 组泥灰质粉砂岩和灰岩以及 Dangar 组泥灰质灰岩序列开展了古地磁学研究，从 239 个样品中分离出了特征剩磁方向，通过褶皱检验表明其为褶皱前获得的剩磁方向，他们依据这些正极性特征剩磁方向与国际标准极性柱（Gradstein et al.，2012）同时期频繁的极性倒转带不符，并结合详细的岩石磁学、岩相学检查和端元模拟等方法揭示这些灰岩中的挟磁矿物主要为自生磁铁矿，认为这些侏罗纪灰岩地层记录了褶皱前的重磁化（Huang et al.，2017c），重磁化事件发生在约 23.8°S；通过与印度板块视极移曲线期望的古地磁方向对比，他们认为重磁化可能发生在 103 ～ 84 Ma 或 77 ～ 67 Ma。同样考虑到特提斯喜马拉雅与印度板块构造演化关系存在争议，该重磁化年代仅具有参考价值；如果该结果可靠，那么根据特提斯喜马拉雅白垩纪期间的古纬度演化规律，该重磁化事件发生在 77 ～ 67 Ma 的可能性更大（图 5.6）。

由以上分析可知，来自特提斯喜马拉雅晚白垩世的 7 条古地磁数据，经过严格的古地磁可靠性评判后，剩余 1 条有效数据和 2 条参考数据。这些古地磁结果约束晚白垩世时期的特提斯喜马拉雅（参考点：29°N，88°E）位于 7.9°S ～ 33.1°S，可能指示了其从晚白垩世中期（约 80 Ma）到晚白垩世末期（约 69 Ma），从南半球中纬度快速北向漂移至南半球低纬度赤道附近。此外，特提斯喜马拉雅在晚白垩世中期（约 80 Ma）的古纬度与印度板块同时期的古纬度重叠，说明在 80 Ma 以前，特提斯喜马拉雅可能还是印度板块的北部组成部分。

3. 古近纪

首先将特提斯喜马拉雅的部分火成岩和沉积岩古地磁结果（表 5.2）因有效采样点或样品数据量不足（Besse et al.，1984；Patzelt et al.，1996；Tong et al.，2008；Yi et al.，2011）及特征剩磁平均方向误差过大（判据②）（Liebke et al.，2013）、退磁不彻底（判据③）（叶祥华和李家福，1987）、重磁化（判据④）（Liebke et al.，2013）和缺乏野外检验验证（判据④）（李建忠等，2006；叶祥华和李家福，1987；Patzelt et al.，1996）等直接排除在进一步的古纬度分析之外。

上述之外的特提斯喜马拉雅古近纪古地磁研究主要围绕岗巴、堆拉地区古新世宗普组灰岩开展（图 5.5）。宗普组主要为一套碳酸岩沉积，厚度约 360 m，该组可以被划分为四段，由底部向上包括块状灰岩（Ⅰ段）、泥灰岩（Ⅱ段）、瘤状灰岩（Ⅲ段）和层状灰岩（Ⅳ段），地层中浮游有孔虫约束宗普组沉积年代主要为古新世。Patzelt 等（1996）从岗巴和堆拉地区宗普组灰岩地层分别获得 10 个采样点 90 个特征剩磁方向和 4 个采样点 23 个特征剩磁方向，均具有双极性并一起通过区域褶皱检验，计算得到地层坐标系下的平均方向为 Dec=176.2°、Inc=–7.9°、k=28.7 和 α_{95}=7.5；但查看岗巴地区古地磁结果发现，宗普组有 3 个采样点（C18、C19、C31）和堆拉地区宗普组有 2 个采样点（F34、F35）平均方向误差过大（α_{95}>16°）。本书剔除这 5 个采样点后重新计算了剩余 9 个采样点 81 个特征剩磁方向的平均值为 Dec=176.9°、Inc=–11.0°、k=32.0 和 α_{95}=9.3，通过区域褶皱检验，满足第 1、第 2、第 3、第 4、第 5 和第 7 条判据，Q 值为 6。Yi 等（2011）针对岗巴地区基堵拉组灰岩（Ⅰ-Ⅳ段）开展了详细的古地磁研究，分别从～356.4 m 厚的宗普组地层 170 个层位和～123.8 m 厚的基堵拉组地层 30 个层位采集了古地磁样品，经过系统退磁和特征剩磁统计分析，从 167 个层位获得的 339 个特征剩磁方向通过了褶皱检验和倒转检验。通过对这些剩磁方向的 E/I 分析（Tauxe and Kent，2004）和结合区域已有结果（Dupont-Nivet et al.，2010），他们认为，沉积压实效应造成的磁倾角浅化对该地区灰岩影响并不显著（Huang et al.，2017a）。通过计算得到宗普组Ⅰ段 18 个采样点 171 个特征剩磁方向在地层坐标系下的平均值为 Dec=180.8°、Inc=–11.1°、k=68.3 和 α_{95}=4.2，宗普组Ⅱ-Ⅳ段 14 个采样点 141 个特征剩磁方向在地层坐标系下的平均值为 Dec=177.0°、Inc=–19.6°、k=128.2 和 α_{95}=3.5，均满足所有判据，Q 值均为 8。

由以上分析可知，来自特提斯喜马拉雅古近纪的 10 条古地磁数据，经过严格的古地磁可靠性评判后，剩余 3 条通过评判的数据。这些古地磁结果约束特提斯喜马拉雅（参考点：29°N，88°E）古近纪时期的古纬度位置为～8.9°N 至～11.4°N。然而，最近 Huang 等（2017a）通过对 Yi 等（2011）报道的古地磁方向重新进行野外检验分析，认为宗普组灰岩记录了同褶皱或褶皱后剩磁方向，通过全面的岩石磁学分析得出，沉积物中超过 70% 的铁磁性矿物为对剩磁没有贡献的超顺磁颗粒磁铁矿，而岩相学结果揭示灰岩中磁铁矿颗粒是由早期成岩作用下铁的硫化物（如黄铁矿）氧化而来，这指示了岗巴地区宗普组灰岩遭受了化学重磁化，并指出造山带氧化流体引起的自生磁铁矿生长可能是重磁化的一种机制。随后 Yi 等（2017）结合 Yi 等（2011）和 Patzelt 等（1996）结果开展了进一步褶皱检验分析，再次强调了宗普组特征剩磁方向为褶皱之前获得，认为宗普组次生磁铁矿记录的剩磁方向发生在灰岩早期成岩阶段或沉积之后很短的时间内，岗巴地区的古地磁结果仍然可用于大印度古地理重建。考虑到岗巴地区灰岩是否记录原生地磁场方向或遭受广泛重磁化仍存在争议（Yi et al.，2011，2017；Huang et al.，2017a，2017b，2017c），上述古地磁结果在使用前还需进一步的验证。因此，总的来说，到目前为止，特提斯喜马拉雅古近纪还没有一个稳定的没有争议的有效古地磁数据，上述三条古地磁数据仅能作为参考。

最近，Appel 和 Yi 在 2017 年 7 月昆明第三极科学峰会（Third Pole Science Summit）上对来自特提斯喜马拉雅地区的白垩纪–古近纪已有古地磁结果进行了评析。他们认为：①来自早白垩世火山碎屑砂岩（Huang et al.，2015b）和熔岩流（Yang et al.，2015b；Ma et al.，2016）的古地磁数据可能分别受到岩性颗粒太粗和区域广泛存在的变质作用的影响，因而可靠性可能较低；②岗巴地区部分灰岩古地磁数据（Patzelt et al.，1996；Yi et al.，2011）在缺乏其他有效古地磁结果的情况下，尽管还存在一些问题，但仍然可以看作是可靠的，而早白垩世以来的其他已有数据都存在问题，如重磁化（Liebke et al.，2013）和有效采样点与样品数不足（Besse et al.，1984；Appel et al.，1998；Tong et al.，2008）等，这与本书的评判和分析基本吻合，但是本书选择了严格的评判标准，将可能把重磁化的岗巴地区部分灰岩古地磁数据（Patzelt et al.，1996；Yi et al.，2011）也排除在有效数据之外，仅供参考。因此，在特提斯喜马拉雅更多地区（如中西部）开展更详细的古地磁学、岩石磁学和非磁学方法相结合的研究，从而获得更可靠的古地磁数据，尤其是晚白垩世－古近纪的古地磁结果，是重建特提斯喜马拉雅碰撞前后古地理位置的关键。

5.4 印度－欧亚板块碰撞的古地磁学限定

依据严格的评判标准（Besse and Courtillot，2002），古地磁数据必须满足 van der Voo（1990）判据的第 1 ～第 5 条，同时剔除同一区域同一地层有争议且之前未排除哪个数据不可靠的，最后共获得拉萨和特提斯喜马拉雅 20 条有效古地磁数据（其中拉萨陆块 16 条、特提斯喜马拉雅 4 条）以及 27 条参考数据（拉萨 22 条、特提斯喜马拉雅 5 条）。当然，简单地依据上述评判标准，肯定有部分未满足上述标准的有效数据被舍弃掉了。但是所有保留的有效数据肯定最大限度地反映了拉萨和特提斯喜马拉雅在白垩纪—始新世的真实古纬度。将上述有效古地磁数据，以及欧亚大陆和印度大陆的古地磁极数据（表 5.3）（Torsvik et al.，2012）转换到同一参考点（29°N，88°E），计算古纬度，获得了拉萨和特提斯喜马拉雅白垩纪—始新世古纬度演化历史，以及其与欧亚、印度板块古纬度演化的关系（图 5.6）。

拉萨陆块的古地磁结果，虽然在白垩纪期间古纬度结果落在 5°N ～ 30°N，但大多数认为该时段拉萨陆块应该没有显著的纬向运移，基本稳定在 10°N ～ 20°N。特提斯喜马拉雅的古地磁结果争议相对较少，基本共识包括特提斯喜马拉雅在早白垩世总体位于南半球中纬度位置（35°S ～ 55°S）（Huang et al.，2015c；Klootwijk and Bingham，1980；Ma et al.，2016；Yang et al.，2015b），而晚白垩世以来快速向北漂移并在新生代早期到达近赤道或北半球低纬度位置（2°N ～ 10°N）（Palzelt et al.，1996；Yi et al.，2011）。其主要争议在于晚白垩世—始新世拉萨陆块的古纬度结果，从约 3°N 到约 33°N。这么大的古纬度范围，造成了碰撞时限 65 ～ 37 Ma 的争议。而晚白垩世—始新世特提斯喜马拉雅的古地磁结果直接造成了特提斯喜马拉雅一直是印度板块北缘部分未发生过分离的单碰撞模式（Palzelt et al.，1996；Yi et al.，2011），或者从晚白垩世开始两者发生分离并发生二次碰撞模式（Aitchison et al.，2007；Ma et al.，2016；van Hinsbergen et al.，2012；Yang et al.，2015b）等争议。

从图 5.6 可以看出，经过上述严格古地磁数据评判以后，拉萨和特提斯喜马拉雅保持的有效古地磁数据总体并不多。有限的古地磁数据显示，拉萨地块中东部和中西部在白垩世期间古纬度基本位于 10°N ～ 20°N，并无显著南北向移动，古纬度在误差范围内重叠。这个结果与以往的主流认识认为的拉萨陆块白垩纪基本稳定在 10°N ～

表 5.3　印度和欧亚板块晚白垩世—古近纪古地磁极和古纬度

板块	年代(Ma)	古地磁极			参考点(29°N, 88°E)古纬度	参考文献	板块	年代(Ma)	古地磁极			参考点(29°N, 88°E)古纬度	参考文献
		纬度(°N)	经度(°E)	误差(A95)					纬度(°N)	经度(°E)	误差(A95)		
	0	88.5	173.9	1.9	29.1+1.6/−1.5			0	88.5	173.9	1.9	29.1+1.6/−1.5	
	10	87.2	240.4	1.8	26.5+1.5/−1.4			10	86.7	150.0	1.8	30.5+1.5/−1.5	
	20	83.7	254.7	2.6	22.8+2.1/−2.0			20	84.4	152.1	2.6	31.3+2.2/−2.1	
	30	79.7	281.7	2.6	19.0+2.0/−1.9			30	83.1	146.5	2.6	32.4+2.2/−2.1	
	40	74.7	286.8	2.9	14.4+2.2/−2.1			40	81.1	144.3	2.9	33.7+2.5/−2.3	
	50	65.1	278.4	2.8	4.4+2.0/−2.0			50	78.9	164.7	2.8	31.0+2.4/−2.3	
	60	48.5	280.8	2.1	−11.6+1.5/−1.5			60	78.2	172.6	2.1	29.5+1.8/−1.7	
印度板块	70	36.4	280.7	2.5	−23.5+1.9/−2.0	Torsvik et al., 2012	欧亚板块	70	79.2	175.7	2.5	28.9+2.1/−2.0	Torsvik et al., 2012
	80	29.0	283.5	2.9	−30.2+2.3/−2.4			80	79.7	177.9	2.9	28.5+2.4/−2.3	
	90	20.9	291.4	2.5	−35.2+2.1/−2.1			90	80.4	167.2	2.5	30.3+2.1/−2.0	
	100	19.7	293.0	3.3	−35.6+2.7/−2.9			100	80.8	152.3	3.3	32.6+2.8/−2.6	
	110	11.1	295.9	3.3	−41.7+2.8/−3.0			110	81.2	193.1	3.3	26.4+2.7/−2.5	
	120	8.6	296.4	2.6	−43.5+2.3/−2.3			120	79.0	190.1	2.6	26.2+2.1/−2.0	
	130	−1.0	297.1	2.8	−50.6+2.5/−2.5			130	75.0	183.4	2.8	26.6+2.3/−2.2	
	140	−5.3	297.9	6.0	−53.1+5.3/−5.8			140	72.4	187.9	6.0	24.6+5.0/−4.5	

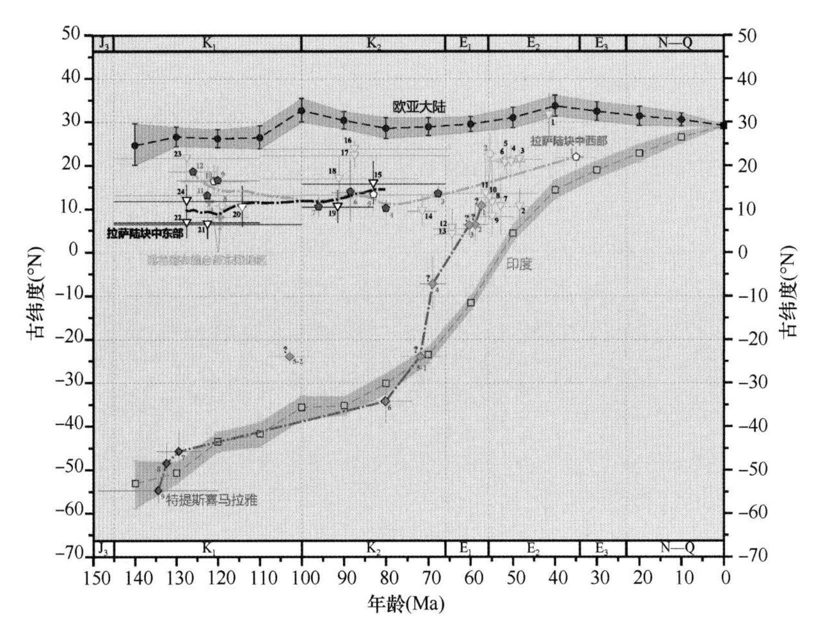

图 5.6　拉萨地块、特提斯喜马拉雅地块、欧亚大陆和印度板块白垩纪以来的古纬度演化

参考点 (29°N，88°E) 位于雅鲁藏布江缝合带上。J_3，晚侏罗世；K_1，早白垩世；K_2，晚白垩世；E_1，古新世；E_2，始新世；E_3，渐新世；N—Q，新近纪—第四纪。数字对应的古地磁数据详见表 5.1。其中，印度和欧亚板块白垩纪以来的古地磁数据（表 5.3）

20°N 一致。雅鲁藏布江缝合带蛇绿岩的古地磁结果揭示，早白垩世期间新特提斯洋壳的古纬度为 8.2°N ～ 11.8°N，指示其位于拉萨陆块以南附近，支持上述拉萨早白垩世位于 10°N 以北的结果。特提斯喜马拉雅在白垩纪期间与印度板块有基本一致的古纬度，在 135 Ma 左右位于南纬约 55°，然后向北移动，到 80 Ma 附近到达南纬 30° 附近。而 80 Ma 之后，无论是拉萨还是特提斯喜马拉雅，暂时并无有效的高质量的古地磁数据。早期来自拉萨陆块中东部林周盆地及周边地区和南木林盆地晚白垩世—始新世的古地磁结果，因为对于是否存在磁倾角浅化及浅化的程度 (Cao et al.，2017；Sun et al.，2012；Tan et al.，2010)、是否挟带了原生剩磁或遭受了重磁化及重磁化的程度 (Chen et al.，2010，2014；Sun et al.，2010；Huang et al.，2015e) 和地磁场长期变是否被平均掉 (Chen et al.，2010，2014；Dupont-Nivet et al.，2010；Liebke et al.，2010；Lippert et al.，2014；Tan et al.，2010) 等问题存在很大争议，在原因查明之前这些古地磁数据不能很好地用来确定其古纬度演化，仅能用作参考；特提斯喜马拉雅该时段的古地磁数据主要来自灰岩地层，而不同研究对于不同灰岩地层是否记录原生剩磁方向或遭受了重磁化存在很大争议 (Huang et al.，2017a，2017b，2017c；Yi et al.，2011，2017)，因此在甄别其是否记录了原生剩磁前，也不能用来确定特提斯喜马拉雅该时段的古纬度演化及其与印度板块的构造演化关系，仅能用作参考。尽管这些参考的古地磁结果指示，特提斯喜马拉雅在晚白垩世—始新世期间存在与印度板块发生分离并快速向北漂移的可能，但目前有限的古地磁数据并不充分。所以，总的来说，现有的古地磁数据并不能很好地限定特提斯喜马拉雅与拉萨陆块发生碰撞的时限及碰撞后的缩短变形以及大印

度的范围等。要真正确定特提斯喜马拉雅与拉萨陆块的碰撞时限等上述主要问题，还亟待进一步获得高质量的古地磁数据。此外，考虑到现今两个陆块均呈近东西向大于2000 km 的狭长条带，轻微的旋转就会造成东西部显著的纬度不同，两者放在一起研究可能对精确限定碰撞时限有一定影响。因此，今后两陆块的相关研究应尽量分东、西部不同区域开展。

总之，岩石记录地球磁场的方向是一个复杂的过程。其获得剩磁过程和之后，不光受到携磁矿物的特性、地球的非偶极子磁场（火山岩地球磁场长期变化）、沉积时 / 后的压实（磁倾角浅化）等因素的影响，之后还会在地球磁场的作用下受到热液、火山、挤压应力、变质等影响。因此，古地磁研究，尤其是在如造山带这种很有争议的地区，必须要开展非常详细的包括区域构造控制、岩石磁学、岩石学、野外检验和退磁分析等在内的古地磁学研究。简单地套用 Scotese 英文字谜拆解（Paleomagnetism=not a simple game）作为结束语，古地磁学不是一个简单的游戏。

参考文献

陈贝贝, 丁林, 许强, 等. 2016. 西藏林周盆地林子宗群火山岩的精细年代框架. 第四纪研究, 36(5): 1037-1054.

陈松永, 杨经绥, 罗立强, 等. 2007. 西藏拉萨地块MORB型榴辉岩的岩石地球化学特征. 地质通报, 26(10): 1327-1339.

丁林, 岳雅慧, 蔡福龙, 等. 2006. 西藏拉萨地块高镁超钾质火山岩及对南北向裂谷形成时间和切割深度的制约. 地质学报, 80(9): 1252-1261.

董国臣, 莫宣学, 赵志丹, 等. 2005. 拉萨北部林周盆地林子宗火山岩层序新议. 地质通报, 24(6): 549-557.

耿全如, 潘桂棠, 王立全, 等. 2011. 班公湖-怒江带、羌塘地块特提斯演化与成矿地质背景. 地质通报, 31(8): 1261-1274.

胡修棉. 2002. 藏南白垩系沉积地质与上白垩统海相红层. 成都: 成都理工大学.

康志强, 许继峰, 王保弟, 等. 2010. 拉萨地块北部去申拉组火山岩: 班公湖-怒江特提斯洋南向俯冲的产物. 岩石学报, 26(10): 3106-3116.

李春昱, 王荃, 刘雪亚, 等. 1982. 亚洲大地构造图及其说明书. 北京: 地图出版社.

李国彪, 万晓樵. 2003. 藏南岗巴—定日地区始新世微体化石与特提斯的消亡. 地层学杂志, 27(2): 99-108.

李皓扬, 钟孙霖, 王彦斌, 等. 2007. 藏南林周盆地林子宗火山岩的时代、成因及其地质意义: 锆石 U-Pb 年龄和 Hf 同位素证据. 岩石学报, 23(2): 493-500.

李化启. 2009. 拉萨地块中的印支期造山作用及其地质意义. 北京: 中国地质科学院.

李建忠, 冯心涛, 朱同兴, 等. 2006. 藏南特提斯喜马拉雅构造古地磁新结果. 自然科学进展, 5(16): 578-583.

李阳阳. 2016. 拉萨地块狮泉河地区古近纪林子宗群火山岩古地磁学研究. 西安: 西北大学.
梁银平, 朱杰, 次邛, 等. 2010. 青藏高原冈底斯带中部朱诺地区林子宗群火山岩锆石U-Pb年龄和地球化学特征. 中国地质大学学报, (2): 211-223.
马义明. 2016. 拉萨地体与特提斯喜马拉雅白垩纪古地磁学和年代学研究. 北京: 中国地质大学.
莫宣学, 潘桂棠. 2006. 从特提斯到青藏高原形成: 构造-岩浆事件的约束. 地学前缘, 13(6): 43-51.
莫宣学, 赵志丹, 邓晋福, 等. 2003. 印度—亚洲大陆主碰撞过程的火山作用响应. 地学前缘, 10(3): 135-148.
潘桂棠, 陈智梁, 李兴振, 等. 1997. 东特提斯地质构造形成演化. 北京: 地质出版社.
潘桂棠, 李兴振. 2002. 青藏高原及邻区大地构造单元初步划分. 地质通报, 21(11): 701-707.
潘桂棠, 莫宣学, 侯增谦, 等. 2006. 冈底斯造山带的时空结构及演化. 岩石学报, 22(3): 521-533.
潘桂棠, 王立全, 朱弟成. 2004. 青藏高原区域地质调查中几个重大科学问题的思考. 地质通报, 23(1): 12-19.
潘裕生. 1990. 西昆仑山构造特征与演化. 地质科学, (3): 224-232.
史仁灯. 2007. 班公湖SSZ型蛇绿岩年龄对班-怒洋时限的制约. 科学通报, 2(2): 223-227.
孙知明, 江万, 裴军令, 等. 2008. 青藏高原拉萨地块早白垩纪火山岩古地磁结果及其构造意义. 岩石学报, 24(7): 1621-1626.
唐祥德, 黄宝春, 杨列坤, 等. 2013. 拉萨地块中部晚白垩世火山岩Ar-Ar年代学和古地磁研究结果及其构造意义. 地球物理学报, 56(1): 136-149.
西藏自治区地质矿产局. 1993. 西藏自治区区域地质志. 北京: 地质出版社.
许志琴, 杨经绥, 李海兵, 等. 2011. 印度-亚洲碰撞大地构造. 地质学报, 85(1): 1-33.
薛永康. 2016. 拉萨陆块西端下白垩统郎久组古地磁学研究. 西安: 西北大学.
颜茂都, 方小敏, 张伟林, 等. 2012. 青藏高原东北部沉积物磁倾角浅化之成因探究. 第四纪研究, 32(4): 588-596.
叶祥华, 李家福. 1987. 古地磁与西藏板块及特提斯的演化. 成都地质学院学报, (1): 68-82.
叶亚坤. 2016. 拉萨地块上白垩统镜柱山组古地磁学研究. 西安: 西北大学.
易治宇, 梁雅伦, 赵杰, 等. 2016. 碰撞前印度大陆北缘古地理轮廓—藏南晚白垩世堆拉灰岩古地磁研究. 地质学报, 90(11): 3282-3292.
尹安. 2001. 喜马拉雅—青藏高原造山带地质演化—显生宙亚洲大陆生长. 地球学报, 22(3): 193-230.
岳雅慧, 丁林. 2006. 西藏林周基性岩脉的$^{40}Ar/^{39}Ar$年代学、 地球化学及其成因. 岩石学报, 22(4): 855-866.
张波兴, 李永祥, 胡修棉. 2017. 藏南床得剖面古地磁结果对印度-亚洲碰撞方式的约束. 科学通报, (4): 298-311.
郑有业, 许荣科, 张刚阳, 等. 2008. 西藏日土岩基三宫岩石序列地球化学、年代学及构造意义. 岩石学报, 24(2): 368-376.
钟大赉. 1998. 滇川西部古特提斯造山带. 北京: 科学出版社.
周肃, 莫宣学, 董国臣, 等. 2004. 西藏林周盆地林子宗火山岩$^{40}Ar/^{39}Ar$年代格架. 科学通报, 49(20): 2095-2103.

朱弟成. 2003. 特提斯喜马拉雅带中段晚古生代以来的火山岩及其意义. 北京: 中国地质科学院.

朱弟成, 莫宣学, 赵志丹, 等. 2009. 西藏南部二叠纪和早白垩世构造岩浆作用与特提斯演化: 新观点. 地学前缘, 2: 1-20.

朱弟成, 潘桂棠, 莫宣学, 等. 2004. 藏南特提斯喜马拉雅带中段二叠纪-白垩纪的火山活动(I): 分布特点及其意义. 地质通报, 23(7): 645-654.

朱弟成, 赵志丹, 牛耀龄, 等. 2012. 拉萨地体的起源和古生代构造演化. 高校地质学报, 18(1): 1-15.

朱志文, 朱湘元, 张一鸣. 1981. 西藏高原古地磁及大陆漂移. 地球物理学报, 24(1): 40-49.

Abrajevitch A V, Ali J R, Aitchison J C, et al. 2005. Neotethys and the India–Asia collision: insights from a palaeomagnetic study of the Dazhuqu ophiolite, southern Tibet. Earth and Planetary Science Letters, 233(1-2): 87-102.

Achache J, Courtillot V, Zhou Y X. 1984. Paleogeographicand tectonic evolution of southern Tibet since Middle Cretaceous time, new paleomagneticdata and synthesis. Journal of Geophysical Research: Solid Earth, 89: 10311-10340.

Aitchison J C, Ali J R, Davis A M. 2007. When and where did India and Asia collide? Journal of Geophysical Research: Solid Earth, 112: B05423.

Aitchison J C, Badengzhu, Davis A M, et al. 2000. Remnants of a Cretaceous intra-oceanic subduction system within the Yarlung-Zangbo suture (southern Tibet). Earth and Planetary Science Letters, 183: 231-244.

Aitchison J C, Davis A M. 2001. When did the India-Asia collision really happen? International Symposium and Field Workshop on the Assembly and Breakup of Rodinia and Gondwana, and Growth of Asia, 4: 560-561.

Ali J R, Aitchison J C. 2005. Greater India. Earth-Science Reviews, 72(3): 169-188.

Ali J R, Aitchison J C. 2008. Gondwana to Asia: plate tectonics, paleogeography and the biological connectivity of the Indian sub-continent from the Middle Jurassic through latest Eocene (166–35 Ma). Earth-Science Reviews, 88(3-4): 145-166.

Allégre C J, Courtillot V, Tapponnier P, et al. 1984. Structure and evolution of the Himalaya-Tibet orogenic belt. Nature, 307: 17-22.

Appel E, Li H, Patzelt A, et al. 1998. Palaeomagnetic results from late Cretaceous and early Tertiary limestones from Tingri area, southern Tibet, China. Journal of Nepal Geological Society, 18: 113-124.

Besse J, Courtillot V. 2002. Apparent and true polar wander and the geometry of the geomagnetic field over the last 200 Myr. Journal of Geophysical Research: Solid Earth, 107(B11): 2300.

Besse J, Courtillot V, Pozzi J P, et al. 1984. Palaeomagnetic estimates of crustal shortening in the Himalayan thrusts and Zangbo suture. Nature, 311(5987): 621-626.

Bezard R, Hebert R, Wang C S, et al. 2011. Petrology and geochemistry of the Xiugugabu ophiolitic massif, western Yarlung Zangbo suture zone, Tibet. Lithos, 125: 347-367.

Burg J P, Proust F, Tapponnier P, et al. 1983. Deformation phases and tectonic evolution of the Lhasa block (southern Tibet, China). Eclogae Geologicae Helvetiae, 76: 643-665.

Butler R F. 1992. Paleomagnetism: Magnetic Domains to Geologic Terranes. Boston: Blackwell Scientific Publications.

Cao Y, Sun Z M, Li H B, et al. 2017. New late cretaceous paleomagnetic data from volcanic rocks and red beds from the Lhasa terrane and its implications for the paleolatitude of the southern margin of Asia prior to the collision with India. Gondwana Research, 41: 337-351.

Carlut J, Quidelleur X, Courtillot V, et al. 2000. Paleomagnetic directions and K/Ar dating of 0-1 Ma old lava flows from La Guadeloupe Island (French West Indies): implications for time averaged field models. Journal of Geophysical Research: Solid Earth, 105(B1): 835-849.

Chauvin A, Perroud H, Bazhenov M L. 1996. Anomalous low palaeomagnetic inclinations from Oligocene-Lower Miocene red beds of the south-west Tien Shan, Central Asia. Geophysical Journal International, 126(2): 303-313.

Chen J S, Huang B C, Sun L S. 2010. New constraints to the onset of the India-Asia collision, paleomagnetic reconnaissance on the Linzizong Group in the Lhasa block, China. Tectonophysics, 489(1-4): 189-209.

Chen J S, Huang B C, Yi Z Y, et al. 2014. Paleomagnetic and $^{40}Ar/^{39}Ar$ geochronologic results from the Linzizong Group, Linzhou Basin, Lhasa Terrane, Tibet: implications to Paleogene paleolatitude and onset of the India-Asia collision. Journal of Asian Earth Sciences, 96(57): 162-177.

Chen W W, Yang T S, Zhang S H, et al. 2012. Paleomagnetic results from the Early Cretaceous Zenong Group volcanic rocks, Cuoqin, Tibet, and their paleogeographic implications. Gondwana Research, 22: 461-469.

Chen Y, Cogné J, Courtillot V, et al. 1993. Cretaceous paleomagnetic results from western Tibet and tectonic implications. Journal of Geophysical Research: Solid Earth, 981(B10): 17981-17999.

Coleman M, Hodges K. 1995. Evidence for Tibetan Plateau uplift before 14 myr ago from a new minimumage for east-west extension. Nature, 374(6517): 49-52.

Coulon C, Maluski H, Bollinger C, et al. 1986. Mesozoic and Cenozoic volcanic rocks from central and southern Tibet: ^{39}Ar-^{40}Ar dating, petrological characteristics and geodynamical significance. Earth and Planetary Science Letters, 79: 281-302.

Dai J G, An Y, Liu W C, et al. 2008. Nd isotopic compositions of the Tethyan Himalayan sequence in southeastern Tibet. Science in China, 51(9): 1306-1316.

DeCelles P G, Kapp P, Ding L, et al. 2007. Late Cretaceous to middle Tertiary basin evolution in the central Tibetan Plateau: changing environments in response to tectonic partitioning, aridification, and regional elevation gain. Geological Society of America Bulletin, 119(5-6): 654-680.

Dewey J F, Shackleton R M, Chang C F, et al. 1988. The tectonic evolution of the Tibetan Plateau. Philosophical Transactions of the Royal Society of London (Series A): Mathematical and Physical Sciences, 327: 379-413.

Ding J K, Zhang S H, Chen W W, et al. 2015. Paleomagnetism of the Oligocene Kangtuo Formation red beds (central Tibet): inclination shallowing and tectonic implications. Journal of Asian Earth Sciences, 104(1): 55-68.

Ding L, Kapp P, Wan X Q. 2005. Paleocene-Eocene record of ophiolite obduction and initial India-Asia collision, south central Tibet. Tectonics, 24: TC3001.

Ding L, Xu Q, Yue Y H, et al. 2014. The Andean-type Gangdese Mountains: paleoelevation record from the Paleocene–Eocene Linzhou Basin. Earth and Planetary Science Letters, 392: 250-264.

Dupont-Nivet G, Lippert P C, van Hinsbergen D J J, et al. 2010. Paleolatitude and age of the Indo-Asia collision. Geophysical Journal Internation, 182: 1189-1198.

England P, Searle M. 1986. The Cretaceous-Tertiary deformation of the Lhasa block and its implications for crustal thickening in Tibet. Tectonics, 5: 1-14.

Enkin R J. 2003. The direction-correction tilt test: an all-purpose tilt test for paleomagnetic studies. Earth and Planetary Science Letters, 212: 151-160.

Evans M E, Krása D, Williams W, et al. 2006. Magnetostatic interactions in a natural magnetite-ulvöspinel system. Journal of Geophysical Research: Solid Earth, 111(B12): S16.

Fang X M, Song C H, Yan M D, et al. 2016. Mesozoic litho- and magneto-stratigraphic evidence from the central Tibetan Plateau for megamonsoon evolution and potential evaporites. Gondwana Research, 37: 110-129.

Gilder S, Chen Y, Sen S. 2001. Oligo-Miocene magnetostratigraphy and rock magnetism of the Xishuigou section, Subei（Gansu Province, western China）and implications for shallow inclinations in central Asia. Journal of Geophysical Research: Solid Earth, 106（B12）: 30505-30521.

Girardeau J, Mercier J C C, Wang X B. 1985. Petrology of the mafic rocks of the Xigaze ophiolite, Tibet. Contributions to Mineralogy and Petrology, 90: 309-321.

Gradstein F M, Ogg J G, Schmitz M D, et al. 2012. The Geological Time Scale 2012. Waltham: Elsevier.

Guynn J H, Kapp P, Pullen A, et al. 2006. Tibetan basement rocks near Amdo reveal “missing” Mesozoic tectonism along the Bangong suture, central Tibet. Geology, 34（6）: 505-508.

Harrison T M, Yin A, Grove M, et al. 2000. The Zedong Window: a record of superposed Tertiary convergence in southeastern Tibet. Journal of Geophysical Research: Solid Earth, 105: 19211-19230.

He S, Kapp P, DeCelles P G, et al. 2007. Cretaceous-Tertiary geology of the Gangdese Arc in the Linzhou area, southern Tibet. Tectonophysics, 433（1-4）: 15-37.

Hodych J P, Buchan K L. 1994. Early Silurian palaeolatitude of the Springdale Group redbeds of central Newfoundland: a palaeomagnetic determination with a remanence anisotropy test for inclination error. Geophysical Journal International, 117: 640-652.

Hu X M, Garzanti E, Moore T, et al. 2015. Direct stratigraphic dating of India-Asia collision onset at the selandian（middle Paleocene, 59 ± 1 Ma）. Geology, 43（10）: 859-862.

Hu X M, Garzanti E, Wang J, et al. 2016. The timing of India-Asia collision onset-facts, theories, controversies. Earth-Science Reviews, 160: 264-299.

Huang W T, Dupont-Nivet G, Lippert P C, et al. 2013. Inclination shallowing in Eocene Linzizong sedimentary rocks from southern Tibet: correction, possible causes and implications for reconstructing the India-Asia collision. Geophysical Journal International, 194（3）: 1390-1411.

Huang W T, Dupont-Nivet G, Lippert P C, et al. 2015a. What was the Paleogene latitude of the Lhasa terrane?

a reassessment of the geochronology and paleomagnetism of Linzizong volcanic rocks (Linzhou Basin, Tibet). Tectonics, 34(3): 594-622.

Huang W T, Dupont-Nivet G, Lippert P C, et al. 2015b. Can a primary remanence be retrieved from partially remagnetized Eocence volcanic rocks in the Nanmulin Basin (southern Tibet) to date the India-Asia collision? Journal of Geophysical Research: Solid Earth, 120(1): 42-66.

Huang W T, Lippert P C, Jackson M J, et al. 2017a. Remagnetization of the Paleogene Tibetan Himalayan carbonate rocks in the Gamba area: implications for reconstructing the lower plate in the India-Asia collision. Journal of Geophysical Research: Solid Earth, 122(2): 808-825.

Huang W T, Lippert P C, Jackson M J, et al. 2017b. Remagnetization of the Paleogene Tibetan Himalayan carbonate rocks in the Gamba area: implications for reconstructing the lower plate in the India-Asia collision. Journal of Geophysical Research: Solid Earth, 122(7): 4859-4863.

Huang W T, Lippert P C, Zhang Y, et al. 2017c. Remagnetization of carbonate rocks in southern Tibet: perspectives from rock magnetic and petrographic investigations. Journal of Geophysical Research: Solid Earth, 122(4): 2434-2456.

Huang W T, van Hinsbergen D J J, Dekkers M J, et al. 2015c. Paleolatitudes of the Tibetan Himalaya from primary and secondary magnetizations of Jurassic to Lower Cretaceous sedimentary rocks. Geochemistry Geophysics Geosystem, 16(1): 77-100.

Huang W T, van Hinsbergen D J J, Lippert P C, et al. 2015d. Paleomagnetic tests of tectonic reconstructions of the India-Asia collision zone. Geophysical Research Letters, 42(8): 2642-2649.

Huang W T, van Hinsbergen D J J, Maffione M, et al. 2015e. Lower Cretaceous Xigaze ophiolites formed in the Gangdese forearc: evidence from paleomagnetism, sediment provenance, and stratigraphy. Earth and Planetary Science Letters, 415: 142-153.

Johnson C L, Constable C G, Tauxe L, et al. 2008. Recent investigations of the 0–5 Ma geomagnetic field recorded by lava flows. Geochemistry Geophysics Geosystems, 9(4): Q04032.

Kapp P, DeCelles P G, Gehrels G E, et al. 2007. Geological records of the Lhasa-Qiangtang and Indo-Asian collisions in the Nima area of central Tibet. Geological Society of America Bulletin, 119(7-8): 917-933.

Kapp P, Yin A, Manning C E, et al. 2003. Tectonic evolution of the early Mesozoic blueschist-bearing Qiangtang metamorphic belt, central Tibet. Tectonics, 22(4): 1043.

Klootwijk C T, Bingham D K. 1980. The extent of greater India, III. palaeomagnetic data from the Tibetan sedimentary series, Thakkhola region, Nepal Himalaya. Earth and Planetary Science Letters, 51(2): 381-405.

Klootwijk C T, Sharma M L, Gergan J, et al. 1979. The extend of Greater India, II. Paleomagnetic data from the Ladakh intrusives at Kargil, Northwestern Himalayas. Earth and Planetary Science Letters, 44: 47-64.

Kodama K P. 2009. Simplification of the anisotropy-based inclination correction technique for magnetite- and haematite-bearing rocks: a case study for the Carboniferous glenshaw and mauch chunk formations, North America. Geophysical Journal International, 176: 467-477.

Lee H Y, Chung S L, Lo C H, et al. 2009. Eocene Neotethyan slab breakoff in southern Tibet inferred from the Linzizong volcanic record. Tectonophysics, 477: 20-35.

Lee J, Hager C, Wallis S R, et al. 2011. Middle to late Miocene extremely rapid exhumation and thermal reequilibration in the Kung Co rift, southern Tibet. Tectonics, 30(2): 120-130.

Leeder M R, Smith A B, Yin J X. 1988. Sedimentology, palaeoecology and palaeoenvironmental evolution of the 1985 Lhasa to Golmud Geotraverse. Philosophical Transactions of the Royal Society, 327(1594): 107-143.

Leier A L, DeCelles P G, Kapp P, et al. 2007. The Takena Formation of the Lhasa terrane, southern Tibet: the record of a Late Cretaceous retroarc foreland basin. Geological Society of America Bulletin, 119: 31-48.

Leier A L, He S, Kapp P, et al. 2002. Jurassic-Cretaceous deposits of the central Lhasa terrane: implications for the tectonic evolution of southern Asia prior to the Indo-Asian collision. Geological Society of America, Abstracts with Programs, 34(6): 1-412.

Li G C, Mercier J L. 1980. News Achievements in the Sino-French Himalayan Expedition. Beijing: Geological Publishing House.

Li Z Y, Ding L, Song P P, et al. 2017. Paleomagnetic constraints on the paleolatitude of the Lhasa block during the Early Cretaceous: implications for the onset of India-Asia collision and latitudinal shortening estimates across Tibet and stable Asia. Gondwana Research, 41: 352-372.

Liebke U, Appel E, Ding L, et al. 2010. Position of the Lhasa Terrane prior to India-Asia collision derived from palaeomagnetic inclinations of 53 Ma old dykes of the Linzhou Basin: constraints on the age of collision and post-collisional shortening within the Tibetan Plateau. Geophysical Journal International, 182(3): 1199-1215.

Liebke U, Appel E, Ding L, et al. 2013. Age constraints on the India-asia collision derived from secondary remanences of Tethyan Himalayan sediments from the Tingri area. Journal of Asian Earth Sciences, 62: 329-340.

Lin J L, Watts D R. 1988. Paleomagnetic results from the Tibetan Plateau. Philosophical Transactions of the Royal Society of London, 327(1594): 239-262.

Lippert P C, Van Hinsbergen D J J, Dupont-Nivet G. 2014. The Early Cretaceous to present latitude of the central Lhasa-plano (Tibet), a paleomagnetic synthesis with implications for Cenozoic tectonics, paleogeography, and climate of Asia. Special Paper of the Geological Society of America, 507(01): 1-21.

Lippert P C, Zhao X X, Coe R S, et al. 2011. Palaeomagnetism and $^{40}Ar/^{39}Ar$ geochronology of upper Palaeogene volcanic rocks from central Tibet: implications for the central Asia inclination anomaly, the palaeolatitude of Tibet and post-50 Ma shortening within Asia. Geophysical Journal International, 184(1): 131-161.

Liu G H, Einsele G. 1994. Sedimentary history of the Tethyan basin in the Tibetan Himalayas. Geologische Rundschau, 83(1): 32-61.

Ma Y M, Yang T S, Bian W W, et al. 2016. Early Cretaceous paleomagnetic and geochronologic results from the Tethyan Himalaya, insights into the Neotethyan paleogeography and the India-Asia collision.

Scientific Reports, 6: 21605.

Ma Y M, Yang T S, Yang Z Y, et al. 2014. Paleomagnetism and U-Pb zircon geochronology of Lower Cretaceous lava flows from the western Lhasa terrane, new constraints on the India-Asia collision process and intracontinental deformation within Asia. Journal of Geophysical Research: Solid Earth, 119(10): 7404-7424.

Maluski H, Matte P, Brunel M, et al. 1988. Argon^{39}-Argon^{40} dating of metamorphic and plutonic events in the north and high Himalaya belts (southern Tibet-China). Tectonics, 7(2): 299-326.

McElhinny M. 1964. Statistical significance of the fold test in palaeomagnetism. Geophys. J Int, 8: 338-340.

McElhinny M W. 1973. Palaeomagnetism and Plate Tectonics. Cambridge: Cambridge University Press.

McFadden P. 1990. A new fold test for palaeomagnetic studies. Geophys. J. Int., 103: 163-169.

McFadden P, McElhinny M. 1990. Classification of the reversal test in palaeomagnetism. Geophys J Int, 103: 725-729.

Meng J, Wang C S, Zhao X X, et al. 2012. India-Asia collision was at 24° N and 50 Ma: palaeomagnetic proof from southernmost Asia. Scientific Report, 2(2): 925.

Merrill R T, McElhinny M W. 1977. Anomalies in the time-averaged paleomagnetic field and their implications for the lower mantle. Reviews of Geophysics, 15: 309-322.

Merrill R T, McElhinny M W. 1983. The Earth's Magnetic Field: Its History, Origin and Planetary Perspective. London: Academic Press.

Metcalfe I. 2011. Tectonic framework and Phanerozoic evolution of Sundaland. Gondwana Research, 19: 3-21.

Metcalfe I. 2013. Gondwana dispersion and Asian accretion: tectonic and palaeogeographic evolution of eastern Tethys. Journal of Asian Earth Sciences, 66: 1-33.

Miller C, Thöni M, Frank W, et al. 2003. Geochemistry and tectonomagmatic affinity of the Yungbwa ophiolite, SW Tibet. Lithos, 66: 155-172.

Mo X X, Hou Z Q, Niu Y L, et al. 2007. Mantle contributions to crustal thickening during continental collision: evidence from Cenozoic igneous rocks in southern Tibet. Lithos, 96(1-2): 225-242.

Mo X X, Niu Y L, Dong G C, et al. 2008. Contribution of syncollisional felsic magmatism to continental crust growth: a case study of the Paleogene Linzizong volcanic succession in southern Tibet. Chemical Geology, 250(1): 49-67.

Mo X X, Zhao Z D, Deng J F, et al. 2003. Response of volcanism to the India-Asia collision. Earth Science Frontiers, 10(3): 135-148.

Najman Y, Appel E, Boudagher-Fadel M, et al. 2010. Timing of India-Asia collision, geological, biostratigraphic, and palaeomagnetic constraints. Journal of Geophysical Research: Solid Earth, 115: B12416.

Nicolas A, Girardeau J, Marcoux J, et al. 1981. The Xigaze ophiolite (Tibet): a peculiar oceanic lithosphere. Nature, 294(5840): 414-417.

Ogg J G, Smith A G. 2004. The geomagnetic polarity time scale//Gradstein F M, Ogg J G, Smith A G. A

Geological Time Scale. Cambridge: Cambridge University Press.

Opdyke N D, Henry K W. 1969. A test of the dipole hypothesis. Earth and Planetary Science Letters, 6: 139-151.

Otofuji Y, Funahara S, Matsuo J, et al. 1989. Paleomagnetic study of western Tibet, deformation of a narrow zone along the Indus Zangbo suture between India and Asian. Earth and Planetary Science Letters, 92 (3-4) : 307-316.

Otofuji Y, Inoue Y, Funahara S, et al. 1990. Paleomagnetic study of eastern Tibet-deformation of the Three Rivers region. Geophysical Journal International, 103: 85-94.

Patriat P, Achache J. 1984. India-Eurasia collision chronology has implications for crustal shortening and driving mechanism of plates. Nature, 311 (5987) : 615-621.

Patzelt A, Li H M, Wang J D, et al. 1996. Palaeomagnetism of Cretaceous to Tertiary sediments from southern Tibet, evidence for the extent of the northern margin of India prior to the collision with Eurasia. Tectonophysics, 259 (4) : 259-284.

Pearce J A, Deng W M. 1988. The ophiolites of the Tibetan geotraverses, Lhasa to Golmud (1985) and Lhasa to Kathmandu (1986). Philosophical Transactions of the Royal Society of London A: Mathematical, Physical and Engineering Sciences, 327 (1594) : 215-238.

Pozzi J P, Westphal M, Zhou Y X, et al. 1982. Position of the Lhasa block, South Tibet during the Late Cretaceous. Nature, 297: 319-321.

Raymo M E, Ruddiman W F. 1992. Tectonic forcing of late Cenozoic climate. Nature, 359 (6391) : 117-122.

Searle M P. 1996. Cooling history, erosion, exhumation, and kinematics of the Himalaya-Karakoram-Tibet orogenic belt//Yin A, Harrison T M. The Tectonic Evolution of Asia. Cambridge: Cambridge University Press.

Styron R H, Taylorm H, Sundell K E, et al. 2013. Miocene initiation and acceleration of extension in the South Lunggar rift, western Tibet: evolution of an active detachment system from structural mapping and (U-Th) /He thermochronology. Tectonics, 32 (4) : 880-907.

Sun Z M, Jiang W, Li H B, et al. 2010. New paleomagnetic results of Paleocene volcanic rocks from the Lhasa Block: tectonic implications for the collision of India and Asia. Tectonophysics, 490: 257-266.

Sun Z M, Pei J L, Li H B, et al. 2012. Paleomagnetism of Late Cretaceous sediments from southern Tibet, evidence for the consistent paleolatitudes of the southern margin of Eurasia prior to the collision with India. Gondwana Research, 21: 53-63.

Sundell K E, Taylorm H, Styron R H, et al. 2013. Evidence for constriction and Pliocene acceleration of east-west extension in the North Lunggar rift region of west central Tibet. Tectonics, 32 (5) : 1454-1479.

Tan X D, Gilder S, Kodama K P, et al. 2010. New paleomagnetic results from the Lhasa block: revised estimation of latitudinal shortening across Tibet and implications for dating the India-Asia collision. Earth and Planetary Science Letters, 293 (3-4) : 396-404.

Tan X D, Kodama K P, Chen H L, et al. 2003. Paleomagnetism and magnetic anisotropy of Cretaceous red beds from the Tarim basin, northwest China: evidence for a rock magnetic cause of anomalously shallow paleomagnetic inclinations from central Asia. Journal of Geophysical Research: Solid Earth, 108(B2): 2017.

Tan X D, Kodama K P, Gilder S, et al. 2007. Rock magnetic evidence for inclination shallowing in the Passaic Formation red beds from the Newark basin and a systematic bias of the Late Triassic apparent polar wander path for North America. Earth and Planetary Science Letters, 254(3-4): 345-357.

Tapponnier P, Xu Z Q, Roger F, et al. 2001. Oblique stepwise rise and growth of the Tibet Plateau. Science, 294: 1671-1677.

Tarduno J A, Cottrell R D, Watkeys M K, et al. 2010. Geodynamo, solar wind, and magnetopause 3.4 to 3.45 billion years ago. Science, 327(5970): 1238-1240.

Tauxe L. 1993. Sedimentary records of relative paleointensity of the geomagnetic field: theory and practice. Reviews of Geophysics, 31(3): 319-354.

Tauxe L. 2005. Inclination flattening and the geocentric axial dipole hypothesis. Earth and Planetary Science Letters, 233(3): 247-261.

Tauxe L, Constable C, Johnson C L, et al. 2003. Paleomagnetism of the southwestern USA recorded by 0–5 Ma igneous rocks. Geochemistry Geophysics Geosystems, 4(4): 8802.

Tauxe L, Kent D V. 2004. A simplified statistical model for the geomagnetic field and the detection of shallow bias in paleomagnetic inclinations, was the ancient magnetic field dipolar? Geophysical Monograph Series, 145: 101-115.

Tauxe L, Watson G S. 1994. The fold test: an eigen analysis approach. Earth and Planetary Science Letters, 122(3-4): 331-341.

Thomas J C, Chauvin A, Gapais D, et al. 1994. Paleomagnetic evidence for Cenozoic block rotations in the Tadjik depression (Central Asia). Journal of Geophysical Research: Solid Earth, 99(B8): 15141-15160.

Tong Y B, Yang Z Y, Pei J L, et al. 2017. Paleomagnetism of the Upper Cretaceous red-beds from the eastern edge of the Lhasa Terrane: new constraints on the onset of the India-Eurasia collision and latitudinal crustal shortening in southern Eurasia. Gondwana Research, 48: 86-100.

Tong Y B, Yang Z Y, Zheng L D, et al. 2008. Early paleocene paleomagnetic results from Southern Tibet, and tectonic implications. International Geology Review, 50(6): 546-562.

Torsvik T H, Voo R V D, Preeden U, et al. 2012. Phanerozoic polar wander, palaeogeography and dynamics. Earth-Science Reviews, 114(3-4): 325-368.

van der Voo R. 1990. The reliability of paleomagnetic data. Tectonophysics, 184(1): 1-9.

van der Voo R. 1993. Paleomagnetism of the Atlantic, Tethys and Lapetus Oceans. Cambridge: Cambridge University Press.

van Hinsbergen D J J, Lippert P C, Dupont-Nivet G, et al. 2012. Greater India Basin hypothesis and a two-stage Cenozoic collision between India and Asia. Proceedings of the National Academy of Sciences, 109: 7659-7664.

van Hinsbergen D J J, Lippert P C, Li S H, et al. 2018. Reconstructing greater India: paleogeographic, kinematic, and geodynamic perspectives. Tectonophysics, 760: 69-94.

Vandamme D. 1994. A new method to determine paleosecular variation. Physics of the Earth and Planetary Interiors, 85(1-2): 131-142.

Wan X Q, Zhao W J, Li G B. 2000. Restudy of the upper cretaceous in Gamba, Tibet. Geoscience, 14(3): 281-285.

Wang C S, Liu Z F, Hébert R. 2000. The Yarlung-Zangbo paleo-ophiolite, southern Tibet: implications for the dynamic evolution of the Yarlung-Zangbo Suture Zone. Journal of Asian Earth Sciences, 18: 651-661.

Watson G S. 1956. A test for randomness of directions. Geophysical Supplements to the Monthly Notices of the Royal Astronomical Society, 7(4): 160-161.

Watson G S, Enkin R J. 1993. The fold test in paleomagnetism as a parameter estimation problem. Geophys Res Lett, 20: 2135-2137.

Westphal M, Pozzi J P, Zhou Y X, et al. 1983. Palaeomagnetic data about southern Tibet (Xizang), I, the Cretaceous formations of the Lhasa block. Geophysical Journal of the Royal Astronomical Society, 73: 507-521.

Williams H, Turner S, Kelley S, et al. 2001. Age and composition of dikes in southern Tibet: new constraints on the timing of east-west extension and its relationship to postcollisional volcanism. Geology, 29(4): 188-193.

Xia B, Chen G W, Wang R, et al. 2008. Seamount volcanism associated with the Xigaze ophiolite, Southern Tibet. Journal of Asian Earth Sciences, 32: 396-405.

Xu R H, Schärer U, Allègre C J. 1985. Magmatism and metamorphism in the Lhasa block (Tibet): a geochronological study. The Journal of Geology, 93(1): 41-57.

Yan M D, van der Voo R, Tauxe L, et al. 2005. Shallow bias in Neogene palaeomagnetic directions from the Guide Basin, NE Tibet, caused by inclination error. Geophysical Journal International, 163(3): 944-948.

Yan M D, Zhang D W, Fang X M, et al. 2016. Paleomagnetic data bearing on the Mesozoic deformation of the Qiangtang Block: implications for the evolution of the Paleo- and Meso-Tethys. Gondwana Research, 39: 292-316.

Yang T S, Ma Y M, Bian W W, et al. 2015a. Paleomagnetic results from the Early Cretaceous Lakang formation lavas, constraints on the paleolatitude of the Tethyan Himalaya and the India-Asia collision. Earth and Planetary Science Letters, 428: 120-133.

Yang T S, Ma Y M, Zhang S H, et al. 2015b. New insights into the India-Asia collision process from Cretaceous paleomagnetic and geochronologic results in the Lhasa terrane. Gondwana Research, 28(2): 625-641.

Yi Z Y, Appel E, Huang B C. 2017. Comment on "Remagnetization of the Paleogene Tibetan Himalayan carbonate rocks in the Gamba area: implications for reconstructing the lower plate in the India-Asia collision" by Huang et al. Journal of Geophysical Research: Solid Earth, 122(7): 4852-4858.

Yi Z Y, Huang B C, Chen J S, et al. 2011. Paleomagnetism of early paleogene marine sediments in southern Tibet, China, implications to onset of the India-Asia collision and size of greater India. Earth and

Planetary Science Letters, 309(1): 153-165.

Yi Z Y, Huang B C, Yang L K, et al. 2015. A quasi-linear structure of the southern margin of Eurasia prior to the India-Asia collision: first paleomagnetic constraints from Upper Cretaceous volcanic rocks near the western syntaxis of Tibet. Tectonics, 34(7): 1431-1451.

Yin A. 2006. Cenozoic tectonic evolution of the Himalayan orogen as constrained by along-strike variation of structural geometry, exhumation history, and foreland sedimentation. Earth-Science Reviews, 76: 1-131.

Yin A. 2010. Cenozoic tectonic evolution of Asia: a preliminary synthesis. Tectonophysics, 488(1): 293-325.

Yin A, Harrison T M. 2000. Geologic evolution of the Himalayan-Tibetan orogen. Annual Review of Earth and Planetary Sciences, 28(28): 211-280.

Yin A, Harrison T M, Ryerson F J, et al. 1994. Tertiary structural evolution of the Gangdese thrust system in southeastern Tibet. Journal of Geophysical Research: Solid Earth, 99: 18175-18201.

Yin J X, Xu J T, Liu C J, et al. 1988. The Tibetan Plateau: regional stratigraphic context and previous work. Philosophical Transactions of the Royal Society, 327(1594): 5-52.

Zhang J J, Guo L. 2007. Structure and geochronology of the southern Xainza-Dinggye rift and its relationship to the south Tibetan detachment system. Journal of Asian Earth Sciences, 29(5): 722-736.

Zhang K J, Xia B D, Wang G M, et al. 2004. Early Cretaceous stratigraphy, depositional environments, sandstone provenance, and tectonic setting of central Tibet, western China. Geological society of America bulletin, 116(9-10): 1202-1222.

Zhang Z M, Dong X, Santosh M, et al. 2014. Metamorphism and tectonic evolution of the Lhasa terrane, central Tibet. Gondwana Research, 25(1): 170-189.

Zheng M P, Zhang Y S, Qi W, et al. 2011. Thought and suggestious on regional analysis of potash and its prospecting evaluation in China. Acta Geologica Sinica, 85(1): 17-50.

Zhou M F, Robinson P T, Malpas J, et al. 2005. REE and PGE geochemical constraints on the formation of dunites in the Luobusa ophiolite, Southern Tibet. Journal of Petrology, 46: 615-639.

Zhu D C, Mo X X, Pan G T, et al. 2008. Petrogenesis of the earliest Early Cretaceous mafic rocks from the Cona area of the eastern Tethyan Himalaya in south Tibet: interaction between the incubating Kerguelen plume and the eastern Greater India lithosphere? Lithos, 100(1-4): 147-173.

Zhu D C, Wang Q, Zhao Z D, et al. 2015. Magmatic record of India-Asia collision. Scientific Reports, 5: 14289.

第6章

印度－欧亚板块碰撞历史*

* 本章作者：丁林、蔡福龙、王厚起、宋培平、张利云。

印度与欧亚大陆的碰撞是近5亿年来地球历史上发生的最重要的造山事件（Yin and Harrison，2000）。地球历史上关闭了许多大洋，导致大陆碰撞，唯独印度与欧亚大陆的碰撞引起了大面积的地表隆起。这种碰撞和持续作用的影响范围已经远远超越了青藏高原，波及中亚腹地、东南亚和中国东部地区（Tapponnier et al.，1982）。因此，印度与欧亚大陆的碰撞及青藏高原的变形应有其独特的碰撞机制和陆内变形过程。印度与欧亚大陆初始碰撞是研究大陆岩石圈变形过程及机制的先决条件，是开展高原气候、环境变化和古高度研究的首要因素，是评价和寻找大陆碰撞成矿的基础。因而，对该造山带形成演化过程的详细研究，不仅对板块构造、大陆变形、多圈层相互作用具有重要的科学意义，也为寻找各类矿产提供核心的科学支撑。

初始碰撞指的是两大陆之间的大洋岩石圈沿着缝合带某一点或某一段俯冲殆尽，两侧相连的大陆岩石圈直接接触。大陆碰撞严格来说是一个过程，它是指活动大陆边缘及其相连的增生楔加载到被动大陆边缘之上，形成周缘前陆盆地系统，残留洋壳在碰撞部位以蛇绿岩形式构造侵位，缝合带及两侧大陆岩石圈发生强烈变形、变质及岩浆作用的造山过程（Ding et al.，2005）。大陆碰撞不是一个简单的、短暂的过程，可能经历了从初始碰撞到全面碰撞的长期过程。

20世纪80～90年代，国际上普遍接受55Ma印度首先在西构造结与欧亚大陆发生碰撞，随后向东穿时性封闭的模式（Achache et al.，1984；Allègre et al.，1984；Beck et al.，1995；Besse et al.，1984；Klootwijk et al.，1994；Rowley，1996；Searle et al.，1987；Tapponnier et al.，1981）。近十几年，国内科学家根据雅鲁藏布江缝合带及其两侧地层资料，首次提出印度与欧亚板块的碰撞时间要早，起始时间可能在65～60 Ma，碰撞首先从中部开始，然后向两侧的西构造结和东构造结穿时性启动（Cai et al.，2011；Chen et al.，2010；Ding and Zhong，1999；Ding et al.，2001，2003，2005，2016b；Hu et al.，2015a，2015b；Wu et al.，2014；Yi et al.，2011；Zhang et al.，2012）。该模式具有重要意义，它预测：①青藏高原将发生大规模的陆内俯冲，陆内俯冲可能是青藏高原大规模变形的主要动力学模式；②大规模的陆内俯冲将引起变形的远程效应；③青藏高原碰撞后将发生大规模的陆内岩浆活动和成矿作用。

6.1 前陆盆地系统

6.1.1 桑单林前陆盆地系统

对萨嘎桑单林剖面进行了详细的地层学、沉积学、年代学和物源区的研究工作。桑单林剖面地层自下而上可划分为三个岩石地层单元：蹬岗组、桑单林组和者雅组，岩石主要由浊积岩和硅质岩组成，沉积于印度大陆最北缘深水环境。物源区分析表明，蹬岗组的物源为印度大陆，而桑单林组和者雅组来自亚洲大陆，且在桑单林组印度物源和亚洲物源交互出现，指示碰撞作用正在发生。

研究过程中，采用三种方法限定物源区变化的时间，包括最年轻一组锆石的加权平均年龄、放射虫化石、钙质超微化石。三者获得的物源区变化年龄分别是 58.1±0.9 Ma、RP6 和 CNP7，均指示物源区变化也即初始碰撞发生在古新世 Selandian 期（59±1 Ma）。同时，弧前盆地不整合发现于仲巴错江顶地区曲贝亚组和曲下组之间，表现为岩相和沉积环境突变。高密度的大型底栖有孔虫鉴定工作表明，曲贝亚组和曲下组之间的沉积间断约为 8 Ma，不整合出现的时间约早于 58 Ma。

同时，我们在定日、岗巴多条剖面上开展了沉积学、生物年代学、同位素年代学及物源区分析工作，在地层中识别出三个不整合或沉积环境突变，包括基堵拉组与宗普组沉积环境突变（约 62 Ma）、宗普组内部古新世—始新世不整合（约 56 Ma）和宗普组与恩巴组不整合（约 51 Ma）。其中，基堵拉组与宗普组沉积环境突变极可能是德干大火成岩省过后，区域热沉降的结果；考虑到印度和亚洲大陆之间快速的汇聚速率，在宗普组沉积期间，汇聚量已可达 1500 ～ 2000 km，如果碰撞发生在约 62 Ma，巨大的地壳缩短量难以解释。宗普组与恩巴组不整合为碳酸盐岩与亚洲来源碎屑岩的不整合，代表前渊沉积已到达特提斯喜马拉雅浅水区，说明碰撞作用早已发生。因此，古新世—始新世不整合（约 56 Ma）最可能记录了初始碰撞的前隆不整合，而且这一时间与桑单林剖面最北缘物源区变化和弧前不整合产生的时间基本一致。

6.1.2　巴基斯坦前陆盆地

主地幔逆冲断裂是西构造结南部科希斯坦弧和印度大陆之间的界线。MMT 断裂带的上盘为强烈剪切的含蛇绿岩岩块的滑塌堆积、蓝片岩带、蛇绿混杂岩带等，其中 Shangla 蓝片岩峰期变质温压分别达 370 ～ 480℃和 7 ～ 8 kbar，多硅白云母 Ar-Ar 年代约为 80 Ma。MMT 上盘的科希斯坦弧主要由侏罗系—白垩系早期洋内岛弧阶段形成的基性侵入岩、火山岩和火山碎屑岩地层以及白垩系中期—始新统陆缘弧阶段形成的中酸性岩基组成。MMT 下盘为印度陆缘的前寒武系—显生宇变泥质岩、大理岩、石英岩地层和元古宇—寒武系的花岗质片麻岩基底。和 MMT 活动有关的早期构造变形表现为印度陆缘沿 MMT 向北的快速俯冲和折返，印度地壳部分形成一系列向南推覆的逆冲岩片和透入性强面理构造以及叠加的平卧褶皱作用，变形强度向南减弱。在早期变形过程中，印度陆缘发生始新世的高压 – 超高压变质作用（50 ～ 45 Ma）和角闪岩相区域变质作用（45 ～ 35 Ma）。

根据来自巴基斯坦北部地区新生代前陆盆地碎屑锆石的证据，对西构造结地区印亚碰撞初始时间进行厘定。在西构造结巴基斯坦北部 Hazara-Kashmir 地区发育一套新生界地层，本书详细研究了上述地层的碎屑锆石年龄特征：古新世 Hangu 组、Lockhar 组和 Patala 组的物源区为印度大陆；第一次出现 <100Ma 碎屑锆石的地层为始新世早期 Margalla Hill 灰岩，暗示了由印度物源向亚洲物源的突变，也就是说，来自亚洲大陆的科基斯坦 – 拉达克岛弧、喀喇昆仑岩基的物质沉积在印度大陆之上，亚洲与印度物质发生了交换。印度向亚洲物源区的转换以及前陆盆地前隆带的出现，有力指示了在巴基斯坦北部地区印度 – 亚洲大陆初始碰撞于 56 ～ 55 Ma。

6.1.3 尼泊尔前陆盆地

Siwalik 是喜马拉雅最年轻的造山带。Siwalik 群的河流相沉积形成于中新世到早更新世，发育向上颗粒变粗的层序，其中底部为杂色泥岩夹细粒砂岩，中部为粗粒砂岩，上部为细砾岩和巨砾岩。碎屑沉积物三元图解显示再循环造山带，表明物源区为北部的岩石构造单元，如特提斯喜马拉雅带、高喜马拉雅带和小喜马拉雅带。碎屑锆石年代学表明，主要峰值年龄小于 1000 Ma，少量老于 1000 Ma。这一年龄谱图与特提斯喜马拉雅带和小喜马拉雅带上部的碎屑物质类似，但是小喜马拉雅带下部的碎屑特征没有被观察到，表明尼泊尔喜马拉雅新近纪前陆盆地的沉积物主要来自特提斯喜马拉雅带和小喜马拉雅带上部，小部分来自高喜马拉雅带和小喜马拉雅带下部。但是，在距今 10 Ma 时，碎屑中中元古代的锆石（约 1600 Ma）开始增多，表明 Siwalik 群中来自小喜马拉雅带的沉积物增加。因此，尼泊尔喜马拉雅的 Siwalik 群的物源是一种混合物源，这和喜马拉雅西北部地区的情况相似。

6.2 大陆初始碰撞时间的研究方法

在实际工作中，不同学科的学者通常喜欢从各自学科的角度来定义初始碰撞时间（表 6.1）。大陆碰撞是一个复杂的过程，在这一过程中发生众多的地质事件，因此，我们建议使用多学科结合、相互验证的方法，以避免以偏概全、以点带面的现象发生，尽可能地将每个阶段发生的事件真实地还原到碰撞造山演化的时间序列中（丁林等，2013）。

表 6.1 大陆初始碰撞时间研究方法及应用条件

研究方法	基本原理	应用条件	碰撞时限
壳源高压–超高压变质作用	大陆岩石圈在大洋岩石圈的拖曳下，俯冲到 100km 甚至更深的深度，形成高压–超高压变质岩。由于构造作用，这些变质岩后期折返至地表，如果获知大陆俯冲速率和角度、峰期变质的深度和时间，可反推初始碰撞时间	深俯冲—折返过程中，高压变质岩常经历减压降温退变质改造而无法还原碰撞—俯冲—变质整个过程 *PTt* 轨迹；由于缺少合适的温压计和标志性高压矿物，往往仅给出变质峰期温度和压力下限	上限
蛇绿岩构造侵位	蛇绿岩构造侵位时，在其底板可形成变质石榴子石角闪岩，可以用来限定构造侵位的时代	一般洋内侵位要老于碰撞，如雅鲁藏布江缝合带南侧蛇绿岩变质底板形成的石榴子石角闪岩，其角闪石 $^{40}Ar/^{39}Ar$ 年龄为 130 ～ 120Ma	下限
最高海相沉积	大陆碰撞发生后洋壳消失，陆地抬升导致海水退出，最高海相层的沉积时代可限定陆陆碰撞的上限	大洋岩石圈的消失并不意味着海水同时退出，如周缘前陆盆地形成时，虽然大洋岩石圈消失，但依然保持着海相沉积；此外，碰撞可能表现为局部碰撞，两侧依然保留残留海	上限
磨拉石建造	磨拉石建造是大陆碰撞后形成于山前坳陷的巨厚粗碎屑岩系。其下部为浅海相沉积，向上过渡为陆相沉积，有时含有煤层	需要鉴定两类不同性质的磨拉石，第一类形成大陆碰撞初期前陆盆地的楔顶部分，可以配合前陆盆地限定碰撞时限；第二类不整合沉积在缝合带及两侧大陆之上，这种磨拉石的形成时代一般大大晚于碰撞	上限

续表

研究方法	基本原理	应用条件	碰撞时限
大洋扩张速度变化	通过俯冲板块后方洋中脊磁异常条带分析，某一时期大洋扩张速度突然降低，可能代表板块运动受到另一稳定大陆阻挡，标志大陆开始碰撞	该方法的最大问题在于，扩张速度降低除了碰撞阻挡这一被动原因外，极可能还有洋中脊自身扩张速度的主动变化	不确定
板块运动方向变化	在穿时性碰撞过程中，后期碰撞会伴随大规模的板块旋转，因而板块的旋转在该情形下可用来限制大陆碰撞	与板块速度变化类似，板块运动角度的变化并不要求碰撞发生，如夏威夷海岭指示的板块运动角度发生了大规模变化	不确定
大规模走滑断裂	碰撞侧缘往往发生大规模走滑运动，如滇西的红河 – 哀牢山走滑断裂、实皆断裂等	碰撞开始一般首先发生地壳挤压缩短，当地壳加厚到一定程度无法有效吸收变形时才发生大规模走滑运动，因而走滑断裂的产生一般要晚于大陆初始碰撞时间	上限
碰撞带地壳变形	大陆相运动所造成的挤压作用通常引起规模巨大的地壳缩短加厚，在俯冲板块一侧，构造变形表现为前陆逆冲褶皱带	并非所有地壳变形加厚都代表着大陆碰撞发生，如洋内岛弧和被动陆缘的碰撞可以造成类似的变形	上限 / 下限
古地磁视极移曲线	碰撞之前两个大陆具有各自独立的视极移曲线或古纬度差，若某一时间之后两者视极移曲线相交甚至彼此重合，或古纬度值在误差范围内一致，标志着初始碰撞开始	适用于刚性块体，碰撞后没有发生明显的地壳缩短、大陆俯冲；能够对地层年代进行精细限定；能准确评估沉积岩倾角变浅的影响；能过滤掉地球磁场长期变影响	碰撞
周缘前陆盆地	当洋壳俯冲消亡殆尽，仰冲一侧的负载造成俯冲一侧发生挠曲下沉，周缘前陆盆地形成；同时，仰冲板块物质可以沉积到被动大陆边缘之上，物质交换发生，从而标志两侧大陆初始碰撞开始	大陆碰撞可能会导致被动大陆边缘沉积物俯冲到仰冲板块之下，导致早期记录消失；周缘前陆盆地通常向克拉通方向动态迁移，早期的前渊可能卷入后期的造山带。因此，最早期最靠近缝合带位置的周缘前陆盆地能够提供最接近真实的初始碰撞时间	碰撞
浅色花岗岩	浅色花岗岩广泛发现于地壳加厚造山带，如喜马拉雅造山带，被认为是加厚造山带上部泥质岩石部分熔融形成，因而，同期大规模出现的浅色花岗岩可以约束地壳大规模加厚过程	浅色花岗岩不仅出现在加厚的俯冲板块的前陆褶皱逆冲带之中，也可以大规模形成在加厚的岛弧带，可以是碰撞前，也可以是碰撞后	上限 / 下限
大洋到大陆俯冲岩浆性质转换	大洋俯冲板片释放的流体引起上覆地幔楔熔融，产生具有明显 Nb、Ta、Ti 负异常的钙碱性 – 高钾钙碱性岛弧岩石组合。大陆岩石圈俯冲产生的岩浆成分混染了大量陆壳信息，为壳源钾玄岩系列。岩浆源区从大洋板片脱水到大陆板片熔融的转变标志大洋岩石圈的消失，大陆开始接触并俯冲	岛弧岩浆作用结束的时代通常晚于大陆初始碰撞时代，即岩浆作用对构造作用的响应总是呈现出一定程度的滞后性。实际上，大陆碰撞后，被大洋俯冲改造的岛弧地幔楔仍长期显示岛弧岩浆岩石组合特征。利用岩浆作用来限定大陆初始碰撞的时代，要特别注意对岩石类型、构造背景、源区，以及时间的精细研究	上限
陆生动植物、底栖浅海生物交换	碰撞前处于不同大陆或大陆边缘之上的陆生生物群或底栖浅海生物具有显著可区分的地域分异性特征，两个大陆开始接触，动植物开始迁移混合，这种交换可以用来限制板块的碰撞时间	值得注意的是，陆生生物或底栖浅海生物的地理分布和年代学上的不确定性会严重影响结论的可靠性	上限
数值及物理模拟	通过物理方法和数值方法可以模拟缓慢的大陆碰撞过程，物理模拟是根据相似原理，选择合适材料构建实体模型；而数值模拟是根据岩石变形的本构方程，利用计算机软件再现变形过程。选择合适的应变速率，达到理想变形所需的时间，即碰撞时间	物理模拟和数值模拟都需要建立基本符合的几何模型，选择合适的本构方程、相似材料、边界条件，根据模拟效果与实际变形的近似情况，对上述条件进行多次修正，直至与实际情况高度一致。优秀的模拟可以对大陆碰撞变形过程和机制给出有价值的预测	不确定

6.3　印度 – 欧亚大陆初始碰撞时间研究历史

对印度 – 欧亚大陆初始碰撞时间的研究有长达 30 余年的历史，在数千千米的缝合带及其两侧地体上积累了大量的资料，将其归纳总结在图 6.1 和图 6.2 中。印度 – 欧亚大陆初始碰撞时间的研究最早始于巴基斯坦和印度西北部地区。在巴基斯坦西北缘 Waziristan-Kurram 地区，Beck 等（1995）通过构造填图，认为 Indus 缝合带的增生楔和海沟地层在 65 ～ 55 Ma 仰冲至印度被动大陆边缘之上，标志着印度 – 欧亚大陆在 55 Ma 之前开始碰撞。然而，也有学者认为这种构造关系代表大洋岛弧和印度大陆的碰撞（Aitchison et al.，2007a）。向东到 Balakot 地区，55 ～ 50 Ma 的 Balakot 组作为最老的陆相前陆盆地沉积，被解释为代表印度 – 欧亚大陆的碰撞（Bossart and Ottiger，1989）。然而，新的填图发现，用来限定 Balakot 组年龄的含化石泥灰岩与 Balakot 组实际为断层接触关系，而非连续沉积，且 Balakot 组的碎屑云母年龄集中在 40 ～ 36 Ma（Najman et al.，2001）。因此，Najman 等（2001）建议碰撞可能比预期晚得多，约为 40 Ma。最近，Ding L 等（2016b）在该地区进行了详细的填图工作，在相当于 Balakot 组下部的 Kuldana 组碎屑岩地层中新发现火山凝灰岩，其锆石 U-Pb 年龄为 53 Ma，碎屑锆石工作证明该套地层物源在 55 Ma 发生由印度向欧亚大陆的转变，标志初始碰撞发生在 56 ～ 55 Ma。此外，Zhuang 等（2015）通过对巴基斯坦南部 Indus 盆地源区的分析，认为印度 – 欧亚大陆碰撞时间为 50Ma 之前。

印度西北部 Zanskar 地区，印度大陆之上的下始新统 Chulung-La 组在 52 ～ 50.7 Ma 从海相转变为陆相，同时期 Spotang 和 Ladakh 弧仰冲到印度大陆上（Gaetani and Garzanti，1991；Garzanti et al.，1987；Rowley，1996；Searle et al.，1987），据此认为碰撞发生在 50 Ma 之前。该地区另一个有意思的现象是，Indus 磨拉石由于同时不整合覆盖在印度和欧亚大陆之上，通常用来说明碰撞在此之前已经发生（Clift et al.，2002；Wu et al.，2007）。磨拉石下部货币虫灰岩的年龄为 50.8 ～ 49.4 Ma，因此，碰撞被限定发生在 50 Ma 之前。然而，Henderson 等（2011）的填图和地层工作则表明，Indus 磨拉石并非如前人所认为的不整合在印度之上，两者实际为构造接触，因此 Indus 磨拉石不能用来限定碰撞时间。

巴基斯坦和印度 Zanskar 地区另一个重要进展是，发现多处大陆深俯冲成因的含柯石英榴辉岩。其中，巴基斯坦 Kagan 榴辉岩超高压峰期变质年龄为 47 ～ 46 Ma（Kaneko et al.，2003；Tonarini et al.，1993；Treloar et al.，2003；Wilke et al.，2010）。Zanskar 地区 Tso Morari 榴辉岩的薄片尺度原位锆石定年结果显示，石榴子石核部（早期）锆石包裹体年龄为 57 ～ 53 Ma，而石榴子石边部（峰期）锆石包裹体年龄为 47 ～ 43 Ma（Donaldson et al.，2013）。这些峰期变质年龄结合大陆俯冲速率，限定板块初始碰撞时间为 57±1 Ma（Leech et al.，2005）。

印度 – 欧亚大陆陆生生物的迁移也曾用来限定碰撞时间，结合德干玄武岩喷发年龄，Jaeger 等（1989）认为白垩纪—古近纪界线附近两大陆陆生生物发生了交换，标志印度 – 欧亚大陆发生初始碰撞。

在西藏南部的特提斯喜马拉雅带，近些年积累了大量的数据。地质学家从最高海相层、物源分析、沉降速率、蛇绿岩仰冲上陆、古地磁等多方面来论证印度 – 欧亚大陆初始碰撞时间。总的来说，这些方法都或多或少地应用了周缘前陆盆地概念，区别

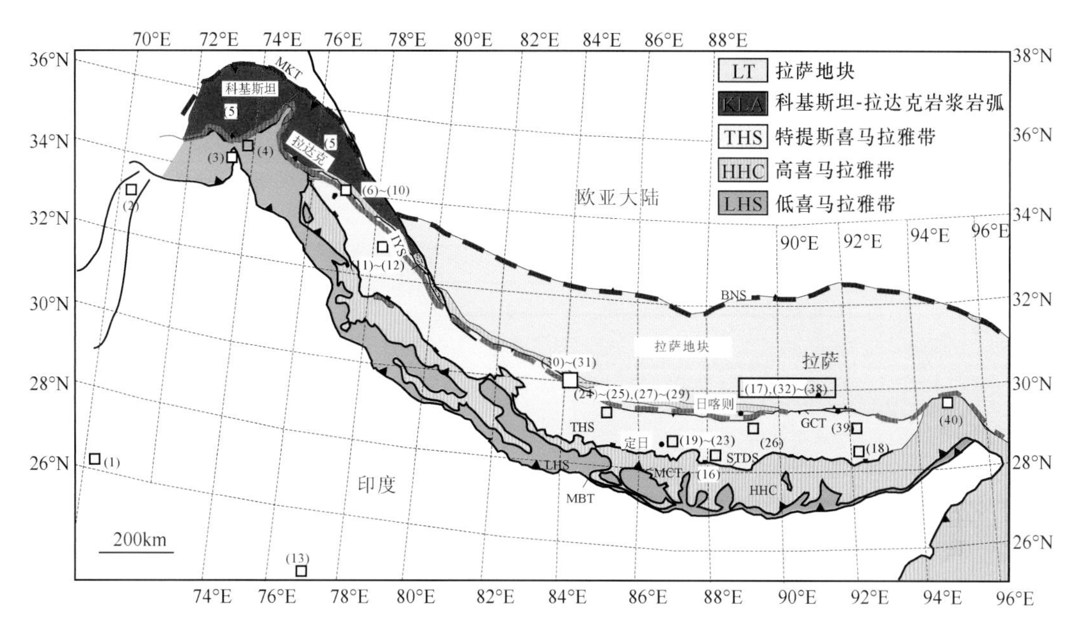

图 6.1　印度与欧亚大陆碰撞时间研究工作位置图

BNS，班公错—怒江缝合带；GCT，大反向逆冲断裂；IYS，印度河 - 雅鲁藏布江缝合带；MBT，主边界逆冲断裂；MCT，主中央逆冲断裂；MKT，主喀喇昆仑逆冲断裂；STDS，藏南拆离系。碰撞时间研究地点参考文献：（1）Zhuang et al.，2015；（2）Beck et al.，1995；（3）Ding L et al.，2016b；（4）Wilke et al.，2010；（5）Bouilhol et al.，2013；（6）Garzanti et al.，1987；（7）Clift et al.，2002；（8）Wu et al.，2007；（9）Leech et al.，2005；（10）Fuchs and Willems，1990；（11）Batra，1989；（12）Najman，2006；（13）Jaeger et al.，1989；（14）Patriat and Achache，1984；（15）Klootwijk et al.，1992；（16）Yi et al.，2011；（17）Achache et al.，1984；（18）Yang et al.，2015；（19）Hu et al.，2012；（20）Zhang et al.，2012；（21）Zhu et al.，2005；（22）Najman et al.，2010；（23）Rowley，1998；（24）DeCelles et al.，2014；（25）Ding et al.，2005；（26）Cai et al.，2011；（27）Hu et al.，2015a；（28）Wu et al.，2014；（29）Wang et al.，2011；（30）Hu et al.，2015b；（31）Meng et al.，2012；（32）Chen et al.，2010；（33）Liebke et al.，2010；（34）Sun et al.，2010；（35）Chen et al.，2014；（36）Huang et al.，2013；（37）Huang et al.，2015a；（38）Huang et al.，2015b；（39）Ding H et al.，2016a；（40）Ding et al.，2001。其中（14）（15）无具体位置

就是把不同地点、不同阶段发生的事件的时间用来限定初始碰撞时间。20 世纪 90 年代，Rowley（1998）根据 Willems 等（1996）的定日遮普惹山组剖面，绘制了特提斯喜马拉雅南亚带沉降速率曲线，并认为遮普惹山组沉积结束（45.8 Ma）时，沉降速率一直无明显加大，意味着碰撞导致的挠曲一定发生在 45.8 Ma 之后。随后，Zhu 等（2005）在同一剖面通过物源分析得出，碰撞位于 50.8 Ma 前。

后物源区由印度转变为欧亚来源，并认为碰撞已经发生。Najman 等（2010）对遮普惹组（恩巴段和扎果段）中的微体化石重新进行了详细定年，认为沉积时代在 52.8 ～ 50.6 Ma，结合源区分析，认为碰撞发生在此时间段内。Zhang 等（2012）在详细的古生物年代学工作的基础上，将 56 Ma 发育的由宗普组灰岩组成的砾岩定义为前陆盆地的前隆沉积，由此提出碰撞发生在 56 Ma 前。Hu 等（2012）在同一地区的工作则表明，宗普组的砾岩段和灰岩段都是沉积在前隆地区，因此将宗普组灰岩最底部时代（62 Ma）作为碰撞开始时间。

近些年，特提斯喜马拉雅北亚带周缘前陆盆地的发现和详细工作无疑对板块碰

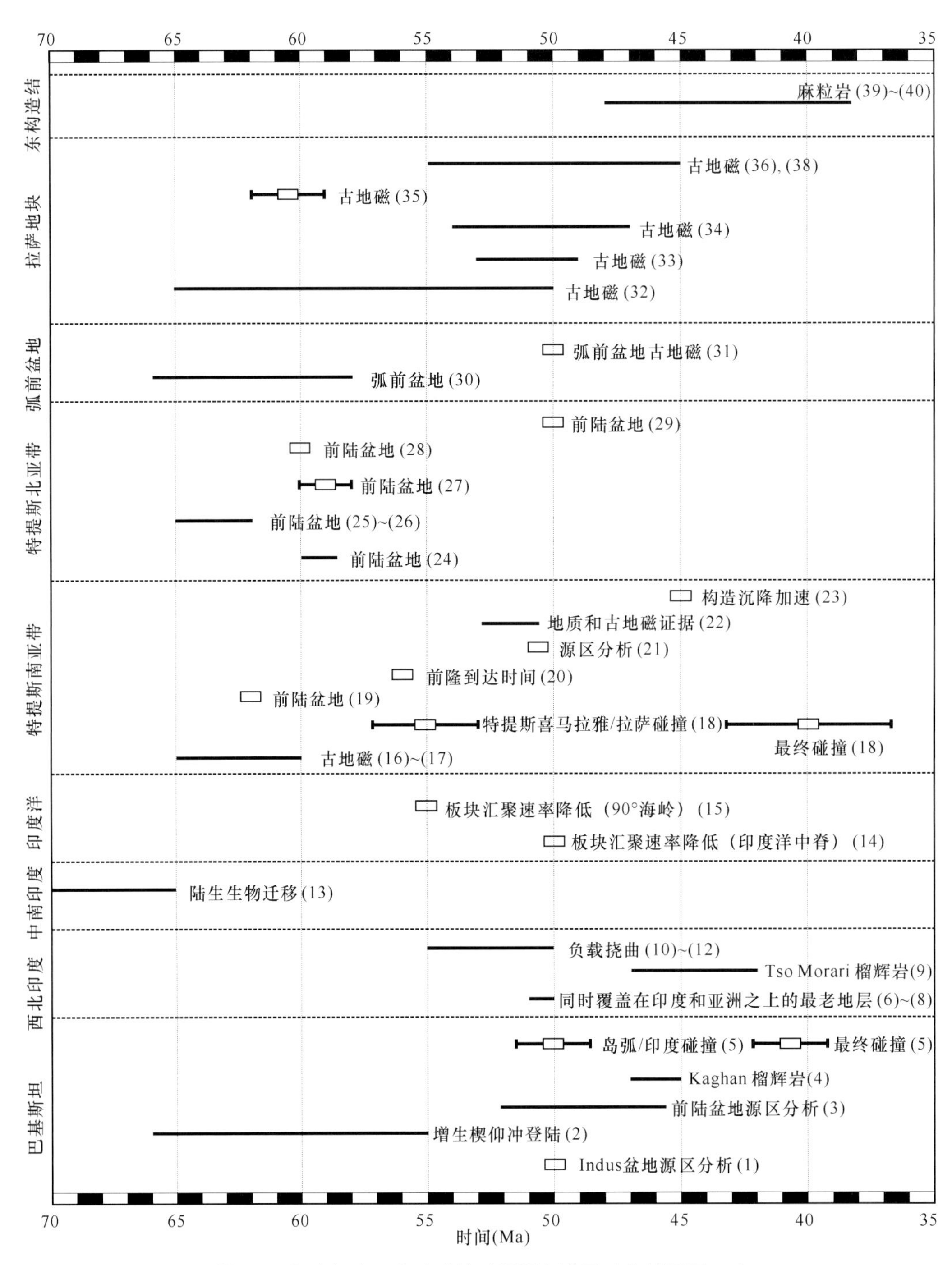

图 6.2　印度与欧亚大陆碰撞时间研究进展（文献见图 6.1）

撞时间研究起了重要的推动作用。桑单林作为经典的周缘前陆盆地剖面得到了国内外众多地质学家的关注。目前，该地区的工作尽管仍存在些许争议，但是普遍能够达成的共识是该地区的碰撞时间比以前提前 15 ～ 10 Ma，认为碰撞最早发生在 65 ～

60 Ma（DeCelles et al.，2014；Ding et al.，2005；Hu et al.，2015a；Wu et al.，2014）。关于该部分的详细论述详见 6.4 节。

相比西构造结发现的榴辉岩，东构造结到目前为止还没有发现典型的榴辉岩，但麻粒岩发育较为广泛，时间跨度大（Ding et al.，2001）。最新的研究表明，对应中下地壳俯冲的高压麻粒岩，上地壳经历了早始新世（52 ～ 45 Ma）的中压变质作用，限定了大陆初始碰撞时间的上限（Ding H et al.，2016a）。

6.4　印度与欧亚大陆初始碰撞时限最新进展

正如 6.2 节所述，限定大陆初始碰撞时限的方法有十几种，其中最为有效的是周缘前陆盆地和古地磁。

6.4.1　初始碰撞的构造沉积响应

1. 特提斯喜马拉雅带碰撞早期构造变形

新特提斯洋岩石圈俯冲消亡之后，构造变形作为敏感指标之一首先对碰撞进行响应。欧亚大陆南缘的岛弧、增生楔和海沟地层在白垩纪最晚期至古新世早期加载到印度大陆北缘之上（DeCelles et al.，2014；Ding et al.，2005；Hu et al.，2015b；Tapponnier et al.，1981；Wang et al.，2015）。负载导致印度大陆北缘发生挠曲，形成第一期周缘前陆盆地，即雅鲁藏布江周缘前陆盆地（丁林等，2009a；DeCelles et al.，2014；Ding，2003）。在雅鲁藏布江缝合带中部，前陆盆地对应的前陆褶皱逆冲带为仲巴 – 江孜逆冲断裂，该断裂是印度 – 欧亚大陆碰撞边界断裂的一部分，其上盘为新特提斯洋俯冲增生杂岩，广泛发育透入性的 F1 面理和膝折构造（Wang et al.，2015）。韧性剪切带内高压蓝片岩及云母片岩中角闪石和云母的 ^{40}Ar-^{39}Ar 热年代学结果表明，该断裂活动时间为 71 ～ 60 Ma（Ding et al.，2005；Wang et al.，2015）。在南迦巴瓦地区，印度 – 欧亚大陆碰撞边界断裂可能为排龙 – 拉月逆冲断裂和东久 – 米林走滑逆冲剪切带，两者发育角闪岩相糜棱岩组构和石英中高温滑移系，角闪石 ^{40}Ar-^{39}Ar 冷却年龄和同构造片麻岩锆石年龄指示断裂活动时间为 62 ～ 54 Ma（Xu et al.，2012；Zhang et al.，2004）。

随着印度 – 欧亚大陆碰撞的持续，前陆挠曲向印度内陆方向迁移。在始新世早期，前缘断裂扩展到康马—吉隆逆冲断裂上（Ratschbacher et al.，1994），前渊沉降中心也随之迁移到岗巴 – 定日地区，形成第二期周缘前陆盆地（丁林等，2009b；DeCelles et al.，2014；Hu et al.，2012；Zhang et al.，2012）。伴随着前缘断裂的扩展，印度大陆北缘发育一系列向南倒伏的褶皱，形成典型的前陆褶皱逆冲带（Burg and Chen，1984；Ratschbacher et al.，1994）。早期的仲巴—江孜逆冲断裂和第一期前陆盆地卷入该期构造，形成一系列褶皱逆冲带（Ding et al.，2005）。仁布地区褶皱逆冲带内的白云母 K-Ar

年龄指示该期构造活动时间约为 50 Ma(Ratschbacher et al.，1994)。地壳的构造加厚还进一步引发了深部的高级变质作用和地壳部分熔融，高级变质和深部熔融时间为 48 ~ 43 Ma(Aikman et al.，2008；Ding et al.，2005，2016a；Zeng et al.，2011)，进一步限定了该期构造变形作用的时间。

被动陆缘前缘的下地壳发生俯冲或底冲作用，而上地壳则会形成向被动大陆腹陆方向扩展的褶皱逆冲带。值得注意的是，板块缝合边界的挤压构造变形也可能形成于洋岛与大陆的碰撞过程中，因此实际工作中要注意区分构造的原因。此外，这些早期的构造变形可能既有脆性变形，也有韧性变形。对于脆性变形的时代确定非常困难，即便是发育有较好的韧性剪切带，Ar-Ar 等热年代学数据的解释也依然存在很多的不确定性。为了精确限定初始碰撞时间，构造变形应该结合前陆盆地沉积的证据，共同解释大陆碰撞过程。

2. 周缘前陆盆地系统的建立

碰撞带周缘前陆盆地的建立是大陆碰撞的直接标志（丁林等，2009a；Ding，2003)。传统研究认为前陆盆地系统仅发育在喜马拉雅山南侧，以中新统—上新统西瓦里克群 (Siwalik) 为代表。Ding(2003) 发现在紧靠雅鲁藏布江缝合带的南侧发育一个周缘前陆盆地系统，即雅鲁藏布江前陆盆地系统 (Ding，2003)，相比其他新生代盆地，它更靠近缝合带，发育时间更早。

目前，识别出的雅鲁藏布江前陆盆地形成在 65 ~ 60 Ma［图 6.3(a)］(Cai et al.，2011；DeCelles et al.，2014；Ding，2003；Ding et al.，2005；Hu et al.，2015a；Wang et al.，2011；Wu et al.，2014)。此时，萨嘎地区特提斯喜马拉雅带地层从印度被动大陆边缘沉积转变为周缘前陆盆地的前渊沉积 (Ding，2003；Ding et al.，2005)。在东部江孜地区，同样发育同时期的周缘前陆盆地 (Cai et al.，2011；Wu et al.，2014)。

萨嘎地区桑单林剖面位于特提斯喜马拉雅北亚带，代表了欧亚大陆加载到印度大陆被动边缘产生的周缘前陆盆地，是研究大陆初始碰撞时限的代表性剖面。Ding(2003) 最先在该剖面进行了详细的构造、古生物地层和沉积源区分析工作，将该剖面划分为上白垩统宗卓组、古新统 Danian-Thanetian 阶桑单林组以及之上的始新统者雅组。宗卓组由硅质页岩、硅质岩、灰岩和石英砂岩组成，其中石英砂岩是典型的印度大陆被动大陆边缘重力流沉积。桑单林组为硅质岩和硅质页岩，根据放射虫化石研究，其时代为古新世至早始新世 (65 ~ 55 Ma) (Ding，2003)。桑单林组是典型的前陆盆地前渊沉积，由于碎屑物质少，属于饥饿型周缘前陆盆地。者雅组主要为一套砂质复理石沉积，中间夹有数层砾岩，是靠近楔顶斜坡的一套浊积岩和水道砂岩、砾岩沉积。

关于该地区初始碰撞时间的限定，不同学者的理解依然不同。Ding 等 (2005) 通过 65 ~ 63 Ma 沉积环境由印度被动大陆边缘向饥饿型周缘前陆盆地的转变，认为碰撞发生在 65 Ma 左右。Wu 等 (2014) 在该地区做了更为详细的碎屑锆石工作，发现桑单林组中交替出现印度来源物质和欧亚来源物质，且第一次出现欧亚来源的碎屑物质比 Wang 等 (2011) 所认为的要早，结合最年轻碎屑锆石年龄 (62±1 Ma 和 57±2 Ma)

以及同期的放射虫化石年代（RP4，63 ～ 61 Ma），认为碰撞发生在 60Ma。DeCelles 等（2014）的工作在桑单林剖面者雅组顶部发现了凝灰岩，其 U-Pb 年龄为 58.5 Ma，结合第一次出现欧亚来源的碎屑锆石的最年轻年龄 60.6 Ma，认为碰撞发生在 60.6 ～ 58.5 Ma。Hu 等（2015a）对物源区附近的地层重新进行了化石年代学和碎屑锆石年代学研究，得出和 DeCelles 等（2014）及 Wu 等（2014）类似的观点，将印度 – 欧亚大陆初始碰撞时间约束在 59±1 Ma。总的来说，如果以前陆盆地系统的前渊中第一次出现欧亚来源碎屑物质的时代来限定初始碰撞时间，大陆碰撞应该在 60 ～ 59 Ma 之前发生。构造变形比物源改变对大陆碰撞更为敏感，如果以构造变形和前陆盆地的开始时间联合限定初始碰撞，时间应该在 65 ～ 63 Ma。

岗巴 – 定日一带，下古新统的基堵拉组纯净石英砂岩碎屑物质来源于印度大陆；上古新统的宗普组是瘤状灰岩沉积，可见向南的滑塌构造（李国彪等，2002；万晓樵等，2002）。上述沉积构造指示宗普组沉积时前隆已迁移到该位置（Zhang et al.，2012）。始新统遮普惹山组是一套泥岩夹岩屑砂岩地层（Wang et al.，2002；Zhu et al.，2005），碎屑物质来自北部卷入褶冲带的特提斯喜马拉雅带地层和缝合带 – 冈底斯弧（Zhu et al.，2005）。遮普惹山组代表前隆通过后的前渊沉积，当时的萨嘎 – 江孜前陆盆地已卷入前陆褶冲带，前陆褶冲带前渊已迁移到拉轨岗日南部的岗巴 – 定日地区（丁林等，2009b）。

总的来说，随着 65 ～ 63 Ma 增生楔和海沟物质向南逆冲到印度被动大陆北缘，在特提斯喜马拉雅带最北侧发育了最早期的周缘前陆盆地，前渊沉积单元对应萨嘎的桑单林组，而前隆在 56 Ma 迁移到岗巴 – 定日地区，形成瘤状灰岩。这表明周缘前陆盆地和前陆褶冲带研究所获得的印度 – 欧亚板块初始碰撞时间约为 65 Ma。

3. 印度大陆碰撞前缘的最高海相层

20 世纪 80 ～ 90 年代，印度北部被动大陆边缘地层由海相向陆相的转变被用于指示印度大陆和欧亚大陆的初始碰撞（Searle et al.，1987）。西部巴基斯坦 55 ～ 50 Ma 的 Balakot 组作为最老的陆相前陆盆地沉积，被解释为代表印度 – 欧亚大陆的碰撞（Bossart and Ottiger，1989）。向东到 Zanskar 地区，特提斯喜马拉雅带下始新统的 Chulung-La 组沉积相由海相转为陆相，标志着碰撞发生（Gaetani and Garzanti，1991；Rowley，1996）。上述具有精确化石年代限定的最高海相层均不晚于 50.5 Ma（Critelli and Garzanti，1994）。在西藏定日地区，Rowley（1996）指出浅水陆架碳酸盐岩可以发育到 Lutetian 期（47.8 ～ 41.2 Ma）［图 6.3（a）］，这就意味着最高海相层一定在此之后，因此得出了更晚的碰撞时间，且据此提出了自西向东穿时性碰撞的观点。Wang 等（2002）根据微体化石研究进一步限定定日地区最年轻的海相层为晚始新世约 34 Ma，而其他的学者根据有孔虫化石和微体化石等证据认为最高海相层沉积时代为 53.5 ～ 50.6 Ma（Najman et al.，2010；Zhu et al.，2005）。

海相沉积并不会随着碰撞开始而结束，最高海相层的年代只能代表碰撞最年轻年代。因此，这一方法在应用上具有较大局限性，这是由于两个大陆即使发生碰撞，洋壳虽然消失，但是残留海或者周缘前陆盆地等海相沉积作用依然在进行，如现今的澳大利亚北部［图 6.3(b)］。澳大利亚大陆与巴布亚–新几内亚于 15 ～ 12 Ma 碰撞以来 (Hall，2012)，澳大利亚大陆北缘碰撞前缘仍然发育一个陆表海——阿拉弗拉海（相当于西藏定日陆表海）[图 6.3(a)]，平均深度约 50 m，连通西部的印度洋与东部的太平洋。

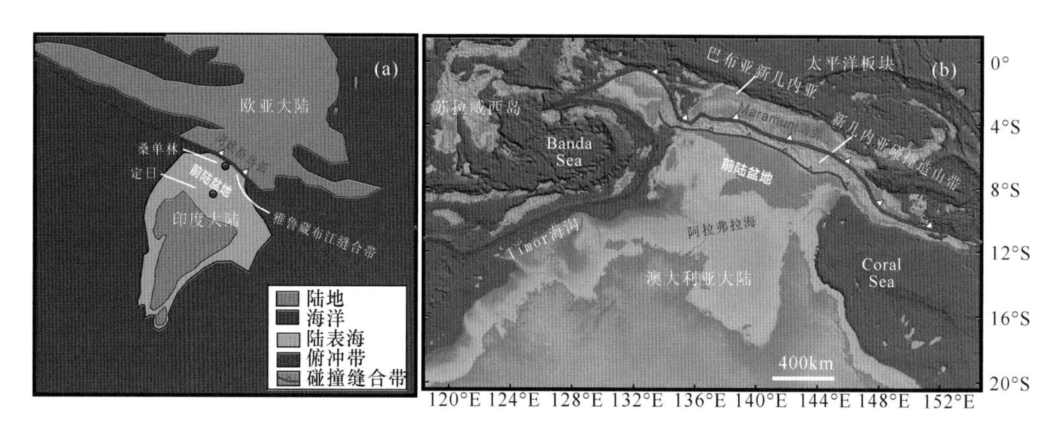

图 6.3　印度大陆 (a) 及澳大利亚大陆 (b) 碰撞前缘的陆表海及前陆盆地

6.4.2　初始碰撞的古纬度

除周缘前陆盆地系统外，古地磁学是限定两个大陆在何时何地初始碰撞的最直观和有效的手段。在过去 20 余年的研究中，与印度和欧亚大陆初始碰撞相关的大印度、大亚洲研究也取得了很多重要进展（第五章已详细论述，在此简要介绍）。

1. 大印度与特提斯喜马拉雅古纬度

自 Argand(1924) 首次提出大印度概念以来，由于其在青藏高原–喜马拉雅造山带中的重要作用受到了学者的广泛关注。大印度在不同地质时期的范围和位置对于研究印度–欧亚大陆初始碰撞时间、计算地壳缩短和俯冲量以及限定青藏高原隆升模式都具有极其重要的意义。在介绍大印度模型之前，首先介绍现今印度大陆和大印度的定义。现今的印度大陆包括主边界逆冲断裂以南的印度克拉通以及该断裂和雅鲁藏布江缝合带之间的喜马拉雅造山带 (Ali and Aitchison，2005)。大印度指的是地质历史时期，现今印度大陆范围以北的区域，应该包括已经发生俯冲的大印度岩石圈以及喜马拉雅造山带的缩短量 (Ali and Aitchison，2005)。

在众多的大印度重建模型中，Ali 和 Aitchison(2005) 的方法似乎看起来是可靠的。他们通过对印度洋东南部靠近澳大利亚的海底地形进行详细的分析，结合中生代冈瓦纳大陆重建，采用几何学的方法重建了大印度可能的最大范围为 950 km。

该方法的原理是依靠现代海底地形数据。澳大利亚西部印度洋中存在多个具有陆壳性质的水下隆起，自南向北依次是 Naturaliste 高原、Wallaby-Zenith 高原和其南部的 Wallaby-Zenith 破裂带（图 6.4）。Wallaby-Zenith 破裂带是大印度重建的关键，它的南侧是印度洋洋壳，而北侧是具有陆壳的 Wallaby-Zenith 高原 (Brown et al.，2003)。

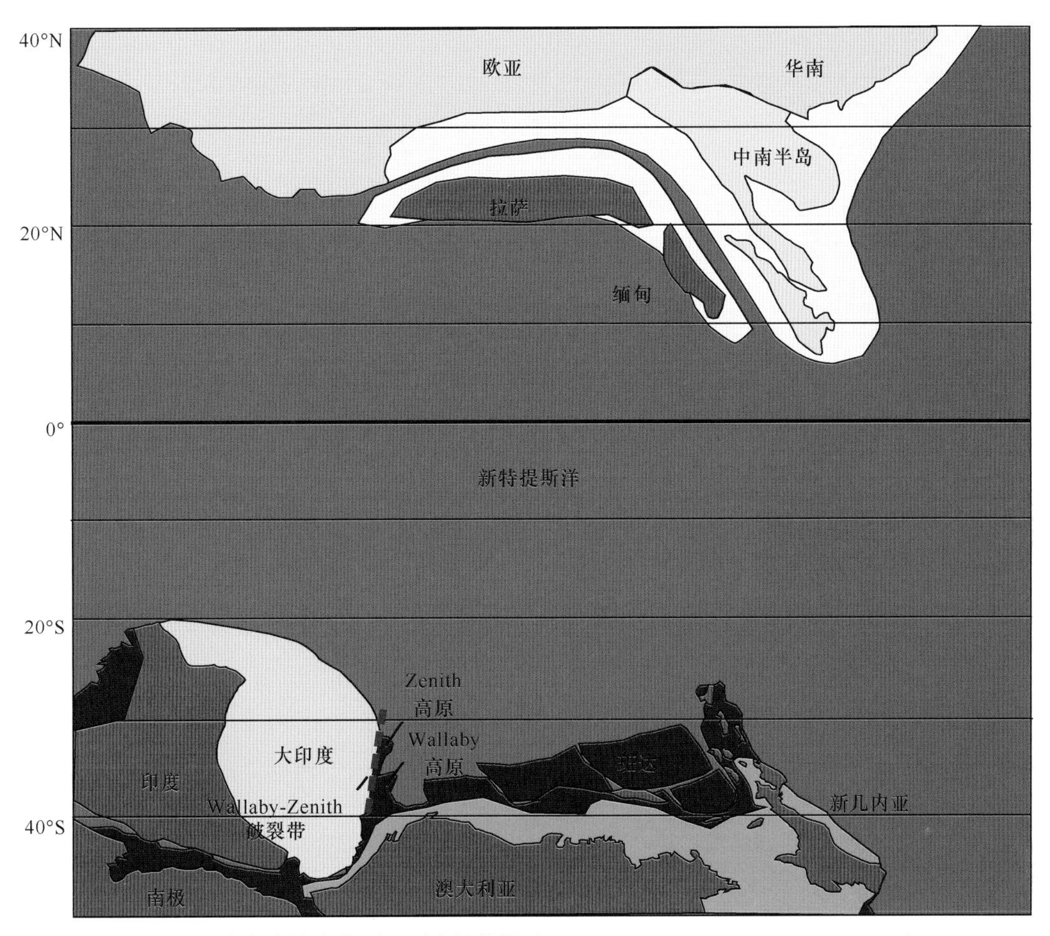

图 6.4　大印度从澳大利亚裂离的位置（Ali and Aitchison，2005；Hall，2012）

这一重要现象表明，至少大印度东部可以限定在该破裂带的南侧。该模型目前仅能限定白垩纪时期大印度东部的边界，其西北部和北部仍然无法准确限定。我们在后面的古地磁讨论中采用 Ali 和 Aitchison(2005) 的大印度模型，并参考了和他们类似的 Hall(2012) 古地理重建模型，即略向北凸出的大印度（图 6.4）。

印度大陆最北部现今能直接观察到的岩石单元是特提斯喜马拉雅带，它的古纬度变化无疑对于印度－欧亚大陆初始碰撞具有重要意义。特提斯喜马拉雅带早新生代可靠的古地磁数据较少，Patzelt 等 (1996) 对特提斯喜马拉雅南亚带岗巴和堆拉地区上白垩统—古近系地层进行古地磁学研究，获得宗山组 (71 ～ 65 Ma) 时期古纬度为 4.4±4.4°S，宗普组 (63 ～ 55 Ma) 时期古纬度为 5.8±3.8°N。Yi 等 (2011) 重新对岗巴地区宗普组灰岩进行了古地磁研究，结果表明 62 ～ 59 Ma 的古纬度为 7.1±3.5°N，59 ～ 56 Ma 的古纬度为 11.8±2.5°N。van Hinsbergen 等 (2012) 通过对已有白垩纪古地磁数据的解释和修订，认为印度大陆和特提斯喜马拉雅之间存在一个上千千米的大印度洋盆，Yang 等 (2015) 对特提斯喜马拉雅的古地磁研究也支持该观点。

2. 欧亚南缘古纬度

数十年来，国内外学者对欧亚南缘拉萨地块的白垩纪—始新世的火山岩和沉积岩开展了详细的古地磁学研究（唐祥德等，2013；Achache et al.，1984；Chen et al.，2010，2012，2014；Huang et al.，2013，2015a；Li et al.，2015，2016；Lin and Watts，1988；Ma et al.，2014；Pozzi et al.，1982；Sun et al.，2010，2012；Tan et al.，2010；Westphal and Pozzi，1983；Yang et al.，2014）。但是，这些研究的结果差异较大，拉萨地块南缘晚白垩世—古近纪古纬度估值变化范围从 7°N 一直到 32°N，而由此限定的印度 – 欧亚大陆初始碰撞时间范围为 65 ～ 43 Ma。产生这些古纬度差异的主要原因可能有沉积岩的磁倾角浅化（Gilder et al.，2001；Kodama，2012；Tauxe，2005；Yan et al.，2005）、火山岩古地磁数据未平均掉地球磁场长期变影响（Sun et al.，2012）、重磁化（Huang et al.，2015a）和不严格的数据筛选方法（Lippert et al.，2014）等。Yang 等（2014）和 Ma 等（2014）综合分析了已发表的拉萨地块白垩纪古地磁结果，挑选出了 116 个可靠的火山岩古地磁采样点数据，计算得到拉萨地块南缘白垩纪古纬度约为 15°N。Lippert 等（2014）对已有的白垩纪—始新世古地磁数据进行严格的筛选，选取了有精确年代学限定的火山岩古地磁数据和有磁倾角浅化矫正的沉积岩古地磁数据进行综合分析，认为拉萨地块南缘在白垩纪—古近纪时期一直位于 16°N ～ 22°N 附近，印度 – 欧亚大陆碰撞后，逐渐向北漂移至现今纬度（约 30°N）附近。总体来说，我们倾向于相信拉萨地块南缘在晚白垩世—古新世时约 15°N 的古纬度。Yi 等（2015）最近通过对拉萨地块西部亚热和狮泉河地区上白垩统火山岩的古地磁研究，结合已发表数据，认为欧亚大陆南缘，即拉萨地块南缘呈 310° 走向展布，西部纬度略高，东部略低。

结合大印度的范围，通过印度北缘和欧亚大陆南缘白垩纪—始新世古纬度的对比，可以直观有效地限定印度 – 欧亚大陆初始碰撞时间（Huang et al.，2015a；Lippert et al.，2014；Yi et al.，2011）。以目前的数据来看，如果拉萨地块南缘晚白垩世—始新世一直处于约 15°N，岗巴 – 定日地区古纬度采用 Yi 等（2011）的数据，印度 – 欧亚大陆初始碰撞时间在 52 Ma（Hu et al.，2016），这是古地磁数据所能独立得到的最年轻碰撞时代。如果我们考虑大印度范围为 950 km（Ali and Aitchison，2005），特提斯喜马拉雅带缩短量为 120 ～ 150 km（DeCelles et al.，2002），那么推测的初始碰撞时间应该在 65 ～ 60 Ma（Yi et al.，2011）。

6.4.3 印度大陆前缘的碰撞早期岩浆活动

近年来，研究发现，喜马拉雅地区除了广泛分布的渐新世—中新世淡色花岗岩外，还发育有碰撞后更早期的岩浆活动，即始新世中期花岗岩（吴福元等，2015；Ding et al.，2005）。这些花岗岩主要沿着雅鲁藏布江缝合带南缘分布，在空间上呈东西向带状展布，侵位于特提斯喜马拉雅北缘。从西往东包括普兰县东北部 Xiao Gurla Range（43.9±0.9 Ma）（Pullen et al.，2011）、仲巴县东北部牛库（44.8±2.6 Ma）（Ding et al.，2005）、仁布县东部然巴（约 44 Ma）(Liu et al.，2014) 和山南地区雅拉香波 – 打拉 – 确当 (46 ～ 42 Ma)（戚学祥等，2008；Aikman et al.，2008，2012；Hou et al.，2012；Zeng et al.，2011，2014) 等多个地区。该时期侵入的花岗岩多切穿了早期的褶皱构造，如在 Xiao Gurla Range 和牛库，侵位于褶皱的核部 (Ding et al.，2005；Pullen et al.，2011)，在雅拉香波地区侵位于穹窿的核部 (Zeng et al.，2011) 或穿切明显褶皱缩短变形的三叠系地层（如打拉岩体）(Aikman et al.，2008)。

根据对雅拉香波 – 打拉 – 确当地区的研究（谢克家等，2010；Hou et al.，2012；Zeng et al.，2011，2014)，该套岩石主要为二云母花岗岩，整体具有高 SiO_2(68.3% ～ 74.8 %) 和高 Al_2O_3(13.4% ～ 17.0 %，多在 15 % 以上）的特征，属于过铝质系列 (A/CNK=1.0 ～ 1.3)。然而，该套岩石具有相对富钠贫钾的特征 (Na_2O/K_2O=0.95 ～ 1.42，Na_2O/K_2O 多在 1 以上)，具有中等 – 较高的稀土元素含量 (REE=80 ～ 180ppm)，明显富集轻稀土、亏损重稀土 (La/Yb=17 ～ 126，平均为 52)，Eu 异常不明显 (Eu/Eu*=0.57 ～ 1.71，平均为 0.83)。该套岩石高的 Sr 含量 (252 ～ 1564ppm，平均为 358ppm)、Sr/Y 值 (33 ～ 251，平均为 56) 和 La/Yb 值，低的重稀土 Yb(0.25 ～ 0.78ppm) 和 Y(3.30 ～ 8.77ppm) 含量，显示与埃达克质岩石相似的特征（图 6.5)。然巴地区同期发育的斑状二云母花岗岩脉也具有类似的地球化学特征 (Liu et al.，2014)。该期岩石具有明显富集的 Sr-Nd 同位素组成［($^{87}Sr_i/^{86}Sr_i$)=0.707696 ～ 0.719344；$\varepsilon_{Nd}(t)$= 14.94 ～ 8.97；T_{DM2}=1.49 ～ 2.05Ga］，落入喜马拉雅淡色花岗岩范围内 (Hou et al.，2012；Liu et al.，2014；Zeng et al.，2011)。目前研究多认为，该套岩石为碰撞早期阶段喜马拉雅北缘加厚下地壳部分熔融的产物，源区组成以石榴角闪岩为主（谢克家等，2010；Hou et al.，2012；Liu et al.，2014；Zeng et al.，2011，2014)。该套岩石为喜马拉雅北缘碰撞后最早的一期岩浆活动，与拉萨地块南缘始新世中期岩浆活动同期发育，因此很多学者认为该期岩浆活动可能与碰撞后新特提斯洋板片的断离有关 (Hou et al.，2012；Pullen et al.，2011；Zeng et al.，2011)。最近，Ji 等 (2016) 在特提斯喜马拉雅北缘的江孜地区发现了同期 (45.0±1.4 Ma) 的 OIB 型辉长岩，为软流圈直接来源

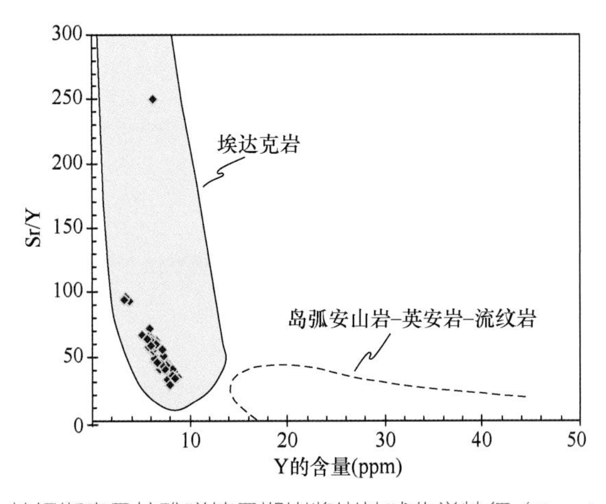

图 6.5　特提斯喜马拉雅碰撞早期岩浆岩地球化学特征 (Ji et al.，2016)

的岩浆记录。结合该时期岩浆活动主要沿着雅鲁藏布江缝合带南缘呈东西向带状展布特点，以及喜马拉雅西构造结地区同期变质记录，进一步确认俯冲板片在始新世中期（约 45 Ma）发生了整体断离，即该期花岗岩岩浆作用与板片断离引起的热扰动有关（Ji et al.，2016）。特提斯喜马拉雅早期岩浆岩也限定印度与欧亚大陆碰撞发生时间不晚于 45 Ma。

6.5 印度与欧亚大陆碰撞方式和过程

碰撞是一个复杂的过程，因为碰撞前的大陆边缘有的非常平直，有的却非常复杂，包括陆缘弧、岛弧、微陆块和边缘海等。初始碰撞首先在凸出点开始，进一步的大陆汇聚使得碰撞部位向开放的残留大洋岩石圈进行逆冲推覆或侧向走滑，直至碰撞系统内的所有大洋岩石圈被俯冲、掩埋或圈闭掉，全面碰撞阶段启动，碰撞变形传递到更宽阔的两侧大陆之上。相应地，初始碰撞到全面碰撞阶段被称为“软碰撞”，而全面碰撞以后的碰撞过程被称为“硬碰撞”［图 6.3(a)、图 6.6］。印度与欧亚大陆碰撞方式和过程的争议主要集中在碰撞是两阶段还是单阶段，两阶段碰撞模式可以进一步概括为洋内俯冲模式和大印度盆地模式。洋内俯冲模式认为新特提斯洋的消亡是洋内俯

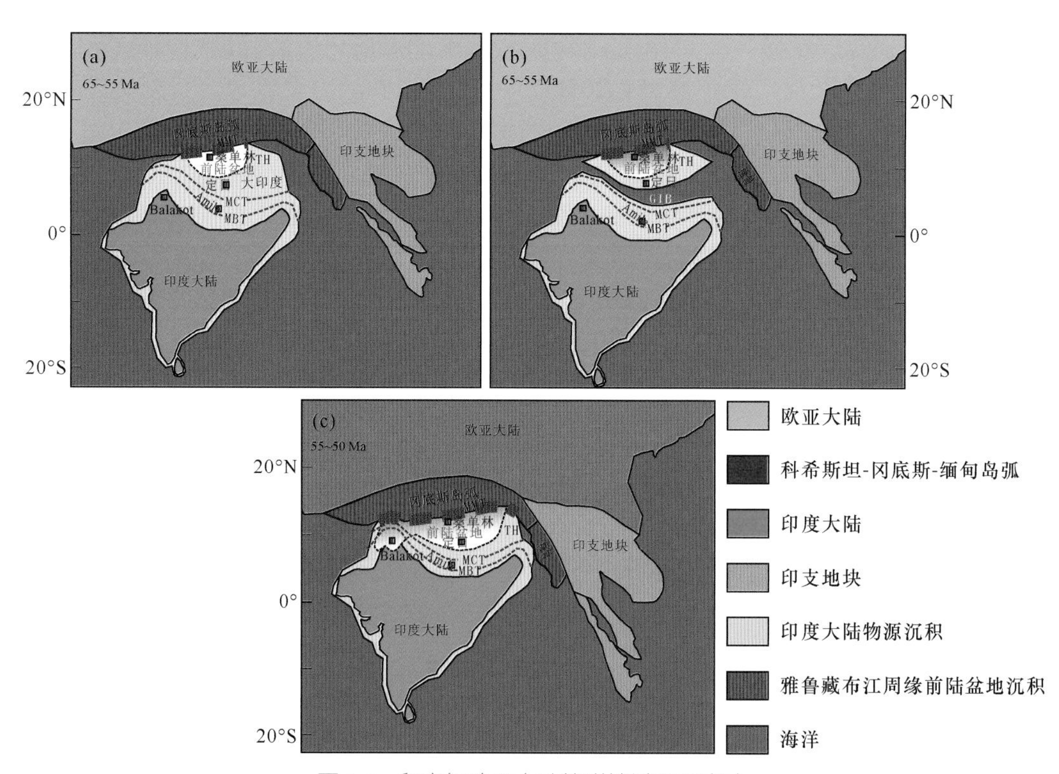

图 6.6　印度与欧亚大陆的碰撞过程和方式

(a) 大印度模型；(b) 大印度盆地模型；(c) 古新世末—始新世初前陆盆地范围。GIB，大印度盆地；MBT，主边界逆冲断裂；MCT，主中央逆冲断裂；MMT，主地幔逆冲断裂（碰撞缝合带）；TH，特提斯喜马拉雅

冲和沿拉萨地块南缘俯冲共同作用的结果。洋内岛弧的设想在 20 世纪 80 年代即被提出（Allègre et al.，1984），但直到 21 世纪初才被详细研究。Aitchison 等（2000）将泽当地区出露的一套晚侏罗世中基性火山岩和硅质岩定义为新特提斯洋洋内岛弧的残留，认为雅鲁藏布蛇绿岩为岛弧弧前蛇绿岩，匮乏陆缘碎屑的白朗块体为洋内俯冲杂岩；这套岛弧系统类似于现今西太平洋地区的伊豆 – 小笠原 – 马里亚纳（Izu-Bonin-Mariana）群岛洋内岛弧系统（Aitchison et al.，2007b）。而对于被广泛接受的 55 ～ 50 Ma 印度 – 欧亚大陆碰撞，Aitchison 等（2007a）认为其只是洋内岛弧与印度陆缘的碰撞，彼时大印度北缘（约 14°N）（Ali and Aitchison，2005）和欧亚大陆南缘（约 28°N）（Ali and Aitchison，2006）相距甚远。岛弧和印度大陆碰撞后一起继续向北漂移，并在约 34 Ma 和欧亚大陆碰撞，同时印度陆缘海相沉积结束、欧亚南缘发育磨拉石沉积、冈底斯弧俯冲型岩浆活动停止等。

然而，洋内岛弧模式中的关键证据一直都备受质疑（Hu et al.，2016）。泽当岛弧本身的岩石地球化学特征和冈底斯弧并无明显的差别，且两者之间并没有能代表残留洋盆的蛇绿岩或混杂岩带，因此泽当岛弧更可能是冈底斯弧的一部分，而非独立的洋内岛弧（Zhang et al.，2014）。Abrajevitch 等（2005）用来限定洋内岛弧古地理位置的蛇绿岩古地磁数据存在明显的倾角浅化，因此得出的古纬度偏低。此外，Aitchison 等（2007a）用来重建欧亚南缘古地理位置的古地磁数据（28°N）是根据视极移曲线计算得出的数据。更可靠的古地磁数据则显示蛇绿岩形成于欧亚大陆南缘，而非洋内环境（Huang et al.，2015c）。实测古地磁数据显示欧亚大陆南缘在约 50 Ma 的古纬度为约 20°N，印度 – 欧亚至少在 50 Ma 就已经发生了古地理位置的重合（Liebke et al.，2010；Lippert et al.，2014）。

大印度盆地（Greater Indian Basin，GIB）模型是 van Hinsbergen 等（2012）基于特提斯喜马拉雅和印度克拉通之间在晚白垩世的巨大古纬度差异提出的。特提斯喜马拉雅在白垩纪早期与印度克拉通连接在一起，但在白垩纪（120 ～ 70 Ma）二者之间产生了约 24°（约 2675 km）的古纬度差（van Hinsbergen et al.，2012）。虽然 Yi 等（2011）认为这只是反映了大印度北缘在当时的强烈伸展，但 van Hinsbergen 等（2012）则认为伸展最终形成了大印度洋盆。特提斯喜马拉雅从印度拉伸而出成为一个单独的块体，并在约 50 Ma 和欧亚大陆南缘碰撞；而大印度盆地在 25 ～ 20 Ma 沿 MCT 俯冲消亡（van Hinsbergen et al.，2012）。最近对特提斯喜马拉雅带早白垩世古地磁学的研究支持了该模型（Yang et al.，2015），但这些研究根据欧亚大陆南缘、特提斯喜马拉雅块体和印度克拉通的古纬度变化历史，将特提斯喜马拉雅和欧亚大陆的碰撞时间限定在约 55 Ma，印度和特提斯喜马拉雅的碰撞时间限定在 40 ～ 37 Ma（Ma et al.，2016；Yang et al.，2015）。

DeCelles 等（2014）对 GIB 模型进行了系统评述，指出代表印度陆缘伸展作用的早白垩世火山岩只出露在特提斯喜马拉雅带内部，而未分布在代表印度克拉通边缘的低喜马拉雅地区，该地区也未发育和 GIB 有关的沉积记录，因此如果 GIB 存在，其最后关闭的缝合带应在 STDS（藏南拆离系）以北，而不是 MCT。此外，特提斯喜马拉雅块体的碎屑物质在约45 Ma已沉积到低喜马拉雅地区的印度前陆盆地内，但欧亚物源沉积没有达到尼泊尔地区的低喜马拉雅山，如Amile地区（图6.6）(DeCelles et al.，2004)。如果GIB模型确实成立的话，印度克拉通和特提斯喜马拉雅块体的碰撞也应该发生在45 Ma之前，而不是更晚的40～37 Ma甚至25 Ma，这样才能合理地解释特提斯喜马拉雅和高喜马拉雅地区在约45Ma发生的一系列与碰撞相关的地壳缩短、埋藏变质和深熔作用 (DeCelles et al.，2014)。Ding L等 (2016) 在巴基斯坦地区的工作进一步表明，欧亚来源的碎屑锆石在始新世早期 (55 Ma) 已经沉积到印度大陆之上的Balakot地区［图6.6(a) 和图6.6(c)］。这要求GIB缝合带和Indus缝合带在此之前一定已经关闭，否则欧亚大陆的碎屑物质无法沉积到印度大陆之上［图6.6(c)］。雅鲁藏布江缝合带中部萨嘎地区桑单林剖面晚白垩世地层物源研究结果表明，萨嘎地区前陆盆地的基底沉积在上白垩统马斯特里赫特阶宗卓组石英砂岩之上，石英砂岩是典型的印度被动大陆边缘重力流沉积（丁林等，2009a；DeCelles et al.，2014；Ding，2003；Ding et al.，2005；Hu et al.，2015a；Wu et al.，2014)。岗巴–定日一带，下古新统基堵拉组是纯净的石英砂岩，其碎屑物质来源于印度大陆 (DeCelles et al.，2014)。因而，大印度盆地 (GIB) 的出现不可能早于基督拉石英砂岩地层的沉积时间（约65Ma)。

因而，结合MCT或STDS（藏南拆离系）北侧的西藏桑单林–定日及南侧的巴基斯坦北部Balakot晚白垩世—古近纪的沉积证据，如果GIB曾经存在，其开始伸展的时间要晚于65Ma，关闭时间要早于55Ma。仅仅约10Ma之内 (65～55 Ma) 不可能完成从大洋扩张到封闭的Wilson旋回，最有可能的情况是大印度盆地根本就不存在。基于古地磁数据提出的“大印度盆地”或“陆间盆地”模型，可能反映的是白垩纪期间大印度板块自身近90°的逆时针水平旋转所导致的印度大陆和特提斯喜马拉雅的古纬度相对变化（张也和黄宝春，2017；Klootwijk et al.，1992；Wang et al.，2014)，而并不能说明白垩纪时期印度和特提斯喜马拉雅之间存在着N-S向伸展。但Huang等 (2015b) 并不认为旋转可以抵消这种纬度差。

相对于两阶段碰撞模式，单阶段碰撞模式认为印度–欧亚碰撞是新特提斯洋大洋岩石圈沿欧亚大陆南缘俯冲消亡的结果，不发育洋内俯冲带和岛弧，因此当这唯一的一条俯冲带关闭之后，印度大陆北缘和欧亚大陆南缘直接接触和碰撞 (Yin and Harrison，2000)。这种模型符合一系列沉积、构造、变质和岩浆作用，因此，笔者倾向于认同单阶段碰撞模式。

参考文献

丁林, 蔡福龙, 王厚起, 等. 2013. 大陆碰撞时间研究方法//丁仲礼. 固体地球科学研究方法. 北京: 科学出版社: 842-853.

丁林, 蔡福龙, 张清海, 等. 2009a. 冈底斯—喜马拉雅碰撞造山带前陆盆地系统及构造演化. 地质科学,

44(4): 1289-1311.

丁林, 许强, 张利云, 等. 2009b. 青藏高原河流氧同位素区域变化特征与高度预测模型建立. 第四纪研究, 29: 1-12.

李国彪, 万晓樵, 其和日格, 等. 2002. 藏南岗巴—定日地区始新世化石碳酸盐岩微相与沉积环境. 中国地质, 29: 401-406.

戚学祥, 曾令森, 孟祥金, 等. 2008. 特提斯喜马拉雅打拉花岗岩的锆石SHRIMP U–Pb定年及其地质意义. 岩石学报, 24(7): 1501-1508.

唐祥德, 黄宝春, 杨列坤, 等. 2013. 拉萨地块中部晚白垩世火山岩Ar–Ar年代学和古地磁研究结果及其构造意义. 地球物理学报, 56: 136-149.

万晓樵, 梁定益, 李国彪. 2002. 西藏岗巴古新世地层及构造作用的影响. 地质学报, 76: 155-162.

吴福元, 刘志超, 刘小驰, 等. 2015. 喜马拉雅淡色花岗岩. 岩石学报, 31(1): 1-36.

谢克家, 曾令森, 刘静, 等. 2010. 西藏南部晚始新世打拉埃达克质花岗岩及其构造动力学意义. 岩石学报, 26(4): 1016-1026.

Abrajevitch A V, Ali J R, Aitchison J C, et al. 2005. Neotethys and the India-Asia collision: insights from a palaeomagnetic study of the Dazhuqu ophiolite, southern Tibet. Earth and Planetary Science Letters, 233(1-2): 87-102.

Achache J, Courtillot V, Xiu Z Y. 1984. Paleogeographic and tectonic evolution of southern Tibet since middle Cretaceous time: new paleomagnetic data and synthesis. J Geophys Res, 89(B12): 10311-10339.

Aikman A B, Harrison T M, Ding L. 2008. Evidence for early (> 44 Ma) Himalayan crustal thickening, Tethyan Himalaya, Southeastern Tibet. Earth and Planetary Science Letters, 274(1-2): 14-23.

Aikman A B, Harrison T M, Hermann J. 2012. The origin of Eo- and Neo-himalayan granitoids, Eastern Tibet. J Asian Earth Sci, 58: 143-157.

Aitchison J C, Ali J R, Davis A M. 2007a. When and where did India and Asia collide? J Geophys Res-Sol Ea, 112(B5): B05423.

Aitchison J C, Badengzhu, Davis A M, et al. 2000. Remnants of a Cretaceous intra-oceanic subduction system within the Yarlung Zangbo suture (southern Tibet). Earth and Planetary Science Letters, 183(1-2): 231-244.

Aitchison J C, McDermid I R C, Ali J R, et al. 2007b. Shoshonites in southern Tibet record Late Jurassic rifting of a tethyan intraoceanic island arc. J Geol, 115(2): 197-213.

Ali J R, Aitchison J C. 2005. Greater India. Earth-Sci Rev., 72(3-4): 169-188.

Ali J R, Aitchison J C. 2006. Positioning Paleogene Eurasia problem: solution for 60–50 Ma and broader tectonic implications. Earth and Planetary Science Letters, 251(1-2): 148-155.

Allègre C J, Courtillot V, Tapponnier P, et al. 1984. Structure and evolution of the Himalaya-Tibet orogenic belt. Nature, 307(5946): 17-22.

Argand E. 1924. La Tectonique de l′Asie. Brussels: Proceedings of the VIIIth International Geological Congress.

Batra R S. 1989. A reinterpretation of the geology and biostratigraphy of the lower tertiary formations exposed along the Bilaspur-Shimla highway, Himachal Pradesh, India. J Geol Soc Ind, 33(6): 503-523.

Beck R A, Burbank D W, Sercombe W J, et al. 1995. Stratigraphic evidence for an early collision between northwest India and Asia. Nature, 373: 55-58.

Besse J, Courtillot V, Pozzi J P, et al. 1984. Palaeomagnetic estimates of crustal shortening in the Himalayan thrusts and Zangbo suture. Nature, 311(18): 621-626.

Boos W R, Kuang Z. 2010. Dominant control of the South Asian monsoon by orographic insulation versus plateau heating. Nature, 463: 218-222.

Bossart P, Ottiger R. 1989. Rocks of the Murree formation in northern Pakistan: indicators of a descending foreland basin of late paleocene to middle eocene age. Eclogae Geol Helv, 82(1): 133-165.

Bouilhol P, Jagoutz O, Hanchar J M, et al. 2013. Dating the India-Eurasia collision through arc magmatic records. Earth and Planetary Science Letters, 366: 163-175.

Brown B J, Müller R D, Struckmeyer H I M, et al. 2003. Formation and evolution of Australian passive margins: implications for locating the boundary between continental and oceanic crust. Geol S Am S, 372: 223-243.

Burg J P, Chen G M. 1984. Tectonics and structural zonation of southern Tibet, China. Nature, 311(5983): 219-223.

Cai F L, Ding L, Yue Y H. 2011. Provenance analysis of upper Cretaceous strata in the Tethys Himalaya, southern Tibet: implications for timing of India-Asia collision. Earth and Planetary Science Letters, 305(1-2): 195-206.

Chen J, Huang B, Yi Z, et al. 2014. Paleomagnetic and 40Ar/39Ar geochronological results from the Linzizong Group, Linzhou Basin, Lhasa Terrane, Tibet: implications to Paleogene paleolatitude and onset of the India–Asia collision. J Asian Earth Sci, 96: 162-177.

Chen J S, Huang B C, Sun L S. 2010. New constraints to the onset of the India-Asia collision: paleomagnetic reconnaissance on the Linzizong Group in the Lhasa Block, China. Tectonophysics, 489(1-4): 189-209.

Chen W W, Yang T S, Zhang S H, et al. 2012. Paleomagnetic results from the Early Cretaceous Zenong Group volcanic rocks, Cuoqin, Tibet, and their paleogeographic implications. Gondwana Res, 22(2): 461-469.

Clift P D, Carter A, Krol M, et al. 2002. Constraints on India-Eurasia collision in the Arabian Sea region taken from the Indus Group, Ladakh Himalaya, India//Clift P D, Kroon D, Gaedicke C, et al. The Tectonic and Climatic Evolution of the Arabian Sea Region. Geol Soc Lon Spec Pub, 195: 97-116.

Critelli S, Garzanti E. 1994. Provenance of the lower tertiary murree redbeds (Hazara-Kashmir Syntaxis, Pakistan) and initial rising of the Himalayas. Sediment Geol, 89(3-4): 265-284.

DeCelles P G, Gehrels G E, Najman Y, et al. 2004. Detrital geochronology and geochemistry of Cretaceous-Early Miocene strata of Nepal: implications for timing and diachroneity of initial Himalayan orogenesis. Earth and Planetary Science Letters, 227(3-4): 313-330.

DeCelles P G, Kapp P, Gehrels G E, et al. 2014. Paleocene-Eocene foreland basin evolution in the Himalaya of southern Tibet and Nepal: implications for the age of initial India-Asia collision. Tectonics, 33(5): 824-849.

DeCelles P G, Robinson D M, Zandt G. 2002. Implications of shortening in the Himalayan fold-thrust belt for uplift of the Tibetan Plateau. Tectonics, 21 (6): 1062.

Ding H, Zhang Z, Dong X, et al. 2016. Early Eocene (c. 50 Ma) collision of the Indian and Asian continents: constraints from the North Himalayan metamorphic rocks, southeastern Tibet. Earth and Planetary Science Letters, 435: 64-73.

Ding L. 2003. Paleocene deep-water sediments and radiolarian faunas: implications for evolution of Yarlung-Zangbo foreland basin, southern Tibet. Sci China Ser D, 46 (1): 84-96.

Ding L, Kapp P, Wan X Q. 2005. Paleocene-Eocene record of ophiolite obduction and initial India-Asia collision, south central Tibet. Tectonics, 24: TC3001.

Ding L, Kapp P, Zhong D L, et al. 2003. Cenozoic volcanism in Tibet: evidence for a transition from oceanic to continental subduction. J Petrol, 44 (10): 1833-1865.

Ding L, Qasim M, Jadoon I, et al. 2016. The India-Asia collision in North Pakistan: insight from the Cenozoic Foreland Basin. Earth and Planetary Science Letters, 455: 49-61.

Ding L, Zhong D L. 1999. Metamorphic characteristics and geotectonic implications of the high-pressure granulites from Namjagbarwa, eastern Tibet. Sci China Ser D, 42 (5): 491-505.

Ding L, Zhong D L, Yin A, et al. 2001. Cenozoic structural and metamorphic evolution of the eastern Himalayan syntaxis (Namche Barwa). Earth and Planetary Science Letters, 192 (3): 423-438.

Donaldson D G, Webb A A G, Menold C A, et al. 2013. Petrochronology of Himalayan ultrahigh-pressure eclogite. Geology, 41 (8): 835-838.

Fuchs G, Willems H. 1990. The final stages of sedimentation in the Tethyan zone of Zanskarr and their geodynamic significance (Ladakh-Himalaya). Jahrbuche Geologische Bundenstalt, 133: 259-273.

Gaetani M, Garzanti E. 1991. Multicyclic history of the Northern India Continental-Margin (Northwestern Himalaya). AAPG Bull, 75 (9): 1427-1446.

Garzanti E, Baud A, Mascle G. 1987. Sedimentary record of the northward flight of India and its collision with Eurasia (Ladakh Himalaya, India). Geodinamica Acta (Paris), 1 (4-5): 297-312.

Gilder S, Chen Y, Sen S. 2001. Oligo-Miocene magnetostratigraphy and rock magnetism of the Xishuigou section, Subei (Gansu Province, western China) and implications for shallow inclinations in central Asia. J Geophys Res: Sol Ea, 106 (B12): 30505-30521.

Hall R. 2012. Late Jurassic–Cenozoic reconstructions of the Indonesian region and the Indian Ocean. Tectonophysics, 570-571: 1-41.

Henderson A L, Najman Y, Parrish R, et al. 2011. Constraints to the timing of India-Eurasia collision; a re-evaluation of evidence from the Indus Basin sedimentary rocks of the Indus-Tsangpo Suture Zone, Ladakh, India. Earth-Sci Rev, 106 (3-4): 265-292.

Hou Z Q, Zheng Y C, Zeng L S, et al. 2012. Eocene-Oligocene granitoids in southern Tibet: constraints on crustal anatexis and tectonic evolution of the Himalayan orogen. Earth and Planetary Science Letters, 349: 38-52.

Hu X M, Garzanti E, Moore T, et al. 2015a. Direct stratigraphic dating of India-Asia collision onset at the Selandian (middle Paleocene, 59±1 Ma). Geology, 43 (10): 859-862.

Hu X M, Garzanti E, Wang J, et al. 2016. The timing of India-Asia collision onset-facts, theories, controversies. Earth-Sci Rev, 160: 264-299.

Hu X M, Sinclair H D, Wang J G, et al. 2012. Late Cretaceous-Palaeogene stratigraphic and basin evolution in the Zhepure Mountain of southern Tibet: implications for the timing of India-Asia initial collision. Basin Res, 24(5): 520-543.

Hu X M, Wang J, BouDagher-Fadel M, et al. 2015b. New insights into the timing of the India-Asia collision from the Paleogene Quxia and Jialazi formations of the Xigaze forearc basin, South Tibet. Gondwana Res, (32): 76-92.

Huang W T, Dupont-Nivet G, Lippert P C, et al. 2013. Inclination shallowing in Eocene Linzizong sedimentary rocks from Southern Tibet: correction, possible causes and implications for reconstructing the India-Asia collision. Geophys J Int, 194(3): 1390-1411.

Huang W T, Dupont-Nivet G, Lippert P C, et al. 2015a. What was the Paleogene latitude of the Lhasa terrane? a reassessment of the geochronology and paleomagnetism of Linzizong volcanic rocks (Linzhou basin, Tibet). Tectonics, 34(3): 594-622.

Huang W T, van Hinsbergen D J J, Lippert P C, et al. 2015b. Paleomagnetic tests of tectonic reconstructions of the India-Asia collision zone. Geophys Res Lett, 42(8): 2642-2649.

Huang W T, van Hinsbergen D J J, Maffione M, et al. 2015c. Lower Cretaceous Xigaze ophiolites formed in the Gangdese forearc: evidence from paleomagnetism, sediment provenance, and stratigraphy. Earth and Planetary Science Letters, 415: 142-153.

Jaeger J J, Courtillot V, Tapponnier P. 1989. Paleontological view of the ages of the Deccan Traps, the Cretaceous/Tertiary boundary, and the India-Asia collision. Geology, 17(4): 316-319.

Ji W Q, Wu F Y, Chung S L, et al. 2016. Eocene Neo-Tethyan slab breakoff constrained by 45 Ma oceanic island basalt–type magmatism in southern Tibet. Geology, 44(4): 283-286.

Kaneko Y, Katayama I, Yamamoto H, et al. 2003. Timing of Himalayan ultrahigh-pressure metamorphism: sinking rate and subduction angle of the Indian continental crust beneath Asia. J Metamorph Geol, 21(6): 589-599.

Klootwijk C T, Conaghan P J, Nazirullah R, et al. 1994. Further palaeomagnetic data from Chitral (Eastern Hindukush): evidence for an early India-Asia contact. Tectonophysics, 237(1): 1-25.

Klootwijk C T, Gee J S, Peirce J W, et al. 1992. An early India-Asia contact: Paleomagnetic constraints from Ninetyeast Ridge, ODP Leg 121. Geology, 20(5): 395-398.

Kodama K P. 2012. Paleomagnetism of Sedimentary Rocks: Process and Interpretation. New York: John Wiley & Sons.

Leech M L, Singh T S, Jain A K, et al. 2005. The onset of India-Asia continental collision: early, steep subduction required by the timing of UHP metamorphism in the western Himalaya. Earth and Planetary Science Letters, 234(1-2): 83-97.

Li Z, Ding L, Lippert P, et al. 2016. Paleomagnetic constraints on the Mesozoic drift of the Lhasa terrane (Tibet) from Gondwana to Eurasia. Geology, 44 (9): 727-730.

Li Z, Ding L, Song P, et al. 2017. Paleomagnetic constraints on the paleolatitude of the Lhasa block during the Early Cretaceous: implications for the onset of India-Asia collision and latitudinal shortening estimates across Tibet and stable Asia. Gondwana Res, 41: 352-372.

Liebke U, Appel E, Ding L, et al. 2010. Position of the Lhasa terrane prior to India-Asia collision derived from palaeomagnetic inclinations of 53 Ma old dykes of the Linzhou Basin: constraints on the age of collision and post-collisional shortening within the Tibetan Plateau. Geophys J Int, 182 (3) : 1199-1215.

Lin J, Watts D R. 1988. Palaeomagnetic results from the Tibetan Plateau. Philos Tr R Soc S-A, 327 (1594) : 239-262.

Lippert P C, van Hinsbergen D J J, Dupont-Nivet G. 2014. Early Cretaceous to present latitude of the central proto-Tibetan Plateau: a paleomagnetic synthesis with implications for Cenozoic tectonics, paleogeography, and climate of Asia. Geol S Am S, 507: SP507-501.

Liu Z C, Wu F Y, Ji W Q, et al. 2014. Petrogenesis of the Ramba leucogranite in the Tethyan Himalaya and constraints on the channel flow model. Lithos, 208: 118-136.

Ma Y, Yang T, Bian W, et al. 2016. Early Cretaceous paleomagnetic and geochronologic results from the Tethyan Himalaya: Insights into the Neotethyan paleogeography and the India-Asia collision. Sci Rep, 6: 21605.

Ma Y, Yang T, Yang Z, et al. 2014. Paleomagnetism and U-Pb zircon geochronology of Lower Cretaceous lava flows from the western Lhasa terrane: new constraints on the India-Asia collision process and intracontinental deformation within Asia. J Geophys Res: Sol Ea, 119 (10) : 7404-7424.

Meng J, Wang C, Zhao X, et al. 2012. India-Asia collision was at 24°N and 50 Ma: palaeomagnetic proof from southernmost Asia. Sci Rep, 2 (925) : 1-11.

Najman Y. 2006. The detrital record of orogenesis: a review of approaches and techniques used in the Himalayan sedimentary basins. Earth-Sci Rev, 74 (1-2) : 1-72.

Najman Y, Appel E, Boudagher-Fadel M, et al. 2010. Timing of India-Asia collision: geological, biostratigraphic, and palaeomagnetic constraints. J Geophys Res, 115 (B12416) : 1-18.

Najman Y, Pringle M, Godin L, et al. 2001. Dating of the oldest continental sediments from the Himalayan foreland basin. Nature, 410 (6825) : 194-197.

Patriat P, Achache J. 1984. India Eurasia collision chronology has implications for crustal shortening and driving mechanism of Plates. Nature, 311 (5987) : 615-621.

Patzelt A, Li H M, Wang J D, et al. 1996. Palaeomagnetism of Cretaceous to Tertiary sediments from southern Tibet: evidence for the extent of the northern margin of India prior to the collision with Eurasia. Tectonophysics, 259 (4) : 259-284.

Pozzi J P, Westphal M, Xiu Zhou Y, et al. 1982. Position of the Lhasa block, South Tibet, during the late Cretaceous. Nature, 297 (5864) : 319-321.

Pullen A, Kapp P, DeCelles P G, et al. 2011. Cenozoic anatexis and exhumation of Tethyan sequence rocks in the Xiao Gurla range, Southwest Tibet. Tectonophysics, 501 (1-4) : 28-40.

Ratschbacher L, Frisch W, Liu G H, et al. 1994. Distributed Deformation in Southern and Western Tibet during and after the India-Asia Collision. J Geophys Res-Sol Ea, 99(B10): 19917-19945.

Rowley D B. 1996. Age of initiation of collision between India and Asia: a review of stratigraphic data. Earth and Planetary Science Letters, 145(1-4): 1-13.

Rowley D B. 1998. Minimum age of initiation of collision between India and Asia north of Everest based on the subsidence history of the Zhepure Mountain section. J Geol, 106(2): 229-235.

Searle M P, Windley B F, Coward M P, et al. 1987. The closing of Tethys and the tectonics of the Himalaya. Geol Soc Am Bull, 98(6): 678-701.

Sun Z M, Jiang W, Li H B, et al. 2010. New paleomagnetic results of paleocene volcanic rocks from the Lhasa block: tectonic implications for the collision of India and Asia. Tectonophysics, 490(3-4): 257-266.

Sun Z M, Pei J L, Li H B, et al. 2012. Palaeomagnetism of late Cretaceous sediments from southern Tibet: evidence for the consistent palaeolatitudes of the southern margin of Eurasia prior to the collision with India. Gondwana Res, 21(1): 53-63.

Tan X D, Gilder S, Kodama K P, et al. 2010. New paleomagnetic results from the Lhasa block: revised estimation of latitudinal shortening across Tibet and implications for dating the India-Asia collision. Earth and Planetary Science Letters, 293(3-4): 396-404.

Tapponnier P, Mercier J L, Proust F, et al. 1981. The Tibetan Side of the India-Eurasia Collision. Nature, 294(5840): 405-410.

Tapponnier P, Peltzer G, Ledain A Y, et al. 1982. Propagating extrusion tectonics in asia - new insights from simple experiments with plasticine. Geology, 10(12): 611-616.

Tauxe L. 2005. Inclination flattening and the geocentric axial dipole hypothesis. Earth and Planetary Science Letters, 233(3-4): 247-261.

Tonarini S, Villa I M, Oberli F, et al. 1993. Eocene age of eclogite metamorphism in Pakistan Himalaya: implications for India-Eurasia collision. Terra Nova, 5(1): 13-20.

Treloar P J, O'Brien P J, Parrish R R, et al. 2003. Exhumation of early Tertiary, coesite-bearing eclogites from the Pakistan Himalaya. J Geol Soc Lon, 160: 367-376.

van Hinsbergen D J J, Lippert P C, Dupont-Nivet G, et al. 2012. Greater India Basin hypothesis and a two-stage Cenozoic collision between India and Asia. P Natl Acad Sci USA, 109(20): 7659-7664.

Wang C, Dai J, Zhao X, et al. 2014. Outward-growth of the Tibetan Plateau during the Cenozoic: a review. Tectonophysics, 621: 1-43.

Wang C S, Li X H, Hu X M, et al. 2002. Latest marine horizon north of Qomolangma (Mt Everest): implications for closure of Tethys seaway and collision tectonics. Terra Nova, 14(2): 114-120.

Wang H Q, Ding L, Cai F L, et al. 2017. Early Tertiary deformation of the Zhongba-Gyangze Thrust in central southern Tibet. Gondwana Res., (41): 235-248.

Wang J G, Hu X M, Jansa L, et al. 2011. Provenance of the upper cretaceous-eocene deep-water sandstones in Sangdanlin, Southern Tibet: constraints on the timing of initial India-Asia collision. J Geol, 119(3): 293-309.

Westphal M, Pozzi J-P. 1983. Paleomagnetic and plate tectonic constraints on the movement of Tibet. Tectonophysics, 98(1-2): 1-10.

Wilke F D H, O'Brien P J, Gerdes A, et al. 2010. The multistage exhumation history of the Kaghan Valley UHP series, NW Himalaya, Pakistan from U-Pb and Ar^{40}/Ar^{39} ages. Eur J Mineral, 22 (5) : 703-719.

Willems H, Zhou Z, Zhang B, et al. 1996. Stratigraphy of the upper cretaceous and lower Tertiary Strata in the Tethyan Himalayas of Tibet (Tingri area, China) . Geol Rundsch, 85 (4) : 723-754.

Wu F Y, Clift P D, Yang J H. 2007. Zircon Hf isotopic constraints on the sources of the Indus Molasse, Ladakh Himalaya, India. Tectonics, 26 (2) : TC2014.

Wu F Y, Ji W Q, Wang J G, et al. 2014. Zircon U-Pb and Hf isotopic constraints on the onset time of India-Asia collision. Am J Sci, 314 (2) : 548-579.

Xu Z Q, Ji S, Cai Z, et al. 2012. Kinematics and dynamics of the Namche Barwa Syntaxis, eastern Himalaya: constraints from deformation, fabrics and geochronology. Gondwana Res., 21 (1) : 19-36.

Yan M, van der Voo R, Tauxe L, et al. 2005. Shallow bias in Neogene palaeomagnetic directions from the Guide Basin, NE Tibet, caused by inclination error. Geophys J Int, 163 (3) : 944-948.

Yang T S, Ma Y, Bian W, et al. 2015. Paleomagnetic results from the Early Cretaceous Lakang formation lavas: constraints on the paleolatitude of the Tethyan Himalaya and the India-Asia collision. Earth and Planetary Science Letters, 428: 120-133.

Yang T S, Ma Y, Zhang S, et al. 2014. New insights into the India-Asia collision process from Cretaceous paleomagnetic and geochronologic results in the Lhasa terrane. Gondwana Res, 28 (2) : 625-641.

Yi Z Y, Huang B C, Chen J, et al. 2011. Paleomagnetism of early Paleogene marine sediments in southern Tibet, China: implications to onset of the India-Asia collision and size of Greater India. Earth and Planetary Science Letters, 309 (1-2) : 153-165.

Yi Z Y, Huang B C, Yang L K, et al. 2015. A quasi-linear structure of the southern margin of Eurasia prior to the India-Asia collision: first paleomagnetic constraints from Upper Cretaceous volcanic rocks near the western syntaxis of Tibet. Tectonics, 34 (7) : 1431-1451.

Yin A, Harrison T M. 2000. Geologic evolution of the Himalayan-Tibetan Orogen. Annu Rev Earth Pl Sc, 28: 211-280.

Zeng L, Gao L-E, Tang S, et al. 2014. Eocene magmatism in the Tethyan Himalaya, southern Tibet. Geol Soc Lon Spec Pub, 412: 287-316.

Zeng L S, Gao L E, Xie K J, et al. 2011. Mid-Eocene high Sr/Y granites in the Northern Himalayan Gneiss Domes: melting thickened lower continental crust. Earth and Planetary Science Letters, 303 (3-4) : 251-266.

Zhang J, Ji J, Zhong D, et al. 2004. Structural pattern of eastern Himalayan syntaxis in Namjagbarwa and its formation process. Sci China Ser D: Earth Sci, 47 (2) : 138-150.

Zhang L L, Liu C Z, Wu F Y, et al. 2014. Zedong terrane revisited: an intra-oceanic arc within Neo-Tethys or a part of the Asian active continental margin? J Asian Earth Sci, 80: 34-55.

Zhang Q H, Willems H, Ding L, et al. 2012. Initial India-Asia continental collision and foreland basin evolution in the Tethyan Himalaya of Tibet: evidence from stratigraphy and paleontology. J Geol, 120 (2) : 175-189.

Zhu B, Kidd W S F, Rowley D B, et al. 2005. Age of Initiation of the India-Asia Collision in the East-Central Himalaya. J Geol, 113(3): 265-285.

Zhuang G, Najman Y, Guillot S, et al. 2015. Constraints on the collision and the pre-collision tectonic configuration between India and Asia from detrital geochronology, thermochronology, and geochemistry studies in the lower Indus basin, Pakistan. Earth and Planetary Science Letters, 432: 363-373.

第7章

喜马拉雅山隆升与季风协同演化*

* 本章作者：丁林、张清海、熊中玉。

7.1 特提斯喜马拉雅最高海相地层

随着印度–欧亚大陆碰撞的开始(65～56 Ma),新特提斯洋的海水开始逐渐从特提斯喜马拉雅地区撤离。在此后的整个新生代内,特提斯喜马拉雅因印度–欧亚大陆的进一步汇聚挤压而隆升,再未沉积海相地层。因而,特提斯喜马拉雅地区沉积的最高海相地层代表了新特提斯洋在该地区存留的最晚时间。这个时间点代表了特提斯喜马拉雅地区隆升的起点,也曾被用来约束印度–欧亚大陆碰撞的最晚年龄。因而,确定特提斯喜马拉雅地区最高海相地层的沉积年龄具有非常重要的科学意义。

在特提斯喜马拉雅北亚带内的桑单林地区,者雅组代表了最高海相沉积地层(DeCelles et al.,2014;Ding et al.,2005;Wang et al.,2011)。到目前为止,者雅组的顶部还未发现具有定年意义的化石组合。因而,者雅组的最晚沉积年龄还不能确定。但是,根据者雅组里出现的凝灰岩夹层中的锆石的U-Pb年龄,可以推断者雅组的最晚沉积年龄小于59 Ma(DeCelles et al.,2014)。在特提斯喜马拉雅南亚带内的定日和Zanskar地区,古生物地层的研究工作较为深入。下文对特提斯喜马拉雅最高海相地层的讨论将主要集中在这两个地区。

在定日地区,油下组(或者恩巴段)的绿灰色泥页岩夹薄层绿色砂岩被公认为沉积于外大陆架环境中(Zhu et al.,2005)。然而,对于覆盖于绿色地层之上的红色泥页岩(申克扎组或者扎果段),学者们对其沉积环境还存在较大争议(李祥辉等,2000;Li et al.,2006;Wang et al.,2002;Zhu et al.,2005,2006)。部分学者认为红色地层沉积于近海大陆架环境中(李祥辉等,2000;Li et al.,2006;Wang et al.,2002),其证据主要为在这套地层中发现了有孔虫和颗石藻化石。此外,他们还认为这套地层的岩性和砂岩组分与下伏的绿色地层非常相似。然而,另外一些学者解释红色地层的沉积环境为非海相的河道和河漫滩环境(Zhu et al.,2005,2006)。他们在红色地层和绿色地层的界线处发现了古土壤层。红色地层中的砂岩往往具有侵蚀基底,且呈透镜状展布,这被解释为河道沉积。红色地层中的泥岩中具有堆叠的古土壤层,这被解释为河漫滩沉积(Zhu et al.,2006)。除了对红色地层的沉积环境的解释存在争议之外,学者们对于绿色地层和红色地层的沉积年龄也存在很大争议(图7.1)。Wang等(2002)认为绿色地层和红色地层的沉积年龄分别为Np15～Np17(47～37 Ma)和Np17～Np20(37～35 Ma)。然而,Zhu等(2005)和Zhang等(2012)认为绿色地层的沉积年龄为Np12(53～50 Ma)(图7.2),而红色地层的沉积年龄则不能确定。Najman等(2010)则认为绿色地层和红色地层都沉积于Np12(53～50 Ma)。

在特提斯喜马拉雅西部的Zanskar地区,古新统的大有孔虫灰岩之上同样覆盖了一套绿色地层和红色地层。这套绿色地层被称为Kong Slates或者Kong组,而绿色地层之上的红色地层被称为Chulung-La组(图7.3)。Kong Slates主要由绿色页岩、板岩、泥灰岩、粉砂岩夹大有孔虫灰岩组成,可见槽模、粒序递变和包卷层理。部分沉积物来源于雅鲁藏布江缝合带。根据灰岩中的底栖大有孔虫,Kong Slates的沉积时代被限

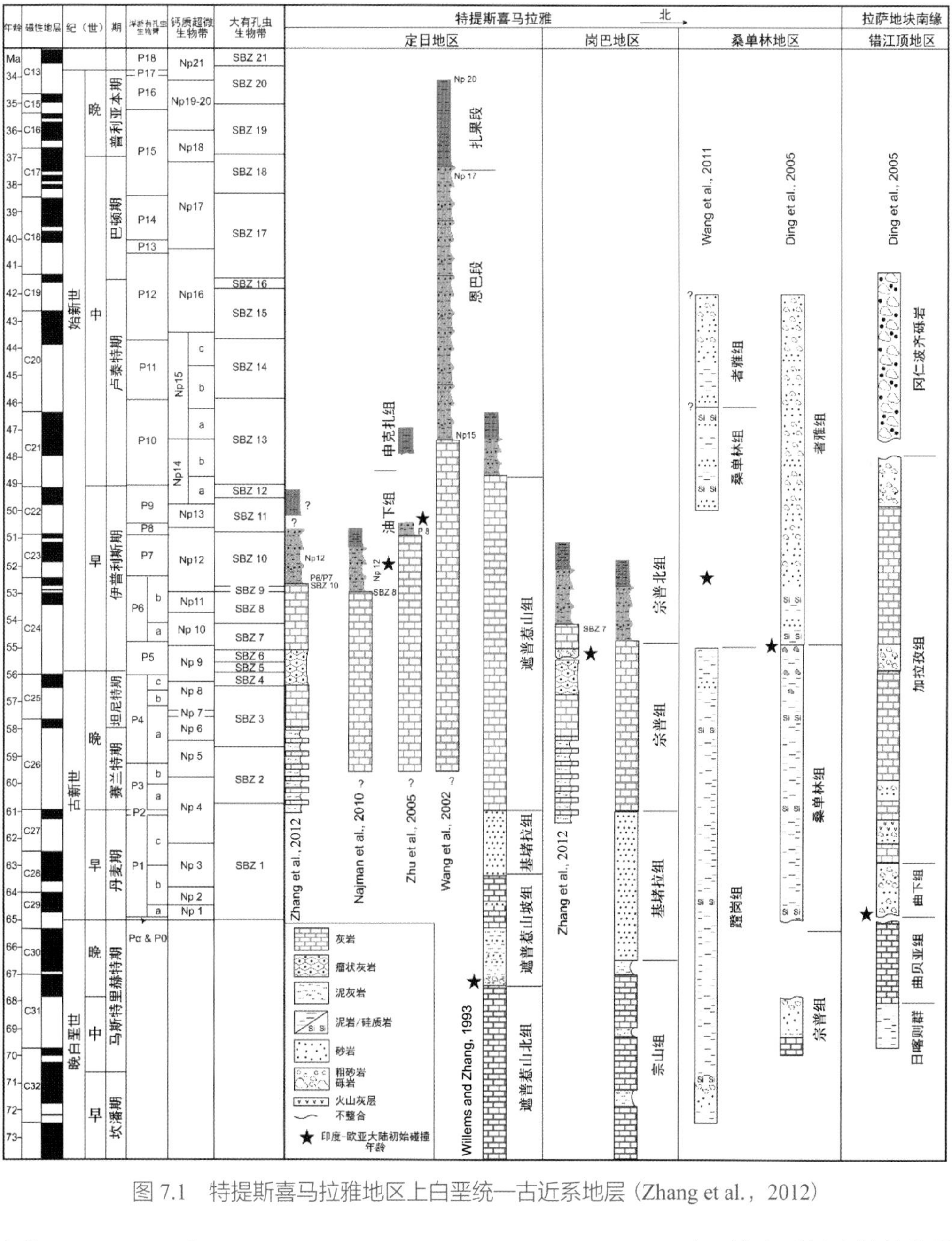

图 7.1　特提斯喜马拉雅地区上白垩统—古近系地层 (Zhang et al.，2012)

定为 53 ～ 51 Ma(Fuchs and Willems，1990；Green et al.，2008)，这个时间也被认为是代表该地区最高海相地层的年龄。而红色的 Chulung-La 组则被认为是形成于陆相的河流和三角洲环境中 (Fuchs and Willems，1990；Garzanti et al.，1987)。该地层中缺乏化石，其沉积年龄未能得到较好的控制。

定日和 Zanskar 地区的古新统无论在沉积环境还是沉积时代上都具有很大相似性。我们认为这些古新统沉积地层序列的形成大致上是被其构造演化所控制的

颗石藻种属	油下组																时代
	ZT 26	Zt 25	ZT 21	ZT 19	ZT 15	ZT 13	ZT 11	ZT 9	ZT 7	ZT 6	ZT 4	ZT 2	ZT 1	9ZE8	9ZE7		
Arkhangelskiella cf. *cymbiformis*								R									晚白垩世
Cretarhabdus crenulatus						R							R				晚白垩世
Eiffellithus eximius								R									晚白垩世
Eiffellithus turriseiffelii	R		R		R	R		R					R				晚白垩世
Micula staurophora	R		R						R				R				晚白垩世
Prediscosphaera cretacea			R					R									晚白垩世
Watznaueria barnesae	C	C -	C +	C	F	C	C	C +	C	C	C	C	C	C		R= 稀少 F= 少 C=常见	晚白垩世
Zeugrhabdotus pseudanthophorus									R		R						晚白垩世
Chiasmolithus danicus				R		R					R			R			古新世
Cruciplacolithus tenuis							R	R			R						古新世
Discoaster multiradiatus		R						R				R	R	R			古新世
Fasciculithus sp.						R				R		R					古新世
Rhomboaster cuspis									R								古新世
Sphenolithus anarrhopus							R		R								古新世
Braarudosphaera bigelowii								R								钙质超微化石生物带	早-中始新世
Chiasmolithus solitus	R							R					R			12→16	早-中始新世
C. cf. *gammation*				R						R						12→14	早-中始新世
Coccolithus pelagicus	R	F	F	C	F	C	F	C	F	F	C	F	F	F	F		早-中始新世
Cyclococcolithus formosus						R				R						12→21	早-中始新世
Discoasler sp. VII/VIII							R	R						R		11→20	早-中始新世
Discolithus planus				R												12→14	早-中始新世
Shpenolithus moriformis			R								R						早-中始新世
Sphenolithus radians		R		R				R			R	R	R	R		12→18	早-中始新世
Transversopontis pulcher			R					R				R				12→14	早-中始新世
Tribrachiatus orthostylus							R	R	R			R	R	R		10ob→12	早-中始新世
Zygrhablithus bijugatus								R								12→25	早-中始新世

图 7.2　定日地区油下组内的颗石藻组合（*E.Martini* 鉴定）(Zhang et al.，2012)

（图 7.1）。在古新世早期，特提斯喜马拉雅的南亚带还处于被动大陆边缘环境中，在定日和 Zanskar 分别沉积了基堵拉组和 Stumpata 石英砂岩，物源主要来自印度大陆。而在特提斯喜马拉雅的北亚带，印度大陆和欧亚大陆已经开始了初始接触 (Ding et al.，2005)。在此后的古新世和早始新世，定日地区和 Zanskar 地区分别沉积了遮普惹山组和 Dibling 组的大有孔虫灰岩。在古新统—始新统界限处的大有孔虫灰岩地层中记录了由于印度 – 欧亚大陆碰撞而传递到该地区的最早信号——前陆盆地内前隆的形成 (Zhang et al.，2012)。大有孔虫灰岩之上的绿色地层（定日地区的油下组和 Zanskar 地区的 Kong 组）都记录了来自欧亚大陆的物源，代表了前陆盆地系统内的前渊沉积区已经从特提斯喜马拉雅北亚带迁移到这两个地区。绿色地层之上的红色地层（定日地区的申克扎组和 Zanskar 地区的 Chulung-La 组）有可能是沉积于前陆盆地系统内的楔顶沉积区 (Zhang et al.，2012)。

综合以上，我们认为在特提斯喜马拉雅南亚带内，沉积于古新统大有孔虫灰岩之上的绿色地层代表了最高海相地层。在东特提斯喜马拉雅的定日地区和西特提斯喜马

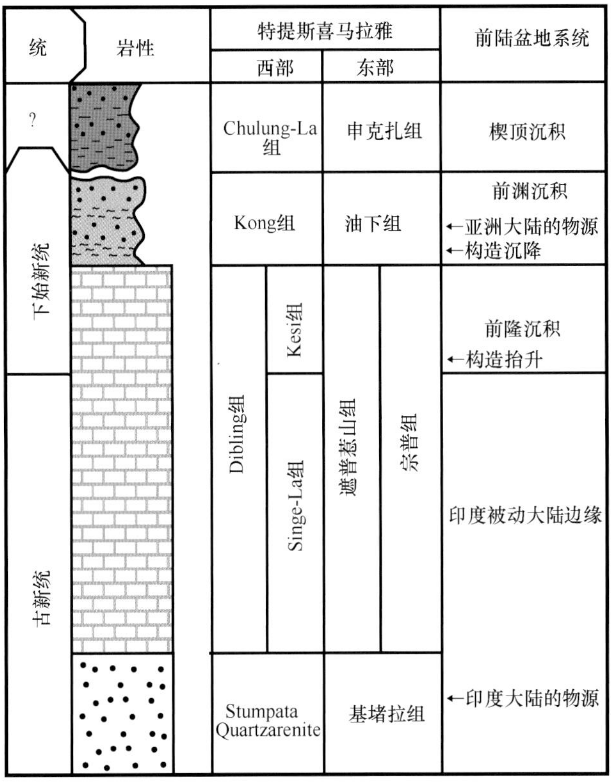

统	岩性	特提斯喜马拉雅		前陆盆地系统
		西部	东部	
?		Chulung-La组	申克扎组	楔顶沉积
下始新统		Kong组	油下组	前渊沉积 ←亚洲大陆的物源 ←构造沉降
		Dibling组 / Kesi组	遮普惹山组 / 宗普组	前隆沉积 ←构造抬升
古新统		Dibling组 / Singe-La组	遮普惹山组 / 宗普组	印度被动大陆边缘
		Stumpata Quartzarenite	基堵拉组	←印度大陆的物源

图 7.3　特提斯喜马拉雅东部（定日地区）和西部（Zanskar 地区）古近纪构造演化（Zhang et al.，2012）

拉雅的 Zanskar 地区，这套绿色地层的最年轻沉积年龄大致相似，大约为 50 Ma。因而，我们推测新特提斯洋在大约 50Ma 时从特提斯喜马拉雅南亚带撤离。

7.2　喜马拉雅山隆升历史

研究喜马拉雅山的隆升历史对于解析整个青藏高原的隆升历史、印欧板块碰撞的动力学机制以及环境演化都有着重大的意义。对整个青藏高原的隆升历史的研究，现今地学界主流的隆升模式有以下四种。

1）东西向穿时性隆升模式：Chung 等（1998）通过研究青藏高原东部和西部出露的钾质火山岩，发现伴随岩石圈下部的对流去除作用，青藏高原东部于 40 Ma 开始发生快速隆升，而高原西部的抬升作用则始于 20 Ma，因此提出了青藏高原东西向穿时性隆升。

2）北斜向生长模式：Tapponnier 等（2001）通过研究青藏高原岩浆带年龄发现，岩浆带年龄具有向北减小的趋势，并且岩石圈斜向俯冲，在俯冲的同时沿切穿高原东部的左旋走滑大断层发生了挤出作用，因此提出高原先向东再向北东生长的隆升模式。

3）原西藏高原模式：Wang 等（2008，2014）综合分析青藏高原新生代的盆地沉积、变形、岩浆、热年代学和古高度记录，认为拉萨和羌塘地块于中始新世达到现今高海拔而形成“原西藏高原”，而彼时北部可可西里地区仍处于低海拔，南部喜马拉雅地区可能仍处于古海洋环境；而在中新世期间，原西藏高原开始向北、向南和向东生长，即由中部向四周扩展的原西藏高原生长模式。

4）两山夹一盆的原高原向外生长模式：Ding 等（2014）综合现有的青藏高原古高度结果，认为冈底斯山脉在印亚板块碰撞前已经具备高海拔的安第斯型山脉特征，而北部的羌塘中央山脉在始新世—渐新世时已抬升至 5000 m 以上，夹于二者之间的拉萨地块北部盆地仍处于较低的海拔，因此形成了“两山夹一盆”的“原高原”，随后高原分别沿着两条隆升的山脉南北两侧继续生长。

喜马拉雅山隆升历史的重建为青藏高原隆升的动力学提供了重要的限制。对于青藏高原形成演化的地球动力学模型，现今地学界仍然存在较大的分歧，综合已有结果，可以归纳为以下四类。

1）碰撞成因：印度与欧亚板块发生碰撞而导致地壳发生缩短作用，大陆岩石圈受到挤压而加厚，进而发展为上地壳与下地壳分层加厚，发生多阶段隆升（Dewey et al.，1988；Rowley et al.，2006）；

2）俯冲成因：板块由单向俯冲发展为双向俯冲、三向俯冲或多次俯冲，剖面上显示板块由浅俯冲发展为深俯冲至超深俯冲（Powell and Conaghan，1973）；

3）挤出成因：印度板块北向推挤的过程导致青藏高原中部块体及东南块体发生东向构造逃逸，形成了诸如红河、嘉黎、昆仑、阿尔金等一系列大型走滑断裂，进而形成高原（Tapponnier et al.，2001）；

4）拆沉－板片断离成因：大洋岩石圈板片发生断离导致岩石圈底部的软流圈物质上涌，进而造成重力失稳和不均衡，使得高原地表发生快速抬升（Molnar et al.，1993）。

大气环流模型的模拟结果表明，喜马拉雅山的隆升历史强烈地影响着亚洲季风的演化（Boos and Kuang，2010）。对于喜马拉雅山隆升历史的重建，有利于解析亚洲季风的起源。

前人使用氢氧同位素古高度计对喜马拉雅山古高度的研究主要表明，喜马拉雅山在晚中新世期间达到了现今海拔（Garzione et al.，2000；Saylor et al.，2009；Gébelin et al.，2013）。而关于喜马拉雅山的整体隆升历史（从海到陆地再到现今海拔）及其与亚洲季风演化的耦合作用关系还有待进一步的研究。本节主要将植物化石叶相分析古高度计和氧同位素古高度计相结合，两者进行交互验证来重建喜马拉雅山的隆升历史。

7.2.1 植物化石记录的喜马拉雅隆升历史

叶相分析法（leaf physiognomic approach），基于植物叶片所拥有的具体形态特征与气候各项参数之间的关系，不同种属的植物在相似的气候条件下拥有类似的叶相特征，因此利用古植物叶相来估算热焓（enthalpy）值（与气温和湿度相关的函数），结合气候多变量分析程序（climate-leaf analysis multivariate program，CLAMP），从而获得古高度（Yang et al.，2015）。该方法比依据化石群落生长环境与其最相近现生类群的生长环境类比的共存分析法（co-existence approach，CA）具有更高的精准度（Spicer et al.，2003）。其原理是依据气团能量的综合湿静能（static moisture energy）由热焓和势能组成：

$$h=H+gZ \tag{7-1}$$

式中，h 为湿静能；H 为热焓值；gZ 为势能，因为随着高度升高，空气势能增加，而湿静能守恒，所以空气的热焓值降低。由此可以推出两个不同海拔地区的高差方程为

$$\Delta Z=\frac{(H_{\mathrm{low}}-H_{\mathrm{high}})}{g} \tag{7-2}$$

Spicer 等（2003）利用上述原理取得了青藏高原南部第一个中新世的定量古高度数据。本小节利用叶相分析 – 热焓法来计算喜马拉雅山古新世晚期柳区组和早中新世秋乌组的古高度，并结合已发表的喜马拉雅山中新世古高度数据，对喜马拉雅山约 56Ma 以来的隆升历史进行重建。

柳区组出露在雅鲁藏布江缝合带南侧，我们调查了由北向南三个剖面，分别从公炯拉剖面、扎剖面和夏鲁剖面粉砂岩中采集了 36 种植物大化石用于 CLAMP 分析以及热焓古高度计算，此外在夏鲁剖面化石层上部 80 m 处采集到一块凝灰岩样品用于限制柳区组的沉积年龄上限，U-Pb 加权平均年龄为 56 Ma，与前人在柳区剖面得到 58 ～ 54 Ma 的年龄相一致（Wang et al.，2010），并且与植物化石估计的年龄一致。由此将柳区组的沉积年龄限制到古新世晚期。柳区组下部闪长岩砾石年龄为 210 ～ 96 Ma，其年龄范围显示柳区组的砾石来自冈底斯岛弧。

恰布林古植物化石采自秋乌组含交错层理的砂岩中，碎屑锆石最年轻的年龄范围限制秋乌组的最大沉积年龄为 26 ～ 21 Ma，秋乌组上部大竹卡组年龄不老于 19 Ma，所以将恰布林植物群的年龄限制为 21 ～ 19 Ma。

古新世晚期柳区组化石具有热带和亚热带的植物群落特征，包括棕榈化石，和印度以及中国南部同期海平面附近的植物群落相近（图 7.4)。而早中新世恰布林植物群中不含棕榈化石，植物群落显示温带气候特征（图 7.5)，与同期海平面高度的印度植物群落之间存在明显的差异。

我们选取了早始新世（Gurha 1 和 Gurha 2 植物群落）、晚渐新世（Tirap 植物群落）、中中新世（Kameng 河植物群落）海拔在海平面附近的植物群落（Khan et al.，2014；Shukla et al.，2014；Srivastava et al.，2012）作为海平面热焓值计算的参考点，这样就可以计算柳区和恰布林植物群落生长的绝对高度。由于海平面热焓值随着纬度的变化而发生改变，我们使用大气环流模型对古植物群落的纬度差异进行校正，结果得到的纬度差异在 CLAMP 方法估计误差的范围 ±0.9 km 之内。计算的结果表明，柳区植物群落和海平面附近的植物群落相近，估算其海拔在 0.9±0.9 km；恰布林植物群落的海拔估计为 2.3±0.9 km。我们将重建的古高度结果和喜马拉雅地区已有古高度相结合，重建喜马拉雅山的隆升历史（图 7.6)。58.5 ～ 55 Ma，根据雅鲁藏布江缝合带附近所存在的海相地层（Ding et al.，2005），推测其可能处于海平面附近，位于先期抬升的冈底斯山南侧（Ding et al.，2014）。而柳区植物化石重建的古高度表明，喜马拉雅山在该期也处于相对低的海拔位置（约 1 km）；到了早中新世期间，

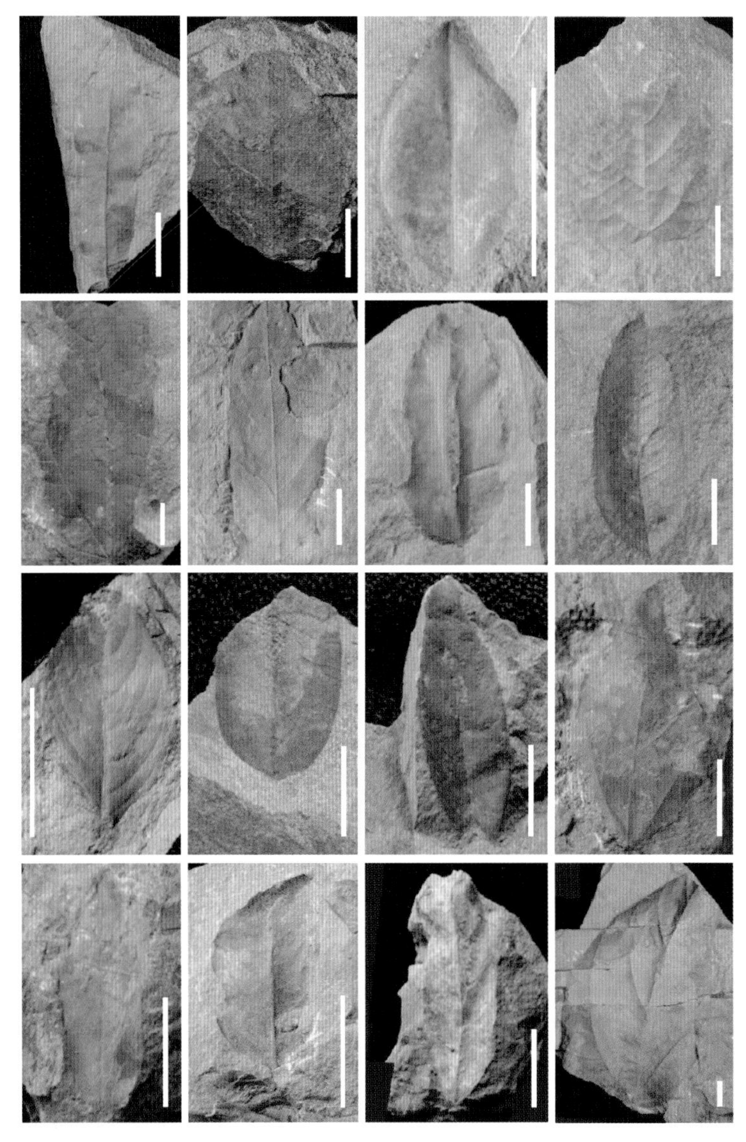

图 7.4　柳区盆地古植物化石组合（Ding et al.，2017）

恰布林植物群处在的海拔约为 2.3 km（Ding et al.，2017）；在 15 Ma 左右，氢同位素的证据表明珠穆朗玛峰山脉的高度超过了 5 km（Gébelin et al.，2013），而南木林盆地的古高度也达到了 5.5 km 左右（Currie et al.，2005，2016；Khan et al.，2014）。21 ～ 15 Ma 的快速隆升与印欧板块汇聚速率在 20 ～ 11 Ma 下降了 40%，共同反映了藏南地区隆升和汇聚阻力都扩张到了更广阔的地域内（Molnar and Stock，2009）。

7.2.2　氧同位素记录的喜马拉雅山隆升历史

柳区组和秋乌组的古植物化石证据重建的古高度表明，喜马拉雅山的中部地区在古

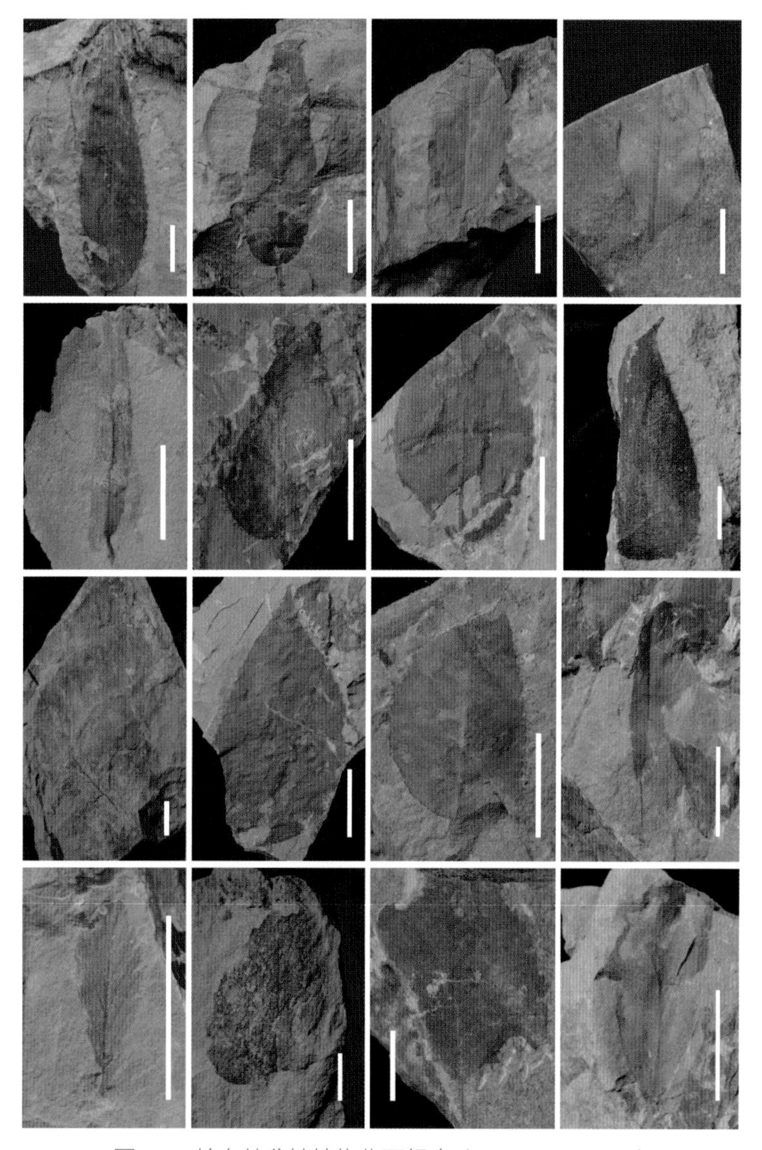

图 7.5　恰布林盆地植物化石组合（Ding et al.，2017）

新世晚期（58 ～ 56 Ma）位于海平面附近，而在 21 ～ 19 Ma 隆升到海拔 2300 m 高度。它重建了喜马拉雅山早期的隆升历史，但是冈底斯南部和喜马拉雅山整体何时达到现今海拔还有待进一步研究，因此我们使用氧同位素古高度计针对以上问题再次进行探究。

利用氧同位素重建古高度主要基于海洋中的水汽随山脉爬升形成降水的过程中遵循瑞利分馏原理，重同位素在降水中富集，残留水气团中重同位素亏损，故降水中的氧同位素随着高度的抬升越来越亏损（Rowley et al.，2001）。将该原理应用到古高度重建中则是通过测量碳酸盐岩的 δ^{18}O 值（$\delta^{18}O_c$），根据碳酸盐 – 水的氧同位素分馏系数与温度的关系反推环境水的 δ^{18}O 值，然后对其进行蒸发量、纬度和季节变化的校正，得

到原始大气降水的 $\delta^{18}O$ 值（$\delta^{18}O_w$），最后根据模拟 $\delta^{18}O_w$ 与高度的瑞利分馏模型或者两者的经验性模型，求得碳酸盐岩沉积时的古高度（丁林等，2009；Ding et al.，2014；Hren et al.，2010；Garzione et al.，2000）。

我们选取渐新世—中新世门士剖面的凯乐石组、中新世恰布林剖面的秋乌组和大竹卡组以及古新世晚期柳曲剖面的柳曲组砾岩中的古土壤、湖相碳酸盐和双壳类化石进行稳定同位素分析，在检验样品没有经历成岩改造之后，选取原生碳酸盐的氧同位素结果进行古高度重建，和上述柳区组以及秋乌组古植物化石重建的古高度结合，共同恢复藏南喜马拉雅山地区的隆升历史。

门士剖面的凯乐石组为一套向上变细的砾岩、砂岩、粉砂岩和泥岩组合，煤层和含碳酸钙泥岩在剖面的下部出现，双壳化石在剖面的最上部发育。沉积相解释为冲积扇 – 三角洲沉积或河流相沉积，双壳类化石和煤层的沉积环境为冲积平原或沼泽。结合双壳类化石底部火山灰锆石 U-Pb 年龄（26 Ma）和凯乐石组上部沉积时代（Aitchison et al.，2009；Decelles et al.，2011），将双壳类化石的沉积时代限定为 20 ～ 19 Ma。

恰布林剖面沉积的秋乌组，剖面底部沉积砾岩，上部为厚约 200 m 的砂岩和泥岩互层，在秋乌组上部板状砂岩夹泥岩和煤层的岩性段中存在大量的植物化石和孢粉化石（Ding et al.，2017；Li，2004）。岩石组合和变化显示秋乌组沉积在辫状河道向开放湖盆转换的沉积环境。最年轻的碎屑锆石组合以及孢粉组合将秋乌组下部的年代限定为早中新世（24 ～ 21 Ma）。

恰布林剖面秋乌组上覆大竹卡组厚度超过 1000 m，与秋乌组呈角度不整合 / 断层接触关系，主要为含花岗岩和超基性岩砾石的砾岩、交错层理砂岩与泥岩互层，并发育多层古土壤。岩相分析表明，大竹卡组沉积在冲积扇缘到扇三角洲以及辫状河环境中。结合最年轻的碎屑锆石 U-Pb 年龄和大竹卡组凝灰岩 ^{40}Ar-^{39}Ar 年龄（Aitchison et al.，2009；Ding et al.，2017），我们将大竹卡组的沉积年龄限定为 19 ～ 18 Ma。

柳区组砾岩位于雅鲁藏布江缝合带南侧，从拉孜到白朗东西向延伸 150 km。剖面主要由厚层砾岩组成，夹有少量紫红色砂岩和泥岩。砾石成分主要由缝合带超基性岩及特提斯喜马拉雅变质岩组成，也有部分直接来自冈底斯的闪长岩砾石。岩相学分析表明，柳区组砾岩的沉积环境为冲积扇到河流沉积环境。结合夏如剖面的凝灰岩锆石 U-Pb 年龄 56 Ma 以及柳区组砾岩的植物大化石，限定其沉积时代为 56 ～ 50 Ma（Ding et al.，2017）。

对门士剖面凯乐石组中的 23 个双壳类化石进行氧同位素测试，结果表明，$\delta^{18}O_c$ 的变化范围为 –23.7‰ ～ –14.1‰，变化程度达到 9.6‰，$\delta^{13}C_c$ 的变化范围为 –6.4‰ ～ –2.6‰（Xu et al.，2018）。这与晚中新世塔口拉盆地以及札达盆地壳类化石碎片获得的氧同位素变化范围一致，指示了双壳化石记录了季节性降水同位素变化的特征（Garzione et al.，2004；Saylor et al.，2009）。XRD 分析表明，化石以文石为主，含有少量的方解石，进一步说明它们没有受到后期成岩作用的影响，记录原始降水同位素组成。通过碳酸钙的氧同位素值计算降水氧同位素，我们需要求得文石的形成温度。利用 CLAMP 计算的南木林盆地年均温和最热月的平均温度分别为 8±2.3 ℃和 23.8±2.8 ℃（Khan et al.，2014）。这与利用碳酸盐耦合同位素温度计计算得到的渐新世—中新世古土壤的形成温度在 10 ～ 18 ℃（Ingalls et al.，2017）一致。因此，我们保守地将双壳类文石的形成温度估计为 12±5℃。根据碳酸盐 – 水的同位素分馏公式，计算得到降水 $\delta^{18}O_w$ 为 –25.0‰ ～ –14.6‰，平均值为 –19.2‰±3.2‰。该结果与古土壤计算得到的 $\delta^{18}O_w$ 值为 –21.3‰ ～ –15.2‰，平均值为 –17.2‰±1.9‰ 的结果一致（DeCelles et al.，2011）。

恰布林剖面秋乌组氧同位素变化范围很小，$\delta^{18}O_c$ 为 –11.2‰ ～ –10.9‰，$\delta^{13}C_c$ 的变化范围为 –4.9‰ ～ –4.5‰，反映了稳定的开放的湖水同位素特征。其上部大竹卡组 $\delta^{18}O_c$ 为 –15.6‰ ～ –14.4‰，比秋乌组 $\delta^{18}O_c$ 低 3‰ ～ 4‰，$\delta^{13}C_c$ 在 –9.9‰ ～ –7.9‰（Xu et al.，2018）。秋乌组湖相碳酸盐的氧同位素最负值最有可能反映 21 ～ 19 Ma 恰布林地区汇水盆地河流的同位素组分，而大竹卡地区的古土壤可能反映了该地区的降水同位素组分。根据 CLAMP 重建的秋乌组年均温（约 21 ℃）（Ding et al.，2017），以及现今湖盆温度一般比年均温高 2℃，我们采取 19±10℃作为秋乌组碳酸盐岩的形成温度，计算得到的降水同位素 $\delta^{18}O_w$ 值为 –10.1‰±2.1‰。根据南木林盆地的年平均温（8 ± 2.3℃）（Khan et al.，2014）和札达盆地的碳酸盐形成温度（11 ± 3℃）（Huntington et al.，2015），我们采取 10±5℃作为大竹卡组古土壤的形成温度，计算得到的降水氧同位素平均值为 –15.7‰±1.1‰（Xu et al.，2018）。柳区组砾岩中的古土壤 $\delta^{18}O_c$ 变化范围非常大，为 –18.2‰ ～ –9.5‰，与地层中海相碳酸盐岩砾石的氧同位素部分重叠，可能指示古土壤经历了成岩改造的作用，因此在古高度重建中未使用柳区组古土壤的氧同位素值进行重建。

利用氧同位素古高度计获得冈仁波齐地区 20 ～ 19 Ma 的古高度为 4863+877/–980 m；恰布林地区在 24 ～ 21 Ma 的古高度为 2080+641/–810 m，并于 19 ～ 18 Ma 抬升到 4057+530/–640 m（图 7.6）。其中，恰布林 24 ～ 21 Ma 的古高度与植物化石 CLAMP 方法计算得到的古高度（2.3 km）完全一致（图 7.6）。此外，喜马拉雅地区一

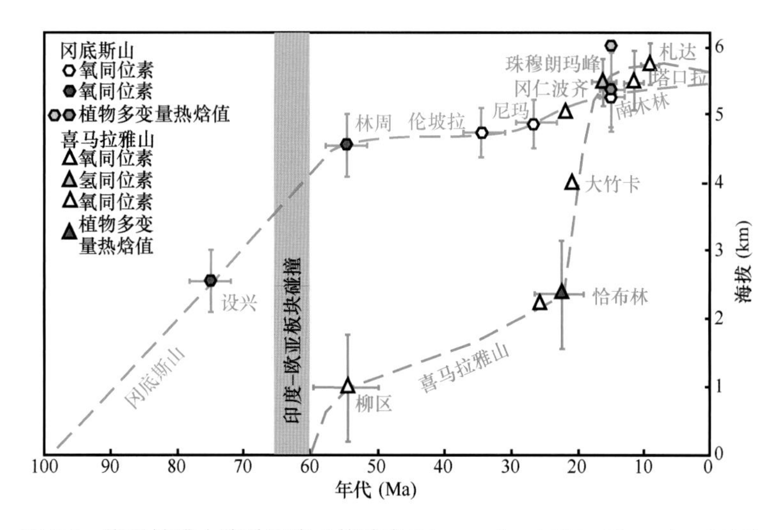

图 7.6　喜马拉雅山隆升历史（修改自 Ding et al.，2017；Xu et al.，2018）

系列的南北向裂谷盆地以及藏南拆离系中同位素和古生物化石结果共同揭示了喜马拉雅地区在中－晚中新世已经达到最大高度。尼泊尔塔口拉盆地的湖相碳酸盐氧同位素结果揭示距今 10 Ma 左右喜马拉雅山就已经达到现今的海拔高度（Garzione et al.，2000；Rowley et al.，2001；Rowley and Garzione，2007）。吉隆盆地中的哺乳动物牙齿化石氧同位素的研究结果表明在距今至少 7 Ma 喜马拉雅就已经超过现今高度（Rowley et al.，2001）。位于西藏西南部的札达盆地发育了一套厚达 800 m 的晚新生代地层，磁性地层学限定其沉积时代为 9.2 ～ 1 Ma（王世锋等，2008；Saylor et al.，2009）。地层中软体动物的壳体化石保存最初的地表水氧同位素值在 –24.5‰ ～ 2.2‰，最负的同位素值比现今盆地内地表水同位素值还低，表明 9.2 Ma 前札达盆地比现今高度（3.7 ～ 4.5 km）还高 1.5 km（Huntington et al.，2015；Murphy et al.，2009；Saylor et al.，2009）。

结合上述古植物化石古高度计和氧同位素古高度计结果，进一步完善了喜马拉雅山的隆升历史。早始新世期间（56 ～ 50 Ma）藏南柳区地区位于冈底斯山南坡，海拔低于 1 km，类似于现今的喜马拉雅山南坡的地貌特征；到早中新世期间，恰布林地区抬升到了大约 2 km 的高度，直到（19 ～ 18）Ma，该地区抬升到 4.1 km 以上成为现今高海拔高原的一部分。由于不能直接确定柳区盆地如何隆升，但根据此前的研究，柳区盆地在 56 Ma 仅有不到 1 km，加之位于恰布林盆地以南，因此推断 24 ～ 21 Ma 的海拔应该不超过 2 km，（19 ～ 18）Ma 的海拔在 4 km 左右。结合珠穆朗玛峰氢同位素古高度以及塔口拉、札达以及吉隆盆地氧同位素的结果表明，喜马拉雅山在中中新世期间的海拔可能超过现今高度（Gébelin et al.，2013），而在晚中新世期间伸展垮塌作用导致海拔降低了 1 km 左右。上新世喜马拉雅山札达盆地内出现的西藏披毛犀、原始雪豹和早期的北极狐等典型的适应寒冷气候的动物群（Deng et al.，2011），表明上新世时期喜马拉雅山已经形成了与现今一致的“第三极”高海拔特征。

7.3 喜马拉雅山隆升与亚洲季风协同演化

季风是指在热带辐合带的季节性迁移或者海陆热力效应和地形强迫作用下形成的环流和降水具有较强季节性变化的现象（Wang，2009）。热带辐合带的移动是地球倾斜转动的必然结果，因此由于热带辐合带的移动而产生的季风在整个地球历史中一直存在，只是后期由于古地貌环境发生改变而有所调整（Zhang and Wang，2008）。亚洲季风包含南亚季风和东亚季风，而青藏高原的隆升，加强了亚洲的季风环流并加剧了亚洲内陆干旱化的进程。下面针对青藏高原喜马拉雅山的隆升历史和亚洲季风之间的协同演化进行简要讨论。

印度热带地区发现的早始新世的植物化石显示出该地区的气温和降水都具有明显的季节变化（Shukla et al.，2014），缅甸始新世（55 ～ 34 Ma）腹足类化石和哺乳动物化石的氧同位素随着季节变化发生规律性变化（Licht et al.，2014），以及青藏高原冈底斯山脉发现的介形虫类化石氧同位素所呈现出的季节性变化（Ding et al.，2014）共同表明，这些地区存在着受到热带辐合带迁移及原喜马拉雅 – 西藏山体的影响而形成的始新世季风气候（Spicer et al.，2016）。柳区地区早始新世植物化石重建的 1 km 左右的古高度以及夏季（6 ～ 8 月）103 cm 古降水数据（Ding et al.，2017）和上述始新世古季风气候一致。

到了中新世期间，恰布林地区的古植物化石古高度结果以及湖相灰岩氧同位素古高度结果都表明，喜马拉雅山在该时期的高度在 2 km 左右（Ding et al.，2017；Xu et al.，2018），两种古高度计得到结果的一致性共同验证了该古高度结果的准确性。近年来，随着青藏高原各块体之间差异抬升历史的揭露，对高原不同山脉隆升造成的环境效应模拟研究也在逐步进行。Boos 和 Kuang(2010）的模拟结果表明，移除青藏高原主体而保留喜马拉雅山就足以产生和现今相似的南亚季风，喜马拉雅山作为高大山脉阻断来自印度的温暖潮湿水汽与北方寒冷干燥的空气汇聚，强调了喜马拉雅山作为高大山脉的地形力学强迫作用。而 Wu 等（2012）的模拟结果表明，南亚季风主要是受到热力学强迫形成的感热气泵抽吸作用的影响而不是受到地形力学强迫作用的影响。Zhang 等（2015）进一步模拟青藏高原各块体的区域隆升对亚洲季风存在的影响，结果表明，喜马拉雅山以及藏南中部地区的隆升对印度季风降水量的影响不大，而青藏高原西部地区和东部地区的抬升则会使印度季风显著加强。藏南中部地区，青藏高原北部地区的隆升可使得亚洲冬季风显著加强。

印度 – 欧亚大陆碰撞早期，随着新特提斯洋板片的回转、断离，印度和欧亚大陆的汇聚速率快速降低，增生楔和印度陆壳开始变形引起了喜马拉雅山最初的、局部的抬升，在缝合带南侧沉积柳区砾岩，形成海拔接近 1 km 的热带 - 亚热带季雨林景观盆地。在 56 Ma，喜马拉雅山以北的藏南地区与喜马拉雅山前陆盆地在大气降水变化方面未呈现出明显的分异。早始新世，藏南的降水量与印度北部的降水量基本一致，最湿三个月（3-WET）的降水量达约 1000 mm/a，最干三个月（3-DRY）的降水量为 200 mm/a。随着喜马拉雅山的隆升，喜马拉雅山以北的藏南地区逐渐变干旱而寒冷（DeCelles et al.，2007），年均温从古新世的 24℃下降到 8℃，最湿三个月降水量不到早中新世前的一半，约 300 mm/a，最干三个月的降水量仅为 40 mm/a。但喜马拉雅山前陆盆地年均温和大气降水量自始新世以来的增加不明显，似乎和喜马拉雅山的隆升关系不大。由此揭示喜马拉雅山隆升对向北传输的南亚季风气团产生的阻挡和导流作用是青藏高原逐渐干旱的原因。但藏南最干三个月的降水量的大幅减少也可能与高原对西风的阻挡有关。而喜马拉雅山前陆盆地由于南亚季风自晚古新世以来就一直存在，其降水变化并不明显。到了中 – 晚中新世，喜马拉雅山隆升到高于现今海拔的高度，使得南亚季风和东亚季风强度达到最大，出现类似“超级季风”（Farnsworth et al., 2019）。晚中新世期间，喜马拉雅山一系列的南北向裂谷盆地以及藏南拆离系中同位素和古生物化石的结果共同揭示了喜马拉雅山在中新世发生垮塌，达到和现今相似的高度。伴随着喜马拉雅山的垮塌季风强度逐渐减弱到和现今相似。

上新世札达盆地开始出现适应寒冷气候的动物，最典型的动物如西藏披毛犀、原始雪豹和早期的北极狐等（Deng et al.，2011）。这些适应寒冷气候的动物群在随后更新世出现的大冰期广泛分布，表明上新世时喜马拉雅山已经形成与目前相似的“第三极”寒冷气候了。

参考文献

丁林, 许强, 张利云, 等. 2009. 青藏高原河流氧同位素区域变化特征与高度预测模型建立. 第四纪研究, 29: 1-12.

李祥辉, 王成善, 胡修棉, 等. 2000. 朋曲组–西藏南部最高海相层位一个新的地层单元. 地层学杂质, 24(3): 243-248.

王世锋, 张伟林, 方小敏, 等. 2008. 藏西南札达盆地磁性地层学特征及其构造意义. 科学通报, 53(06): 676-683.

Aitchison J C, Ali J R, Chan A, et al. 2009. Tectonic implications of felsic tuffs within the Lower Miocene Gangrinboche conglomerates, Southern Tibet. Journal of Asian Earth Science, 34: 287-297.

Boos W R, Kuang Z. 2010. Dominant control of the South Asian monsoon by orographic insulation versus plateau heating. Nature, 463: 218-222.

Chung S, Lo C, Lee T, et al. 1998. Diachronous uplift of the Tibetan Plateau starting 40 Myr ago. Nature, 394: 769-773.

Currie B S, Polissar P J, Rowley D B, et al. 2016. Multiproxy palaeoaltimetry of the late Oligocene-Pliocene Oiyug Basin, Southern Tibet. American Journal of Science, 316: 401-436.

Currie B S, Rowley D B, Tabor N J. 2005. Middle Miocene paleoaltimetry of southern Tibet: implications for the role of mantle thickening and delamination in the Himalayan orogen. Geology, 33: 181-184.

DeCelles P G, Kapp P, Gehrels G E, et al. 2014. Paleocene-Eocene foreland basin evolution in the Himalaya of southern Tibet and Nepal: implications for the age of initial India-Asia collision. Tectonics, 33: 824-849.

DeCelles P G, Kapp P, Quade J, et al. 2011. Oligocene-Miocene Kailas basin, southwestern Tibet: record of postcollisional upper-plate extension in the Indus-Yarlung suture zone. Geological Society of America Bulletin, 123: 1337-1362.

DeCelles P G, Quade J, Kapp P, et al. 2007. High and dry in central Tibet during the Late Oligocene. Earth and Planetary Science Letters, 253: 389-401.

Dewey J F, Shackleton R M, Chang C, et al. 1988. The tectonic evolution of the Tibetan Plateau. Philosophical Transactions of the Royal Society of London Mathematical Physical & Engineering Sciences, 327: 379-413.

Ding L, Kapp P, Wan X. 2005. Paleocene-Eocene record of ophiolite obduction and initial India-Asia collision, south central Tibet. Tectonics, 24: 1-18.

Ding L, Spicer R A, Yang J, et al. 2017. Quantifying the rise of the Himalaya orogen and implications for the South Asian monsoon. Geology, 45: 215-218.

Ding L, Xu Q, Yue Y, et al. 2014. The Andean-type Gangdese Mountains: paleoelevation record from the Paleocene–Eocene Linzhou Basin. Earth and Planetary Science Letters, 392: 250-264.

Farnsworth A, Lunt D J, Robinson S A, et al. 2019. Past East Asian monsoon evolution controlled by paleogeography, not CO_2. Science Advances, eaax1697.

Fuchs G, Willems H. 1990. The final stages of sedimentation in the Tethyan zone of Zanskar and their geodynamic significance（Ladakh-Himalaya）. Jahrbuch der Geologischen Bundesanstalt Wien, 133: 259-273.

Garzanti E, Baud A, Mascle G. 1987. Sedimentary record of the northward flight of India and its collision with Eurasia（Ladakh Himalaya, India）. Geodinamica Acta, 1: 297-312.

Garzione C N, Dettman D L, Horton B K. 2004. Carbonate oxygen isotope paleoaltimetry: evaluating the effect of diagenesis on paleoelevation estimates for the tibetan plateau. Palaeogeography Palaeoclimatology Palaeoecology, 212: 0-140.

Garzione C N, Quade J, DeCelles P G, et al. 2000. Predicting paleoelevation of Tibet and the Himalaya from delta O-18 vs. altitude gradients in meteoric water across the Nepal Himalaya. Earth and Planetary Science Letters, 183: 215-229.

Gebélin A, Mulch A, Teyssier C, et al. 2013. The Miocene elevation of Mount Everest. Geology, 41: 799-802.

Green O R, Searle M P, Corfield R I, et al. 2008. Cretaceous-Tertiary carbonate platform evolution and the age of the India-Asia collision along the Ladakh Himalaya（Northwest India）. The Journal of Geology, 116: 331-353.

Hren M T, Pagani M, Erwin D M, et al. 2010. Biomarker reconstruction of the early Eocene paleotopography and paleoclimate of the northern Sierra Nevada. Geology, 38: 7-10.

Huntington K W, Saylor J, Quade J, et al. 2015. High late Miocene-Pliocene elevation of the Zhada basin, southwestern Tibetan Plateau, from carbonate clumped isotope thermometry. Geol Soc Am Bull, 127: 181-199.

Ingalls M, Rowley D, Olack G, et al. 2017. Paleocene to Pliocene low-latitude, high-elevation basins of Southern Tibet: implications for tectonic models of India-Asia collision, Cenozoic climate, and geochemical weathering. Geol Soc Am Bull, 130: 307-330.

Khan M A, Spicer R A, Bera S, et al. 2014. Miocene to Pleistocene floras and climate of the Eastern Himalayan Siwaliks, and new palaeoelevation estimates for the Namling-Oiyug Basin, Tibet. Global Planetary Change, 113: 1-10.

Li J. 2004. Discovery and preliminary study on paleynofossils from the Cenozoic Qiuwu Formation of Xizang (Tibet). Acta Miocropalaeontologica Sinica, 21: 216-221.

Li X, Wang C, Luba J, et al. 2006. Age of initiation of the India-Asia collision in the east-central himalaya: a discussion. The Journal of Geology, 114: 637-640.

Licht A, van Cappelle M, Abels H A, et al. 2014. Asian monsoons in a late eocene greenhouse world. Nature, 513: 501-506.

Molnar P, England P, Martinod P J. 1993. Mantle dynamics, uplift of the Tibetan Plateau, and the Indian monsoon. Review of Geophysics, 31: 357-396.

Molnar P, Stock J M. 2009. Slowing of India's convergence with Eurasia since 20 Ma and its implications for Tibetan mantle dynamics. Tectonics, 28: TC3001.

Murphy M A, Saylor J E, Ding L. 2009. Late Miocene topographic inversion in southwest Tibet based on integrated paleoelevation reconstructions and structural history. Earth and Planetary Science Letters, 282: 1-9.

Najman Y, Appel E, Boudagher-Fadel M, et al. 2010. Timing of India-Asia collision: geological, biostratigraphic, and palaeomagnetic constraints. J Geophys Res, 115(B12416): 1-18.

Powell C M, Conaghan P G. 1973. Plate tectonics and the Himalayas. Earth and Planetary Science Letters, 20: 1-12.

Rowley D B, Currie B S. 2006. Palaeo-altimetry of the late Eocene to Miocene Lunpola basin, central Tibet. Nature, 439: 677-681.

Rowley D B, Garzione C N. 2007. Stable isotope-based paleoaltimetry. Annual Review of Earth and Planetary Sciences, 35: 463-508.

Rowley D B, Pierrhubert R T, Currie B S. 2001. A new approach to stble isotope-based paleoaltimetry: implicatins for paleoaltimetry and paleohypsometry of the High Himalaya since the Late Miocene. Earth and Planetary Science Letters, 188: 253-268.

Saylor J E, Quade J, Dellman D L, et al. 2009. The late miocene through present paleoelevation history of southwestern Tibet. American Journal of Science, 309: 1-42.

Shukla A, Mehrotra R C, Spicer R A, et al. 2014. Cool equatorial terrestrial temperatures and the South Asian monsoon in the Early Eocene: evidence from the Gurha Mine, Rajasthan, India. Palaeogeography, Palaeoclimatology, Palaeoecology, 412: 187-198.

Spicer R A, Harris N B W, Widdowson M, et al. 2003. Constant elevation of southern Tibet over the past 15 million years. Nature, 421: 622-624.

Spicer R A, Yang J, Herman A B, et al. 2016. Asian Eocene Monsoons as revealed by leaf architectural signatures. Earth and Planetary Science Letters, 449: 61-68.

Srivastava G, Spicer R A, Spicer T E V, et al. 2012. Megaflora and palaeoclimate of a Late Oligocene tropical delta, Makum Coalfield, Assam: evidence for the early development of the South Asia Monsoon. Palaeogeography, Palaeoclimatology, Palaeoecology, 342: 130-142.

Tapponnier P, Xu Z, Roger F, et al. 2001. Oblique stepwise rise and growth of the Tibetan Plateau. Science, 294(5547): 1671-1677.

Wang C, Dai J, Zhao X, et al. 2014. Outward-growth of the Tibet Plateau during the Cenozoic: a review. Tectonophysics, 621: 1-43.

Wang C, Li X, Hu X, et al. 2002. Latest marine horizon north of Qomolangma（Mt Everest）: implications for closure of Tethys seaway and collision tectonics. Terra Nova, 14: 114-120.

Wang C, Zhao X, Liu Z, et al. 2008. Constraints on the early uplift history of the Tibetan Plateau. Proceedings of the National Academy of Sciences, 105: 4987-4992.

Wang J, Hu X, Jansa L, et al. 2011. Provenance of the upper Cretaceous-Eocene deep-water sandstones in Sangdanlin, Southern Tibet: constraints on the timing of initial India-Asia collision. The Journal of Geology, 119: 293-309.

Wang J G, Hu X M, Wu F Y, et al. 2010. Provenance of the Liuqu Conglomerate in southern Tibet a Paleogene erosional record of the Himalayan-Tibetan orogen. Sedimenary Geology, 231: 74-84.

Wang P X. 2009. Global monsoon in a geological perspective. Chinese Science Bulletin, 54: 1113-1136.

Wu G X, Liu Y, Dong B, et al. 2012. Revisiting Asian monsoon formation and change associated with Tibetan Plateau forcing. Ⅰ: formation. Climate Dynamics, 39: 1169-1181.

Xu Q, Ding L, Spicer R A, et al. 2018. Stable isotopes reveal southward growth of the Himalayan-Tibetan Plateau since the Paleocene. Gondwana Research, 54: 50-61.

Yang J, Spicer R A, Spicer T E V, et al. 2015. Leaf form-climate relationships on the global stage and ensemble of characters. Global Ecology and Biogeography, 24: 1113-1125.

Zhang R, Jiang D, Zhang Z, et al. 2015. The impact of regional uplift of the Tibetan Plateau on the Asian monsoon climate. Palaeogeography Palaeoclimatology Palaeoecology, 417: 137-150.

Zhang Q, Willems H, Ding L, et al. 2012. Initial India-Asia continental collision and foreland basin evolution in the tethyan himalaya of Tibet: evidence from Stratigraphy and Paleontology. The Journal of Geology, 120: 175-189.

Zhang S, Wang B. 2008. Global summer monsoon rainy seasons. International Journal of Climatology, 28: 1563-1578.

Zhu B, Kidd W S F, Rowley D B, et al. 2005. Age of initiation of the India-Asia collision in the east-central Himalaya. The Journal of Geology, 113: 265-285.

Zhu B, Kidd W S F, Rowley D B, et al. 2006. Age of initiation of the India-Asia collision in the east-central Himalaya: a reply. The Journal of Geology, 114: 641-643.

第8章

喜马拉雅山周边地质环境记录与变化*

* 本章作者：方小敏、张伟林、张涛、白艳、吴福莉。

8.1 地层序列与代表性剖面年代框架

8.1.1 喜马拉雅山南坡地层

约 55 Ma 的印度 – 欧亚板块碰撞导致喜马拉雅造山带构造隆升，最终在尼泊尔形成四个不同的造山单元（图 8.1），即特提斯喜马拉雅系列、高喜马拉雅结晶岩系、低喜马拉雅岩系及次喜马拉雅单元（或前陆盆地）；地层层序在这四个造山单元具体划分为新元古代至新生代的特提斯沉积带、新元古代至寒武纪的高喜马拉雅沉积带、新元古代至古生代的低喜马拉雅沉积带以及新生代的 Siwalik 群 (Brookfield，1993；Burchfiel et al.，1992；DeCelles et al.，2000；Gansser，1964；Garzanti and Frette，1991；Guillot，1999；Guillot et al.，2008；Le Fort，1975；Parkash et al.，1980；Parrish and Hodges，1996；Stöcklin，1980；Upreti，1999；Yin and Harrison，2000)。高喜马拉雅山侵蚀物质在前陆盆地的沉积，即西瓦里克群，与现代印度河 – 恒河平原冲积物位于主前缘逆冲断裂 (MFT) 带上；主边界逆冲断裂 (MBT) 带将南部的西瓦里克群与北部的弱变质岩、火山岩和沉积岩明显分开；低喜马拉雅和高喜马拉雅变质岩被主中央逆冲断裂 (MCT) 带隔开；藏南拆离系 (STDS) 将高喜马拉雅和特提斯喜马拉雅地区的海相沉积区分（图 8.1）(Burchfiel et al.，1992；DeCelles et al.，1998；Gansser，1964；Sakai，1985；Stöcklin，1980；Upreti，1999；Valdiya，1980；Yin et al.，1999)。喜马拉雅造山带在尼泊尔不同部位的不同构造应力使沉积物在不同的沉积盆地具有不规则的厚度和岩性变化，虽然低喜马拉雅前缘的沉积模式显示出广泛的

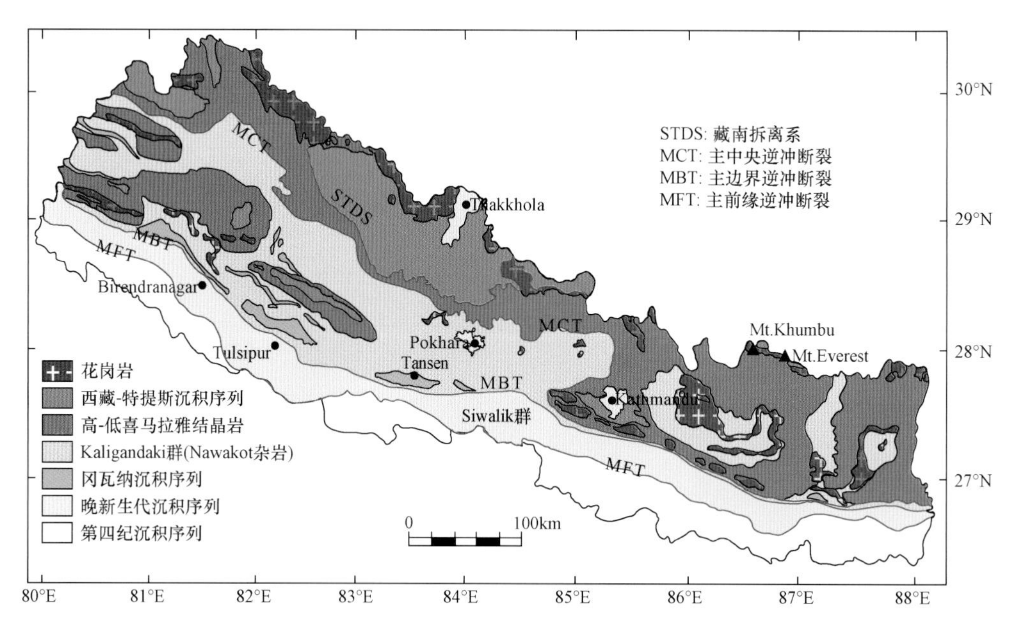

图 8.1 尼泊尔地质构造图

变化，但这些区域的地层是陆相沉积，位于高喜马拉雅或特提斯带相同的地层则属于海相沉积（图 8.2），显示出寒武系—奥陶系至下白垩统岩石层序位于印度板块上特提斯带的被动边缘（Brookfield，1993；Le Fort et al.，1983），但其可延伸于低喜马拉雅之上（Sakai，1983，1989）。尼泊尔低喜马拉雅岩体一般由早古生代 Nawakot 群、Kali Gandaki 群（Sakai，1985；Stöcklin，1980）和上石炭统—早中新统的变质岩组成。这些岩石从南部的 MBT 到北部的 MCT 均有分布（Paudel，2012；Upreti，1999）（图 8.2）。上白垩统至始新统地层在尼泊尔西部地区比中东部更为发育，如在 Tansen、Barahachhetra、Dang 和 Surkhet 地区均有很好的出露。渐新统至上新统地层仅存于尼泊尔西部的 Tansen、Birendranagar 和 Tulsipur 地区（图 8.1）。第四系沉积序列在尼泊尔西部主要以砂岩、砾岩等粗碎屑岩出现；中部地区主要分布于加德满都盆地，以砂岩、泥岩夹煤线为主。值得注意的是，二叠纪以来在尼泊尔发现了四期重要的含煤层，即下二叠统（尼泊尔中西部）、始新统（尼泊尔中喜马拉雅带）、中新统（Siwalik 群）以及第四系（加德满都盆地）(Joshi et al.，2004)，表明尼泊尔地区海陆相沉积一直处在温暖潮湿的气候环境下。

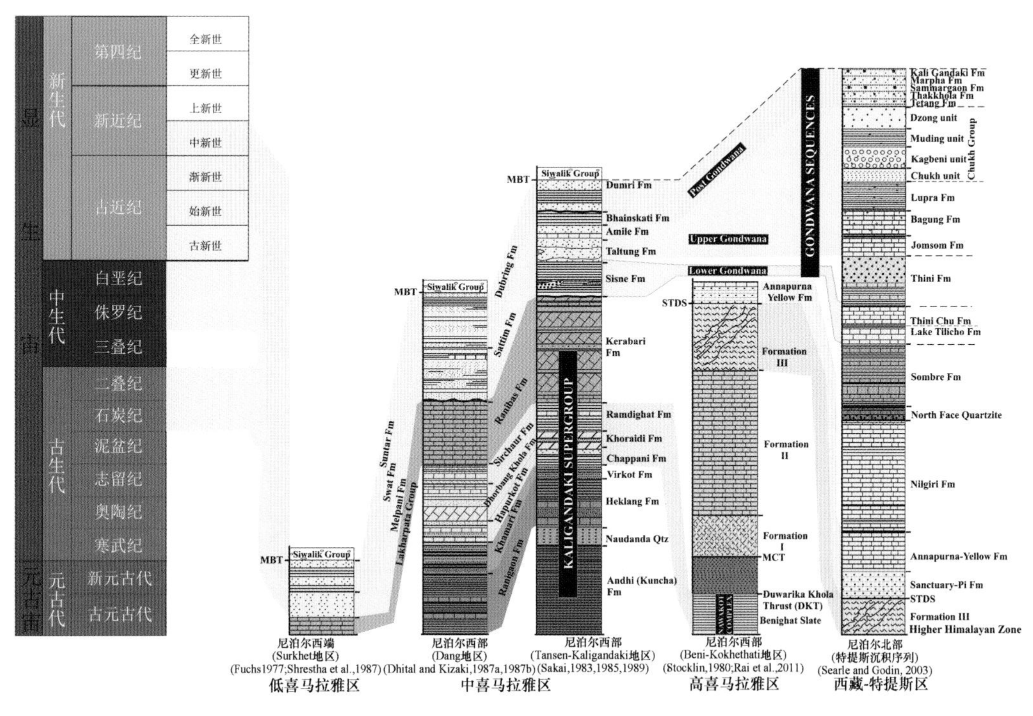

图 8.2　尼泊尔各造山带区域沉积序列对比

注：Fm：组；Formation Ⅰ：组Ⅰ；Formation Ⅱ：组Ⅱ；Formation Ⅲ：组Ⅲ；Group：群；Post Gondwana：后冈瓦纳；Upper Gondwana：上冈瓦纳；Lower Gondwana：下冈瓦纳；Quartzite：石英岩

其中，Tansen 地区是晚白垩世以来海陆相沉积序列保存最完整的典型区域。针对野外实测以及对近 10 条剖面的踏勘，发现该区主要由 Tansen 群和 Siwalik 群组成，其中 Tansen 群厚度 2000 ～ 3000 m，自下而上包括了 Taltung 组、Amile 组、Bhainskati

组和 Dumri 组；其中 Siwalik 群可达 4000 ~ 6000 m，主要由下、中和上三段组成（图 8.3）。Taltung 组约 200 m 厚，与下伏地层（Sisne 组）呈明显不整合接触，同时可见底砾岩薄层；该组下部主要以著名的 Charchare 砾岩以及砂岩和砾岩韵律沉积为特征，其中砾岩和砂岩堆积无序，结构差，显示了洪泛平原的沉积特点，部分地区可见少量的熔岩流（Sakai，1983）。Charchare 砾岩主要由磨圆度较好的火山岩和石英岩构成；上部主要是绿色砂岩和页岩互层组合的岩性特征，且向上有粒径变细趋势，每个层序 10 ~ 20 m 厚。砂岩粒径较粗，较细的粉砂岩层位可见铁锰胶膜和钙质充填特征，交错

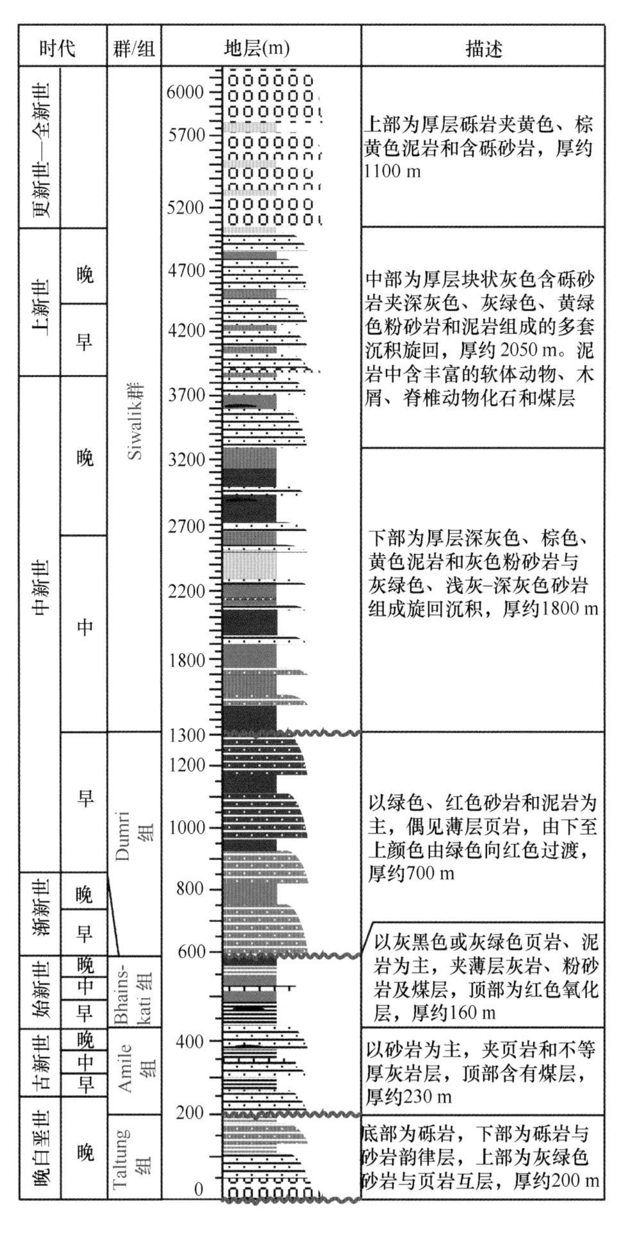

图 8.3 尼泊尔中西部晚白垩世以来沉积序列综合柱状图

层理较为发育。需要强调的是，顶部可见 6 ～ 8 m 厚的紫红色砂质页岩且绿色斑点减少。前人曾在该组的砂岩层和砾岩透镜体中发现了 *Ptilophyllum* cf. *P. cutchense* MORRIS，*Pterophyllum* sp.，*Cladophlebis indica* 和 *Elatocladus tenerrimusde*(Feistmantel) 等种属的植物化石 (Kimura et al.，1985)，并推断该组沉积年代为侏罗纪—晚白垩世。Amile 组底部是一套近 10m 厚、以白色石英为主的砾岩层，其覆盖于紫红色的 Taltung 组页岩之上，界限之间呈明显的不整合接触关系，以砂岩为主含有页岩以及不等厚的灰岩 (图 8.3)，是一套以陆相为主夹有含海相化石的地层，厚度在 200m 以上。其具体可划分为三个岩性段，底部主要是砾岩和灰色砂岩组合，砾岩的结构以次圆和圆形磨圆为主，成分主要是石英、燧石和玛瑙，粒径较小 (<5 cm)。砂岩以含粉红 – 棕红色铁质斑点为特征，并夹有薄层页岩；中部以含化石的粉砂岩、灰岩以及含菱锰矿的粉砂岩为典型特征。代表性化石层位于泥质灰岩层，厚约 20 m，主要含双壳类、腹足类、海胆、珊瑚以及脊椎动物骨骼等丰富化石 (Megh，2015)。Amile 组顶部主要由石英砂岩组成，夹有少量的薄层钙质粉砂岩和钙质页岩互层组合，并含有煤层 (图 8.3)。根据地层接触关系、物质来源等，DeCelles 等 (2004) 认为该套地层的沉积年代为晚白垩世—古新世。Bhainskati 组是尼泊尔地区一套特征鲜明的新生代海相地层，它连续沉积在下伏的 Amile 组之上，厚度 160 ～ 200 m；以含海相化石的黑色页岩为主体，中间夹有薄层灰岩和粉砂岩 (图 8.3)。其中，黑色页岩层中生物扰动比较明显且部分层位可见煤层。另外，该组地层中含有丰富的海相有孔虫、海相鱼类以及陆地哺乳动物等化石，并约束了其地层年代为中始新世到晚始新世 (Sakai，1983；DeCelles et al.，1998)。Dumri 组是 Tansen 群最上部地层，与下伏 Bhainskati 组呈高角度不整合接触关系，以绿色、红色砂岩和泥岩为主，偶见薄层页岩。从下往上，该套地层的颜色由绿色逐渐向红色过渡，中上部以红色为主 (图 8.3)。DeCelles 等 (2004) 认为 Dumri 组时代为渐新世末至中新世，其不整合于 Bhainskati 组之上，中间存在约 20Ma 的沉积缺失且断面上发育约 5 m 厚的古土壤风化壳；但 Acharyya(2007) 认为不存在不整合，古土壤层相当于海陆相转化的过渡层。Dumri 组之上的陆相沉积统称 Siwalik 群，厚达 5000 ～ 6000 m，其形成同中新世中期发生的强烈的喜玛拉雅运动密切相关，是典型的喜马拉雅山前麓堆积，下部和中部沉积物质比较细，不是典型的磨拉石沉积，只有上部才开始出现粗的巨砾岩。

在 Birendranagar 地区，针对 Karnali River 剖面 Siwalik 群中部已做了详细的磁性地层学研究工作 (Gautam and Fujiwara，2000)，其中剖面的 0 ～ 357 m 的负极性事件 R1、1575 ～ 2001 m 的正极性事件 N9-N10 以及 3330 ～ 3560 m 的负极性事件 R21-R22 对应于标准极性柱 (Cande and Kent，1995) 的 C5Br、C5n 和 C3r(图 8.4)。鉴于此，将整个剖面限定跨时 16 ～ 5.2 Ma。然而，该剖面 Siwalik 群底部 Gautam 和 Fujiwara(2000) 未获得准确年代。为此，通过对其下部的 670 m 剖面的地层进行取样，并对古地磁数据进行分析，共获取清晰的 6 个正极性时段和 5 个负极性时段，分别对应于标准极性柱的 C5Cn、C5Dn、C5En 和 C5Cr、C5Dr(图 8.4)。据此，Siwalik 群的下界大于 18.5 Ma。该剖面的 Siwalik 群上部由于以巨砾岩为主难以开展磁性地层学研究，但通过对该剖面的 Siwalik 群上部进行勘察，实测厚度约有 1000 m(图 8.4)；依据

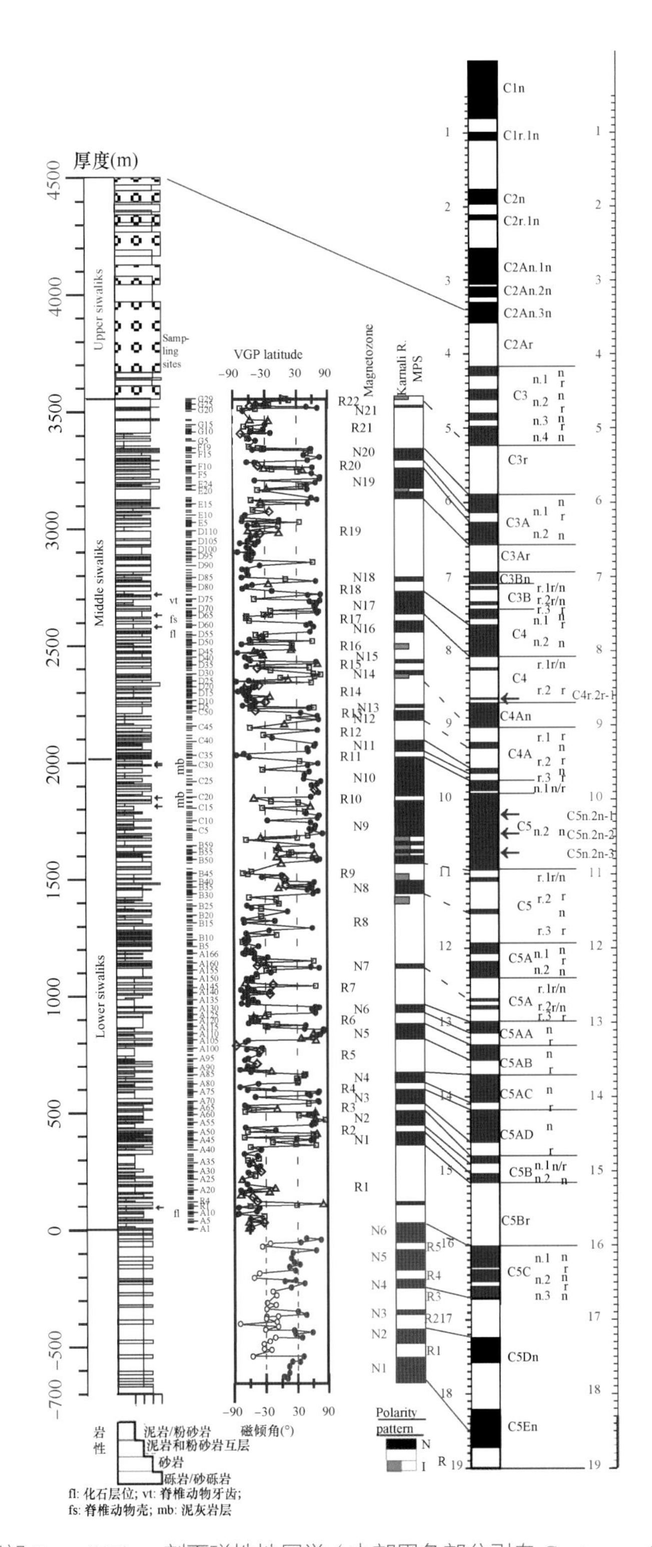

图 8.4　尼泊尔西部 Karnali River 剖面磁性地层学（中部黑色部分引自 Gautam and Fujiwara，2000，顶部与底部蓝色部分为本次研究）

18.5 ～ 5.2 Ma 沉积厚度 4230 m 推断出的沉积速率 3.2 cm/ka，由于该段以巨砾岩为主，沉积速率将大大增加，推断剖面顶部可能对应于青藏运动的 *A* 幕即 3.6 Ma。据此，可较好地判定 Siwalik 群其底部年代 >18.5 Ma 和顶部年代 <3.6 Ma，其上、中、下 3 段的界线为 9.7 Ma 和 5.2 Ma（图 8.4）。

相比于尼泊尔西部第四纪以来的粗碎屑岩而言，中部的加德满都盆地沉积了相对较细的河湖相地层，其夹褐煤层并含丰富的植物化石，是研究环境变化和印度季风演化的绝佳区域。该盆地为低喜马拉雅山的最大山间盆地之一，海拔 1400 m 以上，周围被海拔 2500 m 的山脉所环绕（图 8.5）；北部山前地层主要由片麻岩和花岗岩组成，称为 Shivapuri 混杂岩；盆地东、西、南部 Bimphedi 群由片岩和大理石组成（图 8.5）。自晚上新世该盆地形成以来，沉积序列主要分为两个岩性单元：Lukundol 组和 Itaiti 组

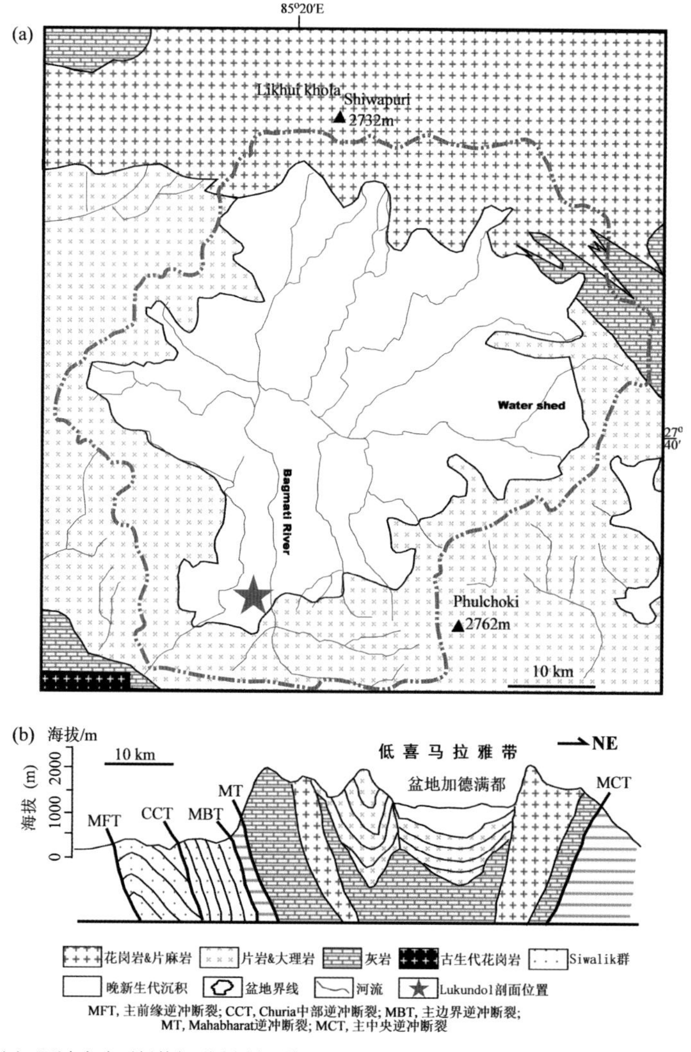

图 8.5　(a) 尼泊尔加德满都盆地地质概况图；(b) 东北－南西向横穿加德满都盆地的地质水平剖面简化图（修改自 Goddu et al.，2007）

（图 8.5）。Lukundol 剖面位于盆地的南部，出露良好并保存完整的沉积序列；根据沉积物颜色、岩性和沉积特征，共分为 8 个岩性段，其中Ⅰ段为灰黄色的砂岩夹灰黑色煤层，Ⅱ段为灰色砂砾岩段，Ⅲ段底部为灰黄色砾岩、中上部主要为灰色泥岩，Ⅳ～Ⅵ段主要为灰色泥岩、蓝灰色泥灰岩，Ⅶ段下部为灰色砾岩、上部为灰黄色泥岩，Ⅷ段为灰黄色砾岩偶夹深灰色泥岩（图 8.6）。前人根据粗略的古地磁测定，获得了 Lukundol 剖面 3.2 Ma 以来的沉积序列（Goddu et al.，2007；Yoshida and Gautam，1988）；底部 30 m 砂岩（Ⅰ段）经过补采样品并测试获得了 2 个长的正极性时段和 1 个短的负极性时段，完美地对应于标准极性柱的高斯期 C2An.2n、C2An.3n 正极性事件与 Mammoth 负极性亚带（图 8.6）。鉴于此，推断加德满都盆地底部年代约为 3.6 Ma，其中 Lukundol 组和 Itaiti 组的界线约为 0.8 Ma。

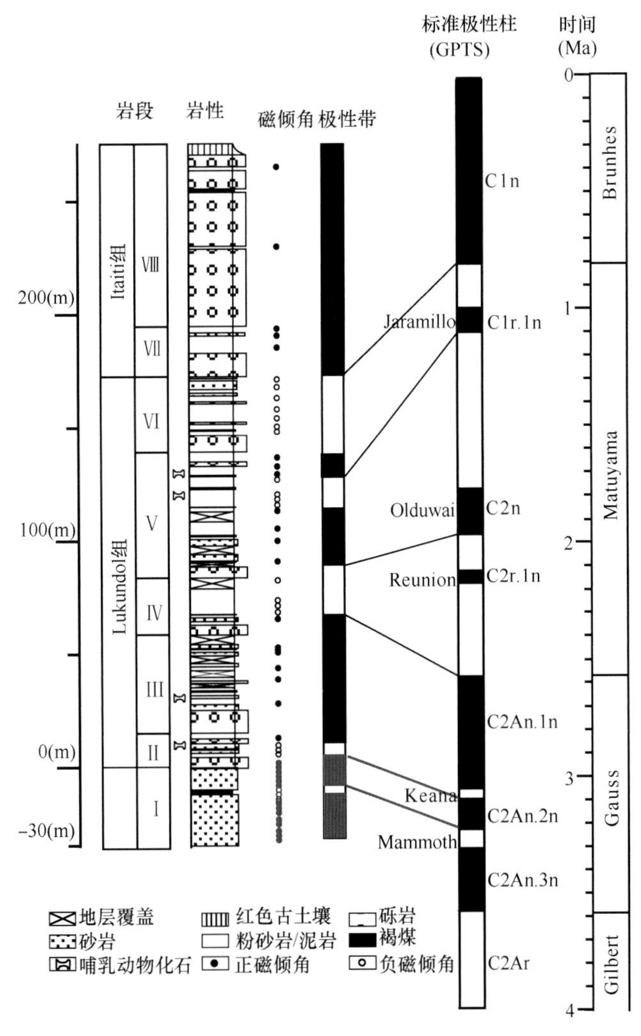

图 8.6　尼泊尔加德满都盆地 Lukundol 剖面磁性地层学

中上部黑色部分引自 Yoshida and Gautam，1988，底部蓝色部分为本次补充研究

通过上述地层层序接触关系、岩性特征，以及晚新生代精确古地磁测年，不难发现尼泊尔中－新生代以来在 Taltung 组与 Sisne 组之间（侏罗纪—白垩纪）、Amile 组与 Taltung 组之间（晚白垩世—古新世）、Dumri 组与 Amile 组之间（晚始新世—早中新世）存在 3 个高角度不整合，可能暗示同时期的 3 次重大构造事件。与此同时，Siwalik 群中、上段界线在约 5 Ma 的岩性突变以及沉积速率的陡增也可能揭示了尼泊尔地区在 5 Ma 左右可能发生了一次重大的构造变形事件。另外，根据气候地层学原理、地层层序岩性及颜色变化等，即中—新生代以来经历了由 Taltung 组的底部砾岩到上部绿色砂岩和页岩互层组合，Amile 组的粉红色砂岩，Bhainskati 组黑色页岩和灰岩，再到 Dumri 组绿色至红色砂岩和泥岩、页岩以及始新世以来的重要含煤层乃至中—下 Siwalik 群的古土壤发育和上 Siwalik 群磨拉石沉积，一直到第四纪的褐煤出现，暗示了尼泊尔境内喜马拉雅南坡侏罗纪以来总体上一直属于温暖湿润的气候。

8.1.2　喜马拉雅山顶地层

喜马拉雅山及邻区保存了陆－陆碰撞引起陆内变形的构造信息与高原大幅度隆升的气候演化历史。晚新生代强烈的构造运动，发育了 7 条重要的近南北向裂谷，即强玛—茶里错裂谷、帕龙措—古建裂谷、布多—罗布裂谷、孔错—当惹雍错裂谷、定结—申扎裂谷、亚东—谷露裂谷及错那—沃卡裂谷（图 8.7），它们的出现亦表示高原达到最大高度（Armijo et al.，1986；Coleman and Hodges，1995；Dewey，1988；Harrison et al.，1995；Molnar and Tapponnier，1978；Searle，1995；Yin and Harrison，2000）。南北向裂谷及其周边普遍存在斑岩铜矿带，其成矿岩具有埃达克岩地球化学特性，来源于被加厚的藏南镁铁质下地壳，代表了岩浆－热液系统的侵位，其时间最早发生于中新世早期，但岩浆岩活动时间大部分集中在 18 ～ 17 Ma（丁林等，2006；胡古月等，2016；杨晓松和金振民，2001；Coulon et al.，1986；Ding et al.，2003；Hager et al.，2007；Maluski et al.，1988；Williams et al.，2001；Yin et al.，1994；Zhang and Guo，2007；）（图 8.7）；裂谷内的斑岩铜矿成矿事件具有时间一致性，即 17 ～ 12 Ma（成都地质矿产研究所，2003；杜光树等，1998；侯增谦等，2003；冷成彪等，2010；李金祥等，2007，2011；李光明和芮宗瑶，2004；孟祥金，2004；曲晓明等，2003；芮宗瑶等，2003，2004，2006；王保弟等，2010；西藏地质矿产局，1993；Leng et al.，2013）（图 8.7）。岩浆岩活动、斑岩铜矿与南北向裂谷的发育揭示了喜马拉雅山地区在中新世中期达到最大高度且东西向强烈伸展，随后喜马拉雅山开始垮塌并在 12 Ma 之后形成一系列断陷盆地，如札达盆地、吉隆－沃马盆地、达涕盆地和帕里盆地（邓涛等，2015；岳乐平等，2004；王富葆等，1996；王世峰等，2008；Garzione et al.，2000）（图 8.7）。这些盆地在晚中新世—晚上新世均发育一套以湖相为主的细粒物质沉积，至第四纪开始发育以洪积扇为主的粗碎屑沉积（表 8.1）。

札达盆地位于青藏高原西南部札达县境内，平行于喜马拉雅山西段的主构造线呈北西向展布，喀喇昆仑断裂由北西向南东穿过盆地北缘的阿伊拉日居山，特提斯喜马

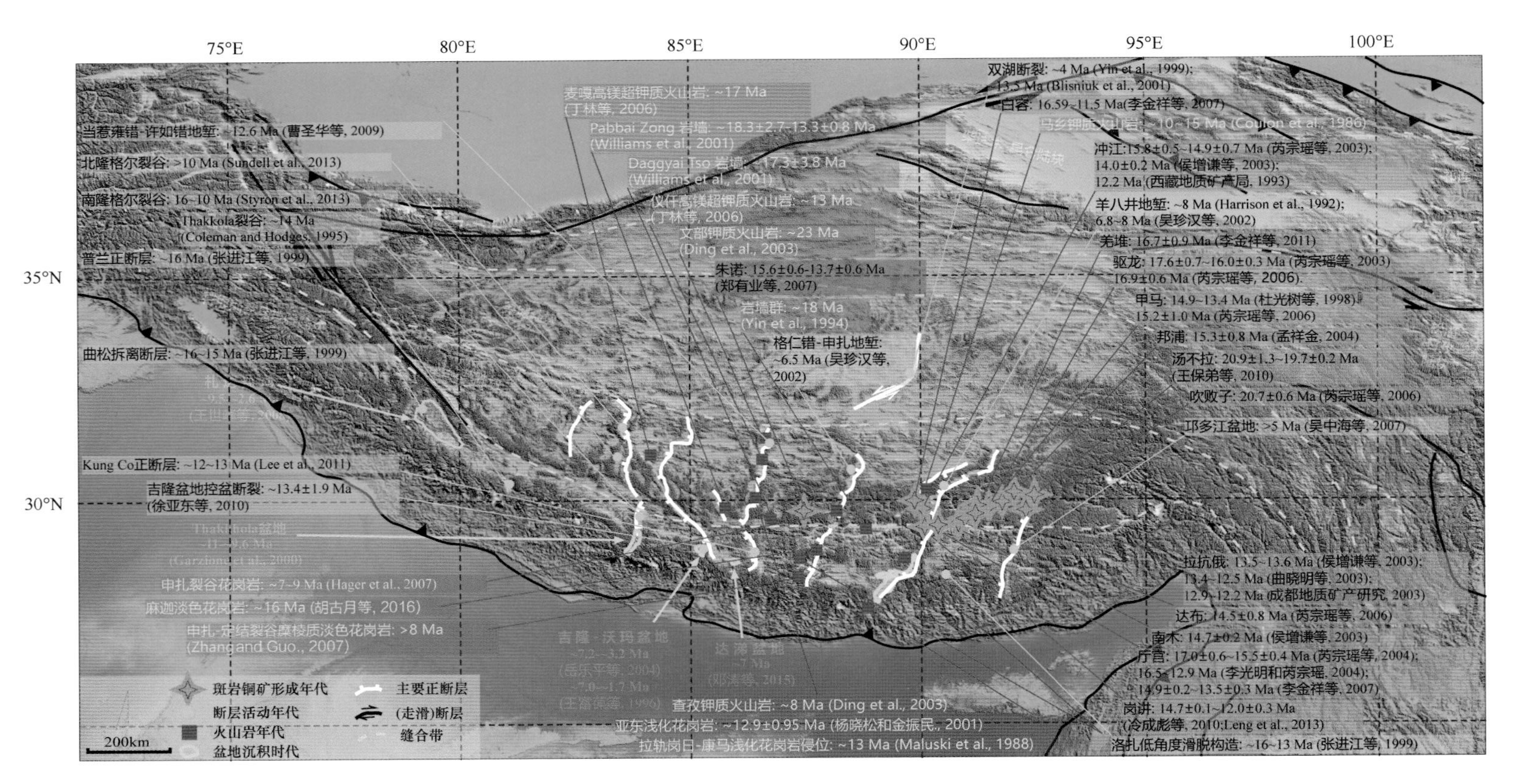

图 8.7 青藏高原南部南北向裂谷岩浆岩活动与斑岩铜矿成矿时间及其周边盆地形成时间

表 8.1　青藏高原南部晚新生代盆地地层对比

地质时代		札达盆地	吉隆-沃马盆地	达涕盆地	沉积岩相
全新世		冲洪积砂砾堆积			
更新世	中晚更新世	山麓冰川砾岩堆积			
	早更新世	香孜组	贡巴砾岩		洪积砾岩堆积
上新世	晚上新世	札达组	沃马组	达涕组	湖相沉积为主体，以橘黄色粉砂质泥岩、灰色沉积为主，夹薄层细砂岩，见三趾马化石
	中上新世				
	早上新世				
中新世	晚中新世	托林组	未见底		洪积砾岩堆积

拉雅山及藏南拆离系处在盆地南缘（图 8.8）。札达盆地基地为侏罗系至白垩系砂岩，晚新生界地层超覆于其上，发育最大厚度可达 800 m；其沉积为典型的山间发育盆地特征，由河流相（砂砾岩）– 湖相（细砂、泥岩与泥灰岩）– 洪积扇（巨厚砾岩）组成。磁性地层年代学研究剖面位于札达县县城西南 20km 处，地层出露连续。根据野外观察，按其岩性特征，发现托林组下部为灰色巨厚层砾岩，交错层理、斜层理十分发育；中部为灰白色 – 灰黄色含砾粗砂岩；上部为含砾粗砂岩夹砂砾岩及细砂岩，局部夹薄层或透镜状中粗粒砂岩（图 8.9）。札达组底部以灰色砂砾岩为主，中上部以橘黄色粉砂质泥岩到灰色或深灰色泥岩为主，夹杂一些粉砂，部分层段含有中粒到粗粒的灰色砂岩（图 8.9）。香孜组为深灰色厚层状砾岩与含砾粗砂岩互层，夹有薄层砂质泥，与下伏札达组呈角度不整合接触（图 8.9）。

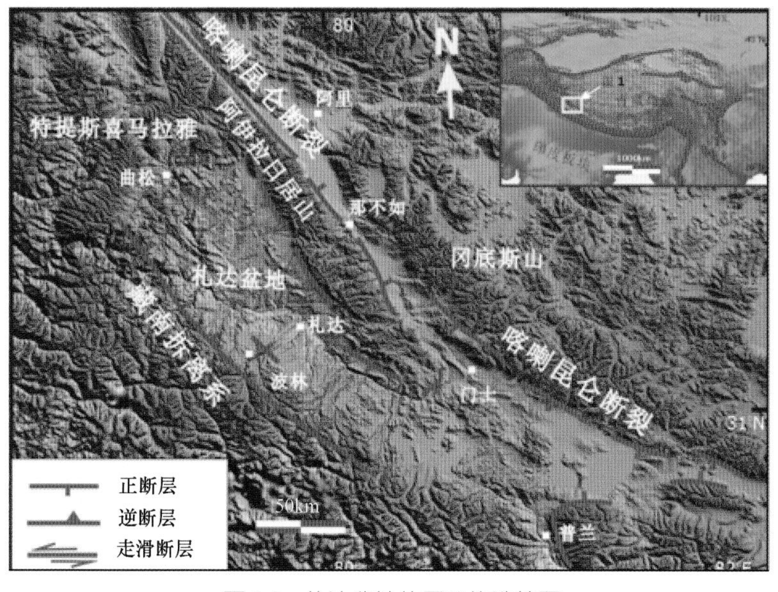

图 8.8　札达盆地位置及构造简图

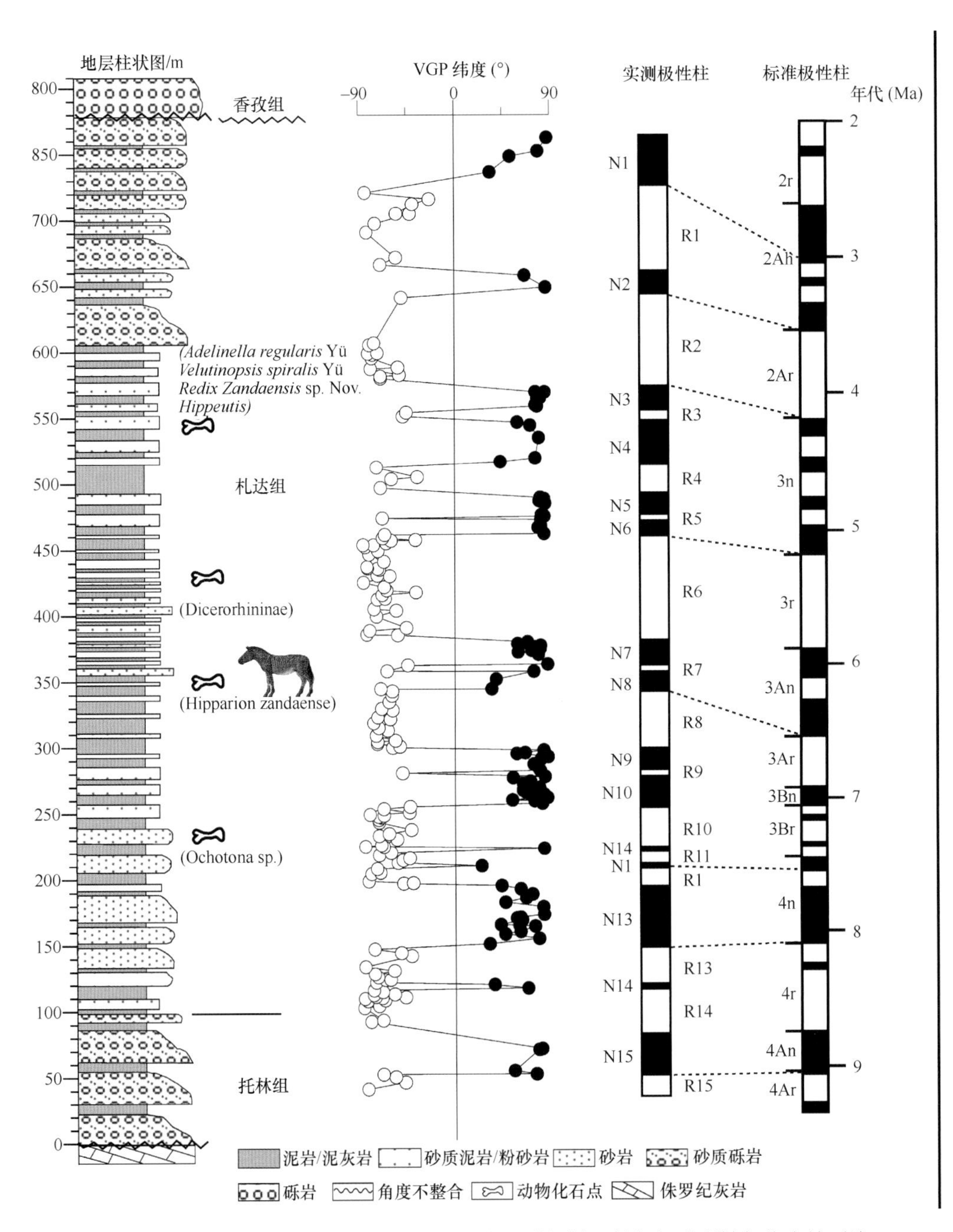

图 8.9　札达盆地地层、哺乳动物化石层位、磁极性及其与标准磁性年代表的对比

通过札达盆地剖面札达组所发现的三趾马化石（*Hipparion zandaense*）与中新世晚期（8 ～ 5.3Ma）的吉隆 – 沃马盆地三趾马化石（*Hipparion gyirongensis* Hsu）进行比较（岳乐平等，2004；Deng et al.，2012a），确定札达盆地沉积地层时代应为晚新近纪—第四纪，且获得的正负极性带可与标准磁性年代中 2An ～ 4Ar 极性时进行对比（图 8.9）。按照沉积速率计算，香孜组与札达组、札达组与托林组的界线分别为 2.5 Ma 和

9.3 Ma，盆地开始接受沉积时间为 9.5 Ma，三趾马化石层位准确年代为 6.3 Ma（王世锋等，2008）（图 8.9）。

达涕盆地属于喜马拉雅山北麓的南北向裂谷型盆地，被南北向 2 个裂谷带（布多—罗布裂谷和孔错—当惹雍错裂谷）南端所夹持（图 8.7）。在沉积带上位于北喜马拉雅带内部，属北喜马拉雅特提斯沉积岩带为古生代石炭系到侏罗系的海相沉积地层，包括色龙—美母变质带和性日—聂聂雄拉变质带；南界以藏南拆离系（STDS）与高喜马拉雅变质基底杂岩带分界；其中，高喜马拉雅变质岩系，包括前震旦系至寒武系的各类片岩、片麻岩、变粒岩夹大理岩等，以及奥陶系至三叠系的页岩、泥晶灰岩和砂岩等（图 8.10）。达涕盆地沉积了典型的河湖相（达涕组）和洪积扇（贡巴砾岩）地层，其中河湖相沉积物中富含软体动物化石（中国科学院青藏高原综合科学考察队，1984），且在该套沉积物中发现了福氏三趾马（*Hipparion forstenac*），与其他地区（如吉隆盆地和山西保德）所发现的福氏三趾马时代对比，推断达涕盆地含福氏三趾马层位的年龄约为 7Ma（邓涛等，2015）。针对该盆地达涕组沉积地层进行了 195 m 的实测，其中主要 3 个岩性段：①顶部 0 ～ 30 m 以灰白色含砾砂岩、砂岩为主，福氏三趾马（*Hipparion forstenac*）发现于砂岩层中相当于剖面的 25 m 处，并发育大型斜层理，显

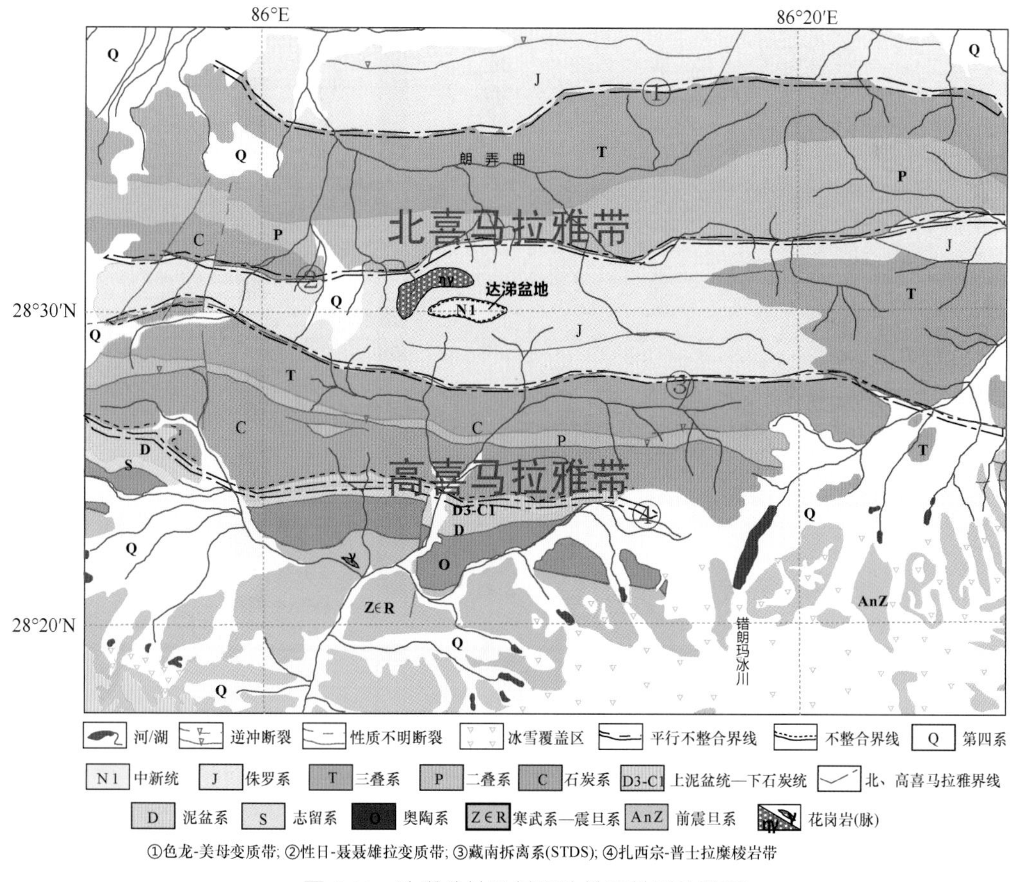

图 8.10　达涕盆地及其周边地区地质构造图

著体现为河流相沉积；②中部 30 ～ 130 m 以灰黄色泥岩为主，夹厚层灰色细砂岩层，为滨湖相沉积；③下部 130 ～ 195 m 主要为灰色 – 青灰色泥岩、钙质泥岩，偶夹薄层细砂岩，并在 130 m、187 m 和 191 m 处发现多层螺类软体动物化石，表明该段为典型的湖相沉积。对剖面所采集的 143 块古地磁样品进行测试分析，从 119 块样品中分离出了特征剩磁方向，共获得 6 个正磁极性带 N1 ～ N6 和 7 个反磁极性带 R1 ～ R7（图 8.11）。通过对 25 m 处的三趾马化石年代控制，判定所获得的磁极性带对应于标准地磁极性年代的 C3An.1r ～ C4r.2r（图 8.11）；其中，长的正极性带 N1 和 N5 与标准极性年代表中跨时很长的 C2An.2n 和 C4n.2n 进行对比；长的反极性带 R2、R4、R7 与 C3Ar、C3Br.2r、C4r.2r 进行完美对比，将它们分别与标准极性年代表中跨时很长的 C2Ar、3r 极性时相进行对比；中部如 N2、R3、N3、N4 及 R5 可分别对应于 C3Bn、C3Br.1r、C3Br.1n、C4n.1n 和 C4n.1r，下部 R6 和 N6 很好地对比于 C4r.1r 和 C4r.1n（图 8.11）。为此，获得达涕盆地实测剖面的顶底部年代分别约为 8.7 Ma 和 6.4 Ma，其中三趾马化石产出层位约为 6.7 Ma。

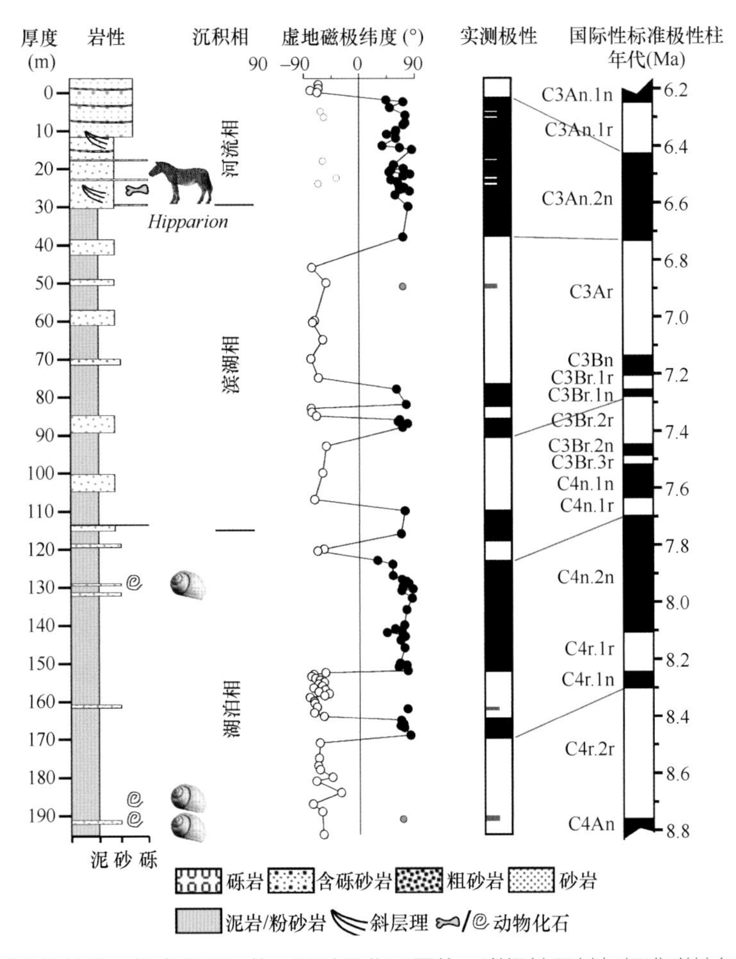

图 8.11　达涕盆地地层、螺类化石层位、三趾马化石层位、磁极性及其与标准磁性年代表的对比

通过上述札达盆地和达涕盆地的古地磁年代结果，结合前人吉隆 – 沃马盆地磁性地层以及南北向裂谷斑岩成矿年龄研究成果（图 8.7，图 8.12），认为喜马拉雅山邻区断陷盆地形成于 10 ～ 8 Ma，即 10 ～ 8 Ma 各盆地因东西向伸展开始接受沉积；各盆地的三趾马化石时代具有近同时性，均为 7.0 ～ 6.5 Ma（图 8.12）。各盆地顶部洪积扇巨砾岩的出现，如札达盆地的香孜组砾岩和吉隆 – 沃马盆地、达涕盆地的贡巴砾岩，代表喜马拉雅山再次强烈隆升，其导致各湖盆萎缩并逐渐消失，进入侵蚀切割阶段。

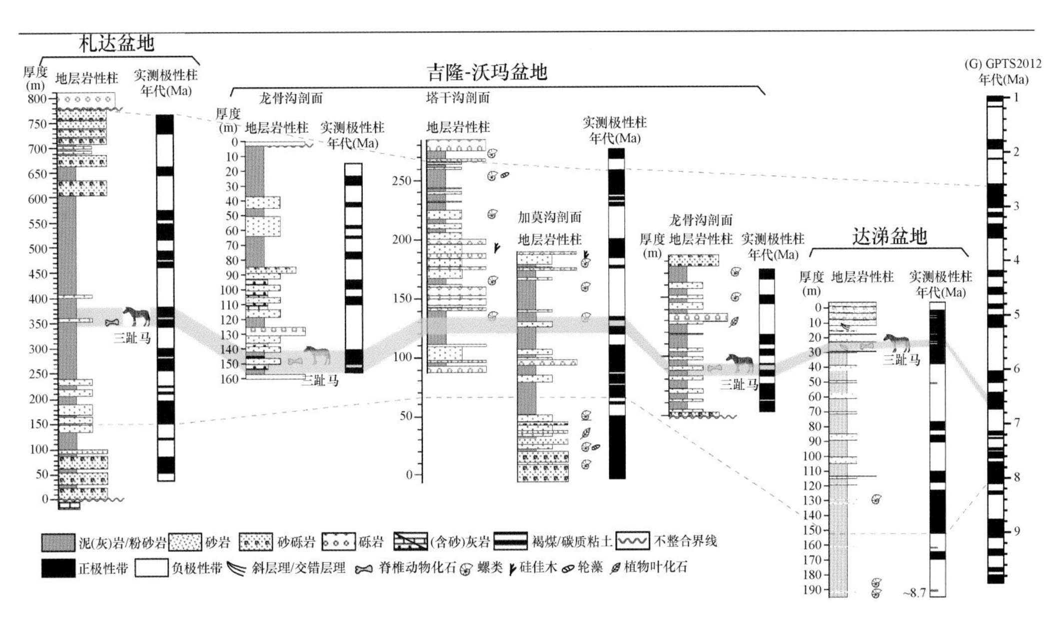

图 8.12　青藏高原南部晚新生代盆地地层序列及古地磁年代学对比

8.1.3　喜马拉雅山北面拉萨块体地层

1. 乌郁盆地新生界地层层序

喜马拉雅山北面的乌郁盆地是青藏高原南部较大的新生代残留盆地之一，它位于西藏自治区日喀则地区南木林县乌郁乡，其西南距日喀则市约 60 km、东距拉萨市约 120 km。乌郁盆地北依冈底斯山南麓，向南紧邻雅鲁藏布江弧—陆碰撞结合带，呈不对称箕状凹陷结构，海拔 4200 ～ 4800 m，北东方向长 28 km，北西方向宽 12 km，面积约为 300 km^2（郭双兴和吴一民，1988）。

乌郁盆地的命名一直以来众说纷纭，包括彭波 – 南木林、南木林、宗当以及英文中的 Oiyug Basin、Namling-Oiyug Basin 等盆地别称。刘耕武和李建国 (2016) 认为乌郁盆地一名使用较为广泛，更为学者熟悉且知名度较高，尤其在正式出版物中多用此名。而宗当盆地使用范围狭窄，鲜为人知。南木林盆地或者彭波 – 南木林盆地及 Namling Basin、Namling-Oiyug Basin 仅散见于少量文章、内部资料或口头交流中，很少被出版物作为正式名称使用。因此，本书采用乌郁盆地这一广泛使用的名称。

乌郁盆地新生界地层出露较为完整，含有丰富的孢粉和植物群化石，并夹有多期火山岩和火山凝灰岩，为重建新生代以来高原隆升以及植被–气候–环境演化历史等提供了良好的场所。乌郁盆地研究历史虽然较长、先后实施研究的单位较多，但作为构造和气候环境等地质/地理学科核心支柱的地层研究相对薄弱，地层命名、地质时代及对比等方面比较混乱，给后人的研究工作带来了种种不便甚至误解（表 8.2）。在第二次青藏高原综合科学考察研究专题科考分队《喜马拉雅山隆升与季风协同演化过程》的科考中对乌郁盆地新生界地层进行了全面野外核查并重新测制了芒乡–嘎扎剖面（图 8.13），在参考了地层规范要求（全国地层委员会，2001）并结合前人的相关研究后认为，乌郁盆地新生界地层自上而下包括早更新统—晚中新统的乌郁群（达孜组和乌郁组），中新统的来庆组（包括上、下二段）和芒乡组，早中新统—渐新统的日贡拉组，始新统—古新统的林子宗群（包括帕纳组、年波组及典中组）（表 8.2）。

表 8.2　乌郁盆地地层划分沿革简表

<table>
<tr><th>地质时代</th><th>李璞，1955</th><th>西藏地质局拉萨地质[1]，1961</th><th>西藏地质局第三地质大队[2]，1973</th><th>西藏地质局区调大队[3]，1975</th><th>西藏区调队[4]，1983</th><th>中科院青藏高原科考队，1984</th><th colspan="2">郭双兴和吴一民，1988</th><th>赵志丹等，2001</th><th colspan="2">朱迎堂等，2006（本文采用）</th><th colspan="2">刘耕武和李建国，2016</th></tr>
<tr><td>Q_1</td><td></td><td></td><td></td><td></td><td></td><td></td><td colspan="2"></td><td></td><td rowspan="7">乌郁群</td><td rowspan="2">达孜组</td><td colspan="2"></td></tr>
<tr><td rowspan="6">N_2</td><td></td><td>茶龙组</td><td>茶龙组</td><td></td><td rowspan="8">乌郁群</td><td></td><td rowspan="6">乌郁群</td><td>茶龙组</td><td rowspan="5">宗当组</td><td rowspan="6">乌郁群</td><td>茶龙组</td></tr>
<tr><td></td><td>雅龙组</td><td>雅龙组</td><td>野汝组</td><td></td><td>雅龙组</td><td rowspan="5">乌郁组</td><td>雅龙组</td></tr>
<tr><td></td><td>尼姑庙组</td><td>尼姑庙组</td><td>尼姑庙组</td><td></td><td>尼姑庙组</td><td>尼姑庙组</td></tr>
<tr><td></td><td>宗当组</td><td>宗当组</td><td>宗当组</td><td></td><td>宗当组</td><td>宗当组</td></tr>
<tr><td></td><td>才多组</td><td>才多组</td><td>才多组</td><td>当金塘组</td><td>才多组</td><td>才多组</td></tr>
<tr><td></td><td>当金塘组</td><td>当金塘组</td><td>当金塘组</td><td rowspan="2">来庆组</td><td>当金塘组</td><td rowspan="3">嘎扎村组</td><td>当金塘组</td></tr>
<tr><td rowspan="4">N_1</td><td rowspan="2"></td><td rowspan="2"></td><td rowspan="2">来庆组</td><td rowspan="2">嘎扎组</td><td colspan="2" rowspan="2">来庆组</td><td rowspan="2">来庆组</td><td>上段</td><td colspan="2" rowspan="2">来庆组</td></tr>
<tr><td>乌龙组</td><td>下段</td></tr>
<tr><td></td><td></td><td>芒乡组</td><td>芒乡组</td><td rowspan="2">芒乡组</td><td></td><td colspan="2">芒乡组</td><td rowspan="2">芒乡组</td><td colspan="2">芒乡组</td><td colspan="2">芒乡组</td></tr>
<tr><td rowspan="2"></td><td rowspan="2"></td><td rowspan="2">日贡拉组</td><td rowspan="2">日贡拉组</td><td></td><td colspan="2" rowspan="2">日贡拉组</td><td colspan="2" rowspan="2">日贡拉组</td><td colspan="2" rowspan="2">日贡拉组</td></tr>
<tr><td>E_3</td><td>日贡拉组</td><td></td><td>日贡拉组</td></tr>
<tr><td rowspan="2">E_2</td><td rowspan="3">林子宗火山岩</td><td></td><td></td><td></td><td rowspan="3">达多群</td><td></td><td colspan="2" rowspan="3">白垩系变质岩</td><td rowspan="2">年波组</td><td rowspan="3">林子宗群</td><td>帕纳组</td><td colspan="2" rowspan="3">林子宗组</td></tr>
<tr><td></td><td></td><td></td><td></td><td>年波组</td></tr>
<tr><td>E_1</td><td></td><td></td><td></td><td></td><td>典中组</td><td>典中组</td></tr>
</table>

注：表中 1，2，3，4 划分方案综合西藏自治区地质矿产局，1993，1997；中国地层典编委会，1999

古新统—始新统林子宗群：林子宗群的定名由来已久，最初由李璞（1955）提出晚白垩世林子宗火山岩这一概念，全国地层会议在 1959 年决定将其改为林子宗组，时代修订为古新世—始新世。随后在 1 ∶ 20 万拉萨幅（1991 年版）和曲水幅（1993 年版）地质图中将林子宗群进一步细化为古新统—始新统的典中组、年波组和帕纳组。林子宗群主要由火山碎屑岩和一套中酸性–钙碱性的火山岩组成，局部夹紫红色砂岩粉砂岩及砾岩，总厚度大于 1500 m，与下伏地层设兴组、上覆地层日贡拉组皆为不整合接触，在林周、拉萨、乌郁、昂仁等地广泛分布。对林子宗群最经典的精确年代学研究集中在林周盆地（如陈贝贝等，2016；朱弟成等，2017；周肃等，2004；Ding et al.，2014）。早期研究根据林周盆地林子宗典中组底部安山岩含过剩氩的斜长石 $^{40}Ar/^{39}Ar$ 坪年龄、年波组玄武安山岩斜长石 $^{40}Ar/^{39}Ar$ 等时线年龄和帕纳组上部钾玄质岩石的全岩 $^{40}Ar/^{39}Ar$

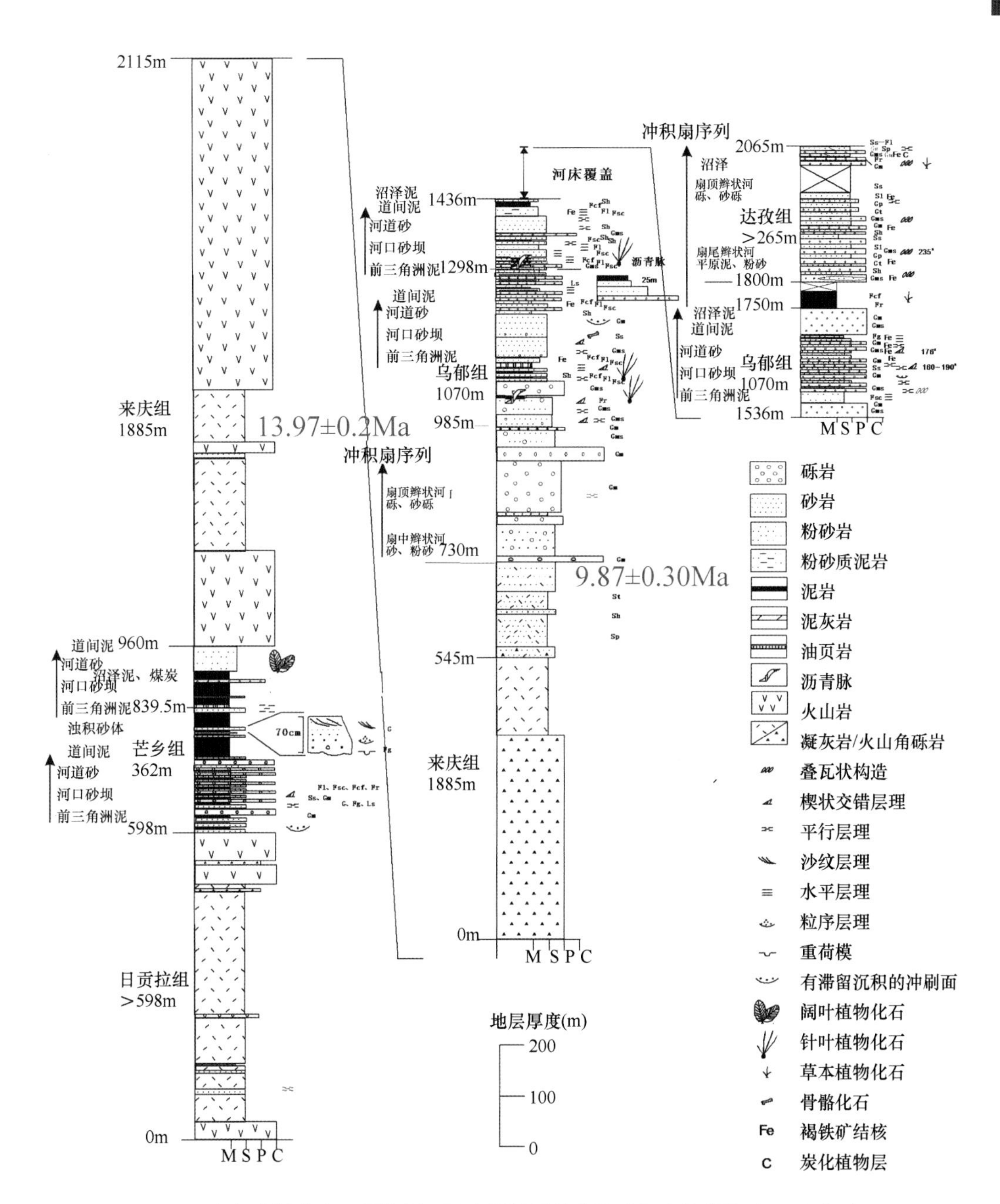

图 8.13　乌郁盆地芒乡 – 嘎扎剖面新生界地层柱状图［据朱迎堂等（2006）修改；图中的年代为本次科考采集的火山岩 Ar-Ar 同位素年代］

坪年龄，将林子宗典中组、年波组和帕纳组火山岩的时代分别限定为 64 ～ 60 Ma、54 Ma 和 50 ～ 44 Ma（周肃等，2004）。随后报道的林周盆地典中组底部流纹岩分散的 LA ICP-MS 锆石 U-Pb 年龄为 68.7±2.4 Ma（He et al.，2007），并一直被作为林子宗火山岩的最老时代给予引用。但最新的 SIMS 和 LA ICP-MS 锆石 U-Pb 定年研究将林子宗群中的典中组、年波组和帕纳组形成时代进一步限定在 60.2 ～ 58.3 Ma、55.4 ～

52.6 Ma 和 52.6 ～ 52.3 Ma（朱弟成等，2017；Zhu et al.，2015）或 66 ～ 59Ma、56 ～ 54Ma 54 ～ 50 Ma（陈贝贝等，2016）。本次科考野外调查中发现乌郁盆地内出露的林子宗群可与邻近的林周盆地相应地层进行很好的对比，故本书认为其发育时代可能同样属于古新世—始新世。

渐新世—早中新世日贡拉组：日贡拉组 1973 年由西藏地质局第三地质大队吴一民等根据乌郁盆地芒乡 – 嘎扎剖面地层特征命名，1975 年西藏区调队又将其上覆芒乡组下部非含煤碎屑岩和原日贡拉组上部碎屑岩段统一合并为现今的日贡拉组（西藏自治区地质矿产局，1993，1997；中国地层典编委会，1999）。日贡拉组主要由陆相、厚层 (>600m) 紫红色砂岩、含砾砂岩和砾岩组成，并夹酸性凝灰岩及少量碱性熔岩（图 8.14），与上覆芒乡组含煤碎屑地层不整合接触。日贡拉组内的流纹岩 K-Ar 测年结果为 31.4 Ma（西藏自治区地质矿产局，1997），结合日贡拉组顶部孢粉化石约束的地层年代（宋之琛和刘金陵，1982），本书综合认为日贡拉组地质时代主体为渐新世，上部可能跨及中新世。

中新世芒乡组：芒乡组在 1973 年由西藏地质局第三地质大队命名，成型剖面位于南木林县芒乡。其主要是一套含煤碎屑岩（泥岩、砂岩和砾岩等）且夹油页岩和煤层（线）。该组含有丰富的植物和孢粉化石（图 8.14），厚度约为 360 m，它与上覆来庆组地层呈不整合接触（朱迎堂等，2006）。芒乡组一直缺乏精确的年代证据，早期依据植物化石和孢粉组合特征，认为其属于中新世（中国地层典编委会，1999）或中—晚中新世（中国科学院青藏高原综合科学考察队，1984）；Spicer 等 (2003) 在乌龙组（即芒乡组）获得了 4 个约 15 Ma 火山岩放射性同位素年代，但其文中并没有明确每层火山岩的具体层位，最近刘耕武和李建国 (2016) 综合分析 Spicer 等 (2003) 的采样层位后认为芒乡组应属于早中新世到中中新世早期。

中新世来庆组：来庆组最早由西藏地质局煤田地质队命名（李浩敏和郭双兴，1976）。其岩性主要为安山岩、安山质火山角砾岩和安山质凝灰岩，并可见残留破火山口。朱迎堂等 (2006) 进一步将来庆组划分为上下两段：下段主要为高钾钙碱性系列粗面岩和粗安岩，上段以火山碎屑岩为主。来庆组厚约 1900 m，不整合于上覆乌郁群地层。陈贺海等 (2007) 利用 K -Ar 同位素测年获得来庆组（文中称宗当组）上部火山岩年龄为 9.87±0.3 ～ 7.92±0.15 Ma，为了进一步核查来庆组地层年代，尤其是更好地限定其下部年代，本次科考对其上部和下部火山岩进行了 Ar-Ar 同位素测试，并分别获得约 9.9 Ma 和 14 Ma 的年龄结果（图 8.13）。因此，来庆组的地层年代可能属于中—晚中新世 (14 ～ 8 Ma)。

晚中新世—早更新世乌郁群：乌郁群由西藏区调队在 1983 年提出，并废弃西藏地质局第三地质大队在 1973 年建立的该套地层相关的 7 个组名（来庆组、当金塘组、才多组、宗当组、尼姑庙组、雅龙组和茶龙组）。科考队成员早在 2006 根据岩石地层单元划分应遵照岩性和岩相等一致性特征，将底部来庆组中的火山岩从乌郁群中独立出来，同时把乌郁群划分为下部乌郁组和上部达孜组（朱迎堂等，2006）。乌郁组以灰、灰黄、灰褐色砂岩，砂砾岩，砾岩以及火山碎屑岩为主，夹有油页岩和煤线（图 8.14）。达孜组以含铁质结核的黄褐色砂岩、砂砾和砾岩为主，夹少量泥岩（朱迎堂等，

图 8.14　乌郁盆地新生代地层野外照片

2006)。宋之琛和刘金陵 (1982) 根据乌郁组的孢粉化石组合特征，认为其属于上新世。磁性地层结合 K-Ar 同位素研究表明，乌郁群（文中称“水平湖相地层”）的年代为 8 ～ 2.5 Ma(陈贺海等，2007)。另外，本次科考我们在野外进行地层对比和追踪时发现，陈贺海等 (2007) 研究的地层顶部未包括达孜组上部，据此我们认为达孜组可能跨及早更新世，这与崔江利等 (2004) 的推断较为一致。

2. 伦坡拉盆地新生界地层层序

伦坡拉盆地位于喜马拉雅山北面，班公错—怒江缝合带附近，呈狭长近东西向展布，南北宽 15 ～ 20 km，东西长 200 km，面积约 4000 km^2，平均海拔 4600 m 左右，是已知的世界上海拔最高的含油气盆地。新生代以来，伦坡拉盆地发育了完整、连续且厚度超过 3000 m 的沉积物。对于伦坡拉盆地沉积地层的划分和时代归属，许多学者先后提出了不同的划分意见（表 8.3，图 8.15）。在第二次青藏高原综合科学考察研究

表 8.3 伦坡拉盆地地层划分沿革简表

<table>
<tr><th>地质时代</th><th>李璞，1955</th><th colspan="2">青海石油队王文彬等 1957</th><th>藏北地质队 1961</th><th colspan="2">石油综合队 1966</th><th colspan="3">西藏第四地质队 1979，1981</th><th>南古所 1979</th><th>西藏综合队 1979</th><th>西藏区调队 1983</th><th>西藏地质志 1993</th><th>西藏岩石地层 1997</th><th>曲永贵等，2011</th><th colspan="2">本书</th></tr>
<tr><td rowspan="2">N_1</td><td rowspan="2"></td><td colspan="2" rowspan="2"></td><td rowspan="2"></td><td colspan="2" rowspan="2"></td><td colspan="3" rowspan="2"></td><td rowspan="2"></td><td rowspan="2"></td><td rowspan="2"></td><td rowspan="2"></td><td rowspan="2"></td><td rowspan="2"></td><td rowspan="5">丁青湖组</td><td>三段</td></tr>
<tr><td rowspan="2">二段</td></tr>
<tr><td rowspan="5">E_3</td><td rowspan="9">第三系</td><td rowspan="2">丁青层</td><td rowspan="5">牛堡组</td><td>砂页岩</td><td rowspan="9">伦坡拉群</td><td>伦坡拉组</td><td rowspan="4">丁青组</td><td rowspan="9">伦坡拉群</td><td rowspan="7">丁青湖组</td><td rowspan="7">伦坡拉群</td><td rowspan="9">宗白群</td><td rowspan="5">青石群</td><td rowspan="5">丁青湖组</td><td rowspan="5">丁青湖组</td><td rowspan="5">丁青湖组 (E_{3d})</td></tr>
<tr><td rowspan="3">泥页岩</td><td rowspan="3">丁青组</td><td rowspan="2">一段</td></tr>
<tr><td rowspan="3">牛堡层</td></tr>
<tr><td rowspan="6">牛堡组</td><td rowspan="3">三段</td></tr>
<tr><td>页岩</td><td>牛堡组</td><td>?</td></tr>
<tr><td rowspan="3">E_2</td><td rowspan="3">迪欧组</td><td rowspan="4">宗曲口组</td><td rowspan="3">迪欧段</td><td rowspan="4">迪欧组</td><td rowspan="4">牛堡组</td><td rowspan="4">柒玛弄巴群</td><td rowspan="4">牛堡组</td><td rowspan="4">牛堡组</td><td rowspan="4">牛堡组 (E_{1-2n})</td></tr>
<tr><td rowspan="2">二段</td></tr>
<tr><td rowspan="2">牛堡组</td><td rowspan="2">牛堡群</td></tr>
<tr><td>E_1</td><td>宗曲口层</td><td>宗曲口群</td><td>一段</td></tr>
</table>

注：表中 1，2，3，4，5，6，7 划分方案综合自西藏自治区地质矿产局，1993，1997；中国地层典编委会，1999。

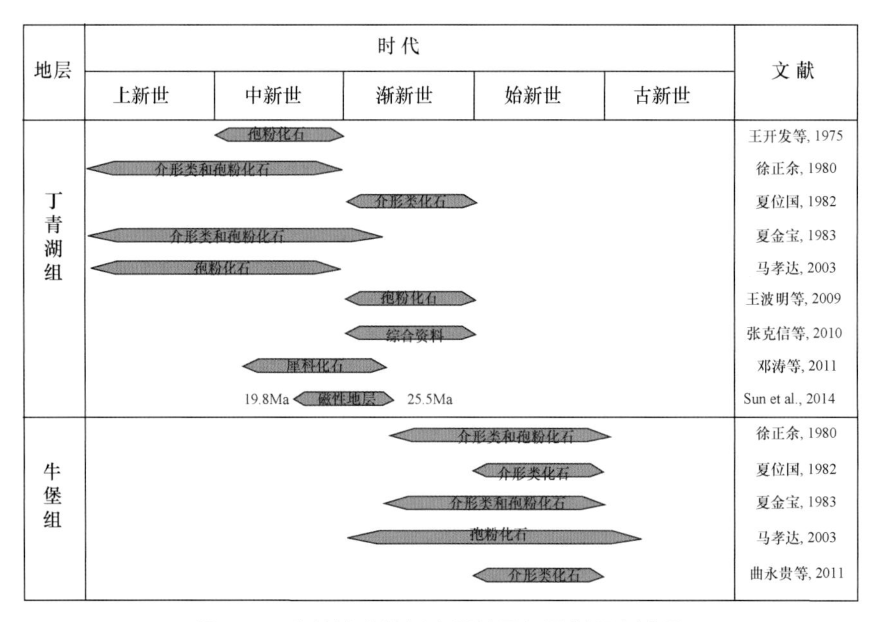

图 8.15 伦坡拉盆地新生界地层年界学研究进展

专题科考分队“喜马拉雅山隆升与季风协同演化过程”的科考中对伦坡拉盆地新生界地层进行了全面核查并在野外重新测制了 5 条沉积剖面（伦坡拉 1 剖面、伦坡拉 2 剖面、论破日剖面、爬爬西剖面以及伦坡拉南剖面）（图 8.16），结合前人相关研究成果，综合认为伦坡拉盆地新生界地层系统自下而上可划分为古新统—渐新统牛堡组（一段、二段、三段）和渐新统—中新统丁青湖组（一段、二段、三段）（表 8.3）。

古新统—渐新统牛堡组：牛堡组由王文彬等在 1957 年创名，1978 年西藏自治区第四地质队具体介绍（中国地层典编委会，1999）。牛堡组原指伦坡拉地区出露的一套

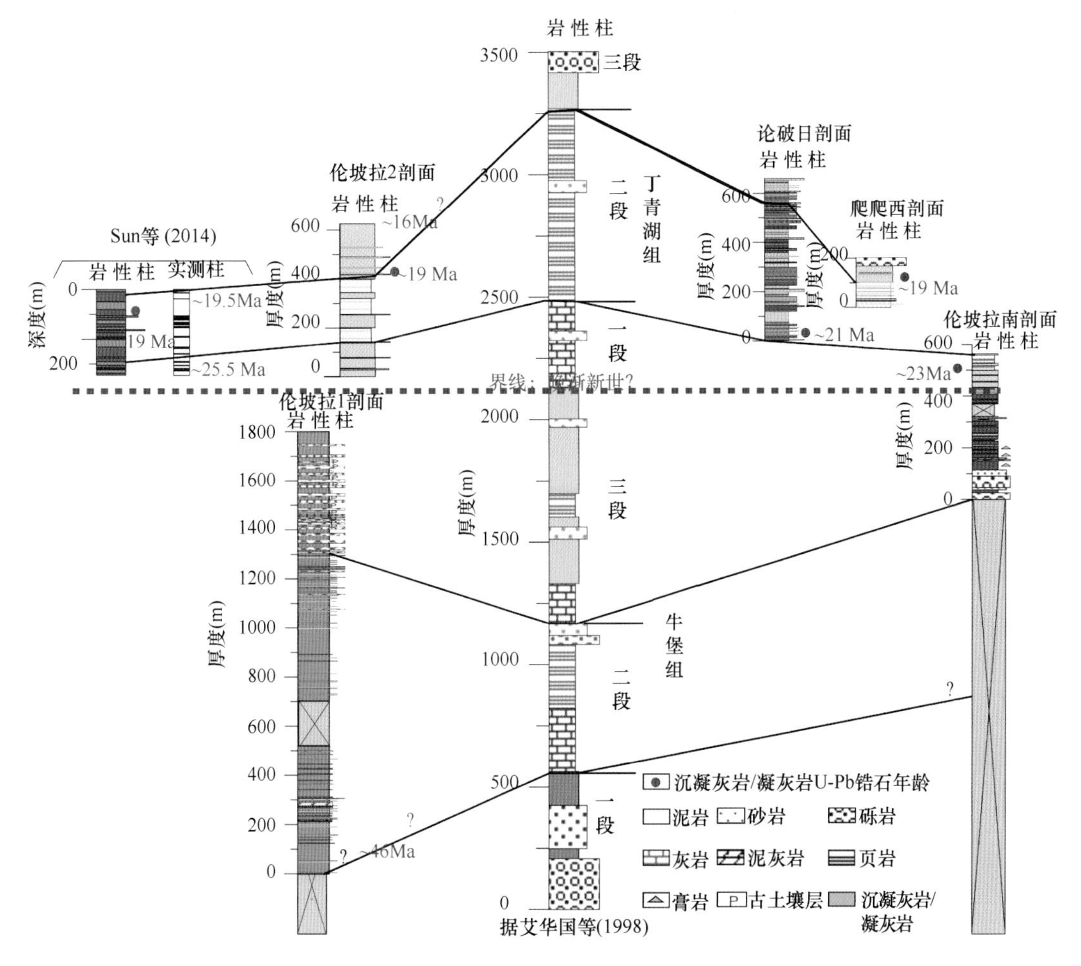

图 8.16　伦坡拉盆地新生界地层划分与对比图

紫红色粉砂岩、泥页岩，并夹砂砾岩及凝灰岩的地质体。后来认为牛堡组是一套厚度大于 800 m 的含油气地层体，岩性以泥岩、页岩、碳酸盐岩和粗细不等的碎屑岩为主；富含介形虫、孢粉等化石，它与下伏竟柱山组以及上覆丁青湖组均为不整合接触（西藏自治区地质矿产局，1997）。艾华国等（1998）将牛堡组划分为三段：一段以紫红色砂岩、砂砾岩、砾岩夹灰色、棕色泥岩为主，厚度大于 400 m；二段以棕色、灰绿色泥页岩，粉砂岩，砂、砾岩夹凝灰岩，油页岩，泥灰岩为主，厚度 800 ～ 1200 m；三段以灰棕色、灰色泥岩夹油页岩、粉 – 细砂岩、凝灰岩，厚度 700 ～ 1100 m。通过野外科考，本书基本认同艾华国等（1998）对于牛堡组的划分方案，但我们也注意到牛堡组二段在空间上有所变化，在盆地中心牛堡组二段的主要岩性与艾华国等（1998）描述的较为一致，但在山前此段岩性粒度有所变粗，颜色变红。牛堡组产丰富的介形虫、孢粉及轮藻化石，目前主要依据这些古生物化石来限定牛堡组的地层年代，但不同生物化石之间得出的年龄结果相差较大（表 8.3）。最早的根据孢粉组合将迪欧组和牛堡组的地层年代分别界定为始新世和渐新世（王开发等，1975）。夏位国（1982）将迪欧组并入牛堡组且将牛堡组地层年代定为始新世。徐正余（1980）和夏金宝（1983）综合孢粉和介形虫化石结果认为，牛堡组的时代应为始新世—渐新世。曲永贵等（2011）通过对介形虫和孢粉化石组合特征的研究认为，牛堡组中上部地层的年代属于始新世，下部地层的年代可达古新世。本次科考我们在丁青湖组的地层年代上取得一定进展，根据地层接触关系、沉积速率及前人磁性地层研究结果（Sun et al.，2014）等综合认为，牛堡组三段的顶部约为 26 Ma，二段底部可能到达 46 Ma（图 8.16）。综合上述，本书认为伦坡拉盆地牛堡组地层年代为古新世—渐新世。

渐新统—中新统丁青湖组：丁青湖组是由王文彬等在 1957 年提出的“丁青层”演变而来，1978 年西藏自治区第四地质队具体介绍（西藏自治区地质矿产局，1993，1997；中国地层典编委会，1999）。丁青湖组是指一套以灰绿色、紫红色泥页岩和凝灰岩为主的碎屑岩，局部夹泥灰岩、油页岩的深湖相及河流相地质体；富含介形虫、孢粉和轮藻等化石；它与下伏牛堡组呈平行不整合接触，其上未见顶（西藏自治区地质矿产局，1997）。艾华国等（1998）将丁青湖组进一步划分为三段：一段以灰色泥岩、页岩、油页岩夹泥灰岩、砂砾岩为主，200 ～ 400 m 厚；二段主要是灰色泥岩、页岩夹油页岩、薄层砂岩、泥灰岩、底部有油砂岩，厚度大于 200 m；三段以灰色泥岩为主，夹页岩、泥灰岩，顶部发育棕色粉砂岩、砂岩，含砾砂岩，180 ～ 523 m 厚。通过野外科考，我们基本认同艾华国等（1998）对于丁青湖组的划分方案，但一段和二段描述中应包括“含少许凝灰岩层”。关于丁青湖组的地层年代，早期主要是根据生物资料来限定但存在较大争议（图 8.15）。王开发等（1975）根据孢粉组合特征认为，丁青组和伦坡拉组的地层年代分别为中新世和上新世。夏位国（1982）将伦坡拉组并入丁青组（丁青湖组）且将其年代定为渐新世。徐正余（1980）和马孝达（2003）综合孢粉和介形虫化石结果认为，丁青湖组的时代为中新世—上新世，夏金宝（1983）利用同样的方法却认为丁青湖组的时代应为渐新世—上新世。最近，邓涛等（2011）在伦坡拉盆地丁青湖组中上部发现了 18 ～ 16 Ma 的犀科化石，其为限定丁青湖组沉积年代提供了重要证据。与此同时，Sun 等（2014）利用磁性地层手段并结合剖面中的斑脱岩锆石 U-Pb 年龄（He et al.，2012）确定了丁青湖组中下部地层沉积时代为 25.5 ～ 19.8 Ma（图 8.17）。本次野外科考，我们在丁青湖组不同剖面多个层位发现了火山凝灰岩，这为精确限定丁青湖组的地层年代提供了新的证据。初步的锆石 U-Pb 年龄显示丁青湖组二段顶部和底部分别为 19 Ma 和 23 Ma，结合 Sun 等（2014）的磁性地层结果，推断丁青湖三段沉积结束不早于 16 Ma（图 8.16）。综合上述，我们认为丁青湖一段、二段和三段的地层年代分别为 >25.5 ～ 23 Ma；23 ～ 19 Ma 以及 19 ～ <16 Ma。

8.2 沉积相与环境变化

新生代以来，印亚板块的碰撞及其后持续的挤压、逆冲等构造应力造就了青藏高原内部的盆山格局，而盆地内连续充填的厚层沉积物，正是盆地水系范围内的山体岩层经风化、剥蚀、搬运和沉积的产物。因此，沉积物不仅是盆地在接受沉积物充填过

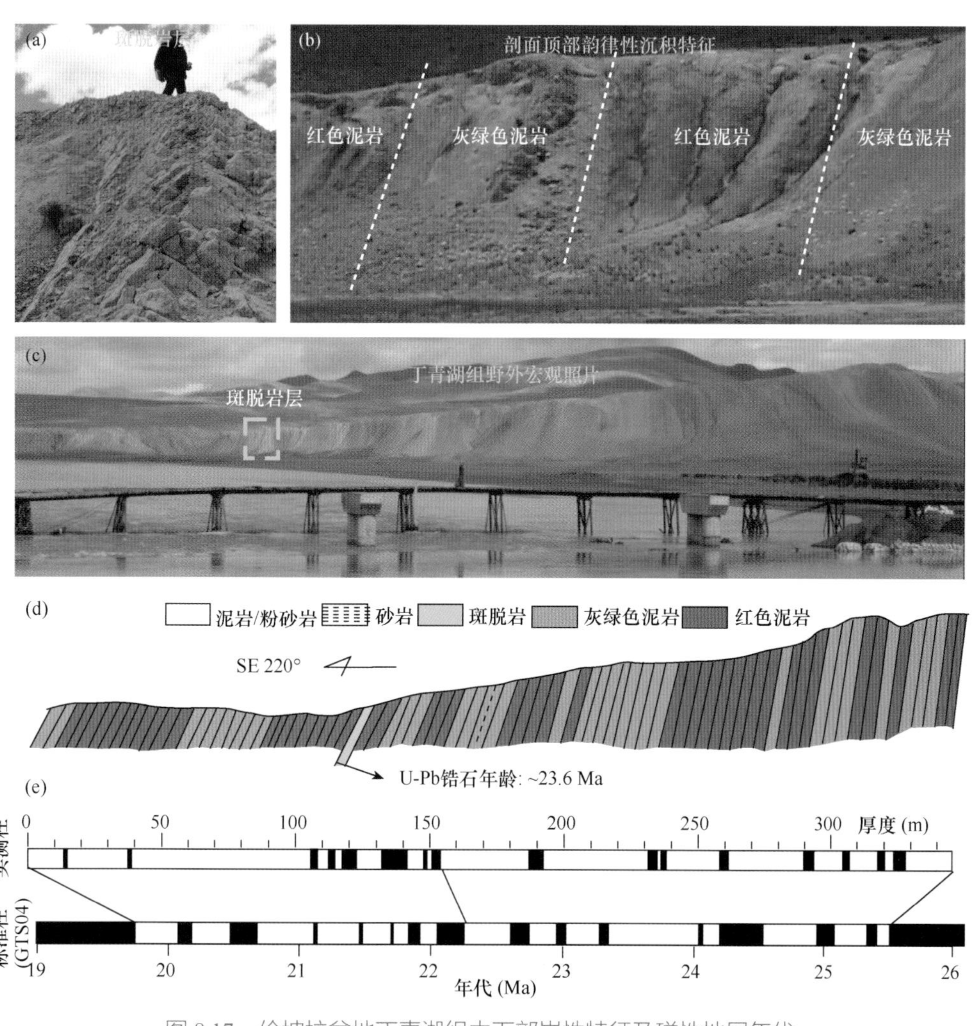

图 8.17　伦坡拉盆地丁青湖组中下部岩性特征及磁性地层年代
（d）和（e）据 He et al.，2012 和 Sun et al.，2014 修改

程中盆地的动力学性质及其周缘造山带构造活动特征的“档案馆”，而且也是其形成过程中气候和环境变化等信息的“记录员”。故本节拟通过对第二次青藏高原综合科学考察研究专题科考分队《喜马拉雅山隆升与季风协同演化过程》科考过程中实测的乌郁盆地芒乡—嘎扎剖面以及伦坡拉盆地的伦坡拉 1、伦坡拉 2、论破日、爬爬西以及伦坡拉南 5 条剖面的岩性、岩相等沉积特征进行分析，并综合前人研究成果，初步获取喜马拉雅山及其周边地区新生代沉积环境演化信息。

1. 芒乡—嘎扎剖面

该剖面自下而上沉积了林子宗群、日贡拉组、芒乡组、来庆组、乌郁组以及达孜组新生界地层，剖面的详细沉积特征如图 8.13 所示。芒乡—嘎扎剖面底部的林子宗群为一套中 – 酸性钙碱性火山岩系。日贡拉组下部发育洪冲积相紫红色砾岩，上部以河流相的紫红色砂砾岩沉积为主，呈现向上粒度变细的特征；另外，日贡拉组部分沉积地层中夹有酸性火山凝灰岩和火山熔岩。芒乡组整体为以深灰–灰色含煤碎屑岩夹油页岩为主的湖相沉积，具体可划分为三段：最下段岩性主要是灰色粉砂质泥岩或泥灰岩夹煤层，可见水平层理，为湖相沉积；中下段岩性以灰色粉砂岩、砂岩和砾岩夹煤线为主，楔状交错层理发育，砾岩具有典型的叠瓦状构造，为前三角洲相沉积；中上段岩性主要是深灰色泥岩和砂岩夹煤线，该组有机质含量较高，可见水平纹层，为沼泽相沉积。来庆组岩性以褐色安山岩、粗面岩以及火山碎屑岩为主，是一套火山沉积（图 8.13）。乌郁组岩性整体以灰色、灰褐色碎屑岩、火山碎屑岩为主，并含油页岩和煤的三角洲相沉积，具体可划分为三段：乌郁组下段岩性主要是灰色砂岩夹薄层砾岩和油页岩，板状交错层理发育，砾石磨圆度较好，呈次圆状，分选中等，叠瓦状构造，为扇三角洲；中部主要为冲积扇相砾岩沉积；上部沉积特征与芒乡组中上部类似。达孜组岩性以含铁质结核的黄褐色砂岩、砂砾岩、砾岩为主夹少量泥岩，其中砾石的磨圆度、分选性都较差，杂基支撑，为一套冲积扇（近源辫状河）沉积。

上述沉积特征分析表明乌郁盆地经历了古新统—始新统林子宗群、渐新统—早中新统日贡拉组→中新统芒乡组、中新统来庆组→上新统乌郁组以及早更新统达孜组四个幕式构造活动或剥蚀过程。其中，渐新统—早中新统日贡拉组→中新统芒乡组发育的前三角洲相、沼泽相以及湖相含煤碎屑岩、火山岩等可能代表了乌郁盆地的形成初期；中新统来庆组→上新统乌郁组主要发育扇三角洲相和湖泊–沼泽相含煤碎屑岩建造以及厚层火山岩，暗示了乌郁盆地此时可能正处于发展扩张期；早更新统达孜组的粗粒冲积扇沉积可能代表乌郁盆地的萎缩期。另外，乌郁盆地中沉积的两套煤线地层即芒乡组和乌郁组，可能指示了研究区早中新统至早更新统经历了两次较大的气候转型事件。

2. 伦坡拉 1 剖面

该剖面沉积了牛堡组地层，详细的剖面沉积柱状图如图 8.18 所示。整个剖面沉积层序可分为上下两段，下部主要是紫红色泥岩，砂岩偶夹薄层泥灰岩沉积。泥岩和粉砂质泥岩具韵律层理和水平层理［图 8.18(e) 和图 8.18(h)］，砂岩中可见小型交错层理，为三角洲相 / 浅湖相沉积。另外，在 318 m 附近发现一层火山凝灰岩［图 8.18(f)］。剖面上部主要是红色泥岩、砂岩和砾岩沉积，向上砾岩层增多，可见大量的冲刷面和砂砾岩透镜体，砂岩层中发育小型斜层理；上部连续出现砾岩–砂岩–古土壤的沉积旋回，钙结合发育［图 8.18(a) ～图 8.18(d)］，为洪泛平原相。

3. 伦坡拉南剖面

该剖面沉积了牛堡组和丁青湖组地层，详细的剖面沉积柱状图如图 8.19 所示。整个剖面具有三个明显的沉积层序：剖面底部主要是紫红色厚层砾岩、砂砾岩、粉砂岩，向上粒度变细，以紫红色块状泥岩为主，发育弱古土壤；砾岩磨圆、分选差，粉砂岩层中水平层理发育，为洪积扇–洪泛平原相沉积［图 8.19(g) 和图 8.19(h)］；中部是红色泥岩、粉砂岩，部分层位过渡为泥灰岩或灰岩沉积，中间以 4 层的厚层（3 ～ 5 m）

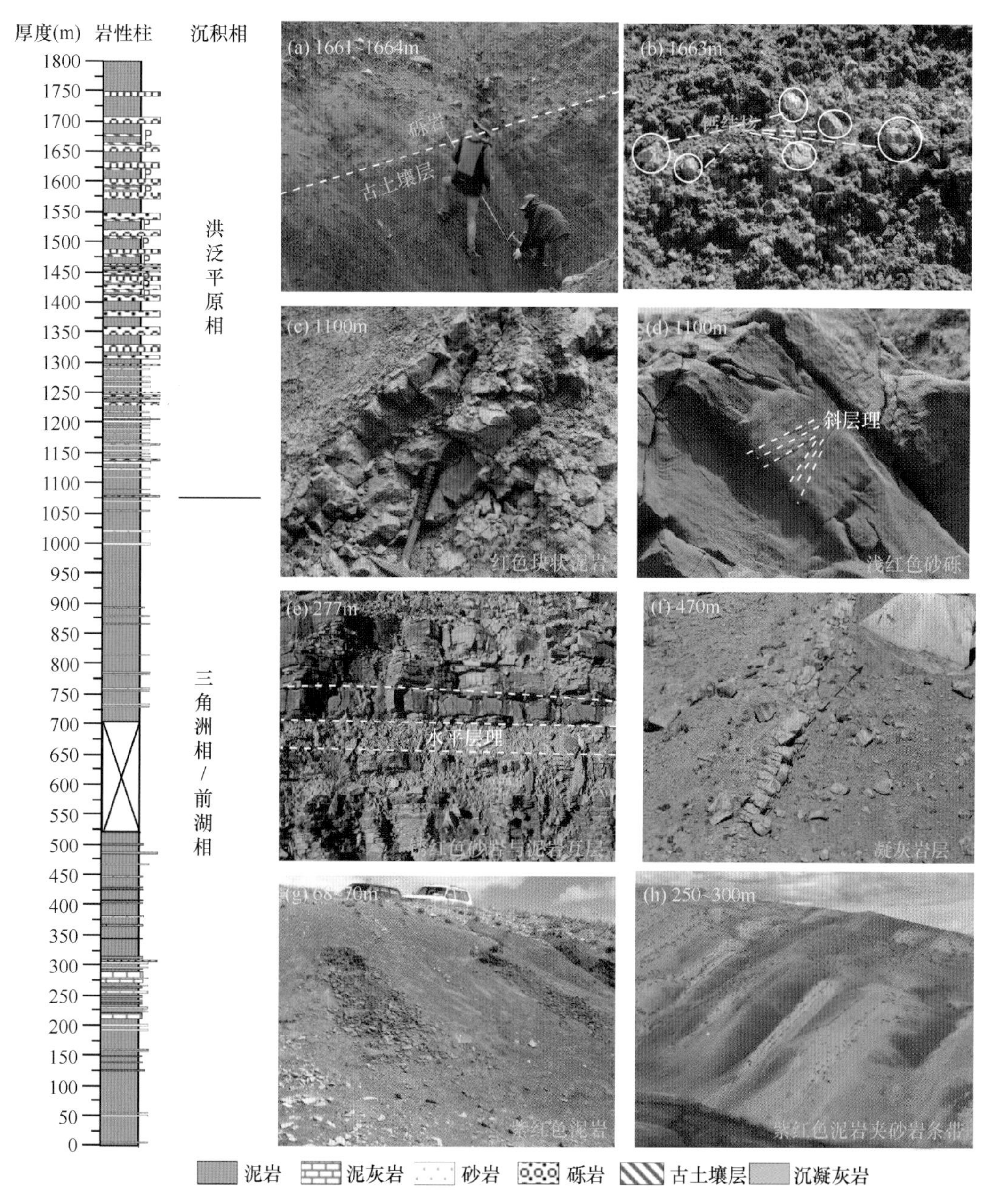

图 8.18　伦坡拉盆地伦坡拉 1 剖面实测柱状图和野外露头

灰绿色石膏为显著特征，水平层理发育，为三角洲相 / 浅湖相沉积［图 8.19(c) 和图 8.19(e)］。剖面上部为丁青湖组，岩性以灰绿色泥岩、页岩夹薄层泥灰岩为特征。除水平层理外，其他沉积构造相对缺乏，但泥灰岩层中含有鱼或植物化石［图 8.19(b) 和图 8.19(d)］，为半深湖相沉积。在该剖面 512 m 处我们发现了一层凝灰岩，初步的锆石 U-Pb 年龄为 23.1 Ma［图 8.19(a)］。

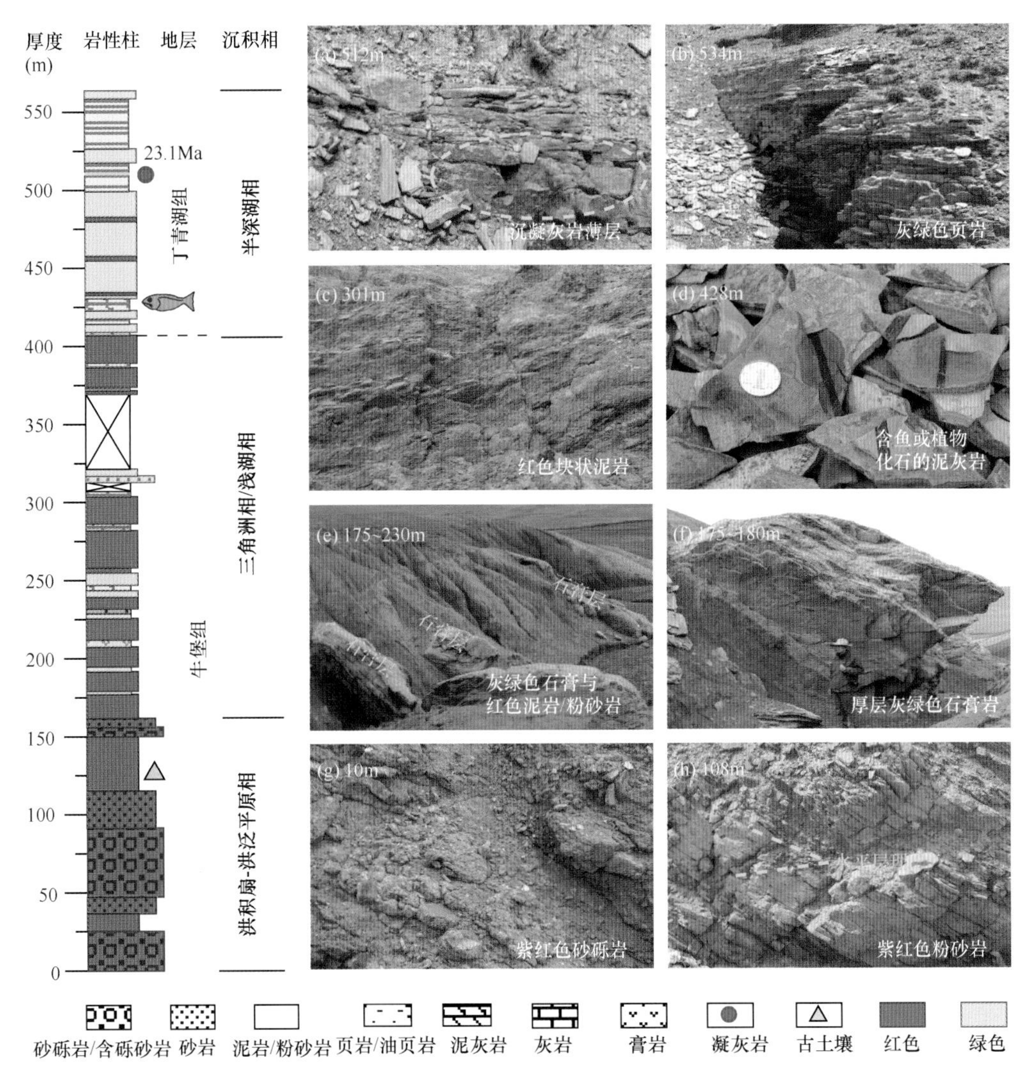

图 8.19　伦坡拉盆地伦坡拉南剖面实测柱状图和野外露头

图例中的“红色”和“绿色”指沉积物颜色，下同

4. 伦坡拉 2 剖面

该剖面是丁青湖组沉积地层，详细的剖面沉积柱状图如图 8.20 所示。该剖面岩性比较单一，主体为灰绿色页岩和泥岩，偶夹薄层砂岩，有机质含量相对较高，沉积构造缺乏，可见水平层理，为浅湖－半深湖相沉积。另外，在剖面上部发现 4 个凝灰岩条带，初步的锆石 U-Pb 年龄为 19.5 ～ 18.5 Ma（图 8.20）。

5. 论破日剖面

该剖面是丁青湖组沉积地层，详细的剖面沉积柱状图如图 8.21 所示。该剖面岩性

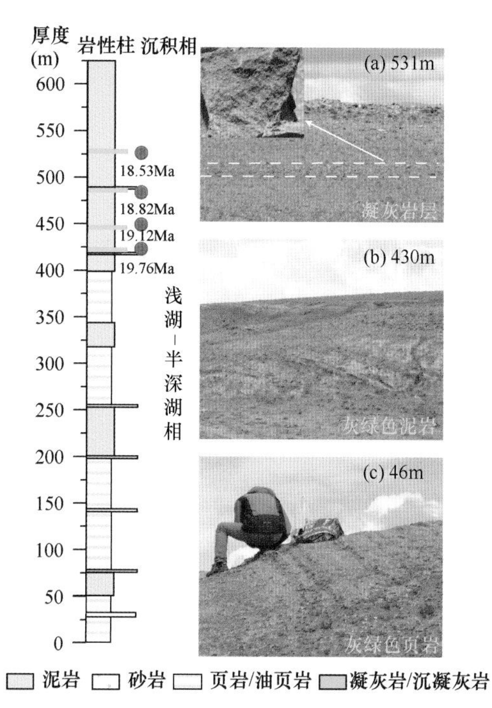

图 8.20　伦坡拉盆地伦坡拉 2 剖面实测柱状图和野外露头

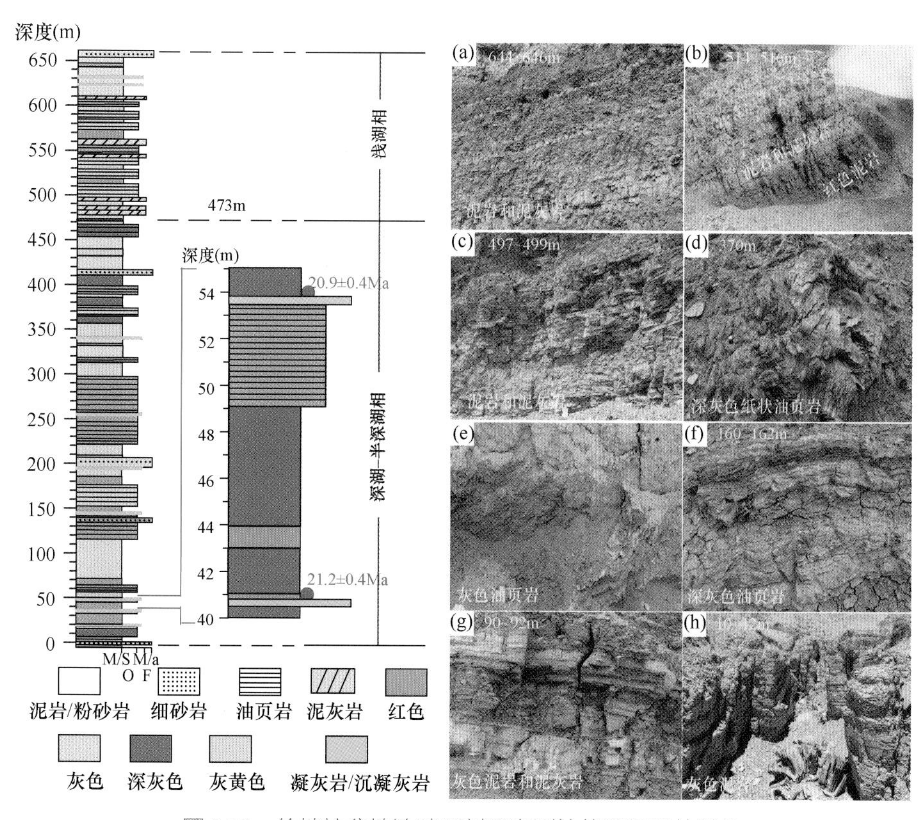

图 8.21　伦坡拉盆地论破日剖面实测柱状图和野外露头

主体为灰绿色、深灰色、青灰色薄层或极薄层泥岩、纸状油页岩、泥灰岩夹中薄层泥质粉砂岩、细砂岩，偶见中层粗砂岩，剖面底部可见薄层灰岩；水平层理发育，其他沉积构造缺乏，为深湖 - 半深湖 - 浅湖相沉积（图 8.21）。剖面向上呈现粒度相对变粗、颜色变红的特点。岩石裂隙中可见沥青及油气侵染现象。含鱼化石及犀科哺乳动物化石（邓涛等，2011）。我们在该剖面发现多层凝灰岩或沉凝灰岩，底部凝灰岩的初步锆石 U-Pb 年龄为 21 Ma（图 8.21）。

6. 爬爬西剖面

该剖面是丁青湖组沉积地层，详细的剖面沉积柱状图如图 8.22 所示。该剖面岩性以深灰色、灰绿色薄层或极薄层油页岩，泥岩夹中薄层粉砂岩及泥灰岩为主，有机质含量较高，可见鱼化石，水平层理发育，为浅湖 – 半深湖相沉积（图 8.22）。该剖面向上粒度有变粗趋势，偶见几层红色泥岩条带。剖面顶部与上覆的洪积扇相红色砾岩不整合接触。另外，该剖面中部夹有 2 层凝灰岩条带，初步的锆石 U-Pb 年龄约为 19 Ma（图 8.22）。

在本次科考获得的凝灰岩年龄以及前人磁性地层结果对上述实测剖面地层年代的宏观约束下，对上述实测剖面的沉积相分析结果在空间（南北方向）进行对比，不难发现伦坡拉盆地从牛堡组一段到丁青湖组三段大体依次经历了洪积扇相—半深湖相 / 深湖

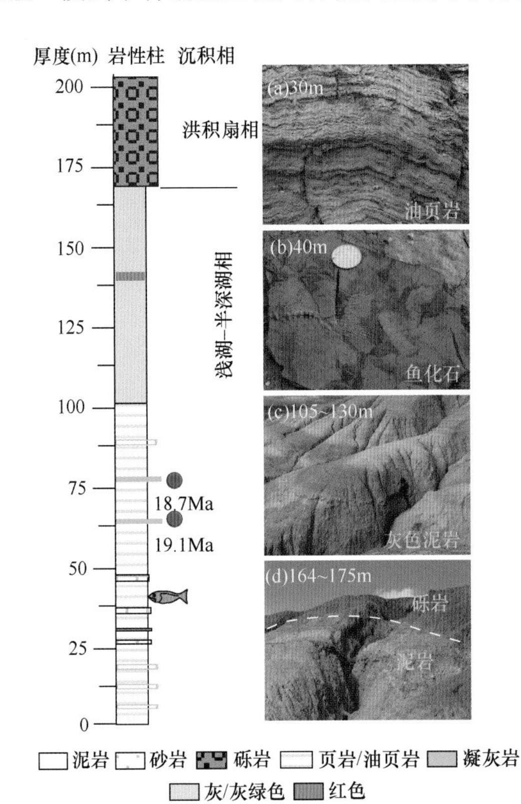

图 8.22　伦坡拉盆地爬爬西剖面实测柱状图和野外露头

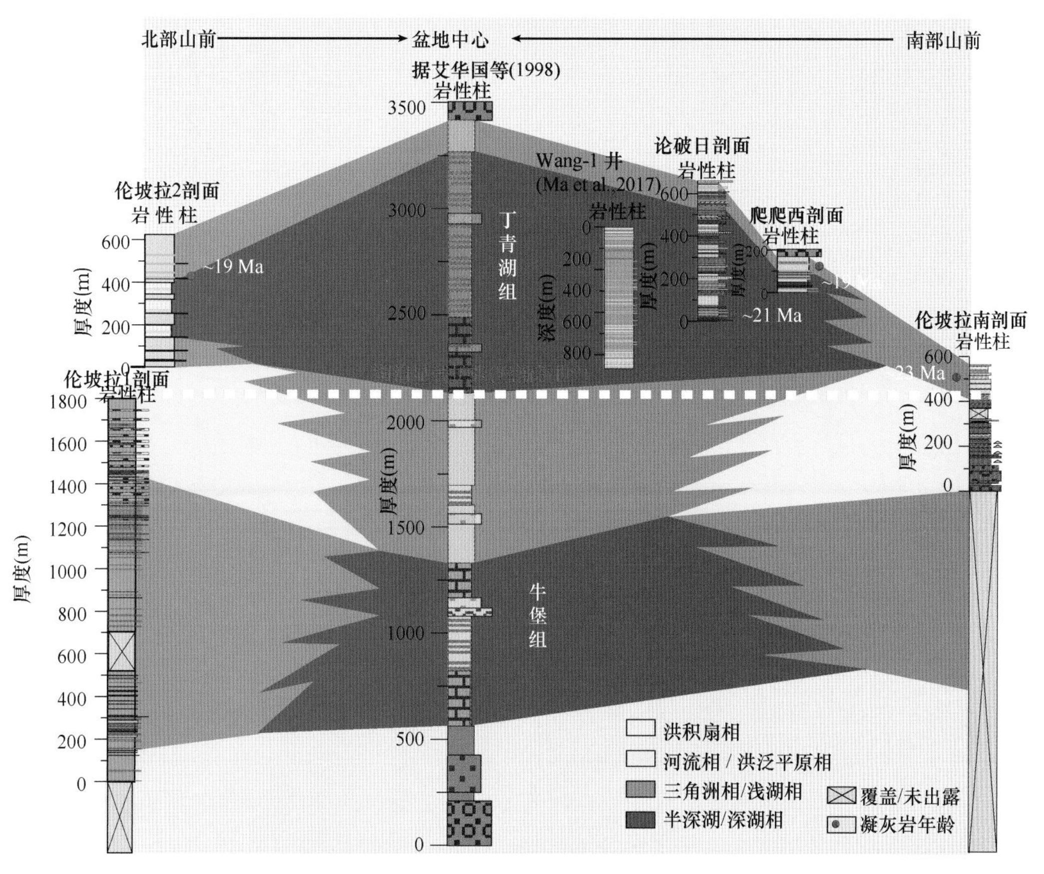

图 8.23　伦坡拉盆地新生界地层对比及沉积体系

相（盆地中心）或者三角洲相 / 浅湖相（盆地边缘）—三角洲相 / 浅湖相（盆地中心）或者河流相 / 洪泛平原相（盆地边缘）—半深湖相 / 深湖相（盆地中心）或者三角洲相 / 浅湖相（盆地边缘）—三角洲相 / 浅湖相 - 洪积扇相（图 8.23）。与此同时，在牛堡组向丁青湖组过渡沉积时（渐新世晚期？），伦坡拉盆地经历了一次明显的湖泊扩张，这也与中国石化新星公司中南石油局通过众多钻井、测井、地震等数据综合建立的沉积相演化结果相一致（图 8.24）。另外，从岩相上来看，牛堡组基本是以粗粒相沉积为主，沉积物呈棕红色，粒度较粗，水体较浅。而到丁青湖组沉积时，沉积物粒度突然变细，颜色也由棕红色转为灰绿色，湖泊显著扩展，水体加深。这些沉积现象似乎共同暗示了从牛堡组到丁青湖组青藏高原伦坡拉地区气候环境经历了一次巨大转变。

综合上述乌郁盆地和伦坡拉盆地新生代实测剖面的沉积学分析结果，再结合前人相关研究，可以归纳出牛堡组沉积时期的沉积物颜色以红色为主，沉积物粒度较粗，主要是三角洲相 – 洪泛平原相 / 洪积扇相，特别是该时期还发育干旱环境下的厚层膏岩沉积，它们共同指示了牛堡组沉积时期水体较浅的沉积环境（图 8.25）。然而，丁青湖组沉积时期（晚渐新世?）沉积物颜色突然从红色转为灰色，粒度明显变细且发育多层页岩甚至油页岩，有机质含量较高，同时期的乌郁盆地还沉积有煤层，特别是该

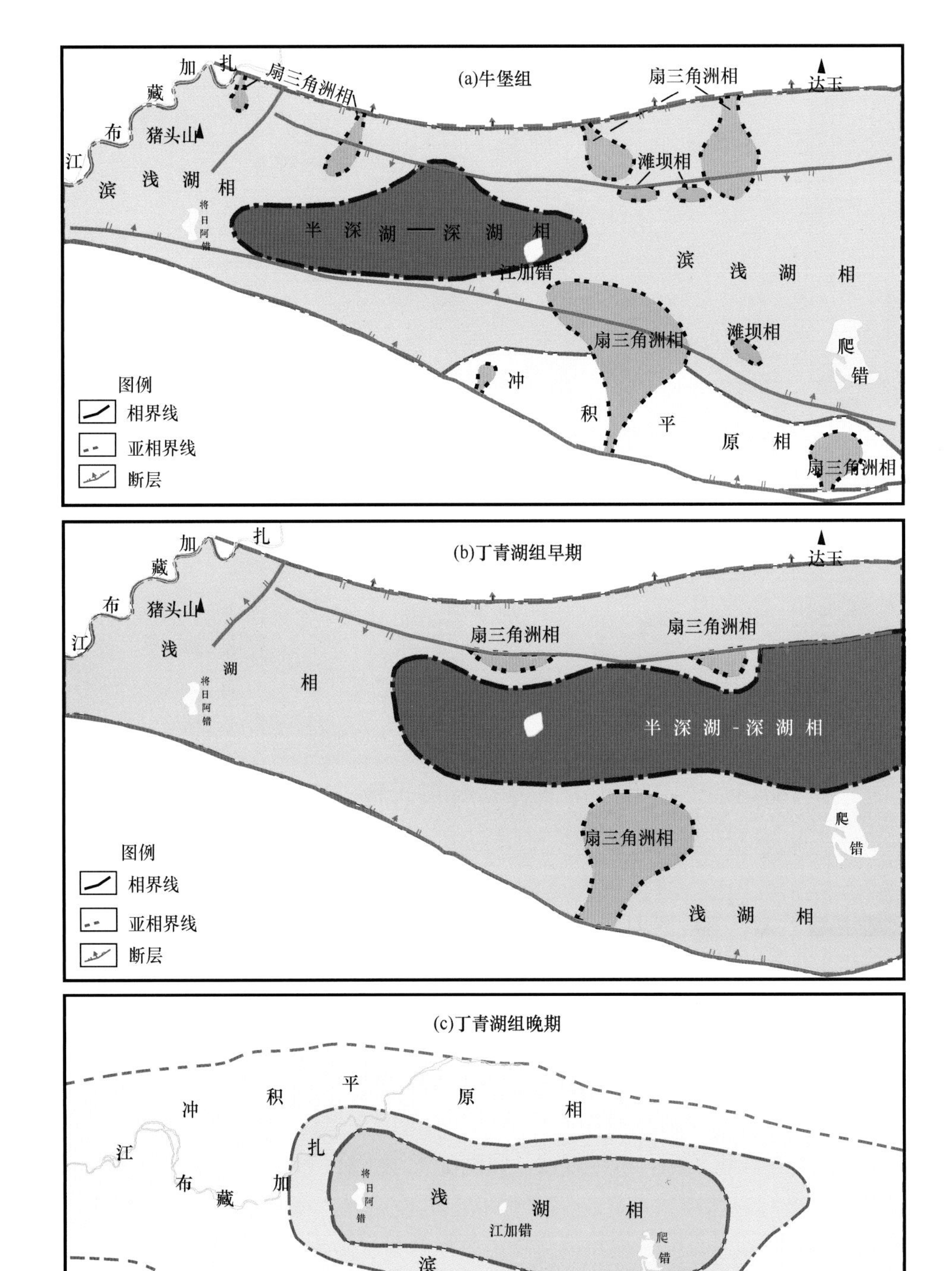

图 8.24 伦坡拉盆地新生界地层沉积相演化图（据中国石化新星公司中南石油局内部报告）

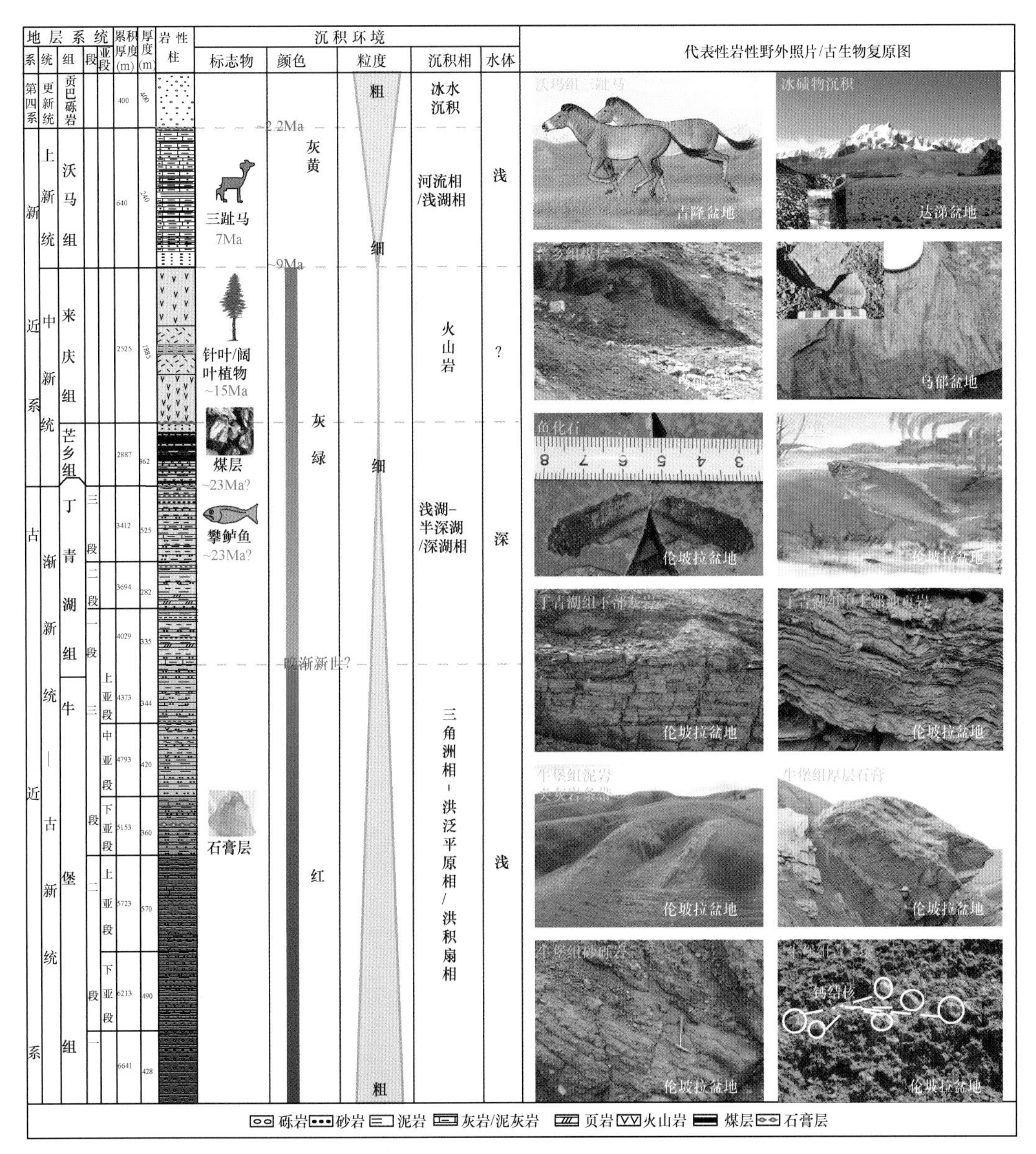

图 8.25　喜马拉雅山山顶 - 北部（拉萨块体）沉积环境记录综合图（沃马组年代据何林等，2016；三趾马化石复原图由邓涛研究员提供；攀鲈鱼复原图引自 Wu et al.，2017）

时期沉积地层中还含有丰富的鱼化石、植物化石（图 8.25），甚至发现了生活于亚热带或暖温带森林丰富地区的喜温暖湿润型的无角犀哺乳动物化石 (Deng et al.，2012a，2012b)，这些地层记录共同暗示了此阶段为水体较深的沉积环境。

根据前人研究成果并结合在喜马拉雅山顶吉隆、达涕等盆地的野外实地考察，发现约 9Ma 开始研究区沉积物颜色变黄、粒度开始逐渐变粗，以河流相 / 浅湖相为主，地层中发现的哺乳动物化石也主要是食草型的三趾马（邓涛等，2015），暗示了该区 9 Ma

以来沉积环境可能开始恶化。特别是在 2.2 Ma 以来，研究区开始堆积巨厚的贡巴 / 盖顶砾岩等冰水沉积物（图 8.25）。

7. 喜马拉雅山南部尼泊尔地区

通过在喜马拉雅南部尼泊尔地区对近 10 条剖面的野外踏勘 (Kalyan 剖面，Butwal 剖面，Tulsipur 剖面，Karnali 剖面，Taltung 剖面以及 Kathmandu 剖面等)，对该地区晚白垩世以来地层的沉积相有了如下初步认识（图 8.26）：上白垩统 Taltung 组的底部岩性为砾岩，下部为砾岩与砂岩韵律层，上部为灰绿色砂岩与页岩互层。其中，砾岩堆积无序、结构差、砂岩粒径较粗、交错层理较为发育，主要是一套被动大陆边缘的海相沉积（图 8.26）。晚白垩世—古新世的 Amile 组岩性以砂岩为主，夹页岩和不等厚灰岩层，顶部含有煤层；该组砾岩的磨圆度较好，以次圆和圆形磨圆为主，可见冲刷面；前人也曾在该组泥质灰岩层中发现双壳类、腹足类、海胆、珊瑚以及脊椎动物骨骼等化石 (Megh，2015)，主要是一套河流相和浅湖沉积，但沉积时期可能受到海侵影响。中始新世到晚始新世的 Bhainskati 组以灰黑色、灰绿色页岩、泥岩为主，夹薄层灰岩、

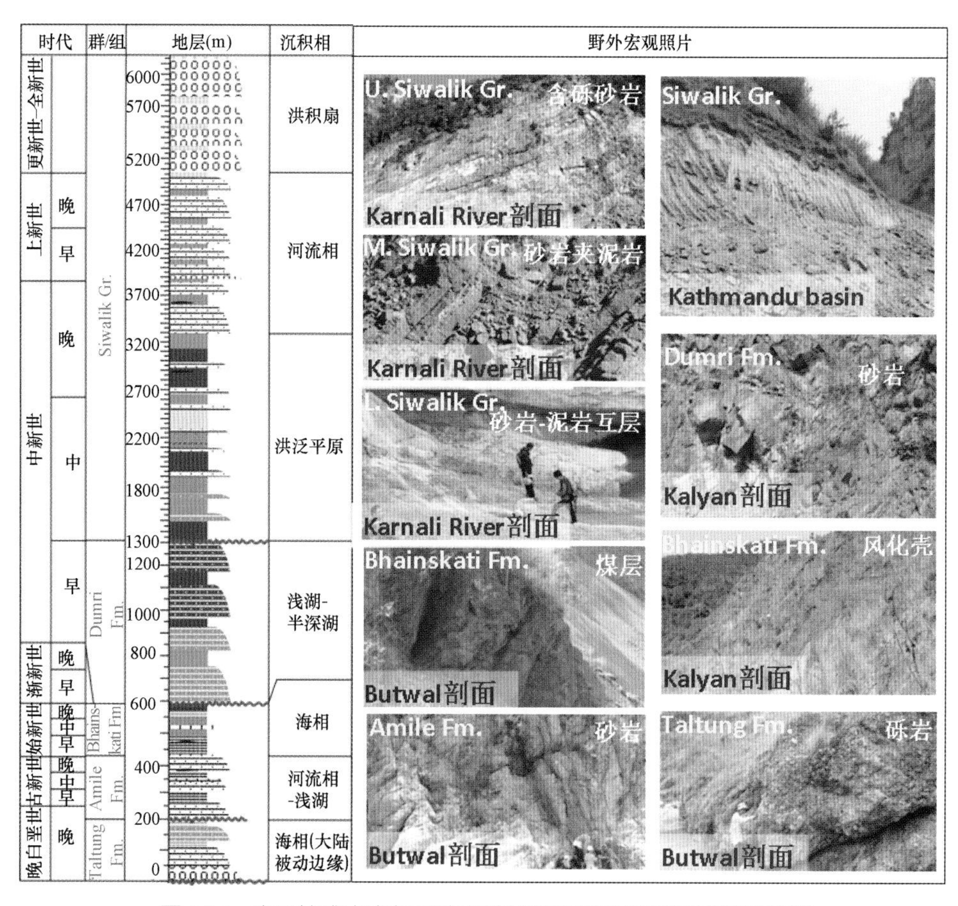

图 8.26 喜马拉雅山南部尼泊尔地区晚白垩世以来沉积环境特征

图中 L.，M.，U.，分别代表下部、中部和上部

粉砂岩及煤层；岩石中生物扰动作用强烈并含丰富的海相有孔虫、海相鱼类，为一套海相沉积。渐新世末至中新世（22 ～ 16 Ma）的 Dumri 组以绿色、红色砂岩和泥岩为主，偶见薄层页岩，水平层理发育，本次科考我们在其下部地层发现了丰富的螺、蚌等化石（种属待定，已送往中国科学院南京地质古生物研究所进行鉴定），可能为一套半深湖 – 浅湖相沉积。中新世以来（15 ～ <1 Ma）的 Siwalik 组是一套典型的前陆盆地磨拉石沉积，由上、中、下 3 部分组成。其中，Siwalik 组下部为由厚层深灰色、棕色、黄色泥岩和灰色粉砂岩与灰绿色、浅灰 – 深灰色砂岩组成的旋回沉积，沉积物粒度较细，有机质含量较高，泥岩呈块状结构，砂岩层未见明显的冲刷面，为一套洪泛平原相沉积。Siwalik 组中部主要是厚层块状灰色含砾砂岩夹深灰色、灰绿色、黄绿色粉砂岩和泥岩组成的多套沉积旋回；砾岩的磨圆度、分选性中等，呈叠瓦状构造，冲刷面较为发育，具有典型的二元结构序列，可见槽状和板状交错层理，为一套河流相沉积。Siwalik 组上部主要是厚层砾岩夹黄色、棕黄色泥岩和含砾砂岩，砾石的粒径较粗，磨圆度和分选性差，杂基支撑，层理不发育，为一套洪积扇相沉积。

综上所述，喜马拉雅南部尼泊尔地区晚白垩世以来的地层主要经历了海相—河流相—浅湖相—海相—浅湖 / 半深湖相—洪泛平原—河流相—冲积扇相的演化序列，除 Siwalik 组沉积（15 Ma）以来显示水体逐渐变浅的沉积环境以外，其他时期沉积环境波动性不明显。

8.3　气候代用指标记录与环境变化

8.3.1　植被记录与环境

印度板块与亚欧板块的碰撞造成了青藏高原的隆升，山地高度的变化会最直观地表现在植被面貌的改变上，科考过程中对喜马拉雅构造带及其相邻的部分盆地地层进行了考察，采集了部分样品，但是孢粉分析过程较为缓慢和滞后，本节内容主要汇总和梳理了该区域前辈和同行们已发表的部分植物化石和孢粉化石的资料。主要的剖面和地点如图 8.27 所示，按喜马拉雅山及其以南和以北三个区域讲述。

1. 喜马拉雅山南面（尼泊尔与印度北部）

已开展研究主要包括尼泊尔和印度北部的部分地区，这些地区自北向南按照地层可分为高喜马拉雅、低喜马拉雅、西瓦里克群和南部平原区，新生界早期的地层主要分布在低喜马拉雅区域，多为海相沉积，植物化石较少，渐新统地层普遍缺失，中新世以来的西瓦里克群含有丰富的植物和孢粉化石，在低喜马拉雅和高喜马拉雅含部分第四纪以来的孢粉化石。

在印度东北部的 Khasi 山的 Jathang（图 8.27 中的 1）沉积了一套海相、沼泽相的地层，含有页岩及煤，由其中发现的有孔虫判断沉积时代为晚古新世至早始新世，其中晚古新统地层中发现大量棕榈科、苞杯花科、木棉科、龙脑香科、木兰科，多为热带

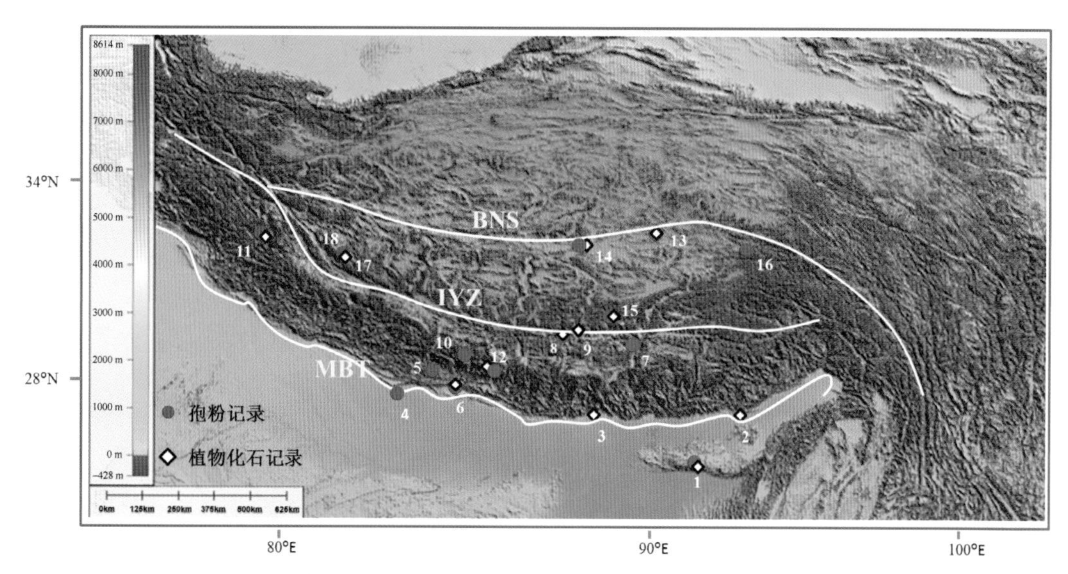

图 8.27　青藏高原南部植物化石和孢粉化石主要研究剖面位置图

1，Jathang（晚古新世－早始新世，Prasad et al.，2018）；2，Arunachal Pradesh（中新世，Khan et al.，2014）；3，Darjeeling（中新世－上新世，Khan et al.，2014）；4，Soria Khola（中新世－第四纪，Hoorn et al.，2000）；5，Thakkhola-Mustang（早中新世，Adhikari and Paudayal，2012）；6，Kathmandu（上新世－第四纪，Igarashi et al.，1988；Bhandari and Paudayal，2007；Kern，2010；Yoshida and Igarashi，1984；Fujii and Sakai，2002；Paudayal and Ferguson，2004；Paudayal，2006）；7，江孜盆地（古新世，韦利杰等，2015）；8，柳区（始新世，郭双兴，1975；陶君容，1988；方爱民等，2004；Ding et al.，2017；Spcier et al.，2017；渐新世，韦利杰等，2009，2011）；9，恰布林（中新世，Ding et al.，2017；Spcier et al.，2017；李建国，2004；李建国等，2009；始新世，郭双兴，1975）；10，吉隆盆地（中新世－第四纪，吴玉书和于浅黎，1980；郑亚惠，1993；王富葆等，1996；徐亚东等，2010，2011；Xu et al.，2012；孙黎明等，2007）；11，札达盆地（中新世－第四纪，李建国和周勇，2001，2002；吕荣平等，2006；余佳等，2007a，2007b；朱大岗等，2007；江尚松等，2010；吴旌等，2013；Wu et al.，2014）；12，希夏邦马峰（上新世，徐仁，1982）/ 达涕盆地（黄赐璇等，1982）；13，伦坡拉盆地（古新世－第四纪，王开发等，1975；始新世－渐新世，宋之琛和刘金陵，1982；早渐新世－早中新世，Sun et al，2014；晚渐新世，Wu et al.，2017）；14，尼玛盆地（始新世－渐新世，王波明等，2009；晚渐新世，Wu et al.，2017；Jiang et al.，2018）；15，南木林 / 乌郁（古新世－第四纪，宋之琛和刘金陵，1982；中新世，李浩敏和郭双兴，1976；耿国仓和陶君容，1982；刘耕武和李建国，2016；Spicer et al.，2003；Khan et al.，2014）；16，布隆盆地（上新世，吴玉书和于浅黎，1980）；17，Kailas 盆地（晚渐新世，Ai et al.，2018）；18，普兰涕松（上新世，曹流，1982）。BNS：班公错－怒江缝合带；IYS：印度河－雅鲁藏布江缝合带；MBT：主边界逆冲断裂

低地海岸森林类型，早始新统地层里有龙脑香科、藤黄科、肉豆蔻科、木棉科、苏木科、远志科、八角枫科、楝科、棕榈科等花粉，植物多样性更高，通过共存分析表明较前期有更多的降水，季节性不明显，为热带雨林类型（Prasad et al.，2018）。

在尼泊尔北部属高喜马拉雅的 Thakkhola-Mustang 地堑（图 8.27 中的 5），在早中新统 Tetang 组和 Thakkhola 组地层里孢粉组合表现木本的松属、桤木属、冷杉属、栎属、铁杉属及桦属、灌木的木犀科和草本的藜科、蒿属、禾本科和蔷薇科占优势，指示当时为气候较现在温暖的干草原环境（Adhikari and Paudayal，2012）。

西瓦里克群为一套山前磨拉石沉积，在尼泊尔中南部的 Surai Khola（图 8.27 中的 4）剖面地层出露连续，古地磁年龄为 11.5 ～ <1 Ma，为中中新世到更新世期间（Hoorn et al.，2000；Ohja et al.，2000），孢粉分析结果（Hoorn et al.，2000）表明在 11.5 ～

8 Ma，主要为亚热带常绿到温带阔叶林类型，如栎属、栲属、桤木属、杨梅属、银杏、胡桃属、桦科等，裸子植物中松属常见，零星可见云杉属、落叶松属等，植被类型为亚热带森林，周围应存在 3km 以上的高山；8 ～ 6.5 Ma，阔叶类型急剧减少，禾草植物大量增加，植被类型表现为草原；6.5 ～ <2 Ma，草本植物占据优势，藜科和麻黄属植物出现，C4 植物增多，阔叶种类仅零星可见，气候变冷，植被类型表现为干草原，其中 5.5 ～ 3.5 Ma 藻类和蕨类植物繁多，可能由季节性洪水导致。

在印度东北部的 Arunachal Pradesh（图 8.27 中的 2）、Darjeeling（图 8.27 中的 3）剖面西瓦里克群也发现了丰富的植物化石（Khan et al.，2014），如樟科、龙脑香科、番荔枝科、千屈菜科、藤黄科、桑科、杨梅科等，多为热带、亚热带种类。

尼泊尔加德满都谷地（图 8.27 中的 6）沉积了上新世以来的地层，很多学者（Bhandari and Paudayal，2007；Fujii and Sakai，2002；Goddu et al，2004；Igarashi et al.，1988；Kern，2010；Paudayal，2002，2006；Yoshida and Igarashi，1984）对这套 / 部分地层进行了孢粉分析，大致以松属、栎属、栲属、云杉属、藜科、麻黄属、禾本科等为主，表现为从常绿林演变为干草原，部分科属含量相互消长，表明期间有多次干湿或冷暖的波动。

总体而言，该区古近纪植被以分布在低地的热带森林为主，中新世期间靠近喜马拉雅山的地区已隆升较高，表现为干草原，西瓦里克群中中新世仍表现为亚热带的森林景观，晚中新世后转变为草原，后逐渐演变为干草原。

2. 喜马拉雅山及邻区

新生代以来，喜马拉雅山经历了巨大的环境变迁和山地巨幅抬升，该区主要沉积了古近纪以及中新世以来的地层，相应的植物大化石和孢粉化石研究也主要集中在这些时期。

在江孜盆地（图 8.27 中的 7）沉积了一套海相地层，为甲查拉组，是江孜地区最高海相地层，韦利杰等（2015）对甲查拉组进行了孢粉分析，推测其沉积时代可能为晚古新世—早渐新世，其中始新世中晚期为温暖潮湿的亚热带，周围可能多为平原，早渐新世为温和湿润的暖温带气候，有松属和冷杉属植物花粉，推断周围可能存在有一定高度的山地。

位于雅鲁藏布江缝合带南侧的柳区（图 8.27 中的 8），沉积了一套山前磨拉石堆积，植物化石属种繁多，被子植物共有 39 种，分属大戟科、桃金娘科、樟科、木兰科、无患子科、豆科、椴树科、棕榈科等，多为热带、亚热带属种，未见有裸子植物化石（方爱民等，2004；郭双兴，1975；陶君容，1988）。对其从属年代一直存在争议，从晚白垩世至中新世不等（方爱民等，2004；郭双兴，1975；钱定宇，1985；陶君容，1988；尹集祥等，1988；Aitchison et al.，2002；Davis et al.，2002；Fang et al.，2005），近年经火山灰测年限定化石层位年龄为 56Ma（Ding et al.，2017）。根据 CLMAP 分析重建的古高度为 0.9±0.9 km（Ding et al.，2017；Spicer et al.，2017），年均温为 23.8℃，为热带、亚热带低地植物景观。

柳区砾岩孢粉分析结果中整体以被子植物为主，其次为裸子植物，蕨类植物较少（韦利杰等，2009，2011），古植被面貌体现为以桦木科、胡桃科、山毛榉科等温带或暖温带的落叶阔叶被子植物为主，含少量山核桃属等常绿阔叶被子植物及一定量松科等针叶裸子植物组成的阔叶林或针阔叶混交林（韦利杰等，2011），与植物化石结果存在较大差异。

位于雅鲁藏布江缝合带附近的恰布林地区（图 8.27 中的 9）含有丰富的植物化石，其沉积年代也颇有争议。在发掘的植物化石里占主导的是狭叶桉（*Eucalyptus angusta*）、盖氏桉（*E. oblongiflia*），还有较多葇荑花序的乔木，如深波拟胡桃（*Juglandites sinuatus*）、阔叶杨（*Populus latior*）、米克柳（*Salix meeki*）、圆叶栎（*Quercus orbicularis*）、连香树（*Cercidiphyllum ellipticum*），以及高大的常绿阔叶乔木，如瑞香榕（*Ficus daphnogenoides*）、施特范榕（*F. stephensoni*）及各种小乔木和灌木，如桂叶（*Laurophyllum sp.*）、粗糙荚蒾（*Viburnum asperum*）、显脉鼠李（*Rhamnites eminens*），草本见有宽叶似莎草（*Cyperacites* cf. *haydenii*）、西藏苳叶（*Phrynium tibeticum*）等，此外还见有裸子植物铁杉（*Tsuga* sp.），表明植被是以桉树为主的亚热带硬叶常绿阔叶林，其时代可能为晚白垩世—始新世（郭双兴，1975；耿国仓和陶君容，1982）。李建国（2004）对这套含煤地层进行过孢粉分析，结果表明，组合中被子植物花粉占主要地位，壳斗科的栎粉属（*Quercoidites*）及具孔类花粉最多，裸子植物（主要为单、双束松粉属）花粉次之，推断其沉积时代可能为渐新世至早中新世，沉积早期的环境比较温暖。近年来通过对其中火山灰年代进行分析，认为植物化石年代介于 21 ～ 19 Ma，属早中新世，通过 CLMAP 分析结果表明，当时年均温约 19.1℃，为温带环境，海拔在 2.3±0.9 km（Ding et al.，2017；Spicer et al.，2017）。

晚中新世以来的记录主要集中在几个断陷湖盆里，如吉隆盆地（图 8.27 中的 10，孙黎明等，2007；吴玉书和于浅黎，1980；王富葆等，1996；徐亚东等，2010，2011；郑亚惠等，1983；Xu et al.，2012）、达涕盆地（黄赐璇等，1982）、札达盆地（图 8.27-11，江尚松等，2010；李建国和周勇，2001；吕荣平等，2006；吴旌等，2013；余佳等，2007a，2007b；朱大岗等，2007；Wu et al.，2014）等。其中，吉隆盆地（图 8.27 中的 10）沃马剖面的旦增竹康组和沃马组孢粉结果揭示 10.8 ～ 7 Ma 为亚热带至温带常绿 - 落叶针阔叶混交林（徐亚东等，2010，2011）；7 ～ 3 Ma 为亚高山灌木、草原和耐旱耐寒的落叶针叶林混合植被；3 ～ 1.7Ma 为落叶松柏科、阔叶混交林景观；强波沟剖面的沃马组孢粉揭示古植被以针叶树占绝对优势（松属、冷杉属），灌木及草本植物少，蕨类植物含量略多于灌木及草本植物，植被面貌总体是以松和冷杉为主的山地针阔叶混交林（孙黎明等，2007）。札达盆地（图 8.27 中的 11）上新世及之前主要为针阔混交林，上新世后期及早更新世为山地暗针叶林（图 8.28）（Wu et al.，2014），之后逐渐向干冷草原过渡（朱大岗等，2007），气候变得干冷。

在希夏邦马峰北坡（图 8.27 中的 12）上新世的野博康加勒黄色砂岩中发现有高山栎、黄背栎、灰背栎等硬叶栎类植物化石（徐仁等，1973）和众多的雪松、云杉、冷杉、松、铁杉等孢粉化石（吴玉书和于浅黎，1980），也反映分布在较高海拔的硬叶常绿阔

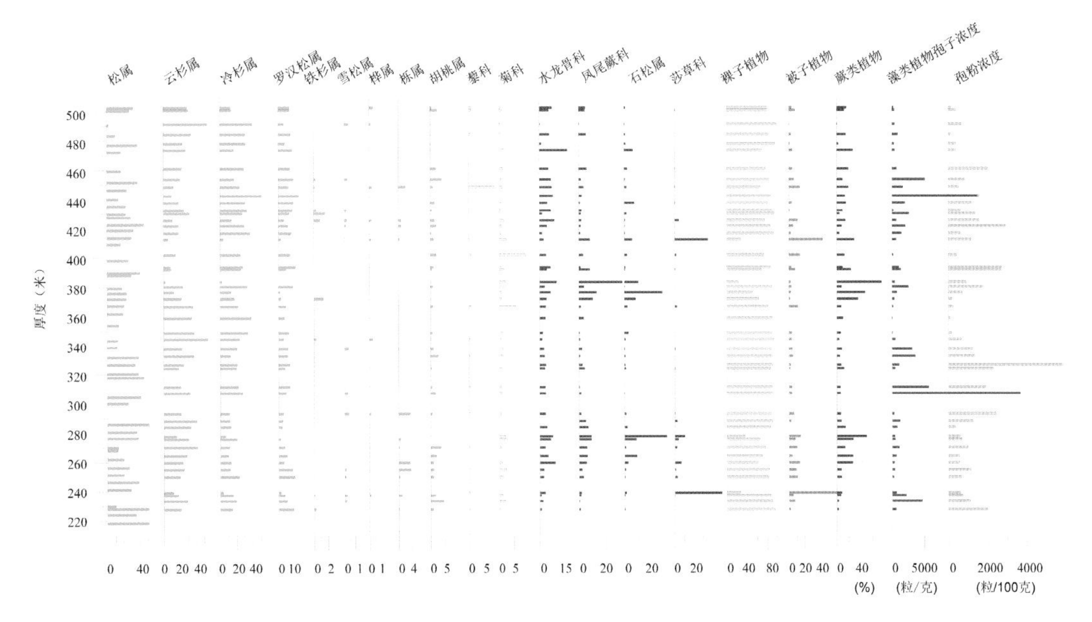

图 8.28　札达盆地含哺乳动物化石层位（4.8 ～ 3.6Ma）孢粉图谱（Wu et al.，2014）

以针叶树和部分草本植物花粉为主，表明当时盆地底部可能处于暗针叶林分布高度

叶林和山地针叶林的植被景观。

综上，现有的植物化石和孢粉化石结果表明，喜马拉雅造山带在始新世时，在热带、亚热带气候带的影响下，为海拔较低的常绿阔叶林植被景观，至早中新世时可能仍处于亚热带影响下，气候温暖湿润，为以桉树为主的硬叶常绿阔叶林，至晚中新世时随山地的快速隆升，植被演变为温带常绿 – 落叶针阔叶混交林，后逐渐演变为暗针叶林、干冷草原类型。

3. 喜马拉雅山北面（拉萨地块）

主要汇总雅鲁藏布江缝合带与班公错 – 怒江缝合带之间的资料，植物和孢粉化石主要集中在冈底斯山南侧南木林 / 乌郁等盆地以及北面的伦坡拉、尼玛盆地等。

（1）伦坡拉和尼玛盆地

伦坡拉（图 8.27 中的 13）和尼玛盆地（图 8.27 中的 14）均位于班公错 – 怒江缝合带附近，主要沉积了牛堡组和丁青湖的地层，王开发等（1975）对伦坡拉盆地进行了孢粉分析，当时把地层划分为迪欧组、牛堡组、丁青湖组和伦坡拉群，其中迪欧组是以被子植物花粉占优势的榆科 – 栎属组合，植被为热带 – 亚热带阔叶林，时代定为始新世；牛堡组下段是以裸子植物为主的落羽杉 – 紫杉科组合，植被为亚热带针阔混交林，时代为早渐新世；牛堡组上段则是以裸子植物为主的松 – 云杉属组合，植被为暖温带针叶林为主，混生相当数量的落叶阔叶林，时代定为渐新世中 – 晚期；丁青湖组为松栎组合，表现为针阔混交林景观，时代为中新世，而伦坡拉组为以被子植物花粉为主的栎 - 柳属组合，时代为上新世。

其后宋之琛和刘金陵（1982）对伦坡拉盆地也开展了孢粉研究，对牛堡组和丁青湖组孢粉结果由下至上划分了四个组合带，带1被子植物花粉为主，大部分属种与木犀科、山毛榉科、金缕梅科、楝科、芸香科、大戟科、漆树科和桃金娘科有关，且耐旱的麻黄属较多，推测植被为较干旱的亚热带型，时代为中始新世；带2中更为喜暖的大戟粉属、漆树粉等减少，麻黄粉属也大大减少，具气囊的松科和罗汉松科有一定的出现，推测气候较前期变凉，属半干旱的亚热带型气候，时代为晚始新世—早渐新世；带3具气囊的松柏类继续增多（一般超过总数的一半，有时高达78%），被子植物相应减少，表明地势已有一定程度的升高，时代为早中渐新世；带4被子植物进一步减少，具气囊松柏类又有增加，占80%以上，推测植被为以高山针叶林为主的群落类型，时代为晚渐新世。

近年来Sun等（2014）对丁青湖组部分地层进行了年代学和孢粉分析（图8.29），根据其中所含的火山凝灰岩U-Pb年龄（23.6±0.2 Ma）限定古地磁年龄为25.5～19.8 Ma，孢粉组合中，乔木花粉含量占据优势，以松属和栎属花粉为主，植被表现为针阔混交林类型，并对其高度进行了共存分析，加上温度校正，认为当时海拔介于3090～3290 m。

位于伦坡拉盆地西侧的尼玛盆地（图8.27中的14），同样出露牛堡组和丁青湖组地层，王波明等（2009）对其进行了粗略的孢粉分析，结果表明底部被子植物花粉含量占92.5%，见有栎粉、脊榆粉、朴粉、亚三孔粉等属，裸子植物占5.4%，仅见有麻黄粉属，推测时代为始新世；在尼玛县城西的地层里裸子植物则占88%，主要为双束松粉属、云杉粉属等针叶林类型，被子植物占8.4%，主要有楝粉属、栎粉属、三瓣粉属、拟白刺粉属等，时代可能以渐新世为主。

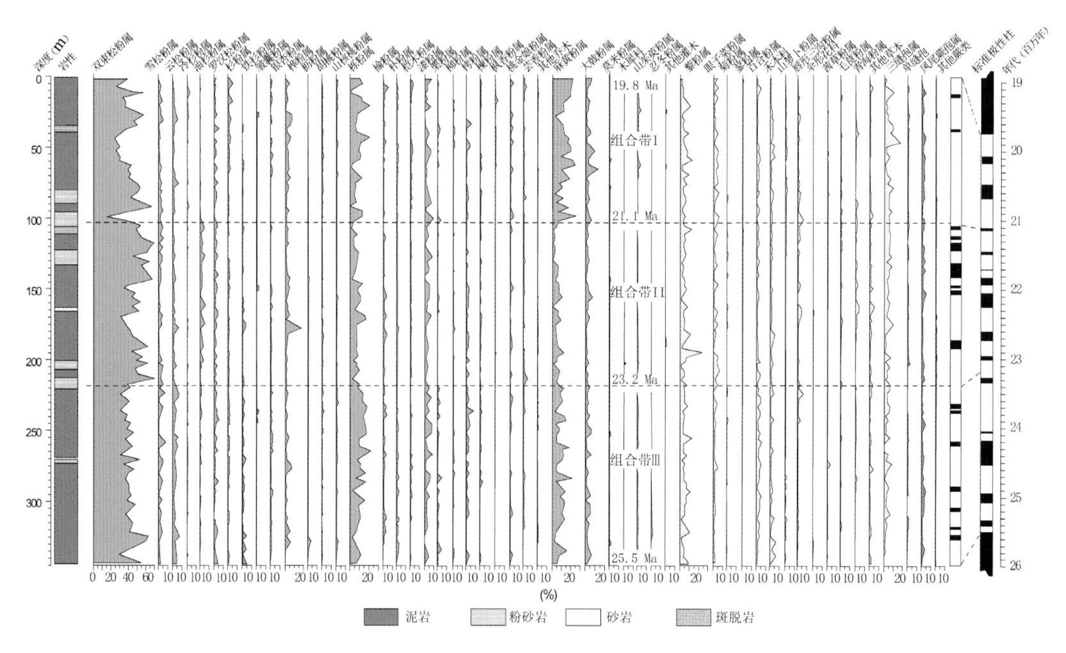

图8.29　伦坡拉盆地25.5～19.8Ma孢粉图谱（Sun et al.，2014）

在伦坡拉盆地（图 8.27 中的 13）的达玉（Jiang et al.，2018；Wu et al.，2017）和尼玛盆地江弄淌嘎的丁青湖组中均发现有植物化石（Wu et al.，2017），多种植物叶片和果实，包括无患子科、榆科、棕榈科、金缕梅科、天南星科、香蒲科、五加科、樟科等，多为热带和亚热带属种，认为晚渐新世时应为海拔不超过 1 km 的热带森林景观。

（2）南木林 / 乌郁盆地

乌郁盆地（图 8.27 中的 15）地层可划分为古新统—始新统林子宗群（自下而上包括典中组、年波组和帕纳组）、渐新统—中新统日贡拉组、中新统芒乡组、来庆组、上新统—早更新统乌郁群（乌郁组、达孜组）。

20 世纪七八十年代，李浩敏和郭双兴（1976）、耿国仓和陶君容（1982）以及宋之琛和刘金陵（1982）分别研究了其中的植物和孢粉化石。其中，日贡拉组的孢粉，以水龙骨单缝孢属、无口器粉属、苗榆粉属等为主，推断当时可能为暖温带的混交林或阔叶林，乌龙组（相当于来庆组）植被类型属于暖温带的落叶阔叶林，时代可能为中新世中晚期，其中上段出现了较多的草本植物和松科，海拔可能较下段要高。剖面上部地层（推测为上新统地层）均以松科众多为特征，尤其云杉属较多，表明临近山区为针叶林类型，气候相当于温带或寒温带（宋之琛和刘金陵，1982）。

对芒乡组出现化石层位的研究结果略有出入，宋之琛与刘金陵（1982）的结果显示是以山毛榉科植物为主，而李浩敏与郭双兴（1976）的大植物化石除此之外，还有一含大量桦科植物的层位。刘耕武和李建国（2016）则认为芒乡组可能含三个植物化石组合（层位），即下部以桦科含量丰富的组合、中部以高山栎 – 高山绣线菊高含量为特征的组合，以及上部以单子叶草本植物和松科为主的组合。Spicer 等（2003）所分析的化石层位为下部组合（刘耕武和李建国，2016），用叶相分析的方法认为南木林中新世的古高度已接近于现代，当时的海拔为 4689±895m（Spicer et al.，2003），对参数选择进一步优化后古高度重新计算为 5540±728m（Khan et al.，2014）。

在西部的 Kailas 盆地（图 8.27 中的 17），Ai 等（2018）在他们认为的晚渐新统地层（U-Pb 测年为 23.3 Ma）发现大量植物化石，主要包括松科的松针、香蒲、杨属、栎属、桤木属、桦属、鹅耳枥以及豆科等，多为落叶阔叶种类，认为气候较为温暖湿润，通过共存分析，将海拔限定在 1500 ～ 2900 m。

比如县布隆盆地（图 8.27 中的 16），上新世早期孢粉以松属植物居多，其次是冷杉、云杉、雪松、铁杉及罗汉松、柏科、山核桃、苗榆等，草本植物仅占 11%，为一种以山地针叶林为主的森林环境（吴玉书和于浅黎，1980）。但在上新世的普兰涕松（图 8.27 中的 18）褐煤中所含的孢粉化石中含常绿的栎属、栗属、青冈属、栲属、杨梅属、枫杨属、木兰属等，阔叶的桦木科（桦木属、桤木属、榛属、鹅耳枥属）、榆科、漆树科、杨柳科和胡桃科等及草本的菊科、藜科和禾本科、石竹科等，还有裸子植物中的松属、冷杉属、云杉属、雪松属等，表现出基带为常绿阔叶林，具有亚热带—暖温带—寒温带的垂直分带特征（曹流，1982）。

该区域已有的植物化石和孢粉化石资料可以基本一致地表明拉萨地块在古近纪时可能处于亚热带副高控制下，海拔较低，气候相对干热，分歧主要出现在渐新世到早中新世期间，部分资料表明裸子植物尤其是具气囊的松柏类植物在渐新世已经占据绝对位置（如尼玛盆地，王波明等，2009；伦坡拉盆地，宋之琛和刘金陵，1982），表明当时山地已隆升较高，部分资料则表明晚渐新世时并不高（Jiang et al.，2018；Sun et al.，2014；Wu et al.，2017）。不同的盆地植被面貌可能存在差异，如在乌郁盆地中新世后已是高山落叶小乔木或灌丛植被（耿国仓和陶君容，1982；李浩敏和郭双兴，1976；刘耕武和李建国，2016；宋之琛和刘金陵，1982；Spicer et al.，2003），布隆盆地上新世也以针叶林为主（吴玉书和于浅黎，1980），而在西部普兰上新世时仍有亚热带分子存在，盆地底部海拔仍较低（曹流，1982）。

综合以上各区域已有的研究成果（图 8.30），在喜马拉雅山及其以南古近纪植被以低地的热带森林为主，早中新世时喜马拉雅山地区略有隆升，以南仍表现为亚热带的森林景观，晚中新世后均已急剧隆升，植被转变为具温带（至寒温带）特征；喜马拉雅山以北始新世较为炎热，渐新世之后则存在较大争议。并且，在框架上虽可获得以上认识，但仍难以精细刻画各地块的植被演化过程以及准确限定山地隆升的高度及历史，今后仍需加大考察力度，在关键盆地地层年代清晰的基础上，尤其重点深化始新世—中新世期间孢粉的研究。

8.3.2 生物有机地球化学记录与环境

高等植物来源的叶蜡正构烷烃及其同位素，微生物来源的甘油双烷基甘油四醚（GDGTs）是近几年青藏高原上应用最为广泛、最具潜力的有机地球化学材料。叶蜡正构烷烃氢同位素（δD_{wax}）是稳定同位素古高程计的一种。稳定同位素古高程计的理论基础是同位素的高度分馏效应：水蒸气沿着山坡上升时，重的同位素优先从水蒸气中分馏出来，造成大气降水的同位素随着高度升高而发生负偏（$\delta^{18}O$ 和 δD 的高程递减率分别为：约 2.8‰/km 和约 22‰/km）（Poage and Chamberlain，2001；Rowley and Garzione，2007）。其中，氧同位素古高程计应用最多（Ding et al.，2014；Gébelin et al.，2013；Rowley and Currie，2006；Xu et al.，2013，2018），研究程度最高的地区主要分布在特提斯喜马拉雅和拉萨地块，其中伦坡拉、南木林和札达盆地最为深入。青藏高原叶蜡正构烷烃氢同位素值古环境古高度的恢复研究目前尚处于探索阶段（Polissar et al.，2009；Jia et al.，2015）。现代土壤研究已经证实在青藏高原南部叶蜡正构烷烃氢同位素具有较强的高度关系（图 8.31）（Bai et al.，2015）。然而，其他因素也可能会影响到这两个指标对古降水和古温度的恢复，如水汽来源、当地气候条件、表面水的蒸发、纬度山形和冰川融水等，干扰古环境重建精度（Bai et al.，2011，2012，2014，2015，2017）。

GDGTs 是一组源自微生物（古菌及某些细菌）细胞膜的生物标志化合物，近年来被广泛应用于古气温、古 pH 等古气候参数的重建（Schouten et al.，2013）。在全球土壤样品中发现支链 GDGTs（bGDGTs）的甲基化指数 MBT 和环化指数 CBT 可以联合用于重建陆地年平均温度（Weijers et al.，2007）。De Jonge 等（2014）分离了 5，6 甲

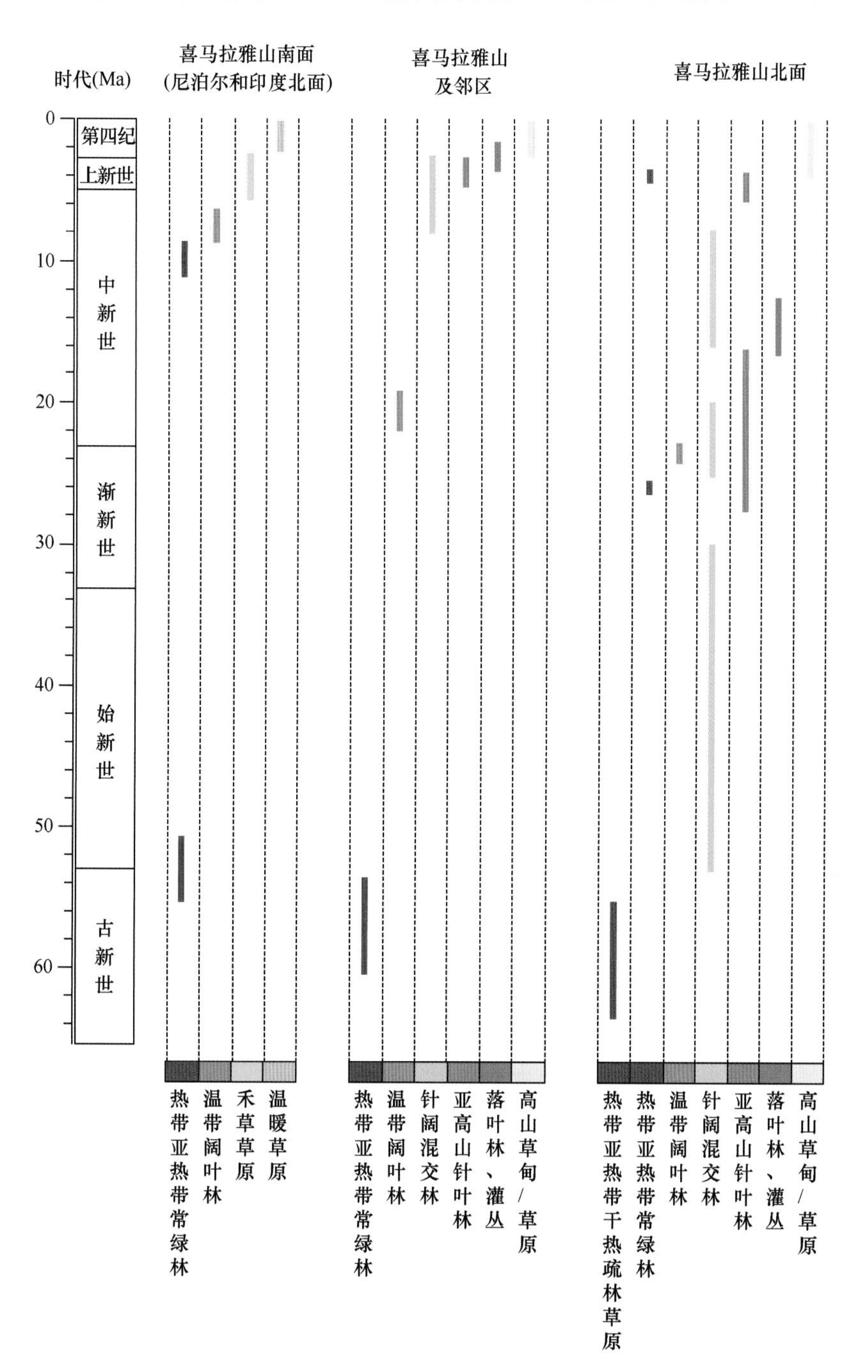

图 8.30　喜马拉雅山及邻区与其南面、北面三个区域新生代植被类型综合对比

基 bGDGTs 的异构体，发展出一系列新的 GDGTs 温度指标，如 MBT'_{5ME} 等。在中国的贡嘎山、橡皮山、神农架和青藏高原东南缘（Deng et al.，2016；Liu et al.，2013；Peterse et al.，2009；Wang et al.，2017；Yang et al.，2015），坦桑尼亚的乞力马扎罗山和伦圭山、肯尼亚山和鲁文佐里山，印度的梅加拉亚高原，哥伦比亚的东科迪勒

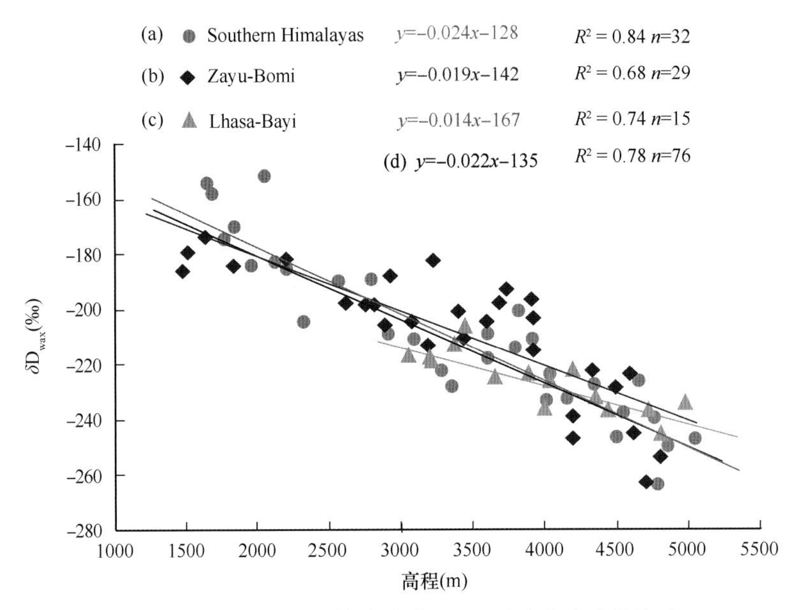

图 8.31 青藏高原南部察隅－拉萨－樟木表土 δD_{wax} 随高度变化趋势（Bai et al.，2015）

拉山等地（Coffinet et al.，2017；Sinninghe et al.，2008；Ernst et al.，2013；Peterse et al.，2009），已经证实了 MBT/CBT 指标重建的温度与高度存在较强的相关性，是潜在的古温度 / 高度计。在高原南部以及尼泊尔北部喜马拉雅山中段南侧安纳普娜山表土 GDGTs 研究中，MBT'_{5ME} 和酸性条件下的 MBT/CBT 被发现与温度 / 高度存在良好的相关性（图 8.32）（Bai et al.，2018）。然而，已有的表土高度关系研究结果表明，碱性土壤及干旱都可能影响 GDGTs 温度指标 MBT/CBT（Wang et al.，2014；Yang et al.，2014）。

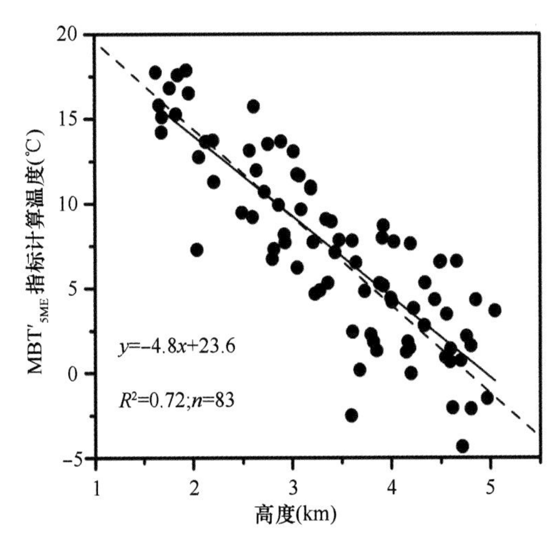

图 8.32 青藏高原南部察隅－拉萨－樟木表土 GDGTs 温度指标 MBT'_{5ME} 重建温度随高度变化趋势（Bai et al.，2018）

1. 喜马拉雅南面（尼泊尔地区）

特提斯喜马拉雅山以南新生代地层西瓦里克群为主，年代大致为中新世以来，渐新统地层普遍缺失，始新世及之前地层多为海相沉积。8 Ma 左右是传统认定的印度季风起源期（Molnar et al.，1993；Quade et al.，1989），尽管近年来认为这一时间可能前推至早中新世（Clift et al.，2008）甚至始新世（An，2014；Spicer et al.，2017）或最晚到古新世（Ding et al.，2017）。Freeman 和 Colarusso（2001）采集了巴基斯坦博德瓦尔高原及尼泊尔南部的西瓦里克群古土壤样品，同时对比孟加拉扇海底沉积物，分析了其中的正构烷烃及其碳同位素分布，发现最早在 9Ma 出现了碳同位素变化，可能指示了 C_4 植物的扩张，6Ma 已表现出明显的 C_3 和 C_4 共存，C_4 植物在 4 ～ 1Ma 占据了主导地位。Ghosh 等（2017）研究了 12 ～ 1Ma 印度西北部西瓦里克群古土壤样品，其样品中正构烷烃的碳优势指数（CPI）和平均碳链长度（ACL）分布在 1.0 ～ 4.2 和 28.4 ～ 30.7，与附近现代土壤样品分布相近。该研究中正构烷烃碳同位素指示在部分区域，C_4 植物在 11Ma 已占据 20% 的比重，结合正构烷烃氢同位素值，指示该区域在约 9Ma 和 4Ma 可能出现了两次印度夏季风的增强。而阿拉伯海西部底栖有孔虫碳同位素记录的印度季风夏季风在约 7 Ma 达到强盛（Gupta et al.，2015）。这些研究虽然都说明印度季风强度在晚中新世至上新世发生过强烈的变化，然而，其强度并不确定，季风出现的时段也不一致。需要进一步系统开展喜马拉雅山以南尼泊尔从东到西新生代地层沉积物中类脂物及其同位素测定。

2. 喜马拉雅山山顶

喜马拉雅山对向北传输的南亚季风气团产生了阻挡和导流作用，因而其沉积物中的 δD_{wax} 和 GDGTs 等其他指标除了记录喜马拉雅山隆升过程外，同时也记录了晚中新世以来印度季风的演化。藏南及邻区近南北向裂谷是青藏高原发育最广泛、特征最显著的构造，喜马拉雅山顶部的一些南北向地堑盆地，如札达盆地、吉隆盆地和达涕盆地等（王富葆等，1996；岳乐平等，2004；何林等，2016），记录了晚新生代以来青藏高原隆升和区域季风演化的丰富信息（Harrison et al.，1992；Molnar et al.，1993），保存了晚中新世至上新世的河湖相沉积。Xie 等（2012）利用生物标志物甘油双烷基甘油四醚（GDGTs）研究了札达盆地 9.2 ～ 2.6Ma 古气候演化。对中国现代土壤的研究发现，古菌来源 GDGTs（iGDGTs）及细菌来源 GDGTs（bGDGTs）在土壤中的相对比例与 pH 和降水量相关。其中，古菌来源 iGDGTs 占主导地位，即较大的 $R_{i/b}$ 值仅出现在 pH >7.5 或者降水量小于 600 mm 时。据此，基于古菌和细菌来源 GDGTs 的相对比例定义的指标 $R_{i/b}$，被认为能够指示极端的干旱环境（Xie et al.，2012）。札达盆地地层序列中，$R_{i/b}$ 值在 9 Ma 前后出现明显的高值（>1），指示了一期显著的干旱事件，Xie 等（2012）认为这是由该时期青藏高原隆升所导致。9Ma 后 $R_{i/b}$ 值始终维持相对低值（<0.35），可能说明晚中新世至上新世札达盆地处在相对湿润的环境（图 8.33）。在第二青藏高原科考

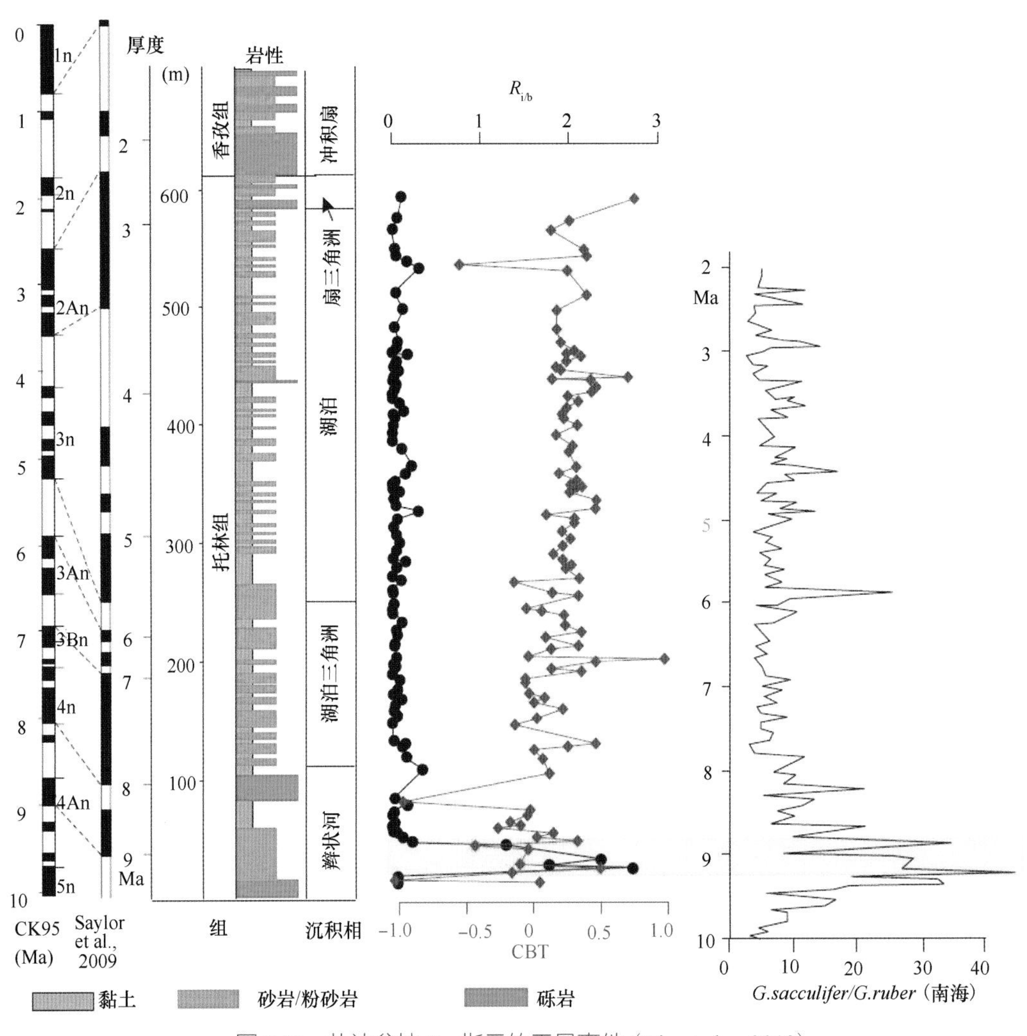

图 8.33　札达盆地 $R_{i/b}$ 指示的干旱事件（Xie et al.，2012）

期间，我们采集了吉隆盆地和达涕盆地的沉积物样品，分析了其中的 GDGTs 分布。两盆地样品的 $R_{i/b}$ 值均小于 0.35，与札达盆地一致，表明晚中新世至上新世相对湿润的环境可能是当时特提斯喜马拉雅的普遍状态。

3. 喜马拉雅山北面（拉萨地块）

特提斯喜马拉雅以北拉萨地块南木林 – 乌郁盆地、尼玛盆地和伦坡拉盆地等富含暗色泥岩、油页岩等，其叶蜡正构烷烃含量比较高，可以测定氢同位素以开展重建古高度研究（Currie et al.，2016；Deng and Jia，2018；Polissar et al.，2009）。Currie 等（2016）年利用嘎扎村组和乌郁群的叶蜡正构烷烃氢同位素，结合碳酸盐氧同位素古高度计，重建南木林 – 乌郁盆地 15Ma 时古高度为 5.1 km（+1.3/–1.9 km），5Ma 时古高度为 5.5 km（+1.4/–2.0 km）。结合植物叶片化石组合和碳酸盐氧同位素的研究，当前古高度研究认为南木林 – 乌郁盆地在渐新世到中中新世（31 ～ 16 Ma）时古高度约 4.1 km（+1.2/–1.6 km）（Currie et al.，2016），中中新世（15 Ma）时为 4.6 ～ 5.4 km（Currie et al.，2005，2016；Khan et al.，2014；Spicer et al.，2003），上新世时为 5.5 km（Currie et al.，2016），由此认为该区域在中新世—上新世以来约高出现今海拔 1 km，其后可能存在伸展垮塌过程。

伦坡拉盆地在高原隆升过程、机制模型以及古高度历史研究中都是核心证据引用点（Jia et al.，2015；Polissar et al.，2009；Rowley and Currie，2006）。Polissar 等（2009）率先测定了始新世 – 中新世 7 个伦坡拉盆地碳酸盐氧同位素值和高等植物来源的氢同位素值，以恢复新生代该盆地降水的同位素值。他们发现由于湖水和叶蜡水分的蒸发二者相对于全球降水线一致偏正，而且，相对于湖泊方解石的 δ^{18}O，植物叶蜡 δD 值最低程度地受到蒸发因素的影响，并估算出始新统牛堡组的高度在 3600 ～ 4100 m，中新统丁青湖组升高到 4500 ～ 4900 m，与 Rowley 和 Currie（2006）在 35±5Ma 伦坡拉的高度 >4000m 的氧同位素结果基本一致，证明了应用类脂物的 δD_{wax} 恢复古高度的可行性。Jia 等（2015）利用叶蜡正构烷烃碳、氢同位素组成变化［n-C_{29} 均值分别为 29.8‰±0.7‰（n=38）和 –188‰±10‰（n=22）］，恢复伦坡拉丁青湖组渐新世晚期到中新世的早期的古高度约为 3000 m。然而，Polissar 等（2009）丁青湖的 δD_{wax} 为 –228.3‰±4‰，–40‰ 的差异造成古高度恢复结果相差近 2000 m。因此，除了以往这些研究地区地层复杂，年代需要校正，需要系统开展精确年代控制的连续的伦坡拉沉积物 δD_{wax} 值和 GDGTs 研究，以恢复古高度历史详细演化研究，评价高原南部不同高度模式预测的隆升结果和季风演化模式。

在拉萨地块新生界地层中，GDGTs 主要以古温度 – 古高度计的面貌出现。DeCelles 等（2018）在凯拉斯盆地的 4 块渐新世—中新世样品中检测到了 GDGTs，其中两块可以用于计算古温度。古菌 GDGTs 古温度指标 TEX_{86} 和细菌古温度指标 MBT/CBT 给出了相似的古温度重建结果，指示当时凯拉斯盆地的古湖水温度可以超过 25℃。结合鱼类化石等，DeCelles 等（2018）认为凯拉斯盆地在 26 ～ 21 Ma 处于较低海拔，包含了一个大型的深水湖泊，可能说明在印度 – 欧亚板块碰撞发生的过程中，存在某种机制可能导致缝合带附近部分区域的下陷。与之类似的，渐新世晚期（28 ～ 23 Ma）尼玛盆地的研究给出了 21.5±3.1℃（MBT/CBT）的古温度结果，换算的古高度值低于 1 km（Deng and Jia，2018）。位于班公错 – 怒江缝合带的尼玛盆地与雅鲁藏布江缝合带的凯拉斯盆地是否受控于类似的地球动力学机制尚且不得而知（Deng and Jia，2018）。TEX_{86} 在陆地环境的应用仍存在争议，MBT/CBT 指标易受到干旱及碱性环境的影响，因此，上述盆地的温度重建结果仍需要进一步的检验。

Bai 等（2018）率先研究了分离 5，6 甲基 GDGTs 异构体后的新温度指标在该区域的适用性，通过青藏高原南部大范围现代表土调查，发现最适宜该区域的温度指标为 MBT'_{5ME}。其重建的南木林 – 乌郁盆地约 15 Ma 年平均温度为 10.38±1.47℃，该结果与植物叶相多变量分析（CLAMP）给出的年均温 6.8±3.4℃（对比 Physg3ar）或 8.1±2.3℃（对比 Physg3br）或 8.2±2.8℃（对比西瓦里克群）接近（Khan et al.，

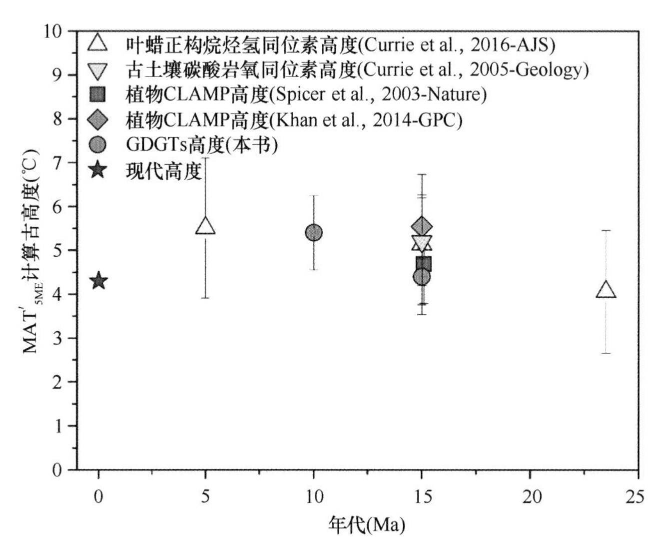

图 8.34　南木林－乌郁盆地古高度重建研究（改自 Bai et al.，2018）

2014；Spicer et al.，2003），证明其温度重建的可靠性（图 8.34）（Bai et al.，2018）。同时，MBT'_{5ME} 重建的南木林－乌郁盆地约 10Ma 古温度为 3.02±1.14℃，盆地温度相比中中新世气候适宜期（17～15 Ma）降低了约 7℃，与印度洋北部古海平面温度同期降幅接近（Zhuang et al.，2017），进一步证明了其温度结果的可靠性，说明至少在 15 Ma 南木林－乌郁盆地已隆升至现今高度，且 15～10 Ma 古高度没有明显变化。然而，GDGTs 恢复的古高度相对低于叶蜡正构烷烃氢同位素古高度恢复结果，其深刻的指示意义还需要进一步扩展和对比研究。此外，我们对伦坡拉盆地 30～15 Ma $R_{i/b}$ 值的分析发现，在 26 Ma 前 $R_{i/b}$ 值相对较高，代表较干旱环境；26～17 Ma $R_{i/b}$ 值维持低值，代表持续的湿润环境；17 Ma 后再度出现高值，可能代表再度出现干旱。这一变化与古温度－古高度的结果部分吻合，但是由于目前数据量较少，仍需进一步的分析工作。

8.4　新生代气候环境演化历史

喜马拉雅山南面山前前陆盆地 Siwalik 群之下始新世海相货币虫灰岩层以及晚白垩纪页岩和砂岩层，代表了印度板块北部被动大陆边缘沉积，难以准确记录环境演化信息；从 Siwalik 群古土壤碳酸盐碳氧同位素记录和生态环境与哺乳动物记录，以及孟加拉湾沉积与上涌流记录，认为在中新世晚期约 8 Ma 发生了重大环境转型事件（Kroon et al.，1991；Molnar et al.，1993；Molnar，2005；Quade et al.，1989）。从野外观察，Siwalik 群发现发育不同程度的古土壤，从底部深红色的含铁子结核的砖红壤，经中部棕红色无铁子的红壤，到中上部棕黄色—灰黄色—灰绿色含显著黏粒淀积层的棕壤或钙结核层和锈斑的潜育化淋溶褐土与褐土，揭示了中新世以来喜马拉雅山南坡尼泊尔地区一直属于温暖潮湿的环境，在中新世晚期气候开始略微变干；同时，有机地球化学环境指标在晚中新世有明显的增强趋势以及孢粉谱揭示的植被环境古新世为热带低地森林，始新世植被转变为季节性较弱的热带雨林，整体上气候较为湿热；在中中新世时 Siwalik 群表现为亚热带常绿到温带阔叶林，至晚中新世植被演变为禾草草原，后演变为温干的草原，气候变干（图 8.35）；虽然中新世晚期气候开始变干，但加德满都盆地早更新世 Lukundol 动物群（*Elephas planifrons*，*Stegodon ganesa*，*Hexaprotodon sivalensis*，*Elephas hysudricus* 和 *Crocodylus* sp.）（Yoshida and Gautam，1988）以及褐煤层的出现，显示出当时气候仍然为显著的湿热环境。

根据喜马拉雅山北部（拉萨块体）新生代实测剖面的沉积学分析结果，再结合前人相关研究，可以归纳出喜马拉雅山及邻区新生代沉积物颜色大致为红—灰绿—黄—浅黄，沉积物粒度大致经历了粗—细—细—粗的旋回（图 8.26）。其中，牛堡组沉积时期研究区沉积物颜色以红色为主，沉积粒度较粗，伦坡拉盆地还发育了几层厚层（3 ～ 5 m）石膏，暗示了当时水体较浅的沉积环境。同时，该时期植被整体表现为以热带、亚热带的分子以及耐旱的麻黄粉属为主，有机地球化学指标 $R_{i/b}$ 值相对较高，共同揭示了该时期气候较为干热（图 8.35）；丁青湖组沉积时期（晚渐新世？）沉积物颜色突然从红色转变为灰色，粒度明显变细，伦坡拉盆地湖泊开始明显扩张，发育油页岩甚至在乌郁盆地还沉积煤层，显示了此阶段水体较深的沉积环境，植被以针叶林或针阔混交林为主，有机生物正构烷烃平均碳链长（ACL）和菌藻类低等生物与高等植物的相对变化（$n\mathrm{C}_{21}^{-}/n\mathrm{C}_{22}^{+}$）有显著的变化（菌藻类相对贡献增加数倍）且 $R_{i/b}$ 值明显降低；更为重要的是，在丁青湖组中下部还发现的近无角犀哺乳动物化石、孢粉化石、攀鲈鱼化石及其伴生的植物化石、近一米长的棕榈化石以及栾树科化石等最新重要生物证据，都无一例外地指示了当时研究区的环境可能与今天南亚、东南亚某些地区的温暖湿润气候相近（周浙昆，2017；Deng et al.，2012a，2012b；Jiang et al.，2018；Sun et al.，2014；Wu et al.，2017），这也间接说明当时从印度洋来的暖湿气流可以深入亚热带地区的高原腹地伦坡拉，即高原南侧横亘东西的巨大山脉在当时可能还没有隆升到像今天一样的规模，来阻隔南来的热带气流；上述证据共同揭示了丁青湖组沉积时期为温暖湿润的气候特征。中中新世时期，乌郁盆地植被为以桦、高山栎、绣线菊等为主的高山小乔木或灌丛植被，同时期伦坡拉盆地有机地球化学指标 $R_{i/b}$ 值再度出现高值（图 8.35），气候变得相对干冷。约 9 Ma 开始喜马拉雅山及其周边地区沉积物颜色开始变黄、粒度开始逐渐变粗，而且前人在吉隆、达涕以及札达等地都发现了食草型三趾马哺乳动物化石（邓涛等，2015），植被也由雪松林演变为松栎为主的针阔混交林再演变为森林草原，正构烷烃碳优势指数（CPI）和平均碳链长（ACL）（图 8.35）指示该时期水生植物相对贡献逐渐降低，暗示了该区 9 Ma 以来气候环境开始进一步恶化成干冷的气候环境，尤其 2.2 Ma 以来喜马拉雅山及其周边地区开始堆积巨厚的贡巴 / 盖顶砾岩等冰水沉积物，暗示了喜马拉雅山在 2.2 Ma 可能进入冰冻圈，气候环境与现今类似。

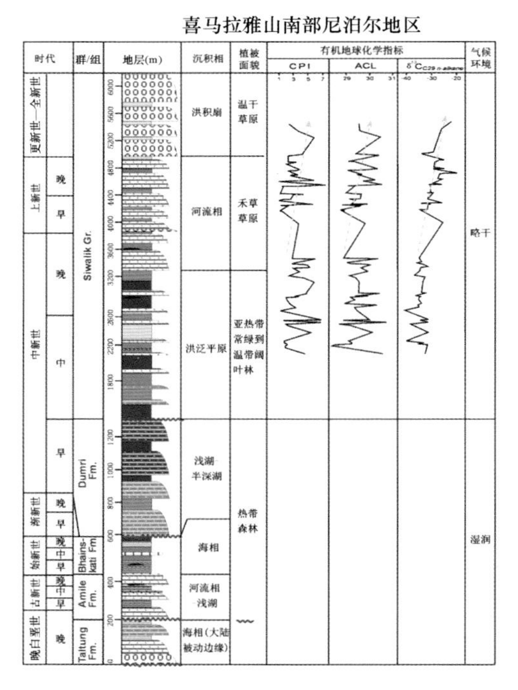

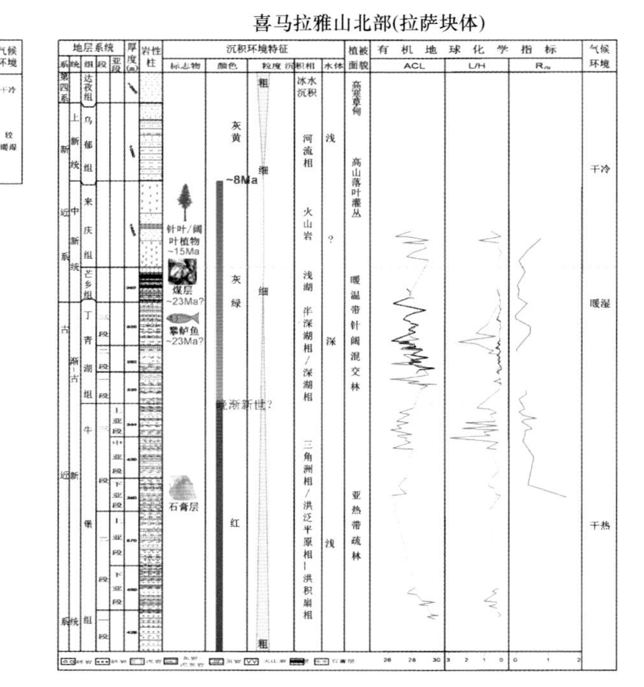

图 8.35　喜马拉雅山及南部、北部新生界地层沉积环境、植被和有机地球化学指标所记录的气候变化

喜马拉雅南部 CPI、ACL、$\delta^{13}C_{C29\ n\text{-}alkane}$ 数据引自 Ghosh et al.，2017；喜马拉雅山山顶盆地橘黄色折线代表吉隆盆地，绿色折线代表达涕盆地，酒红色折线代表札达盆地。其中，札达盆地 $R_{i/b}$ 数据引自 Xie et al.，2012，年代据何林等，2016；在喜马拉雅山北部红色折线代表伦坡拉 I/II/III 剖面综合，黑色折线代表论坡日剖面

参考文献

艾华国, 兰林英, 朱宏权, 等. 1998. 伦坡拉第三纪盆地的形成机理和石油地质特征. 石油学报, 36: 21-27.

曹流. 1982. 西藏普兰涕松上新世孢粉植物群. 古生物学报, 21(04): 469-484.

曹圣华, 李德威, 余忠珍, 等. 2009. 西藏冈底斯当惹雍错-许如错南北向地堑的特征及成因. 地球科学-中国地质大学学报, 34(6): 42-48.

陈贝贝, 丁林, 许强, 等. 2016. 西藏林周盆地林子宗群火山岩的精细年代框架. 第四纪研究, 36: 1037-1054.

陈贺海, 汉景泰, 丁仲礼, 等. 2007. 藏南乌郁盆地晚新生代沉积序列的时代及其区域构造意义. 中国科学: 地球科学, 37(12): 1617-1624.

成都地质矿产研究所. 2003. 西藏一江两河地区成矿规律与找矿方向综合研究报告. 成都: 成都地质矿产研究所.

崔江利, 颜廷松, 张晔. 2004. 西藏南木林邬郁盆地早更新世地层及气候分析. 华北水利水电学院学报, 25(3): 58-61.

邓涛, 侯素宽, 王宁, 等. 2015. 西藏聂拉木达涕盆地晚中新世的三趾马化石及其古生态和古高度意义. 第四纪研究, 35(3): 493-501.

邓涛, 王世骐, 颉光普, 等. 2011. 藏北伦坡拉盆地丁青组哺乳动物化石对时代和. 科学通报, 56(34): 2873-2880.

丁林, 岳雅慧, 蔡福龙, 等. 2006. 西藏拉萨地块高镁超钾质火山岩及对南北向裂谷形成时间和切割深度的制约. 地质学报, 80(9): 1252-1261.

杜光树, 姚鹏, 潘凤雏, 等. 1998. 喷发成因夕卡岩与成矿——以西藏甲马铜多金矿床为例. 成都: 四川科学技术出版社.

杜开元. 2014. 伦坡拉盆地丁青湖组烃源岩评价及资源潜力分析. 北京: 中国地质大学.

方爱民, 闫臻, 刘小汉, 等. 2004. 藏南柳区砾岩中古植物化石群的时代及其在大地构造上的意义. 自然科学进展, 14(12): 54-62.

方爱民, 闫臻, 刘小汉, 等. 2005. 藏南柳区砾岩中古植物化石组合及其特征. 古生物学报, 44(03): 435-445.

耿国仓, 陶君容. 1982. 西藏第三纪植物群//中国科学院青藏高原综合科学考察队. 西藏古生物(第五分册). 北京: 科学出版社.

郭双兴. 1975. 珠穆朗玛峰地区日喀则群的植物化石//珠穆朗玛峰地区科学考察报告(1966-1968). 古生物 (第一分册). 北京: 科学出版社.

郭双兴, 吴一民. 1988. 西藏南木林县宗当盆地第三纪陆相地层. 地层学杂志, 12(4): 262-267.

韩建恩, 余佳, 孟庆伟, 等. 2005. 西藏阿里札达盆地香孜剖面孢粉分析. 地质力学学报, 11(04): 320-327.

何林. 2017. 藏南亚东帕里盆地的沉积演化及其构造意义. 北京: 中国地质大学.

何林, 吴中海, 哈广浩, 等. 2016. 藏南及邻区典型晚新生代盆地磁性地层研究现状与时代对比分析. 地质力学学报, 22(1): 136-151.

侯增谦, 曲晓明, 王淑贤, 等. 2003. 西藏高原冈底斯斑岩铜矿带辉钼矿Re-Os年龄: 成矿作用时限与动力学背景应用. 中国科学: 地球科学, 33(7): 609-618.
胡古月, 曾令森, 陈翰, 等. 2016. 喜马拉雅造山带晚中新世麻迦淡色花岗岩的构建机制. 地质学报, 90(8): 1737-1754.
黄赐璇, 李炳元, 张青松, 等. 1982. 西藏亚汝雄拉达涕古湖盆湖相沉积的时代和孢粉分析. 西藏古生物(第一分册). 北京: 科学出版社.
黄泽光, 曾华盛. 1998. 西藏乌郁盆地油苗的发现及找油意义. 石油实验地质, 3: 248-252.
江尚松, 向树元, 徐亚东. 2010. 西藏札达盆地晚上新世-早更新世孢粉组合及其地质意义. 地质科技情报, 29(04): 21-31.
冷成彪, 张兴春, 周维德. 2010. 西藏尼木地区岗讲斑岩铜-钼矿床地质特征及锆石U-Pb年龄. 地学前缘, 17(2): 185-197.
李光明. 2003. 西藏一江两河地区成矿规律与找矿方向综合研究. 成都: 成都地质矿产研究所.
李光明, 芮宗瑶. 2004. 西藏冈底斯成矿带斑岩铜矿的成岩成矿年龄. 大地构造与成矿学, 28(2): 165-170.
李浩敏, 郭双兴. 1976. 西藏南木林中新世植物群. 古生物学报, 15(1): 7-20.
李建国. 2004. 西藏新生代秋乌组孢粉化石的发现及其初步研究. 微体古生物学报, 21(2): 216-221.
李建国, 郭震宇, 张一勇. 2009. 西藏日喀则恰布林剖面大竹卡组孢粉组合及其时代和古环境、古地理意义. 古生物学报, 48(02): 163-174.
李建国, 周勇. 2001. 西藏西部札达盆地上新世孢粉植物群及古环境. 微体古生物学报, 18(01): 89-96.
李建国, 周勇. 2002. 西藏札达盆地晚上新世古植被型分析. 古地理学报, 4(01): 52-58.
李金祥, 秦克章, 李光明, 等. 2007. 冈底斯中段尼木斑岩铜矿田的K-Ar、$^{40}Ar/^{39}Ar$年龄: 对岩浆-热液系统演化和成矿构造背景的制约. 岩石学报, 23(5): 953-966.
李金祥, 秦克章, 李光明, 等. 2011. 冈底斯东段羌堆铜钼矿床年代学、矽卡岩石榴石成分及其意义. 地质与勘探, 47(1): 11-19.
李启来. 2017. 西藏尼玛地区古近系牛堡组古湖平面变化的沉积地球化学记录. 成都: 成都理工大学.
李璞. 1955. 西藏东部地质的初步认识. 科学通报, (7): 62-71.
刘耕武, 李建国. 2016. 西藏南木林乌郁盆地中新世植物化石层位及相关地层问题. 地层学杂质, 40(1): 92-99.
吕荣平, 罗鹏, 韩建恩, 等. 2006. 西藏札达盆地托林剖面孢粉组合特征及其古气候意义. 地质通报, 25(12): 1475-1480.
马孝达. 2003. 西藏中部若干地层问题讨论. 地质通报, 22(9): 695-698.
孟祥金. 2004. 西藏碰撞造山带冈底斯中新世斑岩铜矿作用研究. 北京: 中国地质科学院.
钱定宇. 1985. 论秋乌组煤系及拉达克至冈底斯陆缘山链磨拉石的时代. 青藏高原地质论文集, 16: 229-241.
曲晓明, 侯增谦, 李振清. 2003. 冈底斯铜矿带含矿斑岩的$^{40}Ar/^{39}Ar$年龄及地质意义. 地质学报, 77(2): 245-252.
曲永贵, 王永胜, 段建祥, 等. 2011. 中华人民共和国1∶25 万区域地质调查报告多巴区幅. 武汉: 中国地质大学出版社.
全国地层委员会. 2001. 中国地层指南及中国地层指南说明书(修订版). 北京: 地质出版社.
芮宗瑶, 侯增谦, 李光明, 等. 2006. 冈底斯斑岩铜矿成矿模式. 地质论评, 52(4): 459-466.
芮宗瑶, 侯增谦, 曲晓明, 等. 2003. 冈底斯斑岩铜矿成矿时代及青藏高原隆升. 矿床地质, 22(3): 217-225.
芮宗瑶, 李光明, 张立生, 等. 2004. 西藏斑岩铜矿对重大地质事件的响应. 地学前缘, 11(1): 145-152.
宋之琛, 刘金陵. 1982. 西藏南木林第三纪孢粉组合//中国科学院青藏高原综合科学考察队. 西藏古生物. 第五分册. 北京: 科学出版社.
孙黎明, 阎同生, 唐桂英, 等. 2007. 西藏吉隆盆地新近纪孢粉组合及古地理研究. 中国地质, 34(01): 49-54.
陶君容. 1988. 西藏拉孜县柳区组植物化石组合及古气候意义//中国科学院地质研究所集刊, 第3号. 北京: 科学出版社.
王保弟, 许继峰, 陈建林, 等. 2010. 冈底斯东段汤不拉斑岩Mo-Cu矿床成岩成矿时代与成因研究. 岩石学报, 26(6): 1820-1832.
王波明, 周家声, 闻涛, 等. 2009. 西藏尼玛盆地陆相地层归属及其油气意义. 天然气技术与经济, 4: 21-24.
王富葆, 李升峰, 申旭辉, 等. 1996. 吉隆盆地的形成演化、环境变迁与喜马拉雅山隆起. 中国科学(D辑), 26(4): 329-335.
王津义, 陈英伟. 1999. 西藏乌郁盆地沉积建造生油特征及找油前景. 石油勘探与开发, 4: 14-17.
王开发, 杨蕉文, 李哲, 等. 1975. 根据孢粉组合推论西藏伦坡拉盆地第三纪地层时代及其古地理. 地质科学, (4) 366-374.
王世锋, 张伟林, 方小敏, 等. 2008. 藏西南札达盆地磁性地层学特征及其构造意义. 科学通报, 53(6): 676-683.
王杨, Passey B, 邓涛, 等. 2018. 喜马拉雅-青藏高原贝壳化石二元同位素(clumped isotope)测温法的分析研究. 上海: 第五届地球系统科学大会.
韦利杰, 刘小汉, 李广伟, 等. 2015. 藏南江孜地区古近纪甲查拉组孢粉组合及古环境分析. 微体古生物学报, 32(3): 255-268.
韦利杰, 刘小汉, 严富华, 等. 2009. 藏南古近系柳区砾岩孢粉化石的发现及初步研究. 微体古生物学报, 26(03): 249-260.
韦利杰, 刘小汉, 严富华, 等. 2011. 西藏柳区砾岩地质时代厘定的微体古植物新证据及地质意义, 中国科学: 地球科学, 41(10): 1424-1434.
吴旌, 徐亚东, 张克信, 等. 2013. 西藏西南部札达盆地新近纪的孢粉组合. 地质通报, 32(01): 141-153.
吴玉书, 于浅黎. 1980. 西藏高原含三趾马动物群化石地点孢粉组合及其意义//西藏古生物, 第一分册. 北京: 科学出版社.
吴珍汉, 江万, 吴中海, 等. 2002. 青藏高原腹地典型盆-山构造形成时代. 地球学报, 23 (4): 289-294.
吴中海, 张永双, 胡道功, 等. 2007. 西藏错那-沃卡裂谷带中段邛多江地堑晚新生代正断层作用. 地质力学学报, 13(4): 297-306.

西藏自治区地质矿产局. 1993. 西藏自治区区域地质志. 北京: 地质出版社.

西藏自治区地质矿产局. 1997. 西藏自治区岩石地层. 武汉: 中国地质大学出版社.

夏金宝. 1983. 藏北班戈县及其邻近地区的新生界//青藏高原地质文集. 北京: 地质出版社.

夏位国. 1982. 西藏班戈县伦坡拉盆地伦坡拉群时代及其介形类组合//青藏高原地质文集. 北京: 地质出版社.

徐仁. 1982. 青藏古植被的演变与青藏高原的隆起. 植物分类学报, 20(4): 385-391.

徐仁, 陶君容, 孙湘君. 1973. 希夏邦马峰高山栎化石层的发现及其在植物学和地质学上的意义. 植物学报, 15(1): 103-118.

徐亚东, 张克信, 陈奋宁, 等. 2011. 藏南新近纪沉积盆地古气候和古海拔重建研究(基于孢粉学和氧同位素研究)//中国古生物学会、中国古生物化石保护基金会. 中国古生物学会第26届学术年会论文集. 235-237.

徐亚东, 张克信, 王国灿, 等. 2010. 西藏南部吉隆盆地中新世-早更新世孢粉组合带及其地质意义. 地球科学, 35(5): 759-773.

徐正余. 1980. 西藏伦坡拉盆地第三系及其含油性. 石油与天然气地质, 2: 153-158.

杨晓松, 金振民. 2001. 西藏亚东淡色花岗岩Rb-Sr和Sm-Nd同位素研究-关于其年龄和源岩的证据. 地质论评, 47(3): 294-300.

易立, 李亚林, 王成善, 等. 2013. 西藏乌郁盆地烃源岩有机地球化学特征研究. 石油实验地质, 35(6): 676-682 .

尹集祥, 孙晓兴, 孙亦因, 等. 1988. 西藏南部日喀则地区双磨拉石带磨拉石岩系的地层学研究. 中国科学院地质研究所集刊, 3: 158-176.

余佳, 罗鹏, 韩建恩, 等. 2007a. 西藏札达盆地古格剖面孢粉记录及其反映的古环境信息. 中国地质, 34(01): 55-60.

余佳, 罗鹏, 韩建恩, 等. 2007b. 西藏札达盆地上新世托林组剖面环境变化记录. 地球学报, 28(04): 341-348.

岳乐平, 邓涛, 张睿, 等. 2004. 西藏吉隆-沃马盆地龙骨沟剖面古地磁年代学及喜马拉雅山抬升记录. 地球物理学报, 47: 1009-1016.

张进江, 丁林, 钟大赉, 等. 1999. 喜玛拉雅平行于造山带伸展-是垮塌的标志还是挤压隆升过程的产物? 科学通报, 44(19): 2031-2036.

张克信, 王国灿, 骆满生, 等. 2010. 青藏高原新生代构造岩相古地理演化及其对构造隆升的响应. 地球科学, 35(5): 697-712.

赵志丹, 莫宣学, 张双全, 等. 2001. 西藏中部乌郁盆地碰撞后岩浆作用-特提斯洋壳俯冲再循环的证据. 中国科学(D辑), 31: 20-26.

郑亚惠. 1983. 吉隆盆地沃马组孢粉组合//中国科学院青藏高原综合科学考察队. 西藏第四纪地质. 北京: 科学出版社.

郑有业, 多吉, 王瑞江, 等. 2007. 西藏冈底斯巨型斑岩铜矿带勘查研究最新进展. 中国地质, 34(2): 324-334.

中国地层典编委会. 1999. 中国地层典: 第三系. 北京: 地质出版社.

中国科学院青藏高原综合科学考察队. 1984. 西藏地层. 北京: 科学出版社.

周肃, 莫宣学, 董国臣, 等. 2004. 西藏林周盆地林子宗火山岩^{40}Ar/^{39}Ar年代格架. 科学通报, 49: 2095-2103.

周小琳. 2011. 西藏尼玛盆地烃源岩地球化学特征研究. 成都: 成都理工大学.

周浙昆. 2017. 阅读大地的“天书”-青藏高原化石采集考察杂感. 民主与科学, 168(5): 37-39.

朱大岗, 孟宪刚, 邵兆刚, 等. 2007. 西藏阿里札达盆地上新世-早更新世的古植被、古环境与古气候演化. 地质学报, 81(03): 295-306.

朱弟成, 王青, 赵志丹. 2017. 岩浆岩定量限定陆-陆碰撞时间和过程的方法和实例. 中国科学: 地球科学, 47: 657-673.

朱宏权, 张克银, 曾涛. 1998. 伦坡拉第三纪盆地的形成机理和石油地质特征. 石油学报, 36: 21-27.

朱迎堂, 方小敏, 高军平, 等. 2006. 青藏高原南部乌郁盆地渐新世-上新世地层沉积相分析. 沉积学报, 24(6): 775-782.

Acharyya S K. 2007. Evolution of the Himalayan Paleogene foreland basin, influence of its litho-packet on the formation of thrust-related domes and windows in the Eastern Himalayas-A review. Journal of Asian Earth Sciences, 31(1): 1-17.

Adhikari B R, Paudayal K N. 2012. Neogene pollen assemblage from the Thakkhola-Mustang Graben, central Nepal Himalaya. Bulletin of Nepal Geological Society, 29: 53-58.

Ai K, Shi G, Zhang K, et al. 2019. The uppermost Oligocene Kailas flora from southern Tibetan Plateau and its implications for the uplift history of the southern Lhasa terrane. Palaeogeography, Palaeoclimatology, Palaeoecology, 515: 143-151.

Aitchison J C, Abrajevitch A, Ali J R, et al. 2002. New insights into the evolution of the Yarlung Tsangpo suture zone, Xizang (Tibet), China. Episodes, 25: 90-94.

An Z S. 2014. Late Cenozoic Climate Change in Asia: Loess, Monsoon and Monsoon-Arid Environment Evolution. Dordrecht: Springer Science & Business Media.

Armijo R, Tapponnier P, Mercier J L, et al. 1986. Quaternary extension in southern Tibet: field observations and tectonic implications. Journal of Geophysical Research Solid Earth, 91(B14): 13803-13872.

Awasthi N, Prasad M. 1990. Siwalik plant fossils from Surai Khola area, Western Nepal. Palaeobotanist, 38: 298-318.

Bai Y, Chen C, Xu Q, et al. 2018. Paleoaltimetry potentiality of branched GDGTs from Southern Tibet. Geochemistry Geophysics Geosystems, 19: 551-564.

Bai Y, Chen C H, Fang X M, et al. 2017. nal effect of soil n-alkane δD values on the eastern Tibetan Plateau and their increasing isotopic fractionation with altitude. Science China Earth Sciences, 60(9): 1664-1673.

Bai Y, Fang X, Gleixner G, et al. 2011. Effects of precipitation regimes on D values of soil n-alkanes from altitude gradients-implications for palaeoatimetry. Org Geochem, 42: 838-845.

Bai Y, Fang X, Jia G, et al. 2015. Different altitude effect of leaf wax n-alkane δD in surface soils along two vapor transport pathways from Southeast Tibetan Plateau. Geochimica et Cosmochimica Acta, 170: 94-107.

Bai Y, Fang X, Tian Q. 2012. Spatial patterns of soil n-alkane δD values on the Tibetan Plateau: implications for monsoon boundaries and paleoelevation reconstructions. J Geophys Res, 117: D20113.

Bai Y, Tian Q, Fang X, et al. 2014. The "Inverse Altitude Effect" of leaf wax-derived n-alkane δD on the Northeastern Tibetan Plateau, organic geochemistry basin, central Tibet. Geol Mag, 149: 141-145.

Bhandari S, Momohara A, Uhl D, et al. 2016. Paleoclimatic significance of the late Quaternary plant macrofossils from the Gokarna Formation, Kathmandu Valley. Nepal Rev Palaeobot Palyno, 228: 98-112.

Bhandari S, Paudayal K. 2007. Palynostratigraphy and palaeoclimatic interpretation of the Plio- Pleistocene Lukundol Formation from the Kathmandu valley, Nepal. Journal of Nepal Geological Society, 35: 1-10.

Blisniuk P M, Hacker B R, Glodny J, et al. 2001. Normal faulting in central Tibet since at least 13.5 myr ago. Nature, 412 (6847) : 628-632.

Brookfield M. 1993. The Himalayan passive margin from Precambrian to Cretaceous times. Sedimentary. Geology, 84: 1-35.

Burchfiel B C, Zhiliang C, Hodges K V, et al. 1992. The South Tibetan detachment system, Himalayan orogen: extension contemporaneous with and parallel to shortening in a collisional mountain belt. Geological Society of America Special Papers, 269: 1-41.

Cande S C, Kent D V. 1995. Revised calibration of the geomagnetic polarity timescale for the late Cretaceous and Cenozoic. Journal of Geophysical Research, 100: 6093-6095.

Clift P D, Hodges K V, Heslop D, et al. 2008. Correlation of Himalayan exhumation rates and Asian monsoon intensity. Nat Geosci, 1: 875-880.

Coffinet S, Huguet A, Pedentchouk N, et al. 2017. Evaluation of branched GDGTs and leaf wax n-alkane delta H-2 as (paleo) environmental proxies in East Africa. Geochim Cosmochim Acta, 198: 182-193.

Coleman M, Hodges K. 1995. Evidence for tibetan plateau uplift before 14 myr ago from a new minimumage for east-west extension. Nature, 374 (6517) : 49-52.

Coulon C, Maluski H, Bollinger C, et al. 1986. Mesozoic and Cenozoic volcanic rocks from central and southern Tibet: ^{39}Ar-^{40}Ar dating, petrological characteristics and geodynamical significance. Earth and Planetary Science Letters, 79 (3) : 281-302.

Currie B S, Polissar P J, Rowley D B, et al. 2016. Multiproxy paleoaltimetry of the Late Oligocene-Pliocene Oiyug Basin, southern Tibet. Am J Sci, 316 (5) : 401-436.

Currie B S, Rowley D B, Tabor N J. 2005. Middle Miocene paleoaltimetry of southern Tibet: Implications for the role of mantle thickening and delamination in the Himalayan orogen. Geology, 33 (3) : 181-184.

Davis A M, Aitchison J C, Badengzhu B, et al. 2002. Paleogene island arc collision-related conglomerates, Yarlung-Tsangpo suture zone, Tibet. Sediment Geol, 150: 247-273.

De Jonge C, Hopmans E C, Zell C I, et al. 2014. Occurrence and abundance of 6-methyl branched glycerol dialkyl glycerol tetraethers in soils: implications for palaeoclimate reconstruction. Geochim Cosmochim Acta, 141: 97-112.

DeCelles P G, Castaneda I S, Carrapa B, et al. 2018. Oligocene-Miocene great lakes in the India-Asia collision zone. Basin Research, 30: 228-247.

DeCelles P, Gehrels G, Najman Y, et al. 2004. Detrital geochronology and geochemistry of Cretaceous-Early Miocene strata of Nepal: implications for timing and diachroneity of initial Himalayan orogenesis. Earth and Planetary Science Letters, 227: 313-330.

DeCelles P, Gehrels G, Quade J, et al. 2000. Tectonic implications of U-Pb zircon ages of the Himalayan orogenic belt in Nepal. Science, 288: 497-499.

DeCelles P G, Gehrels G E, Quade J, et al. 1998. Eocene-early Miocene foreland basin development and the history of Himalayan thrusting, western and central Nepal. Tectonics, 17: 741-765.

Deng L, Jia G. 2018. High-relief topography of the Nima basin in central Tibetan Plateau during the mid-Cenozoic time. Chemical Geology, 493: 199-209.

Deng L, Jia G, Jin C, et al. 2016. Warm season bias of branched GDGT temperature estimates causes underestimation of altitudinal lapse rate. Organic Geochemistry, 96: 11-17.

Deng T, Li Q, Tseng Z J, et al. 2012a. Locomotive implication of a Pliocene three-toed horse skeleton from Tibet and its paleoaltimetry significance. Proc Natl Acad Sci, 109: 7374-7378.

Deng T, Wang S Q, Xie G P, et al. 2012b. A mammalian fossil from the Dingqing Formation in the Lunpola Basin, northern Tibet, and its relevance to age and paleo-altimetry. China Sci Bull, 57: 261-269.

Dewey J F. 1988. Fxtensional collapse of orogens. Tectonics, 7(6): 1123-1139.

Dhital M R, Kizaki K. 1987a. Lithology and stratigraphy of the Northern Dang, Lesser Himaraya. Bulletin of the College of Science, University of the Ryukyus.

Dhital M R, Kizaki K. 1987b. Structural aspect of the Northern Dang, Lesser Himalaya. Bulletin of the College of Science, University of the Ryukyus, 45: 159-181.

Ding L, Kapp P, Zhong D L, et al. 2003. Cenozoic volcanism in tibet: evidence for a transition from oceanic to continental subduction. Journal of Petrology, 44(10): 1833-1865.

Ding L, Spicer R A, Yang J, et al. 2017. Quantifying the rise of the Himalaya orogen and implications for the South Asian monsoon. Geology, 45(3): 215-218.

Ding L, Xu Q, Yue Y, et al. 2014. The Andean-type Gangdese Mountains: paleoelevation record from the Paleocene-Eocene Linzhou Basin. Earth and Planetary Science Letters, 392: 250-264.

Einsele G, Liu B, Durr S, et al. 1994. The Xigaze froearc basin: evolution and facies architecture (Cretaceous, Tibet). Sedimentary Geology, 90: 1-32.

Ernst N, Peterse F, Breitenbach S F M, et al. 2013. Biomarkers record environmental changes along an altitudinal transect in the wettest place on Earth. Org Geochem, 60: 93-99.

Fang A M, Yan Z, Liu X H, et al. 2005. The flora of the Liuqu formation in South Tibet and its climate implications. Acta Micropalaeontologica Sinica, 44: 435-445.

Freeman K H, Colarusso L A. 2001. Molecular and isotopic records of C_4, grassland expansion in the late miocene. Geochimica Et Cosmochimica Acta, 65(9): 1439-1454.

Fuchs G. 1977. On the geology of the Karnali and Dolpo regions, West Nepal. Mitteilungen der Geologischen Gesellschaft in Wien, 66: 22-32.

Fujii R, Sakai H. 2002. Paleoclimatic changes during the last 2.5 myr recorded in the Kathmandu Basin,

Central Nepal Himalayas. Jour Asian Earth Sci, 20: 255-266.

Fujii R, Sugimoto M, Maki T, et al. 2012. Reconstruction of paleomonsoon record in the Kathmandu Valley during the last 700 kyr: approach from pollen and charcoal analyses. Jour Nepal Geol Soc, 45: 154.

Gansser A. 1964. Geology of the Himalayas. New York: Interscience.

Garzanti E, Frette M P. 1991. Stratigraphic succession of the Thakkhola region (Central Nepal)-Comparison with the northwestern Tethys Himalaya. Rivista Italiana di Paleontologia e Stratigrafia, 97(1): 3-26.

Garzione C N, Dettman D L, Quade J, et al. 2000. High times on the Tibetan Plateau: paleoelevation of the thakkhola graben, Nepal. Geology, 28(2000): 339-342.

Gautam P, Fujiwara Y. 2000. Magnetic polarity stratigraphy of Siwalik Group sediments of Karnali River section in western Nepal. Geophysical Journal International, 142: 812-824.

Gébelin A, Mulch A, Teyssier C, et al. 2013. The Miocene elevation of Mount Everest. Geology, 41: 799-802.

Ghosh S, Sanyal P, Kumar R. 2017. Evolution of C_4, plants and controlling factors: insight from n -alkane isotopic values of NW Indian Siwalik paleosols. Organic Geochemistry, 110: 110-121.

Goddu S R, Appel E, Gautam P, et al. 2007. The lacustrine section at Lukundol, Kathmandu basin, Nepal: dating and magnetic fabric aspects. Journal of Asian Earth Sciences, 30: 73-81.

Guillot S. 1999. An overview of the metamorphic evolution in central Nepal. Journal of Asian Earth Sciences 17: 713-725.

Guillot S, Mahéo G, de Sigoyer J, et al. 2008. Tethyan and Indian subduction viewed from the Himalayan high-to ultrahigh-pressure metamorphic rocks. Tectonophysics, 451: 225-241.

Gupta A K, Yuvaraja A, Prakasam M, et al. 2015. Evolution of the south asian monsoon wind system since the late middle miocene. Palaeogeography Palaeoclimatology Palaeoecology, 438: 160-167.

Hager C, Stockli D F, Dewane T J, et al. 2007. Timing of magmatism in the xainze rift, central lhasa terrane; evidence for extensional unroofing and exhumation of middle miocene granites with the central Gangdese batholith. Abstracts with Programs-Geological Society of America, 39(6): 387.

Harrison T M, Copeland P, Kidd W S, et al. 1992. Raising Tibet. Science, 255(5052): 1663-1670.

Harrison T M, Copeland P, King W S F. 1995. Activation of the Nyainqentanghla shear zone implications for uplift of the southern Tibetan plateau. Tectonics, 14(3): 658-676.

He H Y, Sun J M, Li Q L, et al. 2012. New age determination of the Cenozoic Lunpola Basin, central Tibet. Geol Mag, 149: 141-145.

He S, Kapp P, DeCelles P G, et al. 2007. Cretaceous-Tertiary geology of the Gangdese Arc in the Linzhou area, southernTibet. Tectonophysics, 433: 15-37.

Hoorn C, Ohja T, Quade, J. 2000. Palynological evidence for vegetation development and climatic change in the sub-Himalayan zone (Neogene, central Nepal). Palaeogeo Palaeoclim Palaeoeco, 163: 133-161.

Igarashi Y, Yoshida M, Tabata H. 1988. History of vegetation and climate in the Kathmandu Valley. Proceedings of Indian National Science Academy, 54(A4): 550-563.

Jia G, Bai Y, Ma Y, et al. 2015. Paleoelevation of Tibetan Lunpola basin in the Oligocene-Miocene transition estimated from leaf wax lipid dual isotopes. Global and Planetary Change, 126: 14-22.

Jiang H, Su T, Wong W O, et al. 2018. Oligocene Koelreuteria,（Sapindaceae）from the Lunpola Basin in central Tibet and its implication for early diversification of the genus. Journal of Asian Earth Sciences, 175: 99-108.

Joshi P R, Rahman H, Singh S, et al. 2004. Mineral Resource of Nepal. Kathmandu: Department of Mines and Geology Lainchaur.

Kern A. 2010. A Pleistocene palynological assemblage from the Lukundol Formation（Kathmandu Basin, Nepal）. Annalen des Naturhistorischen Musuem in Wien, Serie A, 112: 111-168.

Khan M A, Spicer R A, Bera S, et al. 2014. Miocene to Pleistocene floras and climate of the Eastern Himalayan Siwaliks, and new palaeoelevation estimates for the Namling-Oiyug Basin, Tibet. Global and Planetary Change, 113: 1-10.

Kimura T, Bose M N, Sakai H. 1985. Fossil plant remains from Taltung Formation, Palpa district, Nepal Lesser Himalaya. Bull Natl Sci Mus Tokyo Ser C, 11（4）: 141-153.

Kroon D, Steens T N F, Troelstra S R. 1991. Onset of monsoonal related upwelling in the western Arabian Sea. Proc ODP Scientific Results, 117: 257-263.

Le Fort P. 1975. Himalayas: the collided range. Present knowledge of the continental arc. American Journal of Science, 275: 1-44.

Le Fort P, Debon F, Sonet J. 1983. The Lower Paleozoic “Lesser Himalayan” Granitic Belt: Ephasis on the Simchar Pluton of Central Nepal. Lahore: Granites of Himalayas, Karakorum and Hindu Kush, Punjab Univ.

Lee J, Hager C, Wallis S R, et al. 2011. Middle to late Miocene extremely rapid exhumation and thermal reequilibration in the Kung Co rift, southern Tibet. Tectonics, 30（2）: 120-130.

Leng C B, Zhang X C, Zhong H, et al. 2013. Re-Os molybdenite ages and zircon hf isotopes of the gangjiang porphyry Cu-Mo deposit in the Tibetan orogen. Mineralium Deposita, 48（5）: 585-602.

Liu W, Wang H, Zhang C L, et al. 2013. Distribution of glycerol dialkyl glycerol tetraether lipids along an altitudinal transect on Mt. Xiangpi, NE Qinghai-Tibetan Plateau, China Org Geochem, 57: 76-83.

Maluski H, Matte P, Brunel M, et al. 1988. Argon 39-argon 40 dating of metamorphic and plutonic events in the north and high himalaya belts（southern tibet-china）. Tectonics, 7（2）: 299-326.

Megh R D. 2015. Geology of the Nepal Himalaya. Switzerland: Springer International Publishing.

Molnar P. 2005. Mio-Pliocene growth of the Tibetan Plateau and evolution of East Asian climate. Palaeontologia Electronica, 8（1）: 1-23.

Molnar P, England P, Martinod J. 1993. Mantle dynamics, uplift of the Tibetan Plateau, and the Indian monsoon. Rev Geophys, 31: 357-396.

Molnar P, Tapponnier P. 1978. Active tectonics of Tibet. Journal of Geophysical Research Atmospheres, 83（B11）: 5361-5376.

Ojha T, Butler R, Quade J, et al. 2000. Magnetic polarity stratigraphy of the Neogene Siwalik Group at Khutia Khola, Farwestern Nepal. Geological Society of America Bulletin, 112: 424-434.

Parkash B, Sharma R, Roy A. 1980. The Siwalik Group（molasse）-sediments shed by collision of continental plates. Sedimentary Geology, 25: 127-159.

Parrish R R, Hodges V. 1996. Isotopic constraints on the age and provenance of the Lesser and Greater Himalayan sequences, Nepalese Himalaya. Geological Society of America Bulletin, 108: 904-911.

Paudayal K N. 2002. The Pleistocene Environment of the Kathmandu Valley, Nepal Himalaya. Vienna: University of Vienna.

Paudayal K N. 2005. Late Pleistocene pollen assemblages from the Thimi Formation, Kathmandu Valley, Nepal. The Island Arc, 14: 328-337.

Paudayal K N. 2006. Late Pleistocene pollen assemblages from Gokarna Formation（Dhapasi section）in Kathmandu valley, Nepal. Jour Nepal Geol Soc, 33: 33-38.

Paudayal K N. 2011. High resolution palynostratigraphy and climate from the Late Quaternary Besigaon section belonging to Gokarna Formation in the Kathmandu Valley. Jour Strat Asso Nepal, 7: 33-38.

Paudayal K N, Ferguson D K. 2004. Pleistocene palynology in Nepal. Quat Int, 117: 69-79.

Paudayal K N, Mosbrugger V, Bruch A A, et al. 2010. Middle to Late Miocene vegetation and climate from the Siwalik succession, Karnali River section of the Nepal Himalaya. Jour Nepal Geol Soc, 41: 35.

Paudel L P. 2012. K-Ar dating of white mica from the Lesser Himalaya, Tansen-Pokhara section, central Nepal: implications for the timing of metamorphism. Nepal Journal of Science and Technology, 12: 242-251.

Peterse F, van der Meer M T J, Schouten S, et al. 2009. Assessment of soil n-alkane delta D and branched tetraether membrane lipid distributions as tools for paleoelevation reconstruction. Biogeosci, 6: 2799-2807.

Poage M A, Chamberlain C P. 2001. Empirical relationships between elevation and the stable isotope composition of precipitation: considerations for studies of paleoelevation change. Am J Sci, 301: 1-15.

Polissar P J, Freeman K H, Rowley D B, et al. 2009. Paleoaltimetry of the Tibetan Plateau from D/H ratios of lipid biomarkers. Earth and Planetary Science Letters, 287: 64-76.

Prasad V, Utescherb T, Sharmaa A, et al. 2018. Low-latitude vegetation and climate dynamics at the Paleocene-Eocene transition-a study based on multiple proxies from the Jathang section in northeastern India. Palaeogeography, Palaeoclimatology, Palaeoecology, 497: 139-156.

Quade J, Cerling T E, Bowman J R. 1989. Development of Asian monsoon revealed by marked ecological shift during the latest Miocene in northern Pakistan. Nature, 342: 163-166.

Rai S, Upreti B, Yoshida M, et al. 2011. Geology of the Lesser and higher Himalayan zones along the Kaligandaki Valley, central-west Nepal Himalaya. Proceedings of the JICA Regional Seminar on Natural Disaster Mitigation, 43-56.

Rowley D B, Currie B S. 2006. Palaeo-altimetry of the late Eocene to Miocene Lunpola Basin, central Tibet. Nature, 439: 677-681.

Rowley D B, Garzione C N. 2007. Stable isotope-based paleoaltimetry. Annu Rev Earth Planet Sci, 35: 463-508.

Sakai H. 1983. Geology of the tansen group of the Lesser Himalaya in Nepal. Mem Fac Sci, Kyushu Univ,

25: 27-74.

Sakai H. 1985. Geology of the kali Gandaki supergroup of the Lesser Himalayas in Nepal. Mem Fac Sci, Kyushu University, Ser D, Geol, 25: 337-397.

Sakai H. 1989. Rifting of the Gondwanaland and Uplifting of the Himalayas Recorded in Mesozoic and Tertiary Fluvial Aediments in the Nepal Himalayas. Sedimentary Facies in the Active Plate Margin. Tokyo: Terra Scientific Publishing Company.

Saylor J E, Quade J, Dettman D L, et al. 2009. The late Miocene through present paleoelevation history of southwestern Tibet. American Journal of Science, 309(1)：1-42.

Schouten S, Hopmans E C, Sinninghe Damsté J S. 2013. The organic geochemistry of glycerol dialkyl glycerol tetraether lipids: A review. Organic Geochemistry, 54: 19-61.

Searle M P. 1995. The rise and fall of Tibet. Nature, 347(6517): 17-18.

Searle M P, Godin L. 2003. The South Tibetan detachment and the Manaslu leucogranite: a structural reinterpretation and restoration of the Annapurna-Manaslu Himalaya, Nepal. The Journal of Geology, 111: 505-523.

Sinninghe D J S, Ossebaar J, Schouten S, et al. 2008. Altitudinal shifts in the branched tetraether lipid distribution in soil from Mt. Kilimanjaro (Tanzania): implications for the MBT/CBT continental palaeothermometer. Org Geochem, 39: 1072-1076.

Spicer R A, Harris N B W, Widdowson M, et al. 2003. Constant elevation of southern Tibet over the past 15 million years. Nature, 421: 622-624.

Spicer R A, Yang J, Herman A, et al. 2017. Paleogene monsoons across India and South China: drivers of biotic change. Gondwana Res, 49: 350-363.

Srivastava G, Spicer R A, Spicer T E V, et al. 2012. Megaflora and palaeoclimate of a late Oligocene tropical delta, Makum Coalfield, Assam: evidence for the early development of the South Asia Monsoon. Palaeogeography, Palaeoclimatology, Palaeoecology, 342: 130-142.

Stöcklin J. 1980. Geology of Nepal and its regional frame Thirty-third William Smith Lecture. Journal of the Geological Society, 137: 1-34.

Styron R H, Taylorm H, Sundell K E, et al. 2013. Miocene initiation and acceleration of extension in the South Lunggar rift, western Tibet: evolution of an active detachment system from structural mapping and (U-Th)/He thermochronology. Tectonics, 32(4): 880-907.

Su T, Spicer R A, Li S H, et al. 2018. Uplift, climate and biotic changes at the eocene-oligocene transition in Southeast Tibet. National Science Review, 6(3): 495-504.

Sun J M, Xu Q H, Liu W M, et al. 2014. Palynological evidence for the latest Oligocene.early Miocene paleoelevation estimate in the Lunpola Basin, central Tibet. Palaeogeography, Palaeoclimatology, Palaeoecology, 399(4): 21-30.

Sundell K E, Taylorm H, Styron R H, et al. 2013. Evidence for constriction and Pliocene acceleration of east-west extension in the North Lunggar rift region of west central Tibet. Tectonics, 32(5): 1454-1479.

Upreti B. 1999. An overview of the stratigraphy and tectonics of the Nepal Himalaya. Journal of Asian Earth

Sciences, 17: 577-606.

Valdiya K S. 1980. Geology of Kumaun Lesser Himalaya. Dehradun: Wadia Institute of Himalayan Geology.

Wang C, Hren M T, Hoke G D, et al. 2017. Soil n-alkane δD and glycerol dialkyl glycerol tetraether (GDGT) distributions along an altitudinal transect from southwest China: evaluating organic molecular proxies for paleoclimate and paleoelevation. Org Geochem, 107: 21-32.

Wang H, Liu W, Zhang C L. 2014. Dependence of the cyclization of branched tetraethers on soil moisture in alkaline soils from arid-subhumid China: implications for palaeorainfall reconstructions on the Chinese Loess Plateau. Biogeosciences, 11: 6755-6768.

Weijers J W H, Schouten S, van den Donker J C, et al. 2007. Environmental controls on bacterial tetraether membrane lipid distribution in soils. Geochim Cosmochim Acta, 71: 703-713.

Williams H, Turner S, Kelley S, et al. 2001. Age and composition of dikes in southern tibet: new constraints on the timing of east-west extension and its relationship to postcollisional volcanism. Geology, 29(4): 188-193.

Wu F L, Herrmann M, Fang X M. 2014. Early Pliocene paleo-altimetry of the Zanda Basin indicated by a sporopollen record. Paleogeogr Paleoclimatol Paleoecol, 412: 261-268.

Wu F X, Miao D, Chang M, et al. 2017. Fossil climbing perch and associated plant megafossils indicate a warm and wet central Tibet during the late Oligocene. Sci Rep, 7: 878.

Xie S, Pancost R D, Chen L, et al. 2012. Microbial lipid records of highly alkaline deposits and enhanced aridity associated with significant uplift of the Tibetan Plateau in the Late Miocene. Geology, 40: 291-294.

Xu Q, Ding L, Spicer R A, et al. 2018. Stable isotopes reveal southward growth of the Himalayan-Tibetan Plateau since the Paleocene. Gondwana Res, 54: 50-61.

Xu Q, Ding L, Zhang L, et al. 2013. Paleogene high elevations in the Qiangtang Terrane, central Tibetan Plateau. Earth and Planetary Science Letters, 362: 31-42.

Xu Y D, Zhang K X, Wang G C, et al. 2012. Extended stratigraphy, palynology and depositional environments record the initiation of the Himalayan Gyirong Basin (Neogene China). Journal of Asian Earth Sciences, 44: 77-93.

Yang H, Lü X, Ding W, et al. 2015. The 6-methyl branched tetraethers significantly affect the performance of the methylation index (MBT') in soils from an altitudinal transect at Mount Shennongjia. Org Geochem, 82: 42-53.

Yang H, Pancost R D, Dang X, et al. 2014. Correlations between microbial tetraether lipids and environmental variables in Chinese soils: optimizing the paleo-reconstructions in semi-arid and arid regions. Geochim Cosmochim Ac, 126: 49-69.

Yin A. 2000. Mode of Cenozoic east-west extension in Tibet suggesting a common origin of rifts in Asia during the Indo-Asian collision. Journal of Geophysical Research-Solid Earth, 105(B9): 21745-21759.

Yin A, Harrison T M. 2000. Geologic evolution of the Himalayan-Tibetan orogen. Annual Review of Earth and Planetary Sciences, 28(1): 211-280.

Yin A, Harrison T M, Murphy M, et al. 1999. Tertiary deformation history of southeastern and southwestern Tibet during the Indo-Asian collision. Geological Society of America Bulletin, 111: 1644-1664.

Yin A, Harrison T M, Ryerson F J, et al. 1994. Tertiary structural evolution of the gangdese thrust system, southeastern tibet. Journal of Geophysical Research: Solid Earth, 99(B9): 18175-18201.

Yin A, Rumelhrt P E, Bulter R, et al. 2002. Tectonic history of the Altyn Tagh fault system in northern Tibet inferred from Cenozoic sedimentation. Geological Society of America Bulletin, 114(10): 1257-1295.

Yoshida M, Gautam P. 1988. Magnetostratigraphy of Plio-Pleistocene lacustrine deposits in the Kathmandu Valley, central Nepal. Proceedings of the Indian National Science Academy, Part A. Physical sciences, 54: 410-417.

Yoshida M, Igarashi Y. 1984. Neogene to Quaternary lacustrine sediments in the Kathmandu Valley, Nepal. Journal of Nepal Geological Society, 4: 73-100.

Yuan Q, Vajda V, Li Q K, et al. 2017. A late Eocene palynological record from the Nangqian Basin, Tibetan Plateau: implications for stratigraphy and paleoclimate. Palaeoworld, 26: 369-379.

Zhang J, Guo L. 2007. Structure and geochronology of the southern Xainza-Dinggye rift and its relationship to the south Tibetan detachment system. Journal of Asian Earth Sciences, 29(5): 722-736.

Zhu D C, Wang Q, Zhao Z D, et al. 2015. Magmatic record of India-Asia collision. Sci Rep, 5: 14289.

Zhuang G, Pagani M, Zhang Y G. 2017. Monsoonal upwelling in the western Arabian Sea since the middle Miocene. Geology, 45: 655-658.

第 9 章

喜马拉雅地热资源*

* 本章作者：赵平、多吉。

9.1 概述

9.1.1 喜马拉雅地热带

1978年中国科学院青藏高原综合科学考察队首次提出了"喜马拉雅地热带"的概念，佟伟等将其定义为西起西藏阿里地区西南端，向东大体沿雅鲁藏布江流域展布，至昌都西南地区后折向东南，再经高黎贡山到达云南西部腾冲地热区。"喜马拉雅地热带"的南界为喜马拉雅山主脊线附近的电气石白云母花岗岩体，北界为冈底斯山和念青唐古拉山北坡的白垩纪末至古近纪的钙碱性火山岩体，其北东端沿念青唐古拉大断裂突出成盲肠状。"喜马拉雅地热带"向西延伸进入克什米尔，更西则到达阿富汗、伊朗、土耳其等国，与地中海地热带相衔接；往南从腾冲地热区经缅甸、印度尼西亚岛弧与环太平洋地热带相会合。因而，"喜马拉雅地热带"是全球性地热带的重要组成部分，是喜马拉雅造山运动的产物（廖志杰和赵平，1999）。本章节内容主要涉及西藏境内的地热资源，并对著名的高温地热田——羊八井地热田做了较为详尽的讨论。

9.1.2 地热活动形式

地热活动的形式包括火山喷发、温泉、沸泉、间歇喷泉、喷气孔、冒汽地面、沸泥塘、水热爆炸、泉华、硫华、盐霜和水热蚀变等。

温泉是指从地下深处自然涌出或喷出的、泉口温度高于当地多年平均气温5℃以上的地下水，是地热活动的一种表现形式。狭义上的温泉，泉口温度不超过45℃；广义上的温泉，包括泉口温度超过45℃的热泉、达到或超过当地沸点的沸泉等。温泉按水质类型大体可划分为三大类：氯化物型、硫酸盐型和碳酸氢盐型（也称为重碳酸盐型）。西藏氯化物型温泉出露在中高温地热田［图9.1(a)］，西藏鲜见硫酸盐型温泉，碳酸氢盐型温泉则较为普遍，常出露在中低温地热田。

间歇喷泉是指阶段性喷发出地热水和地热蒸气两相流体的沸泉。当地下深处的通道或腔体中地热水的温度和压力积蓄到一定临界条件时，上涌蒸气气泡的减压膨胀将触发深部地热水以喷发形式释放压力，从而形成间隙喷泉。间歇喷泉的泉口温度达到或超过当地水的沸点，泉口壁上常见覆盖有一层致密的泉华，其喷发活动时间有的比较规则，有的不规则。喷发周期短的只有几分钟，长的可以是几个月或更长时间。喷发持续时间大多在十分钟以内。喷发高度有的不足0.5 m，多数介于8～20 m。一次典型的喷发过程由恢复（休眠）期、涌水期、喷发期和冒汽期四个阶段组成。间歇喷泉一词源自冰岛语的gjose。世界上著名的间歇喷泉有冰岛雷克雅未克附近的盖歇尔大喷泉、美国怀俄明州黄石国家公园的老实泉、新西兰罗托鲁阿火山区的波胡图喷泉等。在西藏已发现的间歇喷泉分布在昂仁县切热乡搭格架［图9.1(b)］、谢通门县查布乡孔勒村、那曲市色尼区古露镇和南木林县芒热乡等地。

图 9.1　(a) 昂仁县搭格架地热田的沸泉；(b) 昂仁县搭格架地热田正在喷发的间歇喷泉；(c) 当雄县羊易地热田的冒汽地面；(d) 昂仁县色米沸泉的鲕状硅华；(e) 札达县曲龙热泉的阶梯状钙质泉华

喷气孔是指能持续喷出无色透明蒸气柱的天然孔洞。高温地热流体在从地下深处向地表的运移过程中，压力逐渐降低将导致地热流体持续气化，上升动力不足将促使气液两相分离，液相组分残留在地下深处，气相组分沿着通道或裂隙继续上升并在地面喷射出来，从而形成喷气孔。喷气孔是高温地热活动的一种表现形式，孔口温度达到或超过当地水的沸点，近处有时可闻到 H_2S 气味，孔内壁和口垣上常见淡黄色的针状或粒状硫磺晶体，孔洞周边围岩蚀变严重，多见于火山活动区和高温地热田。西藏当雄县羊八井、措美县古堆、萨嘎县达孜等地热田可见喷气孔。喷气孔释放出的主要物质组分是水蒸气，其他气体组分有 CO_2、H_2S、H_2、CH_4、N_2、He、Ar、NH_3、CO 等。测定喷气孔地热蒸气的化学成分和同位素比值，可以用来推测深部热储温度，探讨地热流体的物质来源、运移方向、成因机理等科学问题。

冒汽地面是指在砂土松散沉积物或堆积物区，地热流体以蒸汽和微小液滴混合物的形式从砂粒间隙或裂隙中逃脱的水热活动区。地热蒸气来自流体在上升通道中的减压气化，部分地热蒸气损失热量后将变成微小液滴。冒汽地面往往出露在地热田断裂构造和裂隙发育的岩体或地层附近，上覆松散沉积物或堆积物，地面温度接近或达到当地水的沸点。地热蒸气富含 CO_2 和 H_2S，具有较强的水热蚀变能力。若砂土沉积物之上积存着酸性地热水，地势平坦，大量的、持续冒出的蒸气气泡就好似珍珠在水中跳跃，形成所谓的“珍珠泉”，而此处的酸性地热水来自地热蒸气冷却之后所形成的冷凝水。西藏的冒汽地面主要出现在措美县古堆、当雄县羊八井和羊易［图 9.1(c)］、昂仁县搭格架和色米、萨嘎县达孜等地。

泉华是指在上升通道经历了降温降压后，地热水和地热蒸气在上涌至泉口以及地热水在溢出地面流淌过程中结晶沉淀出的化学沉积物。泉华分为硅华和钙华两大类。硅华出现在高温水热活动区，化学成分是二氧化硅，常见矿物种类有非晶质二氧化硅、蛋白石、玉髓和石英等。地热水在上升过程中因减压气化损失水蒸气导致残留水中二氧化硅的浓度迅速增加，叠加上二氧化硅的溶解度随温度降低而减小的因素，促使水中二氧化硅达到过饱和状态而沉淀出来。硅华质地坚硬，形成速度较慢，呈层状、针状、柱状及鲕状等形状［图 9.1(d)］，也可形成泉华丘体和规模巨大的泉华台地，西藏常见鲕状硅华出现在沸泉口内壁。钙华出现在中低温水热活动区，化学成分主要是碳酸钙，混有少量的碳酸镁，常见矿物种类有方解石、文石和白云石。当富含碳酸氢盐的地热水上升至地表时，温度和压力降低促使地热水中大量的可溶性二氧化碳气体逸出。与此同时，部分碳酸氢根转化为二氧化碳气体和碳酸根离子，氢离子减少，残留水的 pH 变大，水中碳酸钙迅速达到过饱和状态而结晶析出［图 9.1(e)］。碳酸钙质地较软，形成速度较快，常形成泉华层、泉华台、泉华锥、泉华丘、泉华柱、泉华蘑菇等景观。应用铀系不平衡法和热释光法可测定泉华的形成年代。

9.1.3 地热系统分类及成因

地热的富集程度足以构成能源资源的系统称为地热系统。按照热能的主要来源，可以将地热系统划分为岩浆热、放射性成因热和断裂构造热等类型。按照热储温度的高低，可以划分为低温地热系统（<90℃）、中温地热系统（90 ～ 150℃）和高温地热系统（>150℃）。按热储岩性，可以划分为花岗岩、花岗片麻岩、英安岩、粗面岩、火山碎屑岩、砂岩、砂砾岩、碳酸盐岩等类型。按照是否具有流动性热能载体，可以划分为干热岩型和水热型地热系统。一般来说，水热型地热系统必须具有热源、水源、运移通道、热储、盖层五个基本要素。按照热能的主要传递方式，可以划分为对流型和传导型地热系统。按照热储中地热流体的相态，又可以划分出液相、气相和气液两相地热系统。美国盖瑟尔斯、意大利拉德瑞罗和日本松川属于以蒸气为主（气相）的高温地热系统，新西兰怀拉基、西藏当雄县羊八井和羊易属于以地热水为主（液相）的高温地热系统，而冰岛克拉夫拉深部热储则属于气液两相高温地热系统。

喜马拉雅地热带的形成与欧亚板块和印度板块的陆 – 陆碰撞密切相关。西藏南部面临着印度板块陆壳的正面俯冲，导致陆壳局部重熔，产生富硼、富锂、低氦同位素比值的 NaCl 型高温热水，藏南高温地热田主要分布在切割雅鲁藏布江缝合带的近南北向裂谷之中。藏北高原的火山活动虽然十分活跃，但出露的热泉却以中低温居多，鲜见沸泉，泉水大多数为 $NaHCO_3$ 型水质，地壳浅部没有岩浆上侵，许多温泉附近还出露着巨厚的古泉华，暗示那里曾经发生过较为剧烈的地热活动，今不如昔，如西藏双湖县巴岭乡人民政府附近的巨型泉华脊蜿蜒延伸 800 多米，气势磅礴，为目前国内所发现的规模最大的泉华脊。

9.1.4　研究现状及存在问题

第一次中国科学院青藏高原综合科学考察队先后出版了四本地热专著，分别是《西藏地热》(1981 年)、《腾冲地热》(1989 年)、《横断山区温泉志》(1994 年) 和《西藏温泉志》(2000 年)。这些专著既有翔实的科学考察记录，也汇集了前人的一些研究成果，成为青藏高原综合科学考察的经典著作。《西藏温泉志》总共收录 677 个温泉条目，其中有泉口实测温度的水热活动区有 361 处 (图 9.2)。有些水热活动区出露着数十个温泉，归并为一个温泉条目，如噶尔县的朗久、札达县的曲龙、革吉县的曲多瓦、尼玛县的荣玛、普兰县的曲普、岗巴县的孔玛、昂仁县的搭格架、萨嘎县的卡乌、谢通门县的查布、南木林县的芒热、当雄县的羊八井和羊易、那曲市色尼区的古露、措美县的古堆等，但有些水热活动区就只有一个温泉出露，如定日县的曲库温泉等。近二十年来，随着西藏自治区交通条件的不断改善和科研工作的逐渐深入，陆续发现了一些新的温泉，如定结县陈塘镇九眼温泉。在现有温度资料的 361 处温泉中，按照海拔高度分类，超过 5000 m 的有 22 处，4500 ～ 5000 m 的有 111 处，4000 ～ 4500 m 的有 132 处，3000 ～ 4000 m 的有 66 处，低于 3000 m 的有 30 处。按照泉口温度分类：超过 80℃的有 40 处，60 ～ 80℃的有 77 处，40 ～ 60℃的有 109 处，25 ～ 40℃的有 75 处，10 ～ 25℃有 60 处。按照行政区域分类：那曲市拥有的温泉数量最多，有 97 处，日喀则市其次，有 75 处，昌都市有 63 处，阿里地区有 43 处，拉萨市有 30 处，林芝市有 27 处，山南市最少，仅有 26 处 (图 9.3 ～图 9.5)。

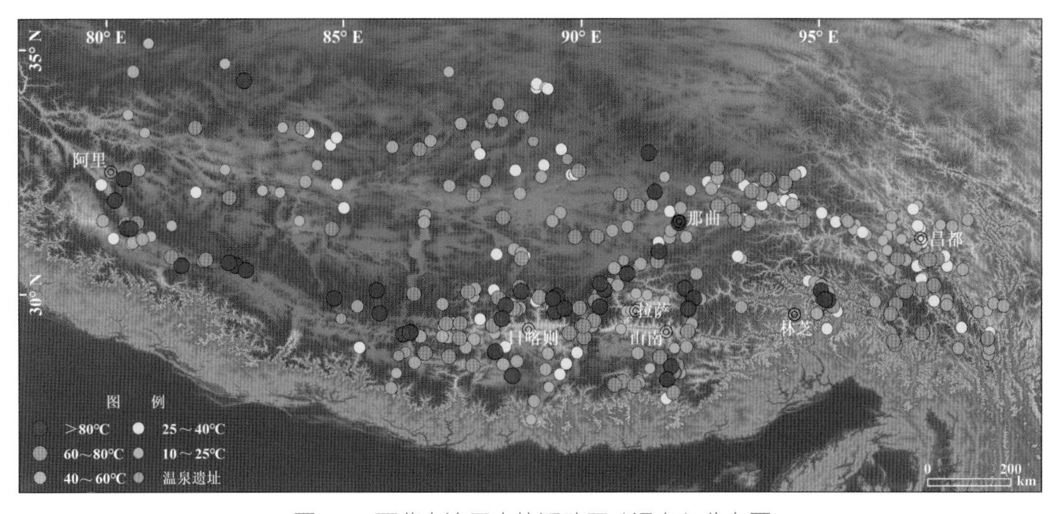

图 9.2　西藏自治区水热活动区 (温泉) 分布图

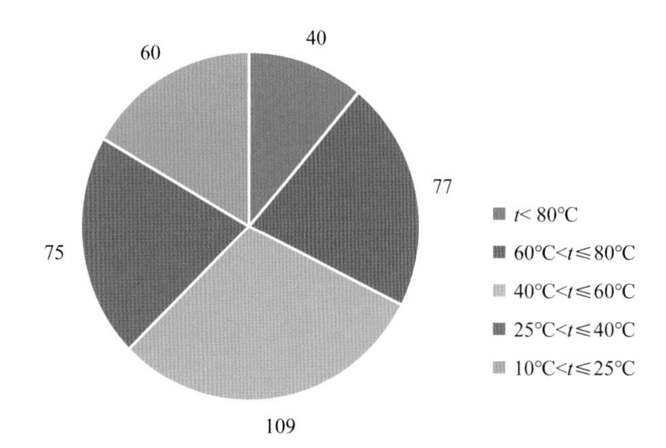

图 9.3　西藏不同温度范围的温泉数量

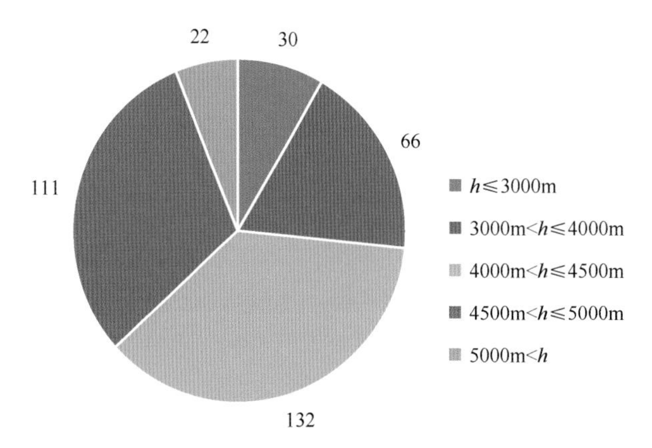

图 9.4　西藏不同海拔高度区间的温泉数量

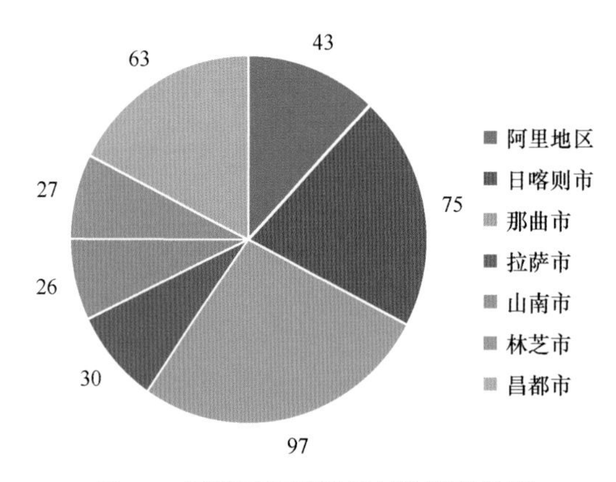

图 9.5　西藏不同行政区域的温泉数量

西藏的地热活动还与一些矿产资源的形成有关。在藏北的构造断陷盆地中，咸水湖 / 盐湖星罗棋布，而温泉常常与咸水湖 / 盐湖作伴，如曲真热贡温泉与龙木错等。西藏温泉水和咸水湖水都具有共同的特征，那就是富含硼和碱金属组分，温泉水有可能是这些咸水湖 / 盐湖的主要物质来源。除盐湖资源外，部分温泉的钙华被当地居民用来制作藏药，羊八井地热田已开发了硫磺矿和高岭土矿，昂仁县搭格架和那曲市色尼区古露地热田大面积沉积的富铯硅华被认为具有较高的铯矿开采价值（Zheng et al., 1995），而阿里地区部分富氦温泉也有小规模富集提取氦气的开发应用前景。

由于交通条件和分析技术的限制，第一次青藏高原综合科学考察工作还有一些不尽人意的地方，研究工作有待不断地深化、完善和发展。

1）《西藏温泉志》侧重于对水热活动区的地质构造进行描述，测试分析技术比较简单。地热水主要开展了化学组分测定，缺少同位素研究内容；没有采集地热气体作化学组分测定和同位素比值测量。除少数地热田外，对地热流体的物质来源、成因机制、演化和运移过程等问题探讨不够透彻，如水热活动分布特征与大地构造之间的关系、水热活动发展历史等。

2）《西藏温泉志》中有些温泉的地理位置和经纬度坐标不准确。有些温泉听闻当地居民的描述进行记述，没有进行实际复核，缺少泉口温度等基本数据，这部分资料的可信程度比较低。按照专著的描述，后人在对部分温泉的实地考察中并没有找到泉口；有些温泉坐标是从当时的地形图上推算的，地理位置偏差较大。当然，在经历三四十年后，个别水热活动区发生了较大的变化，有些是自然因素，如地震爆发，有些是人为因素，如温泉开发对原始状态的改变，这些变化都值得深入探究。

3）《西藏温泉志》中有些地热水样品的化学分析数据不准确，如 1976 年那批分析资料中，高温地热水中的二氧化硅分析结果普遍偏低，导致分析结果偏低的原因与当时的现场采样方法和后期的分析方法有关。有些地热水样品给出的是钠离子和钾离子的含量，而二氧化硅、钾、钠等组分浓度都是评价地热流体品质的重要参数。

4）前人基本上没有开展过泉华化学组分和年代学的研究，蚀变矿物研究程度也比较低。近二十年的实地考察发现，西藏有些水热活动区附近出露着巨厚的泉华体，而如今泉水的温度并不高、流量也不大；有些热泉的泉口温度接近当地的沸点，而周边却没有泉华出露，水热活动的区域差异可能与青藏高原碰撞隆升过程和基底之下印度板块俯冲的几何形态等因素密切相关。

9.1.5　科考内容

2017 年 12 月的西藏地热科考活动主要集中在喜马拉雅山脉的北坡、雅鲁藏布江缝合带以南区域，适当兼顾切割缝合带的南北向或近北东向裂谷。野外科考活动自 12 月 1 日开始，12 月 17 日结束。科考人员先后在当雄县、南木林县、申扎县、萨迦县、定结县、岗巴县、定日县、聂拉木县、吉隆县和拉孜县 30 处温泉进行考察，采集了 29 组地热水样品供水质全分析和氢、氧同位素测定（表 9.1，当雄县宁中沸泉未采集），用于研究近几十年来这些温泉化学组分所发生的变化。每组样品都要记录采集地点的经纬度、海拔、泉口最高温度、地热水的 pH 和电导率，记录泉口周边有没有新鲜的泉华、古泉华、盐霜等地质现象。一般情况下，选择温度最高的出水口作为采样点。在 25 处冒气泡的温泉采集了 47 个气体样品供化学组分、碳同位素和惰性气体同位素组分

表 9.1　2017 年 12 月西藏地热科考采样汇总表

序号	温泉编号	时间	地点及温泉名称	纬度（°N）	经度（°E）	海拔（m）	泉口温度（℃）	地热水电导率	pH	新鲜泉华	古泉华	盐霜
1	ZDX1	12 月 1 日	当雄县纳木错乡，措尼温泉	30°55′28.1″	90°59′59.1″	4739	40.3	1.94mS	6.53	无	无	无
2	ZDX10	12 月 2 日	当雄县羊八井镇拉多岗村，拉多岗温泉	30°12′5.6″	90°36′20.4″	4539	39.1	5.88mS	6.7	无	有	有
3	ZDX15	12 月 2 日	当雄县羊八井镇嘎日桥藏布曲南岸，嘎日桥热泉	29°58′50.1″	90°21′7.9″	4405	79.1	1.96mS	7.27	有	有	有
4	ZNML3	12 月 3 日	南木林县普当乡普堆村，普堆温泉	29°56′51″	89°6′25.6″	4239	45	1.52mS	6.48	无	无	有
5	ZNML1	12 月 3 日	南木林县普当乡洛扎村，洛扎热泉	30°8′10.0″	89°15′7.0″	4604	61.2	未测	未测	无	无	无
6	ZXZ12	12 月 4 日	申扎县巴扎乡，市布勒热泉	30°15′17.2″	88°27′23.6″	5076	70.3	1418μS	8.51	无	有	有
7	ZXZ10	12 月 4 日	申扎县巴扎乡，木斯勒热泉	30°32′1.4″	88°37′4.4″	4848	78.3	2.39mS	7.57	有	有	有
8	ZXZ9	12 月 4 日	申扎县巴扎乡，甲岗热（喷泉）	30°43′15.7″	88°43′39.8″	4739	80	1.40mS	7.98	有	有	有
9	ZXZ5	12 月 5 日	申扎县申扎乡，达隆策曲热泉	30°54′59.9″	88°34′24.0″	4767	56.1	2.08mS	7.49	无	有	有
10	ZNML18（新增）	12 月 5 日	南木林县普当乡洛扎村，洛扎南（喷泉）热泉	30°7′9.6″	89°11′47.3″	4540	81.5	2.02mS	7.11	有	有	有
11	ZS′G1	12 月 6 日	萨迦县萨迦镇卡吾村，卡吾沸泉	28°49′28.7″	88°10′34.5″	4634	87.4	2.85mS	8.73	有	有	有
12	ZS′G3（新增）	12 月 6 日	萨迦县萨迦镇卡吾村，尼日热泉	28°49′35.7″	88°10′9.7″	4609	49.9	1.98mS	6.39	无	无	无
13	ZDG1	12 月 7 日	定结县多布扎乡东拉温泉	28°33′13.1″	88°20′42.1″	4773	44.7	253μS	7.3	无	无	无
14	ZKB3	12 月 7 日	岗巴县龙中乡，龙中热泉	28°19′49.1″	88°32′13.5″	4511	80.4	1.79mS	8.16	无	有	有
15	ZKB2	12 月 7 日	岗巴县龙中乡，塔杰热泉	28°20′9.8″	88°29′32.2″	4494	55.4	1.90mS	6.87	无	无	有
16	ZKB1	12 月 8 日	岗巴县孔玛乡，孔玛沸泉	28°37′44.8″	88°37′58.0″	4708	87.3	3.60mS	7.32	有	有	有
17	ZDG3（新增）	12 月 9 日	定结县陈塘镇，九眼热泉	27°55′15.7″	87°21′38.4″	3090	52.7	1.48mS	7.33	有	有	有
18	ZTR7	12 月 11 日	定日县尼辖乡，尼辖热泉	28°32′19.7″	87°42′32.5″	4180	48.4	601μS	7.96	无	无	无
19	ZTR4	12 月 11 日	定日县白坝乡，鲁鲁热泉	28°43′4.7″	87°12′36.7″	4416	64	1.63mS	7.49	无	无	有
20	ZTR5	12 月 11 日	定日县扎西宗乡扎西岗村，曲库温泉	28°28′51.3″	87°9′19.0″	4492	42.3	1.48mS	6.88	无	无	无
21	ZTR2	12 月 12 日	定日县克玛乡，云东热泉	28°47′44.8″	86°42′17.3″	4451	66.5	1.80mS	7.69	有	有	有
22	ZTR1	12 月 12 日	定日县岗嘎镇，参达木热泉	28°36′11″	86°29′13.0″	4391	46.7	2.13mS	7.45	无	有	无
23	ZNLM4	12 月 13 日	聂拉木县樟木镇，曲香热泉	28°4′55.4″	85°59′55.1″	3174	50.3	2.0mS	6.98	无	无	无
24	ZNLM3	12 月 13 日	聂拉木县亚拉乡，阿尔塘温泉	28°22′57.1″	86°6′31.9″	4352	14.2	690μS	6.68	无	无	无
25	ZNLM5（新增）	12 月 13 日	聂拉木县亚拉乡 318 国道西，亚拉温泉	28°22′42.8″	86°6′2.1″	4342	23.5	1.33mS	6.33	有	有	无
26	ZGY5（新增）	12 月 14 日	吉隆县吉隆镇南，江村热泉	28°19′37.5″	85°20′27.4″	2070	52.9	2.26mS	6.49	有	有	有
27	ZGY1	12 月 14 日	吉隆县宗嘎乡，卓玛温泉	28°54′30.1″	85°19′59.1″	4345	27.1	2.47mS	7.04	无	有	有
28	ZLZ1	12 月 16 日	拉孜县芒普乡，秋古温泉	28°54′33.2″	87°33′57.1″	4626	39	469μS	7.85	无	无	无
29	ZNML5	12 月 16 日	南木林县拉布普乡，毕毕龙热（喷）泉	29°56′27.7″	89°27′8.1″	4539	61.6	765μS	7.66	有	无	无

测定。大部分温泉都采集了两个气体样品，这些样品已送美国俄亥俄州立大学惰性气体实验室待测。在温度较高的水热活动区，还采集了泉华、盐霜样品约 30 件，供矿物鉴定和年代学测定，全部固体样品的总重量约 60 kg。泉华和盐霜的 X 射线衍射分析结果见表 9.2。整个行程拍摄温泉景观照片 400 余张，部分温泉照片如图 9.6 ～图 9.7 所示，摄制并剪辑了申扎县巴扎乡甲岗热（喷）泉、南木林县洛扎村热（喷）泉和毕毕龙热（喷）泉地热显示小视频三段。

在此次考察中，申扎县巴扎乡市布勒热泉的海拔最高，为 5076 m；当雄县拉多岗温泉水的电导率最高，为 5.88 mS，其次是岗巴县孔玛乡苦玛沸泉水，为 3.60 mS；有 5 处温泉没有被前人专著所收录，也没有被科研论文或报告所涉及，它们分别是南木林县普当乡洛扎南热（喷）泉（ZNML18）、萨迦县卡吾村尼日热泉（ZS′G3）、定结县陈塘镇九眼热泉（ZDG3）、聂拉木县亚拉乡亚拉温泉（ZNLM5）和吉隆县吉隆镇江村热泉（ZGY5）。其中，定结县陈塘镇九眼温泉所在村庄还没有通公路，单程需要步行近 4 h，行程的高程差有 1000 m。此外，还有 5 处已被收录的温泉缺少温度等数据，本次考察给予了补充，这些温泉分别是南木林县普当乡洛扎热泉（ZNML1）、申扎县巴扎乡市布勒热泉（ZXZ12）和木斯勒热泉（ZXZ10）、定日县尼辖乡尼辖热泉（ZTR7）和扎西宗乡扎西岗村曲库温泉。通过这次科考活动，相关地质资料和分析数据可以填补这些温泉的资料空白。考察中发现，在 2015 年 4 月 25 日尼泊尔大地震发生之后，位于樟木镇附近的曲香温泉的水位出现了急剧下降，附近兴建的温泉洗浴池皆已干涸，具体原因还需要综合地质、地球物理和地球化学等多方面的资料才能做出合理解释。

9.2 羊八井地热田

9.2.1 勘探发展历史

羊八井地热田地处西藏自治区拉萨市西北约 90 km 的当雄县羊八井镇西侧，位于中尼公路和青藏公路交会处，念青唐古拉山前断陷盆地的西南端。地热田海拔在 4290 ～ 4500 m，地势上具有西北高、东南低的特征，属高原温带半干旱季风气候区，冬寒夏凉，多大风，日照长，年平均气温为 2.5℃，年蒸发量大于降水量。藏布曲（河）蜿蜒于盆地的东南边缘，汇入羊八井河后经堆龙德庆曲（河）和拉萨河流入雅鲁藏布江。中尼公路将整个地热田分成南、北两区（图 9.8，图 9.9）。

1972 年，西藏自治区地质矿产局第三地质大队在羊八井地热田北区硫磺矿进行地质详查，编制了温泉分布图。1974 年，西藏自治区工业局进驻羊八井，进行地热蒸气发电试验。 到了 1975 年，水利电力部在西藏自治区人民政府的领导下，依据前人的资料，提议利用地热资源进行发电。同年，中国科学院青藏高原综合科学考察队也来到羊八井，应用天然热流量法对地热资源作出初步评估，并配合西藏地质局第三地质大队完成了第一口地热井。1975 年 9 月 23 日，羊八井地热发电站被列入西藏自治区重点建设工程，正式组建“9・23 工程筹建领导小组”，同年 12 月，国家计划委员会组织

表 9.2　2017 年 12 月西藏地热科考泉华和盐霜的 X 射线衍射结果（中国科学院地质与地球物理研究所测定）

样品编号	石英	微斜长石	钠长石	云母	高岭石	石膏	石盐	氯化钾	铁白云石	文石	方解石	含镁方解石	天然碱	水碱	碳钠矾	铵矾	氢铵矾	氯化铵
S-ZNML1	20		4				50	2	9				15					
S-ZDX16											√							
S-ZKB1-1			7				45											48
S-ZKB1-2																√		
S-ZKB1-3	48		16	8	10	12	6											
S-ZKB2														88	12			
S-ZKB3									5				30	50	15			
S-ZKB3-1													50	35	15			
S-ZS'G1							3									50	45	
S-ZXZ09	12						15	6			8		40	12				
S-ZXZ10							62	16	2				11	9				
S-ZXZ12							8	12					80					
ZDG3											√							
ZDX6										√								
ZKB1	77	11	12															
ZKB3											<10							
ZKB3P											<10							
ZNLM3											√							
ZNLM5											√							
ZNML5										5	95							
ZNML1										25	75							
ZNML18												√						
ZS'G1											√							
ZTR1											√							
ZTR2											√							
ZXZ09											√							
ZXZ10	70	10	10	5														

注：表中以字母 S 开头的为盐霜样品

图 9.6　(a) 当雄县宁中沸泉 (ZDX6)；(b) 当雄县羊八井镇嘎日桥热泉及古泉华 (ZDX15)；(c) 申扎县巴扎乡木斯勒热泉 (ZXZ10)；(d) 申扎县巴扎乡甲岗热（喷）泉 (ZXZ9)；(e) 南木林县普当乡洛扎南热（喷）泉 (ZNML18)；(f) 南木林县普当乡洛扎南热（喷）泉及古泉华 (ZNML18)；(g) 萨迦县萨迦镇卡吾村卡吾沸泉 (ZS′G1) 附近废弃的地热井；(h) 定日县尼辖乡尼辖热泉 (ZTR7)

图 9.7 (a) 岗巴县龙中乡塔杰热泉 (ZKB2)；(b) 聂拉木县亚拉乡阿尔塘温泉 (ZNLM3) 矿泉水厂区；(c) 吉隆县吉隆镇江村热泉 (ZGY5)；(d) 拉孜县芒普乡秋古温泉 (ZLZ1)；(e) 当雄县纳木错湖岸边的措尼热泉 (ZDX1)；(f) 南木林县拉布普乡毕毕龙热（喷）泉 (ZNML5)

图 9.8 西藏当雄县羊八井地热田全貌

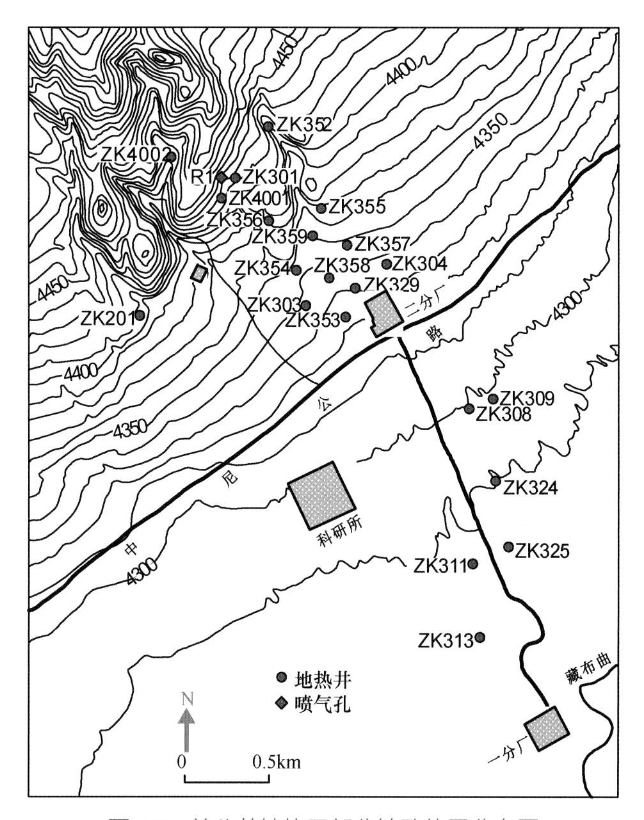

图 9.9　羊八井地热田部分钻孔位置分布图

成立了羊八井地热协调组，水利电力部任组长单位，西藏自治区人民政府任副组长单位，中国科学院、石油化学工业部、地质矿产部、第一机械工业部和北京大学五个单位各派一人参加（吴方之和佟伟，1985）。1976 年 4 月，西藏自治区地质矿产局正式组建地热地质大队。1977 年 9 月，羊八井电站 1 号试验机组 1MW 试运成功。1985 年 9 月，国务院副总理李鹏考察了羊八井地热电站。1990 年 7 月，国家主席江泽民在羊八井视察时欣然题词：“开发地热资源，造福西藏人民”。

自 1972 年以来，西藏自治区地质矿产局下属的地热地质大队、地球物理勘查大队，地质矿产部第一综合地球物理探查大队、中国科学院青藏高原综合科学考察队，中国地质科学院下属的地质力学研究所、水文地质工程地质研究所、地球物理地球化学勘查研究所和勘探技术研究所，水利电力部西安热工研究所，北京大学，中国科学院地质研究所和长春地质学院等单位先后在地热田开展了区域地质、地热地质、水文地质、地球物理、地球化学、热储工程、防腐阻垢及高温钻探等多方面的研究工作。联合国开发技术合作部 UN/DTCD 与我国政府先后签署 CPR/81/011 项目——中国地热能的勘探、开发和利用，PPR/93/x01 项目——中国西藏羊八井和那曲地热田地球科学和工程服务。意大利国家电力公司 – 阿夸特公司联合体和意大利地热公司分别承揽了这两个项目的具体实施。2000 年 7 月～ 2006 年 2 月，日本国际协力机构（JICA）实施援助项目“西藏羊八井地热资源开发计划调查”。

羊八井地热勘探过程大致可分成四个阶段。

1) 1976 ～ 1984 年是浅层地热勘查阶段，完成 1 ∶ 10000 地热地质测绘、1 ∶ 50000 物探普查、1 ∶ 5000 构造调查和 6 口地热井的施工任务。勘探深度大多在 200 ～ 460 m，揭露出的最高热储温度是 172℃，初步计算出动态补给储量的发电潜力是 16.6 MW，提出地热流体的升流区在现地热电站二分厂附近。为了寻找深部地热资源，在这期间，地热田南区安排了一口勘探深井 ZK308，井深 1726.4 m，在 150 m 深处井温达到最高，200 m 以下温度开始倒转，到了 800 m 时井温重新逐渐回升。

2) 1985 ～ 1991 年，主要进行浅层热储资源的开发和利用，增加生产井的数量，扩大电厂装机容量，开展回灌试验。完成地热浅井 17 口，其中有 9 口投入了发电运行，勘探深度在 178 ～ 611 m，记录到的最高热储温度是 176℃。同时，对深部高温地热资源作了尝试性探索：北区 ZK352 井深 1003.4 m，在 986 m 深处测得 202.2℃的高温；ZK206 井的深度虽然也有 700.6 m，但没能揭露深部高温热储。

3) 1992 ～ 1995 年，主要集中力量在北区进行深部高温地热资源勘探，完成 1 ∶ 10000 地形测量、1 ∶ 10000 地热地质测量、构造形迹调查和水热蚀变调查，开展 1 ∶ 10000 重磁详查 4 km^2，1 ∶ 5000 重磁剖面 10 km，1 ∶ 1000 土壤化探 4 km^2，1 ∶ 5000 土壤化探剖面 10 km，直流电阻率测深 66 个点（复合剖面 9.2 km）和不同框距瞬变电磁测量 72 个点等工作。

羊八井地热田北区深部地热资源钻探的经费由国家计划委员会、能源部和地质矿产部三方联合投入。1993 年底，北区 ZK4002 井在达到 2006.8 m 深度时停钻。次年 5 月 8 日，在该井 1850 m 深度测到 329.8℃的最高井温，这不仅标志着羊八井地热田深部蕴藏着丰富的高温地热资源，同时也否定了 Hochstein 和 Yang(1995) 提出的羊八井地热田深循环热水成因模式。受多种因素的影响，ZK4002 井没能获得稳定的流量。放喷初始的井口温度和压力曾一度高达 200℃和 15 $kgf/cm^2$①，但随着放喷时间的延续，温度和压力出现了急剧下降，最后稳定在 125℃和 1.4 kgf/cm^2，排放出的流体以气相组分为主。到了 1996 年，ZK4002 井已丧失自喷的能力。

ZK4001 井位于 ZK4002 井的东侧，1995 年 9 月开始施工，1996 年 10 月 15 日完钻，井深 1495m，最高井温是 251℃（图 9.10）。连续 15 天的放喷试验中未见结垢现象，放喷时井口温度很快达到并稳定在 200℃，压力高达 15 kgf/cm^2，每小时流量约 300 t (Zhao et al.，1997)。

目前，羊八井地热田的各类施工井已超过 80 口，地热发电主要依靠浅层地热流体，深部地热流体尚未完全投入运行。地热井内 $CaCO_3$ 结垢严重，每天靠机械捅井进行除垢。南、北两区各自建立独立的输送管道和发电机组，总装机容量是 25.18 MW。近几年来，地热生产井的压力和流量下降比较明显，浅层地热流体已不能维持现有机组长时间、满负荷的发电。截至 2017 年 12 月底，羊八井地热电厂累计发电 33.5 亿 kW·h，减少 CO_2 排放约 270 万 t。

---

① 1 kgf/cm^2=9.80665×10^4 Pa。

图 9.10　羊八井地热田 ZK4001 井放喷试验

4) 2001 年 2 月～ 2006 年 3 月，日本国际协力机构委托日本重化学工业公司，联合西藏自治区地矿局、西藏地热开发公司和西藏自治区地质矿产局地热地质大队对羊八井地热田开展了系统性调研。日方专家在地热田北区设计了一口 2500m 深的定向井 CJZK3001，钻探目标是 F2 断层的深部地热流体上升通道。该井 2002 年开始施工，因在钻探过程中发生卡槽等事故，2004 年实际终孔深度是 2254.5 m。2004 年 9 月，中日双方采用空气压缩机进行引喷试验，未获成功。测井资料揭示，CJZK3001 井浅层热储温度为 150℃，深层热储温度为 270℃。由岩心气液包裹体测得的热储温度与测井温度相吻合，说明羊八井地热田确实存在有深部高温热储。日方专家认为导致引喷失败的原因主要有五方面因素：①浅层套管破损，浅层低温地热流体流入井筒内阻碍了深层高温地热流体的喷出；②深部裂隙的透水性能较差，在 1051 ～ 1055 m 和 1095 ～ 1096 m 两段出现钻具放空，岩层裂隙是客观存在的，但透水性较差；③井内堵塞，在 210 m 附近套管固井时，未完全凝固的水泥在引喷后有可能落入井下，形成井内堵塞；④井孔中开窗温度不足，开窗位置在 877 ～ 1109 m，此井段的温度只有 200℃左右，没有达到深部热储的最高温度；⑤施工工期过长，套管磨损严重，井内状况恶化（宫崎真一等，2005）。

9.2.2　地质特征

羊八井地热田位于古露 – 羊八井 – 亚东断陷盆地 / 裂谷中部，其西北侧是念青唐古拉山脉，山顶终年积雪，主峰海拔为 7162 m，念青唐古拉变质杂岩体是山脉的主体地层，主要由混合岩化花岗岩、花岗质糜棱岩、黑云母石英片岩、斜长片麻岩和碎裂 – 碎斑状花岗岩组成；其东南侧是唐山山脉。地热田内构造活动强烈，发育着北东、北西和近南北向三组断裂，其中北西向断裂是浅层地热流体运移的主控断裂（图 9.11）。地热田主要由前震旦系至古生界变质岩系、燕山期侵入体、喜马拉雅期侵入体、喜马拉雅期火山岩系

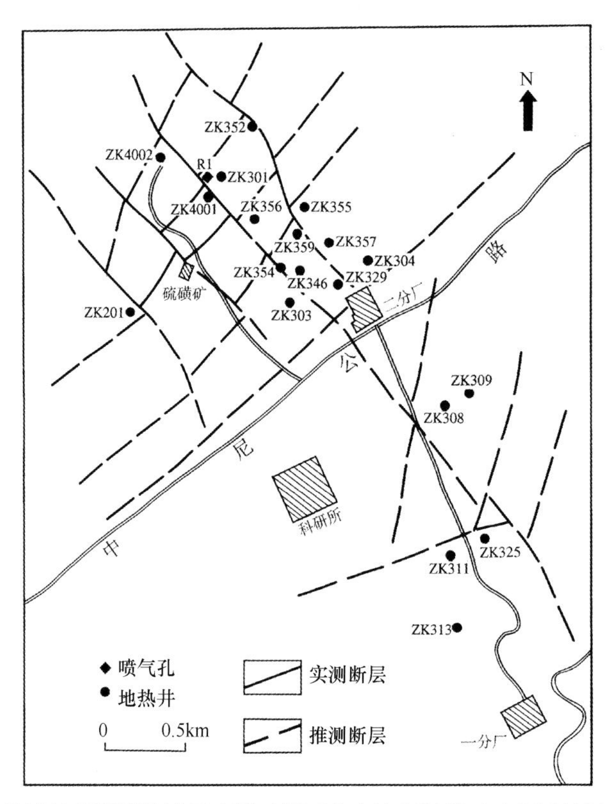

图 9.11　羊八井地热田断裂构造示意图（据西藏自治区地质矿产局地热地质大队，1997）

和第四系组成。前震旦系至古生界变质岩系由黑云片岩、石英岩、片麻状花岗岩和花岗混合岩组成，主要出露在地热田西北边缘，呈北东走向，变质岩系中有燕山晚期和喜马拉雅早期侵入体。燕山晚期侵入体花岗岩占主导地位，局部出现闪长岩，分布在地热田南区，岩石致密，裂隙不发育。第四纪沉积物或始新世—渐新世火山碎屑呈不整合覆盖其上。喜马拉雅期侵入体分布在地热田西北部和藏布曲南岸，与燕山晚期花岗岩呈断层接触，在地热田北区同样被火山碎屑岩和第四系沉积物所覆盖。侵入体由多期次花岗岩组成，岩石经过强烈的动力作用，浅部以脆性变形的碎裂结构为主，深部以韧性变形或超碎裂的糜棱岩带为主，是地热流体向上运移的主要通道。喜马拉雅期火山岩系包括火山碎屑岩和英安 – 流纹岩，前者分布在地热田的东南部和北区，后者仅见于北区的部分钻孔中。第四系呈北东向展布，广泛覆盖在地热田的基岩上，其主要成分是砂砾、砂和泥质，夹浅层地热流体沉淀作用所形成的硅质或（和）钙质胶结层。第四系砂砾岩是南区浅层地热流体富集和运移的主要岩层（西藏自治区地质矿产局地热地质大队，1997）。

羊八井地热田内水热活动强烈，地热显示类型有水热爆炸、沸泉、温泉、热水湖、喷气孔、冒汽地面、水热蚀变带、硅质泉华、钙质泉华和含铝复硫酸盐盐华等。北区地势较高，热储埋藏较深，是地热流体的升流区，地热显示以喷气孔、冒汽地面、浅黄色硫磺沉积和高岭土层为主要特征。1994 年，意大利专家在北区硫磺矿 ZK201 井至 ZK357 井、ZK4002 井至 ZK4001 井、臭沟和硫磺沟上游分别圈定出 4 片土壤中有高通

量 CO_2 排放的区域（图 9.12）。根据实测资料计算，地热田北区每天大约要向大气中排放 120t CO_2。地热田南区地势比较平坦，热储埋深相对浅一些，是地热流体的排泄区。地热显示以水热爆炸、沸泉和温泉等为主。东南处的热水湖是水热爆炸的产物，湖水面积曾一度达到 7350 m^2，水温为 44.5 ～ 45.5℃，涌水量为 33.25 L/s（佟伟和章铭陶，1981）。经过二十多年的地热开采，羊八井浅层热储的压力明显下降，并自东南向西北方向逐年收缩，南区水热爆炸、沸泉、热泉和热水湖等地热景观现已基本消失。

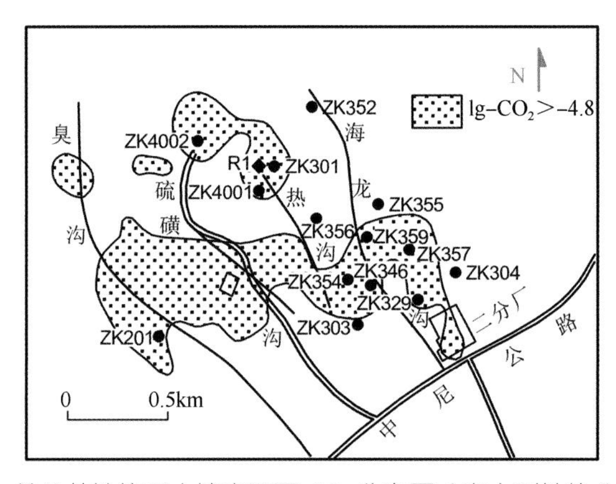

图 9.12　羊八井地热田土壤高通量 CO_2 分布图（意大利地热公司提供）

根据前人的研究结果，羊八井地热田地表和岩心样品中现已发现的蚀变矿物有：高岭石、蒙脱石、伊利石、绿泥石、叶腊石、伊利石 – 蒙脱石混层矿物（I-M）和绿泥石 – 蒙脱石混层矿物（C-M）；微斜长石、冰长石、白云母、绿帘石、黝帘石、浊沸石；石英、玉髓、蛋白石、赤铁矿和白钛石；硬石膏、石膏、明矾石、钠明矾、无水芒硝、毛矾石；方解石；章氏硼镁石、贫水硼砂、硼砂；石盐；辰砂、辉锑矿、黄铁矿、雄黄；自然硫（朱梅湘和徐勇，1989）。

9.2.3　地球物理勘查

1. 重力、磁法和电阻率测深

1974 年，西藏地质局综合普查大队最早对地热田进行电法普查，圈定出低阻异常区。西藏自治区地质矿产局物探大队在 1976 年对地热田及周边地区开展了重力和磁场的测量。此后，中、日、法、意等国的科研人员先后多次进行过重力、磁法、电阻率测深及大地电磁测深等多项物探工作。1983 ～ 1984 年，意大利国家电力公司 – 阿夸特公司联合体在地热田及邻区完成了 618 个重力测点、595 个磁场测点和 186 个垂直电测深测点；1992 年，西藏自治区地质矿产局物探大队在北区硫磺矿附近 4 km^2 的范围内补测 441 个重力和磁场点，42 个电阻率测深点；1994 年，意大利地热公司在北区又增补了 118 个点的重力测量。中国华能集团北京华能地学高技术联合公司也曾在地热田进行过短期的地噪声和微地震观测。

重力、磁法勘探是国内外研究地热田基底起伏和隐伏断裂的有效手段之一。羊八井地热田不同组分的花岗岩之间的密度相差较小，岩石密度一般在 2600 kg/m^3，重力异常微弱，难以识别。然而，第四系冰碛层、冲积层的结构比较松散，岩石密度较低，与花岗岩的密度差最高可达 1100 kg/m^3，因此，重力异常可以较好地反映出地热田基底的起伏。重力测量表明，地热田在区域重力场中显示为负异常，等值线大体呈北东方向展布；地热田东北处的第四系盖层比较薄，西南处的比较厚（700 ～ 900 m）；在北区，重力异常线起伏比较大，构造发育；羊八井地热电站二分厂西南约 1500 m 处出现局部高重力异常，推测是 600 m×1500 m 的棱柱状隐伏侵入体，其顶面埋深约 400 m，底面埋深 1000 m。地热田的磁场也处于负异常背景，花岗岩呈弱磁性，随着蚀变程度的增加，磁性逐渐减弱。北区臭沟、硫磺沟和海龙沟等断裂带附近都表现出局部北西向的线状磁负异常，区内磁异常与重力异常的位置基本上保持一致。

根据测定结果：羊八井地热田地热流体的电阻率在 3 Ω·m 左右，含热水砂砾岩是 10 ～ 20 Ω·m，地表冷水接近 100 Ω·m，非蚀变的花岗岩则可高达 300 ～ 1500 Ω·m。利用地热流体与地表冷水、岩石之间的电性差异，可以比较准确地圈定出地热流体的赋存部位、空间形态、基岩埋深和浅层热储的厚度等。在羊八井地热田，视电阻率极小值 30 Ω·m 圈定的地热田范围与用 5 m 测温等温线圈定的范围基本吻合（靳宝福，1993）。

2. 大地电磁测深

1980 ～ 1982 年，中法青藏地质联合科学考察队首次在羊八井地热田布置了 5 个大地电磁测深（MT）测点，其中 4 个测点位于中尼公路南侧，1 个测点安排在中尼公路北侧地热田的边缘带。测量工作分长周期（1000 ～ 3000 s）和短周期（100 s）两种工作模式，记录了两个电场分量和三个磁场分量。通过对 MT 测点资料的综合分析，研究人员认为，除浅部热储呈低阻外，在 10 ～ 20 km 深部还存在着一个低阻层，很可能是地壳内部的局部熔融区。这一低阻层在 NW-SE 剖面上，表现出中间浅两边深的特征，变浅的部位应在中尼公路一带，并与低重力、低磁区相对应，推断为断裂交会而形成的基岩“破碎柱”，是地热流体上升的主通道，其深部可能与熔融区的顶端相连通（吴钦等，1990）。

1993 ～ 1994 年，日本九州大学和长春地质学院合作，在羊八井地热田布置了 9 个 MT 测点，其中 1 号、2 号、6 号、7 号、8 号测点安排在地热田北区，3 号、4 号、5 号、9 号测点在南区。探测结果表明，南区 3 号、4 号、5 号测点浅层出现低阻（<10 Ω·m），深度超过 650 m 后电阻率开始增大。整个探测区在 4 ～ 8 km 深处呈现出高电阻率（300 ～ 1000 Ω·m），8 ～ 12 km 深处的电阻率下降为 100 ～ 300 Ω·m，12 km 以下的电阻率只有 30 ～ 100 Ω·m。

1994 年 8 月 15 ～ 31 日，意大利地热公司的专家在地热田应用 MT PHOENIX 通道记录仪在地热田北区布置了 15 个 MT 测点（图 9.13），除 1 号测点外，其余 14 个测点均获得了较高质量的数据。由于测量时不能中断地热电厂的正常运行，因此，绝大多数测点位置与地热生产井都保持了一定的距离。接收器设置了三个接收频段：60 ～ 320 Hz、7.5 ～ 40 Hz 和 0.00055 ～ 6 Hz。通过 Bostick 变换后获得了 P01 和 P02 测线的一维视电阻率剖面图（图 9.14，图 9.15），这些剖面揭示了北、西端测点的电阻率在浅层和深部都比较高。

根据二维反演结果，意大利地热公司的专家提出羊八井地热田二维结构模式（图 9.16）：在地热田浅层 100 m，岩层的电阻率一般是 10 Ω·m 左右，推测是冰碛层、冲积层和蚀变花岗岩；其下是 5000 m 厚、约 200 Ω·m 的碎裂花岗岩，该岩层表现出明显的各向异性，电阻率变化不连续并受到断裂构造控制；5000 ～ 15000 m 深处出现一低阻层，各向同性，电阻率约为 5 Ω·m，推测是熔融或局部熔融的花岗岩。

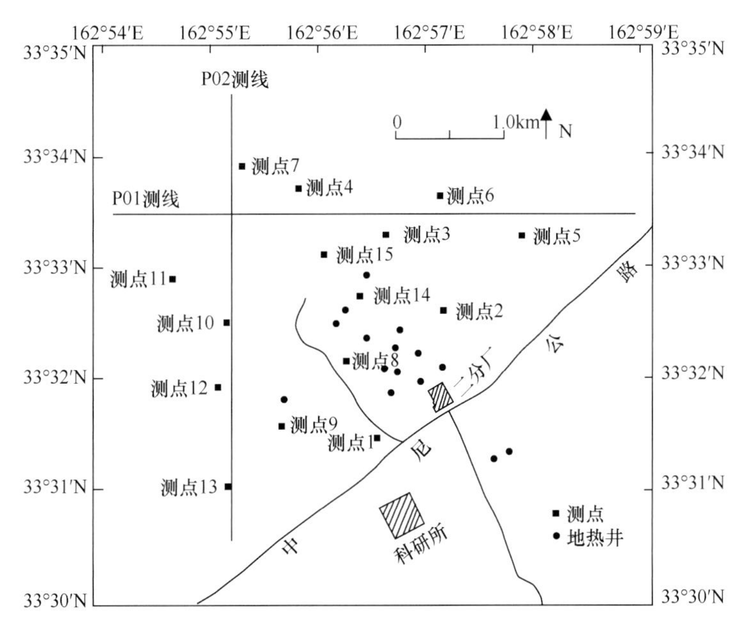

图 9.13　羊八井地热田 MT 测点分布图（意大利地热公司提供）

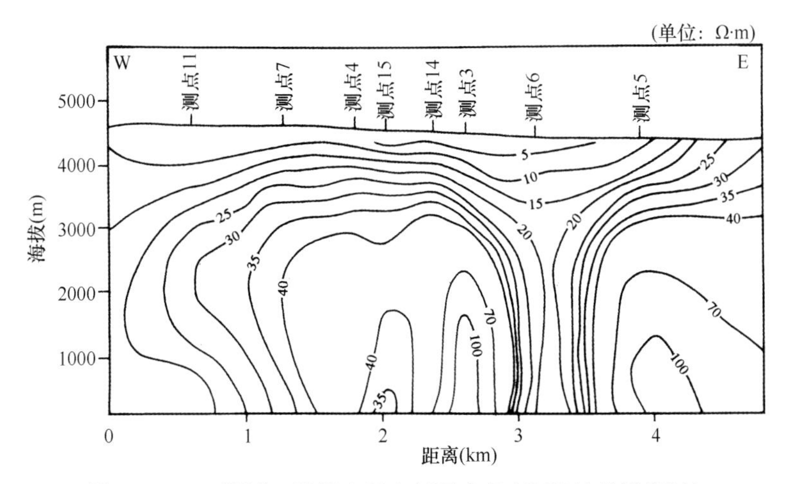

图 9.14　P01 测线一维视电阻率剖面（意大利地热公司提供）

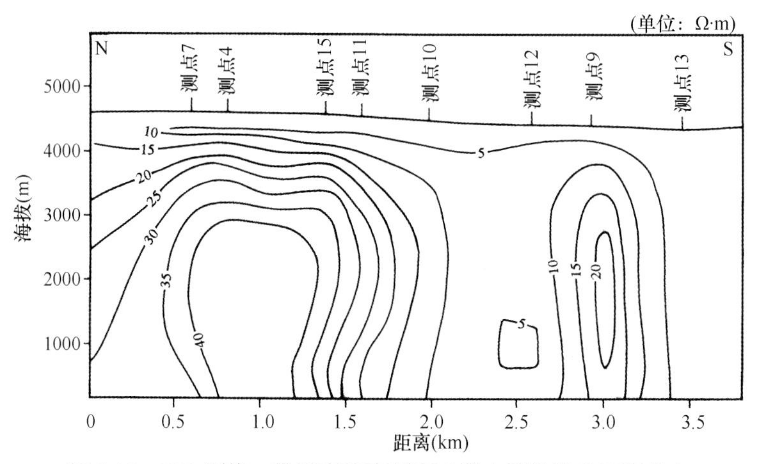

图 9.15　P02 测线一维视电阻率剖面（意大利地热公司提供）

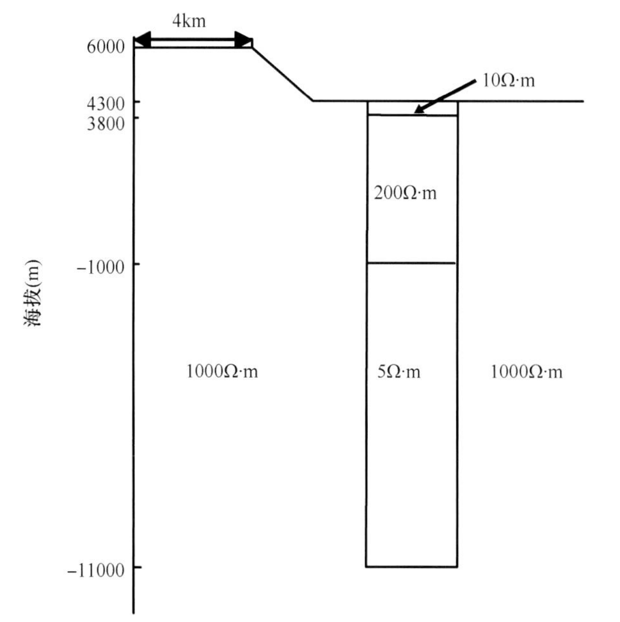

图 9.16　羊八井地热田二维结构模式简图（意大利地热公司提供）

9.2.4　地球化学调查

1. 气体化学成分和地热蒸气定量组成

借助水气分离器和冷却设备（图 9.17），可以采集地热井中的非冷凝气体，测定地热蒸气的定量组成。羊八井高温地热流体中非冷凝气体的主要成分是 CO_2（赵平等，2002；Mahon et al.，1980）。CO_2 的相对百分浓度一般都超过 85%。H_2S 为 0.2% ～ 0.6%，H_2 为 0.02% ～ 0.07%，CH_4 低于 0.2%，He 从 52 μg/g 变化至 1167 μg/g，SO_2 的浓度在 10^{-9} 数量级。表 9.3 是部分地热井中气体的化学组成，未对测量结果作大气校正。

图 9.17　水气分离器及冷却设备

表 9.3　羊八井地热田非冷凝气体的化学组成（%）(据赵平等，1998a)

采样地点	孔深（m）	CO_2	H_2S	H_2	CH_4	N_2	He	Ar	O_2
ZK311 井	82	95.2	0.40	0.025	未检出	4.06	0.0095	0.10	1.06
ZK313 井	155	81.3	0.43	0.035	未检出	15.6	0.0052	0.23	1.96
ZK325 井	95	92.5	0.22	0.035	未检出	6.17	0.0078	0.16	0.59
ZK309 井	140	85.7	0.27	0.028	未检出	11.7	0.0044	0.21	2.28
ZK304 井	207	93.8	0.33	0.041	未检出	4.67	0.0104	0.14	0.47
ZK329 井	240	90.4	0.30	0.038	0.08	7.70	0.0091	0.12	2.03
ZK355 井	454	91.0	0.27	0.058	未检出	7.10	0.0052	0.14	1.23
ZK359 井	270	77.2	0.35	0.028	未检出	17.2	0.0104	0.31	4.21
ZK303 井	336	92.7	0.23	0.034	未检出	5.02	0.0145	0.14	0.92
ZK354 井	273	91.9	0.60	0.053	未检出	9.10	0.0143	0.14	0.07
ZK201 井	270	87.6	0.28	0.065	0.06	11.2	0.0377	0.17	1.81
ZK4002 井	2007	89.2	0.52	0.036	0.15	8.12	0.1167	0.06	1.38
ZK4001 井	1495	91.3	0.40	0.017	0.08	5.86	0.0601	0.06	0.74
热沟喷气孔		94.5	0.18	0.058	0.10	5.38	0.0472	0.06	0.56

注：H_2S 是现场快速测定值。

Giggenbach(1992) 提出，可以用气体中 He、Ar 和 N_2 的相对组成区分出地热和火山气体的不同成因。大气中 N_2/Ar 值是 84，Ar/He 值接近 1800；大气降水中 N_2/Ar 值是 38，Ar/He 值约为 6800。从板块碰撞带安山质岩浆释放出来的气体具有较高的 N_2/Ar 值（2500 ～ 5000）和 N_2/He 值（1700 ～ 5000），如菲律宾的 Cagua 和 Mahagnao、印度尼西亚的 Papandayan 和 Darajat 及日本的 Tamagawa 等。玄武质岩浆和壳源气体都有高含量的 He，He/Ar 值也比较高，在 He-Ar-N_2 三角图中难以识别，氦同位素比值是区分两者的可靠方法之一。属于前者的有夏威夷 Kilauea、新西兰 Taupo、冰岛 Krafla 和肯尼亚 Olkaria 等地热田；属于后者的主要是一些中低温地热田，如福建省福州和漳州地热田、广东省丰顺县邓屋地热田等（戴金星等，1994）。

在图 9.18 中，羊八井的气体样品可以划分出两组：第一组样品包括北区 ZK4001 井、ZK4002 井、热沟喷气孔和 ZK201 井，气体主要来自深部热储，He 和 CH_4 的相对含量较高，地热蒸气的定量组成基本相似（表 9.4）。这些样品主要分布在 He 端点附近，其中 ZK4001 井、ZK4002 井和热沟喷气孔样品的 N_2/Ar 值超过 38（雨水中的比值）和 84（大气中的比值），说明部分 N_2 是非大气成因，源自深部物质的变质作用。

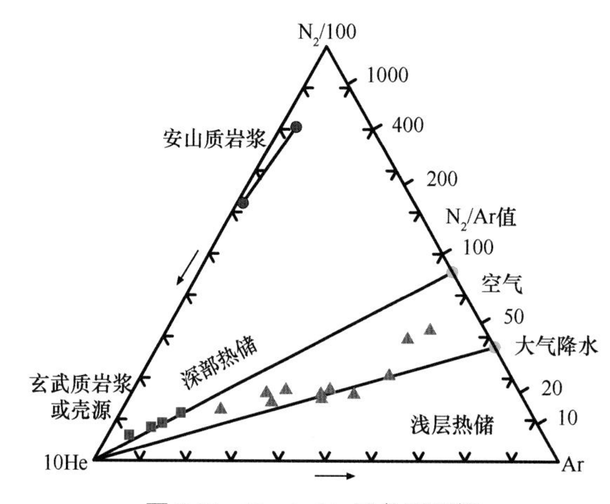

图 9.18　He-Ar-N_2 三角形图解

表 9.4　羊八井地热田地热蒸气的定量组成（据赵平等，1998a）

采样地点	采样时间	CO_2	H_2S	H_2	CH_4
ZK311 井	1995-09-16	137.7	0.390	0.0353	未检出
ZK313 井	1995-09-12	21.6	0.595	0.0053	未检出
	1996-09-21	77.4	1.91	0.0307	未检出
ZK325 井	1995-08-18	21.4	0.021	0.0044	未检出
ZK309 井	1996-09-21	34.0	0.510	0.0083	未检出
ZK304 井	1995-09-12	26.4	0.119	0.0095	未检出
	1996-09-17	46.6	0.278	0.0171	未检出
ZK329 井	1995-08-26	28.5	0.435	0.0106	0.022
	1996-09-19	42.8	0.593	0.0162	未检出
ZK355 井	1995-09-13	28.1	0.259	0.0056	未检出
	1996-09-17	30.2	0.342	0.0147	未检出
ZK303 井	1995-09-13	66.1	0.366	0.0227	未检出
ZK354 井	1995-08-21	30.6	0.400	0.0095	未检出
	1996-09-20	27.4	0.585	0.0145	未检出
ZK201 井	1996-09-20	308	1.62	0.23	0.208
ZK4001 井	1996-11-13	316	3.07	0.057	0.266
热沟喷气孔	1995-08-22	368	4.63	0.23	0.396

注：浓度校正至一个大气压，单位：mmol/kg 水蒸气。

ZK4001 井是 1996 年 10 月完成的地热高产井，NaCl 型水质，矿化度是 2.8 g/L，钻探过程中穿透的浅层热储已封闭，地热流体全部来自深部热储层。在连续放喷 15 天后采集气体和热水样品。ZK4002 井是 1993 年底在北区完成的深井，1995 年采集气体样品时地热蒸气的流量很不稳定，1996 年熄灭。热沟内喷气孔较多，单孔流量普遍较低，孔壁附近常见自然硫晶体，采样点位于 ZK4001 井北侧，地热蒸气中的气体浓度比 ZK4001 井的略高，反映其在上升通道中热量有损失，析出部分冷凝水后使得非冷凝气体浓度增大。ZK201 井是废弃的勘探浅孔，最高井温约为 171℃，采样时井内已充填碎石，井口蒸气温度为 85℃。将 ZK201 井样品归并到深部热储主要有两方面的依据：一是地热蒸气的定量组成与其他样品具有相似性，气体中 He 含量相对较高（表 9.3）；二是物、化探资料证实 ZK201 井与上述深井都处于异常区内，ZK201 井附近北西向张性断裂发育，具有获取深部高焓地热流体的潜力。

第二组样品全部来自浅层热储的地热生产井，地热蒸气的气体浓度较低（表 9.4），在图 9.17 中样品的位置比较分散，说明浅层热储的封闭性较差，地下冷水在进入热储时携带一定的大气组分。除 ZK329 井外，气体中均未检测到 CH_4 组分。羊八井浅层热水也是 NaCl 型水质，但矿化度较低，约为 1.5 g/L。热储温度介于 150 ～ 170℃，自西北向东南呈逐渐降低趋势（梁廷立，1993）。南区生产井的流量比较平稳；北区部分生产井井口的温压呈脉冲状，说明钻孔内裂隙不够发育，岩石渗透性较差，如 ZK354 井、ZK357 井、ZK359 井等。ZK357 井和 ZK359 井地热流体中非冷凝气体含量很低，气体 / 冷凝水的实测值小于 0.1 L/kg，地热流体在流入井筒前很可能已经部分脱气。在这些井采集非冷凝气体比较困难，耗时较长，易遭受大气污染，大样品中 N_2、O_2 和 Ar 含量也相应较高。

地热田南区 ZK311 井完成于 1980 年，井深仅 81.8 m，未穿透第四系砂砾层，最高井温是 157℃。1995 年 9 月在 ZK311 井采样时发现，该井地热蒸气中非冷凝气体浓度明显超过邻近的 ZK325 和 ZK313 井，经过水气分离的热水呈酸性，pH 接近其他井的冷凝水。同时，热水中 Li、Na、K、B、F、Cl 等主要组分的浓度仅是周围井的 20% ～ 30%，地热流体强烈亏损 ^{18}O 和 D。据此，可以推断出 ZK311 井的底部已高出浅层热储的气化面（又称闪蒸面），进入钻孔的流体以气相组分为主，气相摩尔分数远远超过地热流体在绝热气化时的对应值。水、气两相在井筒内上升过程时有热量损失，促使部分地热蒸气返回液相，这部分数量越多，剩余气相中非冷凝气体的浓度就越高。由于井内压力迅速下降，ZK311 井在 1996 年已停止生产。在这期间，南区 ZK313 井气相中的气体浓度有较大幅度的上升，热水从 1995 年的碱性变成酸性，北区 ZK304 和 ZK329 井的气体浓度也略有增长，而 ZK354 和 ZK355 井的变化不大。这反映地热田浅层热储的压力下降首先出现在南区，自东南向西北逐步发展，与地热流体的运移方向恰恰相反。

2. 惰性气体组分

羊八井地热田在 2000 年有地热生产井 12 口，惰性气体样品采自这些生产井和北区尚未投入生产的ZK4001深井。采样前，要在井口安装采样阀和水气分离器，将分离出的地热蒸气导入冷却设备，非冷凝气体样品用两只尖口夹钳封存在直径为16mm的铜管内待测。由于ZK357生产井地热蒸气的气体含量很低，故对地热流体不进行分离，冷却至常温后灌满铜管，用排水集气法收集气体。

惰性气体样品的制备和分析在美国劳伦斯伯克莱国家实验室地球科学部同位素地球化学研究中心实验室完成，惰性气体质谱仪由该实验室科研人员自行设计，具体操作过程可参见有关文献（Hiyagon and Kennedy，1992；Kennedy et al.，1985）。样品的相对丰度和同位素组成测定结果分别列于表9.5和表9.6。相对丰度用$F(i)$值表示，即i组分以^{36}Ar为参考相对于大气的比值，$F(i)=(i/^{36}Ar)$样品$/(i/^{36}Ar)$大气，$F(i)$值代表样品相对于大气的分馏/亏损/富集程度（Kennedy and Truesdell，1996）；表9.6中的(i)值是样品i组分相对于大气的千分差，即$(i)=1000$ [$(i/^{36}Ar)$样品$/(i/^{36}Ar)$大气-1] ‰；氦同位素组成用R/Ra值表示，其中R代表样品的$^{3}He/^{4}He$实测值，Ra是大气中的$^{3}He/^{4}He$值（1.4×10^{-6}）。

表9.5　羊八井地热田惰性气体的相对丰度（据赵平等，2001）

采样地点	[^{36}Ar] (μg/g)	[^{4}He] (μg/g)	$F(^{4}He)$	±	$F(^{22}Ne)$	±	$F(^{84}Kr)$	±	$F(^{132}Xe)$	±
ZK304	1.03	74.9	435.41	21.78	0.27	0.02	1.82	0.04	3.29	0.30
ZK313	0.80	52.7	396.82	19.85	0.44	0.01	1.69	0.04	3.13	0.16
ZK324	0.71	43.3	365.70	18.28	0.12	0.01	1.90	0.04	3.87	0.20
ZK329	1.37	117.0	509.83	25.52	0.26	0.01	1.78	0.04	3.46	0.22
ZK353	1.25	111.6	536.85	29.29	0.21	0.02	1.84	0.04	3.78	0.20
ZK354	3.01	325.1	647.76	32.55	0.43	0.02	1.70	0.04	3.06	0.17
ZK355	1.01	73.2	436.35	21.82	0.29	0.01	1.85	0.04	3.60	0.19
ZK357	7.30	570.6	467.97	23.41	1.31	0.03	1.15	0.03	1.49	0.14
ZK4001	2.79	3476.4	7474.63	374.37	0.34	0.01	1.59	0.03	2.72	0.14

注：± 表示左栏数据的误差范围，下同。

表9.6　羊八井地热田惰性气体的同位素组成（据赵平等，2001）

采样地点	R/Ra	±	$\delta^{38}Ar$	±	$\delta^{40}Ar$	±	$^{40*}Ar/^{4}He$	±
ZK304	0.159	0.009	−11.74	10.64	21.51	5.25	0.087	0.022
ZK313	0.087	0.018	−8.28	10.36	30.16	5.17	0.134	0.024
ZK324	0.135	0.008	−14.48	11.23	17.17	5.18	0.083	0.025
ZK329	0.123	0.008	−11.20	10.50	25.55	5.31	0.089	0.019
ZK353	0.113	0.012	−4.90	10.35	15.70	5.17	0.052	0.017
ZK354	0.165	0.008	−19.86	10.95	57.65	5.38	0.157	0.017
ZK355	0.129	0.012	−21.53	10.32	24.69	5.17	0.100	0.022
ZK357	0.178	0.011	−21.30	10.83	2.26	5.10	0.009	0.019
ZK4001	0.259	0.010	−11.54	10.22	637.48	8.31	0.151	0.008

在氦同位素中，^{4}He是放射性元素U和Th衰变的产物，^{3}He主要通过核反应$^{6}Li(n, \alpha)$ ^{3}H $(\beta)^{3}He$产生，岩石中氦同位素的组成与U、Th和Li的浓度密切相

关（Mamyrin and Tolstikhin，1984）。大气中 $^3He/^4He$ 值（Ra）是 1.4×10^{-6}，地壳物质放射性成因氦的 R/Ra 平均值是 0.02，大洋中脊现代幔源物质的 R/Ra 值可高达 8 ± 1（Lupton，1983）。

20 世纪 80 年代中期，蔡祖煌等于 1985 年在中美合作项目中首次分析了羊八井地热田南区部分温泉和地热井中的氦同位素，提出念青唐古拉山山前断裂活动尚未触及地幔，羊八井地段没有地幔物质上涌。此后，Yokoyama 等（1999）发表了 90 年代初在羊八井南区温泉采样的测试结果，他们认为地热田的惰性气体是大气组分与地下组分的混合物，在西藏巨厚的地壳中，存在着幔源岩浆，地壳物质产生的放射性氦把幔源氦稀释至现今的实测值。

20 世纪 90 年代中期，羊八井浅层热储的压力和流量出现了明显的下降，南区众多温泉皆已干涸，无法对温泉气体的同位素组分进行对比测量。1998 年，Zhao 等报道了羊八井南、北两区部分地热井中气体的氦同位素组成，推断大量过剩的 ^4He 主要来自深部念青唐古拉变质杂岩体的局部熔融。他们还观察到深层气体的 R/Ra 值比浅层略高的现象，认为气体样品在收集或储存过程中遭到大气污染可能是导致深部气体样品 R/Ra 值相对较高的缘由。由于分析测试单位未能提供 $^4He/^{20}Ne$ 值等其他数据，这种判断无法得到证实。意大利学者 Cioni 曾于 1996 年在 ZK325 和 ZK303 井收集了两份气体样品，后在意大利比萨地质年代与同位素地球化学研究所完成测定：ZK325 井非冷凝气体中的氦含量是 51.8μg/g，R/Ra 值是 0.23，$^4He/^{20}Ne$ 值是 540；ZK303 井的氦含量是 90.1μg/g，R/Ra 值是 0.12，$^4He/^{20}Ne$ 值是 885。上述研究成果基本上仅限于对氦组分的成因进行讨论，并没能阐述地热流体的演化过程。

由于羊八井地热田至今没有发现第四纪火山活动的证据，因此，有关地热田的构造地质、热源性质、热储特征、热水的运移通道和升流部位等问题曾经争论了许多年。1996 年，ZK4001 井成功地揭露出 253℃的高温热储后，国内外同行对羊八井属于具有岩浆热源的对流型水热系统已达成共识，但在地热流体的升流部位、运移过程等问题上仍有分歧。

在表 9.5 中，除 ZK4001 井外，其余的都是浅层热储生产井，气体中的氦含量是 43.3 ～ 570.6μg/g，与 Zhao 等（1998）的研究结果基本吻合。$^3He/CO_2$ 值变化范围比较大，从 9×10^{-12} 变化至 1.6×10^{-10}［CO_2 值见 Zhao 等（2000）］；R/Ra 值在 0.087 ～ 0.178 变化，与温泉气体的氦同位素组成相接近。地热田北区 ZK4001 井深 1450m，井口气、液两相的稳定流量是 84kg/s，气体样品中氦含量高达 3476μg/g，$^3He/CO_2$ 值（1.4×10^{-9}）超过大洋中脊玄武岩的比值（约 5×10^{-10}），R/Ra 值（0.259）明显高出南区浅层热储的生产井，与前期的研究结果相吻合。那么，这是否意味着羊八井地热田的深、浅热储具有不同的地热成因呢？

ZK313 井位于地热田的南部边缘，近年来井内压力和流量迅速下降，地热蒸气中的 CO_2 浓度出现了明显的变化（表 9.4），而 ZK4001 井是地热田北区的一口深井。如果把这两口井的 $F(^4He)$ 和 R/Ra 值作为两个端元值，那么，就可以建立起 $F(^4He)$ 和 R/Ra 值的演化曲线（图 9.19），而其他样品恰好都落在这条曲线附近、两个端元之间。

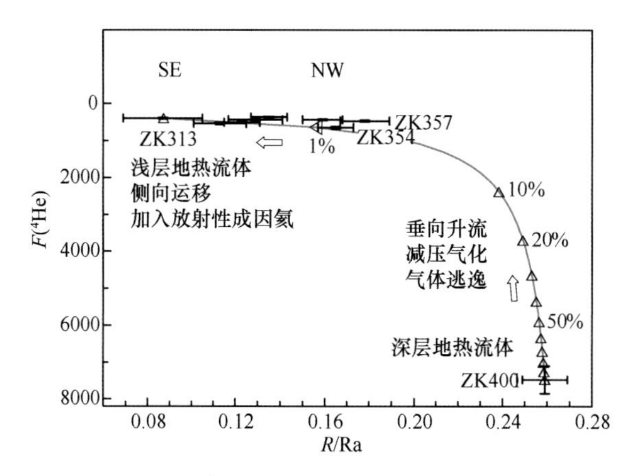

图 9.19　羊八井地热田 $F(^4He)$ 和 R/Ra 值的演化曲线（据赵平等，2001）

惰性气体的相对丰度和同位素组成揭示：深层地热气体是浅层的母源，浅层地热气体是深层的演化产物。

3. 碳和硫同位素组成

在羊八井地热田热沟喷气孔、ZK201 井和 ZK4001 井三者之间，地热蒸气中 CO_2 浓度越大，气体流量越小，相应地，$\delta^{13}C$ 值越高（表 9.7）。ZK4001 井地热流体的热焓值在 1090 kJ/kg 左右，假设其上升过程是绝热的，那么地热流体在 100℃分离时的气体摩尔分数可高达 0.30，约有 97% 的 CO_2 进入了气相。化学热力学模拟计算证实该井的地热流体在上升到井口的过程中是不会出现 $CaCO_3$ 结垢的，因此，气体样品的 $\delta^{13}C$ 实测值能够代表热储中的原始组成。热沟喷气孔和 ZK201 井的地热蒸气在上升通道中 CO_2 和水蒸气均有丢失，造成 CO_2 浓度增大，残留 CO_2 富集 ^{13}C。

表 9.7　羊八井地热田碳、硫同位素组成

采样地点	$\delta^{13}C$-CO_2(PDB，‰)	$\delta^{34}S$-H_2S(CDT，‰)	$\delta^{34}S$-SO_4(CDT，‰)
ZK313 井	−9.88		10.1
ZK325 井	−8.61	7.4	7.6
ZK309 井	−10.83	7.2	7.7
ZK304 井	−8.76	8.3	9.0
ZK353 井		1.0	8.7
ZK329 井	−7.72	5.2	8.1
ZK355 井	−10.29	1.5	7.8
ZK359 井	−10.16	1.1	7.53
ZK354 井	−11.33	2.9	10.0
ZK201 井	−8.94		
ZK4001 井	−11.01	1.5	18.88
ZK4002 井		0.2	
热沟喷气孔	−7.84	1.8	

浅层热储 CO_2 的 $\delta^{13}C$ 值与深层热储无显著区别，CO_2 气体具有相同的起源。接近地热田流体升流部位的 ZK354 井、ZK355 井和 ZK359 井 CO_2 的 $\delta^{13}C$ 值与 ZK4001 井更接近。热储温度较低的生产井中，CO_2 气体略为富集 ^{13}C。热水的化学组成研究揭示，浅层流体是深层流体和冷水相混合的产物。在这过程中，有 80% ～ 90% 的深源 CO_2 达到了过饱和，其将以各种方式离开地热流体，如释放出富含 CO_2 的气相组分和形成 ZK4001 井、ZK4002 井岩心中能观察到的方解石等，这使得 CO_2 的 $\delta^{13}C$ 值偏离初始值。图 9.20 给出了国内外一些地热田 $\delta^{13}C$-CO_2 值的分布范围，羊八井地热田的 CO_2 不可能来自地幔物质或海相碳酸盐岩，也缺少有机成因的证据。结合区域地质发展历史可以推断，CO_2 起源于念青唐古拉变质杂岩体的变质作用，地壳物质的局部重熔是变质过程的热动力，这与美国加州 Sulphur Bank Mine 等地热田 CO_2 的成因相类似。

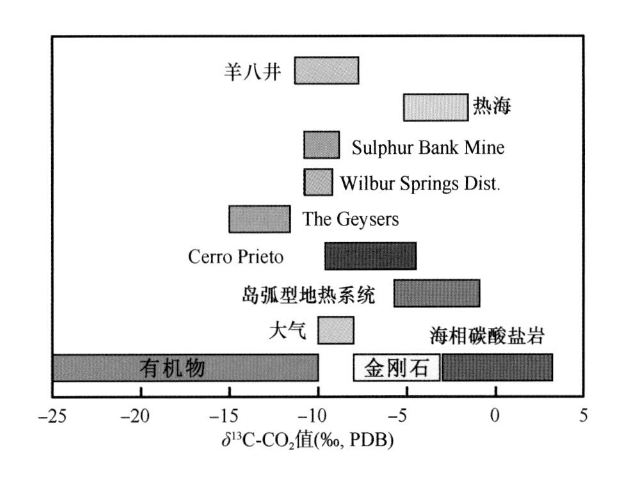

图 9.20　羊八井和部分地热田 $\delta^{13}C$-CO_2 值的比较（据 Fraser 等（1995）的图略做修改）

地热流体中不同价态的硫具有不同的同位素组成。ZK4001 井 H_2S 的 $\delta^{34}S$ 值是 1.5‰，SO_4^{2-} 的 $\delta^{34}S$ 值却高达 18.9‰，SO_4^{2-}-H_2S 没有建立硫同位素平衡。深层热储 H_2S 的 $\delta^{34}S$ 值变化幅度较窄，0.2‰ ～ 1.8‰，具有深源硫的特征；浅层热储 H_2S 比较富集 ^{34}S，$\delta^{34}S$ 值较为离散，1.1‰ ～ 8.3‰，SO_4^{2-} 的 $\delta^{34}S$ 值在 7.5‰ ～ 9.5‰，说明流体向上迁移时发生了同位素分馏和交换。实测资料表明，深层流体中 H_2S 含量是 0.9 mmol/kg，SO_4^{2-} 是 0.2 mmol/kg；浅层流体中 H_2S 含量大约是 0.06 mmol/kg，SO_4^{2-} 在 0.34 mmol/kg 附近。流体中 $\delta^{34}S$-SO_4^{2-} 值的降低与 SO_4^{2-} 组分增加有关，是深源 H_2S 在浅层环境氧化的结果。Zhao 和 Armannsson(1996) 认为，地热流体中 H_2S 的浓度是受到矿物缓冲对控制的，与温度呈指数关系。深层流体与冷水混合后，H_2S 处于过饱和，矿物缓冲对就要消耗掉部分 H_2S，如形成黄铁矿和其他含硫矿物等，这就导致残余 H_2S 的 $\delta^{34}S$ 值发生不同程度的改变，所以，深、浅层 H_2S 气体 $\delta^{34}S$ 值的差异不能证明它们具有不同的母源。ZK354 井和 ZK359 井的 H_2S 组分在一定程度上还保留着深源的特征。在浅层热储的温度和流体 pH 范围内，要建立起 SO_4^{2-}-H_2S 之间的硫同位素平衡是极其困难的。

4. 地热水的化学成分

根据羊八井地热田冷、热水的化学组成，可以划分出以下几种类型。

1) $Ca(HCO_3)_2$ 型。羊八井地热田及其邻区的冷水皆属于 $Ca(HCO_3)_2$ 型，pH 小于 8.3，无可溶性 H_2S，能检出不等量的 NO_3^-，如藏布曲河水、海龙沟溪水、盆地地表水以及电厂生活区第四系饮用水等。表 9.8 是羊八井地热田冷、热水的化学分析结果。

2) $Na(Cl, HCO_3)$ 型。该类型是温度较低的温泉水，在前人的研究中均有记载（佟伟和章铭陶，1981；西藏自治区地质矿产局地热地质大队，1984），是浅层热储的热水在上升过程中与大量地表冷水相混合的产物。经过 40 多年的资源开采，地热田浅层热储压力出现下降趋势，这类热水现已基本消失。

3) $(Ca, Mg)SO_4$ 型。地热田喷气孔附近有时伴随出现 $(Ca, Mg)SO_4$ 型酸性水。富含 CO_2 和 H_2S 的地热蒸气沿裂隙向上迁移时，损失热量后转变成冷凝水并侵蚀周围的岩石，淋滤出其中的部分组分；H_2S 氧化成 SO_4^{2-}，pH 视冷水的混入量而变化，个别地点出露 Na_2SO_4 型水。

4) NaCl 型。这一类型包括温度较高的温泉、沸泉及深、浅层热储的热水，pH 通常较高，Ca、Mg 含量低，碱金属和 B、Cl 含量较高，无 NO_3^-。在 HCO_3-Cl-SO_4 三端元图上（图 9.21），羊八井地热水与同属滇藏地热带的羊易、热海地热田，以及国外部分高温地热田的热水在化学组分上有所不同，造成 ZK311 井热水化学组分出现异常的原因在 9.2.4 第 1 小节中已有说明，此处不再赘述。

纳木错（湖）位于念青唐古拉山北麓、羊八井地热田北约 60 km 处，湖面海拔约为 4700m。有学者认为纳木错湖水在重力势能的驱动下，通过深大断裂为羊八井地热田提供水源（张宏仁，1993），湖面的变化与地热田的开采量有关。但是，从水质类型上来看，湖水呈 $NaHCO_3$ 型，Mg、SO_4^{2-} 组分和矿化度都比较高，湖底为碳酸盐岩，通过深循环很难实现水质类型的根本转变。另外，氢、氧同位素研究表明，羊八井热水的 δD 值约为 –153‰、$\delta^{18}O$ 约为 –19‰，湖水的 δD 为 –74.8‰、$\delta^{18}O$ 为 –7.09‰，比热水富集 ^{18}O 和 D，并严重偏离当地的雨水线，具有蒸发浓缩的特征。所以说，纳木错湖面涨落与羊八井地热田热水的开采量不存在因果关系。

5. 深、浅层热水的相互关系及矿物平衡

一些学者提出，冷、热水的混合过程对热水的 Na/K 值影响甚微，Na-K 地热温度计往往能反映深部热水的温度。羊八井地热田浅层热水的 Na/K 值在 7.7 ～ 8.9，Na-K 地热温度计给出的温度范围为 207 ～ 225℃（见表 9.9 中 T Na/K[3] 栏），明显超过实际测量值（小于 174℃）。ZK4001 井深层热储在 1996 年测到的最高温度是 251℃，1997 年复测时井温略有升高。深层热水的 Na/K 值是 5.1，Na-K 温度比实测值高出 25 ～ 32℃。在 ZK4001 井和 ZK4002 井的施工过程中，钻遇的浅层热储皆为 170℃左右，并没有遇到温度为 200℃左右的热储层。另外，深、浅层热水中 SiO_2/Cl 值也不尽相同（图 9.22），前者 SiO_2/Cl 值较高，石英地热温度计的结果与实测值相吻合；后者 SiO_2/

表 9.8　羊八井地热田及邻区冷、热水的化学组成（据 Zhao et al.，2000）

采样地点	采样时间	pH	SiO_2 (μg/g)	$CO_{2总量}$ (μg/g)	$H_2S_{总量}$ (μg/g)	Li (μg/g)	Na (μg/g)	K (μg/g)	Ca (μg/g)	Mg (μg/g)	B (μg/g)	Al (μg/g)	Fe (μg/g)	F (μg/g)	Cl (μg/g)	SO_4 (μg/g)	NO_3 (μg/g)
ZK311	1995.09.16	5.69	67	未测	未测	2.4	99	12.8	0.91	<0.05	14.0	<0.01	<0.01	3.3	112	8.9	未检出
ZK313	1995.09.12	8.86	205	214.7	0.34	10.3	417	48.4	1.89	0.10	52.5	<0.01	<0.01	13.2	479	32.8	未检出
ZK325	1995.08.18	8.82	206	120.8	0.63	7.5	328	38.5	3.99	0.10	46.6	0.03	<0.01	13.7	415	35.6	未检出
ZK309	1996.09.21	8.88	224	61.6	0.48	7.6	338	44.2	3.64	<0.01	50.6	0.16	<0.01	14.7	472	40.8	未检出
ZK329	1995.08.26	8.89	214	83.0	0.21	8.1	337	39.6	4.40	0.10	52.1	0.13	0.10	14.9	481	39.7	未检出
ZK303	1995.09.13	8.21	216	125.8	0.42	7.6	316	35.7	3.57	<0.05	45.9	0.03	<0.01	13.2	412	33.8	未检出
ZK304	1995.09.12	8.17	217	126.2	0.70	8.1	332	41.7	3.89	<0.05	49.4	<0.01	<0.01	13.2	451	34.6	未检出
ZK346	1995.08.29	8.80	238	83.3	1.02	9.1	377	44.8	3.70	<0.05	56.8	0.05	0.10	14.2	491	38.1	未检出
ZK354	1995.08.21	8.93	248	102.8	0.96	9.4	387	45.8	3.19	0.10	57.0	0.01	0.10	14.3	513	38.4	未检出
ZK355	1995.09.13	8.49	241	119.7	0.89	9.2	408	47.3	3.56	<0.05	55.6	0.16	<0.01	14.6	489	37.7	未检出
ZK356	1995.08.30	8.90	260	121.5	0.63	10.3	421	55.6	2.82	<0.05	59.0	0.03	0.03	14.0	531	39.6	未检出
ZK357	1995.09.15	8.94	247	86.2	0.21	9.1	383	48.4	3.97	<0.05	55.5	0.09	0.03	15.1	519	39.9	未检出
ZK359	1996.09.19	8.92	256	92.3	0.71	8.7	370	47.5	2.84	<0.01	55.7	0.20	<0.01	14.4	514	43.2	未检出
ZK4001	1996.11.13	8.66	684	174.3	0.82	20.9	547	107.3	2.16	<0.01	96.7	2.11	0.02	12.8	891	25.9	未检出
ZK4002	1996.11.10	6.32	350	422.4	0.14	32.4	684	159.7	10.6	0.16	125	0.33	0.31	13.5	1134	56.5	未检出
藏布曲	1995.08.20	8.20	9.3	37.7	<0.03	0.03	3.7	0.93	14.9	1.81	0.48	0.49	0.64	0.3	0.7	6.5	0.2
卢子曲	1996.09.11	7.95	5.6	22.0	<0.03	<0.01	1.0	0.70	13.4	1.08	0.13	0.25	0.06	0.5	0.1	10.9	1.3
草原溪水	1995.08.20	8.17	8.1	28.3	<0.03	0.01	1.0	0.52	14.6	1.88	0.63	0.12	0.10	0.2	0.2	7.9	0.4
生活区冷水	1995.09.18	7.40	13.2	37.7	<0.03	0.01	10.0	2.06	25.6	3.39	0.35	<0.01	0.03	0.4	13.8	16.6	21.5
雪水*	1995.09.20	未测	未测	未测	未测	<0.01	3.6	1.14	<0.05	<0.05	0.21	<0.01	<0.01	0.05	4.8	0.3	1.2
纳木错	1996.08.27	9.20	0.34	616	<0.03	0.69	307	36.1	6.7	83.6	3.33	0.03	<0.01	0.97	68.2	204	未检出

* 采集自羊八井北区海拔 5360m 处。水气分离器的分离压力控制在绝对压力为 1 个大气压。

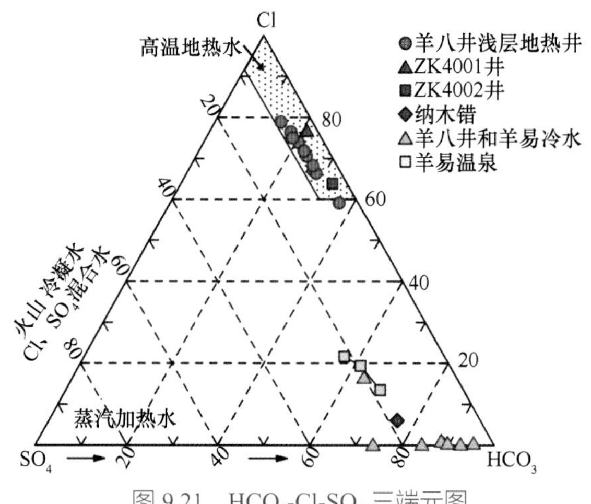

图 9.21　HCO_3-Cl-SO_4 三端元图

Cl 值较低，玉髓地热温度计较为适用。这些能否说明深、浅热储层具有截然不同的成因呢？深、浅层热水中 B 和 Cl 关系的研究将作出否定的回答。

表 9.9　部分地热温度计的计算结果（℃）（据赵平等，1998b）

地热井编号	*T* 玉髓	*T* 石英 [1]	*T* 石英 [2]	*T* Na/K [3]	*T* Na/K [4]
ZK313	148.4	171.7	169.5	210.7	230.1
ZK325	148.7	172.0	169.8	211.9	231.1
ZK309	153.9	176.8	174.5	224.1	241.1
ZK329	151.1	174.2	171.9	212.1	231.2
ZK303	151.7	174.7	172.5	207.8	227.7
ZK304	151.9	175.0	172.7	219.5	237.3
ZK346	157.8	180.4	178.0	213.3	232.2
ZK354	160.4	182.9	180.4	212.8	231.9
ZK355	158.6	181.1	178.8	210.6	230.0
ZK356	163.5	185.7	183.2	225.2	242.1
ZK357	160.1	182.6	180.2	220.2	237.9
ZK359	162.5	184.8	182.3	221.9	239.4
ZK4001	237.6	253.6	249.0	275.6	282.5

注：*T* 玉髓、*T* 石英 [1]、*T* 石英 [2] 计算式分别取自 Arnorsson 等（1983），Arnorsson（1985）和 Fournier（1977），选择最大蒸气损失计算式。*T*Na/K [3]，*T*Na/K [4] 计算式采用 Arnorsson 等（1983）和 Fournier（1979）。

如图 9.23 所示，深、浅层热水中 B、Cl 的浓度变化较大，却保持着很好的线性关系。热水中 B 和 Cl 组分主要来自深部物质，水岩作用对其影响甚小，运移过程中也不会从溶液中沉淀出来，因此，可以肯定羊八井深、浅层热水具有相同的地热成因。假设 ZK4001 井的地热流体代表母源物质，热焓值约为 1100 kJ/kg，浅层流体的热焓值为 624 ～ 719 kJ/kg，羊八井年平均气温为 2.5℃，冷水的热焓值取 10.5 kJ/kg。在不考虑传导性冷却的情况下，可以估算出浅层流体中有 56% ～ 66% 的组分来自深部。事实上，浅层流体在各自通道中运移时均有不同程度的热损失，热水中 B、Cl 浓度与热储温度并非完全呈同步变化，进入浅层热储的深部流体有可能超过 70%。

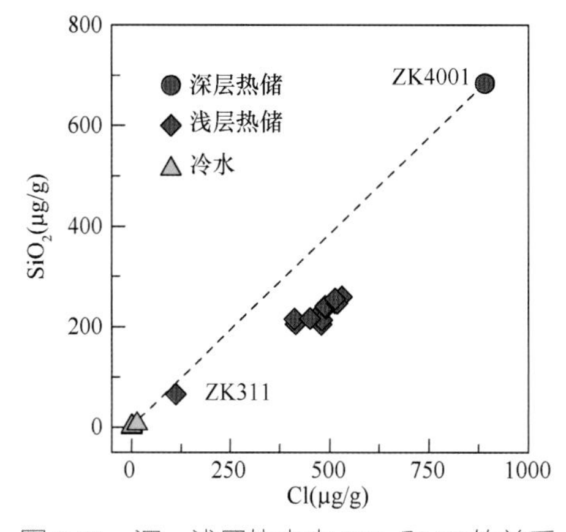

图 9.22　深、浅层热水中 SiO_2 和 Cl 的关系

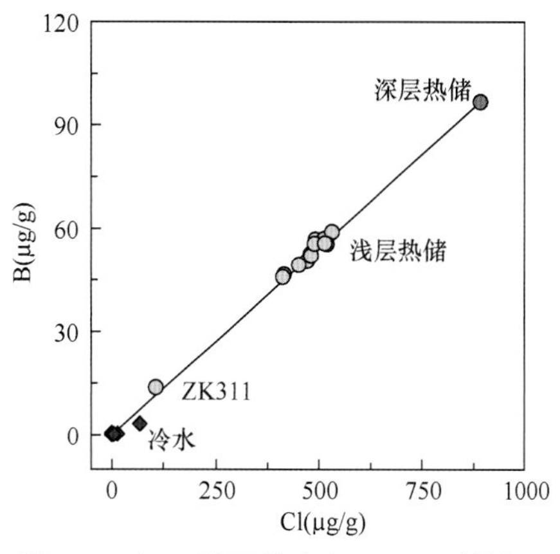

图 9.23　深、浅层热水中 B 和 Cl 的关系

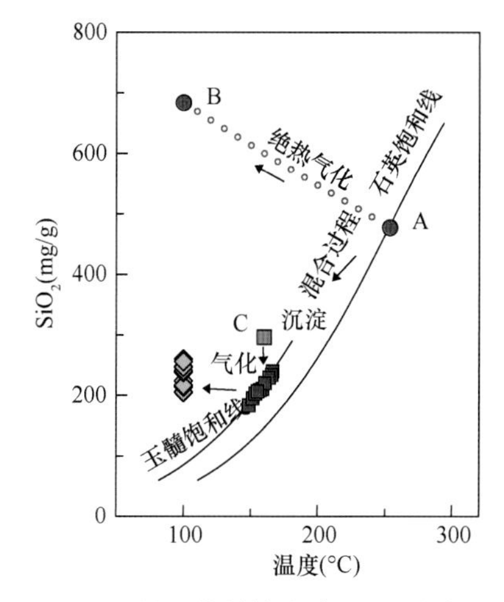

图 9.24　羊八井地热水中 SiO_2 的演化

玉髓、石英的溶解度分别引自 Arnorsson 等（1983）和 Fournier（1977，1979）

混合过程发生后，浅层流体中 SiO_2 浓度迅速超过了石英和玉髓的饱和值（图 9.24 中 *C* 位置），因此，地热流体在运移通道中将以硅质胶结等形式缓慢析出 SiO_2，形成自封闭的浅层热储盖层。热水中 $CaCO_3$ 的溶解度与温度成反比，$CaCO_3$ 是否能达到饱和取决于冷水的混入量和所携带的 Ca^{2+} 浓度等因素。在羊八井地热田，自西北向东南，依次可以观察到硅华、硅质胶结砂砾岩、钙华和钙质胶结砂砾岩（朱梅湘和徐勇，1989）。

在浅层热储中，水岩交换作用促使大多数矿物达到平衡或趋于平衡状态，热水中的 Na/K 值逐渐升高，而不是保持不变，但其化学组成仍在一定程度上保留着深部的高温信息，图 9.25 绘制了 WATCH2.1 版（Bjarnason，1994）的计算结果。在深部流体向上运移时，其中部分的 H_2S 被氧化成 SO_4^{2-}，导致浅层热水的 SO_4^{2-} 浓度增大。浅层热储中蚀变矿物有明矾石、高岭石、蒙脱石、伊利石、绢云母、绿泥石、方解石、蛋白石、玉髓、石英、黄铁矿和赤铁矿等（朱梅湘和徐勇，1989）。深层热储岩石的蚀变作用主要表现为方解石化、白云岩化、绿泥石化、方沸石化和硅化。在 ZK4001 和 ZK4002 井

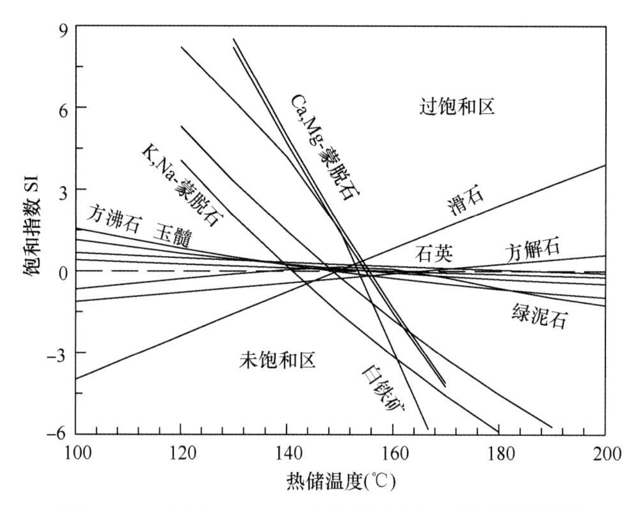

图 9.25　羊八井 ZK355 地热井流体的矿物平衡相图

现有岩心、岩屑矿物的鉴定结果中，未发现有绿帘石存在。

6. 腐蚀与结垢

地热流体在生产井口进行水气分离后，通过输送管分别送到地热电厂供机组使用。地热蒸气中富含 CO_2 和 H_2S 等非冷凝气体，温度降低后水的 pH 低于 5.0，这种流体对金属材料具有较强的腐蚀性，主要表现在 H_2S 和大气氧在酸性条件下（HCl、H_2SO_4）对金属元素的氧化。据现场测定，浅层地热流体经水气分离后，CO_2、H_2S 在地热蒸气中浓度的变化范围分别是 15 ～ 66 mmol/kg 和 0.02 ～ 0.6 mmol/kg（ZK311 井除外）。ZK4001 井气相中 CO_2、H_2S 浓度则高达 315.5 mmol/kg 和 3.07 mmol/kg，腐蚀能力将进一步加强，因此，在 ZK4001 井流体输送管和发电机组的选材上应高度重视。

相对而言，热水的腐蚀能力较弱，经常遇到的是结垢现象，如 SiO_2、$CaCO_3$、$MgCO_3$、$BaCO_3$、铁的氧化物和硫化物结垢等。井内结垢倘若得不到及时清除，会堵塞通道、降低流量，影响发电机组安全满发。羊八井地热田浅层热储生产井井筒的 $CaCO_3$ 结垢十分严重，目前采用日常的机械通井除垢维持生产。深层热储 ZK4001 井在连续 15 天的放喷试验中未见结垢现象，是否意味着不存在结垢问题？下面从 SiO_2 和 $CaCO_3$ 两种组分做这方面的讨论。

在地热流体中，SiO_2 的存在形式比较多，如石英、玉髓、方石英和非晶质二氧化硅（蛋白石）等。热水中 SiO_2 以 $H_4SiO_4^0$ 的方式与固相建立化学平衡。$H_4SiO_4^0$ 的溶解度随温度增加而急剧上升，在 338℃达到最大值。当温度低于 180℃时，$H_4SiO_4^0$ 一般与玉髓存在共平衡关系；超过 180℃时则变成石英。水溶液中 SiO_2 的测量值一般是指 $H_4SiO_4^0$ 和 $H_3SiO_4^-$ 两种组分的总和。热储中的地热流体大多呈中性，推算热储温度时可以忽略 $H_3SiO_4^-$ 组分。当地热流体绝热气化后，热水温度迅速下降，热水中 SiO_2 的浓度上升，$H_4SiO_4^0$ 组分便很快超过石英或玉髓的溶解度。但是，析出石英或玉髓的过程比较缓慢，结垢一般不严重。一旦热水中 $H_4SiO_4^0$ 的浓度超过了非晶质二氧化硅的溶解度时，

析出 SiO_2 的速度便会加快。

地热流体的绝热气化，导致 CO_2 逃逸进入气相，地热水中 H^+ 浓度降低，pH 增加，促使一部分 $H_4SiO_4^0$ 向 $H_3SiO_4^-$ 转化，这意味着绝热气化在一定范围内能够提高溶液中 SiO_2 总量的溶解度。如图 9.26 所示，*A* 点代表羊八井深层地热流体中 SiO_2（总量）的原始浓度，*C* 点表示井口采样时的实测值。若地热流体沿 *AB* 线做传导性冷却，在温度低于 123℃时（pH=7.0）才开始析出非晶质二氧化硅。如果地热流体沿 *AC* 线作绝热气化，热水中的 SiO_2 浓度随气化温度的降低而上升，在 148℃、140℃、125℃和 102℃，已分别达到 pH 是 7.0、8.0、8.5 和 9.0 时所对应的非晶质二氧化硅饱和浓度。对 ZK4001 井而言，保持较高的水气分离压力，减少流体在输送过程中的热损失可以有效地防止析出非晶质二氧化硅。但在热水的二次扩容闪蒸时，SiO_2 结垢将变得较为突出。地热尾水若不进行酸化处理或用水池沉淀，不宜直接用于回灌，否则，尾水中高浓度的 SiO_2 在回灌井围岩中析出，将导致岩石渗透率降低，阻碍回灌进程。

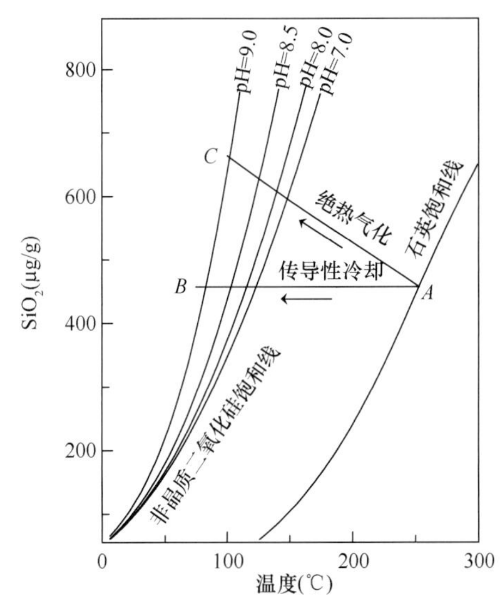

图 9.26　石英的溶解度（pH=7）和不同 pH 下非晶质二氧化硅的溶解度
（有关参数引自 Fournier，1977，1979）

图 9.27 是羊八井地热田 ZK355 和 ZK4001 井流体绝热气化时 $CaCO_3$ 饱和指数随温度的变化曲线，饱和指数是热水中 Ca^{2+} 和 CO_3^{2-} 离子的活度积与平衡常数之比的对数值。ZK4001 井流体绝热气化时 $CaCO_3$ 饱和指数随温度降低而逐渐增大，在达到最大值（约为 0.65）之后再逐步降低，ZK355 井则是在气化初始处的饱和指数最高，此后，饱和指数随温度的降低而减小。这两口井的 $CaCO_3$ 饱和指数都超过了结垢的下限值（0.5），ZK355 井结垢严重。

ZK4001 井在完井后连续 15 天放喷试验时流量平稳，放喷管内未见结垢，但凭借这些现象来确定井内不结垢尚不具备说服力。在冰岛、日本等地的高温地热田，一些地热生产井在运行半年或一年后流量才急剧下降，洗井后流量又恢复正常

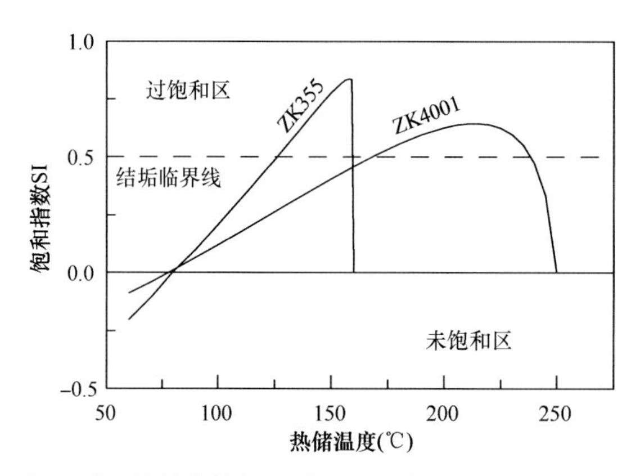

图 9.27　深、浅层流体绝热气化时不同温度下 $CaCO_3$ 饱和指数的变化

（Armannsson，1989；Todaka et al.，1995）。这反映高温井内 $CaCO_3$ 结垢比较缓慢，需要经受时间的考验。当然，$CaCO_3$ 达到饱和值并不意味着其一定会沉淀在管壁表面，也有一些高温地热井的确是不结垢的（Todaka et al.，1995）。地热井中 $CaCO_3$ 的析出过程与热水的流速、压力、pH、盐度、套管的材质及光洁度、井筒内孔径变化等多种因素有关，在大多数情况下，变径处容易结垢。

7. 冷、热水的氢、氧同位素组成

西藏自治区地质矿产局地热地质大队曾分别在 1980 年、1982 年和 1993 年采集三批水样进行氢氧同位素测定，共计 78 件。郑淑蕙等（1982）、卫克勤等（1983）和 Piovesana 等（1987）也曾对羊八井地热水的氢氧同位素进行过比较系统的研究。除 Piovesana 等（1987）使用了井下深水取样器定位采样外，国内科研人员基本上都是在井口采集地热水。由于当地海拔较高，沸点只有 86℃，地热流体在上升到井口时经历了减压气化过程，直接排放出来的是气液两相，地热蒸气逃逸，所以，残余液相富集重同位素组分，δD 和 δ^{18}O 测定值要高于其在热储中的初始值。在公开发表的数据中，郑淑蕙等（1982）和卫克勤等（1983）对同一口地热井热水的氢氧同位素组成的研究有明显的偏差，后者根据地热水中 Na/K 值计算出热储温度后对水气分离做了校正，但由于 Na/K 值给出的温度既不是浅层热储温度，也不是深层热储温度，因而，校正后的数值偏负。前人早期工作过的地热井现都已停止运行或报废，无法讨论地热开采过程中流体的氢氧同位素的变化情况。

在缺乏井下深水采样器的条件下，可以在井口采取适当的措施，即在井口安装采样阀，对排放的气、液相混合物进行强制性冷却，尽可能避免气相物质逃逸。采用这种方法的前提条件是假设气、液两相在井筒内的上升速率相同，没有物质的丢失和加入。实践证明，羊八井地热田绝大多数地热井都满足这一条件。另外一条途径是通过水气分离器分别收集热水和冷凝水，测定它们的氢、氧同位素组成，然后根据地热流体在井口的热焓值和水气分离条件（温度或压力）计算出气、液相的摩尔分数，在此基础上反演出深部地热流体的 δD 和 δ^{18}O 值。这种方法比较烦琐，成本也比较高。大多数

研究工作主要采纳第一种方案，表 9.10 给出了羊八井冷、热水样品中氢、氧同位素的实测结果。

表 9.10 羊八井地热田冷、热水的氢、氧同位素组成

采样位置	年 / 月	类型	$\delta^{18}O$‰ (vs SMOW)	δD‰ (vs SMOW)	氚 (TU)
低热电站	1995/08	雨水	–11.59	–82.3	
科研所	1996/09	雨水	–30.76	–231.5	
藏布曲（河）	1996/08	河水	–20.69	–143.0	
地热电站生活区	1995/09	地下水	–16.77	–130.0	
卢子曲（河）	1996/09	河水	–20.49	–152.2	
羊八井草原	1995/08	地表水	–18.84	–134.4	
5360m a.s.l.	1995/09	雪水	–25.73	–183.8	
ZK311	1995/09	地热流体	–21.93	–165.8	
ZK313	1995/09	地热流体	–19.03	–153.4	
ZK325	1996/09	地热流体	–20.07	–161.4	
ZK325	1995/08	热水	–19.11	–148.6	
ZK325	1995/08	冷凝水	–21.69	–159.0	
ZK309	1996/09	地热流体	–18.34	–151.9	3.8
ZK304	1995/09	地热流体	–19.15	–153.7	4.0
ZK355	1995/09	地热流体	–19.45	–154.7	
ZK357	1995/09	地热流体	–18.99	–150.9	
ZK359	1996/09	地热流体	–18.25	–152.5	4.9
ZK303	1995/08	地热流体	–19.54	–155.5	
ZK354	1996/09	地热流体	–18.21	–152.2	5.6
ZK354	1995/09	热水	–18.61	–150.4	
ZK354	1995/09	冷凝水	–23.26	–169.6	
ZK356	1995/08	地热流体	–18.60	–153.4	
ZK4001	1996/11	地热流体	–17.73	–148.5	5.6
纳木错	1996/08	湖水	–7.09	–74.8	

注：地热流体是指采集过程中没有蒸气丢失；热水和冷凝水是通过井口安装水气分离器来收集的，详见文中讨论

在对地热田流体氢、氧同位素组成进行研究时，一些学者往往喜欢归纳出当地的大气降水方程。在没有取得足够的雨水样品时，经常用地表冷水样品（如河水）来替代，这种做法有待商榷。河水往往是或多或少地经历过蒸发过程的，水蒸发时存在着同位素分馏效应，其轨迹与大气降水线不相重叠，在 $\delta^{18}O$–δD 图上的斜率为 5 左右。具体到羊八井地热田，线性回归的结果对河水样品的数量具有依赖性，即使将样品范围扩大至羊易地热田，回归方程也还是不稳定。1998 年 5 月，国际原子能机构发布了第二版全球大气降水同位素数据库，其中报道了拉萨市 1986 ～ 1992 年的监测数据，拉萨测点大气降水中 δD 和 $\delta^{18}O$ 值的变化幅度相当宽，分别是 –188.2‰ ～ +35.7‰ 和 –25.48‰ ～ +0.94‰（图 9.28）。这表明不同时期的大气降水在氢、氧同位素组成上受到

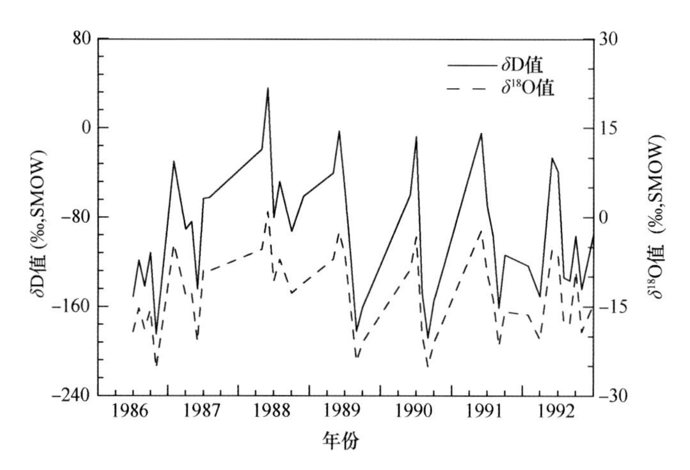

图 9.28　拉萨市大气降水中 δD 和 δ^{18}O 值的月变化曲线（1998 年 5 月下载自国际原子能机构网站）

印度洋季风和西风带的周期性影响，羊八井地热田两次随机的雨水采样也观察到同位素组成上的差异（表 9.10）。西藏自治区地质矿产局地热地质大队在 1994 年曾测得一个雨水样品的 δ^{18}O 是 –22.18‰，δD 是 –156.7‰。结合国际原子能机构的资料可得出当地大气降水的回归方程：$\delta D(‰)=8.01\delta^{18}O(‰)+11.8$，相关系数是 0.98，与全球大气降水线（Craig，1961）基本相近。

ZK325 和 ZK354 生产井曾分别采集了热水和冷凝水样品。利用气、液两相中氢、氧同位素组成的差异，对水气分离温度进行了推算，其中 ZK325 生产井的氢、氧同位素给出的温度相差较大，这很可能是采样过程中地热流体在分离时尚未达到稳定状态，导致在不同时刻收集的气、液两相不是处于同一状态。而从 ZK354 生产井气、液两相中氢、氧同位素分馏估算出的水气分离温度分别是 120℃和 116℃，与实际测量温度 118.4℃相近。以上实测资料表明，地热流体在井口气化时，气、液两相的氢、氧同位素组成的确存在着一定的区别，井口热水的同位素组成不能正确反映地热流体在热储的状态。国内有些学者在地热井放喷管口采集热水样品进行氢、氧同位素研究，这种做法并不可取。

1995 年 ZK311 井地热流体样品的氢、氧同位素组成更接近冷凝水，其原因在 9.2.4 节已做讨论，1996 年 ZK325 井样品也可能是类似原因。遗憾的是，1996 年没有测定 ZK325 井中地热蒸气的浓度和热水的化学组分。

与腾冲热海等高温地热田相似，羊八井地热田地热流体的同位素组成也存在“氧漂移”现象，最大不超过 2.1‰（图 9.29）。深、浅层热储的氢、氧同位素组成具有一定的差别，但没有本质上的区别。地热流体主要来自当地的大气降水，补给区的高度与卢子曲的水源相近。如果用 δD 的高程效应对补给高度进行估算，海拔约为 5000 m，比念青唐古拉南缘断裂带位置稍高。事实上，由于冷水补给是不同海拔的大气降水的混合物，要准确圈定补给区范围是有难度的。可以肯定的是，由于地热田西侧是念青唐古拉山脉，羊八井地热田具有良好的补给条件。

用氚法确定地下热水的年龄曾为众多地热工作者所采纳，其基本原理是：氚是

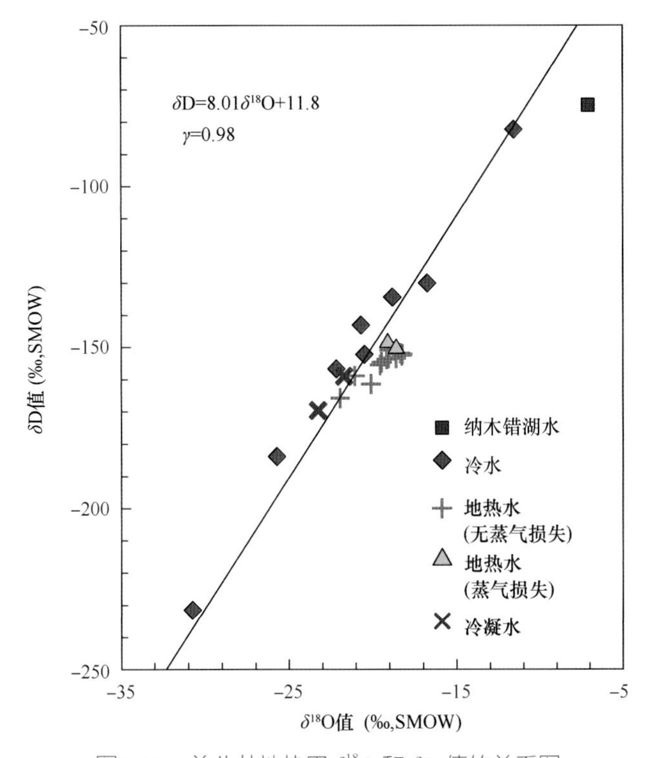

图 9.29　羊八井地热田 δ^{18}O 和 δD 值的关系图

大气层上部宇宙射线快中子与稳定的 ^{14}N 发生核反应的产物，地壳物质不能产生氚。当溶解在大气降水中的氚进入地下水循环通道后，氚将失去补给并随时间的增长而衰减，其半衰期为 12.43 年，如果知道大气降水中氚的初始值和地下热水的氚值，就可以方便地计算出地下热水的循环年龄。在实际工作中，人们往往用现今大气降水中的氚值作为初值进行计算。但是，随着数据的不断积累和研究工作的深入，人们发现某一地区雨水中的氚值并不是稳定值，具有一定的年变化，这将可能导致对同一测定结果具有多种解释。由于目前在确定热水年龄上还缺乏其他更可靠的测定方法，氚法仍不失为一种定性定年方法。图 9.30 是 1986 ～ 1992 年拉萨市大气降水量和氚值的月变化曲线，其中 1987 年 8 月、9 月氚值空缺。大气降水中氚值的变化范围是 8.1 ～ 43.8 TU，降水量大时，氚值一般比较低，反之，则不成立。拉萨市大气降水中出现氚峰值的时间并不固定，如果以降水量为权值，那么这几年降水中氚的加权平均值是 16.6 TU。

Piovesana 等（1987）对羊八井地热水氚值的测定结果表明，地热水中的氚值一般都低于 1 TU，而表 9.10 中给出的氚值为 3.8 ～ 5.6 TU，说明羊八井地热田热储具有良好的动态补偿能力，地热水在热储中的滞留时间在缩短。另外，深、浅储层地热水的氚值并无显著差异，补给时间基本一致，这与 ^{18}O 和氘的研究结果相吻合。浅层热储中氚值自西北向东南具有降低的趋势，说明地热流体沿地热田的主控断裂运移。如果选择 16.6 TU 作为羊八井地热田大气降水的氚背景值，氚法给出的地下水循环周期约为

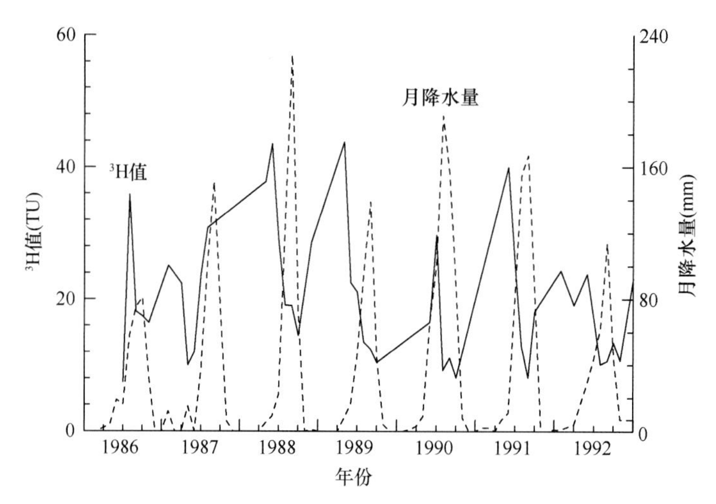

图 9.30　拉萨市大气降水量和氚值的月变化曲线（1998 年 5 月下载自国际原子能机构网站）

25 年，与前人研究结果略有不同。

9.2.5　热储特征和地热田成因

1. 浅层热储的温压特征

在前人的研究工作中，一般选择中尼公路作为地热田南、北两区的分界线，但是，近几年的研究成果对这种划分提出了质疑。首先，意大利援华专家认为在地热发电二分厂北侧存在着一条北东向的电性不连续带，而不是出现在中尼公路上。其次，监测资料表明，1995 ～ 1996 年 ZK303、ZK304、ZK329 等井及其南侧地热井中地热蒸气、热水的化学组分变化比较大，井口工作压力比较稳定；而同期北侧地热井流体的化学组分则相对稳定，部分地热井中的气体 / 热水比值很小（如 ZK357 和 ZK359 井），井口工作压力大都呈脉冲状态。最后，ZK303、ZK304、ZK329、ZK309、ZK308、ZK324、ZK325、ZK311 和 ZK313 等井内的最高温度都是在第四系砂砾层内，热储属于孔隙型；但 ZK201、ZK354、ZK355、ZK357 和 ZK359 等井的最高温度却在花岗岩层（图 9.31，图 9.32），岩石渗透性能取决于断裂构造的发育情况，热储属于基岩裂隙型。所以，羊八井地热田现行南、北两区的划分方法并不能准确反映热储结构的变化。

ZK308 井是地热田南区最深的一口勘探井，最初成井于 1980 年 9 月，此后在 1982 年 12 月拓深至 1726.4 m。该井在 100 ～ 200 m 深处记录到的最高井温是 144.4℃，往下温度出现了负增长，至 800 m 深度时温度已降低到 115.9℃。800 m 以后井温逐步开始回升，具有热传导特征（图 9.32）。南区地热井在进入花岗岩基岩后都会出现倒转现象，反映了浅层地热流体在第四系砂砾层中的侧向运移，地热井中的最高井温出现在 ZK313 井，为 161℃。北区 ZK354、ZK355、ZK356 和 ZK357 等地热井在基岩中也有

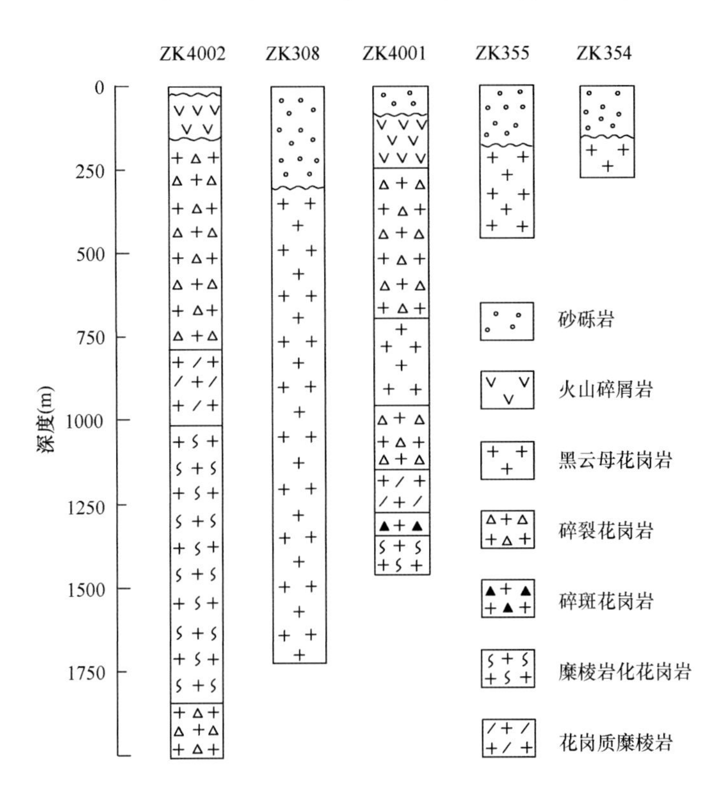

图 9.31　部分地热井的地层剖面图

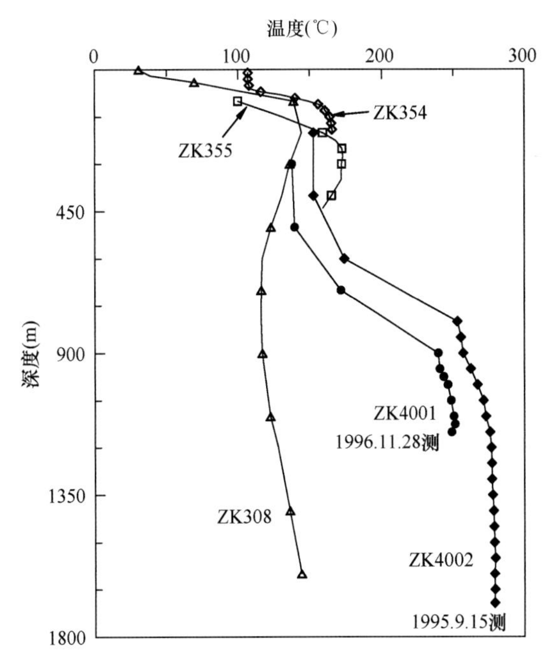

图 9.32　部分地热井的测温曲线（据 Zhao et al.，1997）

温度倒转现象发生，转折点温度最高值是 173.5℃，出现倒转的位置比南区的要深。浅层热储的温度、压力总体上是北区高于南区，自西北向东南呈降低趋势，热储温度大多介于 150 ～ 170℃，井口工作温度 120 ～ 135℃，工作压力一般在 2.0 kgf/cm^2 左右。但是，具体到每一口地热井而言，受地质构造、地热井孔深、分布密度、开采年限等多方面因素的影响，情况比较复杂。若集中开采部位的热水水位呈漏斗状，则更有利于地表浅层冷水的加入。

如前所述，南区浅层热储是第四系孔隙型，热水中硅质、钙质胶结物析出形成自封闭盖层，热储的孔隙发育，渗透性能良好，地热井在初始时都具有自喷的能力。随着浅层地热资源的长期开采，近几年来南区浅层热储的压力下降过快，导致部分地热井逐步失去自喷能力。北区西北部浅层热储是花岗岩，孔隙度较低，渗透性较差，断裂成为控制地热流体储集和运移的主导因素，因此，地热田西北部的地热井一般都不具备自喷能力。位于花岗岩断裂不发育地段的地热井，其气体 / 热水比值很低；而位于断裂发育地段的地热井，则具备自喷实力，如 ZK356 井等。

2. 深层热储的温压特征

为了寻找深层高温地热资源，扩大地热发电装机容量，羊八井地热田先后部署和施工了 5 口超千米深井。南区 ZK308 井没有观察到其下存在深部热储的迹象，北区 ZK352 井的井底温度是 202℃，仅仅触及深部高温热储的顶部盖层或者是边缘。ZK4001 井与 ZK4002 井的孔口标高分别是 4424.35m 和 4429.12m，基本上处于同一水平面。ZK4001 井在 1125 m 深处测得了 251℃的高温，而 ZK4002 井中曾记录到的最高温度是 329.8℃，出现在 1850 m 深度。图 9.32 中的测温曲线清楚地反映出两井中深、浅层热储的深度位置。在同一深度，ZK4002 井的温度要明显高于 ZK4001 井。深层热储主要受北东向断裂构造控制，不具有层状结构，热储岩性主要是糜棱岩化花岗岩、碎裂花岗岩和花岗质糜棱岩。

ZK4001 井在放喷试验时，达到稳定状态的时间极短，仅 29 分钟。5 天后的井口温度和压力就分别上升至 200℃和 15 kgf/cm^2 并保持稳定，放喷管内未见任何结垢。ZK4002 井在放喷试验时的井口温度和压力也曾一度达到 200℃和 15kgf/cm^2，但随着放喷时间的延续，温度、压力迅速下降，最后稳定在 125℃和 1.4 kgf/cm^2，喷出物全部是地热蒸气。该井在 1995 年还具有自喷能力，1996 年熄灭。其终孔时的水位埋深为 85 m，现水位埋深 10m。1996 年 10 月 30 日，ZK4001 井开始连续放喷 15 天，ZK4002 井中的水位累计下降了 12 m，说明这两口井在深部具有一定的连通性。

ZK4001 井和 ZK4002 井热水的化学组成基本类似，前者的 Na/K 值要明显超过后者，后者井内的地质构造更为复杂，地热流体可能源自多个深部热储层，其 Na-K 温度超过 290℃，使人有理由相信在 ZK4001 井位置的深部存在着温度超过 270℃、具有开采价值的高温热储层。

3. 羊八井地热田成因

羊八井地热田实测大地热流背景值是 108 mW/m^2（沈显杰等，1992），超过全球大陆的热流平均值 63 mW/m^2。地球物理资料证实在地热田深部有一个低阻层；地球化学揭示地热气体组分都来自壳源物质。因此，导致局部高热流背景场的根本原因是地下深处存在着地壳熔融体，这也就是地热田的热源。随着 ZK4002、ZK4001 井成功揭露出深层高温地热流体，国内外一些学者提出的深循环地热田成因模式已被否定；地热流体在地热田中部升流、南北分叉以及同源异途、南北分片补给等观点也难以解释地热田的现状和地球化学监测资料。对浅层热储而言，北区应该有一条断层带将热储从花岗岩裂隙型过渡到第四系孔隙型，地热田表层覆盖的第四系砂砾岩使人们难以准确判断该断层的位置。在硫磺矿—ZK354 井—ZK4001 井一带，深、浅层热储都是花岗岩裂隙型，由于花岗岩的孔隙率较低，因此，地热流体主要富集在花岗岩破碎带中，而裂隙不发育的花岗岩则构成热储之间的隔层。花岗岩破碎带出现的层位受到构造作用的严格控制，相互之间具有一定的联系通道，但不一定出现在同一水平面，这从 ZK4001 井、ZK4002 井的测温曲线和放喷试验的资料中已经得到证实。基于现有的地质、地球化学和地球物理资料，地热流体的升流位置圈定在硫磺矿—ZK354 井—ZK4001 井的范围内，地热田南区仅仅是排泄区。

综合上述研究，可以建立起羊八井地热田的地球化学成因模式和地质概念模型（图 9.33，图 9.34）：大气降水和冰雪融水沿念青唐古拉南缘山前断裂带向下渗透，随地温的增加而升温，经局部熔融的地壳物质烘烤后，补给流体的密度逐渐下降，这期间有熔融地壳物质释放的气体组分不断加入。地热流体达到一定循环深度时，在冷、热水密度差和地势差的共同驱动下开始沿裂隙上行。上升过程中，由于减压作用，大量气体组分（主要是 CO_2 和 H_2S）从地热流体中逃逸，在升流部位的地表形成大面积的酸性蚀变地面和 CO_2 高通量排放区。地热流体上行遇阻时，受深部压力和浅层冷水运移的共同驱动，开始向地热田的东南方向做侧向运移，在北区的浅层蚀变花岗岩和南区的第四系砂砾岩层内形成热储，温度和埋深逐渐降低，并在南区 ZK313 井等地形成大面积的热水排泄区。大自然的动态补给，在一定程度上延长了羊八井地热田浅层热储的开采寿命。

9.2.6　存在问题和开发前景

1. 地热田的监测

热储工程的研究是制定合理的开采方案的基础，可靠的监测资料是进行热储模拟的前提条件。对生产井的温度、压力和地热流体的化学组成进行定期监测，应当是地热资源开采过程中必不可缺的工作内容。实践证明，监测流体化学组分的变化是一项

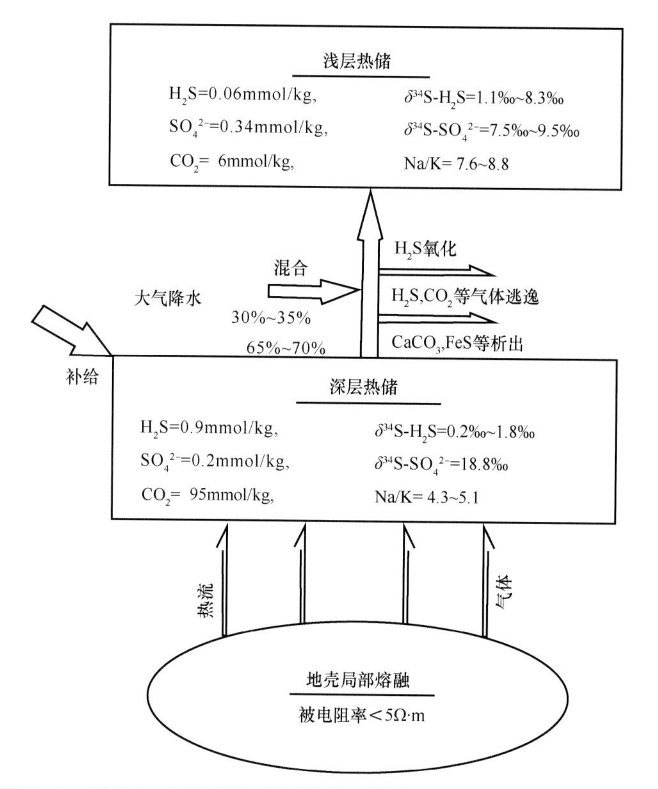

图 9.33 羊八井地热田地球化学成因模式（据 Zhao et al.，2000）

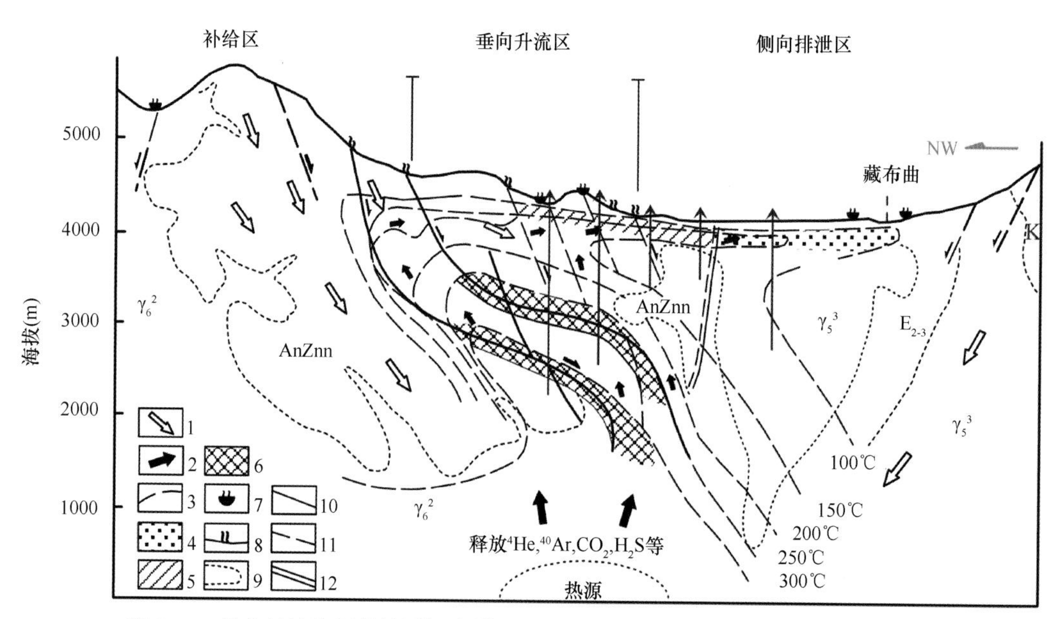

图 9.34 羊八井地热田的地质概念模型（据赵平等，2001；Dor and Zhao，2000）

1，大气降水；2，地热流体；3，等温线；4，第四系孔隙型热储；5，裂隙型浅层热储；6，裂隙型深层热储；7，温泉（已消失）；8，冒汽地面（南区已消失）；9，地质界线；10，滑脱面；11，正断层；12，隐伏断裂

AnZnn，前震旦系；E_{2-3}，古新世；K，白垩系；γ_6^2，喜山中期花岗岩；γ_5^3，燕山晚期花岗岩

投资小、最能直接反映热储动态变化情况的有效方法之一。除此之外，重力、地面沉降、水文观测孔的水位、邻近地区冷水的化学组成也应是监测工作的一部分内容。

2. 尾水回灌

地热水中砷、氟、汞等多种有害元素的含量都超过了国家排放标准，地热尾水直接排入藏布曲将破坏区域生态环境，危害下游地区农牧民的身体健康，这种污染在藏布曲枯水期尤为严重。对地热尾水进行回灌，一方面可以防止污染环境，另一方面还能延长地热田的开采周期，减小地面沉降的幅度，这在国外高温地热田都有不少成功的经验。1989 ～ 1991 年，电力工业部西安热工研究所曾在地热田开展了工业性质地热尾水回灌试验，但是，在各主要生产井中没有监测到回灌水中的 KI 和荧光黄钠示踪剂（韩升良等，1993）。究其原因，主要是人们对地热流体的升流部位和运移方向存在分歧、认识不清，要扭转浅层热储压力下降过快的局面，必须在地热田做一些补充性的研究工作，重新制定回灌方案，尽快恢复回灌试验。

3. 开发前景

应用詹姆斯端压法，可以计算出羊八井北区 ZK4001 单井的汽水总量约 300 t/h。假定北区深部地热流体的初始平均温度是 250℃，环境排放温度在 25 ～ 50℃，热能转换效率取 14%，那么 ZK4001 单井的发电潜力有 12.58 MW。考虑到当温度低于 140℃时，深部地热流体中二氧化硅的结垢将变得十分严重，因此，在现有技术条件下，地热尾水的排放温度将会超过 50℃，ZK4001 单井的实际发电能力要比理论计算值低。按照比较保守的估计，羊八井地热田北区至少还可以获得两口温度和流量类似 ZK4001 的高温地热生产井，增加发电能力约 20 MW。由于羊八井地热田具有深部岩浆热源，因此，羊八井也将是我国干热岩开发利用的最佳实验场所。

深层地热资源的开采，在一定程度上会加快浅层地热资源的衰减，但是高温地热流体的热能转换效率高，通过制定合理的回灌方案，可以减缓现有地热生产井产量下降的问题，相信羊八井地热田高温地热资源的开采可以为西藏人民的美好生活提供更多的清洁能源，助力实现碳达峰、碳中和的国家目标。

参考文献

戴金星, 戴春森, 宋岩, 等. 1994. 中国一些地区温泉中天然气的地球化学特征及碳、氦同位素组成. 中国科学(B辑), 24(4): 426-433.

顿主佳参, 曾毅, 吴方之, 等. 1993. 羊八井地热开发和展望//任湘, 刘时彬, 顿主佳参. 中国西藏高温地热开发利用国际研讨会论文选. 北京: 地质出版社.

宫崎真一, 曾毅, 蒋勇, 等. 2005. 日本国际协力机构(JICA)援助西藏羊八井地热资源开发计划调查项目情况分析之一——调查井(CJZK3001)的钻探//刘时彬, 李宝山, 郑克棪. 全国地热产业可持续发展学术研讨会论文集. 北京: 化学工业出版社.

韩升良, 施廷州, 刘志江, 等. 1993. 西藏羊八井地热电厂废水回灌试验//中国西藏高温地热开发利用国际研讨会论文选. 北京: 地质出版社.

靳宝福. 1993. 羊八井地热田开发效应初探//任湘, 刘时彬, 顿主佳参. 中国西藏高温地热开发利用国际研讨会论文选. 北京: 地质出版社.

梁廷立. 1993. 羊八井地热田北区流体的升流部位//任湘, 刘时彬, 顿主佳参. 中国西藏高温地热开发和利用国际研讨会论文集. 北京: 地质出版社.

廖志杰, 赵平. 1999. 滇藏地热带——地热资源和典型地热系统. 北京: 科学出版社.

沈显杰, 朱元清, 石耀霖. 1992. 青藏热流与构造热演化模型研究. 中国科学(B辑), 22(3): 311-321.

佟伟, 廖志杰, 刘时彬, 等. 2000. 西藏温泉志. 北京: 科学出版社.

佟伟, 张知非, 章铭陶. 1978. 喜马拉雅地热带. 北京大学学报(自然科学版), 1: 76-89.

佟伟, 章铭陶. 1981. 西藏地热. 北京: 科学出版社.

佟伟, 章铭陶. 1989. 腾冲地热. 北京: 科学出版社.

佟伟, 章铭陶. 1994. 横断山区温泉志. 北京: 科学出版社.

卫克勤, 林瑞芬, 王志祥. 1983. 西藏羊八井地热水的氢、氧稳定同位素组成及氚含量. 地球化学, 4: 338-345.

吴方之, 佟伟. 1985. 羊八井热田开发的回顾与展望(代序)//刘殿功. 羊八井地热电站研究. 北京: 科学技术文献出版社重庆分社.

吴钦, 孙建中, 冯国良. 1990. 西藏羊八井地热田地球物理场特征的研究//中国地质科学院. 西藏地球物理文集. 北京: 地质出版社.

西藏自治区地质矿产局地热地质大队. 1984. 西藏自治区当雄县羊八井热田浅层热储资源评价报告.

西藏自治区地质矿产局地热地质大队. 1997. 西藏自治区当雄县羊八井热田深部高温热储形成机制研究报告.

张宏仁. 1993. 西藏羊八井地热系统与地下水的深循环//任湘, 刘时彬, 顿主佳参. 中国西藏高温地热开发利用国际研讨会论文选. 北京: 地质出版社.

赵平, Kennedy M, 多吉, 等. 2001. 西藏羊八井地热田地热流体成因及演化的惰性气体制约. 岩石学报, 17(3): 497-503.

赵平, 多吉, 梁廷立, 等. 1998a. 西藏羊八井地热田气体的地球化学特征. 科学通报, 43(7): 691-696.

赵平, 多吉, 谢鄂军, 等. 2003. 中国典型高温地热田水的锶同位素研究. 岩石学报, 19(3): 569-576.

赵平, 金建, 张海政, 等. 1998b. 西藏羊八井地热田热水的化学组成. 地质科学, 33(1): 61-72.

赵平, 谢鄂军, 多吉, 等. 2002. 西藏地热气体的地球化学特征及其地质意义. 岩石学报, 18(4): 539-550.

郑淑蕙, 张知非, 倪葆龄, 等. 1982. 西藏地热水的氢氧稳定同位素研究. 北京大学学报(自然科学版), 1: 99-106.

朱梅湘, 徐勇. 1989. 西藏羊八井地热田水热蚀变. 地质科学, 2: 162-175.

Armannsson H. 1989. Predicting calcite deposition in Krafla boreholes. Geothermics, 18(1/2): 25-32.

Arnorsson S. 1985. The use of mixing models and chemical geothermometers for estimation underground temperatures in geothermal systems. Journal of Volcanology and Geothermal Research, 23: 299-335.

Arnorsson S, Gunnlaugsson E, Svavarsson H. 1983. The chemistry of geothermal waters in Iceland, III. Chemical geothermometry in geothermal investigations. Geochim. Cosmochim. Acta, 47: 567-577.

Bjarnason J O. 1994. The Speciation Program WATCH, version 2.1. Reykjavik: Orkustofnun.

Browne P R C. 1984. Lectures on Geothermal Geology and Petrology. Reykjavik: UNU Geothermal Training Programme.

Craig H. 1961. Isotopic variations in meteoric waters. Science, 133: 1702-1703.

Dor J, Zhao P. 2000. Characteristics and Genesis of the Yangbajing Geothermal Field, Tibet. Kyushu-Tohoku, Japan: Proceedings of the World Geothermal Congress 2000.

Fournier R O. 1977. Chemical geothermometers and mixing models for geothermal systems. Geothermics, 5(1): 41-50.

Fournier R O. 1979. A revised equation for the Na/K geothermometer. GRC Transactions, 3: 221-224.

Fraser G, Cathy J J, James A S. 1995. Sulphur Bank Mine, California: An Example of A Magmatic Rather than Metamorphic Hydrothermal System? Florence: Proc. of the World Geothermal Congress.

Giggenbach W F. 1992. The Composition of Gases in Geothermal and Volcanic Systems as A Function of Tectonic Setting. Rotterdam: Proc. of 7th International Symposium, Water-Rock Interaction, Balkema: 873-878.

Hiyagon H, Kennedy B M. 1992. Noble gases in CH_4-rich gas fields, Alberta. Canada. Geochim. Cosmochim. Acta, 56: 1569-1589.

Hochstein M P, Yang Z K. 1995. The Himalayan geothermal Belt (Kashmir, Tibet, West Yunnan) //Gupta M L, Yamano M. Terrestrial Heat Flow and Geothermal Energy in Asia. Rotterdam: Balkema: 331-368.

Kennedy B M, Lynch M A, Reynolds J H, et al. 1985. Intensive sampling of noble gases in fluids at Yellowstone: I. early overview of the data; regional patterns. Geochim. Cosmochim. Acta, 49: 1251-1261.

Kennedy B M, Truesdell A H. 1996. The Northwest Geysers high temperature reservoir: evidence for active magmatic degassing and implications for the origin of the Geysers geothermal field. Geothermics, 25(3): 365-387.

Lupton J E. 1983. Terrestrial inert gases: isotope tracer studies and clues to primordial components in the mantle. Annual Review of Earth and Planetary Science, 11: 317-414.

Mahon W A J, McDowell G D, Finlayson J B. 1980. Carbon dioxide: its role in geothermal systems. New Zealand Journal of Science, 23: 133-148.

Mamyrin B A, Tolstikhin I N. 1984. Helium Isotope in Nature. Amsterdam: Elsevier.

Muffler L J P. 1979. Assessment of geothermal resources of the United States, 1978. Geological Survey Circular, 790: 1-163.

Piovesana F, Scandiffio G, Zheng K, et al. 1987. Geochemistry of thermal fluids in the Yangbajain area (Tibet/China) //Isotope Techniques in Water Resources Development. Vienna: IAEA Proceedings series: International symposium on the use of isotope techniques in water resources development, 30 March-3 April 1987: 47-70.

Todaka N, Kawano Y, Ishii H, et al. 1995. Prediction of Calcite Scaling at the Oguni Geothermal Field, Japan:

Chemical Modeling Approach. Florence, Italy: Proc. of the World Geothermal Congress 1995.

Yokoyama T, Nakai S, Wakita H. 1999. Helium and carbon isotopic compositions of hot spring gases in the Tibetan Plateau. Journal of Volcanology and Geothermal Research, 88: 99-107.

Zhao P, Armannsson H. 1996. Evaluation and interpretation of gas geothermometry results for selected Icelandic geothermal fields with comparative examples from Kenya. Geothermics, 25(3): 307-347.

Zhao P, Dor J, Jin J. 2000. A New Geochemical Model of the Yangbajing Geothermal Field, Tibet. Kyushu-Tohoku, Japan: Proceedings of the World Geothermal Congress 2000.

Zhao P, Jin J, Dor J, et al. 1997. Deep geothermal resources in the Yangbajing geothermal field, Tibet. GRC Transaction, 17: 227-230.

Zhao P, Jin J, Zhang H Z. 1998. Gas Geochemistry in the Yangbajing Geothermal Field, Tibet. New Zealand, Taupo, 30 March-3 April Proc. of 9th International Symposium on Water Rock Interaction.

Zheng M P, Liu J, Dor J, et al. 1995. A New Type of Cesium Deposit-Cesium-bearing Geyserite in Tibet. Beijing: Geological Publishing House.